没有什么比掌握一门技能更能带来安全感，
从这里开启你的Photoshop之旅吧！

资源与支持

本书由"数艺设"出品，"数艺设"社区平台（www.shuyishe.com）为您提供后续服务。

配套资源

320个不同类型实例的素材文件、效果文件和在线视频教学录像，以及21个PPT教学课件。

附赠资源

100个视频：《多媒体课堂——Illustrator20讲》，80集《Photoshop案例教程》视频教学录像。

7个设计类电子文档：UI设计配色方案、网店装修设计配色方案、常用颜色色谱表、CMYK色卡、色彩设计、图形设计、创意法则。

4个软件学习类电子文档：Illustrator CC自学教程、Photoshop应用宝典、Photoshop 2020滤镜、Photoshop外挂滤镜使用手册。

635个设计素材：46个PSD格式分层设计素材、50个AI格式矢量素材、60个EPS格式素材、280个卡通图稿，以及花纹、墨点、纹样和烟雾素材等。

Photoshop资源库：近千种画笔、形状、动作、渐变、图案和样式。

资源获取请扫码

"数艺设"社区平台，为艺术设计从业者提供专业的教育产品。

与我们联系

我们的联系邮箱是 szys@ptpress.com.cn。如果您对本书有任何疑问或建议，请您发邮件给我们，并请在邮件标题中注明本书书名及ISBN，以便我们更高效地做出反馈。

如果您有兴趣出版图书、录制教学课程，或者参与技术审校等工作，可以发邮件给我们；有意出版图书的作者也可以到"数艺设"社区平台在线投稿（直接访问 www.shuyishe.com 即可）。如果学校、培训机构或企业想批量购买本书或"数艺设"出版的其他图书，也可以发邮件联系我们。

如果您在网上发现针对"数艺设"出品图书的各种形式的盗版行为，包括对图书全部或部分内容的非授权传播，请您将怀疑有侵权行为的链接通过邮件发给我们。您的这一举动是对作者权益的保护，也是我们持续为您提供有价值的内容的动力之源。

关于"数艺设"

人民邮电出版社有限公司旗下品牌"数艺设"，专注于专业艺术设计类图书出版，为艺术设计从业者提供专业的图书、U书、课程等教育产品。出版领域涉及平面、三维、影视、摄影与后期等数字艺术门类，字体设计、品牌设计、色彩设计等设计理论与应用门类，UI设计、电商设计、新媒体设计、游戏设计、交互设计、原型设计等互联网设计门类，环艺设计手绘、插画设计手绘、工业设计手绘等设计手绘门类。更多服务请访问"数艺设"社区平台www.shuyishe.com。我们将提供及时、准确、专业的学习服务。

中文版

Photoshop 2020
完全自学教程

李金明 李金蓉 编著

人民邮电出版社

北 京

图书在版编目（ＣＩＰ）数据

中文版Photoshop 2020完全自学教程 / 李金明，李
金蓉编著. -- 北京：人民邮电出版社，2020.8（2021.8重印）
ISBN 978-7-115-53945-8

Ⅰ. ①中… Ⅱ. ①李… ②李… Ⅲ. ①图像处理软件
—教材 Ⅳ. ①TP391.413

中国版本图书馆CIP数据核字(2020)第130400号

内 容 提 要

本书是 Photoshop 经典自学教程。全书共分 21 章，从 Photoshop 2020 的下载和安装方法讲起，以循序渐进的方式讲解 Photoshop 2020 的全部功能，并通过"实战+PS 技术讲堂（原理和技巧方面的知识）"，深度解密特效制作、图像合成、照片编辑、人像修图、高级调色、抠图等专业技术。书中配备了大量与商业相关的实战案例，涵盖平面广告、UI 设计、网店装修、摄影后期、抠图技术、视频动画、商业插画等行业和设计领域，并全部录制了教学视频，帮助初学者在较短的时间内掌握相关工作技能。

本书配备了详尽的索引，可查询 Photoshop 的每一个工具和命令。

本书赠送了非常丰富的资源和学习资料，包括近千种画笔、形状、动作、渐变、图案和样式，以及"Photoshop 应用宝典""Photoshop 2020 滤镜""Photoshop 外挂滤镜使用手册""Illustrator CC 自学教程""UI 设计配色方案""网店装修设计配色方案""常用颜色色谱表""CMYK 色卡""色彩设计""图形设计""创意法则"等电子文档。

本书适合 Photoshop 初学者，以及从事设计和创意工作的人员使用，同时也适合高等院校相关专业的学生和各类培训班的学员阅读与参考。

◆ 编　　著　李金明　李金蓉
　　责任编辑　张丹丹
　　责任印制　马振武

◆ 人民邮电出版社出版发行　　北京市丰台区成寿寺路 11 号
　　邮编　100164　　电子邮件　315@ptpress.com.cn
　　网址　https://www.ptpress.com.cn
　　雅迪云印（天津）科技有限公司印刷

◆ 开本：880×1092　1/16
　　印张：35.5　　　　　　　　　彩插：8
　　字数：1127 千字　　　　　　　2020 年 8 月第 1 版
　　印数：44 001 – 49 000 册　　　2021 年 8 月天津第 8 次印刷

定价：99.80 元

读者服务热线：(010)81055410　印装质量热线：(010)81055316
反盗版热线：(010)81055315
广告经营许可证：京东市监广登字 20170147 号

本书特点

2020年是不平凡的一年，也是本系列书自诞生起的第12个年头。从最初的Photoshop CS3版起，该系列书共升级了7个版本，各版本图书历经140次印刷，销售近1 000 000册，深受读者喜爱。为了便于读者学习和使用，下面介绍一下它的主要特点。

本书是全面讲解Photoshop 2020用途的教程，也是一部使用Photoshop的"百科全书"，介绍了每一个Photoshop功能，涵盖了Photoshop在不同领域的商业应用，可以说包括的知识体系是非常完备的。

它浅显易懂，学起来一点也不费劲。这是因为它将Photoshop中的重要知识点揉进了实战里，以往干巴巴的描述，现在都变成了更加直观、更易理解、更好记忆的操作，让学习Photoshop变得像游戏闯关一样刺激、有趣。

它从Photoshop的入门知识讲起，但其终点指向的是Photoshop高端应用，所以书中有很多剖析类、有深度且有技术含量的专业知识。相信您不愿停留、也不会止步在Photoshop初级用户阶段，当您准备向PS高地发起"冲锋"的时候，它们能提供足够的"武器装备"——经验和技巧，让您深刻理解各种技术的原理并能运用自如，顺利进阶成为PS高手。

它是一位阅历丰富的"师长"，耐心地为您讲解设计原理、行业经验和实战技巧，让您能够更从容地面对相关工作。书中的"实战"对应了不同的职场任务，有助于您将所学技术与工作快速对接。

它还提供了非常方便的检索功能（详见索引），您可以像查字典一样快速查找任何一个Photoshop工具、面板和命令，真正做到"一书在手，困惑没有"。

以上是本书的主要特点。当然，还有很多学习项目有待于您去探索和发现。

学习建议

本书章节及各个功能是按由浅入深、从易到难、由单个工具过渡到多个功能协作的顺序安排的，是逐层递进的，照此学下来，衔接效果最好。如果没有时间通读本书，想短期速成，也可在学完基本操作（选区、图层、蒙版、画笔）之后，进行跳跃式学习。例如，关注UI设计的人，可将重点放在图层样式和"第13章 路径与UI设计"上（具体建议参见封二）。此外，只做"实战"，也一样能学好Photoshop。书中的"技术看板""PS技术讲堂"是为探索Photoshop深度功能的中、高级用户准备的，初学者想要进阶时再看也不迟。

配套服务

当代人，尤其是年轻人，用在学习上的时间越来越碎片化。为了让您能更方便地使用本书，我们提供了多种场景化服务。当您空闲的时候，不论是在公交车上、地铁里，还是其他场所，用手机或平板电脑扫描一下二维码，便可观看本书的视频，让碎片时间变得更有价值。您还可以关注我们的微信，加入QQ群，认识与您有着相同基础、共同学习目的的朋友，交流心得，分享体会。我们会在社群里安排专业的老师，进行在线学习辅导，为您答疑解惑。我们还会发布各种Photoshop使用技巧和实例，也会不定期做一些直播课与您互动，传播更多的学习经验和技巧。

编者

2020年3月

下载本书学习资源和教学课件，
请扫描"资源获取"二维码。

资源获取

435页 文字画面

370页 拟物图标：玻璃质感卡通人

184页（附加章节）泼墨：制作卡通插图

173页 瞬间打造喜欢叠加影像

Before ➡ After

482页 从选区中创建3D卡通人

65页 制作激光字

CLEAN AIR

SILENCE

TOLERANCE

1/4UNCONDITIONAL LOVE

Tiny happiness is around you
Being easily contented makes your life in heaven

366页 拟物图标：赛车游戏

AHERN

481页 创建3D文字模型

Adobe
Photoshop

11页（附加章节）行者游戏图标设计

537页 用照片制作金银纪念币

493页 用3D材质拖放工具添加大理石材质

484页 复制3D模型

PLAY

347页 制作超酷打孔字

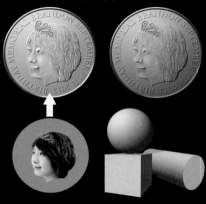

486页 制作3D石膏几何体

543页 公益广告：拒绝象牙制品

162页 超现实主义合成

122页 碎片效果

2页

59页 在笔记本上压印图像

177页

215页 模拟HDR效果

15页 （附加章节）
将照片中的自己变成插画女郎

179页 制作雨窗

我们的 PS 世界

534页

「制作绚彩玻璃球」

167页 瓶中夕阳好

影像合成 546页

「CG风格插画」

拟物图标 373页

83页 制作分形图案

分形艺术
Fen Xing Yi Shu

259页

131页 超炫气球字

LOVE

「品牌宣传类启动页设计」

26页（附加章节）

144页 制作七色彩虹

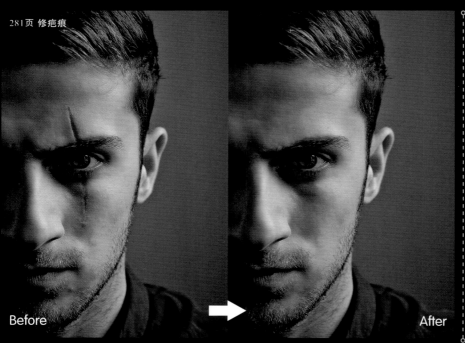

281页 修疤痕

Before

After

321页 用"防抖"滤镜锐化图像

287页 让眼睛更有神采的修图技巧

303页 修图+磨皮+锐化全流程

301页 打造水润光泽、有质感的皮肤

290页 绘制唇彩

316页　用智能锐化滤镜锐化女性照片

提高瞳孔透明度，提亮眼神

增强头发的层次感和光泽度

提高高光

203页　在阈值状态下提高对比度

299页　强力祛斑+皮肤纹理再造

295页　保留皮肤细节的磨皮方法（增强版）

298页　通道磨皮

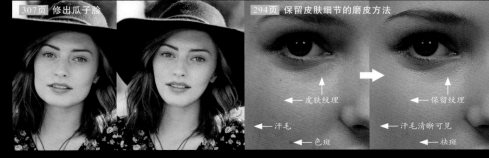

307页　修出瓜子脸

294页　保留皮肤细节的磨皮方法

皮肤纹理

汗毛

色斑

保留纹理

汗毛清晰可见

祛斑

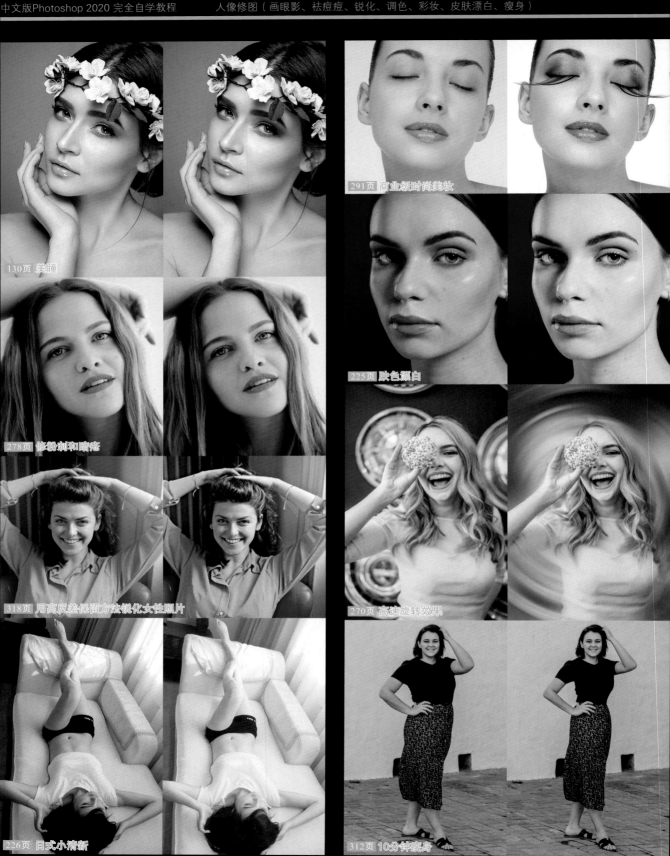

130页　美瞳

278页　修粉刺和暗疮

318页　用高反差保留方法锐化女性照片

226页　日式小清新

291页　商业级时尚美妆

225页　肤色漂白

270页　高速旋转效果

312页　10分钟瘦身

284页 修眼袋和黑眼圈

239页 模拟伦勃朗光

319页 用3D滤镜增强纹理，锐化男性照片

289页 牙齿美白与整形方法

制作超震撼冰手特效 531页

将照片融入夜场效果无 147页

制作铜手特效 533页

523页

398页 将汽车及阴影完美抠出

416页 抠福字

9 787633 283262

417页 抠图标

393页 抠白鸽

409页 抠古代建筑

389页 抠熊猫摆件

400页 用人工智能技术抠鹦鹉

424页 抠长发少女

405页 抠变形金刚

420页 用"色彩范围"命令抠像

397页 抠陶瓷工艺品

425页 抠抱宠物的女孩

403页 抠大树

412页 抠酒杯和冰块

401页 抠毛绒玩具

406页 抠宠物狗

157页 梦幻柔光照

455页 将文字转换为图框

156页 制作镜片反射效果

38页 利用通道错位制作抖音效果

271页 摇摄照片，展现流动美

269页 虚化场景，制作光斑

182页 夸张漫画效果

257页 制作哈哈镜大头照

174页 用相框功能制作拼贴照片

488页 创建深度映射的3D网格

Before　　→　　After

242页 制作人像图章

502页 通过渲染表现真实光线反射效应

IDEA

Adobe Photoshop 3D

349页 制作邮票效果

501页 将3D 模型合成到真实场景中

Before   After

233页 秋意浓

522页 人工降雨

176页 制作真实的嵌套效果

After

90页 怎样在保留细节的基础上放大图像

Before   After

98页 制作可更换图片的广告牌

161页 多重曝光

127页 以假乱真，将照片改造成素描画

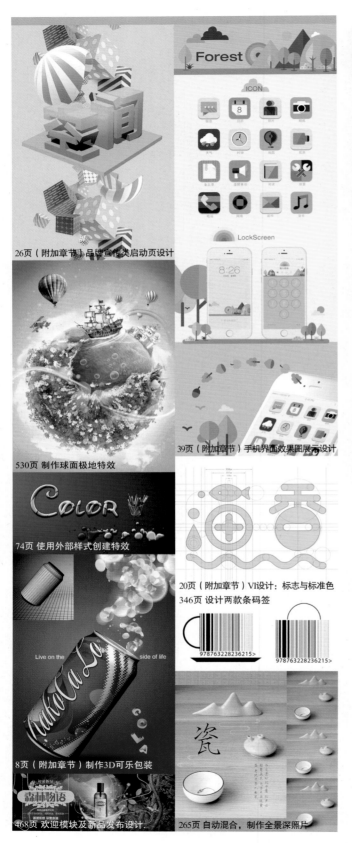

26页（附加章节）品牌宣传类启动页设计

530页 制作球面极地特效

74页 使用外部样式创建特效

39页（附加章节）手机界面效果图展示设计

20页（附加章节）VI设计：标志与标准色

346页 设计两款条码签

9787632282362156

8页（附加章节）制作3D可乐包装

468页 欢迎模块及新品发布设计

265页 自动混合，制作全景深照片

378页 女装电商应用：详情页设计

温妮莎夏季热卖新品套装学院系优雅复古套裙

¥219

80页 制作水面倒影

442页 制作萌宠脚印字

37页（附加章节）卡片流式列表设计

365页 扁平化图标：收音机

362页 制作花饰字

23页（附加章节）VI设计：制作名片

471页 欢迎模块及新年促销活动设计

29页（附加章节）网店店招与导航条设计

474页 时尚女鞋网店设计

目 录

说明：带有●标记的是Photoshop 2020 版新增和增强功能。带有●标记的是"PS技术讲堂"，涉及原理和技巧等专业性较强的知识，Photoshop进阶必看，初级用户可忽略。

附加章节（电子文档）

扫描封底"资源获取"二维码，可以得到"附加章节"的观看方式。

中文版
Photoshop 2020
完全自学教程

第1章

Photoshop 操作基础

【本章简介】

Photoshop 是一款神奇的软件，能把我们的创意变成让自己开心、令他人赞叹的作品。Photoshop 初学者都有一颗躁动的心，恨不得马上就能用它制作出精美的实例。但我们也深知，"不积跬步，无以至千里"，没有一点一滴的积累，走不快，也行不远。所以，从本章开始，我们就要打好基础，只要按照书中的规划一步一步学习，人人都有机会成为 Photoshop 高手。

Photoshop 是一款大型软件，功能虽然多，但零门槛，非常容易上手操作。而且每一个功能都很有意思，本章介绍的基础知识当中，就有不少实战练习，能让我们充分体验学习和探索 Photoshop 的乐趣。好了，我们开始吧！

【学习目标】

通过本章的学习，我们要熟悉 Photoshop 的工作界面，了解工具、面板和命令，知道文件的创建和保存方法，学习怎样查看图像，以及在编辑过程中如何撤销操作、恢复图像。总之，要掌握 Photoshop 的基本使用方法。

【学习重点】

Photoshop 2020

1.1

初识Photoshop

伟大的公司创造卓越的软件产品，卓越的软件也成就伟大的公司。Adobe与Photoshop很好地诠释了这个关系。

· PS技术讲堂 ·

【 Photoshop 的传奇故事 】

1946年2月14日，世界上第一台通用型电子计算机（ENIAC）在宾夕法尼亚大学诞生。众所周知，计算机的出现具有划时代的意义，而显示器中的计算结果又促成了另一个伟大发明——电子图像，对社会的方方面面也产生了前所未有的影响。这其中就有我们喜爱的Photoshop。

1987年秋，美国密歇根大学计算机系博士生托马斯·洛尔（Thomas Knoll）为解决论文写作过程中的麻烦，编写了一个可以在黑白显示器上显示灰度图像的程序。他将其命名为Display，并拿给哥哥约翰·洛尔（John Knoll）看。约翰当时在电影制造商乔治·卢卡斯（George Lucas）那里工作（制作《星球大战》《深渊》等电影的电脑特效），他对Display产生了浓厚的兴趣，鼓励弟弟继续编写程序，还给了他一台Mac计算机，这样Display就可以显示彩色图像了。此后，兄弟俩还修改了Display代码，相继开发出羽化、色彩调整、颜色校正、画笔、支持滤镜插件和多种文件格式等功能，这就是Photoshop最初的蓝本。图1-1和图1-2所示为洛尔兄弟。

托马斯·洛尔　　　约翰·洛尔
图1-1　　　　　　图1-2

约翰很有商业头脑，看到了Photoshop中的商机，于是开始寻找投资者。当时已经有很多比较成熟的绘画和图像编辑程序了，如SuperMac公司的PixelPaint和Letraset公司的ImageStudio等，名不见经传的Photoshop想占一席之地，难度非常大。事实也是如此，洛尔兄弟打电话联系了很多公司，都没有什么回应。最终，一家小型扫描仪公司（Barneyscan）同意在他们出售的扫描仪中将Photoshop作为赠品送给用户，这样Photoshop才得以面世（与Barneyscan XP扫描仪捆绑发行，版本为0.87）。但与Barneyscan

的合作，无法让Photoshop以独立软件的身份在市场上获得认可，兄弟两继续为Photoshop寻找新东家。

1988年8月，Adobe公司业务拓展和战略规划部主管在Macword Expo博览会上看到Photoshop这款软件，就被吸引住了。9月的一天，约翰·洛尔受邀到Adobe公司做Photoshop功能演示，Adobe创始人约翰·沃诺克（John Warnock）对这款软件很感兴趣，在他的努力下，Adobe公司获得了Photoshop的授权许可。7年之后（1995年），Adobe公司以3450万美元的价格买下了Photoshop的所有权，此时Photoshop才算正式"嫁入"豪门。

1990年2月，Adobe推出了Photoshop 1.0，这是一款只能在Mac计算机上运行的软件，每个月几百套的销量，让Photoshop显得很平庸。Adobe公司甚至将它当成了Illustrator的子产品和PostScript的促销手段。此时的Photoshop与在Barneyscan公司时所处的地位也相差无几。

1991年2月，Photoshop 2.0面世，这一版的出现引发了桌面印刷的革命。以此为契机，Adobe公司开发了Windows版本——Photoshop 2.5。从此之后，Photoshop迅速占领市场，走向巅峰。直到今天，其在图像编辑领域的地位仍无人能够撼动。图1-3所示为Photoshop不同时期的工具、启动画面和彩蛋。

Photoshop 0.63   Photoshop 1.0.7

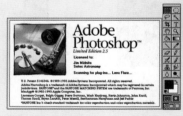

Photoshop 2.5   Photoshop 6.0

Photoshop 2020彩蛋（按住Ctrl键，打开"帮助"菜单，选择其中的"关于Photoshop"命令，即可显示彩蛋）

Photoshop 2020启动画面——作品来自摄影艺术家凡妮莎·里维拉（Vanessa Rivera）

图1-3

1990
1990年2月Adobe推出了Photoshop 1.0。当时的Photoshop只能在Mac计算机上运行，功能上也只有"工具"面板和少量的滤镜。

1991
1991年2月，Adobe推出了Photoshop 2.0。新版本增加了路径功能，支持栅格化Illustrator文件，支持CMYK模式，最小分配内存也由原来的2MB增加到了4MB。该版本的发行引发了桌面印刷的革命。此后，Adobe公司还开发了一个Windows版本——Photoshop 2.5。

1995
1995年Photoshop 3.0版本发布，增加了图层功能。

1996
1996年的Photoshop 4.0版本中增加了动作、调整图层、标明版权的水印图像等功能。

1998
1998年的Photoshop 5.0版本中增加了历史记录面板、图层样式、撤销功能、垂直书写文字等。从5.02版本开始推出中文版Photoshop。在之后的Photoshop 5.5中，首次捆绑了ImageReady（Web功能）。

2000
2000年9月推出的Photoshop 6.0版本中增加了Web工具、矢量绘图工具，并增强了层管理功能。

2002
2002年3月Photoshop 7.0发布，增强了数码图像的编辑功能。

2003
2003年9月，Adobe公司将Photoshop与其他几个软件集成为Adobe Creative Suite套装，这一版本称为Photoshop CS，功能上增加了镜头模糊、镜头校正及智能调节不同区域亮度的数码照片编修功能。

2005
2005年推出了Photoshop CS2，增加了消失点、Bridge、智能对象、污点修复画笔工具和红眼工具等。

2007
2007年推出了Photoshop CS3，增加了智能滤镜、视频编辑功能和3D功能等，软件界面也进行了重新设计。

2008
2008年9月发布了Photoshop CS4，增加了旋转画布、绘制3D模型和GPU显卡加速等功能。

2010
2010年4月Photoshop CS5发布，增加了混合器画笔工具、毛刷笔尖、操控变形和镜头校正等功能。

2012
2012年4月Photoshop CS6发布，增加了内容识别工具、自适应广角和场景模糊等滤镜，增强和改进了3D、矢量工具和图层等功能，并启用了全新的黑色界面。

2013
2013年6月，Adobe公司推出了Photoshop CC。CC是指Creative Cloud，即云服务下的新软件平台，使用者可以把自己的工作结果存储在云端，随时随地在不同的平台上工作。云端存储也解决了数据丢失和同步的问题。

2014—2018
2014—2018年，Adobe加快了Photoshop CC的升级频次，先后推出2014、2015、2016、2017、2018、2019版，增加了Typekit字体、搜索字体、路径模糊、旋转模糊、人脸识别液化、匹配字体、内容识别裁剪、替代字形、全面搜索、OpenType SVG字体等功能。

2019
2019年10月，Adobe发布了Photoshop 2020版和Photoshop Elements 2020版（简化版的Photoshop）。

提示（Tips）

1982年12月，约翰·沃诺克（John Warnock）和查克·基斯克（Chuck Geschke）——两位长着大胡子，看起来更像艺术家的科学家，离开施乐公司PARC研究中心，在圣何塞市（硅谷）创立了Adobe公司。

他们开发出PostScript语言，解决了个人计算机与打印设备之间的通信问题，使文件在任何类型的机器上打印都能获得清晰、一致的文字和图像。史蒂夫·乔布斯为此专程到Adobe公司考察，并与该公司签订了第一份合同。他还说服二人放弃做一家硬件公司的想法，专做软件研发。两位科学家说："如果没有史蒂夫当时的高瞻远瞩和冒险精神，Adobe就没有今天。"在两位科学家的带领下，Adobe公司开发出Illustrator（1987年）、Acrobat（1993年）、PDF（便携文档格式）、Indesign（1999年）等革新性的技术和软件程序，还通过收购其他软件公司，将Premiere、PageMaker、After Effects、Flash、Dreamweaver、Fireworks、FreeHand等纳入囊中，使Adobe成为横跨所有媒介和显示设备的软件帝国，影响了无数人。

约翰·沃诺克　　查克·基斯克

· PS技术讲堂 ·

【 Photoshop 2020 的下载和安装方法 】

注册Adobe ID

在Windows操作系统中安装和运行Photoshop 2020，Microsoft Windows 7 64 位是最低要求，Photoshop已不再支持32 位操作系统。对Mac操作系统的最低要求是macOS 10.13（High Sierra）。内存对Photoshop运行速度的影响较大，不能低于2GB，最好8GB以上。显卡在NVIDIA GeForce GTX 1050级别之上，而且显存也不能太小——如果显存小于 512 MB，3D功能将无法使用。

下面介绍Photoshop 2020试用版的下载和安装方法。我们需要打开Adobe公司中国官网，先注册一个Adobe ID，然后下载桌面安装程序，用它来安装Photoshop。

打开Adobe公司中国官网，单击页面右上角的"登录"链接，如图1-4所示；切换到下一个页面，单击"创建账户"链接，如图1-5所示；进入下一个页面，如图1-6所示，输入姓名、邮箱、密码等信息，单击"创建账户"按钮。完成注册后，用账号和密码登录Adobe。

图1-4　　　　　　　　　　图1-5　　　　　　　　　　图1-6

下载程序，安装Photoshop

登录Adobe ID后，单击"支持"菜单，选择"下载和安装"命令，如图1-7所示；切换到下一个页面，下载Creative Cloud Desktop，如图1-8所示。下载完成后，单击Photoshop图标下方的"试用"按钮，如图1-9所示，即可自动安装Photoshop。从安装之日起，有7天的试用时间，过期之后，需要购买Photoshop正式版（单击"立即购买"按钮），才能继续使用它。

图1-7　　　　　　　　图1-8　　　　　　　　图1-9

提示（Tips）

通过Creative Cloud Desktop 桌面程序，用户还可以更新Adobe 应用程序，共享文件，在线查找字体和库存图片。

Photoshop 2020 工作界面

Photoshop工作界面设计得非常合理，也很人性化，初学者能够轻松上手。Adobe公司大部分软件都采用这样的界面，因此，如果会用Photoshop，操作Adobe其他软件也就不在话下了。

1.2.1
从主页观看Adobe官方教程

打开Photoshop 2020以后，我们最先看到的是主页，如图1-10所示。在这里可以创建和打开文件、了解Photoshop新增功能、搜索Adobe资源。

图1-10

单击"学习"选项卡，则可切换主页，如图1-11所示。这里有很多练习教程，单击其中的一个，可以在Photoshop中打开相关素材和"学习"面板。按照"学习"面板中的提示去操作，可以学到Photoshop入门知识，完成一些简单的实例，如图1-12所示。单击视频，则可链接到Adobe网站，在线观看视频。

图1-11

> **提示（Tips）**
>
> 如果不使用主页，可以按Esc键将它关闭。主页关闭以后，编辑文件时，单击工具选项栏左端的主页按钮 🏠，或执行"帮助>主页"命令，可随时显示主页。

图1-12

1.2.2
认识Photoshop界面

在主页中打开或新建文件，或者关闭主页之后，就进入Photoshop工作界面了。它由菜单、工具选项栏、图像编辑区（文档窗口）和各种面板等组成，如图1-13所示。

图1-13

默认的工作界面是黑色的，很炫酷，图像辨识度高，色彩感强，对眼睛也有好处，是现在流行的风格。

　　早期的Photoshop界面是灰色的。灰色的优点是不会给图像色彩造成干扰，进而影响我们的判断力（*见218页色彩调整*）。如果想改变界面颜色，可以执行"编辑>首选项>界面"命令，打开"首选项"对话框进行设置，如图1-14所示。也可按Alt+Shift+F2（由深到浅）和Alt+Shift+F1（由浅到深）快捷键来进行切换。

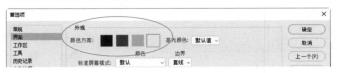

图1-14

💎 1.2.3
实战：文档窗口怎样操作

　　文档窗口是我们观察图像和编辑图像的区域，在操作上与IE浏览器的窗口差别不大。

01 按Ctrl+O快捷键，弹出"打开"对话框，在配套资源的素材文件夹中，按住Ctrl键并单击两幅图像，将它们选中，如图1-15所示。按Enter键打开，当前只显示一幅图像，如图1-16所示。

扫码看视频

图1-15　　　　　　　　图1-16

02 单击另一个文件的选项卡，即可显示它。在文件的选项卡上按住鼠标左键，并向下方拖曳鼠标，可将其拖出，成为浮动窗口，如图1-17所示。拖曳浮动窗口的一角，可以调整窗口大小。拖曳窗口标题栏至工具选项栏底边，可以将窗口重新以选项卡形式停放，如图1-18所示。

提示（Tips）

当打开了很多图像时，如果无法显示全部文件的选项卡，可以打开"窗口"菜单，或者单击选项卡右端的 >> 按钮，打开下拉菜单，在这两个菜单中都能找到需要编辑的文件。也可以按Ctrl+Tab快捷键来切换窗口。

图1-17　　　　　　　　图1-18

03 将鼠标指针放在文件的选项卡上并水平拖曳，可以调整各个文件的排列顺序，如图1-19所示。

图1-19

04 单击一个选项卡上的 × 按钮，如图1-20所示，可以关闭该窗口。在选项卡上单击鼠标右键，打开快捷菜单，选择"关闭全部"命令，如图1-21所示，可以一次性关闭所有窗口。

图1-20　　　　　　　　图1-21

技术看板 01 从标题栏中可以获取哪些信息

文档窗口顶部是标题栏，显示了文件名、颜色模式和位深度等。当文件中包含多个图层时，还会显示当前工作图层的名称。除此之外，如果图像经过编辑但尚未保存，标题栏中会显示 * 状符号；如果配置文件（*见249页*）丢失或不正确，则会显示 # 状符号。

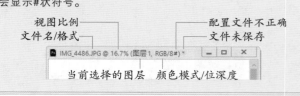

💎 1.2.4
状态栏里的大学问

　　文档窗口底部是状态栏，不太显眼，很容易被忽视。其实它可以显示很多信息，在编辑图像时能帮上大忙。

　　状态栏左侧的文本框中显示了文档窗口的视图比例（*见22、23页*）。我们可以在这里输入百分比值，来调整视图比例。单击状态栏右侧的 > 按钮，打开下拉菜单，如图

1-22所示。在下拉菜单中可以选择状态栏显示的信息。其中的"文档大小""暂存盘大小""效率"与Photoshop工作效率和内存的使用情况有关，后面会介绍*（见28、29页）*。其他选项如下。

图1-22

- 文档配置文件： 显示图像使用的颜色配置文件。
- 文档尺寸： 显示图像的尺寸。单击此处，还可以显示除尺寸之外的通道和分辨率信息，如图1-23所示。按住Ctrl键不放，然后单击，则显示图像的拼贴宽度等信息，如图1-24所示。
- 测量比例： 显示文档的比例。
- 计时： 显示完成上一次操作所用的时间。
- 当前工具： 显示当前使用的工具的名称。
- 32位曝光： 编辑HDR图像时，可用于调整预览图像，以便在计算机显示器上查看32位/通道高动态范围（HDR）图像的选项。
- 存储进度： 保存文件时显示存储进度。
- 智能对象： 显示文件中包含的智能对象*（见96页）*及状态。
- 图层计数： 显示文件中包含多少个图层。

| 宽度：4032 像素 |
| 高度：3024 像素 |
| 通道：3(RGB 颜色，8bpc) |
| 分辨率：72 像素/英寸 |
| 文档：34.9M/34.9M |

图1-23

| 拼贴宽度：1024 像素 |
| 拼贴高度：1024 像素 |
| 图像宽度：4 拼贴 |
| 图像高度：3 拼贴 |
| 文档：34.9M/34.9M |

图1-24

💎 1.2.5
Photoshop 中的 7 类"武器"

Photoshop功能强大，因而工具也特别多。"工具"面板就像一个"武器库"，如图1-25所示。这些"武器"按照用途分为7类，如图1-26所示。

单击"工具"面板顶部的 ◀◀ 按钮，可以将"工具"面板切换为单排（或双排）显示。在默认状态下，"工具"面板停放在窗口左侧。拖曳它的顶部，可将其移动到窗口中的任意位置。

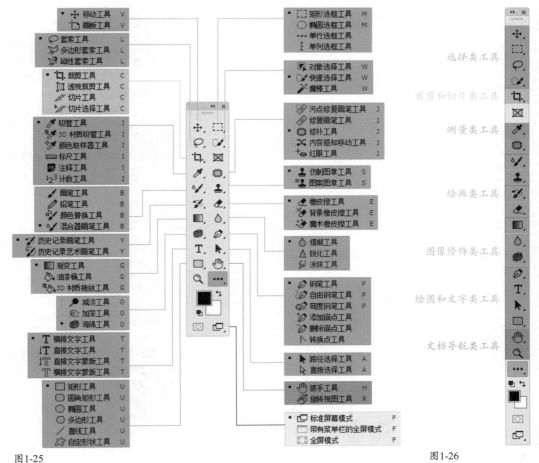

图1-25

图1-26

7

要使用一个工具时，单击它即可，如图1-27所示。右下角有三角形图标的是工具组，在它上方按住鼠标左键，可以显示其中隐藏的工具，如图1-28所示；将鼠标指针移动到一个工具上，然后单击，即可选择该工具，如图1-29所示。如果想了解工具的具体名称，可以将鼠标指针停放在工具上方，除名称外，还会显示快捷键、工具功能和使用方法的简短视频，如图1-30所示。

图1-27　　　　图1-28

图1-29　　　　　　图1-30

💎 1.2.6
实战：重新配置"工具"面板

01 执行"编辑>工具栏"命令，或单击"工具"面板中的 ••• 按钮，在打开的下拉菜单中选择"编辑工具栏"命令，打开"自定义工具栏"对话框，如图1-31所示。

02 左侧列表是"工具"面板中包含的所有工具。将一个工具拖曳到右侧列表中，如图1-32和图1-33所示，"工具"面板就会将其隐藏，如图1-34所示，此时需要单击面板底部的 ••• 按钮才能找到它，如图1-35所示。想要取消隐藏也很简单，将其重新拖曳到左侧列表即可。

图1-31　　　　　　　　图1-32

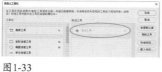

图1-33　　　　　图1-34　　图1-35

03 在左侧列表中，每一个窗格代表一个工具组。我们可以将一个工具拖曳到另一个工具组中，如图1-36~图1-38所示。也可拖曳到窗格外，让它自己成为一个工具组，如图1-39和图1-40所示。右侧列表也可以这样操作。工具虽然可以重新分组，但还是Photoshop默认的分组比较好，因为这是经过好几代Photoshop版本检验过的、最合理的分组方式。

图1-36　　　　　　　　图1-37

图1-38　　　　图1-39　　　　图1-40

"自定义工具栏"选项

● **存储预设/载入预设**：要存储自定义的工具栏，可单击"存储预设"按钮；要打开以前存储的自定义工具栏，可单击"载入预设"按钮。

● **恢复默认值**：恢复为默认的工具栏。

● **清除工具**：将所有工具移动到附加工具。

● ••• / ▣ / ▢ / ⬚：各个按钮依次为切换显示最后一个工具栏槽位中的附加工具，显示/隐藏前景色和背景色图标，显示/隐藏快速蒙版模式按钮，显示/隐藏屏幕模式按钮。

💎 1.2.7
实战：工具选项栏操作技巧

选择一个工具后，可以在工具选项栏中设置选项，调整工具的参数，修改使用方法。下面以渐变工具 ▣ 为例，介绍怎样使用选项栏。

01 选择渐变工具 ▣。图1-41所示为它的选项栏。该工具比较典型，包含了所有形式的选项。

图1-41

02 按钮通过单击方法使用。例如，单击 ▣ 按钮，表示当前选择的是线性渐变。单击 ∨ 按钮，可以打开下拉面板或下拉列表。单击复选框 ☐，可以勾选选项 ✓；再次单击，则取消勾选。

03 有数值的选项可以通过4种方法操作。第1种方法是在数值上双击将其选取，然后输入新数值并按Enter键，如图1-42和图1-43所示。第2种方法是在文本框内单击，当出现闪烁的"I"形光标时，如图1-44所示，向前或向后滚动鼠标的滚轮，可以动态调整数值。第3种方法是单击 ∨ 按钮，显示滑块后，拖曳滑块来进行调整，如图1-45所示。第4种方法是将鼠标指针放在选项的名称上，如图1-46所示，向左或右侧拖曳鼠标，可以快速调整数值。

图1-42　　　　　　图1-43　　　　　　图1-44

图1-45　　　　　　　　图1-46

技术看板 02 使用预设工具

如果一个工具总是在某些选项设置状态下使用，可以考虑将它存储为一个预设。例如，在处理文字的时候，如果黑体用得比较多，就选择横排文字工具 T，并选取黑体，之后单击"工具预设"面板中的 ⊞ 按钮进行保存。以后需要使用的时候，在"工具预设"面板中，或单击工具选项栏左侧的 ∨ 按钮，打开下拉面板，选取这个预设工具，所有参数就会自动设置好，不用再调整了。

选取黑体之后，保存为预设

在"工具预设"面板和工具选项栏都可以选取该预设

当工具预设多了以后，列表就会变长，很难查找预设工具。此时可以在"工具"面板中选择需要使用的工具，然后勾选"仅限当前工具"选项，这样面板中就只显示这一种工具的预设。

有一点要注意，使用一个工具预设后，工具选项栏中会一直保存它的参数。也就是说，以后我们到"工具"面板中选择这一工具时，也会自动应用这些参数。如果给操作带来不便，可以将工具预设清除。操作方法是单击"工具预设"面板右上角的 ☰ 按钮，打开面板菜单，选择"复位工具"命令即可。选择"复位所有工具"命令，可以清除所有工具的预设。

◈ 1.2.8
怎样使用菜单和快捷菜单

Photoshop有11个主菜单，如图1-47所示。从菜单的名称上，我们能大致了解Photoshop的主要功能有哪些。

图1-47

单击一个菜单，将其打开。可以看到，不同用途的命令间用分隔线隔开。单击有黑色三角标记的命令，可以打开其子菜单，如图1-48所示。

图1-48

选择一个命令，即可执行该命令。如果命令是灰色的，则表示在当前状态下不能使用。例如，没有创建选区时，"选择"菜单中的多数命令都是灰色的，无法执行。

在文档窗口空白处、在包含图像的区域，或者在面板上单击鼠标右键，可以打开快捷菜单，如图1-49和图1-50所示。它提供了与当前操作有关的命令，比在主菜单中选取这些命令要方便一些。

图1-49　　　　　　图1-50

◈ 1.2.9
实战：对话框使用技巧

要点

在菜单中，右侧有"…"符号的命令表示会弹出对话框。对话框一般包含可设置的参数和选项。还有一种是警告对话框，提醒我们

扫码看视频

操作不正确或者应注意的事项。

01 按Ctrl+O快捷键，打开一个素材，如图1-51所示。执行"图像>调整>色相/饱和度"命令，打开"色相/饱和度"对话框。对话框中一般提供了文本框、滑块、"预览"选项和 ∨ 按钮，如图1-52所示。

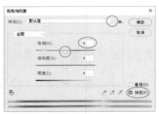

图1-51　　　　　　　　　图1-52

02 单击 ∨ 按钮，可以打开下拉列表，其中提供了预设选项，如图1-53和图1-54所示。

图1-53　　　　　　　　　图1-54

03 如果要手动调整参数，可以拖曳滑块，如图1-55和图1-56所示，或者在文本框中单击，之后输入数值（按Tab键可切换到下一选项）。如果需要多次尝试才能确定最终数值，可以这样操作：双击将数值选中，然后按↑键和↓键，以1为单位增大或减小数值；如果同时按住Shift键操作，则会以10为单位进行调整。

图1-55　　　　　　　　　图1-56

04 调整参数时，文档窗口中会显示图像的变化情况，这是因为"预览"选项被勾选了。如果取消选取，窗口中就只显示原图像。按P键也可以切换原图和修改效果，以方便进行对比。需要注意的是，当数值处于选取状态时，按P键不起作用，此时可先按Tab键，切换到非数值选项，之后再按P键。

05 修改参数以后，如果想要恢复为默认值，可以按住Alt键（一直按住），对话框中的"取消"按钮会变为"复位"按钮，如图1-57所示，单击它即可，如图1-58所示。

图1-57　　　　　　　　　图1-58

━ 提示（Tips）━

复位参数是非常有用的技巧。例如，调整颜色时，如果对效果不满意，想恢复初始状态以便重新调整，便可进行复位。如果不知道这个技巧，可能就需要手动将各个参数恢复为0，或者单击"取消"按钮放弃修改，再重新打开对话框。

◈ **1.2.10**

实战：重新布局 Photoshop

面板包含了用于创建和编辑图像、图稿、页面元素等的工具。其功能与命令有些相似，甚至很多任务也可以通过命令完成。例如，创建图层时，既可单击"图层"面板中的创建新图层按钮 ⊞，也可以使用"图层>新建"命令来完成。但通过面板操作更加简单。面板数量比较多，占用的空间也大。下面介绍怎样组合面板。

扫码看视频

01 执行"窗口>工作区>绘画"命令，先将面板复位，如图1-59所示。可以看到，面板分成了几组，并停靠在窗口右侧。

图1-59

02 每个面板组只显示一个面板。要使用其他面板时，在其名称上单击，即可显示，如图1-60所示。拖曳面板名称，可以调整面板顺序，如图1-61所示。拖曳至其他面板组，当出现蓝色提示线时放开鼠标，可以将面板移到这一组中，如图1-62所示。

03 拖曳面板的底边框可将面板拉长；拖曳面板组的左侧边界，可将所有面板组拉宽，如图1-63所示。

图1-60　　　图1-61

图1-62　　　图1-63

04 最上方的面板组有一个 ▶▶ 按钮，单击它，可以将所有面板折叠起来，只显示图标，如图1-64所示。单击一个图标，可展开相应的面板，如图1-65所示。再次单击，可将其收起来。拖曳面板的左边界，可以调整面板组的宽度，让面板的名称显示出来，如图1-66所示。

  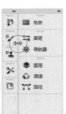

图1-64　图1-65　　　　图1-66

05 在最上方的面板组中，单击右上角的 ◀◀ 按钮，可将面板组重新展开。单击面板右上角的 ☰ 按钮，可以打开面板菜单，如图1-67所示。在面板的选项卡上单击鼠标右键，可以显示快捷菜单，如图1-68所示。选择其中的"关闭"命令，可以关闭当前面板；选择"关闭选项卡组"命令，可关闭当前面板组。

图1-67　　　　　图1-68

💎 1.2.11
实战：根据需要配置面板

01 将鼠标指针放在面板的名称上，向外拖曳，如图1-69所示，可将其从组中拖出，成为浮动面板，如图1-70所示。浮动面板可以摆放在窗口中的任意位置，拖曳其左、下、右侧边框，可调整面板大小，如图1-71所示。

扫码看视频

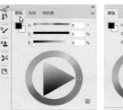 

图1-69　　　　图1-70　　　　图1-71

02 将其他面板拖曳到该面板的选项卡上，可以将它们组成一个面板组。如果拖曳到面板下方出现蓝色提示线时，如图1-72所示，放开鼠标，则可将这两个面板连接在一起，如图1-73所示。

03 将鼠标指针放在面板名称上方，拖曳鼠标，可以同时移动连接的面板，如图1-74所示。在面板的名称上双击，可以将其折叠为图标状，如图1-75所示。如果要展开面板，可在其名称上单击。如果要关闭浮动面板，单击它右上角的 ✕ 按钮即可。

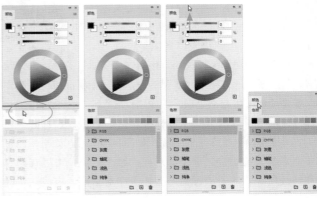

图1-72　　　图1-73　　　图1-74　　　图1-75

设置工作区

1.3

使用Photoshop时，我们可以按照自己的习惯对工作区做一些调整。例如，将常用的面板打开，并放到合理位置上，关闭不常用的面板，以便操作的时候更顺手。Photoshop中的命令和快捷键属于工作区的一部分，也可以修改。

1.3.1
切换工作区

如果进行的是照片处理、绘画、3D、Web、动画等工作，可以使用Photoshop提供的预设工作区。例如，处理照片时，使用"摄影"工作区，窗口中就只显示与修饰和调色有关的面板，如图1-76所示，省得我们手动调整了。预设工作区可以在"窗口>工作区"子菜单中选取，如图1-77所示。预设工作区中的面板也可以移动和关闭，调整之后可用"窗口>工作区>复位某工作区"命令恢复过来。

图1-76

图1-77

1.3.2
实战：自定义工作区

当我们按照自己的使用习惯重新配置了面板和快捷键以后，可以保存为自定义的工作区。以后别人使用我们的计算机时，即使修改了工作区，我们也能很快将其恢复过来。

扫码看视频

01 首先将无用的面板关闭，然后在"窗口"菜单中打开常用面板。通过编组和嵌套的方法合理配置面板组，基本原则就是让面板用起来更顺手，如图1-78所示。

02 执行"窗口>工作区>新建工作区"命令，在打开的对话框中输入工作区的名称，如图1-79所示（如果修改了菜单命令和快捷键，勾选下面对应的两个选项，可以存储菜单和快捷键），单击"存储"按钮关闭对话框，完成工作区的创建。

03 下面介绍怎样恢复到预设的工作区。先关闭一些面板，移动位置也可。然后在"窗口>工作区"菜单中找到自定义的工作区，如图1-80所示，被关闭的面板会重新打开，被移动过的则会回到先前的位置。

图1-78

图1-79

图1-80

提示（Tips）

Photoshop界面中只有菜单是固定的，文档窗口、面板、工具选项栏都可以移动和关闭。如果要删除自定义的工作区，可以用"删除工作区"命令操作。如果要恢复为默认的工作区，可以执行"基本功能（默认）"命令。

1.3.3
实战：自定义快捷键

快捷键可以帮助用户提高工作效率。然而每个人的习惯都不一样，对快捷键的设定也有自己的想法。如果想修改快捷键，可以按照下面介绍的方法操作。

扫码看视频

01 执行"编辑>键盘快捷键"或"窗口>工作区>键盘快捷键和菜单"命令，打开"键盘快捷键和菜单"对话框。单击"快捷键用于"选项右侧的 ∨ 按钮，打开下拉列表。这里面有3个选项，选择"工具"选项可设置工具快捷键，如图1-81所示。"应用程序菜单"选项是用于修改菜单命令快捷键

的，"面板菜单"选项则是用于修改面板菜单命令快捷键的。

图1-81

02 在"工具面板命令"列表中选择抓手工具，可以看到，它的快捷键是H，如图1-82所示。单击右侧的"删除快捷键"按钮，将该工具的快捷键删除。

图1-82

03 转换点工具没有快捷键，我们将抓手工具的快捷键指定给它。选择转换点工具，在显示的文本框中输入"H"，如图1-83所示。单击"确定"按钮关闭对话框。在"工具"面板中可以看到，快捷键H已经分配给了转换点工具，如图1-84所示。

图1-83 　　　　　　　　　　　　　　　　图1-84

> **提示**（Tips）
>
> 单击"摘要"按钮，可以将所有快捷键内容导出为Web页面。

· PS技术讲堂 ·

【 用好快捷键，让工作效率倍增 】

命令快捷键（Windows）

在Photoshop中，使用快捷键可以直接执行命令、选取工具、打开面板，这样就不用到菜单和面板中操作了，工作效率自然会提高，也能减轻频繁使用鼠标给手造成的疲劳。

Photoshop中的常用命令一般都配有快捷键，放在命令右侧。例如，"选择"菜单中的"全部"命令，它的快捷键是Ctrl+A，如图1-85所示。使用的时候，先按住Ctrl键不放，然后按一下A键，便可执行这一命令。

如果快捷键是由3个按键组成的，则应先按住前面的两个键，之后按一下最后的那个键。例如，"选择>反选"命令的快捷键是Shift+Ctrl+I，操作时要同时按住Shift键和Ctrl键不放，之后按一下I键。

有些命令只有单个字母，这不表示它是快捷键，因为单个字母的快捷键都已经分配给了工具和面板。但它仍是一种快捷方法，操作时是这样的：按住Alt键不放，按主菜单右侧的字母按键（打开主菜单），再按一下命令右侧的字母按键，便可执行该命令。例如，按住Alt键不放，然后按一下L键，再按一下D键，就可执行"复制图层"命令，如图1-86所示。

图1-85 　　　　　图1-86

工具快捷键（Windows）

工具的快捷键分为两种情况。一种情况提供了单独按键，如移动工具✛，它的快捷键是V（将鼠标指针放在工具上即可显示快捷键），如图1-87所示，那么只要按一下V键，便可选取该工具。

工具组则是另一种情况。例如，套索工具组中有3个工具，它们的快捷键都是L，如图1-88所示。当我们按L键时，选择的是该组中当前显示的工具，想要选择隐藏的工具，则需配合Shift键来操作。具体方法是：按住Shift键不放，再按几下L键，便可循环切换这3个工具。也就是说，工具组中隐藏的工具需要通过Shift+工具快捷键来进行选取。

我们看到，单个字母快捷键主要分配给了工具，组合按键则分配给了命令。这样的配置方式是合理的，因为工具的使用频次高于命令。而面板只有少数几个有快捷键。现在计算机显示器基本上都是宽屏的，能够放下足够多的面板。另外，通过组合、折叠和停放也可以减少面板占用的空间。

图1-87 　　　　　图1-88

macOS快捷键

由于Windows操作系统和macOS的键盘按键有些区别，快捷键的用法也不一样。本书给出的是Windows快捷键，macOS用户需要进行转换——将Alt键转换为Opt键，Ctrl键转换为Cmd键。例如，如果书中给出的快捷键是Alt+Ctrl+Z，那么macOS用户应使用Opt+Cmd+Z快捷键来操作。

◈ 1.3.4

实战：自定义命令

Photoshop的功能非常多，可用于绘画、绘图、修饰照片、合成图像、制作特效，也可以编辑3D模型、视频、制作动画等。由于涉及的门类广泛，所以很多命令都是针对某一专业领域的，其他工作用不上。例如，编辑照片几乎用不到"3D"菜单中的命令。

扫码看视频

对于很少使用的命令，我们可将其隐藏，让菜单更简洁、更清晰，查找命令时也更方便。对于使用频率高的命令，则可为其刷上颜色，使它易于识别。这些小技巧，对于提高工作效率、减轻工作强度都是很有帮助的。

01 执行"编辑>菜单"命令，打开"键盘快捷键和菜单"对话框。我们先来隐藏一个命令。单击"文件"菜单前面的 ⟩ 按钮，展开菜单，将鼠标指针放在"在Bridge中浏览"命令的眼睛图标 👁 上，如图1-89所示。单击隐藏该命令，如图1-90所示。这种隐藏命令的方法与在"图层"面板中隐藏图层的操作是一样的。要想让命令恢复显示，可以在原眼睛图标 👁 处单击，让眼睛图标 👁 重新显示出来即可。

图1-89

图1-90

02 将鼠标指针放在"新建"命令右侧的"无"字上，如图1-91所示。单击打开下拉列表，选择红色，如图1-92所

示（"无"表示不为命令刷颜色），单击"确定"按钮关闭对话框。

图1-91

图1-92

03 打开"文件"菜单，如图1-93所示。可以看到，"在Bridge中浏览"命令已经没有了，"新建"命令也被刷上了红色底色。当需要使用被隐藏的命令时，只要按住Ctrl键单击菜单便可，如图1-94所示。

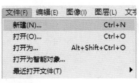

图1-93

图1-94

技术看板 ⑬ 将快捷键和命令恢复为默认状态

自定义快捷键和菜单命令后，如果想要恢复为Photoshop默认的快捷键，可以打开"键盘快捷键和菜单"对话框，在"快捷键用于"下拉列表中选取需要恢复的项目，然后在"组"下拉列表中选择"Photoshop默认值"选项，最后单击"确定"按钮即可。

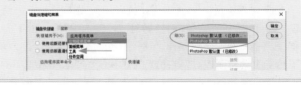

👑 **文件操作**
1.4

使用Photoshop编辑文件前，要先将其加载到Photoshop操作界面中。如果是计算机硬盘上的文件，可以在Photoshop中将其打开，然后进行编辑和修改。另外，我们也可以创建一个空白文件，用来绘画、制作效果、输入文字、添加素材等。下面介绍相关命令，以及其他与文件有关的操作。

◈ 1.4.1

实战：怎样创建空白文件

移动设备、UI、网页、视频等不同行业、不同设计任务，对文件尺寸、分辨率、颜色模式的要求也各不相同。初入此道的设计新人，是很难记得住那么多规范的。

扫码看视频

在这方面，Photoshop做了一个非常贴心的安排，它将各个行业常用的文件项目做成了预设，我们可以直接拿来使用，而不用再费力去查文件尺寸、分辨率要求，从而避免出现错误。

01 运行Photoshop。单击窗口左上角的"新建"按钮，如图1-95所示，或执行"文件>新建"命令（快捷键为Ctrl+N），打开"新建文档"对话框。最上方一排是选项卡，

每一个都包含预设项目。例如，如果想做一个A4大小的海报，可单击"打印"选项卡，之后在下方选择A4预设，如图1-96所示，然后单击"创建"按钮即可。

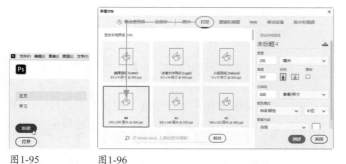

图1-95　　　　图1-96

02 我们也可以按照自己需要的尺寸、分辨率和颜色模式创建文件，只要在对话框右侧的选项中设置即可，如图1-97所示。

图1-97

03 我们还可以把自己设置的文件保存为预设，如图1-98~图1-100所示。以后创建相同的文件时，可以在"已保存"选项卡中使用它来创建，不必再设置选项了。

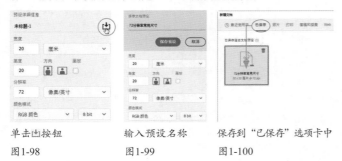

单击凸按钮　　　输入预设名称　　　保存到"已保存"选项卡中
图1-98　　　　　图1-99　　　　　图1-100

提示（Tips）

在"新建文档"对话框中，"最近使用项"选项卡收录了我们最近在Photoshop中使用的文件，并作为临时的预设，可用于创建相同尺寸的文件。

"新建文档"对话框选项

● 未标题-1：在该选项中可输入文件的名称。创建文件后，文件名会显示在文档窗口的标题栏中。保存文件时，文件名会

自动显示在存储文件的对话框内。文件名可以在创建时输入，也可以使用默认的名称（未标题-1），等到保存文件时，再为它设置正式的名称。

● 宽度/高度：可以输入文件的宽度和高度。在右侧的选项中可以选择一种单位，包括"像素""英寸""厘米""毫米""点""派卡"。

● 方向：单击▣和▣按钮，可以将文档的页面方向设置为纵向或横向。

● 画板：选取该选项后，可创建画板（见461页）。

● 分辨率：可输入文件的分辨率。在右侧的选项中可以选择分辨率的单位，包括"像素/英寸"和"像素/厘米"。

● 颜色模式（见102页）：可以选择文件的颜色模式和位深度。

● 背景内容：可以为"背景"图层（见43页）选择颜色；也可以选择"透明"选项，创建透明背景。

● 高级选项：单击>按钮，可以显示两个隐藏的选项，其中"颜色配置文件"选项可以为文件指定颜色配置文件；"像素长宽比"选项可以指定一帧中单个像素的宽度与高度的比例。需要注意的是，计算机显示器上的图像是由方形像素组成的，除非用于视频，否则都应选择"方形像素"选项。

◈ **1.4.2**

从Adobe Stock模板中创建文件

在"新建文档"对话框中，"照片""打印""图稿和插图""Web""移动设备""胶片和视频"选项卡下方均提供了Adobe Stock中的模板，可用来创建文档。例如，单击一个模板，对话框右侧会显示它的详细信息。单击"下载"按钮，如图1-101所示，Photoshop会提示授权来自Adobe Stock模板，同时进行下载。

图1-101

模板下载好之后，"下载"按钮会变为"打开"按钮，单击它，即可从模板中创建文件。模板中的所有图像、图形和文字素材都会加载到新建的文件中，如图1-102所示。

图1-102

下载的模板还会被添加到一个称作"Stock 模板"的 Creative Cloud Library 中。我们可以在"库"面板中访问该库。

"新建文档"对话框底部有一个文本框，输入关键字，如图1-103所示，单击"前往"按钮，可以登录 Adobe Stock 网站搜索更多的模板，如图1-104和图1-105所示。

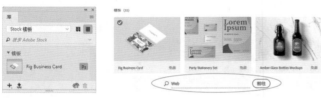

图1-103　　　　　图1-104

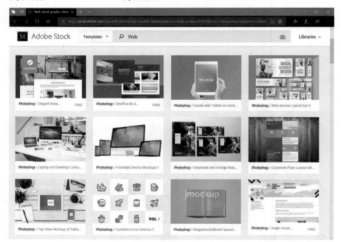

图1-105

1.4.3
从计算机中打开文件

在很多人的印象里，Photoshop是一个图像编辑程序，主要用来做一些平面设计、照片处理等工作，这就有点

"小瞧"它了。Photoshop早就是一个综合型软件了，它不仅可以编辑图像（照片、图片素材）、矢量图形，还能处理PDF文件和GIF动画，甚至3D模型和视频都可以用Photoshop修改。

以上所有这些类型的文件，都可以用"文件>打开"命令打开。

打开文件是最常用的操作，掌握一些快捷方法会更加方便。例如，按Ctrl+O快捷键，或者在Photoshop窗口内双击鼠标，都能调出"打开"对话框。在这个对话框中，我们先在左侧列表找到文件所在的文件夹，如图1-106所示。之后单击其中的一个文件（按住Ctrl键单击文件，可进行多选），如图1-107所示。单击"打开"按钮或按Enter键，就可将其打开。如果只打开一个文件，双击它就行，这样可以省去后面的步骤。

图1-106　　　　　图1-107

技术看板 04 缩小文件查找范围

Photoshop支持很多种类型的文件，如果我们的文件夹中恰好各种文件都有，而且数量也不少，那么查找起来就很麻烦。我们可以通过指定文件格式的方法缩小查找范围。例如，查找JPEG格式文件时，可在"文件类型"下拉列表中选择JPEG，这样就能将其他格式的文件屏蔽掉。但要注意的是，用这种方法操作一次之后，以后再查找文件时，"打开"对话框中还是只显示JPEG这一种格式，其他文件就找不到了。这该怎么办呢？很简单，只要在"文件类型"下拉列表中选择"所有格式"就行了。

只显示JPEG格式文件　　　　　显示所有文件

1.4.4
怎样打开出错的文件

计算机操作系统主要有两种，个人用户用Windows操作系统的比较多，设计公司、影楼、印刷厂一般使用mac OS，主要是因为Mac计算机的色彩更准确。

这两种系统有很大的差别，我们不探讨孰优孰劣。只是提醒大家容易出现这样的情况：将文件从一个系统复制到另一个系统时，由于格式出错，文件不能打开了。例如，JPEG文件错标为PSD格式，或者文件没有扩展名（如.jpg、.eps、.TIFF等）。

当无法用"打开"命令打开文件时，可以试试"文件>打开为"命令。执行该命令并选取文件后，为它指定正确的格式，如图1-108所示，便可在Photoshop中打开它。如果这种方法也不能打开文件，可能是选取的格式有误，或者是文件已经彻底损坏了。

图1-108

💎 1.4.5

实战：用快捷方法打开文件

下面介绍怎样用快捷方法打开文件。如果运行了Photoshop，请先将它关闭。

01 先在计算机硬盘的文件夹中找到一幅图像，然后将它拖曳到桌面的Photoshop应用程序图标 Ps 上，如图1-109所示，即可运行Photoshop并打开文件，如图1-110所示。

扫码看视频

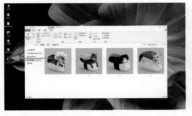

图1-109　　　　　　　　　图1-110

02 在Photoshop已打开的状态下，在Windows资源管理器中找一个文件，将它拖曳到Photoshop窗口中，可将其打开，如图1-111所示。

03 如果要打开的是最近使用过的文件，可以在"文件>最近打开文件"子菜单中找到它，如图1-112所示。如果觉得文件目录有点少，可以执行"编辑>首选项>文件处理"命令，打开"首选项"对话框，在"近期文件列表包含"选项中增加数量。如果要清除该目录，可以选择菜单底部的"清除最近的文件列表"命令。

图1-111　　　　　　　　　图1-112

💎 1.4.6

浏览特殊格式文件，从 Bridge 中打开

当我们积累了很多不同格式的素材以后，在查找或进行分类管理时，会因为文件格式特殊而无法预览，无奈之下，只能用支持该格式的软件打开它，这样才能知道它是什么内容。例如拿到AI、EPS格式文件时，就会用Illustrator去打开和查看。

其实，Photoshop里有一个非常好用的文件浏览和管理工具——Adobe Bridge。Photoshop支持的绝大多数文件都可用它预览，包括图像、Raw照片、AI和EPS矢量文件、PDF文件和动态媒体文件等。

执行"文件>在Bridge中浏览"命令，运行Adobe Bridge。找到文件以后，如图1-113所示，双击它，即可在其原始应用程序中将其打开。例如，双击一幅图像，可以在Photoshop中打开它，Raw文件可在Camera Raw中打开，AI文件可在Illustrator中打开。如果想使用其他软件打开文件，可以单击文件，然后打开"文件>打开方式"菜单，选择合适的软件即可（前提是安装了相应的软件）。

图1-113

💎 1.4.7

怎样与其他程序交换文件

在Photoshop中，用户可以通过导入和导出的方法与其他程序交换文件。导入是指使用"文件>导入"子菜单中的

命令，如图1-114所示，将变量数据组（见526页）、视频帧、注释（见21页）和WIA支持（即数码照片）等导入当前正在编辑的文件中。导出则是使用"文件>导出"菜单中的命令，如图1-115所示，将Photoshop文件中的图层、画板、图层复合等导出为图像资源，或者导出到Illustrator或视频设备中，以满足不同的使用需要。

图1-114　　　　　　图1-115

其中，使用"存储为Web所用格式（旧版）"命令，可以对切片进行优化（见460页）。使用"颜色查找表"命令，可以从Photoshop中导出各种格式的颜色查找表（见105页）。使用"Zoomify"命令，可以将高分辨率图像发布到Web上（利用 Viewpoint Media Player，可以平移或缩放图像）。使用"路径到Illustrator"命令，可以将路径导出为AI格式文件，以便在Illustrator中编辑使用。其他命令，相关章节会有说明。

提示（Tips）

如果为计算机配置了扫描仪并安装了驱动程序，"导入"菜单中会显示扫描仪名称。单击它可以启动扫描仪，扫描图片并加载到Photoshop中。

◆ 1.4.8
怎样与好友共享文件

执行"文件>在Behance上共享"命令，可以链接到Behance网站，将我们的作品上传到该网站。单击工具选项栏最右侧的 ⬆ 按钮，或执行"文件>共享"命令，在显示的"共享"面板中选择要用于共享资源的服务，如图1-116所示。通过电子邮件等工具将作品发送给其他人，与志同道合者分享。

Behance是著名的设计社区，展示了来自世界各地优秀设计师的作品，涵盖图形、时尚、插图、工业设计、建筑、摄影、美术、广告、排版、动画、游戏、声效等不同领域。是一个非常好的学习和交流平台。

图1-116

◆ 1.4.9
怎样保存文件

使用"文件>存储"命令（快捷键为Ctrl+S）可以保存文件。如果想将文件另存一份，可以使用"文件>存储为"命令操作。

存储文件时，首先会弹出图1-117所示的对话框。这里提供了两个存储方案。单击"保存到云文档"按钮，可以将文件存储到Adobe云端。它的好处是可以在不同地点、不同设备上跨平台下载文件。但遗憾的是，这个功能还没有对中国用户开放。所以我们只能将文件存储到计算机的硬盘上。既然云端功能不能使用，这个对话框以后也就没有必要再打开了（将"不再显示"选项勾选即可）。

图1-117

单击"保存在您的计算机上"按钮，打开"另存为"对话框，如图1-118所示。设置文件名称、格式和保存位置后，单击"保存"按钮，即可存储文件。

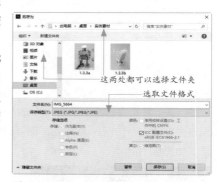

图1-118

"另存为"对话框选项

● 文件名：可以输入文件名。

● 保存类型：在该下拉列表中可以选择文件的保存格式。

● 作为副本：勾选该选项，可以另存一个文件副本。副本文件与源文件存储在同一位置。

● 注释/Alpha通道/专色/图层：可以选择是否存储图像中的注释信息、Alpha通道、专色和图层。

● 使用校样设置：将文件的保存格式设置为EPS或PDF时，该选项可用，它可以保存打印用的校样设置。

● ICC配置文件：保存嵌入在文档中的ICC配置文件。

● 缩览图：勾选该选项，可以为图像创建缩览图。此后在"打开"对话框中选择一个图像时，对话框底部会显示此图像的缩览图。

· PS技术讲堂 ·

【 文件格式选择技巧 】

PSD格式

我们都知道为什么要存储文件，但不一定清楚什么时间存储，以及选取哪种格式最为恰当。下面就这方面的问题，给大家提供一点经验。

当我们在Photoshop中对文件进行编辑之后，虽然只是刚刚开始工作，也应该将文件先以PSD格式保存起来。"另存为"对话框默认的选项就是PSD格式（扩展名为.psd），如图1-119所示。

图1-119

为什么要使用这种格式呢？文件格式决定了图像数据的存储方式（作为像素还是矢量）、支持哪些Photoshop功能、是否压缩，以及能否与其他应用程序兼容。作为Photoshop最佳存储格式，PSD格式能保存文件中的所有内容，如图层、蒙版、通道、路径、可编辑的文字、图层样式、智能对象等。将文件存储为这种格式，以后任何时候打开，都可以修改其中的内容。而且，其他Adobe程序，如Illustrator、InDesign、Premiere、After Effects等都支持PSD文件。这有什么好处呢？举个简单的例子，一个背景透明的PSD文件置入这些程序之后，背景仍然是透明的。

将文件保存为PSD格式后，编辑过程中，还要记得每完成重要操作之后都按一下Ctrl+S快捷键，将当前编辑效果存储起来。养成随时保存文件的习惯可以避免因断电、计算机系统故障或Photoshop意外崩溃而丢失工作成果。

JPEG格式

当所有编辑都完成以后，可以将文件存储为两份，一份是PSD格式，便于以后修改；另一份可以根据用途来定。如果图像用于打印、网络发布、E-mail传送，或者用于手机、平板电脑等设备，为方便浏览，也为了便于在不同的设备上使用，可以保存为JPEG格式。

JPEG是数码相机默认的文件格式（扩展名为.jpg或.jpeg），绝大多数图形图像程序都支持它。这种格式是由联合图像专家组开发的，可以对图像进行压缩，占用的存储空间比较小。但它采用的是有损压缩。所谓有损压缩，就是丢弃一些不重要的原始数据。保存文件时，我们需要在弹出的"JPEG选项"对话框中设置压缩率，如图1-120所示。从0~12，压缩率越高（0为最高），图像的品质越差。设置为10或者12比较好。10以上都属于"最佳"品质，图像细节的损耗非常小，画质的变化小到我们的眼睛几乎察觉不到。

图1-120

JPEG图像最好不要多次存储，因为每保存一次都要进行压缩处理，这会导致图像的品质越来越差。在支持的功能方面，JPEG格式可以存储路径，但不支持图层和其他Photoshop内容，在保存时会合并图层。

PDF格式

当我们将用Photoshop制作的作品交给别人审阅时，存储为PSD格式就不是一个很好的选择了，因为如果对方没有Photoshop或Bridge，就无法观看PSD文件。比较稳妥的方法除存储为JPEG格式外，也可以考虑PDF格式。

PDF是现在非常流行的电子文件格式，主要用在电子图书、产品说明、公司文告、网络资料、电子邮件等领域。PDF能将文字、字形、格式、颜色、图形和图像等封装在文件中，还能包含超链接、声音和动态影像等电子信息，用Adobe Reader（可免费下载）就可打开和浏览。除了保存为单个PDF文件外，用"文件>自动>PDF演示文稿"命令也可以将一组图像制作为可自动播放的幻灯片，如图1-121~图1-123所示。

参数设置
图1-121

PDF图标
图1-122

幻灯片画面
图1-123

PDF文件非常适合打印，因为它以PostScript语言为基础。PostScript是Adobe公司开发的一种与设备无关的打印机程序语言，用来驱动数字印刷机和显示，无论在哪种打印机上都能保证清晰、准确的打印效果。如果想让PDF文件能够在其他Adobe 程序（如InDesign、Illustrator、Acrobat等）之间共享，需要对PDF文件的标准做出统一设置，包括颜色转换方法、压缩标准和输出方法等。我们可以使用"编辑>Adobe PDF预设"命令，创建一个符合标准的Adobe PDF预设，以后用"文件>存储为"命令将文件保存为PDF格式时，可以在打开的"存储Adobe PDF"对话框中选择该预设。

其他格式

文件格式	说明
PSB格式	PSB格式是Photoshop的大型文档格式，可支持高达300000像素的超大图像文件。它支持Photoshop所有的功能，可以保持图像中的通道、图层样式和滤镜效果不变，但只能在Photoshop中打开。如果要创建一个2GB以上的PSD文件，可以使用该格式
BMP格式	BMP是一种用于 Windows 操作系统的图像格式，主要用于保存位图文件。该格式可以处理24位颜色的图像，支持RGB、位图、灰度和索引模式，但不支持Alpha通道
GIF格式	GIF是基于在网络上传输图像而创建的文件格式，支持透明背景和动画，被广泛地应用在网络文档中。GIF格式采用LZW无损压缩方式，压缩效果较好
Dicom格式	Dicom（医学数字成像和通信）格式通常用于传输和存储医学图像，如超声波和扫描图像。Dicom文件包含图像数据和标头，其中存储了有关病人和医学图像的信息
EPS格式	EPS是为在PostScript打印机上输出图像而开发的文件格式，几乎所有的图形、图表和页面排版软件都支持该格式。EPS格式可以同时包含矢量图形和位图图像，支持RGB、CMYK、位图、双色调、灰度、索引和Lab模式，但不支持Alpha通道
IFF格式	IFF（交换文件格式）是一种便携格式，它具有支持静止图片、声音、音乐、视频和文本数据的多种扩展名
PCX格式	PCX格式采用RLE无损压缩方式，支持24位、256色的图像，适合保存索引和线稿模式的图像。该格式支持RGB、索引、灰度和位图模式，以及一个颜色通道
PDF格式	PDF便携文档格式是一种跨平台、跨应用程序的通用文件格式，它支持矢量数据和位图数据，具有电子文档搜索和导航功能，是 Adobe Illustrator 和 Adobe Acrobat 的主要格式。PDF格式支持RGB、CMYK、索引、灰度、位图和Lab模式，不支持Alpha通道
Raw格式	Photoshop Raw（.raw）是一种灵活的文件格式，用于在应用程序与计算机平台之间传递图像。该格式支持具有Alpha通道的CMYK、RGB和灰度模式，以及无Alpha通道的多通道、Lab、索引和双色调模式。以 Photoshop Raw 格式存储的文件可以为任意像素大小，不足之处是不支持图层
Pixar格式	Pixar是专为高端图形应用程序（如用于渲染3D图像和动画的应用程序）设计的文件格式。它支持具有单个 Alpha 通道的 RGB 和灰度图像
PNG格式	PNG是作为GIF的无专利替代产品而开发的，用于无损压缩和在Web上显示图像。与GIF不同，PNG支持24位图像并产生无锯齿状的透明背景，但某些早期的浏览器不支持该格式
PBM格式	PBM便携位图文件格式支持单色位图（1 位/像素），可用于无损数据传输。许多应用程序都支持该格式，甚至可在简单的文本编辑器中编辑或创建此类文件
Scitex格式	Scitex（CT）格式用于Scitex计算机上的高端图像处理。它支持 CMYK、RGB 和灰度图像，不支持 Alpha 通道
TGA格式	TGA格式专用于使用 Truevision 视频板的系统，它支持一个单独Alpha通道的32位RGB文件，以及无Alpha通道的索引、灰度模式、16位和24位RGB文件
TIFF格式	TIFF是一种通用的文件格式，所有的绘画、图像编辑和排版程序都支持该格式，而且几乎所有的桌面扫描仪都可以产生 TIFF 图像。该格式支持具有 Alpha 通道的CMYK、RGB、Lab、索引颜色和灰度图像，以及没有 Alpha 通道的位图模式图像。Photoshop 可以在 TIFF 文件中存储图层，但是，如果在另一个应用程序中打开该文件，则只有拼合图像是可见的
MPO格式	MPO是3D图片或3D照片使用的文件格式

◈ 1.4.10
复制一份文件

如果希望在编辑图像时，能有一份原始图像与当前效果进行对比，或者想要在完成某一效果之后，将当前图像复制一份以便存储起来，可以使用"图像>复制"命令复制文件。执行该命令会打开"复制图像"对话框，如图1-124所示。在"为"选项内可以输入新文件的名称。如果文件中包含多个图层，则"仅复制合并的图层"选项可用，勾选该选项，复制后的文件会将所有图层合并。

图1-124

◈ 1.4.11
实战：用注释标记待办事项

如果临时中断工作，或者想要记录制作说明或是需要提醒的事项，例如尚未处理完的照片还有哪些地方需要编辑、修饰等，可以在图像中添加文字注释。

扫码看视频

01 按Ctrl+O快捷键，打开素材。选择注释工具 ，在工具选项栏中输入信息，如图1-125所示。

图1-125

02 在画面中单击，弹出"注释"面板，输入注释内容，如图1-126所示。创建注释后，鼠标单击处就会出现一个注释图标 ，如图1-127所示。

图1-126   图1-127

> **提示 (Tips)**
>
> 使用"文件>导入>注释"命令，可以将PDF文件中包含的注释导入当前图像中。创建注释以后，可以拖曳注释图标，移动它的位置。如果要查看注释内容，可双击注释图标，弹出的"注释"面板中会显示注释内容。如果在文档中添加了多个注释，单击 ← 和 → 按钮，可循环显示各个注释内容。在画面中，当前显示的注释为 状。如果要删除注释，可以在它上面单击鼠标右键，打开快捷菜单，选择"删除注释"命令。选择"删除所有注释"命令，或单击工具选项栏中的"清除全部"按钮，则可删除所有注释。

◈ 1.4.12
查看、添加版权信息

作为20世纪伟大的发明，互联网改变了世界，深刻影响着我们的生产和生活。面对网络上海量的信息和资源，人们习惯于免费使用，这给想要保护作品版权的创作者带来了无数烦恼。尤其是平面设计师、UI设计师和摄影师等从事创意工作的人深受其害。

Adobe考虑到用户这方面的需求，设计了为文件添加版权信息的功能，可以有效防止作品被盗用。我们可以在Photoshop中打开自己的作品，执行"文件>文件简介"命令，单击对话框左侧的"IPTC"（国际出版电讯委员会）选项，之后可以在右侧的选项中输入版权信息，包括创建者、创建者电子邮件和网站、版权公告、权利使用条款等，如图1-128所示，然后确认即可。

单击对话框左侧的各个选项，还可以查看和添加图像的原始信息，包括"摄像机数据"（数码照片和视频的拍摄信息，如拍摄照片的日期和时间、快门速度和光圈、具体的相机型号等），如图1-129所示，以及"Photoshop"（历史记录）、"DICOM"（医学扫描图像，包括病人数据、检查数据和设备数据）等。

图1-128   图1-129

◈ 1.4.13
关闭文件

如果要退出Photoshop程序，可单击程序窗口右上角的 ✖ 按钮，或执行"文件>退出"命令。

如果想关闭当前文件，可单击文档窗口右上角的 ✖ 按钮，或执行"文件>关闭"命令（快捷键为Ctrl+W）。如果同时打开了多个文件，执行"文件>关闭其他"命令，可关闭当前窗口之外的其他文件；执行"文件>关闭全部"命令，可关闭所有文件；执行"文件>关闭并转到Bridge"命令，可关闭文件并运行Bridge，以便浏览其他素材。

查看图像

调整文档窗口的视图比例使图像以更大或更小的画面显示，以及通过移动画面查看图像的不同区域，称为文档导航。文档导航是我们必须掌握的基本技能。

1.5.1
实战：用缩放工具缩放视图

处理图像细节时，我们会将视图比例调大，让图像以更大的画面显示，这样才能看清细节。当画面大到窗口中不能完全显示时，我们还会将需要编辑的区域移动到画面中心。缩放工具 🔍 可以完成这些操作。

扫码看视频

01 按Ctrl+O快捷键，弹出"打开"对话框，打开素材。选择缩放工具 🔍，将鼠标指针放在画面中（鼠标指针会变为 🔍 状），单击可以按照预设的级别放大窗口，如图1-130所示。按住Alt键（鼠标指针会变为 🔍 状）并单击，可以缩小窗口的显示比例，如图1-131所示。

图1-130

图1-131

02 在工具选项栏中选取"细微缩放"选项。将鼠标指针放在需要仔细观察的区域，单击并向右侧拖曳鼠标，能够以平滑的方式快速放大窗口，鼠标指针所指的图像会出现在窗口中央，如图1-132所示。这样操作，可同时完成放大和定位，这是缩放工具 🔍 最好用的技巧。如果向左侧拖曳鼠标，则会以平滑的方式快速缩小窗口，如图1-133所示。

图1-132

图1-133

提示（Tips）
调整视图比例只是让图像以更大或更小的画面显示，图像自身并没有被缩放（*图像缩放方法见79页*）。

缩放工具选项栏

图1-134所示为缩放工具 🔍 的选项栏。其中的部分选项与"视图"菜单中的命令用途相同。

图1-134

- **放大 🔍 / 缩小 🔍**：单击 🔍 按钮后，在窗口中单击，可以放大窗口；单击 🔍 按钮后，在窗口中单击，可以缩小窗口。
- **调整窗口大小以满屏显示**：缩放浮动窗口的同时自动调整窗口大小（仅针对浮动窗口）。
- **缩放所有窗口**：如果打开了多个文件，可以同时缩放所有的窗口。
- **细微缩放**：以平滑的方式快速缩放窗口。当取消该选项的勾选时，在画面中单击并拖曳鼠标，可以拖出一个矩形选框，放开鼠标后，矩形框内的图像会放大至整个窗口。按住Alt键操作可以缩小矩形选框内的图像。
- **100%**：与"视图>100%"命令相同。双击缩放工具 🔍 也可以进行同样的操作。
- **适合屏幕**：与"视图>按屏幕大小缩放"命令相同。双击抓手工具 ✋ 也可以进行同样的操作。
- **填充屏幕**：在整个屏幕范围内最大化显示完整的图像。

1.5.2
实战：用抓手工具缩放视图、平移画面

缩放工具 🔍 可以缩放和定位，但不能移动画面。抓手工具 ✋ 可以。如果配合快捷键，它能完成缩放工具 🔍 的所有操作。

扫码看视频

01 选择抓手工具 ✋，将鼠标指针放在窗口中，如图1-135所示。按住Alt键单击，可以缩小窗口，如图1-136所示。按住Ctrl键单击，可以放大窗口，如图1-137所示。放开键盘上的按键，单击并拖曳鼠标，可以移动画面。

02 下面是该工具的使用技巧。由于窗口被放大了，不能显示全部图像，如图1-138所示。按住H键，然后按住鼠标左键不放，画面中会出现一个黑色的矩形框，拖曳鼠标，可将它定位到需要查看的区域，如图1-139所示。放开H键和鼠标左键，即可放大窗口，同时矩形框内的图像会出现在窗口中央，

如图1-140所示。

图1-135

图1-136

图1-137

图1-138

图1-139

图1-140

03 还有一个技巧，需要缩放工具 🔍 配合。选择缩放工具 🔍 并勾选"细微缩放"选项。选择抓手工具 ✋，按住Ctrl键单击并向右侧拖曳鼠标，能够以平滑的方式快速放大窗口，同时，鼠标指针所指的图像会出现在窗口中央。按住Ctrl键向左侧拖曳鼠标，则会以平滑的方式快速缩小窗口。

💎 1.5.3
实战：用"导航器"面板快速定位画面

与抓手工具 ✋ 类似，"导航器"面板也集缩放和定位功能于一身。它适合导航大尺寸的文件，就是窗口中不能显示完整图像，以及视图比例被放大后的图像。

01 打开素材。单击 ◢◣ 按钮，可按照预设的比例逐级放大窗口，如图1-141所示。单击 ▲ 按钮可缩小窗口，如图1-142所示。

02 拖曳滑块，可进行动态缩放，如图1-143所示。这种方法速度更快。如果想要精确缩放，可以在左下角的文本框中输入百分比值并按Enter键，如图1-144所示。

03 拖曳红色小方框可以移动画面，如图1-145所示。在它外面单击，如图1-146所示，则可将画面迅速切换到这一区域。

图1-141

图1-142

图1-143

图1-144

图1-145

图1-146

> **提 示**（Tips）
>
> 如果图像以红色为主，小方框就不太明显了。使用"导航器"面板菜单中的"面板选项"命令，可以将小方框修改为其他颜色。

💎 1.5.4
命令+快捷键

"视图"菜单中有专门用于调整视图比例的命令，而且比较常用的几个命令提供了快捷键，使用时非常方便，如图1-147所示。例如，当需要放大视图时，可以按住Ctrl键，之后连续按+键，视图会逐级放大，就像用缩放工具 🔍 单击一样。

当窗口中不能显示全部图像时，按住空格键（切换为抓手工具 ✋）单击并拖曳鼠标，可以移动画面。

图1-147

缩小视图比例的方法是按住Ctrl键，并连续按－键。如果想让窗口中显示完整的图像，可以按Ctrl+0快捷键。如果想让图像以100%的比例显示，可以按Ctrl+1快捷键。

● 放大／缩小：按预设比例放大、缩小窗口。

● 按屏幕大小缩放：让整幅图像完整地显示在窗口中。这也是图像打开时的最初显示状态。

● 按屏幕大小缩放图层：让所选图层中的对象最大化显示。

● 按屏幕大小缩放画板：让画板完整地显示在窗口中。

● 100%／200%：让图像以100%（或200%）的比例显示。在100%状态下可以看到最真实的效果。当对图像进行缩放后，切换到这种状态下观察，可以准确地了解图像的细节是否变得模糊及其模糊程度。

● 打印尺寸：让图像按照其打印尺寸显示。如果图像用于排版软件（如InDesign），可以在这种状态下观察图像的大小是否合适。需要注意的是，打印尺寸并不精确，与图像的真实打印尺寸之间存在误差，不要被它的名称误导了。

💎 1.5.5

切换屏幕模式

当我们在Photoshop中打开图像时，它的界面内会显示菜单、工具选项栏、文档标题栏、滚动条和各种面板，如图1-148所示。这是默认的标准屏幕模式。

按一下F键，可以切换为带有菜单栏的全屏模式，即窗口全屏显示，图像在50%灰色背景上，无标题栏和滚动条，如图1-149所示。

图1-148

图1-149

再按一下F键，可切换为全屏模式。此时整个屏幕区域只在黑色背景上显示图像，其他组件全部隐藏，如图1-150所示。在这种模式下，工具的选取、命令的执行都要通过快捷键来完成。按Shift+Tab快捷键，可以显示/隐藏面板。按Tab快捷键，可以显示/隐藏面板、"工具"面板和菜单。当我们对Photoshop运用熟练以后，会更喜欢在全屏模式下操作，因为这样可以专注于处理图像，而不被面板和其他组件干扰视线。

图1-150

> ┌─ 提示（Tips）────
> 单击"工具"面板底部的屏幕模式按钮，可以显示用于切换屏幕模式的按钮。单击其中的一个，即可切换屏幕模式。
>

💎 1.5.6

实战：多窗口操作

现在计算机显示器基本上都是宽屏的，我们可以利用屏幕空间，为图像创建两个窗口，一个窗口的视图比例放大，在其中处理图像细节，在另一个窗口观察图像的整体效果。

扫码看视频

01 按Ctrl+O快捷键，打开素材。执行"窗口>排列>为（文件名）新建窗口"命令，为当前文件新建一个窗口，再执行"窗口>排列>平铺"命令，让两个窗口并排显示，如图1-151所示。

图1-151

02 按Ctrl++快捷键，将左侧窗口的视图比例调大，按住空格键并拖曳鼠标，将美少女的五官调整到画面中心。选择画笔工具 ✐（见122页），按] 键将笔尖调大，将前景色（见106页）设置为洋红色，在美少女的额头上单击，点一个点，左、右两个窗口会同时显示处理结果，如图1-152所示。

图1-152

> ┌─ 提示（Tips）────
> 新建的窗口只是当前文件的另一个视图，并不是将文件复制出了一份。它的作用类似于在房间里安装了两个监视器，它们观察的是同一个房间。

怎样排列多个窗口

创建了多个窗口，或者同时打开多个文件以后，可以使用"窗口>排列"菜单中的命令设置这些文档窗口的排列方式，如图1-153所示。在"排列"菜单中，最上面的一组命令可以平铺窗口，各命令前面的图标就是排列效果，非常直观。其中的"将所有内容合并到选项卡中"命令是指有浮动窗口时，将浮动窗口停放到选项卡中。其他命令及其解释如下。

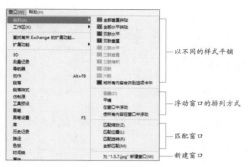

图1-153

- 以不同的样式平铺
- 浮动窗口的排列方式
- 匹配窗口
- 新建窗口

- **层叠**：从屏幕的左上角到右下角以堆叠和层叠的方式显示未停放的窗口。

- **平铺**：以边靠边的方式显示窗口。关闭一个图像时，其他窗口会自动调整大小，以填满可用的空间。

- **在窗口中浮动**：允许图像自由浮动。

- **使所有内容在窗口中浮动**：使所有文档窗口都变为浮动窗口。

- **匹配缩放**：将所有窗口都匹配到与当前窗口相同的缩放比例。例如，当前窗口的缩放比例为100%，另外一个窗口的缩放比例为50%，执行该命令后，该窗口的显示比例会自动调整为100%。

- **匹配位置**：将所有窗口中图像的显示位置都匹配到与当前窗口相同，如图1-154和图1-155所示。

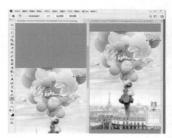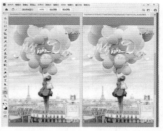

图1-154　　　　　　　　图1-155

- **匹配旋转**：将所有窗口中画布的旋转角度*（见136页）*都匹配到与当前窗口相同，如图1-156和图1-157所示。

图1-156　　　　　　　　图1-157

- **全部匹配**：将所有窗口的缩放比例、图像显示位置、画布旋转角度与当前窗口匹配。

Photoshop 2020
1.6

操作失误怎么办

编辑图像时，如果出现失误，大可不必担心，Photoshop中有"月光宝盒"一样的"宝物"，能帮助我们撤销操作，让图像恢复到从前。

1.6.1
撤销与恢复

当操作失误，或对当前效果不满意时，可以使用"编辑>还原"命令（快捷键为Ctrl+Z）撤销一步或多步操作。如果想依次恢复被撤销的操作，可以执行"编辑>重做"命令（快捷键为Shift+Ctrl+Z）。如果想将文件直接恢复到最后一次保存时的状态，可以执行"文件>恢复"命令。

1.6.2
实战：用"历史记录"面板撤销操作

编辑文件时，我们每进行一步操作，都会被"历史记录"面板记录下来，并可用于撤销操作。下面介绍它的使用方法，其中涉及怎

扫码看视频

样撤销部分操作和恢复部分操作，以及将图像恢复为打开时的状态（即撤销所有操作的方法）。

01 打开素材，如图1-158所示。当前"历史记录"面板状态如图1-159所示。

图1-158　　　　　　　　图1-159

02 执行"滤镜>模糊>径向模糊"命令，打开"径向模糊"对话框，选择"模糊方法"为"缩放"，参数设置为60，将模糊中心拖曳到图1-160所示的位置。单击"确定"按钮关闭对话框，图像效果如图1-161所示。

图1-160　　　　图1-161

03 单击"调整"面板中的 ▣ 按钮，创建"渐变映射"调整图层。使用图1-162所示的渐变，创建热成像效果，如图1-163所示。

图1-162　　　　图1-163

04 下面来撤销操作。单击"历史记录"面板中的"径向模糊"，即可将图像恢复到该步骤的编辑状态中，如图1-164和图1-165所示。

图1-164　　　　图1-165

05 打开文件时，快照区会保存初始图像，单击它可撤销所有操作，即使中途保存过文件，也能将其恢复到最初的打开状态，如图1-166和图1-167所示。

图1-166　　　　图1-167

06 如果要恢复所有被撤销的操作，可以单击最后一步操作，如图1-168和图1-169所示。或者执行"编辑>切换最终状态"命令。

图1-168　　　　图1-169

"历史记录"面板选项

执行"窗口>历史记录"命令，打开"历史记录"面板，如图1-170所示。

图1-170

● 设置历史记录画笔的源 ✎：使用历史记录画笔时（见134页），该图标所在的位置将作为历史画笔的源图像。

● 快照缩览图：被记录为快照的图像状态缩览图。

● 图像的当前状态：当前选取的图像编辑状态。

● 从当前状态创建新文档 ⊞：基于当前操作步骤中图像的状态创建一个新的文件。

● 创建新快照 ◙：基于当前的图像状态创建快照。

● 删除当前状态 🗑：选择一个操作步骤，单击该按钮可以将该步骤及后面的操作删除。

◈ 1.6.3

用快照撤销操作

"历史记录"面板是Photoshop中的"账房先生"，我们的每一笔开销（操作），它都会记录下来。这个"先生"勤勉、认真，就是记性差一点，它只记得住50步。一般的图像编辑，50步回溯基本够用。但使用画笔、涂抹等绘画工具时，就有点不够用了。因为每单击一下鼠标，就会被记录为一步操作，如图1-171所示。这显然是一笔糊涂账。同时也给我们带来两个麻烦：一是50步之前的操作没有了，不能回溯了；二是撤销操作时，我们没有办法从名称上分辨哪一步是需要恢复的。

图1-171

解决这个问题也需要从两方面着手。针对步骤较少的情况，可以通过"编辑>首选项>性能"命令，增加历史记录数量，如图1-172所示。如果计算机的内存小，最好不要设置得过多，以免影响Photoshop的运行速度。

图1-172

另外就是编辑图像时，在完成重要操作以后，单击"历史记录"面板底部的创建新快照按钮，将当前状态保存为快照，如图1-173所示。这样以后不论进行多少步操作，只要单击快照，就可恢复到它所记录的图像状态，如图1-174所示。在不增加历史记录数量的情况下，这个方法很管用。

图1-173　　　　图1-174

快照的默认名称是按照"快照1、2、3"的顺序命名的，特征不明显。我们可以在名称上双击，显示文本框以后输入新名称，如图1-175所示。如果要删除一个快照，将它拖曳到"历史记录"面板底部的 按钮上即可，如图1-176所示。

图1-175　　　　图1-176

快照选项

在"历史记录"面板中单击要创建为快照的记录，如图1-177所示。按住Alt键单击创建新快照按钮，或执行面板菜单中的"新建快照"命令，可以打开"新建快照"对话框，如图1-178所示。

图1-177　　　　　　　图1-178

● 名称：输入快照的名称。

● 自：包含"全文档""合并的图层""当前图层"3个选项，使用这几种快照时，图层会有所不同，如图1-179所示。选择"全文档"选项，可以为当前状态下的所有图层创建快照，使用此快照时，图层都会得以保留；选择"合并的图层"选项，创建的快照会合并当前状态下的所有图层，使用此快照时，只提供一个合并了的图层；选择"当前图层"选项，只为当前状态下所选图层创建快照，因此，使用此快照时，只提供当时选择的图层，没有其他图层。

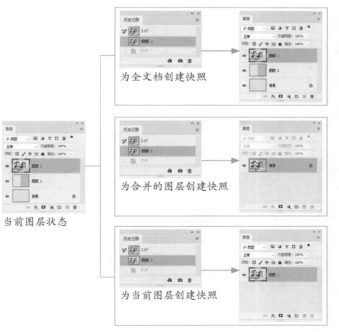

图1-179

1.6.4
用非线性历史记录撤销操作

历史记录采用的是线性记录方法，即当我们单击一个操作步骤时，它之后的记录会变灰，如图1-180所示。此时编辑图像，变灰的记录就会被删掉，如图1-181所示。如果想保留它们，如图1-182所示，可以打开"历史记录"面板菜单，选择"历史记录选项"命令，在弹出的对话框中勾选"允许非线性历史记录"选项，如图1-183所示。将历史记录设置为非线性状态就行了。

图1-182　　　　　　图1-183

图1-180

图1-181

- 自动创建第一幅快照：打开图像文件时，图像的初始状态自动创建为快照。
- 存储时自动创建新快照：在编辑的过程中，每保存一次文件，都会自动创建一个快照。
- 默认显示新快照对话框：强制 Photoshop 提示操作者输入快照名称，即使使用面板上的按钮时也是如此。
- 使图层可见性更改可还原：记录隐藏图层和显示图层的操作。

解决Photoshop运行慢的5个妙招

1.7

Photoshop不同于一般的办公类软件，它对计算机的性能有较高要求。例如，处理器至少要Intel Core 2，内存需要2GB等。如果计算机硬件配置一般，升级的可能性也不大，运用下面的技巧也能提高Photoshop运行速度。

1.7.1

减轻 Photoshop 负担

状态栏中有3个选项，即"文档大小""暂存盘大小""效率"，如图1-184所示。它们可以帮助我们了解Photoshop的工作效率和内存的使用情况，知道它有没有"偷懒"。

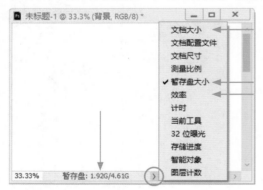

图1-184

"文档大小"显示了有关图像中的数据量的信息。选

择该选项后，状态栏中会出现两组数字，如图1-185所示。左边的数字表示图像的打印大小，它近似于以PSD格式拼合并存储时的文件大小；右边的数字表示文件的近似大小，在添加或减少图层和通道时，该值会随之变化。

| 33.33% | 文档:11.1M/78.5M | 〉 |

图1-185

选择"暂存盘大小"选项后，状态栏中也会出现两组数字，如图1-186所示。左侧的数字显示了当前所有打开的文件与剪贴板、快照等占用内存的大小；右侧的数字是Photoshop可用内存的大概值。如果左侧数值大于右侧数值，表示Photoshop正在使用虚拟内存。

| 33.33% | 暂存盘: 1.92G/4.61G | 〉 |

图1-186

"效率"显示了执行操作实际花费时间的百分比。当效率为100%时，表示当前处理的图像在内存中生成；如果低于该值，则表示Photoshop正在使用暂存盘，操作速度会变慢。低于75%，就需要释放内存，或者增加内存来提高性能。

💎 1.7.2

多使用那些不占内存的操作

良好的操作习惯和高超的技巧，可以避免过多地占用内存。例如，复制图像时，尽量不要使用剪贴板复制（即"编辑"菜单中的"拷贝"和"粘贴"命令），因为用剪贴板复制的话，图像会始终保存在剪贴板中，占用内存。替代方法是通过图层复制图像——将对象所在的图层拖曳到"图层"面板底部的 ⊞ 按钮上，复制出一个包含该对象的新图层；或者用移动工具 ✛，按住Alt键拖曳图像进行复制。如果要复制整幅图像，可以使用"图像>复制"命令来操作。

💎 1.7.3

减少预设和插件占用的资源

在Photoshop中安装预设和插件时，包括加载样式库、画笔库、形状库、色板库、动作库，以及安装外挂滤镜和字体等，都会占用系统资源和内存，导致Photoshop的运行速度变慢。例如，安装的字体过多，会影响Photoshop的启动速度，使用文字工具时，字体列表的显示速度也会变得很慢。如果内存有限，应该减少或删除预设（如加载的外部样式、形状和渐变等）以及各种插件*（见188页）*，在需要的时候再加载和安装即可。

💎 1.7.4

释放次要操作所占用的内存

在Photoshop中编辑图像时，不仅图层、蒙版、通道、图层样式等重要的中间数据要通过内存保存，简单的操作包括"还原"命令、"历史记录"面板，以及剪贴板和视频等也会占用内存。使用"编辑>清理"子菜单中的命令，可以释放这些次要操作所占用的内存空间，如图1-187所示。在Photoshop运行速度明显变慢的情况下，这样操作还是有明显效果的。

图1-187

需要注意的是，"全部"（清理菜单内的所有项目）和"历史记录"这两个命令会清理所有在Photoshop中打开的文件。如果只想清理当前文件，应使用"历史记录"面板菜单中的"清除历史记录"命令。

💎 1.7.5

实战：增加暂存盘

扫 码 看 视 频

在计算机硬件无法改变的情况下，要想提高Photoshop的运行速度，只能从内存着手：一方面要避免过多地占用内存；另一方面要将更多的内存分配给Photoshop使用。也就是说，要从"节流"和"开源"两方面想办法。

前面介绍的几种方法，都是"节流"技巧。"开源"需要另辟蹊径——借助暂存盘技术来实现。

在编辑大文件，尤其是大尺寸、高分辨率图像，以及视频和3D模型等特别"吃"内存的文件时，如果计算机没有足够的内存执行操作，Photoshop就会使用一种专有的虚拟内存技术（也称为暂存盘），将硬盘当作内存来使用。这一技术确保了Photoshop在内存不足时也能够顺利完成任务，防止系统崩溃。然而，其默认的暂存盘位置并不合理，因为Photoshop将安装了操作系统的硬盘用作主暂存盘（一般是C盘），这会影响系统运行速度。我们最好手动将这种情况改正过来。

01 执行"编辑>首选项>暂存盘"命令，打开"首选项"对话框。"暂存盘"选项的列表中显示了计算机所有硬盘的盘符和容量。选择一个空间较大的硬盘来作为暂存盘，如图1-188所示。单击 ▲ 按钮，向上调整它的顺序，让它成为第1暂存盘，如图1-189所示。

图1-188　　　　　　　　图1-189

02 在C盘前方单击，取消它的选取，如图1-190所示。采用同样的方法，将其他空间较大的硬盘指定为第2暂存盘，如图1-191所示。设置完成后，单击"确定"按钮关闭对话框。由于个人计算机配置的不同，在选取盘符时可以根据自己的情况来定。一般情况下，暂存盘与内存的总容量至少为运行文件的5倍，Photoshop才能流畅地运行。

图1-190　　　　　　　　图1-191

> **提示**（Tips）
> 关闭网页及Photoshop以外的其他应用程序，也可以将更多的内存分配给Photoshop使用。

第2章

选区与通道

【 本章简介 】

Photoshop中，有一些功能的跨度比较大——基本操作离不了，高级技巧更是用得上。选区和通道就是这样的情况。本章只介绍这两个功能中的一小部分内容，即目前需要使用的，以及能够理解的内容。选区和通道的更多用处，包括抠图和调色方面，由于涉及矢量功能、蒙版、混合模式、互补色、通道与色彩关系等高级功能和色彩原理，将在"第9章 色彩调整"和"第14章 抠图技术"中详细讲解。就像学开车先要学习交通法规一样，我们先扫清概念上的障碍，掌握一些基本操作技能，才能为后面学习图像编辑操作打好基础。

【 学习目标 】

通过这一章的学习，我们首先要明白选区有何作用，知道选区分几种类型、如何进行羽化和保存，并掌握下面这些操作方法。
- 选取图像后，怎样复制和粘贴
- 选区运算方法
- 使用 Alpha 通道保存选区，并从通道和其他对象中加载选区
- 通道的种类及操作方法
- 保存和使用专色

【 学习重点 】

什么是选区

2.1

选区可以限定操作范围，也可以抠图、分离图像。使用Photoshop时，图像编辑效果的好坏，很大程度上取决于选区准确与否。

◆ · PS技术讲堂 · ◆

【 图像编辑为什么离不开选区 】

《西游记》里孙悟空神通广大，一个筋斗能翻十万八千里，但再怎么翻腾，也跳不出如来佛祖的手掌。在Photoshop中，选区就像如来佛祖的手掌一样，能将孙悟空（编辑范围）限定住。

为什么要限定范围呢？因为Photoshop中的操作大致有两种结果，一种是全局性的，另一种是局部的。

全局性编辑影响的是整个图像或当前图层中的全部内容。例如，图2-1所示为原图，直接使用"渐变映射"命令调色时，修改的是整幅图像的颜色，如图2-2所示。如果只想编辑局部图像，就要创建选区，将要编辑的区域选取，再进行调色，这样Photoshop就只处理位于选区中的图像，选区外就不会受到影响了，如图2-3所示。

图2-1　　　　　　　图2-2　　　　　　　图2-3

也就是说，我们通过选区告诉Photoshop想要编辑的是哪些内容。如果没有选区的限定，Photoshop就会认为我们要编辑整幅图像。在Photoshop看来，有选区是一种选择（局部）；没有选区也是一种选择，即选取了整幅图像。

在图像中，选区有一圈边界线，且不断闪动，犹如蚂蚁在行军，因此，人们形象地称其为"蚁行线"。通过选区将人像、动植物或其他对象选取之后，可将其从背景中"抠"出来，放在一个单独的图层上，如图2-4所示。这就是我们常说的"抠图"，也是选区的第二大用途。

Photoshop中有专门的工具和"选择"菜单命令，用于创建选区、进行抠图。抠图有很多种方法和技术手段，难度比较高，不是目前我们这个阶段所能理解的，而且暂时也用不上。随着学习的深入，我们会逐渐接触其中的部分功能。"第14章抠图技术"中有详细分类，并提供了具体实战。

图2-4

· PS技术讲堂 ·

【 选区的两种类型 】

选区分为两种：普通选区和羽化的选区。没有进行羽化的选区就是普通选区，这种选区的边界范围清晰、明确，在进行编辑时，如调色，选区内、外泾渭分明，如图2-3所示。抠图时，图像的边缘是清晰的，如图2-4所示。

羽化是指对普通选区进行柔化处理，使其能够部分地选取图像，如图2-5所示。在这种选区的限定下，当调色时，选区内图像的颜色完全改变，边界处的调整效果会出现衰减，并影响选区边界外部，然后逐渐消失，如图2-6所示。抠图也是这样，图像边缘是柔和的、半透明的区域，如图2-7所示。羽化是很常用的操作，在合成图像时，适当地羽化，可以让图像之间衔接得更加自然。

调整效果在衰减并影响到选区外

图2-5　　　　　图2-6　　　　　图2-7

· PS技术讲堂 ·

【 怎样设置羽化 】

创建自带羽化效果的选区

选择任意套索或选框类工具时，可以在工具选项栏中的"羽化"选项中提前设置"羽化"值（以像素为单位），如图2-8所示。此后使用工具创建出的将是自带羽化的选区。

图2-8

这样操作虽然方便，但可控性并不好，因为羽化值设置为多少才合适全凭借个人经验。如果设置得不合适，就要撤销操作，重新设置。另外，"羽化"选项中的数值一经输入就会保存下来，除非将其设置为0，否则，再次使用该工具时，创建的仍是带有羽化效果的选区。而创建选区后进行羽化，则可以避免上述问题的发生。

对现有的选区进行羽化

创建选区以后，可以通过两种方法来对选区进行羽化。第1种方法是执行"选择>修改>羽化"命令，打开"羽化选区"对话框，通过设置"羽化半径"来定义羽化范围的大小，如图2-9所示。

图2-9

由于羽化之后，选区的形状会发生一些改变，而我们从选区外观的变化中只能大概判断羽化程度的高、低，无法观察羽化范围从哪里开始，到哪里结束，因此，"羽化"命令虽然简便，但并不直观，与提前在工具选项栏中设置羽化值相比，没有体现出多少优势。

避免上述所有弊端的羽化方法是使用"选择>选择并遮住"命令（见427页）操作。执行该命令后，可以在"属性"面板中选择一种视图模式，然后在"羽化"选项中设置羽化值。通过切换视图模式，我们既可以观察羽化的具体范围，也能预览抠图效果，如图2-10所示，甚至还可以让选区以不同的形态呈现在我们眼前（见381、427页）。

图2-10

技术看板 05 羽化警告

对选区进行羽化时，如果弹出一个警告，就说明当前的选区范围小，羽化半径有点大了，导致选择程度没有超过50%。单击"确定"按钮，表示应用羽化，选区可能会变得非常模糊，以致图像中看不到"蚁行线"，但选区仍然能发挥它的限定作用。如果不想出现这种情况，则需要减小羽化半径或者扩展选区范围。

选区基本操作

2.2

虽然目前我们还没有学习选区的创建方法，但选区的基本编辑方法还是需要了解和掌握的。如同文档导航一样，这些也属于Photoshop基本操作的一部分。

2.2.1
全选与反选

使用"选择>全部"命令（快捷键为Ctrl+A），可以选择文件边界内的全部图像。一般需要复制整幅图像时，就会先全选，然后按Ctrl+C快捷键复制，再根据需要将其粘贴（快捷键为Ctrl+V）到图层、通道或选区内，或者其他文档中。

反选，顾名思义，是反转选区的命令。当要选择的某对象本身复杂，但背景相对简单，就可以运用逆向思维，

先选择背景，如图2-11所示，再执行"选择>反选"命令（快捷键为Shift+Ctrl+I），以选中对象，如图2-12所示。这要比直接选择对象简便得多。

图2-11　　　　　　　　　　图2-12

2.2.2

选取图像后怎样进行复制

如果要复制的是局部图像，就要通过创建选区将其选取，如图2-13所示，再使用"编辑>拷贝"命令（快捷键为Ctrl+C）复制到剪贴板中。

当文件中包含多个图层（见40页）时，位于选区内的图像可能分属不同的图层，如图2-14所示。使用"编辑>合并拷贝"命令可以将它们同时复制到剪贴板。图2-15所示为采用这种方法复制图像，并粘贴到另一个文档中的效果。

如果想要将选取的图像从画面中剪切掉（存放到剪贴板中），如图2-16所示，可以执行"编辑>剪切"命令。

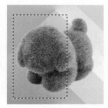

图2-13　　　　　图2-14

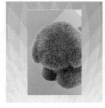 

图2-15　　　　　图2-16

2.2.3

复制图像后怎样进行粘贴

采用拷贝、合并拷贝和剪切等方法复制图像后，可以用下面的方法将图像粘贴到单独的图层中。

● 粘贴：执行"编辑>粘贴"命令（快捷键为Ctrl+V），可将图像粘贴到画布的中央，如图2-17所示。

● 原位粘贴：执行"编辑>选择性粘贴>原位粘贴"命令，可以在图像的复制位置上进行粘贴，如图2-18所示。

● 用选区控制粘贴：如果创建了选区，如图2-19所示，可以用它控制粘贴时图像的显示范围。执行"编辑>选择性粘贴>贴入"命令，可以在选区内粘贴图像，如图2-20所示，选区会自动变为图层蒙版（见160页），将原选区之外的图像隐藏，

如图2-21所示。执行"编辑>选择性粘贴>外部粘贴"命令，可以将选中的图像隐藏。

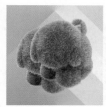 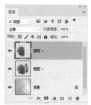

图2-17　　　　　图2-18

 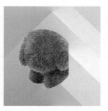 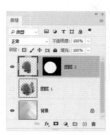

图2-19　　　　图2-20　　　　图2-21

2.2.4

取消选择与重新选择

创建选区后，想要取消选择，可以执行"选择>取消选择"命令（快捷键为Ctrl+D）。如果由于取消选择或操作不当而丢失选区，可以使用"选择>重新选择"命令（快捷键为Shift+Ctrl+D），恢复最后一次在图像上创建的选区。

2.2.5

隐藏选区

使用"视图>显示>选区边缘"命令（快捷键为Ctrl+H）可以隐藏选区，让"蚁行线"暂时消失。

什么情况下需要隐藏选区呢？例如，用画笔描绘选区边缘的图像，或者用滤镜处理选中的图像时，就可以将选区隐藏，这样的话，我们就能清楚地看到选区边缘图像的变化情况了。

2.2.6

清除选区周围的图像杂边

粘贴或移动选中的图像时，选区边界周围的一些像素

也容易包含在选区内，使用"图层>修边"子菜单中的命令可以清除这些多余的像素。

- 颜色净化：去除彩色杂边。
- 去边：用包含纯色（不含背景色的颜色）的邻近像素的颜色替换任何边缘像素的颜色。例如，如果在蓝色背景上选择黄色对象，然后移动选区，则一些蓝色背景被选中并随着对象一起移动，"去边"命令可以用黄色像素替换蓝色像素。
- 移去黑色杂边：如果将黑色背景上创建的消除锯齿的选区粘贴到其他颜色的背景上，可执行该命令消除黑色杂边。
- 移去白色杂边：如果将白色背景上创建的消除锯齿的选区粘贴到其他颜色的背景中，可执行该命令消除白色杂边。

💎 2.2.7
对选区进行描边

描边选区是指使用颜色描绘选区轮廓。创建选区以后，执行"编辑>描边"命令，打开"描边"对话框，设置描边宽度、位置、混合模式和不透明度等选项，然后单击"颜色"选项右侧的颜色块，打开"拾色器"对话框设置描边颜色，单击"确定"按钮，即可描边，如图2-22和图2-23所示。如果勾选"保留透明区域"选项，则只对包含像素的区域描边。

图2-22

图2-23

💎 2.2.8
实战：通过选区运算的方法抠图

首先介绍一个概念——布尔运算。它是英国数学家布尔发明的一种逻辑运算方法，简单说就是通过两个或多个对象进行联合、相交或相减运算，生成一个新的对象。

扫码看视频

选区也可进行布尔运算，即在已经有选区的情况下，再创建选区或者加载选区时，新选区与现有选区之间通过运算生成选区。

在多数情况下，只通过一次操作是很难将对象完全选中的，我们会分多次创建多个选区，选取对象的不同部分，通过布尔运算来对这些选区进行修改和完善。下面的

练习是选区运算在抠图方面的具体应用，从中还可以学到用快捷键进行选区运算的操作方法。

01 按Ctrl+O快捷键，打开3个素材，如图2-24所示。选择魔棒工具 ，在工具选项栏中设定一些简单的参数，如图2-25所示。首先通过添加到选区的运算方式选择人物图像。在人物左侧背景上单击，创建选区，如图2-26所示。

图2-24

图2-25

图2-26

02 按住Shift键（表示要添加选区），在另一侧背景上单击，将此处背景添加到选区中，此时便可选中全部背景，如图2-27所示。按Delete键删除背景，即可将图像抠出来，如图2-28所示。

图2-27

图2-28

03 下面用从选区减去的方法抠图。切换到砂锅文件中。选择矩形选框工具 ，在砂锅上单击并拖曳鼠标，创建矩形选区，将砂锅大致选取出来即可，如图2-29所示。

图2-29

04 选择魔棒工具 ，按住Alt键（表示要从选区减去），在选区内部的背景图像上单击，将背景排除到选区之外，这样便能选取到砂锅，如图2-30所示。图2-31所示为抠出的砂锅。

图2-30

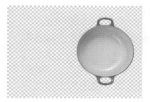

图2-31

05 下面抠第3幅图像，学习与选区交叉运算的使用方法。切换到柠檬文件中。使用魔棒工具 ✐ 在背景上单击，将背景选中，如图2-32所示。按Shift+Ctrl+I快捷键反选，选取这3个柠檬，如图2-33所示。

图2-32   图2-33

06 选择矩形选框工具 ⬚，按住Shift+Alt快捷键（表示要进行与选区交叉运算）在左侧的柠檬上单击，并拖出一个矩形选框（同时按住空格键可以移动选区），将其选中，如图2-34所示；放开鼠标后，可进行与选区交叉运算，这样就将左侧的柠檬单独选出来了，如图2-35所示。

图2-34   图2-35

选区运算按钮

图2-36所示为选框类、套索类和魔棒类工具选项栏中的选区运算按钮。

添加到选区 ─────   ───── 从选区减去
新选区 ───── □ ⬚ ⬚ ⬚ ───── 与选区交叉

图2-36

● 新选区 □：单击该按钮后，如果图像中没有选区，可以创建一个选区，图2-37所示为创建的矩形选区。如果图像中有选区存在，则新创建的选区会替换原有的选区。

● 添加到选区 ⬚：单击该按钮后，可以在原有选区的基础上添加新的选区。图2-38所示为在现有矩形选区的基础上添加圆形选区。

 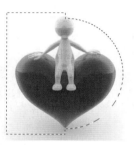

图2-37   图2-38

● 从选区减去 ⬚：单击该按钮后，可以在原有选区中减去新创建的选区，如图2-39所示。

● 与选区交叉 ⬚：单击该按钮后，画面中只保留原有选区与新创建的选区相交的部分，如图2-40所示。

图2-39   图2-40

技术看板 06 用快捷键进行选区运算

创建和编辑选区时，经常会用到选区运算，下面的技巧可以帮助我们提高操作速度。例如，使用矩形选框工具 ⬚ 时，按住Shift键（鼠标指针旁边会出现"＋"号）可以进行添加到选区的操作；按住Alt键（鼠标指针旁出现"－"号）可以进行从选区减去操作；按住Shift+Alt快捷键（鼠标指针旁出现"×"号）可以进行与选区交叉操作。

采用单击工具选项栏中相应按钮的方式进行选区运算后，会保留设置的运算方式。例如，选择矩形选框工具 ⬚，单击添加到选区按钮 ⬚ 并创建矩形选区，然后切换为别的工具，此后，当再次使用矩形选框工具 ⬚ 时，添加到选区按钮 ⬚ 仍然为选中状态。如果是通过快捷键进行的选区运算，则Photoshop不会保留运算方式。但需要特别注意的是，一定要在创建新选区前就按住相应的按键，否则可能会使原来的选区丢失。

用通道保存选区

2.3

需要选取的图像越复杂，制作选区所花费的时间就越多。为避免因操作不当而丢失选区，或者方便以后使用和修改，应将制作好的选区存储起来。

2.3.1
用Alpha通道存储选区

Alpha通道是专门用来存储选区的功能。单击"通道"面板底部的 ▣ 按钮，或者使用"选择>存储选区"命令，即可将选区保存到这样的通道中，如图2-41所示。Photoshop会使用默认的Alpha 1、Alpha 2等命名通道。如果要修改名称，可以双击通道名，在显示的文本框中为其重新命名。

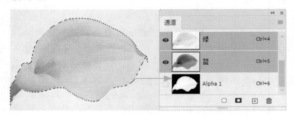

图2-41

> **提示**（Tips）
>
> 使用"文件>存储为"命令保存文件时，选择 PSB、PSD、PDF和TIFF等格式，可以保存Alpha通道。如果使用其他格式，则Alpha通道及其中的选区将丢失。

"存储选区"命令选项

执行"存储选区"命令会打开图2-42所示的对话框。

● **文档**：用来选择保存选区的目标文件。默认状态下，选区保存在当前文档中。如果在该选项下拉列表中选择"新建"选项，则可以将选区保存在一个新建的文件中。如果同时在 Photoshop 中打开了多个图像文件，并且打开的文件中有与当前文

图2-42

件大小相同的图像，则可以将选区保存至这些图像的通道中。

● **通道**：用来选择保存选区的目标通道。默认为"新建"选项，即将选区保存为一个新的Alpha通道。如果文件中还有其他Alpha通道，则可在下拉列表中选择该通道，使当前的选区与通道内现有的选区进行运算，运算方式需要在"操作"选项组中设置。另外，如果当前选择的图层不是"背景"图层，或者文档中没有"背景"图层，在下拉列表中还可以选

择将选区创建为图层蒙版。

● **名称**：可以为保存选区的Alpha通道设置名称。
● **操作**：如果保存选区的目标文件中包含选区，可以选择一种选区运算方法。选择"新建通道"，可以将当前选区存储在新的通道中；选择"添加到通道"，可以将选区添加到目标通道的现有选区中；选择"从通道中减去"，可以从目标通道内的现有选区中减去当前的选区；选择"与通道交叉"，可以将当前选区和目标通道中的选区交叉的区域作为新选区。

2.3.2
实战：从通道中加载选区并进行运算

01 打开素材。使用矩形选框工具 [] 创建选区，如图2-43所示。单击"通道"面板中的 ▣ 按钮，保存选区，如图2-44所示。按Ctrl+D快捷键取消选择。下面我们来学习选区的载入方法。

扫码看视频

图2-43　　　　　　　　图2-44

02 在"通道"面板中单击一个Alpha通道，单击 ⊙ 按钮，可以将选区加载到画布上。这是基本的选区载入方法。但实际操作时比较麻烦，因为单击一个通道，就会选择这一通道，加载选区之后，还要切换回复合通道。我们可以使用按住Ctrl键单击Alpha通道的方法来载入选区，如图2-45所示，这样就不必来回切换通道了。

03 现在图像上已经有选区了，我们来加载通道中的其他选区，让它与当前选区进行运算。按住Ctrl+Shift快捷键（鼠标指针变为 状）单击蓝通道，如图2-46所示，可以将该选区添加到现有选区中，如图2-47所示。按住Ctrl+Alt快捷键（鼠标指针变为 状）单击，可以从画布上的选区中减去载入的选区。按住Ctrl+Shift+Alt快捷键（鼠标指针变为

状）单击，得到的是它与画布上选区相交的结果。此外，使用"选择>载入选区"命令加载选区，也可进行选区运算，但没有通过快捷按键操作方便。

  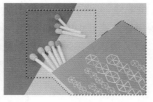

图2-45　　　　图2-46　　　　图2-47

技术看板 07 从其他载体中载入选区

Photoshop中的颜色通道、包含透明像素的图层、图层蒙版、矢量蒙版、路径层中也都包含选区，因此，从这些载体中也可以加载选区。操作方法非常简单，只要按住Ctrl键并单击图层、蒙版或路径的缩览图即可。在操作时，可以使用上面介绍的按键来进行选区运算。

按住Ctrl键并单击路径层缩览图

2.4 通道的基本功能

Photoshop中有3种通道，颜色通道、Alpha通道和专色通道，它们分别与图像内容、色彩和选区有关。Alpha通道用来存储选区只是一个方面，下面介绍这些通道的更多用途和基本操作方法。

2.4.1

"通道"面板及通道使用方法

打开一幅图像，如图2-48所示。"通道"面板中显示了通道信息，如图2-49所示。通道名称左侧是通道内容的缩览图，编辑通道时，缩览图会自动更新。

图2-48　　　　　　图2-49

复合通道
颜色通道
专色通道
Alpha通道
将通道作为选区载入
将选区存储为通道
创建新通道
删除当前通道

如果要编辑一个通道，可单击它将其选中，如图2-50所示，文档窗口会显示此通道中的灰度图像。颜色通道虽然保存着色彩，但在默认状态下，也显示为灰色。修改"首选项"可以让通道显示其保存的色彩。按住 Shift 键并单击多个颜色通道，可以将它们同时选取，如图2-51所示。窗口中会显示这些通道的复合信息，图像是彩色的。

当结束通道的编辑以后，可单击面板顶部的复合通道，如图2-52所示，重新显示其他颜色通道和彩色图像。

图2-50　　　图2-51　　　图2-52

技术看板 08 通过快捷键选择通道

按Ctrl+数字键可以快速选择通道。例如，如果图像为RGB模式，按Ctrl+3、Ctrl+4和Ctrl+5快捷键，可以分别选择红、绿、蓝通道；按Ctrl+6快捷键，可以选择蓝通道下面的Alpha通道；按Ctrl+2快捷键可回到RGB复合通道。

2.4.2

颜色通道

颜色通道就像是摄影胶片，记录了图像内容和颜色信息。当我们修改图像内容时，颜色通道中的灰度图像会发生相应的改变。颜色通道可用于调色，在"第9章 色彩调整"中，有大量篇幅介绍相关操作技巧。

不同颜色模式的图像，颜色通道也不相同。例如，RGB图像包含红、绿、蓝和一个用于编辑图像内容的复合通道，如图2-53所示；CMYK图像包含青色、洋红、黄色、黑色和一个复合通道，如图2-54所示；Lab图像包含明度、a、b和一个复合通道，如图2-55所示；位图、灰度、双色调和索引颜色的图像只有一个通道。

图2-53

图2-54

图2-55

所有通道都是灰度图像，颜色通道也不例外。使用"通道"面板菜单中的"分离通道"命令，可以将颜色通道分离出来，成为各自独立的灰度图像，如图2-56所示。其文件名为原文件的名称加上当前通道名称的缩写，原文件被关闭。

图2-56

> **提示（Tips）**
>
> 当需要将图像保存为某种不支持通道的格式时，可以用前面的方法保留每一个颜色通道的信息。需要注意的是，PSD格式的分层文件不能进行分离操作。

如果有多个尺寸相同的灰度模式图像，且全部打开，则使用"通道"面板菜单中的"合并通道"命令，可以将它们合并到一个图像中成为颜色通道，并创建彩色图像。

💎 2.4.3
实战：利用通道错位制作抖音效果

要点

设计师使用Photoshop制作设计图稿（如电影海报、企业宣传画册、商场宣传单）时，基本都采用RGB作为文件的颜色模式，以便可以使用Photoshop的全部功能。而作品交给印厂之后，则会被转换为印刷模式——CMYK模式。

扫码看视频

印刷设备用4种油墨印制图像，这4种油墨是依次印在纸张上的。例如，第一遍用C（青色）、第二遍用M（洋红色）、第三遍用Y（黄色）。由于设备精度、纸张伸缩程度、不同油墨在纸张上的扩散性、环境湿度及滚筒压力等变化，会造成套印不准，即颜色错位。这种印刷中极力避免的错误，却是某类设计作品所刻意追求的，它能营造老旧印刷品效果，体现复古、怀旧情怀。

时尚总是轮回的。复古风在新锐设计师手上也能玩出时尚感。例如抖音风格，就是当下较流行的风格。下面我们用通道错位的方法来制作这种效果，如图2-57所示。

Before　After
图2-57

01 选择移动工具 ✛。单击"红"通道，之后在RGB通道前方单击，显示眼睛图标 👁，如图2-58所示。此时选取的是"红"通道，但窗口中会重新显示彩色图像，这样我们就能看到颜色变化。

02 向右下方拖曳图像，如图2-59所示。单击"蓝"通道，并向下拖曳图像，如图2-60和图2-61所示。

图2-58

图2-59

图2-60

图2-61

03 选择裁剪工具 ⛏ 并在工具选项栏中选择"原始比例"选项，在画面中单击，显示裁剪框，拖曳右上角的控制点，如图2-62所示。按Enter键，将画面边缘的重影图像裁掉，如图2-63所示。

图2-62

图2-63

2.4.4
Alpha通道

Alpha通道是后添加的，并不能改变图像的外观。它有3种用途：一是用于保存选区；二是可以将选区转换为灰度图像，这样我们就能用画笔、加深、减淡等绘画工具，以及各种滤镜进行编辑，从而达到修改选区的目的；三是可以从Alpha通道中将选区加载到画布上。

2.4.5
实战：定义和修改专色（专色通道）

专色通道用来存储印刷用的专色。专色是特殊的预混油墨，用于替代或补充普通的印刷色（CMYK）油墨，如金属类金银色油墨、荧光油墨等。通常情况下，专色通道都是以专色的名称来命名的。

扫码看视频

01 打开素材。按住Ctrl键并单击"图层1"的缩览图，将图层的非透明区域作为选区加载到画布上，如图2-64和图2-65所示。

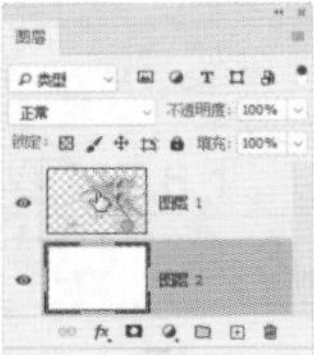

图2-64　　　　　图2-65

02 按Shift+Ctrl+I快捷键反选。在"通道"面板菜单中选择"新建专色通道"命令，如图2-66所示。打开"新建专色通道"对话框，将"密度"设置为100%。单击"颜色"色块，如图2-67所示，打开"拾色器"对话框，再单击"颜色库"按钮，切换到"颜色库"对话框中，选择一种专色，如图2-68所示。

图2-66　　　　　　　　图2-67

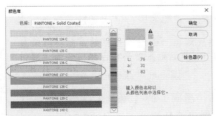

图2-68

> **提示（Tips）**
>
> "密度"用于在屏幕上模拟印刷时专色的密度，100%可以模拟完全覆盖下层油墨的油墨（如金属质感油墨），0%可以模拟完全显示下层油墨的透明油墨（如透明光油）。

03 单击"确定"按钮，返回"新建专色通道"对话框（不要修改专色的"名称"，否则以后可能无法打印文件）。单击"确定"按钮，创建专色通道，即可用专色填充选中的区域，如图2-69和图2-70所示。

图2-69　　　　　　　图2-70

04 专色通道可以编辑。例如，按住Ctrl键并单击它的缩览图，载入该通道中的选区，使用渐变工具  在画面中填充黑白径向渐变，让专色的浓度发生改变，如图2-71所示。按Ctrl+D快捷键，取消选择选区，效果如图2-72所示。如果要修改专色颜色，可以双击专色通道的缩览图，打开"专色通道选项"对话框进行设置。

图2-71 　　　　　　　图2-72

2.4.6
复制与删除通道

将一个通道拖曳到创建新通道按钮 ⊞ 上，即可将其复制，如图2-73和图2-74所示；拖曳到 🗑 按钮上，则可将其删除。复合通道不能进行重命名、复制和删除操作。颜色通道不能重命名，但可以复制和删除，只是删除以后，图像会变为多通道模式，如图2-75所示。

图2-73　　　　　图2-74　　　　　图2-75

本章我们来学习Photoshop的核心功能——图层。图层类似于透明玻璃，每张玻璃（图层）上承载一个对象，可以是图像、文字、指令等，因此，很多重要功能都以它为载体。

图层不仅承载对象，还能制作各种效果，本章介绍其中的两项功能：图层样式和图层复合。在学习效果之前，我们需要了解图层的使用方法，因为如果不会图层操作，在Photoshop中几乎寸步难行。

【学习目标】

在这一章我们会学到以下内容。
● 图层的创建和编辑方法
● 用图层组管理图层
● 怎样在众多的图层中快速找到所需图层
● 使用图层样式，并制作压印图像、霓虹灯、激光字、真实投影、玻璃字等特效
● 效果是怎样生成的
● 使用Photoshop中的光照系统
● 使用预设样式制作特效
● 根据图像大小自由缩放效果
● 使用图层复合展示设计方案

【学习重点】

创建图层

3.1

Photoshop中的图层种类比较多，下面介绍的是普通图层的创建方法。特殊图层，如填充图层、调整图层、视频图层、3D图层等，会在介绍其功能的章节中讲解。

· PS技术讲堂 ·

【 图层的来龙去脉 】

图层是Photoshop的核心。在它出现以前，Photoshop中的图像、文字等是在一个平面上的。这带来了种种问题，包括图像一经修改就不能复原；每一次编辑局部内容，都需要创建选区来限定操作范围，这也增加了工作难度；任何操作都是永久性的，例如，输入文字时不能出错，因为文字内容和格式等无法修改；另外由于当时还没有"历史记录"面板，出现错误，往回追溯也是一大难题。种种局限，捆住了我们的手脚。

1995年，Photoshop 3.0版本中出现了图层。它有两个重大意义。

第一是颠覆了以往的空间概念。当一个文件中包含多个图层时，每一个图层就是一个独立的平面，承载着一个对象（可以是图像、文字、指令等），如图3-1所示。在一个图层上绘画、涂写、进行编辑时，不会影响其他图层中的对象，如图3-2所示。不仅如此，图层仿佛天然的屏障，有了它，我们不必借助选区就能分离图像，编辑图像的难度大大降低。

第二个意义在于，伴随着图层的出现，以它为载体的各种功能开始大量涌现，包括调整图层、填充图层、图层蒙版、矢量蒙版、剪贴蒙版、图层样式、图层复合、智能对象、智能滤镜、视频图层、3D图层等。所有这些功能都有一个共同特征，就是能够以图层为依托进行非破坏性编辑。

非破坏性编辑是指既达到了编辑的目的，又没有破坏图像，用10个字概括就是：编辑可追溯、图像可复原。目前，在Photoshop中进行变换（见89页）、变形、抠图、合成、修图、调色、添加效果、使用滤镜等操作，都可以通过非破坏性的方法来完成。

可以说，Adobe是在图层上搭建起Photoshop帝国的。如果没有图层，上述功能都无法存在。图层孕育了它们，它们也成就了Photoshop。相信在未来，图层还会创造更多的奇迹。

图层原理
图3-1

"图层"面板状态

图像效果

可以单独调整一个图层的颜色
图3-2

· PS技术讲堂 ·

【 从"图层"面板看图层的基本属性 】

"图层"面板用于创建、编辑和管理图层。我们从上往下看，图层是一层层上下堆叠排列的，如图3-3所示。只有"背景"图层位置是固定的，其他图层都可以调整顺序，如图3-4所示（由于顺序改变，摩托车挡住了女孩的双腿）。

有一个图层底色是灰色的，看起来比较显眼，这表示它是当前图层，即当前正在编辑的图层，所有操作只对它有效，这样就不会影响其他图层了。单击另外的图层，将其选取，新选取的图层便成为当前图层，如图3-5所示。

由于移动、对齐、变换、创建剪贴蒙版等操作可以同时处理多个图层，因此，当前图层也可以是多个，如图3-6所示。但更多的操作，如绘画、滤镜、颜色调整等，只能在一个图层上进行。

图层缩览图
图层名称
图层列表

图3-3

图3-4

图3-5

图3-6

我们再从左向右观察图层列表。最先看到的是眼睛图标 👁，这说明图层是显示的。没有该图标的图层将被隐藏，在文档窗口中看不到，因而也不能编辑。眼睛图标 👁 右侧是图层的缩览图，显示了图层中包含的内容。缩览图中的棋盘格代表了图层中的透明区域，如图3-7所示（当我们抠图之后，图像周围就是这样的）。如果这是一个非图像类图层，如调整图层，则以相应的图标替代缩览图。缩览图的大小是可以调整的，操作方法是在缩览图（注意，不是图层名称）上单击鼠标右键，打开快捷菜单，选择其中的命令，如图3-8所示。

如果图层数量较多，最好使用小缩览图，这样面板中才能显示更多的图层。当图层列表较长，面板中不能显示所有图层时，可以拖曳列表右侧的滑块，或者将鼠标指针放在图层上，然后滚动鼠标滚轮，逐一显示各个图层；也可以拖曳面板右下角，将面板拉长，如图3-9所示。图层缩览图右侧是图层名称，特殊类图层的名称与普通图层是有区别的，不过，所有图层的名称都可以修改。

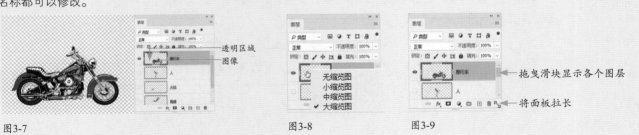

透明区域
图像

无缩览图
小缩览图
中缩览图
✓ 大缩览图

拖曳滑块显示各个图层
将面板拉长

图3-7

图3-8

图3-9

· PS技术讲堂 ·

【 图层的类型及相应管理按钮 】

Photoshop可以编辑各种类型的文件，包括图像、图形、视频和3D模型等，这些内容都由专属的图层来承载。Photoshop中还有很多功能是通过图层应用的，如蒙版、填充图层、调整图层等，因此，图层的种类非常多，如图3-10所示。所有这些图层可以分为两大类：图像和效果。图像类图层包含图像、文字、矢量图形、视频和3D对象，图层中的内容都是可见的；效果类图层则用于调色、填充（颜色、渐变和图案）、添加样式。它们依附于图像类图层，有的作用于图像类图层。除了种类比较多，"图层"面板中的按钮和图标也特别丰富，如图3-11所示。

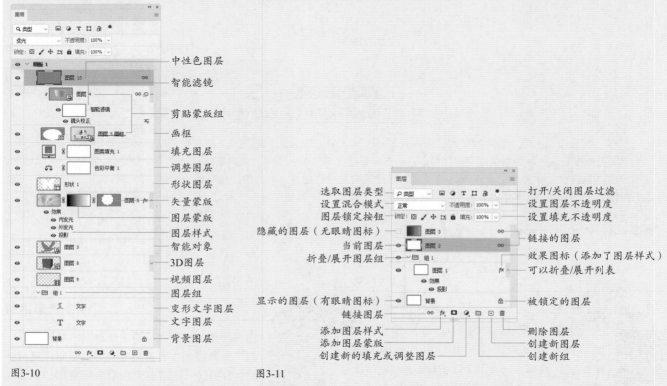

图3-10　　　　　　　　　　　　　　　图3-11

● **选取图层类型**：当图层数量较多时，可在该选项下拉列表中选择一种图层类型（包括名称、效果、模式、属性和颜色），让"图层"面板中只显示此类图层，隐藏其他类型的图层。

● **打开/关闭图层过滤**：单击该按钮，可以启用或停用图层过滤功能。

● **设置混合模式**：用来设置当前图层的混合模式，使之与下面的图像混合。

● **设置图层不透明度**：用来设置当前图层的不透明度，可使之呈现透明状态，让下面图层中的图像内容显示出来。

● **设置填充不透明度**：用来设置当前图层的填充不透明度，它与图层不透明度类似，但不会影响图层效果。

● **图层锁定按钮** ⊠ ✎ ✛ ◰ 🔒：用来锁定当前图层的某一属性，使其不可编辑。

● **当前图层**：当前选择和正在编辑的图层，所有操作只对当前图层有效。

● **眼睛图标** ●：有该图标的图层为可见图层，单击它可以隐藏图层。隐藏的图层不能进行编辑。

● **链接的图层** ∞：显示该图标的多个图层为彼此链接的图层，它们可以一同移动或进行变换操作。

● **折叠/展开图层组** ∨🗀：单击该图标可折叠或展开图层组。

● **展开/折叠图层效果**：单击该图标可以展开图层效果列表，显示当前图层添加的所有效果的名称；再次单击可折叠列表。

● **图层锁定图标** 🔒：显示该图标时，表示图层处于锁定状态。

- 链接图层 GO ：选择多个图层后，单击该按钮，可将它们链接起来。处于链接状态的图层可以同时进行变换操作或者添加效果。
- 添加图层样式 *fx* ：单击该按钮，在打开的下拉菜单中选择一个效果，可以为当前图层添加图层样式。
- 添加图层蒙版 ◙ ：单击该按钮，可以为当前图层添加图层蒙版。蒙版用于遮盖图像，但不会将其破坏。
- 创建新的填充或调整图层 ◕ ：单击该按钮打开下拉菜单，使用其中的命令可以创建填充图层和调整图层。
- 创建新组 ▭ /创建新图层 ⊞ ：可以创建图层组和图层。
- 删除图层 🗑 ：选择图层或图层组，单击该按钮可将其删除。

◈ 3.1.1

怎样创建空白图层

单击"图层"面板中的 ⊞ 按钮，可以在当前图层上方创建一个图层，新图层自动成为当前图层，如图3-12和图3-13所示。如果想在当前图层下方创建图层，可以按住Ctrl键单击 ⊞ 按钮，如图3-14所示。需要注意的是，"背景"图层下方不能创建图层。

图3-12　　　　　图3-13　　　　　图3-14

如果想要在创建图层时设置图层名称、颜色和混合模式（见151页）等属性，可以执行"图层>新建>图层"命令，或按住Alt键单击创建新图层按钮 ⊞ ，打开"新建图层"对话框进行操作，如图3-15和图3-16所示。勾选"使用前一图层创建剪贴蒙版"选项，还可以将它与下面的图层创建为一个剪贴蒙版组（见166页）。此外，用该命令可以创建中性色图层（见202页）。

图3-15

图3-16

◈ 3.1.2

正确认识和使用"背景"图层

"背景"图层就是文件中的背景图像，只有一个，并位于"图层"面板的最底层，下方没有其他图层。

"背景"图层可以用绘画工具、滤镜、调色命令等进行编辑，不能调整不透明度和混合模式，也不能添加图层样式。如果要进行这些操作，需要先单击它右侧的 🔒 按钮，将其转换为普通图层，如图3-17和图3-18所示。

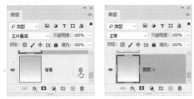

图3-17　　　　图3-18

"背景"图层有时候可有可无。例如，当图层的数量多于一个时，以PSD、TIFF、PDF和PSB这4种格式支持图层的格式保存文件以后，就可以将"背景"图层删除了。只是很多软件和输出设备不支持分层图像，当文件在这些软件和设备中使用时，需要以不支持图层的格式（如JPEG）保存，即将所有图层合并到"背景"图层中。"背景"图层的用处就在于此。

如果文件中没有"背景"图层，可以选择一个图层，如图3-19所示，执行"图层>新建>图层背景"命令，将它转换为"背景"图层，如图3-20所示。

图3-19　　　　图3-20

◈ 3.1.3

实战：复制图层，保留原始信息

在Photoshop中打开照片、图像或其他素材时，"背景"图层中承载的是文件最初的原始信息。请记住，不要直接修改原始信息（即

"背景"图层），否则可能无法复原。

为避免因一时疏忽而损害文件，可以创建一个空白文件，再用移动工具 ⊕ 将照片和图像等拖入该文件中进行编辑（见79页）；或者打开照片之后，用"图像>复制"命令复制一份文件，对它进行修改；再或者通过复制的方法得到"背景"图层的副本，之后编辑它。

复制图层是"克隆"对象的最快方法。不只"背景"图层，所有重要的图层都可通过复制来留存原始信息，避免受到破坏。

01 打开素材。图3-21所示为当前图层，它的复制方法最简单，只需按Ctrl+J快捷键即可，如图3-22所示。

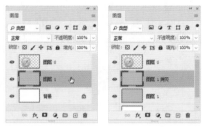

图3-21　　　　　图3-22

02 非当前图层的复制方法也不难，将其拖曳到"图层"面板底部的 ⊞ 按钮上即可，如图3-23和图3-24所示。

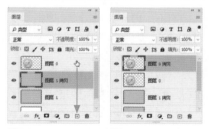

图3-23　　　　　图3-24

03 如果想要将一个图层复制到另一个图层的上方（或下方），可以将鼠标指针放在它上面，如图3-25所示，按住Alt键，将其拖曳到目标位置。当出现突出显示的蓝色横线时，如图3-26所示，放开鼠标即可，如图3-27所示。

图3-25　　　　图3-26　　　　图3-27

04 上面的方法可以复制所有类型的图层。对于承载图像的图层，还可使用移动工具 ⊕ 复制。操作方法是：将鼠标指针放在图像上方，如图3-28所示；按住Alt键，单击并拖曳鼠

标即可，如图3-29所示。复制的图像将位于一个新的图层中。

图3-28　　　　　　　　图3-29

技术看板 09 基于图层创建文件

使用"图层>复制图层"命令，在打开的对话框中选择"新建"选项，可基于当前图层创建一个文件。此外，如果同时打开了多个文件，还可以通过该命令将图层复制到其他文件中。只是这样操作没有直接将图像拖曳到其他文件中方便。

3.1.4
复制局部图像

当只对图像的某些区域进行修改时，就没有必要复制整个图层了。我们可以选取需要处理的图像，如图3-30所示，执行"图层>新建>通过拷贝的图层"命令（快捷键为Ctrl+J），将其复制到一个新的图层中。此时原始图层不会被破坏，如图3-31所示。

 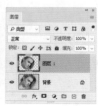

图3-30　　　　　图3-31

使用"图层>新建>通过剪切的图层"命令（快捷键为Shift+Ctrl+J）也可复制选中的图像，但会将其从原图层剪切，放到一个新的图层中，如图3-32所示。图3-33所示为移开图像后的效果。这是破坏性复制方法，用处不大，了解一下就行了。

图3-32　　　　　图3-33

图层基本操作

3.2

下面介绍图层的基本编辑方法，包括如何选择图层、调整堆叠顺序、复制、链接、显示和隐藏等。

3.2.1

实战：图层选择技巧

要点

编辑图像之前，先不要着急操作，看一看"图层"面板，当前图层是不是要处理的那一个。千万不要把操作应用到不正确的图层上，那样不仅白费功夫，还可能造成无法挽回的损失，如图3-34所示。

扫 码 看 视 频

 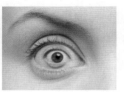

使用仿制图章工具 ⚒ 从眼睛上取样（左图），制作特效（右图）

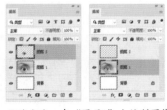

正确方法：在"图层2"上绘制图像（左图）。错误方法：将图像绘制到"图层1"上，覆盖住了原始图像（右图）

图3-34

所以编辑图像前，一定要选对图层。下面我们通过实战学习图层选择技巧。

01 打开素材。单击一个图层，即可将其选择，同时它会成为当前图层，如图3-35所示。

02 当需要选择多个图层时，如果它们正好上下相邻，可单击第一个图层，如图3-36所示，再按住Shift键并单击最后一个图层，即可将它们和它们之间的图层同时选取，如图3-37所示。

 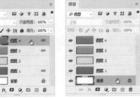  

图3-35   图3-36   图3-37

03 如果所要选择的图层并不相邻，可以按住 Ctrl 键并分别单击它们，如图3-38所示。

04 在"图层"面板中，有几个图层的右侧有 ⊖ 图标，它表示这些图层建立了链接（*见47页*）。单击其中的一个，如图3-39所示，执行"图层>选择链接图层"命令，即可将其他链接图层一同选取，如图3-40所示。如果要选择所有图层，可以执行"选择>所有图层"命令，将它们一次性选取。

图3-38   图3-39   图3-40

提 示 (Tips)

如果不想选择任何图层，可以在图层列表下方的空白处单击。如果图层列表很长，没有空白区域，可以使用"选择>取消选择图层"命令来取消选择。

3.2.2

实战：使用移动工具选择图层

移动工具 ✛ （*见78页*）是Photoshop中最常用的工具，可以对图像进行移动、变换和变形操作。下面介绍的技巧是使用该工具选择图层，这样就不必通过"图层"面板操作了。

扫 码 看 视 频

01 打开素材，如图3-41所示。选择移动工具 ✛ 。取消工具选项栏中"自动选择"选项的勾选，如图3-42所示。将鼠标指针移动到图像上，按住Ctrl键并单击，即可选择鼠标指针所指的图层，如图3-43和图3-44所示。

图3-41

图3-42

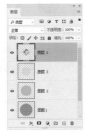

图3-43　　　　　图3-44

02 当鼠标指针所指处有多个图层时，按住Ctrl键并单击图像，选择的将是位于最上面的图层。如果要选择位于下方的图层，可在图像上单击鼠标右键，打开快捷菜单，菜单中会列出鼠标指针位置的所有图层，从中选择即可，如图3-45和图3-46所示。

图3-45　　　　　图3-46

03 如果要选择多个图层，可以通过两种方法来操作。第1种方法是按住Ctrl+Shift快捷键并分别单击各个图像，如图3-47和图3-48所示。如果想要将位于堆叠位置下方的图像也添加进来，可以按住Ctrl+Shift快捷键并单击鼠标右键，打开快捷菜单，在其中列出的图层中选取。

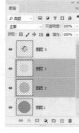

图3-47　　　　　图3-48

04 第2种方法是按住Ctrl键，单击并拖曳出一个选框，进入选框范围内的图像都会被选取，如图3-49和图3-50所示。需要注意的是，应该先按住Ctrl键再进行操作，并且一定要在图像旁边的空白区域拖出选框，否则将移动图像。

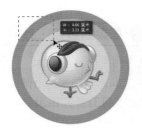

图3-49　　　　　图3-50

技术看板 ⑩ 快速切换当前图层

选择一个图层以后，按Alt+]快捷键，可以将它上方的图层切换为当前图层；按Alt+[快捷键，则可将它下方的图层切换为当前图层。

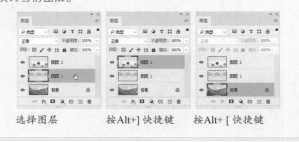

选择图层　　　按Alt+]快捷键　　按Alt+[快捷键

3.2.3
实战：调整图层堆叠顺序

在"图层"面板中，图层是按照创建的先后顺序堆叠排列的，就像搭积木一样，一层一层地向上搭建。这种堆叠形式叫作"堆栈"。

有3种方法可以改变图层堆栈顺序：拖曳、使用"图层>排列"菜单中的命令调整，以及使用快捷键操作。

01 拖曳是最灵活的方式。打开素材，如图3-51所示。将鼠标指针放在一个图层上方，如图3-52所示。单击并将其拖曳到另外一个图层的下方，当出现突出显示的蓝色横线时，如图3-53所示，放开鼠标，即可调整图层顺序，如图3-54所示。由于遮挡关系改变了，图像效果也发生了变化，如图3-55所示。

图3-51　　　　　图3-52

46

图3-53　　　图3-54　　　　　图3-55

02 如果使用命令操作，需要先单击图层将其选择，然后打开"图层>排列"菜单，如图3-56所示。选择其中的命令即可。

图3-56

03 "排列"菜单中的命令可以将图层调整到特定的位置，即调整到最顶层、最底层（"背景"图层上方）、向上或向下移动一个堆叠顺序。其中的"反向"命令在选取了多个图层时才有效，它可以反转所选图层的堆叠顺序，如图3-57和图3-58所示。除该命令外，其他命令都提供了快捷键。遇到这几个命令能完成的操作时，使用快捷键操作要比其他方式轻松。

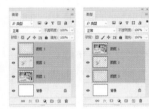

图3-57　　　图3-58

3.2.4
实战：显示和隐藏图层

01 单击一个图层左侧的眼睛图标 ◉ ，即可隐藏该图层，如图3-59所示。隐藏的图层不能编辑，但可以合并和删除。如果要重新显示图层，可在原眼睛图标处单击，如图3-60所示。

扫码看视频

图3-59

图3-60

02 如果想要快速隐藏多个相邻的图层，可以将鼠标指针放在一个图层的眼睛图标 ◉ 上，如图3-61所示。单击并在眼睛图标列向上或向下拖动，如图3-62所示。恢复图层的显示也可采用同样的方法。

图3-61　　　　　　图3-62

03 如果只想让一个图层显示，可以按住Alt键并单击它的眼睛图标 ◉ ，如图3-63所示。同样的操作可重新显示其他图层。

图3-63

3.2.5
通过链接的方法将操作应用于多个图层

　　当需要对多个图层进行移动、旋转、缩放、倾斜、复制、对齐和分布操作时，可以将它们链接起来，之后只要选择其中的一个图层并进行上述操作（复制除外），就会应用到所有与之链接的图层上，这样就不必单独处理每一个图层，省去了许多麻烦。

　　选择两个或多个图层，如图3-64所示。单击"图层"

面板底部的 按钮，或执行"图层>链接图层"命令，即可将它们链接，如图3-65所示。

图3-64

图3-65

如果要取消一个图层与其他图层的链接，可以单击该图层，再单击 链接 按钮。如果要取消所有图层的链接，可单击其中的一个图层，执行"图层>选择链接图层"命令，之后再单击一下 链接 按钮即可，这样操作更方便。

3.2.6
通过锁定的方法保护图层

编辑图像时，如果想保护图层中的透明区域、像素和画板，以及固定图像位置，可以单击图层，然后单击"图层"面板顶部的按钮，将图层锁定。

● **锁定透明像素** ：单击该按钮后，可以将编辑范围限定在图层的不透明区域，图层的透明区域会受到保护。例如，图3-66所示为锁定透明像素后，使用画笔工具涂抹图像时的效果，可以看到，头像之外的透明区域不会受到影响。

● **锁定图像像素** ：单击该按钮后，只能对图层进行移动和变换操作，不能在图层上绘画、擦除或应用滤镜。图3-67所示为使用画笔工具涂抹图像时弹出的提示信息。

图3-66

图3-67

● **锁定位置** ：单击该按钮后，图层不能移动。对于设置了精确位置的图像，锁定位置后就不必担心被意外移动了。

● **锁定画板** ：单击该按钮，可防止在画板（见461页）内外自动嵌套。

● **锁定全部** ：单击该按钮，可以锁定以上全部选项。当图层只有部分属性被锁定时，图层名称右侧会出现一个空心的锁状图标 ；当所有属性都被锁定时，该图标会变为 状。

技术看板 ⑪ 快速锁定图层组内的图层

选择图层组之后，执行"图层>锁定组内的所有图层"命令，打开"锁定组内的所有图层"对话框。对话框中显示了各个锁定选项，通过它们可以锁定组内所有图层的一种或者多种属性。

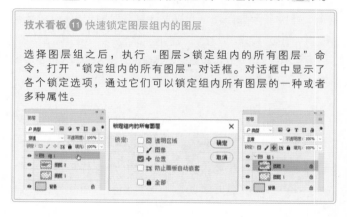

5个技巧高效管理图层

3.3

随着图像编辑的深入，图层的数量会越来越多，图层的结构也越来越庞大，这会给查找和选择图层带来麻烦。只有管理好图层，图像编辑工作才能顺利和高效地进行。

3.3.1
修改名称，增加关注度

在默认状态下，创建图层时，图层名称是以"图层1""图层2""图层3"的顺序来命名的。图层数量少时，名称并不重要，因为通过图层的缩览图就可以识别每个层中包含的内容。但图层多了以后，看缩览图就会很耗费时间。

对于经常选取的或比较重要的图层，最好给它重新命名，这样不仅便于查找，也能引起我们的注意——意识到这不是一个普通的图层，修改和删除时就会慎重对待了。

图层重命名的方法是在名称上双击，显示文本框后，输入特定名称，并按Enter键确认，如图3-68和图3-69所示。另外，用"图层>重命名图层"命令也可完成此操作。

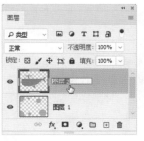 

图3-68　　　　　　　图3-69

◇ 3.3.2
标记颜色，提高识别度

在图层的缩览图上单击鼠标右键，打开快捷菜单，选择其中的一个颜色选项，便可为图层标记颜色，如图3-70和图3-71所示。

 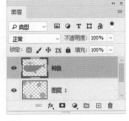

图3-70　　　　　　　　　　图3-71

这在Photoshop中有个专业术语，叫作"颜色编码"。其作用有点类似于用记号笔在书中划出重点，可以让所标记的图层更加醒目，一下子就能被我们看到。这种方法比修改图层名称的识别度更高。

> **提 示**（Tips）
> 标记颜色支持多图层处理，也就是说可以选择多个图层，同时为它们标记相同的颜色。而修改名称只能逐个图层操作，不能同时进行。

◇ 3.3.3
分组管理，简化主结构

在Photoshop中，一个文件可以包含几千个图层。图像效果越丰富，用到的图层就越多。只有做好分组管理，才能使"图层"面板清楚、明了，如图3-72所示。

图层组类似于Windows操作系统的文件夹，图层就类似于文件夹中的文件。将图层做好分类，放在不同的组中，然后单击 ❯ 按钮，列表中就只显示组的名称，图层结构得以简化。

图像合成作品（左图），整理前的图层列表（中图），分组后的清晰列表（右图）
图3-72

将多个图层放在一个组中以后，它们就被Photoshop视为一个整体。单击组，将其选择，如图3-73所示。此时使用移动工具 ✛，或"编辑>变换"菜单中的命令进行移动、旋转和缩放等操作，将应用于组中的所有图层。这有点类似于将这些图层链接起来操作。但图层组也不能完全取代链接功能，因为建立链接关系的图层可以来自不同的组。

图层组可以添加蒙版，如图3-74所示，也支持不透明度和混合模式，如图3-75所示。图层组还可进行复制、链接、对齐和分布等操作，也可以进行锁定、隐藏、合并和删除等操作，操作方法与普通图层相同。

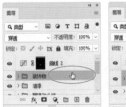  

图3-73　　　　　图3-74　　　　　图3-75

创建图层组

单击"图层"面板底部的 ▭ 按钮，可以创建一个空的图层组，如图3-76所示。如果想在创建图层组时为它设置名称、颜色、混合模式和不透明度等属性，可以使用"图层>新建>组"命令来操作，如图3-77和图3-78所示。

图3-76　　　　　　图3-77　　　　　　图3-78

创建图层组后，单击 ⊞ 按钮，可在该组中创建图层。此外，也可将其他图层拖入组中，如图3-79和图3-80所示；或者将组中的图层拖曳到组外，将其从组中移出来，如图3-81和图3-82所示。

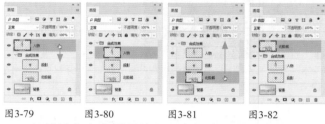

图3-79　　　　图3-80　　　　图3-81　　　　图3-82

如果要将多个图层编入一个组中，可以先将它们选中，如图3-83所示。然后执行"图层>图层编组"命令（快捷键为Ctrl+G），如图3-84所示。该组会使用默认的名称、不透明度和混合模式。如果想要在创建组时设置这些属性，可以使用"图层>新建>从图层建立组"命令来操作。

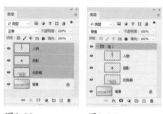

图3-83　　　　图3-84

技术看板 ⑫ 嵌套结构的图层组

图层组中可以创建新的图层组。这种多级结构的图层组称为嵌套图层组。我们也可以通过将一个图层组拖入另一组中的方法来创建嵌套的组。

取消图层编组

当图层编组完成使命以后，可以单击它，如图3-85所示，使用"图层>取消图层编组"命令（快捷键为Shift+Ctrl+G）将其解散，如图3-86所示。如果要删除组及其中的图层，可以将图层组拖曳到"图层"面板底部的 🗑 按钮上。

图3-85　　　　　　图3-86

💎 3.3.4
通过名称快速找到图层

我们查找计算机中的文件时都有过想不起文件在哪里，但记得文件名的经历，可以通过搜索名称来找到它。

Photoshop也提供了搜索功能。执行"选择>查找图层"命令，或单击"图层"面板顶部的 ⌄ 按钮，在下拉列表中选择"名称"，该选项右侧就会出现一个文本框。输入图层名称，Photoshop会将所有图层过滤一遍，将符合要求的图层留下，其他图层都屏蔽掉，如图3-87所示。如果要重新显示所有图层，可以单击面板右上角的 █ 按钮，如图3-88所示。

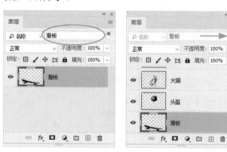

图3-87　　　　　　图3-88

💎 3.3.5
将不相关的图层隔离

除了名称外，Photoshop还支持用其他属性筛选和屏蔽图层，包括图层样式、图层颜色、混合模式、画板等。

执行"选择>隔离图层"命令，或单击"图层"面板顶部的 ⌄ 按钮，打开下拉列表，如图3-89所示。选择一种筛选方法，以此为标准筛选图层。这是缩小查找范围的有效方法。例如，选择"效果"选项，并指定一种图层样式，"图层"面板中就只显示添加了该效果的图层，如图3-90所示。

如果在下拉列表中选择"类型"选项，则选项右侧会

出现几个按钮 ▣ ◯ T ◻ ⬚。▣ 代表普通图层（包含像素或透明图层），◯ 代表填充图层和调整图层，T 代表文字图层，◻ 代表形状图层，⬚ 代表智能对象。单击其中的一个按钮，例如，单击 T 按钮，面板中就只显示文字类图层，如图3-91所示。如果要显示所有图层，可以单击 ● 按钮。

图3-89

图3-90

图3-91

对齐和分布图层

3.4

对齐图层是指以一个图层中的像素边缘为基准，让其他图层中的像素边缘与之对齐。分布图层是指让3个或更多图层按照一定的间隔分布。对齐和分布操作不仅限于图像，也可用于矢量图形、形状图层和文字。

◆ 3.4.1
对齐图层

按住Ctrl键并单击需要对齐的图层，将它们选中，如图3-92所示。打开"图层>对齐"子菜单，如图3-93所示，选择其中的命令，即可进行对齐操作，如图3-94所示。

图3-92　　　　　　　　　图3-93

顶边

垂直居中

底边

左边
水平居中

右边

图3-94

如果将图层链接，如图3-95所示，然后单击其中的一个图层，如图3-96所示，再执行"对齐"菜单中的命令，则会以该图层为基准对齐与之链接的所有图层。图3-97所示为执行"垂直居中"命令的对齐结果。

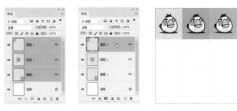

图3-95　　　　图3-96　　　　图3-97

◆ 3.4.2
按照一定间隔分布图层

选择3个或更多的图层以后，如图3-98所示，打开"图层>分布"子菜单，如图3-99所示，使用其中的命令可进行分布操作。

图3-98　　　　图3-99

与对齐命令相比，分布命令的效果有时候并不直观。

其要点在于："顶边""底边"等是从每个图层的顶端或底端像素开始，间隔均匀地分布；而"垂直居中""水平居中"则是从每个图层的垂直或水平中心像素开始，间隔均匀地分布，如图3-100所示。

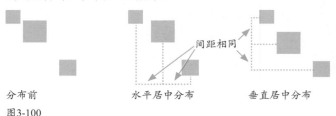

分布前
图3-100

水平居中分布　　　垂直居中分布

间距相同

图3-105　　　　　　图3-106

💎 3.4.3
巧用移动工具进行对齐和分布

选择需要对齐或分布的图层后，再选择移动工具✛，它的工具选项栏中会显示一排按钮，如图3-101所示。单击其中的按钮，便可进行对齐和分布操作。这要比使用菜单命令更加方便。

图3-101

这些按钮与"对齐""分布"菜单命令前方的图形完全一样，只是没有名称。如果要查看名称，可以将鼠标指针移动到按钮上，停留片刻便会显示。

💎 3.4.4
基于选区对齐图层

创建选区以后，如图3-102所示。选择一个图层，如图3-103所示。使用"图层>将图层与选区对齐"子菜单中的命令，如图3-104所示。可基于选区对齐所选图层，如图3-105（顶边对齐）和图3-106所示（右边对齐）。

图3-102　　　　图3-103　　　　图3-104

💎 3.4.5
实战：使用标尺和参考线对齐对象

标尺是一种测量工具（见507页）。从标尺中拖出参考线，可用于对齐图层。但手动放置参考线不太容易精确定位。例如，放在水平方向5.23厘米处就很难操作。需要精确创建参考线，可以用"视图>新建参考线"命令操作。

01 按Ctrl+N快捷键，创建一个7厘米×3厘米、分辨率为300像素/英寸的文档，如图3-107所示。执行"视图>标尺"命令，或按Ctrl+R快捷键，窗口顶部和左侧会显示标尺。在标尺上单击鼠标右键，打开快捷菜单，选择"厘米"，如图3-108所示，将标尺的测量单位修改为厘米。

图3-107　　　　　图3-108

02 将鼠标指针放在水平标尺上，单击并向下拖曳鼠标，拖出水平参考线。在垂直标尺上拖出3条垂直参考线，操作时按住 Shift 键，以便让参考线与标尺上的刻度对齐，如图3-109所示。这是一个非常好用的技巧。如果参考线没有对齐，可以使用移动工具✛，将鼠标指针放在参考线上，鼠标指针会变为✛状，单击并拖曳鼠标，将其移动到准确位置上，如图3-110所示。

图3-109　　　　　　　　　图3-110

03 打开素材。使用移动工具 ✛ 将图标拖入创建了参考线的文件中，并以参考线为基准进行对齐，如图3-111所示。

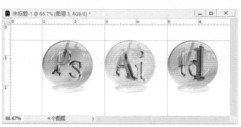

图3-111

提示（Tips）

如果要防止创建好的参考线被意外移动，可以执行"视图>锁定参考线"命令，将参考线的位置锁定（解除锁定也是该命令）。

◆ 3.4.6
实战：紧贴对象边缘创建参考线

　　Photoshop可以紧贴图层中对象的边缘创建水平和垂直参考线。这些对象不只限于图像，还可以是文字和形状图层中的矢量图形（见340页）。

扫码看视频

01 打开素材，如图3-112所示。单击图标所在的图层，如图3-113所示。执行"视图>通过形状新建参考线"命令，即可紧贴图标边缘生成参考线，如图3-114所示。

图3-112　　　　图3-113　　　　图3-114

02 下面使用标尺的测量功能，看一看图标的尺寸是多少。按Ctrl+R快捷键显示标尺。在标尺上单击鼠标右键，打开快捷菜单，将单位改为毫米，如图3-115所示。

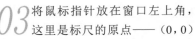

图3-115

03 将鼠标指针放在窗口左上角，这里是标尺的原点——（0,0）标记处，单击并向右下方拖曳鼠标，画面中会显示黑色的十字线，将它拖曳到图标左上角参考线的交汇处，如图3-116所示，这里便成为原点的新位置。也就是说，图标左上角位置的坐标此时是0，如图3-117所示。

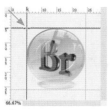 

图3-116　　　　图3-117

提示（Tips）

需要注意，标尺的原点也是网格的原点，因此，调整标尺的原点也就同时调整了网格的原点。如果要将原点恢复到默认的位置，可以在窗口的左上角水平和垂直标尺相交处双击。

04 按Ctrl++快捷键，放大视图比例。按住空格键并拖曳鼠标，将画面中心移动到图标右上角，观察图标宽度，显示的是19.5毫米，如图3-118所示。将画面中心移动到图标右下角，此处显示的是20.8毫米，如图3-119所示。由此可知，图标的尺寸为19.5毫米（宽度）×20.8毫米（高度）。

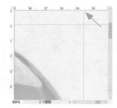 

图3-118　　　　图3-119

05 使用"信息"面板也可以观察图标尺寸。打开该面板，将鼠标指针放在图标右下角边界的参考线上，定位准确以后鼠标指针会变为 ↔ 状（ ↕ 状也可），如图3-120所示。此时观察"信息"面板，如图3-121所示，可以看到，X（宽度）为19.5，Y（高度）为20.8，与标尺上显示的一致。

图3-120　　　　图3-121

技术看板 ⑬ 参考线删除技巧

如果有多余的参考线，在其上方单击并将其拖曳回标尺，便可将其删除。如果要删除一个画板上的所有参考线，可以在"图层"面板中单击该画板，然后执行"视图>清除所选画板参考线"命令。如果要保留所有画板上创建的参考线，而删除画布上的参考线，可以执行"清除画布参考线"命令。如果要删除所有参考线，包括画板和不同画布上的参考线，可以执行"视图>清除参考线"命令。

3.4.7
参考线版面，版式设计好帮手

有一种版面设计，叫作网格设计，就是将画面用一定间隔的直线分隔开，版面中的图像、文字等布局整齐规范，井然有序。这种排版方式十分常见，多用于商品目录，如图3-122所示。此外，网页制作基本上都采用网格设计，如图3-123所示。

图3-122　　　　　　　　　　图3-123

需要制作这种版面的时候，用"视图>新建参考线版面"命令创建参考线更加方便。它可以一次性创建多条参考线，并可设置每一列、每一行的宽度，参考线和文件之间的边距等参数，如图3-124和图3-125所示。

图3-124　　　　　　　　　　图3-125

如果参数经常使用，还可以打开"预设"下拉列表，选择"存储预设"命令，将参考线保存为预设。

3.4.8
网格，对称布局

如果仅是对称布置对象的需要，那就不必创建复杂的参考线版面了，使用网格便可。

网格是一种预先设定好的，以一定间隔排列的参考线。用"编辑>首选项>参考线、网格和切片"命令可以调整间距、样式和颜色，也可设置为点状、线条状。

打开文件，如图3-126所示。执行"视图>显示>网格"命令显示网格，如图3-127所示。在使用时，还需要执行"视图>对齐>网格"命令启用对齐功能，此后进行创建选区和移动图像等操作时，对象就会自动对齐到网格上。

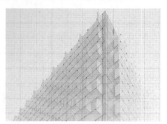

图3-126　　　　　　　　　图3-127

3.4.9
实战：用智能参考线和测量参考线对齐

`要点`

智能参考线是"善解人意"的参考线，它会在需要的时候自动出现，可以辅助对齐图像、形状、文字、切片和选区。当使用移动工具 ✛ 进行移动操作时，智能参考线还会变成测量参考线，显示当前对象与其他对象之间的距离，这样我们就可以轻松地让对象以一定的间隔均匀分布。

01 打开素材，如图3-128所示。单击图像所在的图层，如图3-129所示。执行"视图>显示>智能参考线"命令，启用智能参考线（关闭智能参考线也是这个命令）。

图3-128　　　　　图3-129

02 选择移动工具 ✛，单击并拖曳鼠标移动对象，智能参考线会以图层内容的上、下、左、右4条边界线和1个中心点作为对齐点，进行自动捕捉，如图3-130所示。当中心点

或任意一条边界线与其他图层内容对齐时，就会出现智能参考线，通过它便可手动对齐图层，而且非常容易操作。图3-131所示为图像底部对齐效果。

边界和中心点为对齐点

图3-130　　　　　　　　　　图3-131

03 单击并按住Alt键拖曳鼠标，复制对象，此时可显示测量参考线，通过它可均匀分布对象，如图3-132所示。

图3-132

04 将鼠标指针放在图像上方，按住Ctrl键不放，也会显示测量参考线，在这种状态下，可以查看当前对象与其他对象的距离参数，如图3-133所示；也可以按→、←、↑、↓键轻移图层。将鼠标指针放在对象外边，按住Ctrl键不放，则会显示对象与画布边缘之间的距离，如图3-134所示。

图3-133 　　　　　　　　　　图3-134

提示（Tips）

使用路径选择工具 ▶ 移动路径和形状（形状图层中的图形）时，也会显示测量参考线。

・PS技术讲堂・

【 启用对齐功能 】

怎样启用对齐功能

当想要对齐图层或者将选区、裁剪选框、切片、形状和路径放置在准确的位置上时，可以使用对齐功能辅助操作。启用对齐功能前，先看一下"视图>对齐"命令是否处于选取状态（默认为选取状态），如果没有，执行该命令，然后在"视图>对齐到"子菜单中选择一个对齐项目，如图3-135所示。带有"√"标记的命令表示启用了相应的对齐功能。关闭对齐功能也是到该子菜单中选择相应的命令，取消其左侧的"√"标记即可。

图3-135

额外内容

参考线、网格、路径、选区、切片、文本边界、文本基线和文本选区都是额外内容，即都属于图像编辑辅助工具，在Photoshop以外的软件中不能显示，也不会打印出来。

需要使用额外内容时，应首先执行"视图>显示额外内容"命令（使该命令前出现一个"√"），然后在"视图>显示"子菜单中选择相应的项目即可，如图3-136所示。如果要隐藏额外内容，可再次选择这一命令。

其中，"图层边缘"可显示图层内容的边缘，想要查看透明层上的图像边界时，可以启用该功能；"选区边缘"和"目标路径"分别代表选区和路径；"画布参考线"和"画板参考线"代表画布和画板上的参考线；"画板名称"即创建画板时所显示的画板名称（位于画布左上角）；"数量"代表计数数目；"切片"代表切片的定界框；"注释"代表注释信息；"像素网格"代表像素之间的网格，将文档窗口放大至最大的级别后，可以看到像素之间用网格划分，取消该项的选择时，像素之间不显示网格；"3D副视图/3D地面/3D光源/3D选区/UV叠加/3D网格外框"是与3D功能有关的选项；"画笔预览"是与毛刷笔尖有关的选项，当选择毛刷笔尖后，可以在文档窗口中预览笔尖效果和笔尖方向；"网格"表示执行"编辑>操控变形"命令时显示变形网格；

图3-136

"编辑图钉"表示使用"场景模糊"、"光圈模糊"和"倾斜偏移"滤镜时，显示图钉等编辑控件；"全部/无"可以显示或隐藏以上所有选项；如果想要同时显示或隐藏以上多个项目，可以执行"显示额外选项"命令，在打开的"显示额外选项"对话框中进行设置。

合并、删除与栅格化图层

图层太多会使"图层"面板变得"臃肿"，也占用更多的内存，导致计算机的处理速度变慢。我们应该及时整理图层，将相同属性的图层合并，或将无用图层删除，以减少图层数量，使图层便于管理和查找；同时也能减小文件的大小，释放内存空间。

3.5.1
实战：合并图层

01 单击一个图层，如图3-137所示，执行"图层>向下合并"命令（快捷键为Ctrl+E），可以向下合并，合并后的图层使用下面图层的名称，如图3-138所示。

扫码看视频

图3-137　　　图3-138

02 如果要将两个或多个图层合并，可以按住Ctrl键并单击各个图层，将它们选取，如图3-139所示，然后按Ctrl+E快捷键。合并的图层使用合并前位于最上面的图层的名称，如图3-140所示。

图3-139　　　图3-140

提示（Tips）

需要将设计图稿交与第三方审核、排版、打印时，可以合并图层，但也一定要备份好原始的分层文件。否则一旦合并，就无法恢复了。

3.5.2
合并可见图层

如果要将所有可见的图层合并，可以执行"图层>合并可见图层"命令（快捷键为Shift+Ctrl+E），合并的图层将使用合并前当前图层的名称。如果在合并前"背景"图层为显示状态，则它们会合并到"背景"图层中。

3.5.3
拼合图像

使用"图层>拼合图像"命令，可以将所有图层都拼合到"背景"图层中，原图层中的透明区域用白色填充。如果"图层"面板中有隐藏的图层，则会弹出一个提示，询问是否将其删除。

3.5.4
实战：将图像盖印到新的图层中

要点

盖印是比较特殊的图层合并方法，可以将多个图层中的图像合并到一个新的图层中，同时保持这些图层完好无损。有一点需要说明，合并图层可以减少图层数量，而盖印往往会增加图层。如果想要得到某些图层的合并效果，而又要保证原图层完整，盖印便是最佳解决办法。

扫码看视频

01 单击一个图层，如图3-141所示。按Ctrl+Alt+E快捷键，可以将该图像盖印到下面的图层中，原图层保持不变，如图3-142所示。

图3-141　　　　　图3-142

02 按Ctrl+Z快捷键撤销操作。我们来看一下怎样盖印多个图层。按住Ctrl键并单击选择多个图层，如图3-143所示，按Ctrl+Alt+E快捷键，可以将它们盖印到一个新的图层中，原图层保持不变，如图3-144所示。盖印多个图层时，所选图层可以是不连续的，盖印所生成的图层将位于所有参与盖印的图层的最上方。但是如果所选图层中包含"背景"图层，则图像将盖印到"背景"图层中。

03 按Ctrl+Z快捷键撤销操作。下面来盖印可见图层。按Shift+Ctrl+Alt+E快捷键，可以将所有可见图层盖印到一个新的图层中，原图层保持不变，如图3-145所示。

图3-143　　　　　图3-144　　　　　图3-145

技术看板 ⑭ 盖印图层组

单击图层组，按Ctrl+Alt+E快捷键，可以将组中的所有图层内容盖印到一个新的图层中，原图层组保持不变。

◇ **3.5.5**

实战：删除图层

01 单击一个图层，如图3-146所示。按Delete键，即可将其删除，如图3-147所示。如果选取了多个图层，则可将它们全部删除。如果要删除当前图层，直接按Delete键即可。

扫码看视频

02 由于单击一个图层就会将其设置为当前图层，因此，上面的方法会改变当前图层。将图层拖曳到"图层"面板

底部的 🗑 按钮上删除，可以不改变当前图层，如图3-148和图3-149所示。

图3-146　　　　　图3-147

图3-148　　　　　图3-149

03 如果图层列表较长，需要很长距离才能将图层拖曳到 🗑 按钮上，这样操作就会不太方便了。我们可以在图层上单击鼠标右键，打开快捷菜单，选择"删除图层"命令来进行删除，如图3-150所示。此外，执行"图层>删除"子菜单中的命令，也可以删除当前图层或"图层"面板中所有隐藏的图层。

图3-150

◇ **3.5.6**

将图层内容栅格化

在Photoshop中，编辑像素的工具，如画笔工具、污点修复画笔工具、仿制图章工具、涂抹工具等不能处理文字图层、形状图层、矢量蒙版等矢量对象。此外，智能对象、视频、3D模型等特殊对象在编辑时，也会受到一些限制。如果遇到这些对象不能编辑的情况，可以使用"图层>栅格化"子菜单中的命令，如图3-151所示，将其栅格化，即转换为图像，之后就能进行操作了。

图3-151

● 文字：栅格化文字图层，使文字变为位图图像。栅格化以后，文字内容不能再修改。

● 形状/填充内容/矢量蒙版：执行"形状"命令，可以栅格化形状图层；执行"填充内容"命令，可以栅格化形状图层的填充内容，并基于形状创建矢量蒙版；执行"矢量蒙版"命令，可以栅格化矢量蒙版，将其转换为图层蒙版。

● 智能对象：栅格化智能对象，将其转换为像素。

● 视频：栅格化视频图层。

● 3D：栅格化 3D 图层。

● 图层样式：栅格化图层样式，并将其应用到图层内容中。

● 图层/所有图层：执行"图层"命令，可以栅格化当前选择的图层；执行"所有图层"命令，可以栅格化包含矢量数据、智能对象和生成的数据的所有图层。

图层样式

3.6

图层样式可以创建真实的质感、纹理和特效。想要给图像添加阴影、让对象发出光芒、制作立体Logo、表现金属质感等，都可以使用图层样式完成，简单的操作就能制作出各种效果。

3.6.1
图层样式添加方法

图层样式也叫图层效果。当我们说为图层添加某一效果时，如"阴影"效果，指的就是添加"阴影"图层样式。图层样式可以生成5种浮雕（及等高线和纹理附加效果）、3种叠加、两种阴影、两种发光，以及描边和光泽等效果，如图3-152所示。

斜面和浮雕（外斜面）

斜面和浮雕（内斜面）

斜面和浮雕（浮雕效果）

斜面和浮雕（枕状浮雕）

斜面和浮雕（描边浮雕）

斜面和浮雕（等高线）

斜面和浮雕（纹理）

描边

光泽

内阴影

投影

内发光

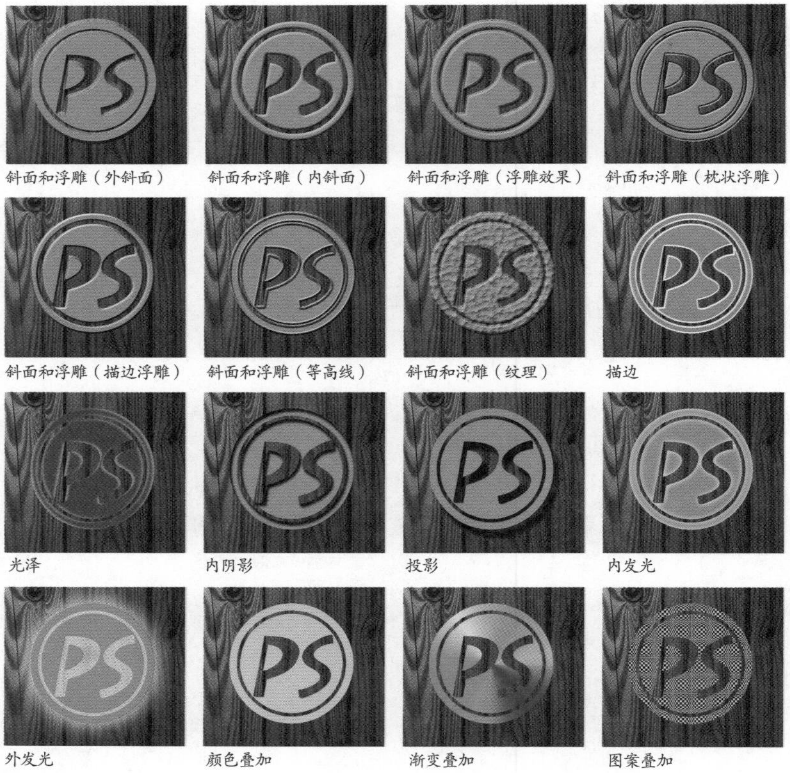

如果需要为图层添加样式，可以先单击该图层，然后采用下面任意一种方法打开"图层样式"对话框，再进行效果的设定。

● 打开"图层 > 图层样式"子菜单，执行一个效果命令，可以打开"图层样式"对话框，并进入相应效果的设置面板。

● 双击需要添加效果的图层，打开"图层样式"对话框，在对话框左侧选择要添加的效果，即可切换到该效果的设置面板。

● 在"图层"面板中单击 fx 按钮，打开下拉菜单，执行一个效果命令，如图3-153所示，可以打开"图层样式"对话框并进入相应效果的设置面板，如图3-154所示。

外发光
颜色叠加
渐变叠加
图案叠加

图3-152

图3-153

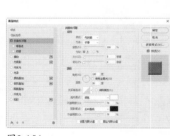
图3-154

"图层样式"对话框的左侧列出了10种效果，如图3-155所示。单击一个效果的名称，即可添加这一效果（左侧的复选框被勾选），并在对话框的右侧显示与之对应的选项，如图3-156所示。如果单击效果名称前的复选框，则会应用该效果，但不显示选项，如图3-157所示。这与"画笔设置"面板操作完全相同。取消勾选一个效果前面的复选框，可停用该效果，但保留效果参数。

单击可显示"样式"——面板中的各种效果　　　当前正在设置的样式　　　样式的预览效果

高级混合选项

效果列表

删除效果
向下移动效果
向上移动效果

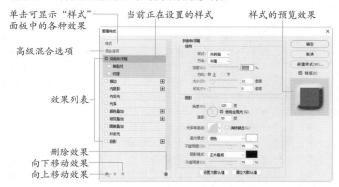

图3-155

图3-156

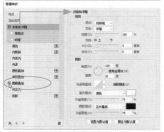

图3-157

"图层样式"对话框中还包含类似于"滤镜库"中的效果图层（见184页），即相同的效果可多次应用。例如，添加一个"描边"效果后，如图3-158所示，单击其右侧的 ⊞ 按钮，可以再添加一个"描边"效果。修改描边颜色和宽度，如图3-159所示，单击 ⬇ 按钮，将其调整到另一个效果的下方，即可创建双重描边，如图3-160所示。

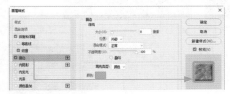

图3-158

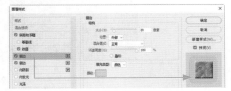

图3-159

图3-160

设置效果参数并关闭对话框后，图层右侧会显示 *fx* 状图标，下方显示效果列表，如图3-161所示。单击 按钮可折叠（或展开）效果列表，如图3-162所示。

图3-161　　　　图3-162

◇ 3.6.2

实战：在笔记本上压印图像（斜面和浮雕效果）

> 要点

下面使用"斜面和浮雕"效果在笔记本上制作压印的图像和文字，如图3-163所示。本实战的重点是等高线（见71页）和"填充"值的设置。等高线决定了浮雕形状，是效果表现的关键所在。而"填充"值需要设置为0%，其目的是隐藏图像，只显示效果，这样才能让图像和文字看上去是压印在笔记本上的。关于该选项的更多介绍，参见第6章（见150页）。

扫码看视频

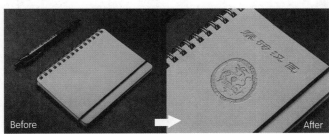

图3-163

01 打开素材，如图3-164所示。这是一个分层文件，包含文字图形和瓦当图像，如图3-165所示。

图3-164　　　　图3-165

02 单击"瓦当"图层，将它的"填充"不透明度设置为0%，如图3-166所示。然后双击该图层，打开"图层样式"对话框，添加"斜面和浮雕"效果，如图3-167所示。

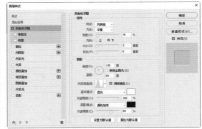

图3-166　　　　图3-167

03 按Ctrl+T快捷键显示定界框（见79页），将鼠标指针放在定界框外，单击并拖曳鼠标，旋转图像，如图3-168所示。按Enter键确认。单击文字所在的图层，如图3-169所示。

图3-168　　　　　　图3-169

04 按Ctrl+T快捷键显示定界框，旋转文字，如图3-170所示。按住Alt+Ctrl快捷键拖曳右上角的控制点，进行斜切扭曲，如图3-171所示。按Enter键确认。

图3-170　　　　　　图3-171

05 按住Alt键，将"瓦当"图层的效果图标 fx 拖曳给文字所在的图层，如图3-172所示，将效果复制给该图层。然后将文字所在图层的"填充"不透明度也设置为0%，如图3-173和图3-174所示。

图3-172　　　图3-173　　　图3-174

💎 3.6.3
解析斜面和浮雕效果

"斜面和浮雕"效果可以将图层内容划分为高光和阴影块面，对高光块面进行提亮、阴影块面进行压暗，使图层内容呈现出立体的浮雕效果。下面详细介绍该效果的各个参数选项。

设置"斜面和浮雕"

● **样式**：在该选项的下拉列表中可以选择浮雕样式。"外斜面"从图层内容的外侧边缘开始创建斜面，下方图层成为斜面，使浮雕范围显得很宽大；"内斜面"在图层内容的内侧边缘创建斜面，即从图层内容自身"削"出斜面，因此，会显得比"外斜面"纤细；"浮雕效果"介于二者之间，它从图层内容的边缘创建斜面，斜面范围一半在边缘内侧，一半在边缘外侧；"枕状浮雕"的斜面范围与"浮雕效果"相同，也是一半在外、一半在内，但图层内容的边缘是向内凹陷的，可以模拟图层内容的边缘压入下层图层中所产生的效果；"描边浮雕"是在描边上创建浮雕，斜面与描边的宽度相同，要使用这种样式，需要先为图层添加"描边"效果。图3-175所示为各种浮雕样式。

外斜面　　　　　　　内斜面

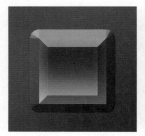
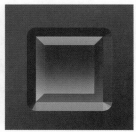

浮雕效果　　　　　　枕状浮雕

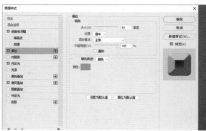
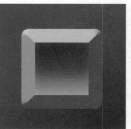

描边浮雕
图3-175

● **方法**：用来设置浮雕边缘，效果如图3-176所示。"平滑"可以创建平滑柔和的浮雕边缘；"雕刻清晰"可以创建清晰的浮雕边缘，适合表面坚硬的物体，也可用于消除锯齿形状（如文字）的硬边杂边；"雕刻柔和"可以创建清晰的浮雕边缘，但其效果较"雕刻清晰"柔和。

平滑　　　　　　雕刻清晰　　　　　雕刻柔和

图3-176

● **深度**：增加"深度"值可以增强浮雕亮面和暗面的对比度，使浮雕的立体感更强。

● **方向**：当设置好光照的"角度"和"高度"参数后，可以通过该选项定位高光和阴影的位置。例如，将光源角度设置为90°后，选择"上"，高光位于上方，如图3-177所示；选择"下"，高光位于下方，如图3-178所示。

 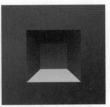

方向为上　　　　　方向为下
图3-177　　　　　图3-178

● **大小**：用来设置浮雕斜面的宽度，效果如图3-179所示。

10像素　　　　　100像素　　　　　250像素

图3-179

● **软化**：可以使浮雕斜面变得柔和。

● **消除锯齿**：可以消除由于设置了光泽等高线而产生的锯齿。

● **高光模式/阴影模式/不透明度**：用来设置浮雕斜面中高光和阴影的混合模式和不透明度。单击这两个选项右侧的颜色块，可以打开"拾色器"对话框设置高光斜面和阴影斜面的颜色。

等高线和光泽等高线

　　"斜面和浮雕"效果有两个等高线，这是特别容易令人困惑和混淆的，也是该效果的复杂之处。这两种等高线影响的对象是完全不同的，下面尽量用简单的语言说清楚它们的区别。

　　基本选项面板中的"光泽等高线"可以改变浮雕表面的光泽形状，对浮雕的结构没有影响。而"等高线"则用来修改浮雕的斜面结构，还可以生成新的斜面。

　　例如，图3-180所示的浮雕效果有5个面，无论使用哪种光泽等高线，都只改变光泽形状，浮雕仍然为5个面，如图3-181和图3-182所示。

图3-180　　　　　图3-181　　　　　图3-182

　　而等高线会改变浮雕的结构，如图3-183所示，还会生成新的浮雕斜面，如图3-184和图3-185所示。

图3-183　　　　　图3-184　　　　　图3-185

纹理

　　在默认状态下，使用"斜面和浮雕"效果时，所生成的浮雕的表面光滑而平整，这非常适合表现水、凝胶、玻璃、不锈钢等光滑物体。然而，世界上的物体绝大多数是表面不平整的，如拉丝金属、毛玻璃、表面粗糙的大理石、生锈的铁块等。即使是光滑的对象，其表面也并非完全平整。

　　添加"纹理"可以使浮雕的斜面凹凸不平，非常适合模拟真实的材质效果，如图3-186所示。纹理是图案素材，它之所以能让浮雕凹陷和凸起，是因为Photoshop根据图案的灰度信息将其映射在了浮雕的斜面上。

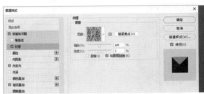 

图3-186

● **图案**：单击图案右侧的⌄按钮，可以在打开的下拉面板中选择一个图案，将其应用到斜面和浮雕上。

● **从当前图案创建新的预设** ⊞：单击该按钮，可以将当前设置的图案创建为一个新的预设图案，新图案会保存在"图案"下拉面板中。

● 缩放：用来缩放图案。需要注意的是，图案是位图，放大比例过高会出现模糊。

● 深度："深度"为正值时图案的明亮部分凸起，暗部凹陷，如图3-187所示；为负值时明亮部分凹陷，暗部凸起，如图3-188所示。

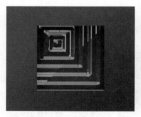 

图3-187　　　　　　　图3-188

● 反相：可以反转纹理的凹凸方向。

● 与图层链接：勾选该选项，可以将图案链接到图层，对图层进行变换操作时，图案也会一同变换，单击"贴紧原点"按钮，还可以将图案的原点对齐到文档的原点。如果取消勾选该选项，则单击"贴紧原点"按钮时，可以将原点放在图层的左上角。

💎 3.6.4
描边效果

　　"描边"效果可以使用颜色、渐变和图案描画对象的轮廓，如图3-189~图3-193所示。该效果对于硬边形状，如文字等特别有用。另外，创建描边浮雕效果时，也需要先添加该效果。

"描边"参数选项　　　　　　原图像

图3-189　　　　　　　　　图3-190

颜色描边　　　渐变描边　　　图案描边

图3-191　　　图3-192　　　图3-193

　　"描边"效果的参数比较简单。"大小"用来设置描边宽度；"位置"用来设置位于轮廓内部、中间还是外部；"填充类型"用来选取描边内容。

💎 3.6.5
光泽效果

　　"光泽"与"等高线"都属于效果之上的效果，也就是说，它们是用来增强其他效果的，很少单独使用。

　　"光泽"效果可以生成光滑的内部阴影，常用来模拟光滑度和反射度较高的对象，如金属的表面光泽、瓷砖的抛光面等。使用该效果时，可以通过选择不同的"等高线"来改变光泽的样式，如图3-194所示。

"光泽"选项

无光泽　　　　　添加光泽

图3-194

● 角度：用来控制图层内容副本的偏移方向。

● 距离：添加"光泽"效果时，Photoshop 将图层内容的两个副本进行模糊和偏移，从而生成光泽，"距离"选项用来控制这两个图层副本的重叠量。

● 大小：用来控制图层内容副本（即效果图像）的模糊程度。

💎 3.6.6
实战：制作霓虹灯（外发光和内发光效果）

> 要点

　　"外发光"和"内发光"效果可以沿图层内容的边缘向外或向内创建发光效果，常用于制作发光类特效，如图3-195所示。本实战用到的功能比较多，除图层样式外，还会使用画笔工具、形状类工具、图层蒙版和混合模式。

扫码看视频

图3-195

01 选择横排文字工具 **T** ，在工具选项栏中选择字体，设置文字大小和颜色，如图3-196所示。在画布上单击，然后输入文字，如图3-197所示。

02 按住Ctrl键并单击文字缩览图，如图3-198所示，从文字中载入选区，如图3-199所示。

图3-196

图3-197

图3-198

图3-199

03 单击文字图层左侧的眼睛图标 ，将该图层隐藏。单击 按钮，新建一个图层。执行"编辑>描边"命令，对选区进行描边，如图3-200所示。按Ctrl+D快捷键取消选择，如图3-201所示。

图3-200

图3-201

04 双击当前图层，打开"图层样式"对话框，添加"内发光"、"外发光"和"投影"效果，如图3-202~图3-205所示。

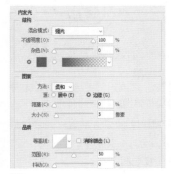

图3-202

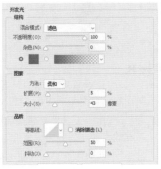

图3-203

图3-204

图3-205

05 选择椭圆工具 ，在工具选项栏中选取"形状"选项，并设置描边颜色及宽度，如图3-206所示。在画面中创建椭圆图形，如图3-207所示。执行"图层>栅格化>形状"命令，将形状栅格化，使其转换为图像，并拖曳到文字图层下方，如图3-208所示。

图3-206

图3-207

图3-208

06 单击"图层"面板底部的 按钮，添加蒙版。选择画笔工具 及"硬边圆"笔尖，在椭圆与文字重叠的区域涂抹黑色，用蒙版遮盖椭圆。注意，缺口处都处理成圆角，如图3-209和图3-210所示。

图3-209

图3-210

07 按住Alt键，将文字的效果图标 拖曳给椭圆，为它复制相同的效果，如图3-211和图3-212所示。

图3-211

图3-212

08 双击当前图层，打开"图层样式"对话框，修改两个发光效果的发光颜色，如图3-213和图3-214所示。

图3-213　　　　　　　　　　图3-214

09 在"背景"图层上方新建一个图层。选择画笔工具 ✐ 及"柔边圆"笔尖，在霓虹灯管下方涂抹蓝色和洋红色，如图3-215和图3-216所示。

图3-215　　　图3-216

10 按住Shift键并单击最上方的图层，将图3-217所示的图层选中。按Ctrl+G快捷键将其输入图层组中，然后设置组的混合模式为"线性减淡（添加）"，如图3-218和图3-219所示。

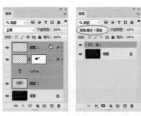

图3-217　　　图3-218　　　图3-219

"外发光"效果选项

图3-220所示为"外发光"效果参数选项。

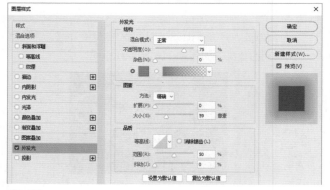

图3-220

- 混合模式：用来设置发光效果与下面图层的混合模式。默认为"滤色"模式，它可以使发光颜色变亮，但在浅色图层的衬托下效果不明显。如果下面图层为白色，则完全看不到效果。如果遇到这种情况，可以修改混合模式。

- 杂色：可以随机添加深浅不同的杂色。对于实色发光，添加杂色可以使光晕呈现颗粒状；对于渐变发光，其主要用途是防止在打印时，由于渐变过渡不平滑而出现明显的条带。

- 发光颜色："杂色"选项下面的颜色块和颜色条用来设置发光颜色。如果要创建单色发光，可以单击左侧的颜色块，在打开的"拾色器"对话框中设置发光颜色，如图3-221所示。如果要创建渐变发光，可以单击右侧的渐变条，打开"渐变编辑器"对话框设置渐变，效果如图3-222和图3-223所示。

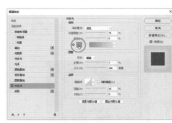

图3-221

图3-222　　　　　　　　　　图3-223

- 方法：用来设置发光的方法，以控制发光的准确程度。选择"柔和"，可以对发光应用模糊的效果，得到柔和的边缘，如图3-224所示；选择"精确"，可以得到精确的边缘，如图3-225所示。

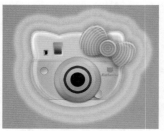

图3-224　　　　　　　　　　图3-225

- 扩展：在设置好"大小"值后，可以用"扩展"选项来控制在发光效果范围内，颜色从实色到透明的变化程度。

- 大小：用来设置发光效果的模糊程度。该值越高，光的效果越发散。

- 范围：可以改变发光效果中的渐变范围。

● 抖动： 可以混合渐变中的像素，使渐变颜色的过渡更加柔和。

"内发光"效果选项

"内发光"效果的参数选项中，除"源"和"阻塞"，其他均与"外发光"相同。

● 源： 用来控制发光光源的位置。选择"居中"，表示从图层内容的中心发光，如图3-226所示，此时如果增加"大小"值，发光效果会向图像的中央收缩，如图3-227所示；选择"边缘"，表示从图层内容的内部边缘发光，如图3-228所示，此时如果增加"大小"值，发光效果会向图像的中央扩展，如图3-229所示。

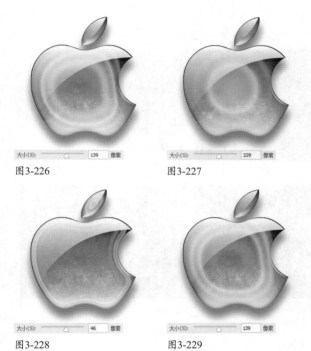

图3-226　　　　图3-227

图3-228　　　　图3-229

● 阻塞： 在设置好"大小"值后，可以调整"阻塞"值，控制在发光效果范围内颜色从实色到透明的变化程度。该值越高，效果越向内集中，如图3-230和图3-231所示。

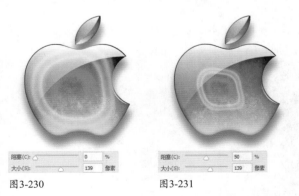

图3-230　　　　图3-231

3.6.7
实战：制作激光字（图案叠加效果）

要点

下面使用"图案叠加"效果制作激光字，如图3-232所示。"图案叠加""颜色叠加""渐变叠加"效果与填充图层（见147页）类似，并无太大不同，但它们是附加在图层中的，可以与其他样式一同使用，因此其应用空间要远远大于填充图层。这3种效果的用途更多地体现在辅助其他效果上。例如，通过"斜面和浮雕"效果制作出立体玉石后，可以向玉石中加一些花纹等。如果只是单纯地想填充颜色、渐变和图案，用填充图层会更好一些。

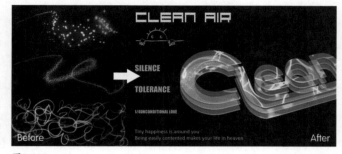

图3-232

01 打开3个素材。执行"编辑>定义图案"命令，打开"图案名称"对话框，设置名称为"图案1"，如图3-233所示。将当前图像定义为图案。用同样的方法将另外两个图像也定义为图案。

图3-233

02 打开文字智能对象素材，如图3-234和图3-235所示。图中的文字是矢量图形，如果双击"图层"面板找到图标，便可在Illustrator软件中编辑它，对图形进行编辑并保存之后，Photoshop中的对象会同步更新。

图3-234　　　　图3-235

03 双击该图层，打开"图层样式"对话框，添加"投影"效果，如图3-236所示。继续添加"图案叠加"效果，在图案下拉面板中选择自定义的"图案1"，设置缩放参数为

184%，如图3-237和图3-238所示。

04 不要关闭对话框。在文字上单击并拖曳鼠标（此时鼠标指针会自动变为移动工具 ⊕ ），调整图案的位置，如图3-239所示。调整完成后将对话框关闭。

图3-236　　　　　　　　　　图3-237

图3-238　　　　　　图3-239

05 按Ctrl+J快捷键复制当前图层，如图3-240所示。选择移动工具 ⊕ ，连按↑键15次，使文字之间错开一定的距离，如图3-241所示。

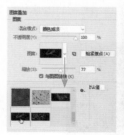

图3-240　　　　　图3-241

06 双击该图层右侧的 *fx* 图标，打开"图层样式"对话框，选择"图案叠加"效果，在图案下拉面板中选择"图案2"，修改缩放参数为77%，如图3-242和图3-243所示。

图3-242　　　　　图3-243

07 同样，在不关闭对话框的情况下，调整图案的位置，让更多的光斑出现在文字中，如图3-244所示。

图3-244

08 重复上面的操作。复制图层，再将复制后的文字向上移动，如图3-245所示。使用自定义的"图案3"对文字进行填充，如图3-246和图3-247所示。输入其他文字，注意版面的布局。在一个新的图层中，用画笔工具 ✏ 画一个可爱的卡通人，活跃画面的气氛，如图3-248所示。

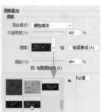

图3-245　　　　　　　图3-246

图3-247　　　　　　　图3-248

◈ 3.6.8
解析颜色、渐变和图案叠加

"颜色叠加""渐变叠加""图案叠加"效果可以在图层上覆盖纯色、渐变和图案，如图3-249~图3-252所示。默认状态下，这3种效果会完全遮盖图层内容，因此使用时需要配合混合模式和不透明度来改变效果。

原图　　　　　　　　　　颜色叠加（淡红色）
图3-249　　　　　　　　　图3-250

渐变叠加（蓝~淡绿色）
图3-251

图案叠加（水池图案）
图3-252

在选项方面，只有"渐变叠加"的"与图层对齐"和"图案叠加"的"与图层链接"两个选项特殊一些。

● 与图层对齐：添加"渐变叠加"效果时，勾选该选项，渐变的起始点位于图层内容的边缘；取消勾选，渐变的起始点位于文档边缘。

● 与图层链接：添加"图案叠加"效果时，勾选该选项，图案的起始点位于图层内容的左上角；取消勾选，图案的起始点位于文档的左上角。由于Photoshop预设的都是无缝拼贴图案，因此，是否选择该选项都不会改变图案位置。但如果关闭了"图层样式"对话框，再移动图层内容，则与图层链接的图案会随着图层一同移动，未链接的图案保持不动，这会导致图案与图层内容的相对位置发生改变。

◆ 3.6.9

实战：制作真实的投影（投影效果）

`要点`

制作商品目录、海报或其他宣传品时，设计师一般会从众多商品照片中挑出合适的几张，用Photoshop抠图，即将商品从原有的背景中抠出来，再进行加工、合成。根据设计需要，有些商品还要配上投影，以便与新背景融为一体，如图3-253所示（右图）。

扫码看视频

无投影的运动鞋展示效果

配上投影的食品宣传单
图3-253

Photoshop的"投影"效果可以创建逼真的投影，只是效果有些单一，即只能在图像背后（即立面）生成投影，不能出现在图像下方，即水平面上。即投影可以使对象从背景中"浮出来"，而不能"立起来"。但这种投影可以进行改造，我们可将其从图层中分离出来，进行变形处理，改变它的立体效果，如图3-254所示。

图3-254

01 打开素材。这是一个水杯，已经抠好图了。在"图层"面板中，杯子位于单独的图层中。双击这一图层，如图3-255所示，打开"图层样式"对话框，添加"投影"效果，如图3-256和图3-257所示。

02 执行"图层>图层样式>创建图层"命令，将效果剥离到新的图层中，然后单击该图层，如图3-258所示。

图3-255 　　　　图3-256

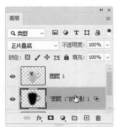

图3-257 　　　　图3-258

03 按Ctrl+T快捷键显示定界框，如图3-259所示。按住Ctrl键并拖曳控制点，对投影进行扭曲，如图3-260所示。按Enter键确认。

图3-259 　　　　图3-260

04 设置图层的"不透明度"为50%，让投影颜色变淡。单击"图层"面板底部的 ▢ 按钮，添加图层蒙版。选择渐变工具 ▢ 及黑白线性渐变，填充渐变，对投影进行遮挡，使投影边缘逐渐淡出，如图3-261和图3-262所示。

图3-261 　　　　　　　图3-262

"投影"效果选项

投影是表现立体效果的重要手段，"投影"效果可以在图层内容的后方生成投影，使其看上去像是从画面中凸出来的，并且可设置投影角度、距离和颜色，如图3-263所示。

图3-263

- **混合模式**：可以设置投影与下方图层的混合模式。默认为"正片叠底"模式，此时投影呈现为较暗的颜色。如果设置为"变亮""滤色""颜色减淡"等变亮模式，则投影会变为浅色，其效果类似于外发光。

- **投影颜色**：单击"混合模式"选项右侧的颜色块，可在打开的"拾色器"对话框中设置投影颜色。

- **不透明度**：可以调整投影的不透明度。该值越低，投影越淡。

- **角度/距离**：决定了投影向哪个方向偏移，以及偏移距离。除了输入数值调整外，还可以手动操作，方法是将鼠标指针放在文档窗口中（鼠标指针会变为 ✛ 状），单击并拖曳鼠标即可移动投影，如图3-264和图3-265所示。这种方法较为快捷，可以同时调整投影的方向和距离。

图3-264 　　　　　　　图3-265

- **大小/扩展**："大小"用来设置投影的模糊范围，该值越大，模糊范围越广，该值越小，投影越清晰；"扩展"用来设置投影的扩展范围，该值会受到"大小"选项的影响，例如，将"大小"设置为0像素后，无论怎样调整"扩展"值，都只生成与原图大小相同的投影。图3-266和图3-267所示为设置不同参数的投影效果。

图3-266 　　　　　　　图3-267

- **消除锯齿**：混合等高线边缘的像素，使投影更加平滑。该选项对于尺寸小且具有复杂等高线的投影非常有用。

- **杂色**：可以在投影中添加杂色。该值较大时，投影会变为点状。

- **图层挖空投影**：用来控制半透明图层中投影的可见性。勾选该选项后，如果当前图层的"填充"值小于100%，则半透明图层中的投影不可见，效果如图3-268所示。图3-269所示为取消勾选此选项时的投影。

图3-268 　　　　　　　图3-269

⬦ 3.6.10

内阴影效果

"内阴影"效果可以在紧靠图层内容的边缘内添加阴影，使图层内容产生凹陷效果。图3-270所示为原图像，图3-271所示为内阴影参数。

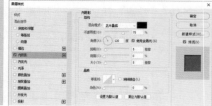

图3-270 　　　　　　　图3-271

"内阴影"与"投影"的选项设置方式基本相同。它们的不同之处在于："投影"是通过"扩展"选项来控制投影边缘的渐变程度的；而"内阴影"则通过"阻塞"选项来控制。"阻塞"可以在模糊之前收缩内阴影的边界，如图3-272~图3-274所示。"阻塞"与"大小"选项相关联，"大小"值越大，可设置的"阻塞"范围也就越大。

图3-272　　　　图3-273　　　　图3-274

3.6.11

实战：制作玻璃字

通过前面的几个实战我们看到，单独使用一到两种样式，就可以制作出炫丽的特效，如果使用更多的样式，那效果将更加丰富。下面我们就多用几种样式，制作玻璃字，如图3-275所示。

扫 码 看 视 频

Before　　　　After

图3-275

01 双击"图层1"，如图3-276所示。打开"图层样式"对话框，取消对"将剪贴图层混合成组"选项的勾选，再勾选"将内部效果混合成组"选项，如图3-277所示。

图3-276　　　　图3-277

02 在左侧列表单击"斜面和浮雕"效果，并设置参数。选择"等高线"选项，单击等高线缩览图，打开"等高线编辑器"对话框，单击左下角的控制点，设置输出参数为71%，如图3-278和图3-279所示。继续添加"光泽"、"内阴影"和"内发光"效果，制作出平滑、光亮的玻璃质感，如图3-280~图3-283所示。

 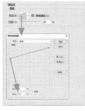 

图3-278　　　　图3-279　　　　图3-280

图3-281　　　　图3-282　　　　图3-283

03 添加"外发光"和"投影"效果，进一步强化玻璃的立体感与光泽度，如图3-284~图3-286所示。

图3-284　　　　图3-285　　　　图3-286

04 单击"背景"图层，按Ctrl+J快捷键复制，将副本拖曳到最顶层，设置"不透明度"为70%，按Alt+Ctrl+G快捷键创建剪贴蒙版，将木板的显示范围限定在椭圆图形以内，如图3-287和图3-288所示。

图3-287　　　　图3-288

05 单击"背景"图层，执行"滤镜>镜头校正"命令，给图像添加暗角效果，如图3-289所示。

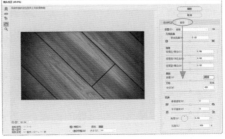

图3-289

69

· PS 技术讲堂 ·

【 图层样式是怎样生成效果的 】

图层样式的原理

图层样式是怎样生成效果的呢？是这样的，添加图层样式的时候，Photoshop首先复制图层内容，之后对其进行位移、缩放、模糊、填色、修改不透明度和混合模式等处理，或者将这几种方式组合起来，效果就产生了。

例如"斜面和浮雕"效果，它是将图层内容的轮廓进行位移和模糊处理后，取一部分轮廓作为浮雕的亮面，其余的轮廓作为浮雕的暗面，在视觉上形成立体感。添加"投影"效果时，Photoshop会对图层副本进行模糊处理，改变混合模式和填充不透明度后，再进行位移。"描边"效果则是将图层副本向外扩展或向内收缩，之后填充颜色，创建成为外轮廓或内轮廓。图3-290所示为以上3种效果的原理展示图。其他效果也大致如此。在默认状态下，图层样式的副本不会在"图层"面板中显示。如果要想见识它们的"真身"，可以使用"创建图层"命令，将其从图层中剥离出来（见67页）。

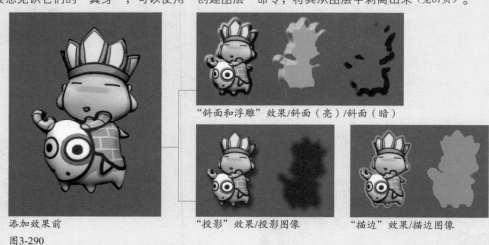

"斜面和浮雕"效果/斜面（亮）/斜面（暗）

"投影"效果/投影图像　　"描边"效果/描边图像

添加效果前

图3-290

图层样式有哪些特点

图层样式附加在图层上，不会破坏图层内容，并具有以下特点。

● 图层样式可以复制。一个图层中的图层样式可全部也可部分复制给其他图层使用。

● 图层样式可以独立于图层缩放，不影响图层内容，也可以从图层中剥离出来，成为图像。

● 除了"背景"图层外的任何图层，只要没有锁定全部属性，即没有单击"图层"面板中的 🔒 按钮，便可以添加图层样式。甚至包括调整图层这样只有指令没有内容的图层，如图3-291所示。锁定了部分属性的图层也可以添加样式，如图3-292所示。

● 我们可以将自己编辑的图层样式创建为样式预设，保存到"样式"面板中或存储为样式库。

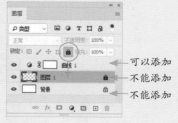

可以添加
不能添加
不能添加

图3-291　　　　　　　　　图3-292

· PS 技术讲堂 ·

【 Photoshop 中的光照系统 】

我们生活的世界离不开光。光不仅照亮万物，也是塑造形体、表现立体感和空间感的要素。Photoshop有一个内置的光照系统，可以模拟太阳，在一定的高度和角度进行照射。"斜面和浮雕"、"内阴影"和"投影"等效果都会使用到它。

对于"斜面和浮雕"效果，"太阳"在一个半球状的立体空间中运动。"角度"范围为–180°~180°，"高度"范围为0°~90°。"角度"决定了浮雕亮面和暗面的位置，如图3-293所示；"高度"影响浮雕的立体感，如图3-294所示。

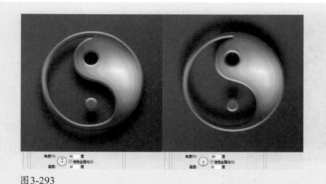

图3-293

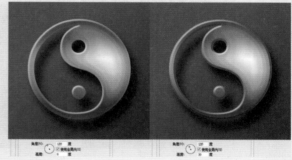

图3-294

　　对于"内阴影"和"投影"效果，"太阳"只在地平线做圆周运动，因此，光照只影响阴影的角度，图层内容与阴影的远、近距离则在单独的选项（"距离"选项）中调节。

　　Photoshop内置的光照系统受"使用全局光"选项的调节。"斜面和浮雕""内阴影""投影"都包含这一选项。勾选该选项，可以使这几种效果的光照角度保持一致。当修改其中一个效果的"角度"参数时，也会影响其他效果的光照角度。

　　全局光可以让文件使用同一个光照角度，这有助于使效果更加真实、合理，如图3-295所示。使用"图层>图层样式>全局光"命令，也可以修改全局光。如果有特殊需要，也可以为效果设置单独的光照，使之脱离全局光的束缚，如图3-296所示。操作方法非常简单，只需取消"使用全局光"选项的勾选，再调整它的参数即可。

图3-295　　　　　　　　图3-296

--- PS技术讲堂 ---

【 等高线 】

　　等高线是一个地理名词，指的是地形图上高程相等的各个点连接而成的闭合曲线。在Photoshop中，等高线可以控制效果在指定范围内的形状，在模拟不同材质时非常有用。例如，将等高线调整为W形，可以模拟不锈钢、镜面等光泽度高、反射性强的物体；而表现木头、砖石等表面粗糙的对象时，等高线就较为平缓，接近于一条直线的形态。

　　"投影""内阴影""内发光""外发光""斜面和浮雕""光泽"效果都可设置等高线。使用时，可单击"等高线"选项右侧的　按钮，打开下拉面板选择预设的等高线样式，如图3-297所示；也可以单击等高线缩览图，打开"等高线编辑器"对话框，修改等高线，如图3-298所示。"等高线"与"曲线"（见207页）的编辑方法基本相同，添加控制点并改变等高线形状后，Photoshop会将当前色阶映射为新的色阶，使相应效果的形状发生改变。

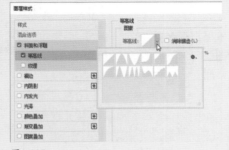

图3-297

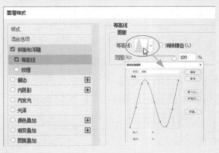

图3-298

　　创建投影和内阴影效果时，可以通过"等高线"来指定投影的渐隐样式，如图3-299和图3-300所示。创建发光效果时，如果使用纯色作为发光颜色，可以通过"等高线"创建透明光环，如图3-301所示（内发光）。使用渐变填充发光时，"等高线"允许创建渐变颜色和不透明度的重复变化，如图3-302所示（内发光）。在斜面和浮雕效果中，可以使用"等高线"勾画在浮雕处理中被遮住的起伏、凹陷和凸起，如图3-303和图3-304所示。

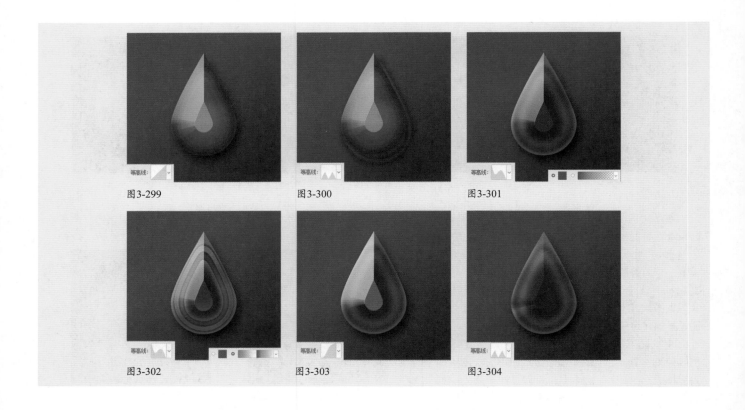

图3-299　　　　　　　　图3-300　　　　　　　　图3-301

图3-302　　　　　　　　图3-303　　　　　　　　图3-304

编辑和使用样式

3.7

图层样式是一种灵活度非常高的非破坏性编辑功能，使用之后不仅可以随时修改参数，效果的数量和种类也可以在任何时间添加和减少，并且效果可缩放，也可从附加的图层中剥离出来。此外，Photoshop中还有大量预设的样式可供使用。

3.7.1

实战：修改效果，制作卡通字

01 打开素材，如图3-305所示。双击一个效果的名称，如图3-306所示，可以打开"图层样式"对话框并直接显示该效果的设置面板，此时可修改参数，如图3-307和图3-308所示。

扫码看视频

图3-305

图3-306

图3-307

图3-308

02 在左侧的列表中单击一个效果，为图层添加新的效果并设置参数，如图3-309所示。关闭对话框，修改后的效果会应用于图像，如图3-310所示。

图3-309

图3-310

3.7.2

实战：效果复制技巧

01 打开素材。"图层0"中有多种效果。将鼠标指针放在一个效果上，按住Alt键单击并将其拖曳到另一个图层上，可以将该效果复制给目标图层，如图3-311和图3-312所示。

扫码看视频

图3-311　　　　图3-312

02 如果要复制图层中的所有效果，可以按住Alt键，将 图标拖曳到另一图层，如图3-313和图3-314所示。拖曳时如果没有按住Alt键，会将效果转移到目标图层，原图层不再有效果，如图3-315所示。

图3-313　　　　图3-314　　　　图3-315

03 下面学习怎样同时复制一个图层的所有效果+填充+混合模式。按Ctrl+Z快捷键撤销复制操作。单击添加了效果的图层，如图3-316所示。可以看到，它的"填充"值为85%，执行"图层>图层样式>拷贝图层样式"命令，单击另一个图层，如图3-317所示，执行"图层>图层样式>粘贴图层样式"命令，即可将该图层的所有效果、填充属性全都复制给目标图层，如图3-318所示。如果设置了混合模式，则混合模式也会一同复制。

图3-316　　　　图3-317　　　　图3-318

3.7.3

从"样式"面板中添加效果

"样式"面板可以存储、管理和应用图层样式。我们也可以将Photoshop提供的预设样式，或者外部样式库加载到该面板中使用。

选择一个图层，如图3-319所示。单击"样式"面板中的一个样式，即可为它添加该样式，如图3-320所示。

图3-319

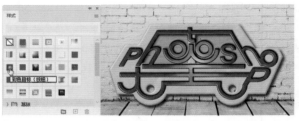

图3-320

如果单击其他样式，则新效果会替换之前的效果。如果想在原有样式上追加新效果，可以按住 Shift 键，将样式从"样式"面板拖曳到文档窗口中的对象上。

将"样式"面板中的一个效果拖曳到删除样式按钮 🗑 上，可将其删除。此外，按住 Alt 键并单击一个样式，可直接将其删除。进行删除操作或载入其他样式库以后，可以使用"样式"面板菜单中的"复位样式"命令，将面板恢复为默认的样式。

💎 3.7.4
创建自定义样式

用图层样式制作出满意的效果以后，可以选择添加了效果的图层，如图3-321所示。单击"样式"面板中的 ⊞ 按钮，打开图3-322所示的对话框，输入效果名称，选取"包含图层效果"选项，并单击"确定"按钮，可以将其保存到"样式"面板中，成为预设样式，方便以后使用，如图3-323所示。如果图层设置了混合模式，勾选"包含图层混合选项"选项，预设样式将具有这种混合模式。

图3-321　　　图3-322　　　　　　　　　图3-323

💎 3.7.5
使用样式组

"样式"面板顶部显示了近期使用过的样式，中间列表是常用的预设样式，下方则是各个样式组，如图3-324所示。样式组类似于图层组，展开它可以看到其中保存着效果或用途相近的样式，如图3-325所示。如果在面板中保存了多个自定义样式，可以按住Ctrl键并单击，将它们选取，如图3-326所示，使用面板菜单中的"新建样式组"命令，将它们存储到一个样式组中，以便使用，如图3-327和图3-328所示。

图3-324　　　　　　　　　图3-325

图3-326　　　　　图3-327　　　　　图3-328

💎 3.7.6
实战：使用外部样式创建特效

01 打开素材，如图3-329所示。打开"样式"面板菜单，执行"导入样式"命令，如图3-330所示，打开"载入"对话框，选择配套资源中的样式文件，如图3-331所示。单击"载入"按钮，将它加载到"样式"面板中。

02 单击要添加样式的图层，如图3-332所示。单击新载入的样式，为图层添加效果，如图3-333和图3-334所示。

图3-329　　　　　　　　　图3-330

图3-331　　　　　图3-332

图3-333　　　　图3-334

· PS技术讲堂 ·

【打破效果"魔咒"】

分辨率对效果的制约

我们使用Photoshop预设的图层样式、加载的外部图层样式，或者在不同分辨率的文件之间复制图层样式时，经常遇到这样的情况：效果的范围要么变大、要么变小，就像被施了魔法，变得跟之前不一样了，如图3-335和图3-336所示。这是什么原因造成的呢？

我们首先来看效果是怎样产生的。效果是图像在经过位移、缩放、模糊、填色、改变不透明度和混合模式等各种操作组合之后呈现出来的。而图像是由像素构成的，因此，效果的大小和范围是以像素（*见85页*）为单位的，而且还会受到分辨率（*见86页*）的制约。

描边25像素（文件大小为10厘米×10厘米，分辨率为72像素/英寸）

图3-335

描边25像素（文件大小为10厘米×10厘米，分辨率为300像素/英寸）

图3-336

再看上面的图示。这是同一个"描边"图层样式用在两个尺寸相同、分辨率不一样的文件时的效果。由于分辨率越高，像素的数量越多，因此，第二幅图像（300像素/英寸）中包含的像素要远远多于第一幅图像（72像素/英寸）。这两幅图像的尺寸相同，那么像素数量多，就意味着像素更加密集，则每一个像素的"个头"更小，在此就有了答案：描边的宽度是25像素，在300像素/英寸的图像中，这样的宽度很细小，而在低分辨率（72像素/英寸）的图像中，像素"个头"比较大，所以描边看上去就显得更粗一些。

缩放效果

Photoshop中的效果设计得非常巧妙，它是附加在图层上的，可以单独编辑。当效果与图层中的对象不匹配时，可以双击"图层"面板中的效果，打开"图层样式"对话框，重新调整参数。这种方法比较适合局部微调。例如，修改预设的"投影"效果时，在调整投影大小之后，还可以对投影的方向和不透明度等做出修改。如果效果不是一种，而是几种的组合，如图3-337所示，这种方法无法保证效果的整体比例不变。

我们使用素材时，如果图像大小不合适，会通过缩放的方法来调整其大小。效果是图像，当然也可以缩放。我们用"图层>图层样式>缩放效果"命令，就能对效果的整体比例进行调整，如图3-338和图3-339所示。这种方法可以解决复制或是使用预设效果时，效果与对象的大小不匹配的问题。

图3-337

图3-338

图3-339

掌握以上两种方法，基本上就能破除效果"魔咒"了。需要注意的是，如果效果中包含纹理和图案等像素类内容，在放大时需要留心观察，如果比例过高，会导致图像品质下降。

图层复合

图层复合可以记录图层的可见性、位置和外观，通过图层复合用户可以快速地在文档中切换不同版面的显示状态，因此其非常适合比较和筛选多种设计方案时使用。

3.8.1

什么是图层复合

"历史记录"面板有一个可以为图像创建快照的功能（见26页），用于记录图像的当前编辑效果。图层复合与快照有相似之处，它能够为"图层"面板创建"快照"。

图层复合可以记录当前状态下图层的可见性、位置和外观，即图层是否显示、图层中的图像或其他内容在文档窗口的位置，以及图层内容的外观（包括不透明度、混合模式、蒙版和添加的图层样式）。图层复合非常适合比较、筛选多种设计方案或多种图像效果，如图3-340所示。

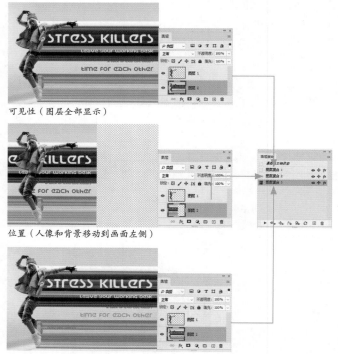

可见性（图层全部显示）

位置（人像和背景移动到画面左侧）

外观（修改背景色彩）

图3-340

显示一个图层复合时，就会将图像恢复到它所记录的状态。从这一点看，图层复合与快照确实很像。但它不能取代历史记录和快照，因为图层复合不能记录在图层上进行的绘制操作、变换操作、文字编辑，以及应用于智能对

象的智能滤镜。历史记录则可以记录除存储和打开之外的所有操作。但历史记录也有缺点，就是不能存储，文档关闭就会被删除，而图层复合可以随文件一同存储，以后打开文件时还可以使用和修改。

3.8.2

更新图层复合

"图层复合"面板用来创建、编辑、显示和删除图层复合，如图3-341所示。

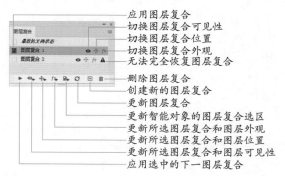

- 应用图层复合
- 切换图层复合可见性
- 切换图层复合位置
- 切换图层复合外观
- 无法完全恢复图层复合
- 删除图层复合
- 创建新的图层复合
- 更新图层复合
- 更新智能对象的图层复合选区
- 更新所选图层复合和图层外观
- 更新所选图层复合和图层位置
- 更新所选图层复合和图层可见性
- 应用选中的下一图层复合

图3-341

如果在"图层"面板中进行了删除图层、合并图层、将图层转换为背景，或者转换颜色模式等操作，有可能会影响到其他图层复合所涉及的图层，甚至不能完全恢复图层复合，则图层复合名称右侧会出现 ⚠ 状警告图标。此时可以采用以下方法处理。

- 单击警告图标：单击警告图标，会弹出一个提示，如图3-342所示。它说明图层复合无法正常恢复。单击"清除"按钮可清除警告，使其余的图层保持不变。

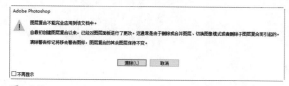

图3-342

- 忽略警告：如果不对警告进行任何处理，可能会导致丢失一个或多个图层，而其他已存储的参数可能会保留下来。

- 更新图层复合：单击更新图层复合按钮 ⟳ 对图层复合进行更

新，这可能导致以前记录的参数丢失，但可以使图层复合保持最新状态。

● 鼠标右键单击图标：用鼠标右键单击警告图标，在打开的下拉菜单中可以选择是清除当前图层复合的警告，还是清除所有图层复合的警告。

3.8.3
实战：用图层复合展示两套设计方案

使用画板可以在同一文件中制作和保存不同的设计，但设计原稿并不适合作为方案向客户展示。如果将每一个设计方案导出为一个单独的文件又比较麻烦。在这种情况下，可以通过图层复合将每一种方案都记录下来，这样就可以在单个文件中展示所有设计方案。

01 按Ctrl+O快捷键，弹出"打开"对话框，打开素材，如图3-343和图3-344所示。

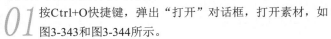

图3-343　　　　　　　　　　图3-344

02 单击"图层复合"面板中的 ⊞ 按钮，打开"新建图层复合"对话框，设置图层复合的"名称"为"方案-1"，并勾选"可见性"选项，如图3-345所示。"可见性"用来记录图层是显示还是隐藏；"位置"用来记录图层的位置；"外观"则记录是否将图层样式应用于图层和图层的混合模式；"注释"可以添加说明性注释。单击"确定"按钮，创建一个图层复合，如图3-346所示。它记录了"图层"面板中图层的当前显示状态。

图3-345　　　　　　　　　　图3-346

03 在"背景2"的眼睛图标 ◉ 上单击，将该图层隐藏，让"背景1"中的图像显示出来，如图3-347所示。单击"图层复合"面板中的 ⊞ 按钮，再创建一个图层复合，设置

"名称"为"方案-2"，如图3-348所示。

图3-347　　　　　　　　　　图3-348

04 至此，已通过图层复合记录了两套设计方案。向客户展示方案时，可以在"方案-1"和"方案-2"的名称左侧单击，显示出应用图层复合图标 ▣，图像窗口中便会显示此图层复合记录的快照，如图3-349和图3-350所示。也可以单击 ◀ 和 ▶ 按钮进行循环切换。

图3-349

图3-350

3.8.4
导出图层复合

创建图层复合后，使用"文件>导出>将图层复合导出到PDF"命令，可以将图层复合导出为 PDF 文件。导出后，双击该文件，可以自动播放。使用"文件>导出>图层复合导出到文件"命令，则可将其导出为单独的文件。

第4章

变换与变形

常规变换、变形方法

4.1

对所选对象缩放、旋转和扭曲时，要用变换和变形功能来处理。Photoshop 中的图层（多个图层）、图层蒙版、选区、路径、文字、矢量形状、矢量蒙版和 Alpha 通道等都可以进行变换和变形操作。

4.1.1

实战：移动

移动工具 ✛ 是最常用的工具之一，移动图层、选区内的图像，或者将素材拖曳到其他文件时，都会用到它。

扫码看视频

01 打开素材。在进行移动前，先单击选中对象所在的图层，如图4-1所示。选择移动工具 ✛，在文档窗口单击并拖曳鼠标，即可移动对象，如图4-2所示。按住Shift键操作，可沿水平、垂直或45°角方向移动。

图4-1　　　　图4-2

02 使用矩形选框工具 ▭ 创建一个选区，如图4-3所示。将鼠标指针放在选区内，按住Ctrl键（切换为移动工具 ✛）单击并拖曳鼠标，可以只移动选中的图像，如图4-4所示。

图4-3　　　　图4-4

> **提示**（Tips）
>
> 使用移动工具 ✛ 时，按住Alt键并拖曳，可以复制对象。每按一下键盘中的→、←、↑、↓键，可以将对象移动一像素的距离；如果同时按住Shift键，则移动10像素的距离。

移动工具选项栏

图4-5所示为移动工具 ✛ 的选项栏。

图4-5

● 自动选择： 如果文件中包含多个图层或组，可以勾选该选项并在下拉列表中选择要移动的对象。选择"图层"选项，使用移动工具在画面中单击时，可以自动选择鼠标指针位置包含像素的最顶层的图层； 勾选"组"选项，则可自动选择鼠标指针位置包含像素的最顶层的图层所在的图层组。

● 显示变换控件： 勾选该选项后，单击一个图层时，图层内容的周围会显示定界框，此时拖曳控制点可以对图像进行变换操作。 如果文件中的图层较多，并经常进行变换操作，该选项就比较有用。

● 对齐图层 ▙ ▘ ▟ / 分布图层 ▜ ▚ ▛：可以让多个图层对齐 (见51页)，或按一定的规则均匀分布 (见51页)。

● 3D模式： 提供了3D工具 (见478页)。

◈ 4.1.2

实战：在多个文件间移动

01 打开两个素材，如图4-6和图4-7所示。当前操作的是长颈鹿文件。单击长颈鹿所在的图层，如图4-8所示。

[扫码看视频]

图4-6　　　　　　图4-7　　　　　　图4-8

02 选择移动工具 ✛，在画面中单击并拖曳图像至另一个文件的标题栏，如图4-9所示；停留片刻，切换到该文档后，如图4-10所示；将鼠标指针移动到画面中，然后放开鼠标，即可将图像拖入该文件，如图4-11所示。

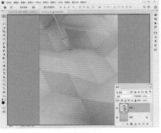

图4-9　　　　　　　　　图4-10

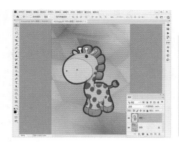

图4-11

◈ 4.1.3

旋转、缩放与拉伸

定界框、控制点和参考点

变换和变形命令位于"编辑>变换"子菜单中，如图4-12所示。除直接进行翻转，或者以90°或90°的倍数旋转外，使用其他命令时，所选对象上会显示定界框、控制点和参考点，如图4-13所示。拖曳定界框或控制点，即可进行相应的处理。

显示定界框——
显示变形网格——
直接变换——

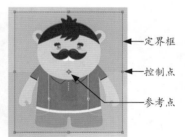

——定界框

——控制点

——参考点

图4-12　　　　　　　图4-13

参考点位于对象中心。如果拖曳到其他位置，则会改变基准点。图4-14和图4-15所示为参考点在不同位置时的旋转效果。

参考点在默认位置　　　参考点在定界框左下角

图4-14　　　　　　　图4-15

通过快捷方法进行变换

Photoshop中的很多操作都可以通过两种或多种方法完成。一种是基本方法，即按部就班，一步一步完成，适合初级用户。例如，进行旋转操作时，需要依次打开"编辑>变换"子菜单，选择其中的"旋转"命令，显示定界框之后，再进行旋转。而有经验的用户只要按一下Ctrl+T快捷键，便可显示定界框，这样就省去了很多步骤，属于快捷方法。

Ctrl+T是"编辑>自由变换"命令的快捷键。当定界框显示以后，将鼠标指针放在定界框外（鼠标指针变为↰状），单击并拖曳鼠标，可进行旋转，如图4-16所示。

拖曳控制点，将会以对角线处的控制点为基准等比缩放，如图4-17和图4-18所示。按住Shift键操作，可进行拉伸，如图4-19和图4-20所示。

图4-16　　　　图4-17　　　　图4-18

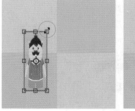 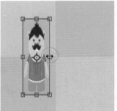

图4-19　　　　图4-20

操作完成后，在定界框外单击，或按Enter键可以确认。按Esc键则取消操作。

4.1.4
斜切、扭曲与透视扭曲

将鼠标指针靠近水平定界框，按住Shift+Ctrl快捷键，单击并拖曳鼠标，可沿水平（鼠标指针为↗状）或垂直（鼠标指针为↗状）方向斜切，如图4-21和图4-22所示。

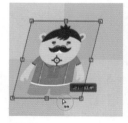 

图4-21　　　　图4-22

将鼠标指针放在位于定界框4个角的一个控制点上，按住Ctrl键（鼠标指针变为▷状）单击并拖曳鼠标，可以进行

扭曲，如图4-23所示。按住Ctrl+Alt组合键操作，可以对称扭曲，如图4-24所示。按住Shift+Ctrl+Alt组合键（鼠标指针变为▷状）操作，可以进行透视扭曲，如图4-25所示。

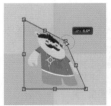  

图4-23　　　　图4-24　　　　图4-25

技术看板 17 图像变换、变形技巧

编辑图像时，会经常用到变换和变形功能，用快捷方法操作更简便、更节省时间。

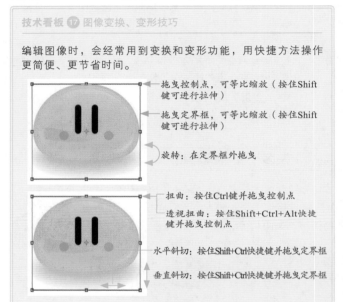

→ 拖曳控制点，可等比缩放（按住Shift键可进行拉伸）
→ 拖曳定界框，可等比缩放（按住Shift键可进行拉伸）
→ 旋转：在定界框外拖曳
→ 扭曲：按住Ctrl键并拖曳控制点
透视扭曲：按住Shift+Ctrl+Alt快捷键并拖曳控制点
水平斜切：按住Shift+Ctrl快捷键并拖曳定界框
垂直斜切：按住Shift+Ctrl快捷键并拖曳定界框

提示（Tips）

缩放和扭曲会重新采样（见87页）。如果操作完成后，图像出现很明显的模糊或锯齿，可修改工具选项栏中的"插值"选项（见89页）。

4.1.5
实战：制作水面倒影

01 使用矩形选框工具选取图像，如图4-26所示。按Ctrl+J快捷键复制到新建的图层中，如图4-27所示。

02 执行"编辑>变换>垂直翻转"命令，将图像翻转。选择移动工具，按住Shift键（锁定垂直方向）并向下拖曳图像，如图4-28所示。执行"图像>显示全部"命令，显示完整的图像，如图4-29所示。

扫码看视频

图4-26

图4-27

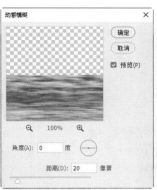
图4-30

图4-31

图4-28

图4-29

03 执行"滤镜>模糊>动感模糊"命令，对倒影进行模糊处理，如图4-30和图4-31所示。

04 按Ctrl+L快捷键，打开"色阶"对话框，拖曳滑块，将倒影调亮一些，如图4-32和图4-33所示。

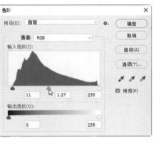
图4-32

图4-33

· PS技术讲堂 ·

【 图像为什么不见了 】

画布与暂存区

在上面的实战中，当图像被翻转以后，超出画面范围的图像就看不见了。我们在进行旋转和放大操作时，也会经常遇到这样的情况，例如图4-34所示的旋转效果。这是怎么回事呢？

在文档窗口内，整个画面范围被称作画布。按Ctrl+-快捷键，将视图比例调小（见23页）以后，画布之外会出现灰色的暂存区，图像就存放在暂存区中。使用移动工具 ✛ 进行拖曳，如图4-35所示，可以看到，之前被隐藏的内容并没有被删除，只是无法显示也不能打印出来而已。以PSD格式保存文件时，位于暂存区上的内容可以保留；若存储为不支持图层的格式（如JPEG格式），则会将其删除。

在暂存区单击鼠标右键，可以打开快捷菜单，修改暂存区颜色。使用其中的"选择自定颜色"命令，可以自定义颜色。"默认"命令用于恢复为默认颜色，即与Photoshop界面相匹配的颜色。例如，界面颜色是黑色的，暂存区颜色也是黑色。

图4-34

图4-35

让画布外的内容显示出来

超出画布的情况还有很多，例如，在当前文件中置入一幅较大的图像，或使用移动工具 ✛ 将一幅大图拖入一个较小的文件，都会有一部分图像因超出画布而被隐藏，如图4-36所示。使用"图像>显示全部"命令，可以自动扩大画布，让图像完全显示，如图4-37所示。

改变画布大小

后面会介绍怎样使用"图像>图像大小"命令（见91页）修改照片尺寸。图像尺寸与画布是一个概念，只是叫法不同。如果只是想改变图像尺寸，不必使用"图像大小"命令，可以通过"画布大小"命令来操作。这种方法不会改变分辨率。

打开一个文件，如图4-38所示。执行"图像>画布大小"命令，打开"画布大小"对话框。"当前大小"选项组中显示了图像的原始尺寸。在"新建大小"选项组中可以输入要改变的画布尺寸。当输入的数值大于原来尺寸时，会增大画布；反之则减小画布（即裁剪图像）。

"定位"选项中有一个米字形方格，在米字格左上角单击，它会变为图4-39所示的状态。米字格中的圆点代表了原始图像的位置，箭头代表的是从图像的哪一边增大或减小画布。箭头向外，表示增大，如图4-40所示；箭头向内，表示减小。米字格使用有一个简单的规律，在一个方格上单击，会在它的对角线方向增大或减小画布。例如，单击左上角，会改变右下角的画布；单击上面正中间的方格，会改变正下方的画布。其他的依此类推。

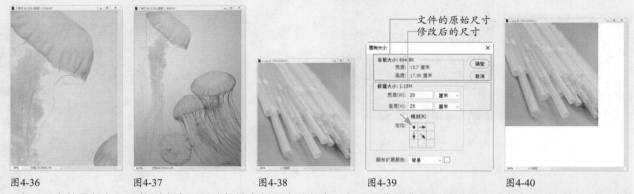

图4-36　　　　图4-37　　　　图4-38　　　　图4-39　　　　图4-40

在"画布扩展颜色"下拉列表中可以选择填充新画布的颜色。如果图像的背景是透明的，则该选项不可使用，因为添加的画布也是透明的。选择"相对"选项后，"宽度"和"高度"中的数值将代表实际增加或减少的区域的大小，而不再代表整个文件的大小，此时输入正值表示增大画布，输入负值则表示减小画布。

· PS技术讲堂 ·

【 怎样实现精确变换 】

精确变换是指让对象按照我们需要的角度旋转、设定的比例缩放，以及想要呈现的状态扭曲。执行"编辑>变换"子菜单中的命令，或按Ctrl+T快捷键显示定界框后，可以在工具选项栏中设置变换参数，如图4-41所示，进行精确变换。

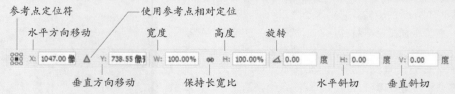

图4-41

第一个图标是参考点定位符 ▦，每一个小方块分别对应定界框上的各个控制点，黑色的小方块代表参考点。在小方块上单击可以重新定位参考点。例如，单击左上角的方块 ▧，可以将参考点定位在定界框的左上角。

X和Y代表水平和垂直位置。在这两个选项中输入数值，可以让对象沿水平或垂直方向移动。单击这两个选项中间的 △ 按钮，可以相对于当前参考点位置重新定位新参考点。

W代表图像的宽度，H代表图像的高度。默认状态下，它们中间的 ⚭ 按钮是按下的，在其中的选项中输入数值，可进行等比缩放。单击 ⚭ 按钮之后，W选项可进行水平拉伸，H选项可垂直拉伸。

△ 是角度，可进行旋转。它后面的H选项和V选项可以进行斜切（H表示水平斜切，V表示垂直斜切）。

在一个选项中输入数值后，可以按Tab键切换到下一选项。按Enter键可以确认操作，按Esc键则放弃修改。上面的方法可用于处理图像、选区、路径、切片、蒙版和Alpha通道。

◆ 4.1.6
实战：制作分形图案

要点

进行变换操作后，使用"编辑>变换>再次"命令（快捷键为Shift+Ctrl+T），可再次应用相同的变换。如果通过Alt+Shift+Ctrl+T快捷键操作，则不仅会变换，还能复制出新的对象。

扫码看视频

下面用这种方法制作分形图案，如图4-42所示。分形艺术（Fractal Art）是纯计算机艺术，是数学、计算机与艺术的完美结合，可以展现数学世界的瑰丽景象。

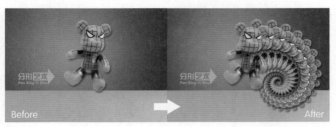

图4-42

01 单击小蜘蛛人所在的图层，按Ctrl+J快捷键复制，如图4-43所示。

02 按Ctrl+T快捷键显示定界框，先将参考点✧拖曳到定界框外，然后在工具选项栏中输入数值，进行精确定位（X为700像素，Y为460像素）；继续输入旋转角度（14°）和缩放比例（94.1%），如图4-44所示，将图像旋转并等比缩小。按Enter键确认。

图4-43　　　　　　　图4-44

03 按住Alt+Shift+Ctrl快捷键，然后连续按38次T键。每按一次会旋转复制出一个较之前缩小的新图像，新图像在单独的图层中，如图4-45和图4-46所示。

图4-45　　　　　　图4-46

04 按住Shift键并单击第一个小蜘蛛人图层，这样可以选取所有小蜘蛛人图层，如图4-47所示。执行"图层>排列>反向"命令，反转图层堆叠顺序，如图4-48所示。

图4-47　　　　　　图4-48

◆ 4.1.7
实战：制作颠倒的世界

下面制作颠倒效果，如图4-49所示。画布需要正方形的，这样才能让图像无缝衔接。如果素材不符合要求，可以用"画布大小"命令或裁剪工具✄将其调整为正方形。

扫码看视频

图4-49

01 选择裁剪工具✄，按住Shift键并拖曳鼠标，创建正方形裁剪框，如图4-50所示。按Enter键裁剪图像。

02 按Ctrl+-快捷键，将视图比例调小。按Ctrl+R快捷键显示标尺。从标尺上拖出4条参考线，放在画面边界上，如图4-51所示。

图4-50　　　　　　图4-51

03 用多边形套索工具 创建选区，有了参考线做辅助，就可以将选区准确定位在图像边角上，如图4-52所示。按Ctrl+J快捷键复制选中的图像。按Ctrl+T快捷键显示定界框，单击鼠标右键，打开快捷菜单，执行"垂直翻转"命令，翻转图像，如图4-53所示。

图4-52 　　　　　　　　图4-53

04 单击鼠标右键，打开快捷菜单，执行"顺时针旋转90度"命令，如图4-54所示。或者按住Shift键并拖曳，以15°为倍数进行旋转，到90°之后停下，按Enter键确认。将当前图层隐藏，选择"背景"图层，如图4-55所示。

图4-54 　　　　　　　　图4-55

05 用多边形套索工具 选取右侧下方图像，如图4-56所示。按Ctrl+J快捷键复制。按Ctrl+T快捷键显示定界框，单击鼠标右键，打开快捷菜单，使用其中的"垂直翻转"和"逆时针旋转90度"命令进行变换操作，如图4-57所示。

图4-56 　　　　　　　　图4-57

06 选取隐藏的图层，在它左侧单击，让该图层显示出来，如图4-58所示。单击 按钮，添加图层蒙版。使用渐变工具 （见141页）填充黑白线性渐变，将左侧的天空隐藏，如图4-59和图4-60所示。

图4-58 　　　图4-59 　　　图4-60

07 按Alt+Shift+Ctrl+E快捷键，将当前效果盖印到一个新的图层中。执行"滤镜>Camera Raw"命令，打开"Camera Raw"对话框（见第12章）。单击效果选项卡 ，添加暗角效果。将高光值调到最高，降低晕影对高光的影响。这样水面的高光就不会发灰，如图4-61所示。

图4-61

💎 4.1.8

实战：使用变形网格为咖啡杯贴图

要点

变形网格是一种可以进行局部扭曲的功能。它由网格和控制点构成，控制点类似锚点（见340页），拖曳控制点和方向点可以改变网格形状，进而扭曲对象。下面使用它为咖啡杯贴图，如图4-62所示。

扫码看视频

Before 　　　　　　　　　　　　　　After

图4-62

01 使用移动工具 ✥ 将卡通图像拖入咖啡杯文件中。执行"编辑>变换>变形"命令，显示变形网格。

02 将4个角上的锚点拖曳到杯体边缘，使之与边缘对齐，如图4-63所示。拖曳左右两侧锚点上的方向点，使图片向内收缩，再调整图片上方和底部的控制点，使图片依照杯子的结构扭曲，并覆盖住杯子，如图4-64所示。按Enter键确认。

图4-63　　　　　　　　图4-64

03 将"图层1"的混合模式设置为"柔光"，使贴图与杯子的结合更加真实，如图4-65所示。

04 单击"图层"面板底部的 ▣ 按钮，添加蒙版。使用柔角画笔工具 ✎ 在超出杯子边缘的贴图上涂抹黑色，用蒙版将其遮盖。按Ctrl+J快捷键复制图层，使贴图更加清晰。按数字键5，将图层的不透明度调整为50%，如图4-66所示。效果如图4-67所示。

图4-65　　　　图4-66　　　　图4-67

拆分网格

显示变形网格以后，使用"编辑>变换"子菜单中的命令，如图4-68所示，或单击工具选项栏中的拆分按钮，如图4-69所示；之后在图像上单击，便可拆分网格，即增加网格线和控制点，如图4-70所示。

图4-68　　　　　　　　　　　　图4-69

水平拆分　　　　垂直拆分　　　　交叉拆分

图4-70

在"网格"下拉列表中，有几种拆分好的预设网格。除此之外，"变形"下拉列表中还提供15种预设，可以直接创建各种扭曲（*具体效果见443页*）。

> **提示**（Tips）
>
> 单击新添加的网格线，按Delete键或执行"移去变形拆分"命令，可将其删除。

重新采样

4.2

Photoshop是图像编辑软件。对于图像，大家都不陌生，我们每天都使用图像，也在创造图像。例如用手机和数码相机拍照、用软件绘画、用扫描仪扫描图片、在计算机屏幕上截图等，这些方式都可以获取图像。下面我们来探究图像的组成元素——像素，详细分析由于变换、变形或修改图像尺寸导致像素数量改变，会给图像造成怎样的影响。这一节有些难度，其中有很多概念和原理方面的阐述。

◆ · PS技术讲堂 · ◆

【 图像的"原子"世界 】

在物理课上我们懂得了，现实世界中，原子是构成一般物质的最小单位。而我们在计算机显示器、电视机、手机、平板电脑等电子设备上看到的数字图像（在技术上称为栅格图像），它的最小单位是像素（Pixel）。

与原子类似，像素"个头"也非常小。以A4纸大小为例，在21厘米×29.7厘米的画面中，可以包含多达8699840个像素。想要看清单个像素，必须借助专门的工具。我们可以用缩放工具 🔍 在窗口中连续单击，视图被放大到大概3200%的时候，画面中会出现一个个小方块，其中每个方块都是一个像素，如图4-71所示。

在Photoshop中处理图像时，编辑的就是这些数以百万，甚至千万计的"小方块"。图像发生的任何改变，都是像素变化的结果，如图4-72所示。

 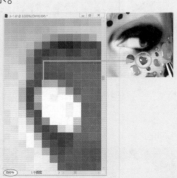

视图比例为100%　　　　视图比例放大到3200%，能看清单个像素

图4-71

 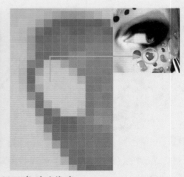

调色效果及放大视图比例观察到的像素

图4-72

像素还有一个"身份"，就是作为计量单位使用。例如，绘画和修饰工具类的笔尖大小、选区的羽化范围、矢量图形的描边宽度等，都以像素为单位。

· PS技术讲堂 ·

【 像素与分辨率关系公式 】

分辨率决定了像素"大小"

在以上内容中，我们将视图比例放大了3200倍，才看清单个像素，可见像素的"个头"有多么小。但这并不是绝对情况，像素也可以很大，大到我们直接用眼睛就能看到。

像素"个头"的大小取决于分辨率的设定。

分辨率用像素/英寸（ppi）来表示，它的意思是1英寸（1英寸≈2.54厘米）的距离里有多少个像素。例如，分辨率为10像素/英寸，就表示1英寸里有10个像素，如图4-73所示；分辨率为20像素/英寸，那么1英寸里就有20个像素，如图4-74所示。分辨率越高，1英寸的距离里包含的像素越多，因此，像素的"个头"就越小，但数量会增加。由于图像是通过像素记录的，像素数量多，就意味着图像中的信息丰富，由此，我们可以推导出像素与分辨率的关系公式，如图4-75所示。

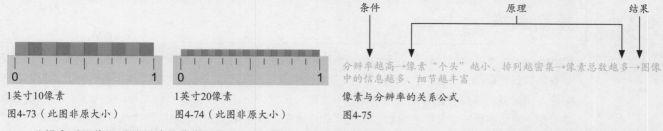

1英寸10像素　　　　1英寸20像素

图4-73（此图非原大小）　图4-74（此图非原大小）

条件　　　　　　原理　　　　　　　结果

分辨率越高→像素"个头"越小、排列越密集→像素总数越多→图像中的信息越多、细节越丰富

像素与分辨率的关系公式

图4-75

分辨率对图像画质的影响是非常明显的。例如图4-76所示为相同尺寸、不同分辨率的3幅图像。可以看到，低分辨率的图像有些模糊不清，高分辨率的图像由于像素多，包含的信息也多，所以十分清晰，细节也丰富。反之，在分辨率不变的情况下，图像的尺寸越大，画质反而越差，如图4-77所示。由此可见，分辨率的设置是否正确，将影响图像画质，在实际操作中需要考虑很多情况（见91页）。

分辨率为32像素/英寸　分辨率为72像素/英寸　分辨率为300像素/英寸
（细节模糊）　　　　（效果一般）　　　　（画质清晰）

图4-76

分辨率为72像素/英寸，打印尺寸依次为10厘米×15厘米、20厘米×30厘米、
45厘米×30厘米的3幅图像。随着尺寸变大，图像的清晰度是下降的

图4-77

图像大小的描述方法

既然图像的画质与分辨率及尺寸关系密切，那么从哪里才能获取这两个信息呢？执行"图像>图像大小"命令，打开"图像大小"对话框，便可看到相关数据，如图4-78所示（这是一个A4大小的文件）。

"图像大小"选项组以像素数量为单位描述了图像有多大。从中我们可以获取两个数据：图像的"宽度"方向上有2480像素，"高度"方向上有3508像素。将这两个数值相乘，得出的是图像中的像素总数（8699840）。"图像大小"右侧的数值显示了所有这些像素将占用24.9MB的存储空间（即文件占用的存储空间）。

下方的选项组以长度为单位描述了图像的宽度和高度尺寸（即打印尺寸）。从中我们获取的数据是：图像的分辨率是300像素/英寸，打印到纸上或者在计算机屏幕上显示时，它的"宽度"是21厘米、"高度"是29.7厘米。

以像素数量为单位描述图像大小
宽度、高度方向上的像素数量
以长度为单位描述图像大小（即图像的宽度、高度尺寸）
图像的分辨率

图4-78

· PS技术讲堂 ·

【 全方位解读重新采样 】

反向联动

使用"文件>新建"命令创建空白文件时，可以设置分辨率。如果要修改一个图像的分辨率，则可以执行"图像>图像大小"命令，打开"图像大小"对话框进行操作。在这个对话框中，"重新采样"选项非常关键，它决定了像素总数，以及图像的画质会否因像素数量的改变而受到影响。

"重新采样"是什么意思呢？可以这样理解，我们用数码相机拍摄完一张照片以后，这个图像中所有的像素都是原始像素。当我们修改图像的分辨率或尺寸时，Photoshop会对这些原始像素重新采样、分析，之后通过特殊方法生成新的像素，从而使像素的总数增加；或者减少部分原始像素，让图像中的像素总数变少。

当然，Photoshop也可以不对图像重新采样——既不增加像素，也不减少像素。前提是"图像大小"对话框中的"重新采样"选项未被勾选。

在这种状态下，当提高分辨率时，例如，分辨率从10像素/英寸提高到20像素/英寸，那么原来1英寸距离里排列的是10像素，现在则排列了20像素，像素的"个头"变小了。请注意，在像素总数不变的情况下，像素"个头"变小，它们就不需要原来那么大的画面空间了，这时Photoshop会自动缩减图像尺寸，以与之匹配，如图4-79和图4-80所示。

　　反过来，当降低分辨率时，例如，分辨率从10像素/英寸调整为5像素/英寸，则1英寸的距离里，从之前的排列10像素，到现在的只排列5像素，每个像素的"个头"都比之前大了一倍，那么原有的画面空间就不够用了，这时Photoshop会扩展图像尺寸，以提供足够大的画面空间来容纳像素，如图4-81所示。

原始图像

图4-79

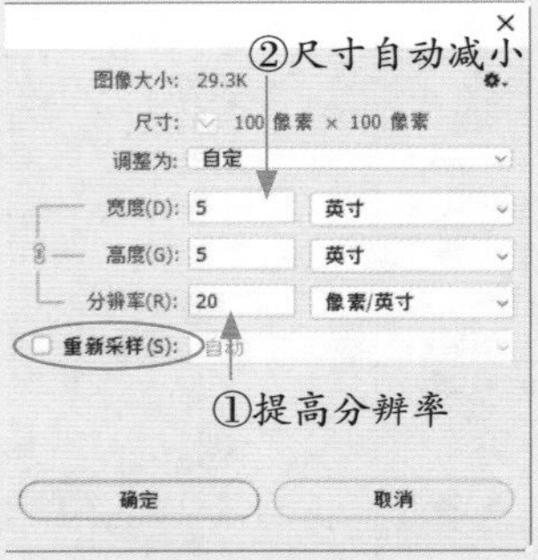

提高分辨率时图像尺寸自动减小

图4-80

降低分辨率时图像尺寸自动增加

图4-81

　　可以发现，未勾选"重新采样"选项时，无论提高分辨率，还是降低分辨率，像素总数均保持不变（图4-80和图4-81所示的"尺寸"选项右侧，宽度和高度都是100像素×100像素）。也就是说，分辨率与图像之间存在着反向联动，一方增加，另一方就会减少。反向联动的意义在于，它确保了图像中原始像素的数量不变，那么图像的画质就不会因分辨率的改变而受到影响了。

无中生有

　　勾选"重新采样"选项，就是授予了Photoshop改变像素数量的权利。此时的"图像大小"对话框中，分辨率与图像尺寸既不互相影响，也不反向联动。当调整分辨率，导致像素的"个头"变大和变小时，图像尺寸不会随之扩大或缩小，而是通过减少和增加像素来适应新的画面空间。这会使原始像素的数量发生改变，图像的画质因此而变差。具体原因如下。

　　当提高分辨率时，例如，分辨率从10像素/英寸提高到20像素/英寸，原来1英寸距离里，从排列10像素到现在要排列20像素，像素的个头"变小"了，但图像尺寸是不变的（因为它与分辨率没有关联），这就导致每一英寸里都缺少10像素，在这种情况下，Photoshop会对现有像素进行采样，然后通过插值的方法生成新的像素，来填满空间。图4-82和图4-83所示为提高分辨率的操作，从中可以看到图像尺寸没有改变。

　　降低分辨率时，像素的"个头"会变大，原有的画面空间就容纳不下它们了。在这种情况下，Photoshop会通过插值运算的方法，将"装不下"的像素筛选出来并删除。因此，勾选"重新采样"选项，就相当于把水龙头的开关交给了Photoshop，Photoshop通过往图像里"加水"（增加像素），或者"向外放水"（减少像素）的做法，保持分辨率与图像尺寸之间的平衡。然而这种平衡是以画质变差为代价的。

　　我们观察"图像大小"对话框顶部的参数，如果像素总数减少，如图4-84所示，就表示Photoshop丢弃了一部分像素，也就是说现在的信息量比原始图像少了。但丢弃像素一般不会给图像造成太大损害，因为像素太小，丢弃一部分，我们的眼睛是察觉不到的。而增加像素的情况就不同了，如图4-85所示。由于新的像素是软件生成的，并非原始像素，它们的出现会降低图像的清晰度（原因见下一页）。就像是往酒里兑水，水越多，酒味就越淡，道理一样。

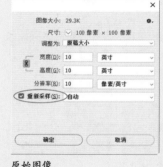

原始图像

图4-82

提高分辨率时图像尺寸不变小

图4-83

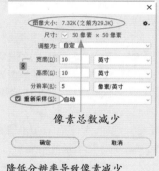

降低分辨率导致像素减少

图4-84

提高分辨率导致像素增加

图4-85

有没有发现一个规律？未勾选"重新采样"选项时，无论调整哪一个参数，其实都是在调整图像的尺寸；勾选"重新采样"选项后，调整任何参数，Photoshop都会改变像素总数。

无损变换

除了调整图像大小会重新采样外，对图像进行缩放和旋转时也会出现这种情况。因为这些操作会改变像素的位置，造成部分空间缺少像素，需要新的像素来填充。新像素从何而来？只能由Photoshop生成。然而这种模拟出来的像素会使图像细节变得模糊，清晰度下降，如图4-86和图4-87所示（这是放大图像的操作）。

大小为2像素×2像素的原始图像（像素总数为4个）
图4-86

图4-87

放大到4像素×4像素后，像素总数变为16个。在此过程中，Photoshop先对4个原始像素重新采样，之后基于它们生成新的像素。可以看到，此时图像中原始的纯黑和纯白的像素已经不见了，这是导致图像变得模糊的原因

旋转操作有一个例外情况，即以90°或90°的整数倍旋转图像时，所有的方形像素都转换到新的方形位置中，像素只是改变了一下位置，原始像素数量不变，这样的旋转对画质是没有影响的，如图4-88和图4-89所示。这种不损害图像画质的操作在Photoshop中有专用的名称，叫作"非破坏性编辑"（见40页）。

如果以非90°的角度旋转，则方形像素无法填满新的位置，空缺部分仍需要新的像素填充，这又回到上面所讲的，由Photoshop来增加像素，其结果便可想而知了，如图4-90所示。这也提醒我们，图像进行缩放，或以非90°及90°的整数倍旋转时，操作次数越多，受损程度越大。

50像素×50像素的原始图像
图4-88

旋转90°，再旋转回来，画质没有丝毫改变
图4-89

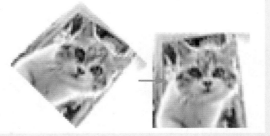
旋转45°，再旋转回来，清晰度明显下降，细节变模糊
图4-90

插值方法

进行改变像素数量的操作时，例如修改图像尺寸和分辨率、旋转和缩放等，Photoshop会遵循一种插值方法，来对原始像素进行采样，以生成或删除像素。

插值这个名词在数码领域使用得比较多。例如，数码相机、扫描仪等设备的分辨率有两种，一种是光学分辨率，另一种是插值分辨率，后者的参数更高。光学分辨率决定了设备能捕获的真实的信息量，当它达到上限时，设备中的软件会通过插值运算的方法，将分辨率提到更高，从而增加像素数量，但新增的像素是由设备生成的，而非原始像素，实际意义不大。

Photoshop无法生成新的原始像素，所以如果一个图像的分辨率较低、细节模糊，就不要奢望提高分辨率能使它变得更清晰。

前面介绍过，减少原始像素问题不大，增加像素会使画质变差。但在Photoshop中编辑图像，很多操作都会改变像素数量，那么该如何在画质与操作造成的损害之间做出平衡呢？

我们可以通过一些方法降低损害程度。一是使用非破坏性编辑功能，将破坏性降到最小；二是可以选择一种更恰当的插值方法，让新生成的像素更接近于原始像素。插值方法可以在"图像大小"对话框底部的下拉列表中选取，如图4-91所示。

图4-91

● 自动：Photoshop 根据文档类型，以及是放大还是缩小文档，来选取重新采样的方法。

● 保留细节（扩大）：可在放大图像时使用"减少杂色"滑块消除杂色。

- 保留细节 2.0：在调整图像大小时保留重要的细节和纹理，并且不会产生任何扭曲。
- 两次立方（较平滑）（扩大）：一种基于两次立方插值且旨在产生更平滑效果的有效图像放大方法。
- 两次立方（较锐利）（缩减）：一种基于两次立方插值且具有增强锐化效果的有效图像缩小方法。
- 两次立方（平滑渐变）：一种将周围像素值分析作为依据的方法，速度较慢，但精度较高。产生的色调渐变比"邻近"或"两次线性"更为平滑。
- 邻近（硬边缘）：一种速度快但精度低的图像像素模拟方法。该方法会在包含未消除锯齿边缘的插图中保留硬边缘并生成较小的文件。但是，这种方法可能产生锯齿状效果，在对图像进行扭曲或缩放时，或者在某个选区上执行多次操作时，这种效果会变得非常明显。
- 两次线性：一种通过平均周围像素颜色值来添加像素的方法，可以生成中等品质的图像。

◈ 4.2.1

实战：怎样在保留细节的基础上放大图像

要点

放大图像，就会增加像素。哪种插值方法增加的像素更接近原始像素，图像的效果就更好，细节被破坏得也更少。在所有插值方法中，"保留细节2.0"基于人工智能辅助技术，是最适合放大图像的，如图4-92所示。

图4-92

减少像素时，效果比较好的插值方法是"两次立方（较锐利）（缩减）"。它在重新采样后可以保留图像中的细节，并具有增强锐化效果的能力。如果图像中的某些区域锐化程度过高，也可以尝试使用"两次立方（平滑渐变）"。

01 执行"编辑>首选项>技术预览"命令，打开"首选项"对话框，勾选"启用保留细节2.0放大"选项，如图4-93所示。开启这个功能之后，关闭对话框。

02 执行"图像>图像大小"命令，打开"图像大小"对话框，如图4-94所示。

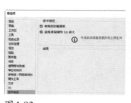

图4-93

图4-94

03 下面我们以接近10倍的倍率放大图像。将"宽度"设置为170厘米，"高度"参数会自动调整。在"重新采样"下拉列表中选取"保留细节2.0"，如图4-95所示。观察对话框中的图像缩览图，如果杂色变得明显，可以调整"减少杂色"参数。我们这幅图像的效果还不错，就不要动这个参数了，否则会使图像模糊。单击"确定"按钮，完成放大操作。如果使用其他插值方法，图像的效果就没有那么好了，如图4-96和图4-97所示。

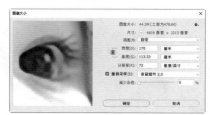

图4-95

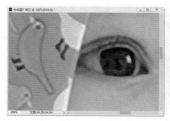
用"保留细节2.0"插值方法放大图像
图4-96

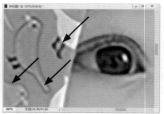
用"自动"插值方法放大图像
图4-97

◈ 4.2.2

实战：调整照片尺寸和分辨率

我们拍摄照片或在网络上下载图像以后，可将其设置为计算机桌面、制作为个性化的QQ头像、用作手机壁纸、传输到网络相册上、用于打印等。然而，每一种用途对图像的尺寸和分辨率的要求也不相同，这就需要对图像的大小和分辨率做出适当调整。我们已经了解了像素、分辨率、插值等这些专业概念及它们之间的联系，下面就可以用所学知识解决实际问题，将一张大图调整为6英寸×4英寸照片大小。

01 打开照片素材，如图4-98所示。执行"图像>图像大小"命令，打开"图像大小"对话框，如图4-99所示。可以看到，当前图像的尺寸是以厘米为单位的，我们首先将单位设置为英寸，然后修改照片尺寸。另外，照片当前的分辨率是72像素/英寸，分辨率太低了，打印时会出现锯齿，画质很差，因此，分辨率也需要调整。

图4-98　　　　　　图4-99

02 先来调整照片尺寸。取消"重新采样"选项的勾选。将"宽度"和"高度"单位都设置为"英寸"，如图4-100所示。可以看到，以英寸为单位时，照片的尺寸是39.375英寸×26.25英寸。将"宽度"值改为6英寸，Photoshop会自动将"高度"值匹配为4英寸，同时分辨率也会自动更改，如图4-101所示。由于没有重新采样，将照片尺寸调小后，分辨率会自动增加。可以看到，现在的分辨率是472.5像素/英寸，已经远远超出了最佳打印分辨率（300像素/英寸）。高出最佳分辨率其实对打印出的照片没有任何用处，因为画质再细腻，我们的眼睛也分辨不出来。下面来降低分辨率，这样能减少图像占用的存储空间，加快打印速度。

图4-100　　　　　　图4-101

提示（Tips）

"宽度"和"高度"选项中间有一个 🔗 状按钮，默认处于按下状态，它表示当前会保持宽、高比例。如果要分别修改"宽度"和"高度"，可以先单击该按钮，再进行操作。

03 勾选"重新采样"选项，如图4-102所示，否则减少分辨率时，照片的尺寸会自动增大。将分辨率设置为300像素/英寸，然后选择"两次立方（较锐利）（缩减）"选项。这样照片的尺寸和分辨率就都调整好了。观察对话框顶部"图像大小"右侧的数值，如图4-103所示，文件从调整前的15.3MB，减小到6.18MB，成功"瘦身"。单击"确定"按钮关闭对话框。执行"文件>存储为"命令，将调整后的照片另存一份，关闭原始照片，不必保存。

图4-102　　　　　　图4-103

💎 4.2.3
怎样设置最佳分辨率

图像的分辨率低、尺寸小，会限制使用范围。分辨率高，图像中才能包含更多的细节、色彩和色调信息，画质才能更加细腻。

但分辨率设置得越高，占用的存储空间越大。图像用于打印时，打印速度会变慢；上传到网络，则会增加刷新时间，下载速度也会变慢。

因此，最高分辨率不一定就是最佳分辨率，分辨率的设定标准是以图像的用途确定的。例如，用于打印，分辨率300像素/英寸就可以了。因为人的眼睛每英寸最多只能识别300像素（即300ppi），像素多于这个数，我们也分辨不出来。所以，打印机设备一般以300像素/英寸作为打印标准。

下表是常用的分辨率设定规范。

输出设备	图像分辨率设定
用于计算机屏幕显示	72像素/英寸（ppi）
用于喷墨打印	250~300像素/英寸（ppi）
用于照片洗印	300像素/英寸（ppi）
用于印刷	300像素/英寸（ppi）

4.2.4
限制图像大小

使用"文件>自动>限制图像"命令，可以改变图像的像素数量，将其限制为指定的宽度和高度，但不会改变分辨率。图4-104所示为"限制图像"对话框，在其中可以指定图像的"宽度"和"高度"的像素值。

图4-104

4.3 基于三角网格的操控变形

"变形"命令提供的是水平和垂直网格线，操控变形提供的是三角形结构的网格，网格线更多，变形能力更强，也更灵活。操控变形可以编辑图像、图层蒙版和矢量蒙版，但不能处理"背景"图层。如果要对其进行处理，可先单击"背景"图层右侧的 🔒 图标，将它转换为普通图层。

4.3.1
实战：扭曲长颈鹿

`要点`

操控变形在使用时，先要在关键点（需要扭曲的图像上）添加图钉，之后在其周围会受到影响的区域也添加图钉，用以固定图像、减小扭曲范围，再通过拖曳图钉来扭曲图像，制作出需要的效果。如图4-105所示。

扫码看视频

图4-105

01 打开PSD分层素材。单击"长颈鹿"图层，如图4-106所示。执行"编辑>操控变形"命令，显示变形网格，如图4-107所示。在工具选项栏中将"模式"设置为"正常"，"密度"设置为"较少点"。在长颈鹿的身体上单击，添加几个图钉，如图4-108所示。

02 在工具选项栏中取消"显示网格"选项的勾选，以便更好地观察变化效果。单击图钉并拖曳鼠标，可以让长颈鹿低头或抬头，如图4-109和图4-110所示。

图4-106　　　　图4-107　　　　图4-108

图4-109　　　　　　图4-110

03 单击一个图钉后，在工具选项栏中会显示其旋转角度，如图4-111所示。此时可以直接输入数值来进行调整，如图4-112所示。单击工具选项栏中的 ✔ 按钮，结束操作。

图4-111

图4-112

单击一个图钉以后，按Delete键可将其删除。此外，按住Alt键并单击图钉也可以将其删除。如果要删除所有图钉，可以在变形网格上单击鼠标右键，打开快捷菜单，执行"移去所有图钉"命令。

4.3.2
操控变形选项

操控变形很适合修图。例如可以轻松地让人的手臂弯曲、身体摆出不同的姿态；也可用于小范围的修饰，如让长发弯曲，让嘴角向上扬起等。图4-113所示为执行"编辑>操控变形"命令后的工具选项栏。

图4-113

● **模式**：可以设置网格的弹性。选择"刚性"，变形效果精确，但缺少柔和的过渡，如图4-114所示；选择"正常"，变形效果准确，过渡柔和，如图4-115所示；选择"扭曲"，可创建透视扭曲，如图4-116所示。

图4-114　　　　图4-115　　　　图4-116

● **密度**：选择"较少点"选项，网格点较少，如图4-117所示，相应地只能放置少量图钉；选择"正常"选项，网格数量适中，如图4-118所示；选择"较多点"选项，网格最细密，可以添加更多的图钉，如图4-119所示。

● **扩展**：用来设置变形衰减范围。该值越大，变形网格的范围也会相应地越向外扩展，变形之后，对象的边缘会更加平滑，图4-120和图4-121所示为扩展前后的效果；反之，数值越

小，图像边缘变化效果越生硬，如图4-122所示。

图4-117　　　　　图4-118　　　　　图4-119

图4-120　　　　　图4-121　　　　　图4-122
扩展0px　　　　　扩展40px　　　　　扩展-20px

● **显示网格**：显示变形网格。取消勾选该选项时，只显示图钉，适合观察变形效果。

● **图钉深度**：选择一个图钉，单击 ⊕/⊛ 按钮，可以将它向上层/向下层移动一个堆叠顺序。

● **旋转**：选取"自动"选项，在拖曳图钉时，会自动对图像进行旋转。如果要设定旋转角度，可以选取"固定"选项，并在右侧文本框中输入角度值，如图4-123所示。此外，选择一个图钉以后，按住Alt键，会出现图4-124所示的变换框，此时拖曳鼠标也可旋转图钉，如图4-125所示。

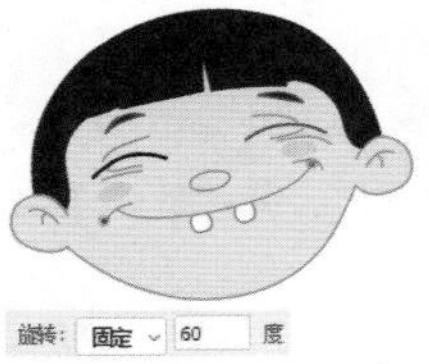

旋转：固定 ∨ 60 度
图4-123 　　　　　图4-124 　　　　　图4-125

● **复位 ↻/撤销 ⊘/应用 ✓**：单击 ↻ 按钮，可删除所有图钉，将网格恢复到变形前的状态；单击 ⊘ 按钮或按Esc键，可放弃变形操作；单击 ✓ 按钮或按Enter键，可以确认变形操作。

可以改变透视关系的透视变形

Photoshop 2020
4.4

透视变形可以改变画面中的透视关系，特别适合处理出现透视扭曲的建筑物和房屋图像。

4.4.1
口字形网格、三角形网格和侧边线网格

在Photoshop中，利用网格变形来带动图像扭曲是非常普遍的。"自由变换"命令的网格较为简单，呈"口"字形，只有4条边界，如图4-126所示。"变形"命令是

"口"内嵌套十字形的网格，如图4-127所示，网格数量更多。"操控变形"则是由一个个三角形网格组成阵列，如图4-128所示，其好处显而易见，我们可以将变形限定在很小的区域内。透视变形可基于透视关系在对象的各个侧面生成网格，如图4-129所示，拖曳网格可以带动透视关系发生改变，如图4-130和图4-131所示。

图4-126

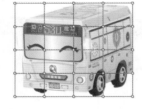

图4-127

图4-128

图4-129

图4-130

图4-131

◈ 4.4.2
实战：校正出现透视扭曲的建筑照片

要点

透视变形的特点是通过调整图像局部来改变透视角度，同时造成的其他部分的变化则由Photoshop自动修补或拉伸。该功能可以帮助摄影师纠正广角镜头带来的被摄物体的变形问题，如图4-132所示，也能让长焦镜头照片呈现广角镜头所拍摄的变形效果。

扫 码 看 视 频

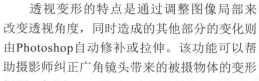

图4-132

01 执行"编辑>透视变形"命令，图像上会出现提示，将它关闭。在画面中拖曳鼠标，沿建筑的侧立面绘制四边

形，如图4-133所示。拖曳四边形各边上的控制点，使其与侧立面平行，如图4-134所示。

图4-133　　　　　　　图4-134

02 在画面右侧的建筑立面上拖曳鼠标，创建四边形，并调整结构线，如图4-135和图4-136所示。

图4-135　　　　　　　图4-136

03 单击工具选项栏中的"变形"按钮，如图4-137所示，切换到变形模式。拖曳画面底部的控制点，向画面中心移动，让倾斜的建筑立面恢复为水平状态，如图4-138和图4-139所示。按Enter键确认，如图4-140所示。使用裁剪工具 将空白图像裁掉，如图4-141所示。

图4-137　　　　　　　图4-138

图4-139　　　　　　　图4-140

图4-141

内容识别缩放

内容识别缩放是一种智能化的高级缩放功能，它会自动识别图像中的重要内容，如人物、动物、建筑等，并将其保护起来，只对非重要内容进行缩放。

4.5.1
实战：体验智能缩放的强大力量

使用"编辑>变换>缩放"命令进行缩放时，会统一影响所有像素，而内容识别缩放主要影响没有重要可视内容的区域中的像素，如图4-142所示。

扫码看视频

图4-142

01 打开素材。内容识别缩放不能处理"背景"图层，按住Alt键并双击"背景"图层，或单击它右侧的 🔒 图标，将其转换为普通图层。

02 执行"编辑>内容识别缩放"命令，显示定界框。按住Shift键，向左侧拖曳控制点，横向压缩画面空间，如图4-143所示。直接拖曳控制点可进行等比缩放。

03 从缩放结果中可以看到，人物变形非常严重。单击工具选项栏中的 ⦿ 按钮，Photoshop会自动分析图像，尽量避免包含皮肤颜色的区域变形，如图4-144所示。此时画面虽然变窄了，但人物比例没有明显变化。

图4-143

图4-144

> **提 示**（Tips）
>
> 内容识别缩放不适用于处理调整图层、图层蒙版、各个通道、智能对象、3D图层、视频图层、图层组，或者同时处理多个图层。

04 按Enter键确认操作。如果要取消变形，可以按Esc键。图4-145和图4-146所示分别为用普通方法和用内容识别缩放处理的效果。通过比较可以看出后者的功能多么强大。

普通缩放
图4-145

内容识别缩放
图4-146

内容识别缩放选项

执行"内容识别缩放"命令时，工具选项栏中会显示图4-147所示的选项。

图4-147

● 参考点定位符 ▦ ：单击参考点定位符 ▦ 上的方块，可以指定缩放图像时要围绕的参考点。默认情况下，参考点位于图像的中心。

● 使用参考点相对定位 △ ：单击该按钮，可以指定相对于当前参考点位置的新参考点位置。

● 参考点位置：可输入 x 轴和 y 轴像素大小，从而将参考点放置于特定位置。

● 缩放比例：输入宽度（W）和高度（H）的百分比，可以指定图像按原始大小的百分之多少进行缩放。单击保持长宽比按钮 🔗 ，可以等比缩放。

● 数量：用来指定内容识别缩放与常规缩放的比例。可在文本框中输入数值或单击箭头和移动滑块来指定内容识别缩放的百分比。

● 保护：可以选择一个 Alpha 通道，通道中白色对应的图像不会变形。

● 保护肤色 ⦿ ：单击该按钮，可以保护包含肤色的图像区域，避免其变形。

💎 4.5.2
实战：用Alpha通道保护图像

要点

Alpha通道（*见36、415页*）是专门用于存储选区的通道。如果进行内容识别缩放时，Photoshop不能准确识别重要对象，我们可以将对象的选区保存到Alpha通道中，再用Alpha通道保护图像，如图4-148所示。

扫码看视频

图4-148

01 按住Alt键并双击"背景"图层，将其转换为普通图层。执行"编辑>内容识别缩放"命令，显示定界框。按住Shift键并向左侧拖曳控制点，使画面变窄，如图4-149所示。可以看到，小女孩的胳膊变形比较严重。单击工具选项栏中的🧍按钮，如图4-150所示，效果有了一些改善，但变形仍然很明显，尤其是背景严重扭曲。按Esc键取消操作。

02 使用快速选择工具☑️选择小女孩，如图4-151所示。单击"通道"面板中的◉按钮，将选区保存到Alpha 1通

道中，如图4-152所示。按Ctrl+D快捷键取消选择。

图4-149

图4-150

图4-151

图4-152

03 执行"编辑>内容识别缩放"命令，按住Shift键并向左侧拖曳控制点。单击一下🧍按钮，使该按钮弹起。在"保护"下拉列表中选择Alpha 1通道，通道中白色区域所对应的图像（女孩）便会受到保护，压缩时不会变形，只有背景被压缩了，如图4-153所示。

图4-153

智能对象的花式玩法

4.6

Photoshop中有一个非破坏性变换和变形方法——将图像转换为智能对象，再进行处理。智能对象是一种可以包含位图图像和矢量图形的特殊图层，它能保留源内容及其所有的原始特性，在Photoshop中编辑时，不会直接应用到对象的原始数据。

・PS技术讲堂・
【 智能对象六大优势 】

非破坏性变换

我们知道，对图像进行变换操作会改变像素的位置和数量，Photoshop将对现有像素采样并生成新的像素（*见87页*），这一过程会降低图像的品质和锐化程度，尤以放大和旋转为甚。

多次变换对图像的破坏比较严重。例如旋转一次，之后倾斜一次，最后再放大一次。对于普通图像而言，这意味着对原

始图像进行一次旋转，然后对旋转结果图进行倾斜，最后对倾斜结果图进行放大。每变换一次都会重新采样并生成像素，导致图像的品质降低一些，所以3次操作就相当于进行了3次破坏。

而同样的操作对智能对象只有一次破坏。第1次是对原始图像发出旋转指令（一次采样并生成像素）；第2次是对图像的原始信息发出旋转+倾斜指令，仍然是一次采样并生成像素；第3次操作是对图像的原始信息发出旋转+倾斜+放大指令，还是一次采样并生成像素。请注意，无论变换多少次，Photoshop都是对图像的原始信息进行采样的，图像都只受到一次破坏，其品质要远远好于受多次破坏的普通图像。由此可见，对于重要的图像进行变换之前，先将其转换为智能对象是非常必要的。

记忆变换参数

除了能够最大限度地减小变换和变形对图像造成的损害外，智能对象还有"记忆"参数、恢复原始图像的能力。例如，将智能对象放大200%并旋转−30°之后，如图4-154所示，当我们再次按Ctrl+T快捷键显示定界框时，观察工具选项栏，如图4-155所示。可以看到，变换数据被保留了下来。因此，无论进行了多少次变换，只要将数值都恢复为初始状态，就能将图像复原，如图4-156所示。

图4-154

W: 200.00% | ∞ | H: 200.00% | ∠ −30.00 度
图4-155

W: 100.00% | ∞ | H: 100.00% | ∠ 0.00 度
图4-156

与新源文件同步

智能对象采用的是类似于排版软件（如InDesign、Illustrator）链接外部图像的方法来处理文件。我们可以这样理解，在Photoshop中置入的智能对象有一个与之链接的源文件，对智能对象进行的处理不会影响它的源文件，但如果编辑这个源文件，Photoshop中的智能对象就会自动更新。

智能对象的这种特性有什么好处呢？举例来说，如果在Photoshop中使用了一个矢量文件，如用Illustrator制作的AI格式图形，我们发现有些地方还要修改，按照一般的方法操作，应该先用Illustrator修改图形，再将其重新置入Photoshop文件中。使用智能对象就不用这样麻烦了，在Photoshop中双击它（智能对象）所在的图层，就会运行Illustrator并打开该文件，完成编辑并进行保存时，Photoshop中的智能对象会自动更新到与之相同的效果。

自动更新实例

创建智能对象后，可以采用复制智能对象图层的方法，得到一个或多个与之链接的实例（即智能对象副本）。当编辑其中的一个智能对象时，其他所有链接的链接实例会自动更新效果。

智能滤镜

为智能对象应用滤镜时，会自动转换为智能滤镜（见184页），它附加在图层上，像图层样式（见58页）一样可以修改和删除，而且不会实际修改图像的原始像素。现在Camera Raw也可作为智能滤镜使用了，这对于摄影师来说真是莫大的福音。

保留矢量数据

将矢量文件（如用Illustrator制作的矢量图形）以智能对象的形式置入Photoshop文件中，矢量数据不会有任何改变。如果不使用智能对象，Photoshop会将矢量图形栅格化，使之成为图像。

💎 4.6.1

将文件打开为智能对象

使用"文件>打开为智能对象"命令，可以将文件打开并自动转换为智能对象。智能对象的图层缩览图右下角有🔲状图标，如图4-157和图4-158所示。该命令比较适合打开那些将要进行变形和变换操作或使用智能滤镜处理的图像，因为打开之后，不必进行转换为智能对象的操作。

图4-157

图4-158

4.6.2
实战：制作可更换图片的广告牌

要点

下面制作一个可更换内容的广告牌，如图4-159所示。从中我们能学到怎打将图层转换为智能对象、智能对象原始文件的打开方法，以及怎样在Photoshop中置入文件等。

扫码看视频

图4-159

01 打开素材，如图4-160所示。选择矩形工具 □ 及"形状"选项，创建一个矩形，如图4-161所示。

图4-160

图4-161

02 执行"图层>智能对象>转换为智能对象"命令，将当前图层转换为智能对象，如图4-162所示。按Ctrl+T快捷键显示定界框，按住Ctrl键并拖曳4个角的控制点，将它们对齐到广告牌边缘，如图4-163所示。按Enter键确认。

图4-162　　图4-163

提示（Tips）

如果选择了多个图层，则使用"转换为智能对象"命令可以将它们打包到一个智能对象中。

03 双击智能对象缩览图，如图4-164所示，或执行"图层>智能对象>编辑内容"命令，打开智能对象的原始文件，如图4-165所示。执行"文件>置入嵌入对象"命令，在打

开的对话框中选择图像素材，如图4-166所示。单击"置入"按钮，将其置入智能对象文件中。按Ctrl+T快捷键显示定界框，调整图像大小，如图4-167所示。

图4-164　　图4-165

图4-166　　图4-167

04 将智能对象文件关闭。弹出提示后单击"确定"按钮，图像就会贴到广告牌上，而且依照广告牌的角度产生透视变形，如图4-168所示。需要更换广告牌内容的时候也非常方便，只要双击智能对象图层的缩览图，打开智能对象原始文件，再重新置入一幅图像即可，效果如图4-169所示。

图4-168　　图4-169

4.6.3
实战：将Illustrator图形粘贴为智能对象

要点

Illustrator是Adobe公司的一款矢量软件，在绘图、文字处理等方面要比Photoshop强大。很多设计工作需用这两个软件协作才能完成。下面介绍这两个软件的文件交换技巧。要完成这个实战，需要在计算机中安装Illustrator。

扫码看视频

01 运行Illustrator。执行"编辑>首选项>文件处理与剪贴板"命令，打开"首选项"对话框，勾选"PDF"和"AICB（不支持透明度）"两个选项，如图4-170所示。这样就能在Illustrator与Photoshop之间交换图形了。

02 在Illustrator中打开素材。使用选择工具 ▶ 选择图形，如图4-171所示，按Ctrl+C快捷键复制。

图4-170

图4-171

03 在Photoshop中新建或打开一个文件，按Ctrl+V快捷键粘贴，弹出"粘贴"对话框，选中"智能对象"并勾选"添加到我的当前库"选项，如图4-172所示。单击"确定"按钮，可以将矢量图形粘贴为智能对象，并添加到"库"面板中，如图4-173所示。选中"路径"选项，则可将图形转换为路径。其他两个选项是粘贴为图像及转换为形状图层。

图4-172

图4-173

提示（Tips）

将Illustrator中的矢量图形直接拖曳到Photoshop文件中，也可将其创建为智能对象。这种方法比较方便，但只能作为智能对象使用，不能转换为路径、图像和形状图层。

◆ **4.6.4**

实战：创建可自动更新的智能对象

要点

将文件打开为智能对象，或使用"置入嵌入对象"命令置入为智能对象，用这两种方法创建的智能对象皆不能自动更新。也就是说，当源文件被编辑修改之后，Photoshop文件中的智能对象不会改变。下面介绍怎样置入可自动更新的智能对象，如图4-174所示。

扫码看视频

Before　　　　　　　　　　After
图4-174

01 选择矩形工具 ▭ ，在工具选项栏中选取"形状"选项，设置填充颜色为黑色，描边为白色，按住Shift键并拖曳鼠标，创建一组图形，如图4-175和图4-176所示。

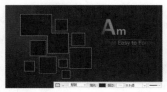
图4-175

图4-176

02 单击"图层"面板底部的 ⊞ 按钮，新建一个图层。在工具选项栏中设置填充颜色为蓝色，使用矩形工具 ▭ 再创建一组图形，如图4-177和图4-178所示。

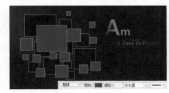
图4-177

图4-178

03 执行"文件>置入链接的智能对象"命令，在弹出的对话框中选择图像，如图4-179所示，按Enter键置入。拖曳定界框上的控制点，调整图像大小，按Enter键确认，如图4-180所示。按Alt+Ctrl+G快捷键创建剪贴蒙版，将图像的显示范围限定在蓝色图形内部，如图4-181和图4-182所示。

图4-179

图4-180

图4-181

图4-182

04 按住Alt键并向下拖曳图层，如图4-183所示。放开鼠标后，可以将图像复制到黑色矩形上方。按Alt+Ctrl+G快捷键创建剪贴蒙版，用黑色矩形限定图像，如图4-184和图4-185所示。

图4-183

图4-184

图4-185

05 使用"文件>存储"命令，将文件保存。下面来验证智能对象能否自动更新。按Ctrl+O快捷键，在Photoshop中打开智能对象的原始文件，如图4-186所示。按Shift+Ctrl+U快捷键去色，如图4-187所示。按Ctrl+S快捷键保存修改结果。与此同时，另一个文件中的智能对象会自动更新效果，如图4-188所示。

图4-186　　　　　　　　　图4-187

图4-188

4.6.5

实战：替换智能对象

01 使用前一个实战的效果文件做替换智能对象的练习。单击智能对象所在的图层，如图4-189所示。

02 执行"图层>智能对象>替换内容"命令，打开"替换文件"对话框，选择素材，如图4-190所示。单击"置入"按钮，将其置入文件中，替换智能对象，其他与之链接的智能对象也会被替换，如图4-191所示。

扫码看视频

图4-189　　　　　　图4-190

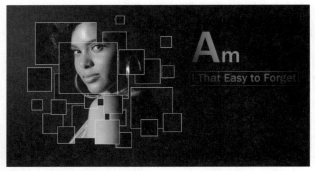

图4-191

4.6.6

复制智能对象

智能对象可以通过4种方法复制。第1种方法是单击智能对象所在的图层，按Ctrl+J快捷键，或执行"图层>新建>通过拷贝的图层"命令进行复制；第2种方法是将智能对象所在的图层拖曳到"图层"面板底部的 ⊞ 按钮上；第3种方法是使用移动工具 ✛，按住Alt键并拖曳文件窗口中的智能对象进行复制，如图4-192和图4-193所示。

图4-192　　　　　　　　　图4-193

用这3种方法复制出的智能对象都会保持链接关系，编辑其中的任何一个，其他智能对象会自动更新。如果要复制出非链接的智能对象，可以单击智能对象所在的图层，执行"图层>智能对象>通过拷贝新建智能对象"命令，在进行编辑时，新智能对象与原智能对象各自独立，互不影响，如图4-194和图4-195所示。

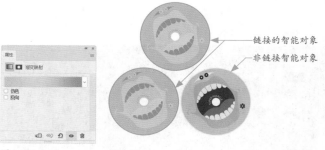

链接的智能对象
非链接智能对象

图4-194　　　　　　图4-195

◈ 4.6.7

按照原始格式导出智能对象

将JPEG、TIFF、GIF、EPS、PDF、AI等格式的文件置入为智能对象并进行编辑之后，可以使用"图层>智能对象>导出内容"命令，将它按照其原始的置入格式（JPEG、AI、TIF、PDF 或其他格式）导出。如果智能对象是利用图层创建的，则会以PSB格式（见20页）导出。

◈ 4.6.8

怎样更新被修改过的智能对象

如果与智能对象链接的外部源文件被修改或丢失，则在Photoshop中智能对象的图标上会出现提示，如图4-196和图4-197所示。

使用"图层>智能对象>更新修改的内容"命令，可以进行更新，如图4-198所示。使用"图层>智能对象>更新所有修改的内容"命令，可更新当前文件中所有链接的智能对象。

智能对象源文件被修改 　　源文件丢失　　　　 更新智能对象
图4-196 　　　　　　　 图4-197　　　　　　 图4-198

如果要查看源文件保存在什么位置，可以执行"图层>智能对象>在资源管理器中显示"命令，系统会自动打开源文件所在的文件夹并将其选取。

如果只是源文件的名称发生了改变，可以使用"图层>智能对象>重新链接到文件"命令，打开源文件所在的文件夹，再重新链接文件。

如果是使用来自"库"面板中的图形创建的智能对象，会创建一个库链接资源。当该链接资源发生改变时，可使用"图层>智能对象>重新链接到库图形"命令进行更新。

◈ 4.6.9

怎样避免因源文件丢失而无法使用智能对象

如果不希望因源文件被修改名称、改变存储位置或者被删除等影响Photoshop文件中的智能对象，可以通过下面的方法操作。

打包

使用"文件>打包"命令，可以将智能对象中的文件保存到计算机上的文件夹中。需要注意的是，必须先保存文件，之后才能进行打包。

转换为图层

使用"图层>智能对象>转换为图层"命令，或者单击"属性"面板中的"转换为图层"按钮，可以将嵌入或链接的智能对象转换到Photoshop文件中，成为一个图层。如果智能对象中包含多个图层，则所有内容会转换到一个图层组中。

嵌入Photoshop文件中

在图层上单击鼠标右键，打开快捷菜单，执行"嵌入链接的智能对象"命令，如图4-199所示。或者执行"图层>智能对象>嵌入链接的智能对象"命令，可以将智能对象嵌入Photoshop文件中，如图4-200所示。在"图层"面板中，采用链接方法置入的智能对象显示 状图标。嵌入文件后，图标变为 状。

图4-199　　　　　　　　　　　　 图4-200

如果要将所有链接的智能对象都嵌入文件中，可以使用"图层>智能对象>嵌入所有链接的智能对象"命令来操作。

如果要将嵌入的智能对象转换为链接的智能对象，可以使用"图层>智能对象>转换为链接对象"命令操作。转换时，应用于嵌入的智能对象的变换、滤镜和其他效果将得以保留。

◈ 4.6.10

栅格化智能对象

绘画、减淡、加深或仿制等改变像素数据的操作不能用于智能对象。使用"图层>智能对象>栅格化"命令，将智能对象转换成普通图像（它会存储在当前文件中），即栅格化处理，之后便可进行上述操作。

【本章简介】

本章需要学习的知识比较多。首先是颜色模型、颜色模式等概念，这些可以使我们在设置颜色时有更多的选择和更大的操作空间。颜色设置在Photoshop中的应用是比较广泛的，像绘画、调色、编辑蒙版、添加图层样式、使用某些滤镜时，都需要指定颜色。

之后，我们要学习笔尖设置方法和各种绘画工具。这里有两个名词需要解释一下。在我们的概念里，图画泛指一幅绘画作品、画卷等。但在Photoshop中，"图"与"画"是完全不同的概念，代表了不同的对象及特定的创建方法。"图"是图形——矢量对象；"画"则是图像——位图。绘图是指用矢量工具创建和编辑矢量图形；绘画则是绘制和编辑基于像素的位图图像，需要用绘画类工具完成。另外，绘画也是通过绘画的方法编辑像素的统称。这种方法的特点是多数工具可以选择笔尖，并通过单击或单击并拖曳鼠标的方法来使用，当然，也有例外，如渐变工具、填充图层等，这些也是本章所要介绍的。

【学习目标】

通过这一章的学习，我们应掌握下面这些操作方法和实用技能。

● 基于不同颜色模式设置颜色

● 了解笔尖的各种属性，学会用画笔和蒙版绘制飘散开的人像特效和素描画

● 熟练使用渐变，并用不同类型的渐变制作手机壁纸、彩虹、太阳光晕

● 制作二方连续、四方连续图案

● 给照片中的美女做美瞳、画眼影

● 用不同的方法填充图案

【学习重点】

颜色模式

5.1

我们眼中看到的颜色是通过眼、脑和生活经验所产生的一种对光的视觉效应。而对于Photoshop这样的软件，以及计算机显示器、数码相机、电视机和打印机等硬件设备，颜色是由数学模型生成的，具有不同的模式。了解这些专业知识，对于我们更好地使用Photoshop调配颜色、编辑颜色都是很有帮助的。

· PS技术讲堂 ·

【 颜色模式 】

颜色模式决定了图像的颜色数量、通道数量和文件大小。创建文件（"文件>新建"命令）时，可以在"颜色模式"下拉列表中选取颜色模式，包括位图、灰度、RGB颜色、CMYK颜色和Lab颜色，如图5-1所示。对于现有的文件，则可以使用"图像>模式"子菜单中的命令来转换它的颜色模式。除这几种基本模式外，Photoshop还提供了其他基于特殊色彩空间的颜色模式，即双色调、索引颜色和多通道，可用于特殊色彩输出，如图5-2所示。

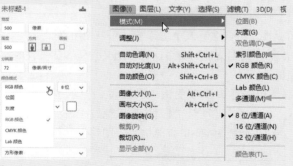

图5-1　　　　　　　图5-2

颜色模式还会限定某些功能。为不影响操作，一般我们都使用RGB模式，因为它支持所有Photoshop功能。而在CMYK模式下，有一部分滤镜就不能使用，但有些工作可能会用到这种模式，如印厂会要求使用CMYK模式的图像，遇到这种情况，最好是在RGB模式下编辑图像，完成后复制一份文件，再按印厂要求转换为CMYK模式就行了。关于RGB、CMYK和Lab模式，请参见"第9章 色彩调整"。

5.1.1

灰度模式

灰度模式是转换成双色调和位图模式时使用的中间模式。也就是说，要想将图像转换为双色调或位图模式，需要先转换成灰度模式。

彩色图像转换为灰度模式后，色相和饱和度信息会被删除，只保留明度信息，如图5-3和图5-4所示。在该模式下，每个像素都有一个0~255的亮度值，0代表黑色，255代表白色，其他值代表黑、白中间过渡的灰色。

图5-3　　　　　图5-4

在早期，灰度模式可用于制作黑白照片。但自从"黑白"命令（见240页）出现以后，之前的方法就被舍弃了，因为用"黑白"命令制作效果更好，可控性也强。

5.1.2

位图模式

与灰度模式类似，位图模式仅含亮度信息，没有色彩信息。但该模式的位深度为1，只有纯黑和纯白，没有处于中间的灰色。

位图模式效果很特别，适合制作丝网印刷、艺术样式和单色图形。

此外，激光打印机、照排机等设备依靠非常微小的点来显现图像（如报纸上的灰度图像），位图模式对于在这些设备上使用的图像非常有用。转换为该模式时，可以将菱形、椭圆、直线等形状用作小点，并控制其角度，如图5-5所示。

圆形　　　　菱形　　　　直线　　　　十字线
图5-5

图5-6所示为"位图"对话框。在"输出"选项中可以设置图像的输出分辨率，在"使用"选项中可以选择转换

方法。包括以下几种。

图5-6

● 50%阈值：将50%色调作为分界点，灰色值高于中间色阶128的像素转换为白色，灰色值低于色阶128的像素转换为黑色，如图5-7所示。

● 图案仿色：用黑白点图案模拟色调，如图5-8所示。

图5-7　　　　　　　图5-8

● 扩散仿色：通过从图像左上角开始的误差扩散来转换图像，转换过程中的误差会产生颗粒状纹理，如图5-9所示。

● 半调网屏：模拟平面印刷中使用的半调网点外观，如图5-10所示。

图5-9　　　　　　　图5-10

● 自定图案：可以选择一种图案来模拟图像中的色调，如图5-11和图5-12所示。

图5-11　　　　　　　图5-12

· PS技术讲堂 ·

【 位深度 】

一幅图像中能不能包含更多的颜色信息，取决于位深度。位深度是计算机显示器、数码相机和扫描仪等使用的术语，也称像素深度或色深度，以多少位/像素来表示。位深度为1的图像只有黑、白两色。位深度为2的图像可以包含4（2^2）种颜色。依此推算，位深度为8的图像有256（2^8）种颜色。其规律是，位深度每增加一位，颜色增加一倍。

8位/通道

8位/通道的RGB图像我们平常接触较多，数码照片、网上的图片等都属于此类。在8位/通道的RGB图像中，每个通道的位深度为8，3个通道总位深度就是24（8×3），因此，整个图像可以包含约1 680万（224）种颜色。我们还可以用另一种方法来计算，8位/通道的RGB图像由3个颜色通道组成，每个颜色通道包含256种颜色，3个颜色通道就是256×256×256，总计约1 680万种颜色。

16位/通道

16位/通道图像包含的颜色数量要用2^{48}来表示，如此多的颜色信息带来的是更细腻的画质、更丰富的色彩，以及更加平滑的色调。

我们可以用数码相机拍摄Raw格式的照片（见324页），进而获取16位/通道的图像。Raw照片可以记录更多的阴影和高光细节，进行更大幅度的调整，而不会对图像造成明显的损害。

色彩信息越多，意味着文件也会越大。16位/通道图像的大小大概相当于8位/通道图像的两倍，编辑时需要更多的内存和其他计算机资源。目前还有一些命令不能用于16位/通道图像。此外，16位/通道的图像不能保存为JPEG格式。

32位/通道

32 位/通道的图像也称高动态范围（HDR）图像（见213页），它可以按照比例存储真实场景中的所有明度值，主要用于影片、特殊效果、3D 作品及某些高端图片。使用Photoshop中的"合并到HDR Pro"命令可以合成这种图像（见214页实战）。

怎样改变位深度

8位/通道是Photoshop中处理文件、打印和屏幕显示的颜色标准，除此之外，Photoshop也可以编辑16位/通道和32位/通道的图像。

由于大部分输出设备（电视机、计算机显示器、打印机等）目前还不支持16位和32位图像，当图像在这些设备上使用时，需要转换为8位。在Photoshop中使用"图像>模式"子菜单中的"8位/通道""16位/通道""32位/通道"命令，可以改变图像的位深度。需要注意的是，虽然位深度越大颜色信息越丰富，但图像的原始信息无法二次生成，因此，将8位图像改为16位，图像的原始信息也不会增加。

5.1.3

双色调模式

使用"图像>模式>双色调"命令，可以将文件转换为双色调模式。由于只有灰度模式的图像才能转换为该模式，所以双色调模式就相当于使用1~4种油墨为黑白图像上色，如图5-13所示。颜色越多，色调层次越丰富，打印时越能表现更多的细节。

在"双色调选项"对话框中，"类型"下拉列表包含"单色调""双色调""三色调""四色调"选项，选择之后，单击油墨颜

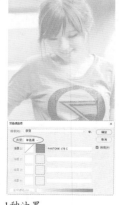
1种油墨
图5-13

两种油墨

3种油墨

4种油墨

色块，可以打开"颜色库"对话框设置油墨颜色；单击"油墨"选项右侧的曲线图，则可以打开"双色调曲线"对话框，通过调整曲线来改变油墨的百分比，如图5-14所示。

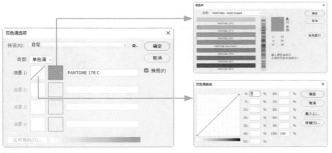

图5-14

提示（Tips）

单击"压印颜色"按钮，打开"压印颜色"对话框，可以设置压印颜色在屏幕上的外观（压印颜色是指相互打印在对方之上的两种无网屏油墨）。

5.1.4

多通道模式

多通道是一种减色模式，将RGB模式图像转换为该模式时，原有的红、绿和蓝通道会变为青色、洋红和黄色通道。如果将RGB、CMYK或Lab模式文件中的一个颜色通道删除，则可自动转换为该模式，如图5-15和图5-16所示（删除蓝通道）。该模式不支持图层，只适合特殊打印。

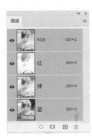 

图5-15　　　　图5-16

5.1.5

索引模式与颜色表

索引模式是GIF文件默认的颜色模式，只支持单通道的8位图像文件。由于它生成的颜色全都是Web安全色（*见456页*），可以在网络上准确显示，所以常用于Web和多媒体动画。

执行"图像>模式>索引颜色"命令，打开"索引颜

色"对话框。在"颜色"选项中可以设置颜色数量，如图5-17所示。颜色越少，文件越小，图像细节的简化程度也越高，如图5-18所示。

图5-17　　　　　　　　图5-18

使用256种或更少的颜色替代彩色图像中上百万种颜色的过程称作索引。因此，索引模式最多只能生成 256 种颜色。Photoshop会构建颜色查找表 （CLUT），用以存放图像中的颜色。

将图像转换为该模式后，还可以使用"图像>模式>颜色表"命令修改颜色表。例如，单击橙色，如图5-19所示，打开"拾色器"对话框，可将其修改为蓝色，如图5-20所示；也可在"颜色表"下拉列表中使用预设的颜色表。

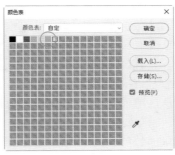 

图5-19　　　　　　　　图5-20

"索引颜色"对话框选项

- 调板／颜色：可以选择转换为索引颜色后使用的调板类型，它决定了使用哪些颜色。如果选择"平均分布""可感知""可选择""随样性"，则可以通过输入"颜色"值来指定要显示的颜色数量（最多256种）。

- 强制：可以选择将某些颜色强制包括在颜色表中。选择"黑色和白色"，可以将纯黑色和纯白色添加到颜色表中；选择"原色"，可以添加红色、绿色、蓝色、青色、洋红、黄色、黑色和白色；选择"Web"，可以添加Web安全色；选择"自定"，则可自定义要添加的颜色。

- 杂边：可以指定用于填充与图像的透明区域相邻的消除锯齿边缘的背景色。

- 仿色：如果原图像中的某种颜色没有出现在颜色查找表中，Photoshop会使用与其最接近的一种颜色，或通过仿色的方

法，用颜色查找表中现有的颜色来模拟该颜色。要使用仿色，可以在该选项的下拉列表中选择仿色选项，并输入仿色数量的百分比值。该值越高，所仿颜色越多，但会增加文件占用的存储空间。

"颜色表"对话框选项

● 黑体：显示基于不同颜色的面板，这些颜色是黑体辐射物被加热时发出的，从黑色到红色、橙色、黄色和白色。

● 灰度：显示基于从黑色到白色的256个灰阶的面板。

● 色谱：显示基于白光穿过棱镜所产生的颜色的调色板，从紫色、蓝色、绿色到黄色、橙色和红色。

● 系统 (Mac OS)：显示标准的 Mac OS 256 色系统面板。

● 系统 (Windows)：显示标准的 Windows 256 色系统面板。

5.2 选取颜色

使用画笔、渐变和文字等工具，以及进行填充和描边选区、修改蒙版、修饰图像等操作时，都需要先选取或设置好颜色。颜色选取有不同的工具和方法，下面逐一介绍。

5.2.1

前景色和背景色的用途

在"工具"面板底部，有一组图标，用于设置前景色（黑色）、背景色（白色），以及切换和恢复这两种颜色，如图5-21所示。

使用绘画类工具（画笔和铅笔）绘制线条、使用文字工具创建文字，以及创建渐变（默认的渐变颜色从前景色开始，到背景色结束）时，会用到前景色。使用橡皮擦工具擦除图像时，被擦除区域会呈现背景色。此外，增大画布时，新增区域也以背景色填充。

单击设置前景色和背景色图标，可以打开"拾色器"对话框。单击切换前景色和背景色图标 ⤾（快捷键为X），可切换这两种颜色，如图5-22所示。

当修改了前景色和背景色以后，如图5-23所示。单击默认前景色和背景色图标（快捷键为D），可恢复为默认的黑、白颜色，如图5-24所示。

恢复为默认的前景色和背景色
单击可设置前景色
单击可切换前景色和背景色
单击可设置背景色

图5-21

图5-22　图5-23　图5-24

> **提示**（Tips）
>
> 按Alt+Delete快捷键，可以在画布上填充前景色；按Ctrl+Delete快捷键，可以填充背景色。如果同时按住Shift键操作，可以只填充图层中包含像素的区域，不会影响透明区域。这就与先锁定图层的透明区域（见48页）再填色一样。

5.2.2

实战：用拾色器选取颜色

下面我们来学习怎样使用"拾色器"对话框选取颜色、修改当前颜色的饱和度和亮度，以及怎样选取印刷用专色。

01 单击"工具"面板中的前景色图标，打开"拾色器"对话框。默认状态下是HSB颜色模型。

02 在渐变条上单击，可选取颜色，如图5-25所示。在色域中单击，可以定义所选颜色的饱和度和亮度，如图5-26所示。

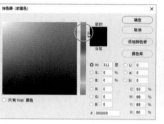

图5-25

图5-26

03 颜色选取好之后，单击"确定"按钮或按Enter键关闭对话框，即可将其设置为前景色（或背景色）。我们先不要关闭对话框。选中S单选按钮，如图5-27所示。此时拖曳滑

块，可以单独调整当前颜色的饱和度，如图5-28所示。

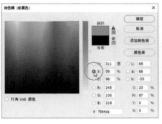

图5-27

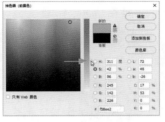

图5-28

04 选中B单选按钮并拖曳滑块，可以对当前颜色的亮度做出调整，如图5-29和图5-30所示。如果知道所需颜色的色值，可以在颜色模型右侧的文本框中输入值，精确定义颜色。

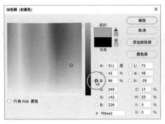

图5-29

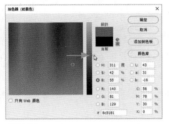

图5-30

05 单击"颜色库"按钮，切换到"颜色库"对话框，如图5-31所示。首先在"色库"下拉列表中选择一个颜色系统，如图5-32所示；然后在光谱上选择颜色范围，如图5-33所示；最后在颜色列表中单击需要的颜色，可将其设置为当前颜色，如图5-34所示。如果要切换回"拾色器"对话框，单击对话框右侧的"拾色器"按钮即可。

图5-31

图5-32

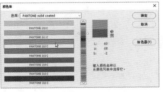

图5-33

图5-34

"拾色器"对话框选项

图5-35所示为"拾色器"对话框中的各个选项。

- 色域/当前拾取的颜色/颜色滑块：在"色域"中拖曳鼠标，可以改变当前拾取的颜色；拖曳颜色滑块可以调整颜色范围。
- 新的/当前："新的"颜色块中显示的是修改后的最新颜色，"当前"颜色块中显示的是上一次使用的颜色。

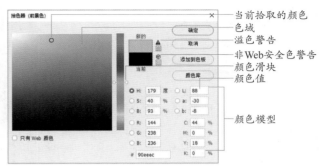

图5-35

- 颜色值：显示了当前设置的颜色的颜色值。在各个颜色模型中输入颜色值，可精确定义颜色。此外，在"#"文本框中可以输入十六进制值，例如，000000是黑色，ffffff是白色，ff0000是红色。该选项主要用于设置网页色彩。
- 溢色警告 ⚠：RGB、HSB和Lab颜色模型中的一些颜色（如霓虹色）在CMYK模型中没有等同的颜色，则会出现溢色警告。出现该警告以后，可以单击它下面的小方块，将溢色颜色替换为CMYK色域（打印机颜色）中与其最为接近的颜色。
- 非Web安全色警告 🔳：表示当前设置的颜色不能在网页上准确显示，单击警告下面的小方块，可以将颜色替换为与其最为接近的Web安全颜色。
- 只有Web颜色：只在色域中显示Web安全色。
- 添加到色板：单击该按钮，可以将当前设置的颜色添加到"色板"面板。

技术看板 18 Photoshop中的颜色系统简介

- ANPA通常应用于报纸。
- DIC颜色参考通常在日本用于印刷项目。
- FOCOLTONE由763种CMYK颜色组成，通过显示补偿颜色的压印，可以避免出现印前陷印和对齐问题。
- HKS在欧洲用于印刷项目。每种颜色都有指定的CMYK颜色，可以从HKS E（适用于连续静物）、HKS K（适用于光面艺术纸）、HKS N（适用于天然纸）和HKS Z（适用于新闻纸）中选择，有不同缩放比例的颜色样本。
- TRUMATCH提供了可预测的CMYK颜色，与两千多种可实现的、计算机生成的颜色相匹配。
- PANTONE配色系统是选择、确定、配对和控制油墨色彩方面的国际参照标准，广泛地应用于平面设计、包装设计、服装设计、室内装修、印刷出版等行业。

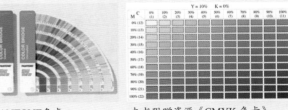

PANTONE色卡　　　　　本书附赠资源《CMYK色卡》

【 Photoshop 中的 4 种颜色模型 】

什么是颜色模型

在 Photoshop 中，文件所使用颜色模式是根据用于显示和打印图像的颜色模型制定的。颜色模型是用数值来描述颜色的数学模型，它将自然界中的颜色数字化，这样我们就能在数码相机、扫描仪、计算机显示器、打印机等设备上获取和呈现颜色了。

Photoshop支持HSB、RGB、Lab 和CMYK4种颜色模型。单击"工具"面板中的背景色图标，打开"拾色器"对话框，如图5-36所示。可以看到，对于白色，HSB模型的数值是0度、0%、100%；Lab模型的数值是100、0、0；RGB模型的数值都是255；CMYK模型的数值都是0%。这说明，同一种颜色，每个颜色模型都有各自不同的描述方法。

图5-36

HSB模型：H为色相，S为饱和度，B为亮度

RGB模型：R为红光，G为绿光，B为蓝光

Lab模型：L为亮度，a为绿色~红色，b为蓝色~黄色

CMYK模型：C为青色油墨，M为洋红色油墨，Y为黄色油墨，K为黑色油墨

HSB颜色模型

色彩是一种光学现象，是光对眼睛的刺激使我们看到了色彩。HSB模型以人类对颜色的感觉为基础描述了色彩的3种基本特性：色相、饱和度和亮度，如图5-37所示。

H代表色相，它的单位是"度"，即角度。这是因为在 0度~ 360度的标准色轮上，是按位置描述色相的。例如，0度对应的是色轮上的红色，如图5-38所示。因此，在HSB模型中，红色以0度表示。S代表饱和度，使用从 0%（灰色）~100%（完全饱和）的百分比来描述。B代表亮度，范围为0%（黑色）~100%（白色）。

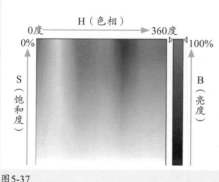

图5-37

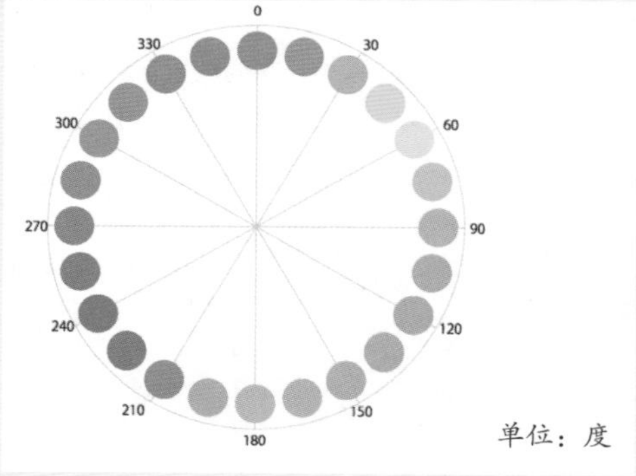

图5-38

RGB颜色模型

RGB模型用红（R）、绿（G）和蓝（B）3种色光混合生成颜色（原理见221页），RGB模型中的数值代表的是这3种色光的强度。当3种光都关闭时，强度最弱（R、G、B值均为0），便生成黑色。当3种光都最强时（R、G、B值为255），生成白色，如图5-36所示。当一种色光最强，而其他两种色光关闭时，例如R255，G0，B0可生成纯度最高的红色。

CMYK颜色模型

CMYK模型用印刷三原色（C代表青色、M代表洋红、Y代表黄色）及黑色（K代表黑）油墨混合生成各种颜色（混合方法见222页），数值代表的是这4种油墨的含量，以百分比为单位，百分比越高，油墨颜色越深。油墨的百分比越低，颜色越亮，因此，所有油墨均为0%时便是白色，如图5-36所示。

Lab颜色模型

在Lab模型中，L代表亮度，范围是 0（黑）~100（白）；a 分量（绿色~红色轴）和 b 分量（蓝色~黄色轴）的范围是+127~ −128。这种模式更加特殊，第8章将会详细介绍（见244页）。

5.2.3

实战：像调色盘一样配色（"颜色"面板）

学过传统绘画的人，都习惯在调色盘上混合、调配颜料。Photoshop中的"颜色"面板与调色盘类似，对于有绘画经验的用户，用它操作还是挺顺手的。

扫 码 看 视 频

01 执行"窗口>颜色"命令，打开"颜色"面板。单击前景色块，使前景色处于当前编辑状态，如图5-39所示。如果要编辑背景色，则单击背景色块，也可按X键来进行切换。

02 在R、G、B文本框中输入数值，或拖曳滑块，即可调配颜色，例如选取红色，如图5-40所示。之后拖曳G滑块，可以向红色中混入黄色，从而得到橙色，如图5-41所示。

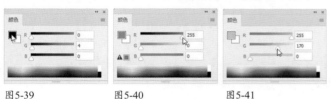

图5-39　　　　　图5-40　　　　　图5-41

03 在色谱上单击，可采集鼠标指针所指处的颜色，如图5-42所示。在色谱上拖曳鼠标，还可动态地采集颜色，如图5-43所示。

图5-42　　　　图5-43

04 在前面学习"拾色器"时，我们曾采用色相、饱和度和亮度分开调整的方法定义颜色。"颜色"面板也可以这样操作。打开"颜色"面板的菜单，执行"HSB滑块"命令，此时面板中的3个滑块分别对应H→色相、S→饱和度、B→亮度，如图5-44所示。

05 首先定义色相。例如，如果定义黄色，就将H滑块拖曳到黄色区域，如图5-45所示；拖曳S滑块，调整饱和度，如图5-46所示，饱和度越高，色彩越鲜艳；拖曳B滑块，调整亮度，如图5-47所示，亮度越高，色彩越明亮。

图5-44　　　　　　图5-45

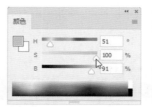

图5-46　　　　　　图5-47

颜色模型和色谱

使用"颜色"面板选取颜色时，可以不受文件颜色模式的限制。例如，文件为RGB模式时，也可以在"颜色"面板菜单中选择"灰度滑块""HSB滑块""CMYK滑块""Lab滑块"等，基于这几种颜色模型调配颜色，如图5-48所示。这样操作并不会改变文件的颜色模式。其中，"灰度滑块"和"Web颜色滑块"是"拾色器"没有的。此外，面板底部的色谱也可以进行"混搭"，例如使用HSB颜色模型，但在面板底部显示CMYK色谱。

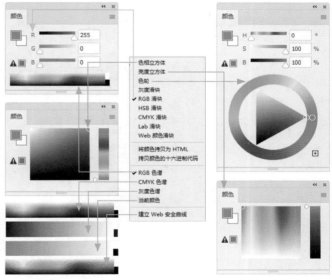

图5-48

5.2.4

实战：选取预设颜色（"色板"面板）

"色板"面板中提供了各种常用的颜色，如果其中有我们需要的，单击它即可将其选取。这在Photoshop中是最快速的颜色选取方法。另外，我们可以将自己调配的颜色保存在该面板中，作为预设的颜色来使用。

扫 码 看 视 频

01 "色板"面板顶部一行是最近使用过的颜色，下方是色板组。单击 ❯ 按钮，将组展开，单击其中的一个颜色，

可将其设置为前景色，如图5-49所示。按住Alt键并单击，可将其设置为背景色，如图5-50所示。

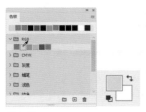 

图5-49　　　　　　图5-50

02 使用"颜色"面板对前景色做出调整，如图5-51所示。当前颜色是我们自定义的颜色，单击"色板"面板底部的 ⊞ 按钮，可以将它保存起来，如图5-52所示。如果面板中有不需要的颜色，可以拖曳到面板底部的 🗑 按钮上删除。

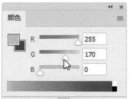 

图5-51　　　　　　图5-52

03 将鼠标指针放在一个颜色上，会显示它的名称，如图5-53所示。如果想要让所有颜色都显示名称，可以从面板菜单中选择"小列表"命令，如图5-54所示。

图5-53　　　　　　图5-54

04 使用"色板"面板菜单中的"旧版色板"命令，可以加载之前版本的色板库，其中包含了ANPA、PANTONE等专色，如图5-55所示。添加、删除或载入色板库后，可以执行面板菜单中的"复位色板"命令，让"色板"面板恢复为默认的颜色，以减少内存的占用。

图5-55

💎 5.2.5
实战：从图像中拾取颜色（吸管工具）

色彩在任何设计中都占有重要位置，然而想搭配出好的色彩组合却不是一件容易的事。学习和借鉴优秀作品，从中汲取灵感，是

扫码看视频

学习色彩设计的捷径，如图5-56所示。

摘自本书附赠资源《设计基础课——UI设计配色方案》
图5-56

如果我们发现图像中有可供借鉴的配色，可以用吸管工具 🖋 拾取，之后保存到"色板"面板中，创建为我们自己的配色参考方案。

01 按Ctrl+O快捷键，打开素材。选择吸管工具 🖋，将鼠标指针放在图像上单击可以显示一个取样环，此时可拾取单击点的颜色并将其设置为前景色，如图5-57所示。按住鼠标左键拖曳，取样环中会出现两种颜色，下面的是前一次拾取的颜色，上面的是当前拾取的颜色，如图5-58所示。

图5-57

图5-58

> **提示**（Tips）
>
> 将鼠标指针放在图像上，按住鼠标左键在屏幕上拖曳，可拾取窗口、菜单栏和面板的颜色。此外，将Photoshop窗口调小一些，让鼠标指针可以移动到Photoshop之外，还可以从计算机桌面和网页中的图片上拾取颜色。

02 按住Alt键并单击，可以拾取单击点的颜色并将其设置为背景色，如图5-59所示。

图5-59

吸管工具选项栏

使用画笔、铅笔、渐变、油漆桶等绘画类工具时,可以按住Alt键,临时切换为吸管工具 🖊️,拾取颜色后,放开Alt键可恢复为之前的工具。这是一个很好用的颜色取样技巧。另外,颜色取样范围也很关键,需要我们在工具选项栏中进行设置,如图5-60所示。

图5-60

● 取样大小: 用来设置吸管工具的取样范围。选择"取样点",可以拾取鼠标指针所在位置像素的精确颜色;选择"3×3平均",可以拾取鼠标指针所在位置3个像素区域内的平均颜色;选择"5×5平均",可以拾取鼠标指针所在位置5个像素区域内的平均颜色,如图5-61~图5-63所示。其他选项依此类推。需要注意的是,吸管工具的"取样大小"会同时影响魔棒工具的"取样大小"(见395页)。

取样点
图5-61

3×3平均
图5-62

5×5平均
图5-63

● 样本: 选择"当前图层"表示只在当前图层上取样;选择"所有图层"可以在所有图层上取样。

● 显示取样环: 勾选该选项,拾取颜色时显示取样环。

💎 5.2.6
下载颜色方案("Adobe Color Themes"面板)

色彩配置有一定的法则。例如,强调色与色之间的对比关系,以求得均衡美,如图5-64所示;注重色彩调和关系,以体现统一美,如图5-65所示;有一个主色调,以保持画面的整体美,等等。

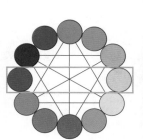

互补色搭配
图5-64

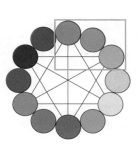

相似色搭配
图5-65

运用以上法则,可以让色彩设计更加醒目、协调。不具备专业色彩知识的人可能没有这方面的概念,这并不要紧,"Adobe Color Themes"面板可以帮助我们构建专业的色彩搭配方案。

执行"窗口>扩展>Adobe Color Themes"命令,可以打开该面板。单击"Create"(创建)选项卡,面板中会显示一组颜色主题(共5种颜色,中间的是基色),下方是一个色轮,如图5-66所示。选择一个颜色规则后,基色附近会自动构建配色方案,如图5-67所示。

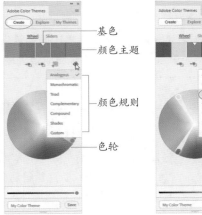

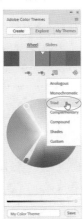

基色
颜色主题
颜色规则
色轮

图5-66

图5-67

颜色规则共有7种，包括Analogous（相似色）、Monochromatic（单色），Triad（三色）、Complementary（补色）、Compound（合成色）、Shades（暗色）和Custom（自定义）。

拖曳色轮和面板底部的滑块，可以更加灵活地定义基色和调整颜色主题，如图5-68~图5-70所示。

单击面板中的"Explore"（浏览）选项卡，可以显示所有公共颜色主题。在下拉列表中选择"Most popular"（最热门）、"Most used"（最常用）、"Random"（随机）等选项，可以依据颜色主题筛选出配色方案，如图5-73~图5-75所示。如果想要按照某一类别和某一时间段筛选颜色主题，可以使用搜索栏查找。

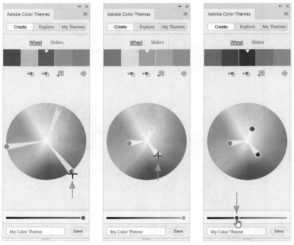

图5-68　　　　　图5-69　　　　　图5-70

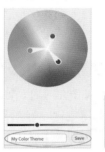

图5-71　　　　　图5-72

定义好颜色主题之后，输入名称并单击"Save"按钮，如图5-71所示。然后选择想要作为主题保存位置的Creative Cloud库，如图5-72所示。再单击"Save"按钮，即可将颜色主题保存到"Adobe Color Themes"面板中。需要使用时，单击该面板中的"My Themes"（我的主题）选项卡，即可找到它。

图5-73　　　　　图5-74　　　　　图5-75

笔尖设定方法

5.3

传统的绘画，每一个画种都有专用工具，以及特殊纸张和颜料。而用Photoshop绘画，只需一个工具（如画笔工具 ✎），通过更换不同的笔尖就可以表现铅笔、炭笔、水彩笔、油画笔等不同的笔触效果，以及颜色晕染、颜料颗粒、纸张纹理等细节。下面，我们就来详细介绍如何选择和用好笔尖。

· PS技术讲堂 ·

【 什么是笔尖，怎样用好笔尖 】

Photoshop使用前景色绘画。与传统绘画一样，在下笔前，也要调好颜料，即设置好前景色。但前景色只负责颜料中色彩那一部分，而其他的，例如在画面中，颜料是像铅笔那样具有颗粒感，还是像马克笔那样流畅；是像水彩那样稀薄、透明，还是像水粉那样厚重、有覆盖力等，则需要相应的笔尖才能表现出来，如图5-76和图5-77所示。

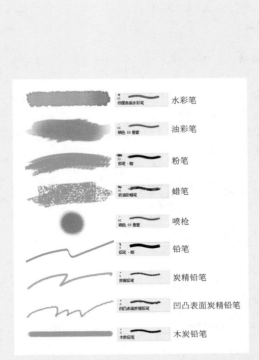

用涂抹工具 抹出发丝

用橡皮擦工具 擦线条

用自定义的画笔绘制裙子

用硬边圆笔尖绘制裙摆

用半湿描油彩笔笔尖绘制大色块

用橡皮擦工具 擦出透明效果

不同笔尖模拟的传统绘画笔触

图5-76

用Photoshop绘画工具及各种笔尖绘制的服装画

图5-77

Photoshop提供的笔尖分为圆形笔尖、图像样本笔尖、硬毛刷笔尖、侵蚀笔尖和喷枪笔尖5大类，如图5-78所示。圆形笔尖是标准笔尖，在绘画、修改蒙版和通道时最常用。图像样本笔尖是使用图像定义的，只在表现特殊效果时使用。其他几种笔尖可以模拟传统的画笔笔触。

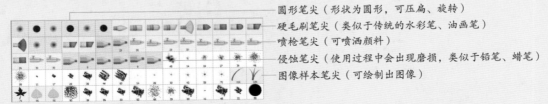

圆形笔尖（形状为圆形，可压扁、旋转）

硬毛刷笔尖（类似于传统的水彩笔、油画笔）

喷枪笔尖（可喷洒颜料）

侵蚀笔尖（使用过程中会出现磨损，类似于铅笔、蜡笔）

图像样本笔尖（可绘制出图像）

图5-78

选择一个笔尖以后，还要对它的参数进行设定。这一步很关键，因为在大多数情况下，笔尖的默认效果并不能满足我们的个性化要求。例如"炭纸蜡笔"笔尖，如图5-79所示，可以看到，它非常真实地模拟了蜡笔的特征。但是如果我们想表现的是在那种半干未干的水彩上用蜡笔勾勒、涂抹的效果，当前这种蜡笔的覆盖力就有点过强了。很明显，在潮湿的颜料上，蜡笔是很难着色的。那怎样才能减少蜡笔覆盖区域呢？我们需要调整"散布"值，增加笔触中的留白，才能更多地呈现画面底色的水彩效果，如图5-80所示。

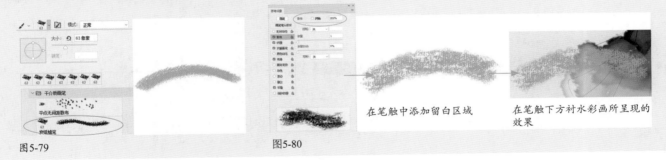

在笔触中添加留白区域

在笔触下方衬水彩画所呈现的效果

图5-79

图5-80

【 哪些工具能更换笔尖 】

　　绝大多数绘画和修饰类工具都可以更换笔尖，如图5-81所示。选择其中的一个工具之后，为它"安装"笔尖，再根据需要修改笔尖参数，它便成为我们"私人定制"的专属画笔了。

　　"画笔"面板、"画笔设置"面板和画笔下拉面板都提供了笔尖。前两个面板在"窗口"菜单中打开，画笔下拉面板的打开方法是，选择画笔工具 ✎ （或其他绘画和修饰类工具）后，单击工具选项栏中的 ✓ 按钮，如图5-82所示，或者在文档窗口中单击鼠标右键即可。如果想选择笔尖并只调整其大小，用"画笔"面板操作是最简便的，因为它没有多余的选项。画笔下拉面板比"画笔"面板多了硬度、圆度和角度3种调整选项。功能最全的当属"画笔设置"面板，如图5-83所示。

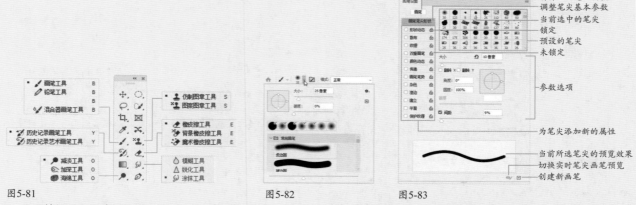

图5-81　　　　　　　　　　　　　图5-82　　　　　　　　　　　図5-83

　　"画笔设置"面板是Photoshop中"体型"最大、选项最多的面板。使用时，首先单击左侧列表中的一个属性名称，使其处于勾选状态，面板右侧就会显示具体选项内容，如图5-84所示。需要注意的是，如果仅单击名称前面的复选框，则可开启相应的功能，但不会显示选项，如图5-85所示。

图5-84　　　　　　　　　　　图5-85

"画笔设置"面板选项及按钮

● 锁定/未锁定：显示锁定图标 🔒 时，表示当前画笔的笔尖形状属性（形状动态、散布、纹理等）为锁定状态，单击该图标即可取消锁定（图标会变为 🔓 状）。

● 参数选项：用来调整所选笔尖的参数。

● 显示画笔样式：使用毛刷笔尖时，在窗口中显示笔尖样式。

● 切换实时笔尖画笔预览 👁✎：使用硬毛刷笔尖时，单击该按钮，文档窗口左上角会出现画笔的预览窗口，并实时显示笔尖的角度和压力情况。

● 创建新画笔 ⊞：如果对一个预设的画笔进行了调整，可单击该按钮，将其保存为一个新的预设画笔。

【 怎样导入/导出笔尖 】

　　在"画笔"面板中，顶层一行是最近使用过的笔尖，下面是几个画笔组，如图5-86所示。单击组左侧的 ❯ 按钮，可以展开组。笔尖的大小在"大小"选项中设置。拖曳面板底部的滑块，可将笔尖的预览图调大，如图5-87所示。

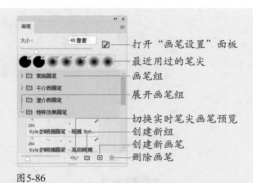

图5-86

图5-87

单击面板右上角的 ≡ 按钮，打开面板菜单，如图5-88所示。使用其中的"导入画笔"命令，可以导入外部画笔库，如图5-89和图5-90所示，例如我们从网络上下载的画笔资源（有的称为笔刷）。使用"获取更多画笔"命令，则可链接到Adobe网站上，下载来自 Kyle T. Webster 的独家画笔。另外，我们也可以将常用的笔尖创建为画笔库，保存到计算机硬盘上，这样以后软件升级时，便可加载到新版软件中使用了。操作方法是，按住Ctrl键并单击所需笔尖将它们选中，如图5-91所示，执行面板菜单中的"导出选中的画笔"命令即可。

图5-88

图5-89

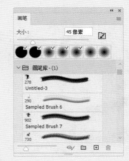

图5-90

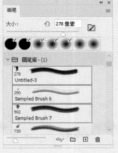

图5-91

笔尖会占用系统资源，影响Photoshop运行速度，最好在使用的时候导入，不用了就删掉。使用面板菜单的"恢复默认画笔"命令，可以删除加载的笔尖，将面板恢复为默认状态。

5.3.1

笔尖的通用选项

当我们选择一个笔尖后，单击该面板左侧列表的"画笔笔尖形状"选项，可在面板右侧的选项设置区调整所选笔尖的角度、圆度、硬度和距离等基本参数，如图5-92所示。

● 大小：用来设置画笔的大小，范围为1~5000像素。

● 翻转X/翻转Y：可以让笔尖沿 x 轴（即水平）翻转、沿 y 轴（即垂直）翻转，如图5-93所示。

图5-92

原笔尖　　　　　勾选"翻转X"　　　　勾选"翻转Y"

图5-93

● 角度：用来设置椭圆状笔尖和图像样本笔尖的旋转角度。可以在文本框中输入角度值，也可以拖曳箭头进行调整，如图5-94所示。

图5-94

● 圆度：用来设置画笔长轴和短轴之间的百分比。可以在文本框中输入数值，或拖曳控制点来调整。当该值为100%时，笔尖为圆形，设置为其他值时可将画笔压扁，如图5-95所示。

图5-95

● 硬度：对于圆形笔尖和喷枪笔尖，它控制画笔硬度中心的大小，该值越低，画笔的边缘越柔和、透明度越高、色彩越淡；对于硬毛刷笔尖，它控制毛刷的灵活度，该值较低时，画笔的形状更容易变形。效果如图 **5-96** 所示。图像样本笔尖不能设置硬度。

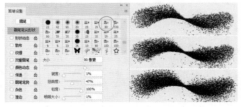

圆形笔尖：直径为30像素，硬度分别为100%、50%、1%

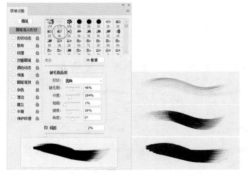

喷枪笔尖：直径为80像素，硬度分别为100%、50%、1%

硬毛刷笔尖：直径为36像素，硬度分别为100%、50%、1%
图5-96

● 间距：控制描边中两个画笔笔迹之间的距离。以圆形笔尖为例，它绘制的线条其实是由一连串的圆点连接而成的，间距就是用来控制各个圆点之间的距离的，如图 **5-97** 所示。如果取消该选项的勾选，则间距取决于鼠标指针的移动速度，此时鼠标指针的移动速度越快，间距越大。

间距1%　　　　间距100%　　　　间距200%
图5-97

💎 5.3.2
针对硬毛刷笔尖的选项

　　硬毛刷笔尖可以绘制出十分逼真、自然的笔触。选择这种类型的笔尖后，单击面板中的 ⊘ 按钮，文档窗口左上角会出现画笔的预览窗口。单击预览窗口，可以从不同的角度观察画笔，按住Shift键并单击，会显示画笔的3D效果。在使用过程中，预览窗口会实时显示笔尖的角度和压力情况，如图5-98所示。

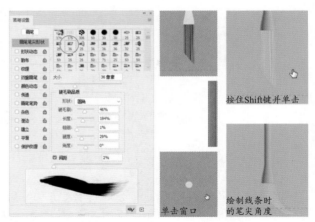

按住Shift键并单击

单击窗口　　绘制线条时的笔尖角度

图5-98

● 形状：在该选项的下拉列表中有 **10** 种形状可供选择，它们与预设的笔尖一一对应。

● 硬毛刷：可以控制整体的毛刷浓度。

● 长度：可以修改毛刷的长度。

● 粗细：控制各个硬毛刷的宽度。

● 硬度：控制毛刷灵活度。该值较低时，画笔容易变形。如果要在使用鼠标时使描边创建发生变化，可调整硬度设置。

● 角度：确定使用鼠标绘画时的画笔笔尖角度。

● 间距：控制描边中两个画笔笔迹之间的距离。取消勾选此选项时，鼠标指针的移动速度将确定间距。

💎 5.3.3
侵蚀笔尖的特定选项

　　侵蚀笔尖的表现效果类似于铅笔和蜡笔，令人叫绝的是它竟然能随着绘制时间的推移而自然磨损。我们可以在文件窗口左上角的画笔预览窗口中观察磨损程度，如图5-99所示。

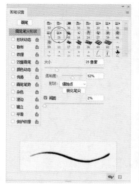

未使用的笔尖

使用后的笔尖

图5-99

● 大小：控制画笔大小。

● 柔和度：控制磨损率。可以输入一个百分比值，或拖曳滑块来进行调整。

- 形状：从下拉列表中可以选择笔尖形状。
- 锐化笔尖：单击该按钮，可以将笔尖恢复为原始的锐化程度。
- 间距：控制描边中两个画笔笔迹之间的距离。当取消勾选此选项时，鼠标指针的移动速度将确定间距。

💎 5.3.4
喷枪笔尖的专属选项

喷枪笔尖通过 3D 锥形喷溅的方式来复制喷罐，如图

析它们的共同点。

抖动设置的用途是让画笔的大小、角度、圆度，以及画笔笔迹的散布方式、纹理深度、色彩和不透明度等产生变化。抖动值越高，变化范围越大。

单击"控制"选项右侧的 ⌄ 按钮，可以打开下拉列表，如图5-103所示。这里的"关"选项不是关闭抖动的意思，它表示不对抖动进行控制。如果想要控制抖动，可以选择其他几个选项，这时，抖动的变化范围会被限定在抖动选项所设置的数值到最小选项所设置的数值之间。

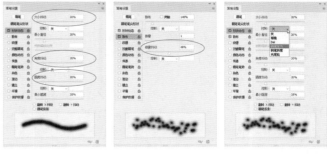

图5-101　　　　图5-102　　　　图5-103

以圆形笔尖为例，我们先选择图5-104所示的笔尖，然后调整它的形状动态，让圆点大小产生变化。如果"大小抖动"为50%，我们选择的是30像素的笔尖，则最大圆点为30像素，最小圆点用30像素×50%计算得出，即15像素，那么圆点大小的变化范围就是15像素~30像素。在此基础上，"最小直径"选项进一步控制最小圆点的大小，例如，如果将其设置为10%，则最小圆点就只有3像素（30像素×10%），如图5-105所示。如果将"最小直径"设置为100%，最小的圆点就是30像素×100%，即30像素，此时最小圆点等于最大圆点，其结果相当于关闭了大小抖动，笔尖大小不会变化，如图5-106所示。

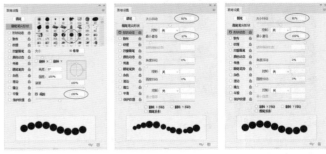

图5-104　　　　图5-105　　　　图5-106

如果使用"渐隐"选项来对抖动进行控制，可在其右侧的文本框中输入数值，让笔迹逐渐淡出。例如，将"渐隐"设置为5，"最小直径"设置为0%，则在绘制出第5个圆点之后，最小直径变为0，此时无论笔迹有多长，都会在

第5个圆点之后消失，如图5-107所示。如果我们增大"最小直径"，例如将其设置为20%，则第5个圆点之后，最小直径变为画笔大小的20%，即6像素（30像素×20%），如图5-108所示。

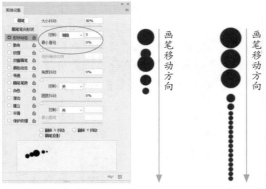

渐隐5、最小直径0%
图5-107

渐隐5、最小直径20%
图5-108

设计师和高级用户一般会使用数位板进行绘画。Photoshop为数位板配置了专门的选项，即"控制"下拉列表中的"钢笔压力""钢笔斜度""光笔轮"选项，使用压感笔绘画时，可通过钢笔压力、钢笔斜度或钢笔拇指轮的位置来控制抖动变化。

技术看板 ⑲ 数位板

使用计算机绘画有一个很大的问题，就是鼠标不能像画笔一样"听话"。对于专业的绘画和数码艺术创作者来说，最好是配备一个数位板，在数位板上作画。数位板由一块画板和一支无线的压感笔组成，就像是画家的画板和画笔。使用压感笔时，随着笔尖在画板上着力的轻重、速度以及角度的改变，绘制出的线条会产生粗细和浓淡等变化，与在纸上画画的感觉没有多大差别。

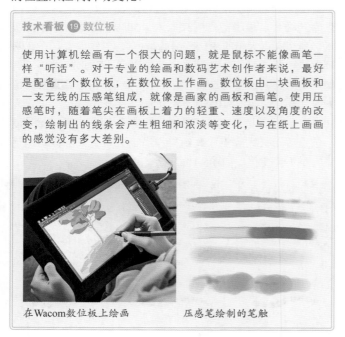

在Wacom数位板上绘画　　压感笔绘制的笔触

💎 **5.3.6**

如何改变笔尖的形状

"形状动态"属性可以改变所选笔尖的形状，使画笔

的大小、圆度等产生随机变化，如图5-109所示。在它的选项中，"大小抖动"和"最小直径"可参阅5.3.5小节。

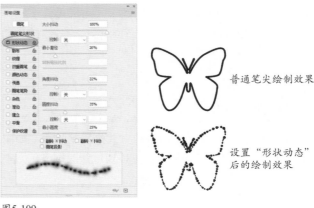

普通笔尖绘制效果

设置"形状动态"后的绘制效果

图5-109

- **大小抖动**：用来设置画笔笔迹大小的改变方式。该值越高，轮廓越不规则，如图5-110所示。在"控制"选项下拉列表中可以选择抖动的改变方式。

大小抖动0%　　　　　　大小抖动100%
图5-110

- **最小直径**：启用了"大小抖动"后，可以通过该选项设置画笔笔迹可以缩放的最小百分比。该值越高，笔尖直径的变化越小。

- **角度抖动**：可以让笔尖的角度发生变化，如图5-111所示。

角度抖动0%　　　　　　角度抖动30%
图5-111

- **圆度抖动/最小圆度**："圆度抖动"可以让笔尖的圆度发生变化；"最小圆度"可以调整圆度变化范围，如图5-112所示。

圆度抖动0%　　　　　　圆度抖动50%
图5-112

- **翻转X抖动/翻转Y抖动**：可以让笔尖在水平/垂直方向上产生翻转变化。

- **画笔投影**：使用压感笔绘画时，可通过笔的倾斜和旋转来改变笔尖形状。

💎 **5.3.7**

让笔迹发散开的技巧

笔尖是一种基本的图像单元。Photoshop将每个图像单元之间的间隔设置得非常小，大概为其自身大小的

之间的衔接就十分紧密，我
即一条线，而非一个个的图
如果将它的"间距"值调
如图5-114所示。

的笔尖图像

间距"值，可以让笔迹发散
规律的，也是不自然的。更
面板左侧列表的"散布"选
迹就会在鼠标运行轨迹周围

尖绘制的线条

散布"后绘制的线条

度。可以通过"散布"选项
，将"散布"设置为100%，
大小的100%。如果勾选"两
行轨迹径向分布，此时笔迹
如果不希望出现过多的重复

00%

并勾选"两轴"选项

纸上绘画的效果，一般通过3
纸素材，将画稿衬在其上方，
让纹理透过画稿显现出来，
2种是对画稿应用"纹理化"
9所示；第3种是调整笔尖设

置，然后再绘画，让画笔笔迹中出现纹理，其效果就像是
在带纹理的画纸上绘画一样，如图5-120所示。

原始画稿
图5-117

将画稿衬在纹理素材上方
图5-118

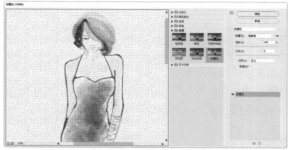
用"纹理化"滤镜生成纹理
图5-119

普通笔尖绘画效果

添加纹理后的绘画效果
图5-120

　　想要让笔迹中出现纹理，可单击"画笔设置"面板左
侧列表的"纹理"属性，之后单击图案缩览图右侧的按
钮，打开下拉面板选择纹理图案，如图5-121所示。

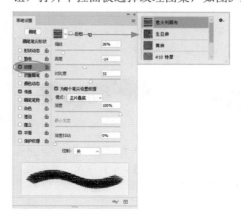
图5-121

119

这里有两个选项需要着重解释一下。"为每个笔尖设置纹理"选项，它可以让每一个笔迹都出现变化，在一处区域反复涂抹时效果更明显，如图5-122所示。取消勾选该选项，则可以绘制出无缝连接的画笔图案，如图5-123所示。

 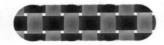

图5-122　　　　　　　　图5-123

"深度"选项控制颜料渗入纹理中的深度。该值为0%时，纹理中的所有点都接收相同数量的颜料，进而隐藏图案，如图5-124所示。该值为100%时，纹理中的暗点不会接收颜料，如图5-125所示。

深度0%　　　　　　　　深度100%

图5-124　　　　　　　　图5-125

其他选项如下。

● 设置纹理/反相：单击图案缩览图右侧的 按钮，可以在打开的下拉面板中选择一个图案，将其设置为纹理；勾选"反相"选项，可基于图案中的色调反转纹理中的亮点和暗点。

● 缩放：用来缩放图案，如图5-126和图5-127所示。

缩放100%　　　　　　　缩放200%

图5-126　　　　　　　　图5-127

● 亮度/对比度：可调整纹理的亮度和对比度。

● 模式：在该选项的下拉列表中可以选择纹理图案与前景色之间的混合模式。如果绘制不出纹理效果，可以尝试改变混合模式。

● 最小深度：用来指定当"控制"为"渐隐""钢笔压力""钢笔斜度""光笔轮"，并勾选"为每个笔尖设置纹理"时油彩可渗入的最小深度，如图5-128和图5-129所示。

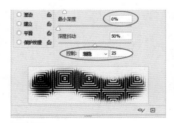 

图5-128　　　　　　　　图5-129

● 深度抖动：用来设置纹理抖动的最大百分比，如图5-130和图5-131所示。只有勾选"为每个笔尖设置纹理"选项后，该选项才可以使用。如果要指定如何控制画笔笔迹的深度变化，可以在"控制"下拉列表中选择一个选项。

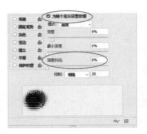 

图5-130　　　　　　　　图5-131

5.3.9
双笔尖绘画

"双重画笔"设置相当于为画笔同时安装了两种笔尖，因此，一次可绘制出两种笔尖的笔迹效果，但画面中只显示两种笔尖相互重叠的部分。操作时首先在"画笔笔尖形状"选项面板中选择一个笔尖，然后从"双重画笔"选项面板中选择另一个笔尖，如图5-132所示。

 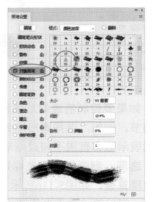

选择第1个笔尖　　　　　　选择第2个笔尖

单个笔尖绘制效果　　　　　双笔尖绘制效果

图5-132

● 模式：在该选项的下拉列表中可以选择两种笔尖在组合时使用的混合模式。

● 大小：用来设置笔尖大小。

● 间距：用来控制描边中双笔尖画笔笔迹之间的距离。

● 散布：用来指定描边中双笔尖画笔笔迹的分布方式。如果勾选"两轴"选项，双笔尖画笔笔迹按径向分布；取消勾选，则双笔尖画笔笔迹垂直于描边路径分布。

● 数量：用来指定在每个间距间隔应用的双笔尖笔迹数量。

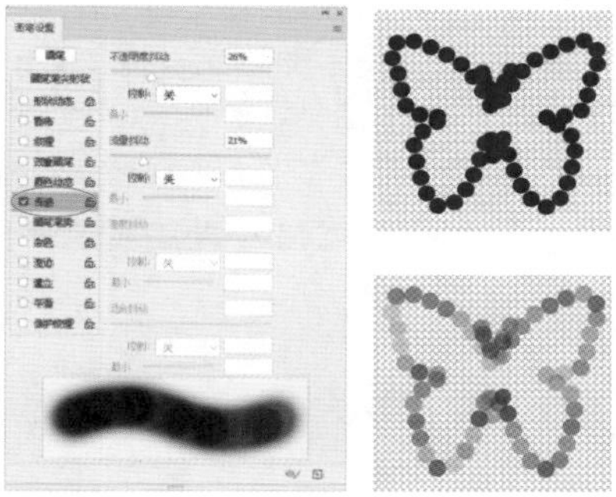

普通笔尖绘制
效果

设置"传递"后
的绘制效果

图5-136

● 不透明度抖动： 用来设置画笔笔迹中油彩不透明度的变化程度。

● 流量抖动： 用来设置画笔笔迹中油彩流量的变化程度。

5.3.12

控制特殊笔尖的倾斜角度、旋转角度和压力

使用硬毛刷笔尖、侵蚀笔尖和喷枪笔尖这些特殊的笔尖时，可以通过设置"画笔笔势"控制画笔的倾斜角度、旋转角度和压力，这些设置可以模拟压感笔，效果更接近传统手绘，如图5-137所示。

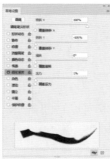

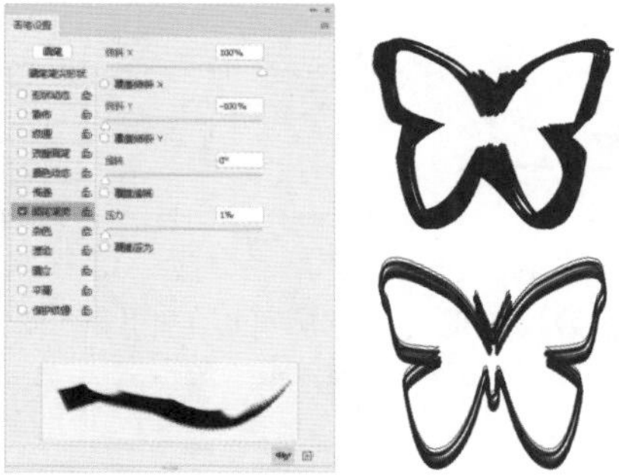

普通硬毛刷笔尖
绘制效果

设置"画笔笔势"
后的绘制效果

图5-137

● 倾斜X/倾斜Y： "倾斜X" 确定画笔从左向右倾斜的角度，"倾斜Y" 确定画笔从前向后倾斜的角度， 如图5-138所示。

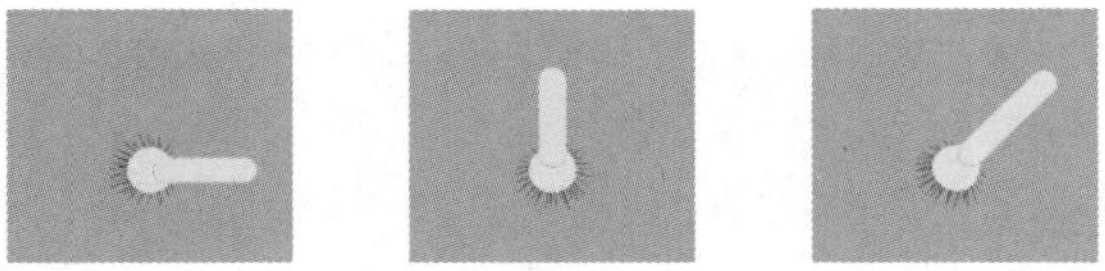

倾斜X 30%　　　　　倾斜Y30%　　　　　倾斜X30%、倾斜Y 30%

图5-138

● 旋转： 控制硬毛刷笔尖的旋转角度， 如图5-139所示。

旋转0°　　　　　旋转90°　　　　　旋转180°

图5-139

水粉画时，可以在画笔上蘸
otoshop的笔尖目前还只能使
，为颜色添加动态控制，这样

笔设置"面板左侧的"颜色
调整参数，如图5-133所示。

/背景抖动
前景色/背景色

抖动

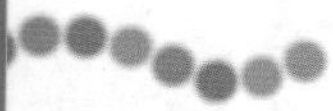

度抖动

抖动

抖动"二字。前面我们介绍
出现变化。例如，"前景/背
在前景色和背景色之间改变颜
上颜色的色相、饱和度和亮度
以控制饱和度的高低。该值越

项用来控制笔迹变化。勾选它
的每一个基本图像单元都出现
一次变化一次，绘制过程中不
-135所示。

未勾选"应用每笔尖"选项绘制3次
图5-135

油彩在描边路线中的改变方
置了数位板和压感笔，可以使
力"两个选项。

● 压力：控制应用于画布上画笔的压力，效果如图 5-140 所示。如果使用数位板，启用"覆盖"选项后，将屏蔽数位板压力和光笔角度等方面的感应反馈，并依据当前设置的画笔笔势参数产生变化。

压力30%

压力60%

图5-140

硬度值分别为0%、50%、100%

图5-141　　　　　图5-142

5.3.13

其他控制选项

"画笔设置"面板最下面几个选项是"杂色""湿边""建立""平滑""保护纹理"，如图5-141所示。它们没有可供调整的数值，如果要启用某个选项，将其勾选即可。

● 杂色：在画笔笔迹中添加干扰，形成杂点。画笔的硬度值越低，杂点越多，如图 5-142 所示。

● 湿边：画笔中心的不透明度变为60%，越靠近边缘颜色越浓，效果类似于水彩笔。画笔的硬度值影响湿边范围，如图 5-143 所示。

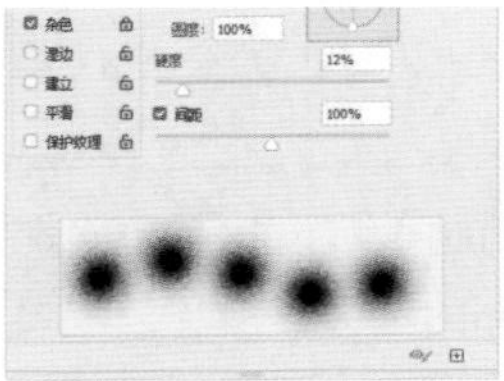

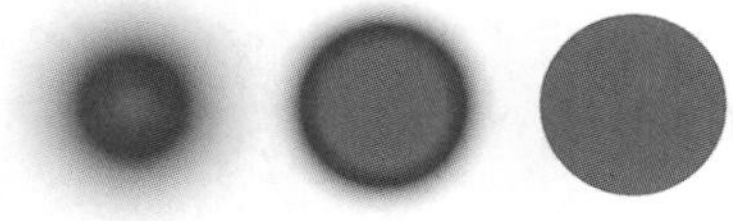

硬度值分别为0%、50%、100%

图5-143

● 建立：将渐变色调应用于图像，同时模拟传统的喷枪技术。该选项与工具选项栏中的喷枪选项相对应，勾选该选项，或单击工具选项栏中的喷枪按钮 ，都能启用喷枪功能。

● 平滑：在画笔描边中生成更平滑的曲线。使用压感笔进行快速绘画时，该选项最有效。

● 保护纹理：将相同图案和缩放比例应用于具有纹理的所有画笔预设。选择该选项后，使用多个纹理画笔笔尖绘画时，可以模拟出一致的画布纹理。

绘画工具

5.4

画笔、铅笔、橡皮擦、颜色替换、涂抹、混合器画笔、历史记录和历史记录艺术画笔工具是Photoshop中用于绘画的工具，它们可以绘制图画和修改像素。

5.4.1

实战：碎片效果（画笔工具）

> 要点

画笔工具 使用前景色绘制线条，既可以绘画，也常用于修改图层蒙版和通道。

依据所选笔尖的不同，画笔工具 可以绘制出毛笔、水彩笔、油画笔、铅笔、炭笔、粉笔、油画棒、马克笔等传统绘画工具所能呈现的笔迹。只要笔尖选用恰当，几乎所有的绘画笔触都能模拟出来。

下面，我们就用画笔工具、图层蒙版和"液化"滤镜，制作具有视觉冲击力的碎片效果，如图5-144所示。

图5-144

01 打开素材。首先来抠图，把女郎从背景中分离出来。执行"选择>主体"命令，将女郎大致选取，如图5-145所

命令对选区进行细化处理。当
像会罩上一层淡淡的红色。勾
数为250像素，这样可以将头
用快速选择工具 ⟋ 在漏选的区
中，如图5-147和图5-148所示。
并在其上方拖曳鼠标，取消其
如图5-149和图5-150所示。在
按 [键将笔尖调小，按] 键可

图5-146

图5-148

图5-150

中选择"选区"选项，单击"确
的精确选区。按Ctrl+J快捷键，
层中，并修改图层名称，完成抠
+J快捷键复制该图层，并修改名

图5-151　　　　　　　　图5-152

03 下面制作一个没有女郎的背景图像。将"背景"图层拖曳到 ⊞ 按钮上进行复制，如图5-153所示。使用套索工具 ⟅ 在人物外侧创建选区，如图5-154所示。用"编辑>填充"命令填充选区，操作时选取"内容识别"选项，如图5-155所示。填充效果如图5-156所示（此图为上面两个图层隐藏后的效果）。

图5-153　　　　　　　　图5-154

图5-155　　　　　　　　图5-156

04 按Ctrl+D快捷键取消选择。单击 ▢ 按钮添加蒙版。选择画笔工具 ⟋ 和柔边圆笔尖，在两脚之间涂抹黑色，如图5-157所示。这里填充效果不好，把它隐藏，让"背景"图像显现出来，如图5-158所示。

图5-157　　　　图5-158

05 隐藏"碎片"图层，选择"缺口"图层并为它添加蒙版，如图5-159所示。打开工具选项栏中的画笔下拉面板，在"特殊效果画笔"组中选择图5-160所示的笔尖。用 [键和] 键调整笔尖大小。从头发开始，沿女郎身体边缘拖曳鼠标，画出缺口效果，如图5-161和图5-162所示。

图5-159　　　　　图5-160

图5-161　　　　图5-162

06 处理好以后，将该图层隐藏。选择并显示"碎片"图层，执行"图层>智能对象>转换为智能对象"命令，将它转换为智能对象，如图5-163所示。执行"滤镜>液化"命令，打开"液化"对话框，如图5-164所示。用向前变形工具在女郎身体靠近右侧位置单击，然后向右拖曳鼠标，将图像往右拉曳，处理成图5-165所示的效果。关闭对话框，如图5-166所示。

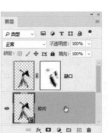

图5-163　　　　图5-164

图5-165　　　　　　　　　　　　图5-166

07 按Alt键并单击 ▣ 按钮，添加一个反向的蒙版，即黑色蒙版，将当前液化效果遮盖住，如图5-167和图5-168所示。用画笔工具 ✐ 修改蒙版，不用更换笔尖，但可适当调整笔尖大小。从靠近缺口的位置开始，向画面右侧涂抹白色，让液化后的图像以碎片的形式显现，如图5-169和图5-170所示。为了做好衔接，可以先将"缺口"图层显示出来，再处理碎片效果。

图5-167　　　　图5-168

双击智能滤镜

图像自动更新

样操作不会出现笔迹重叠效果。

● 流量：用来设置颜色的应用速率，"不透明度"选项中的数值决定了颜色透明度的上限，这表示在某个区域上进行绘画时，如果一直按住鼠标左键，颜色量将根据流动速率增大，直至达到不透明度设置的值。例如，将"不透明度"和"流量"都设置为60%，在某个区域如果一直按住鼠标左键不放并反复移动鼠标，颜色量将以60%的应用速率逐渐增加（其间，画笔的笔迹会出现重叠效果），并最终达到"不透明度"选项所设置的数值，如图5-175所示。除非在绘制过程中放开鼠标，否则无论在一个区域上绘制多少次，颜色的总体不透明度都不会超过60%（即"不透明度"选项所设置的上限）。

图5-172

图5-173

图5-174

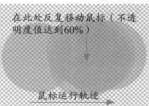

在此处反复移动鼠标（不透明度值达到60%）

鼠标运行轨迹

图5-175

● 喷枪 ：单击该按钮，可以开启喷枪功能，此时在一处位置单击后，按住鼠标左键的时间越长，颜色堆积得越多，如图5-176所示。图5-177所示为没有启用喷枪时的效果。"流量"设置得越高，颜色堆积的速度越快，直至达到所设定的"不透明度"值。在"流量"值较低的情况下，会以缓慢的速度堆积颜色，直至达到"不透明度"值。再次单击该按钮可以关闭喷枪功能。

图5-176

图5-177

● 角度 ：与"画笔设置"面板中的"角度"选项相同，可调整笔尖的角度。

● 绘图板压力按钮 ：单击这两个按钮后，用数位板绘画时，光笔压力可覆盖"画笔"面板中的不透明度和大小设置。

的选项栏。其中的"平滑"

后面章节（见135页）。

选择画笔笔迹颜色与下层像素的

"正常"模式的绘制效果，图

式的绘制效果。

不透明度。降低不透明度后，绘

。当笔迹重叠时，还会显示重叠

于使用画笔工具时，每单击一次

过程中始终按住鼠标左键不放开，

，都被视为绘制一次，因此，这

125

5.4.2
实战：用自定义笔尖绘制文字人像

要点

在Photoshop中，整幅图像或选中的部分图像都可定义为图像样本笔尖。笔尖是灰度图像，若要呈现色彩，在使用时需设置前景色。

下面我们来将文字定义为笔尖，再用画笔工具 ✏ 及剪贴蒙版制作成图5-178所示的创意作品。

扫码看视频

图5-178

01 单击"背景"图层右侧的 🔒 按钮，如图5-179所示，将其转换为普通图层。单击 ◑ 按钮，打开菜单，执行"渐变"命令，创建渐变填充图层，如图5-180所示。

图5-179　　　图5-180

02 将填充图层拖曳到最下方，如图5-181所示。新建一个图层。按住Alt键，在图5-182所示的图层分隔线上单击，创建剪贴蒙版，如图5-183所示。

图5-181　　　图5-182　　　图5-183

03 按Ctrl+N快捷键，创建一个文件。选择横排文字工具 **T**，在工具选项栏中选择字体并设置大小和颜色，如图5-184所示。在画面中单击并输入文字，如图5-185所示。执行"编辑>定义画笔预设"命令，将文字定义为画笔笔尖，如图5-186所示。

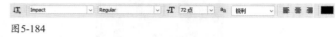
图5-184

图5-185　　　　　　　　　　图5-186

04 选择画笔工具 ✏ 及新定义的笔尖，设置间距为200%，如图5-187所示；添加"形状动态"和"散布"属性，并设置参数，如图5-188和图5-189所示。切换到人物文件中，单击并拖曳鼠标，在画面中绘制文字。由于创建了剪贴蒙版，文字内会显示上层图像，即人像，如图5-190所示。

图5-187　　　　　　　　图5-188

图5-189　　　　　　　　图5-190

05 通过[键和]键调整笔尖大小，继续绘制。人物面部用大笔尖绘制，背景用小笔尖绘制。也可暂时取消勾选"形

将面部绘制完整。另外可以用
　画面中间移动，如图5-191所
　J快捷键复制，按Shift+Ctrl+]
　为"滤色"，如图5-192所示。

设渐变，如图5-193所示，用它
　填充图层的缩览图，在弹出的
　度，如图5-194和图5-195所示。

图5-195

改造成素描画

将图像定义为画
　设计团队热衷于
　水滴、粉尘、人
　的笔尖资源，在
　称笔刷或画笔库）。
　表现特定效果，在一定程度上
　不足。本实战我们来学导入外
　的素描笔尖，将照片改成一幅

扫码看视频

图5-196

01 按Ctrl+J快捷键复制"背景"图层。执行"图像>调整>
通道混合器"命令，打开"通道混合器"对话框，勾选
"单色"选项，如图5-197所示。将照片转换为黑白效果。执
行"图像>调整>亮度/对比度"命令，提高对比度，强化高光
与阴影的对比，如图5-198和图5-199所示。

图5-197　　　　　图5-198　　　　　图5-199

02 新建一个图层。将前景色设置为白色，按Alt+Delete快
捷键填充白色。单击"图层"面板底部的 ▣ 按钮，
添加图层蒙版。选择画笔工具 ✏，打开工具选项栏中的画笔
下拉面板菜单，执行"导入画笔"命令，如图5-200所示。
在打开的对话框中，选择配套资源素材文件夹中的"素描画
笔.abr"文件，如图5-201所示。

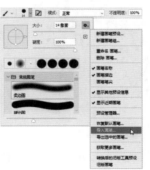

图5-200　　　　　　　　图5-201

03 选择"素描画笔5"，如图5-202所示。设置角度为
110°，间距为3%，如图5-203所示。在工具选项栏中
设置画笔工具 ✏ 的不透明度为15%，流量为70%，绘制倾斜
线条，如图5-204所示。像绘制素描画一样，铺上调子表现明
暗，直到人像越来越清晰，如图5-205所示。用鼠标直接绘制
直线是比较难的，有一种技巧是先在一点单击，然后按住Shift
键在另一点单击，即可绘制出直线。

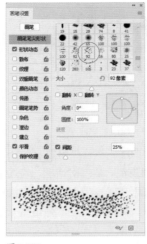

图5-202　　　　　　　图5-203

图5-204　　　　　　　图5-205

04 头发、眼睛、鼻子投影和嘴角处应多画线，表现出明暗关系，使人物生动起来，如图5-206和图5-207所示。

图5-206　　　　　　　图5-207

05 选择减淡工具 ，设置画笔大小为200像素，曝光度为30%。在面部涂抹，提亮亮部。选择加深工具 ，增加暗部的调子，使画面层次丰富。最后，在右下角加入签名，完成后的效果如图5-208所示。

图5-208

5.4.4
实战：可爱风，美女变萌猫（铅笔工具）

▎要点

扫码看视频

铅笔工具 与画笔工具 一样，也使用前景色绘制线条。二者最大的区别在于，用画笔工具 绘制的线条边缘呈现柔和效果，就连硬度为100%的硬边圆笔尖绘制的线条，如果用缩放工具 放大观察，也能看到其边缘是柔和的，因此只有铅笔工具 才能绘制出真正意义上的100%硬边。

由于铅笔工具 不能绘制柔边，导致它的使用范围没有画笔工具 大。尤其是在低分辨率的文件中，用铅笔工具 绘制的线条会显现出非常清晰的锯齿。但这是像素画的基本特征，也就是说，铅笔工具 可用于绘制像素画，如图5-209所示。

像素风格角色

像素画风游戏：超级马里奥

像素风格场景

像素风格插画

图5-209

铅笔工具 还非常适合绘制草稿，用以快速表现新创意、新想法，如图5-210所示。有时候，描边路径也会用到它。

层。选择铅笔工具 ✏️ 及柔边圆
素，如图5-211所示。将前景色
子和嘴的位置画出一个小猫轮

图5-212

" 面板底部的 ⊞ 按钮，在当前
将前景色设置为白色。按] 键
于齿涂上白色，再用黑色画出小

新建一个图层。在"色板"面板
，画出小猫的花纹，如图5-214
为"正片叠底"，使色彩融合到

，但还不够鲜艳。按Ctrl+J快捷
混合模式为"叠加"，不透明度
角输入文字，用铅笔工具 ✏️ 给
，如图5-216所示。

图5-214

图5-216

技术看板 ⑳ 自动抹除

在铅笔工具的选项栏中，除"自动抹除"选项外，其他均与
画笔工具选项栏相同。勾选该项后，开始拖曳鼠标时，如果
鼠标指针的中心在包含前景色的区域上，可将该区域涂抹成
背景色；如果鼠标指针的中心在不包含前景色的区域上，则
可将该区域涂抹成前景色。

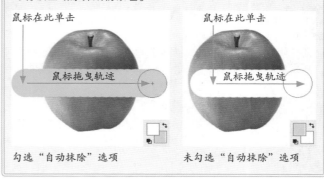

勾选"自动抹除"选项　　　　　未勾选"自动抹除"选项

5.4.5
橡皮擦工具

橡皮擦工具 ✐ 具有双重身份，它既可以擦除图像，也
可以像画笔或铅笔工具那样绘制线条，具体扮演哪个角色
取决于用它处理哪种图层。

在普通图层上使用该工具时，可擦除图像，如图5-217
所示；如果处理"背景"图层或锁定了透明区域（即单击
了"图层"面板中的 ⊠ 按钮）的图层，则橡皮擦工具 ✐
会像画笔或铅笔工具那样绘制线条，如图5-218所示。

图5-217　　　　　　　　图5-218

它与画笔和铅笔工具又有所区别，用橡皮擦工具 ✐ 绘
制的线条以背景色填充，而不是前景色。由于该工具会破
坏图像，因而实际应用得并不多。想要消除图像，常用的
办法是通过图层蒙版（*见160页*）将其遮盖。

图5-219所示为该工具的选项栏。

图5-219

● **模式**：选择"画笔"，可以像画笔工具一样使用橡皮擦工
具，此时可创建柔边效果，如图5-220所示；选择"铅
笔"，可以像铅笔工具一样使用橡皮擦工具，此时可创建硬

边效果，如图5-221所示；选择"块"，橡皮擦会变为一个固定大小的硬边方块，如图5-222所示。

图5-220

图5-221

图5-222

- 不透明度：用来设置工具的擦除强度，100%的不透明度可以完全擦除像素，较低的不透明度将部分擦除像素。将"模式"设置为"块"时，不能使用该选项。
- 流量：用来控制工具的涂抹速度。
- 抹到历史记录：与历史记录画笔工具的作用相同。勾选该选项后，在"历史记录"面板中选择一个状态或快照，在擦除时，可以将图像恢复为指定状态。

5.4.6
实战：美瞳（颜色替换工具）

顾名思义，颜色替换工具就是用来替换颜色的。它可以用前景色替换鼠标指针所在位置的颜色，比较适合修改小范围、局部图像的颜色。例如，本实战中用它画美瞳和画眼影，如图5-223所示。该工具不能用于编辑位图、索引和多通道颜色模式的图像。

图5-223

01 按Ctrl+J快捷键复制"背景"图层，如图5-224所示，以免破坏原始图像。调整前景色，如图5-225所示。

02 选择颜色替换工具，选取一个柔边圆笔尖并单击连续按钮，将"容差"设置为100%，如图5-226所示。在眼珠上单击并拖曳鼠标涂抹，替换颜色，如图5-227所示。

注意鼠标指针中心的十字线不要碰到眼白和眼部周围皮肤。

图5-224

图5-225

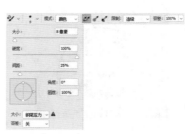
图5-226

图5-227

03 新建一个图层，设置混合模式为"正片叠底"，如图5-228所示。选择画笔工具，不透明度调整为10%左右，在眼睛上方绘制一层淡淡的眼影，如图5-229所示。将不透明度提高到30%，对眼窝深处的颜色进行加深处理，如图5-230和图5-231所示。

图5-228

图5-229

图5-230

图5-231

工具 的选项栏。

颜色属性，包括"色相""饱和
认为"颜色"，表示可以同时替

方式。单击连续按钮后，在
；单击一次按钮后，只替换
中的目标颜色；单击背景色板按
景色的区域。

替换出现在鼠标指针下的样本颜
与鼠标指针（即圆形画笔中心的
针所在位置颜色相近的其他颜色；
包含样本颜色的连接区域，同时

。颜色替换工具只替换鼠标单击
该值越高，对颜色相似性的要求
颜色范围越广。

可以为校正的区域定义平滑的边

拖曳鼠标的方法使用。在操作
的颜色，并沿着鼠标的拖曳方
去混合调色板上的颜料类似。
指在图像中留下的划痕，以及
带给我们非常真实的体验。图
项栏。

变暗""颜色"等绘画模式。

可以将鼠标单击点下方的颜色拉得
相应颜色的涂抹痕迹也会越短。

中包含多个图层，勾选该选项，
样；取消勾选，只从当前图层中

将使用前景
我们先用手指
颜料，如图
消勾选，则
色展开涂抹，

图5-234

勾选"手指绘画"
图5-235

未勾选"手指绘画"
图5-236

5.4.8
实战：超炫气球字（混合器画笔工具）

混合器画笔工具 是增强版的涂抹工具，它不仅可以混合画布上的颜色，还能混合画笔上的颜料（颜色），甚至能在鼠标拖曳过程中模拟不同湿度的颜料所产生的绘画痕迹。下面我们利用该工具的图像采集功能，将渐变球用作图像样本，通过描边路径的方法制作出气球字，如图5-237所示。

图5-237

01 打开背景素材。单击"图层"面板底部的 按钮，创建一个图层。选择椭圆选框工具，按住Shift键并拖曳鼠标，创建圆形选区，如图5-238所示（观察鼠标指针旁边的提示，圆形大小在15毫米左右即可）。

图5-238

02 选择渐变工具，单击工具选项栏中的 按钮。单击渐变颜色条，如图5-239所示，打开"渐变编辑器"对话框。单击渐变色标，打开"拾色器"对话框调整渐变颜色。两个色标一个设置为天蓝色（R31，G210，B255），一个为紫色（R217，G38，B255），如图5-240所示。

图5-239

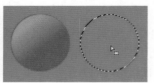
图5-240

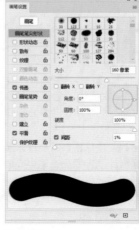

会显示心形图形，如图5-248和图5-249所示。

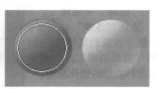
图5-245

03 在选区内填充渐变，如图5-241所示。选择椭圆选框工具⬭，将鼠标指针放在选区内，单击并拖曳鼠标，将选区向右移动，如图5-242所示。

图5-241　　　　　　图5-242

04 再次打开"渐变编辑器"对话框。在渐变条下方单击，添加一个色标，然后单击3个色标，重新调整它们的颜色，即黄色（R255，G239，B151）、橘黄色（R255，G84，B0）和橘红色（R255，G104，B101），如图5-243所示。在选区内填充渐变，如图5-244所示。双击当前图层的名称，修改为"渐变球"。

图5-246

图5-247

图5-248　　　　　　图5-249

06 按住Alt键并单击"路径"面板底部的 ⭘ 按钮，打开"描边路径"对话框，选择"🖌混合器画笔工具"，如图5-250所示，单击"确定"按钮，用该工具描边路径，如图5-251所示。

图5-243　　　　　　图5-244

05 选择混合器画笔工具🖌和硬边圆笔尖（大小为160像素）并单击🖌按钮，选择"干燥，深描"预设及设置其他参数，如图5-245所示。在"画笔设置"面板中，将"间距"设置为1%，如图5-246所示。将鼠标指针放在篮色球体上，如图5-247所示。鼠标指针不要超出球体，如果超出了，可以按[键，将笔尖调小一些。按住Alt键并单击，进行取样。新建一个图层。打开"路径"面板，单击"路径2"，画面中

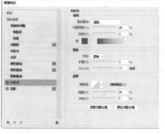
图5-250　　　　　　图5-251

07 双击当前图层，打开"图层样式"对话框，添加"外发光"和"投影"效果，如图5-252~图5-254所示。

图5-252　　　　　　图5-253

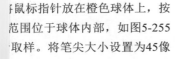

图5-263所示为混合器画笔工具  的选项栏。

图5-263

该工具可以通过3种方法对颜色进行取样，如图5-264所示。选择"载入画笔"后，在图像上单击并拖曳鼠标，会拾取单击点的颜色，并沿着鼠标的拖曳方向扩展，如图5-265所示。这与涂抹工具 的基本使用效果是相同的。

选择"只载入纯色"，然后单击 按钮左侧的颜色块（该颜色块也称为"储槽"，用于储存颜色），打开"拾色器"对话框，设置一种颜色，可以用这种颜色进行涂抹，如图5-266所示。这种方式与使用涂抹工具 时，勾选"手指绘画"选项，用前景色进行涂抹一样。

鼠标指针放在橙色球体上，按
范围位于球体内部，如图5-255
取样。将笔尖大小设置为45像

5-256

快捷键，移动到最顶层。单击
所示。之后再单击 ○ 按钮，描
"渐变球"图层隐藏，按Ctrl+H

图5-264　　　　　图5-265　　　　　图5-266

第3种方法是用采集的图像涂抹。操作时先执行菜单中的"清理画笔"命令，清空储槽，然后按住Alt键并单击一处图像，如图5-267所示，将其载入储槽中，再用它来涂抹，如图5-268所示。

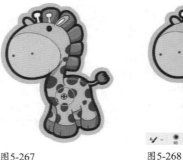

图5-267　　　　　图5-268

58

"图层样式"对话框，添加"外发
如图5-259~图5-262所示。

图5-260

其他选项

● 每次描边后载入画笔 ：如果想要每一笔（即单击并拖曳鼠标一次）都使用储槽里的颜色（或拾取的图像）涂抹，可以单击该按钮。

● 每次描边后清理画笔 ：如果想要在每一笔后都自动清空储槽，可以单击该按钮。

● 预设：可以选择一种预设，在鼠标拖曳过程中可模拟不同湿度的颜料所产生的绘画痕迹，如图5-269和图5-270所示。

湿润，浅混合
图5-269

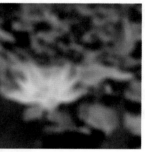

非常潮湿，深混合
图5-270

● 潮湿：控制画笔从图像中拾取的颜料量。较高的设置会产生较长的绘画条痕，如图 5-271 和图 5-272 所示。

潮湿30%
图5-271

潮湿100%
图5-272

● 载入：用来指定储槽中载入的油彩量。载入速率较低时，绘画描边干燥的速度会更快，如图 5-273 和图 5-274 所示。

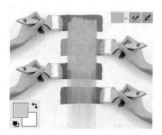

载入1%
图5-273

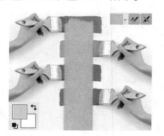

载入100%
图5-274

● 混合：控制图像颜料量同储槽颜料量的比例。当比例为 100% 时，所有颜料都将从图像中拾取；比例为 0% 时，所有颜料都来自储槽。不过"潮湿"设置仍然会决定颜料在图像上的混合方式。

● 流量：用于控制将鼠标指针移动到某个区域上方时应用颜色的速率。

● 喷枪：单击该按钮后，按住鼠标左键（不拖曳）可逐渐增加颜色。

● 设置描边平滑度：较高的设置可以减少描边的抖动。

◆ 5.4.9
历史记录和历史记录艺术画笔工具

历史记录画笔工具 与"历史记录"面板（见25页）相

似，都可以将图像恢复到编辑过程中的某一步骤的状态。它们的区别在于："历史记录"面板只能进行整体恢复，主要用在撤销操作上；历史记录画笔工具 可局部恢复图像，类似于图层蒙版。历史记录艺术画笔工具 在恢复图像的同时还会进行艺术化处理，创建独特的艺术效果。这两个工具都需要配合"历史记录"面板使用。

打开一幅图像，如图5-275所示。用"镜头模糊"滤镜对画面进行模糊处理，如图5-276所示。在"历史记录"面板中的步骤前面单击，所选步骤的左侧会显示历史记录画笔的源 图标，如图5-277所示。用历史记录画笔工具 在前方的荷花和荷叶上涂抹，将其恢复到所选历史步骤阶段，即可创建背景模糊、主要对象清晰的大光圈镜头拍摄效果，如图5-278所示。

图5-275

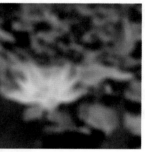

图5-276

图5-277

图5-278

历史记录艺术画笔工具选项栏

图5-279所示为历史记录艺术画笔工具 的选项栏。其中的"模式""不透明度"等都与画笔工具相同。

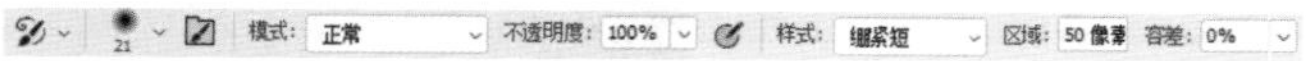

图5-279

● 样式：可在下拉列表中选择一个选项来控制绘画描边的形状，包括"绷紧短""绷紧中""绷紧长"等。

● 区域：用来设置绘画描边所覆盖的区域。该值越高，覆盖的区域越广，描边的数量也越多。

● 容差：用来限定可应用绘画描边的区域。低"容差"可用于在图像中的任何地方绘制无数条描边，高"容差"会将绘画描边限定在与源状态或快照中的颜色明显不同的区域。

招

要不断地重复鼠标单击动作，最好使用数位板，以便减轻操作强度。此外，掌握下面的技巧
有一定的帮助。

凡是以画笔形式使用的，都

可以将画笔调大；按[键，可

前使用的是硬边圆、柔边圆和书
可以减小画笔硬度；按Shift+]

绘画类和修饰类工具，如果其工
度"选项，则按键盘中的数字键
，按1键，工具的不透明度变为
度变为75%；按0键，不透明度

换笔尖的绘画类和修饰类工具时，
而不必在"画笔"或"画笔设
按>键，可以切换为与之相邻的
以切换为与之相邻的上一个笔尖。

工具 、铅笔工具 、混合器画
、背景橡皮擦工具 时，在画面
件单击画面中任意一点，两点之间
键还可以绘制水平、垂直或以45°

场

器画笔和橡皮擦等通过绘画形
进行智能平滑，可以让线条更
，将"平滑"值调高以后，单
，如图5-280所示，可选择一种

单击并拖曳鼠标时，会显示一个紫
圆圈代表的是平滑半径，那条线
按住鼠标左键拖曳时，绳线会拉
，如图5-281所示。在绳线的引导
的可控性大大增强，尤其绘制折线
式下，在平滑半径之内拖曳鼠标不

图5-280

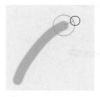
图5-281

- 描边补齐：它的作用是，当快速拖曳鼠标至某一点时，如图5-282所示；只要按住鼠标不放，线条就会沿着拉绳慢慢地追随过来，直至到达鼠标指针所在处，如图5-283所示。如果这中间放开了鼠标，则线条会停止追随。禁用此模式时，鼠标指针停止移动时会马上停止绘画。

图5-282   图5-283

- 补齐描边末端：在线条沿着拉绳追随的过程中放开鼠标左键时，线条不会停止，而是迅速到达鼠标指针所在的位置。

- 调整缩放：通过调整平滑，可以防止抖动描边。在放大文件时减小平滑；在缩小文件时增加平滑。

💎 5.5.3

实战：绘制对称花纹

画笔工具 、铅笔工具 和橡皮擦工具 可基于对称路径进行对称绘画。有了这项功能作为辅助，可以非常轻松地绘制出对称花纹，如图5-284所示。也可以绘制出人脸、汽车、动物及其他对称的图像。

扫码看视频

图5-284

01 选择画笔工具 ✏ 及硬边圆笔尖，并调整笔尖大小。单击 ▓ 按钮，打开下拉菜单，执行"曼陀罗"命令，如图5-285所示，在弹出的对话框中将"段计数"设置为10，如图5-286所示，生成10段对称路径，如图5-287所示。按Enter键确认。

图5-285

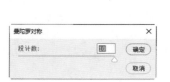

图5-286

图5-287

02 创建3个图层。按照图5-288~图5-290所示的方法，在每一个图层上绘制一根线条，鼠标指针的移动方向是从外向内移动。

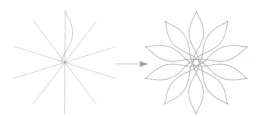

图5-288

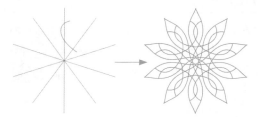

图5-289

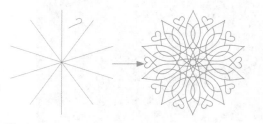

图5-290

03 单击"背景"图层，将前景色设置为深蓝色，按Alt+Delete快捷键填色。按住Ctrl键并单击选择3个线条图层，如图5-291所示，按Ctrl+G快捷键编入图层组中。单击"图层"面板底部的 ⬤ 按钮，打开菜单，执行"渐变"命令，创建渐变填充图层，设置渐变颜色，如图5-292所示。

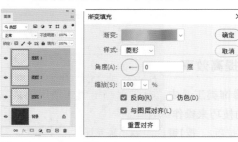

图5-291 　　　　图5-292

04 按Alt+Ctrl+G快捷键，创建剪贴蒙版，用以限定渐变颜色，使其只应用于图层组而不会影响背景，如图5-293和图5-294所示。

图5-293 　　　　图5-294

◈ 5.5.4

像转动画纸一样旋转画面

绘画或修饰图像时，如果想要从不同的角度观察和处理图像，可以使用旋转视图工具 ✋ 在画布上单击并拖曳鼠标，使画布旋转，就像在纸上画画时旋转纸张一样，如图5-295和图5-296所示。

图5-295 　　　　图5-296

操作时，画布上会出现一个罗盘，红色的指针指向北方。如果要精确旋转，可以在工具选项栏的"旋转角度"

开了多幅图像，勾选"旋转所有窗口"选项可以同时旋转所有窗口。如果要将画布恢复到原
中的"复位视图"按钮或按Esc键。

> **提 示**（Tips）
>
> 旋转视图工具 🖐 工具只是旋转画面，以便我们观察，图像本
> 身的角度并未改变。要真正旋转图像，可以打开"图像>图
> 像旋转"子菜单，使用其中的命令操作。这些命令可以方便
> 我们以90°或90°的整数
> 倍旋转图像。如果要自定义
> 旋转角度，可以用"图像>
> 图像旋转>任意角度"命令
> 操作。

图像旋转(G) ▶	180 度(1)
裁剪(P)...	顺时针 90 度(9)
裁切(R)...	逆时针 90 度(0)
显示全部(V)	任意角度(A)...
复制(D)...	水平翻转画布(H)
应用图像(Y)...	垂直翻转画布(V)

案和颜色

图像或选区内部，以及图层蒙版和通道内填充颜色、渐变和图案。油漆桶工具 🖾、图案图章
变工具 ▣、"填充"命令和填充图层都属于填充工具。此外，创建形状图层（见343页）时，
部也可填充，"图层样式"对话框中也包含填充效果（见66页）。

·PS技术讲堂·
【图案设计】

结构整齐匀称的花纹或图
和为特点。在作品中添加图
如图5-297所示，同时也能
。图案在使用时，需要注意
另外，花纹大小也要适度，
因此，在整体感觉太过显眼

有两个来源，一是预设的图
种纸张为主，比较简单。另
定义图案"命令自己创建的
图像定义为图案后，它便成
案"面板中，如图5-299所
具 🖾、图案图章工具 ✿、修

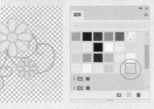

图5-299

用在包装上的图案
图5-297

将商品图案化处理的广告

人与图案结合的封面设计/时尚插画

服装面料抽象图案

💎 5.6.1

实战：制作四方连续图案

`要点`

Photoshop中有一个非常强大的图案填充功能——"填充"命令。它提供了很多填充预设，其中的脚本图案尤其强大，可以制作出各种几何形填充效果。例如，能让图案像砖块一样错位排列、十字交叉排列、沿螺旋线排列、对称填充，以及随机排布等。

扫 码 看 视 频

现在网络资源非常丰富，任何图案素材都不难找到。如果有现成的素材，可将其定义成图案，再使用"填充"命令中的"脚本图案"功能快速生成四方连续，如图5-300所示。

图5-300

01 打开素材，如图5-301所示。执行"图像>裁切"命令，在打开的对话框中选取"透明像素"选项，如图5-302所示。将花纹周围多余的区域裁掉，如图5-303所示。执行"编辑>定义图案"命令，将花纹定义为图案，如图5-304所示。

图5-301

图5-302

图5-303

图5-304

─ **提示**（Tips）─
如果要将局部图像定义为图案，可以先用矩形选框工具 🔲 将其选取，再执行"定义图案"命令。

02 按Ctrl+N快捷键，创建一个A4大小的文件。将前景色设置为蓝色（R0，G60，B124），按Alt+Delete快捷键填色。

03 新建一个图层。执行"编辑>填充"命令，打开"填充"对话框，选取"图案"选项及自定义的图案，选取"脚本"及"砖形填充"选项，如图5-305所示。单击"确定"按钮，弹出"砖形填充"对话框，设置参数，如图5-306所示。单击"确定"按钮，填充图案。

图5-305

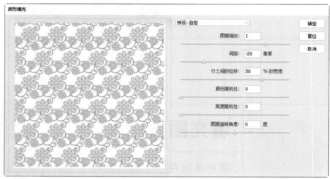

图5-306

04 设置"图层1"的混合模式为"点光"，如图5-307和图5-308所示。

图5-307

图5-308

技术看板 22 制作二方连续图案

在"填充"对话框中，Photoshop提供了6种脚本图案。使用其中的"对称填充"选项可以制作一组图案单元。对这组图案进行复制并均匀排布，即可得到二方连续图案。

6种脚本图案

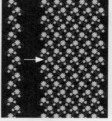

对称填充效果

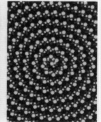

螺线效果

E选区内填充，没有选区时会
⋯了前景色、背景色、自定义
⋯录和内容识别等特别选项。

⋯可以按Alt+Delete快捷键操作
⋯填充背景色），不必使用该

⋯下拉列表中选择"前景色""背
⋯内容。

⋯充内容的混合模式和不透明度。

⋯后，只对图层中包含像素的区域
⋯。

⋯取"内容识别"选项，将自动
⋯可通过某种算法将填充颜色与
⋯形选框工具选取蜜蜂及其周围
⋯令填充（选择"内容识别"选
⋯近的向日葵填充选区，并对光
⋯像是原本不存在蜜蜂一样。

使用"填充"命令填充

（⋯案图章工具）

⋯用于绘制图案的
⋯提供的图案或用户
⋯图5-309所示。

扫码看视频

After

---

01 新建一个图层。选择图案图章工具 ，在工具选项栏的"图案"拾色器中选取之前定义的四方连续图案，如图5-310所示。

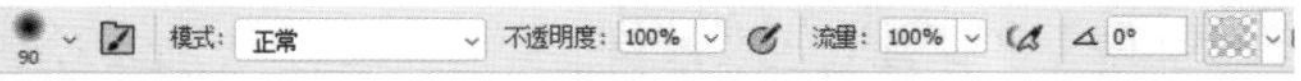

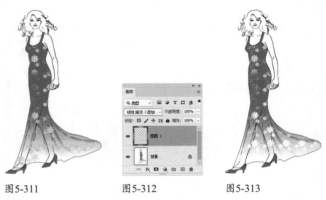

图5-310

02 在裙子上单击并拖曳鼠标，绘制图案，如图5-311所示。如果涂抹到裙子外边，可以用橡皮擦工具 擦掉。设置图层的混合模式为"线性减淡（添加）"，如图5-312和图5-313所示。

图5-311　　　　图5-312　　　　图5-313

图案图章工具选项栏

在图案图章工具 的选项栏中，"模式"、"不透明度"、"流量"和"喷枪"等均与画笔工具相同，其他选项如下。

● 对齐：勾选该选项以后，可以保持图案与原始起点的连续性，即使多次单击鼠标也不例外，如图5-314所示；取消勾选时，则每次单击鼠标都重新应用图案，如图5-315所示。

图5-314 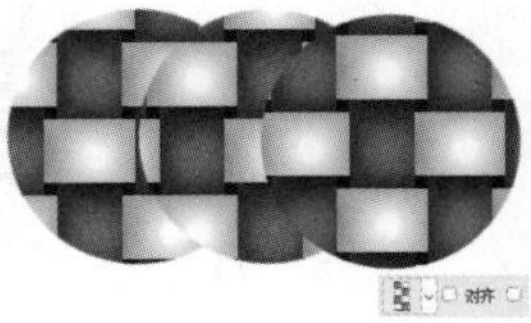　　　　　　　　　　图5-315

● 印象派效果：勾选该选项后，可以模拟出印象派效果的图案，如图5-316和图5-317所示。

柔边圆笔尖绘制的印象派效果　　硬边圆笔尖绘制的印象派效果
图5-316　　　　　　　　　　　　图5-317

5.6.3
实战：制作彩色卡通画（油漆桶工具）

要点

　　油漆桶工具 是一个增加了填充功能的魔棒。为什么这么说呢？因为它可以像魔棒工具（见393页）那样自动选取"容差"范围内的图像，之后用颜色或图案填充。由于选择与填充是同步的，所以这一过程我们看不到选区。下面使用该工具为卡通画填充颜色和图案，如图5-318所示。

图5-318

01 选择油漆桶工具 ，在工具选项栏中将"填充"设置为"前景"，"容差"设置为32，在"颜色"面板中调整前景色，如图5-319所示。在卡通狗的眼睛、鼻子和衣服上填充前景色，如图5-320所示。

图5-319

图5-320

02 调整前景色，如图5-321所示。为裤子填色，如图5-322所示。采用同样的方法，调整前景色后，为耳朵、衣服上的星星和背景填色，如图5-323所示。

图5-321

图5-322

图5-323

03 在工具选项栏中将"填充"设置为"图案"。打开"图案"面板菜单，执行"旧版图案及其他"命令，加载旧版图案库，在"图案"组中选择"箭尾"图案，填充背景，如图5-324和图5-325所示。

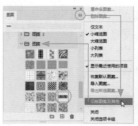

图5-324

图5-325

04 执行"编辑>渐隐油漆桶"命令，打开"渐隐"对话框，设置混合模式为"叠加"，如图5-326所示，让背景颜色透过图案显示出来，如图5-327所示。

图5-326

图5-327

技术看板 24 用"渐隐"命令修改编辑结果

　　使用画笔、滤镜编辑图像，或进行了填充、颜色调整、添加图层效果等操作以后，可以用"编辑>渐隐"命令修改操作结果的不透明度和混合模式。

油漆桶工具选项栏

　　图5-328所示为油漆桶工具 的选项栏。

图5-328

● 填充内容：包括"前景"和"图案"。

● 模式/不透明度：用来设置填充内容的混合模式和不透明度。如果将"模式"设置为"颜色"，则填充颜色时不会破坏图像中原有的阴影和细节。

● 容差：使用油漆桶工具在画布上单击，可填充与鼠标单击点颜色相似的区域。对于颜色相似程度的判定取决于"容差"的大小。"容差"值低，只填充与鼠标单击点颜色非常相似的区域；"容差"值越高，对颜色相似程度的要求越低，填充的颜色范围越大。

● 消除锯齿：可以平滑填充选区的边缘。

● 连续的：只填充与鼠标单击点相邻的像素，取消勾选时可填充图像中的所有相似像素。

oshop中的应用非常广泛，可用于填充图像、图层蒙版、快速蒙版和通道。此外，调整图层
也可用渐变来编辑。

【 渐变样式与应用 】

或饱和度逐渐变化，或者两种或多种颜色平滑过渡的填色效果。渐变具有规则性特点，能使人感
接色彩的桥梁，例如，明度较大的两种色彩相邻时会产生冲突，在其间以渐变色连接，就可以抵
内容的要素，即使是很简洁的设计，用渐变作为底色，就不会显得平淡、单调。图5-329所示为
面上的应用。

相映成趣

渐变图形与图像结合，透出的是浓浓的矢量画风

多色渐变（线性渐变）

设置了混合模式的渐变，可以互相叠透，效果更加丰富

用渐变填充图层或调整图层配合混合模式，可以制作此类效果

简洁的画面元素，有了渐变一样精彩

可以通过渐变工具 ■、渐变填充图层、渐变映射调整图层和图层样式（描边、内发光、渐变叠加
变工具 ■ 可以在图像、图层蒙版、快速蒙版和通道等不同的对象上填充渐变，后几种只用于特定

在工具选项栏中选取。图5-330所示为使用渐变工具 ■ 填充的渐变（线段起点代表渐变的起点，
终点，箭头方向代表鼠标的移动方向）。其中，线性渐变从鼠标指针起点开始到终点结束，如果未
部会以渐变的起始颜色和终止颜色填充，其他几种渐变以鼠标指针起始点为中心展开。

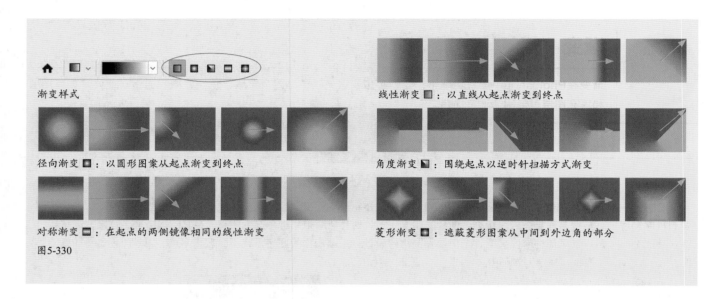

渐变样式

径向渐变 ▣：以圆形图案从起点渐变到终点

对称渐变 ▣：在起点的两侧镜像相同的线性渐变

图5-330

线性渐变 ▣：以直线从起点渐变到终点

角度渐变 ▣：围绕起点以逆时针扫描方式渐变

菱形渐变 ▣：遮蔽菱形图案从中间到外边角的部分

5.7.1
渐变编辑器

选择渐变工具 ▣，单击工具选项栏中的线性渐变按钮
▣，以确定该样式。再单击渐变颜色条，如图5-331所示，
打开"渐变编辑器"对话框。

图5-331

在"预设"选项中选择一个预设的渐变，它会出现在
下面的渐变条上，如图5-332所示。渐变条中最左侧的色标
代表了渐变的起点颜色，最右侧的色标代表了终点颜色。
渐变条下面的 ▣ 图标是色标，单击一个色标，可以将它选
取，如图5-333所示。

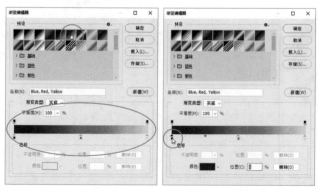

图5-332   图5-333

单击"颜色"选项右侧的颜色块，或双击该色标都可以
打开"拾色器"对话框，在"拾色器"对话框中调整该色标
的颜色，即可修改渐变颜色，如图5-334和图5-335所示。

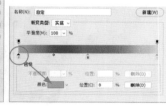

图5-334   图5-335

选择一个色标并拖曳，或在"位置"文本框中输入数
值，可以改变渐变色的混合位置，如图5-336所示。拖曳两
个渐变色标之间的菱形图标（中点），可以调整该点两侧
颜色的混合位置，如图5-337所示。在渐变条下方单击可以
添加新色标，如图5-338所示。选择一个色标后，单击"删
除"按钮，或直接将它拖曳到渐变颜色条外，可将其删
除，如图5-339所示。

图5-336   图5-337

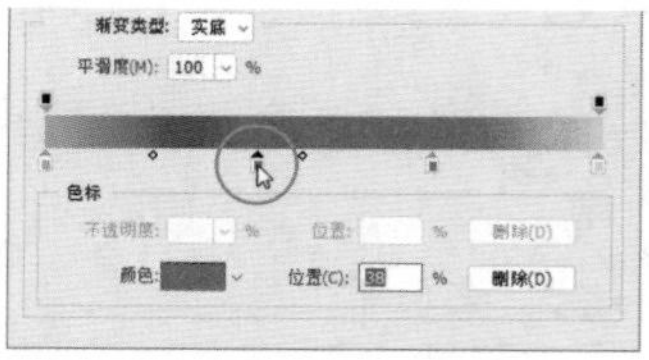

图5-338 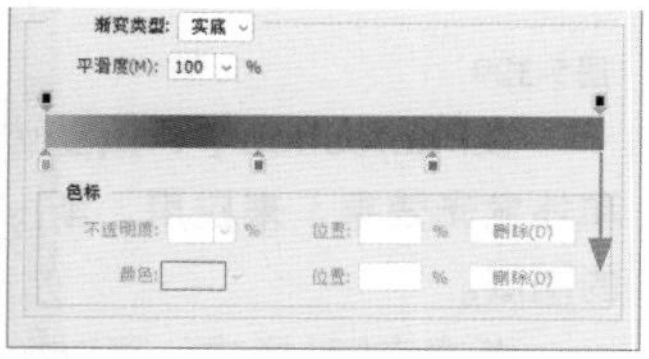   图5-339

按钮，可以打开渐变下拉面
及"渐变"面板中，都有预设
·341所示。

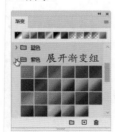

图5-341

框中调整好一个渐变以后，在
然后单击"新建"按钮，如图
变列表中，成为一个预设，如
时保存到渐变下拉面板和"渐

43

示右键，打

图5-344

令，可以
修改渐变
命令，则

选取多个渐变，如图5-345所示。
，或单击"渐变编辑器"对话框
它们保存为一个渐变库。
命令，则可将它们移入一个单独
示。

图5-345　　　　图5-346

加载渐变库

执行菜单中的"导入渐变"命令，或单击"渐变编辑
器"对话框中的"导入"按钮，打开"载入"对话框，可
将导出的渐变库、外部渐变库（如我们从网络上下载的渐
变资源），或本书附赠的渐变库加载到Photoshop中，如图
5-347和图5-348所示。

 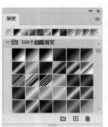

图5-347　　　　　　　　　　图5-348

> **提 示**（Tips）
> 加载或删除渐变后，如果想要恢复为默认的渐变，可以执行
> 菜单中的"复位渐变"命令。

5.7.3
实战：制作流行手机壁纸（实色渐变）

01 按Ctrl+N快捷键，打开"新建文档"对话
框，单击"移动设备"选项卡，使用其
中的预设创建一个手机屏幕大小的文件，如图
5-349所示。

扫 码 看 视 频

图5-349

143

02 选择渐变工具 ■，打开下拉面板，选择图5-350所示
的预设渐变。单击菱形渐变按钮 ■，设置混合模式为
"差值"。

图5-350

03 在画面中单击并拖曳鼠标，填充渐变，如图5-351所
示。第二次填充时，颜色会反相，如图5-352所示。第
三次填充颜色会变回来，如图5-353所示。多填充几次，如图
5-354所示。

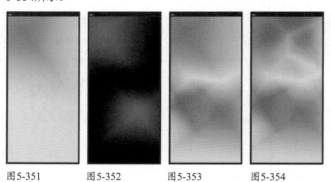

图5-351　　图5-352　　图5-353　　图5-354

> **提 示**（Tips）
>
> 用"差值"模式填色之后，颜色相同的区域变为黑色，不同
> 的区域变为灰色或彩色。白色会使下方像素颜色发生反相，
> 黑色不会对下方像素产生影响。

04 单击角度渐变按钮 ■，然后按住Shift键并拖曳鼠标，
锁定45°角方向填充渐变，如图5-355所示。单击径向
渐变按钮 ■，改用径向渐变径向填充，这样可以生成圆形图
案，如图5-356所示。单击 ■ 按钮，继续尝试用对称渐变填
充，如图5-357所示。

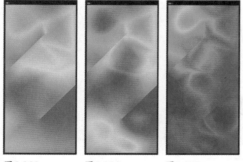

图5-355　　图5-356　　图5-357

> **提 示**（Tips）
>
> 填充渐变时，按住Shift键并拖曳鼠标，可以锁定水平、垂直
> 或以45°角为增量填充渐变。

渐变工具选项栏

图5-358所示为渐变工具 ■ 的选项栏。

图5-358

● **模式/不透明度：** 用来设置渐变颜色的混合模式和不透明度。

● **反向：** 可转换渐变中的颜色顺序，得到反方向的渐变，如图
5-359和图5-360所示。

未勾选"反向"选项　　勾选"反向"选项

图5-359　　　　　　图5-360

● **仿色：** 勾选该选项，渐变效果会更加平滑。主要用于防止打
印时出现条带化现象，但在屏幕上不能明显地体现出作用。

● **透明区域：** 可以创建包含透明像素的渐变。取消该选项的勾
选，可创建实色渐变。

◆ 5.7.4
实战：制作七色彩虹（透明渐变）

渐变填充并不意味着颜色完全覆盖画
面，颜色间也可以有透明区域，这就是透明渐
变。下面我们就用这种渐变模拟雨后的彩虹，
如图5-361所示。

扫码看视频

图5-361

01 单击 ■ 按钮，新建一个图层。选择渐变工具 ■，单击
工具选项栏中的 ■ 按钮及渐变颜色条，打开"渐变编
辑器"对话框，选择一个预设渐变，之后调整渐变滑块位置，
让黄色的范围大一些，如图5-362所示。按住Shift键（锁定垂
直方向）并拖曳鼠标，填充线性渐变，如图5-363所示。

图5-363

命令，然后在工具选项栏中选
5-364所示。将变形网格上的控
小一些，如图5-365所示。

5

界框，调整彩虹的角度和位置，
"滤镜>模糊>高斯模糊"命令，

图5-367

"滤色"。单击 ■ 按钮，添加
将机尾处的彩虹涂黑，通过蒙版
9所示。

虹所在的图层。设置它的混合模
明度为50%，如图5-370和图5-371

图5-370　　　　图5-371

编辑透明渐变

想要让渐变中出现透明效果，只要在渐变颜色条上方
单击，添加不透明度色标，并降低"不透明度"值即可，
如图5-372和图5-373所示。

图5-372　　　　　　　图5-373

不透明度色标与实色渐变的色标的编辑方法基本相
同，例如，可通过拖曳或在"位置"文本框中输入数值，
调整色标位置；拖曳中点（菱形图标），可扩展或收缩透
明度范围；将色标拖曳出对话框外，可将其删除。

5.7.5

实战：添加夕阳及光晕，呈现戏剧效果

当光线在镜头中反射和散射时，会产生
镜头眩光，从而在图像中生成斑点或阳光光
环。合理地利用镜头光晕，可以为照片增添
缥缈、梦幻般的气氛，呈现出戏剧效果，如图
5-374所示。

扫码看视频

图5-374

145

01 新建一个图层。选择渐变工具 ▣，单击工具选项栏中的 ▣ 按钮及渐变颜色条，打开"渐变编辑器"对话框，设置渐变颜色，如图5-375所示。在人物面部右侧填充渐变，如图5-376所示。

图5-375　　　　　图5-376

02 设置图层的混合模式为"滤色"。按Ctrl+J快捷键复制图层，如图5-377和图5-378所示。

图5-377　　　　图5-378

03 新建一个图层，填充渐变，如图5-379所示。将该图层的混合模式也设置为"滤色"，效果如图5-380所示。

图5-379　　　　　图5-380

04 按住Alt键并单击"图层"面板底部的 ▣ 按钮，在弹出的对话框中设置选项，如图5-381所示。创建一个"叠加"模式的中性色图层。执行"滤镜>渲染>镜头光晕"命令，在热气球右侧添加光晕，模拟阳光直射镜头所形成的光晕和光圈，如图5-382所示。如果光晕位置不准确，可以用移动工具 ✛ 进行调整。

图5-381　　　　　图5-382

05 按两下Ctrl+J快捷键复制图层，让光晕更清晰，如图5-383和图5-384所示。再按一下Ctrl+J快捷键复制图层，将这一层光晕移动到左下角，如图5-385所示。

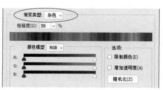

图5-383　　　　图5-384　　　　图5-385

◈ 5.7.6

设置杂色渐变

杂色渐变包含在指定范围内随机分布的颜色，变化效果更加丰富。在"渐变类型"下拉列表中选择"杂色"，即可显示杂色渐变选项，如图5-386所示。

● 粗糙度：用来设置渐变的粗糙度，该值越高，颜色的层次越丰富，但颜色间的过渡越粗糙，如图5-387所示。

图5-386　　　　　图5-387

● 颜色模型：在下拉列表中可以选择一种颜色模型来设置渐变，包括RGB、HSB和LAB。每种颜色模型都有对应的颜色滑块，如图5-388所示。

● 限制颜色：将颜色限制在可以打印的范围内，防止颜色过于饱和。

● 增加透明度：可以向渐变中添加透明像素，如图5-389所示。

图5-388　　　　　图5-389

● 随机化：每单击一次该按钮，就会随机生成一个新的渐变颜色。

层

—种只承载纯色、渐变和图案的特殊图层，其特点是填充内容可以修改。另外，设置不同的
不透明度后，可用于改善其他填充的颜色或生成图像混合效果。

性功能。与在普通图层上填
充有很多好处。首先，它具备
可以调整不透明度、混合模
制和删除。

可以非常方便地修改填充内
无法修改。

黑的填充内容也像普通图层一
图层蒙版 *(见160页)*，可用于控
要使用选区或添加蒙版来进行

纯色填充图层）

示。执行"滤镜>
"镜头校正"对话
置"晕影"参数，
所示。

-391

杂色"命令，在图像中加入杂
3所示。

03 打开"图层>新建填充图层"子菜单，如图5-394所示，
或单击"图层"面板底部的 按钮，打开菜单，执行
"纯色"命令，打开"拾色器"对话框，设置颜色为浅酱色
（R138，G123，B92），单击"确定"按钮关闭对话框，创建
填充图层。将它的混合模式设置为"颜色"，使其对下方的图
层产生影响（相当于为下方图层着色），如图5-395和图5-396
所示。

图5-394　　　　图5-395　　　　图5-396

04 打开素材，如图5-397所示。使用移动工具 将其拖
入照片文件，设置混合模式为"柔光"，不透明度为
70％，让它在照片上生成划痕，效果如图5-398所示。

图5-397　　　　　　　图5-398

> **提 示**（Tips）
>
> 如果当前选择的是纯色填充图层，单击"色板"面板中的一
> 个色板，可修改填充图层中的颜色。

⬦ **5.8.3**

实战：在照片中加入夜场灯光（渐变填充图层）

本实战我们使用渐变填充图层，将洋红
色、绿色两种渐变颜色叠加到画面中，再配
合混合模式，制作成两个方向的彩光，如图
5-399所示。

扫 码 看 视 频

图5-399

01 单击"图层"面板底部的 ◯ 按钮，打开菜单，执行"渐变"命令，打开"渐变填充"对话框，单击渐变颜色条，打开"渐变编辑器"对话框，调整渐变颜色，如图5-400所示。单击"确定"按钮，返回"渐变填充"对话框，设置角度为0度，如图5-401所示。再单击"确定"按钮关闭对话框，创建渐变填充图层，设置混合模式为"叠加"，如图5-402所示。效果如图5-403所示。

图5-400   图5-401

图5-402   图5-403

02 再创建一个渐变填充图层，设置渐变颜色及图层混合模式，如图5-404~图5-407所示。

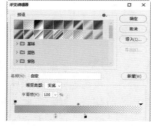

图5-404   图5-405

图5-406   图5-407

03 按Shift+Alt+Ctrl+E快捷键，将当前效果盖印到一个新的图层中，修改混合模式和不透明度，如图5-408和图5-409所示。

图5-408   图5-409

技术看板 25 快速修改填充内容

如果先创建一个图层，再单击"渐变"面板中的一个渐变，则可将该图层转换为渐变填充图层，并在画布上填充此渐变。单击其他预设渐变，可以修改填充图层中的渐变颜色。

◈ 5.8.4

实战：为衣服贴图案（图案填充图层）

创建图案填充图层时，会弹出"图案填充"对话框，单击 按钮可以打开下拉面板选择图案。调整"缩放"值还可以对图案进行缩放。单击"贴紧原点"按钮，可以使图案的原点与文件的原点相同。在进行移动图层操作时，如果希望图案随图层一起移动，可以勾选"与图层链接"选项。

扫码看视频

图5-411所示。将花朵设置为当

义图案"命令，打开"图案名

单击"确定"按钮，将花朵定

图5-412

换到人物文件中。使用快速选择

5-413所示。单击"图层"面板

行"图案"命令，打开"图案

，如图5-414所示。创建图案填

次过多，否则清晰度会下降。

混合模式为"颜色加深"。按

，设置图层的不透明度为25％，

创建渐变填充图层和图案填充图层时，在相应对话框打开的状态下，可以在文件窗口中拖曳渐变和图案，移动其位置。勾选"与图层对齐"选项，可以使用图层的边界计算渐变填充范围。

创建渐变填充图层后，在对话框打开的状态下移动渐变

5.8.5

实战：修改填充图层

01 打开前一个实例的效果文件，如图5-417所示。将上面的填充图层隐藏，双击下面的填充图层的缩览图，如图5-418所示，或执行"图层>图层内容选项"命令，弹出"图案填充"对话框。

扫码看视频

图5-417　　　　　图5-418

02 打开图案下拉面板，单击右上角的 按钮，在打开的面板菜单中选择"岩石图案"命令，加载该图案库，选择图5-419所示的图案，用它替换衣服图案，如图5-420所示。

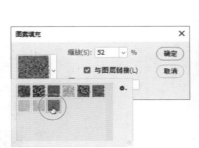

图5-419　　　　　图5-420

第6章

混合模式、蒙版与高级混合

6.1 不透明度与混合模式

不透明度与混合模式都是可以混合像素或图层中所承载的对象的功能，在图像合成、特效制作上，它们都有很大的用处。

· PS技术讲堂 ·

【 不透明度的原理及应用方向 】

不透明度原理

调整不透明度，可以让图层中的对象呈现透明效果，使得位于其下方的图层显现并与之叠加，如图6-1所示。由此可见，不透明度既是调节对象显示程度的功能，也是一种可以混合图像、图形、文字等对象的初级方法。

不透明度为100%时，图层内容完全显现（左图）；不透明度低于100%时，图层内容的显现程度被削弱（中图）；如果下方图层包含图像，图像会与下方图像混合（右图）

图6-1

不透明度与填充不透明度的区别

应用于图层的不透明度有两种——不透明度和填充不透明度。使用时，可以在"图层"面板中进行设置，如图6-2所示。另外，"图层样式"对话框中也包含这两个选项，如图6-3所示。

图6-2　　　　　图6-3

透明度"对图层中的所有对象一视同仁；"填充"（"填充不透明度"）则有所"顾忌"，它对
起作用。我们也可将其视为Photoshop对这两种对象的刻意保护。例如，图6-4所示为一个形状
，形状轮廓设置了描边，整个图层添加了"外发光"效果（图层样式）。当调整"不透明度"
容产生影响，包括填色、描边和"外发光"效果，如图6-5所示。而调整"填充"值时，只有填
光"效果都保持原样，如图6-6所示。也就是说，填充不透明度对这两种对象无效。

图6-5 图6-6

层样式"对话框外，其他一些命令和工具也可以设置不透明度（不能设置填充不透明度）。对这
不透明度的主要应用方向就逐渐明确了。
背景"图层外，其他任何类型的图层均可调整不透明度，所以不透明度决定了图层内容、调整指
以及附加在图层上的效果（即图层样式）和智能滤镜的透明程度。
使用"填充"命令、"描边"命令和渐变工具 ■ 时，不透明度（ "不透明度"选项）可以控制所
，如图6-7和图6-8所示。

图6-8

在绘画类工具中，画笔工具 ✐ 、铅笔工具 ✐ 、历史记录画笔工具 ✐ 、历史记录艺术画笔工具 ✐
明度"选项，它决定了所绘制的颜色和抹除的像素的透明程度。此外，使用形状类工具 （见345
"像素"选项后，也可以设置不透明度，其作用与绘画类工具相同。

位，100% 代表完全不透明；0%为完全透明；中间的数值代表半透明，且数值越低，透明度越
选项的绘画类工具，如画笔工具 ✐ 、铅笔工具 ✐ 和渐变工具 ■ 时，按键盘中的数字键可以快速
按5键，工具的不透明度会变为50%；连按两次5键，不透明度会变为55%；按0键，不透明度
不是以上这些工具，则按数字键时，调整的是当前图层的不透明度。

•PS技术讲堂•

【 混合模式对哪些功能有影响 】

合对象的高级功能，可用于合成图像、制作选区、创建特效。
图像呢？因为只要是图层所能承载的对象，不管是图像，还是文字、矢量图形、智能滤镜、3D模
模式之后，都能与下方的图层产生混合。
模式也是在图层上使用得比较多，而且同样除"背景"图层外的其他图层都可设置。它们的不同
的混合只是由于对象变得透明而互相叠透，混合模式则会使用特殊的计算方法来改变混合结果，

穿透"，这表示图层组本身无混合属性，相当于普通图层的"正常"模式，如图6-9所示。如果
层组中的所有图层都将采用这种模式与下面的图层混合，如图6-10所示。

图6-9

图6-10

工具和命令的混合模式

我们来看这样一个合成案例，它包含两个图层，人像（"图层1"）是抠好之后加进来的。我们创建一个圆形选区，选取"图层1"，用"编辑>描边"命令对选区进行描边，颜色是蓝色的。用"正常"模式描边，蓝色圆圈会将人像覆盖，如图6-11所示；用其他模式描边，如"饱和度"模式，就能产生混合效果了，但只影响"图层1"，不会与下方的"背景"图层混合，如图6-12所示；如果我们创建一个图层，将描边应用在这一图层上，之后修改混合模式为"饱和度"，我们会看到，蓝色圆圈与下方的所有图层都混合了，如图6-13所示。

使用"描边"命令及"正常"模式描边选区
图6-11

使用"描边"命令及"饱和度"模式描边选区
图6-12

将描边应用于新建的图层，之后修改混合模式
图6-13

以上对比说明了什么问题呢？"描边"命令的混合模式只让混合发生在当前图层的现有像素上，与其他图层没有关系。在绘画和修饰类工具的选项栏，以及"渐隐"和"填充"命令中，混合模式的用途与"描边"命令相同。但"图层样式"对话框中的混合模式是个例外，它影响当前图层和下方第一个与其像素发生重叠的图层。

通道的混合模式

"应用图像"和"计算"命令可以将混合模式应用于通道，让通道产生混合效果。由于目前我们所掌握的知识还很有限，暂时无法理解它的用处，这里就不做具体说明了。在"第14章 抠图技术"中会进行介绍，而且还有用通道混合的方法抠透明酒杯、冰块及抠长发女孩的实战。

"背后"模式与"清除"模式

在Photoshop中，"图层"面板、绘画和修饰工具的工具选项栏、"图层样式"对话框，以及"填充""描边""计算""应用图像"等命令都有混合模式选项，足见它有多么重要。接下来的章节，我们会介绍每一种混合模式的原理和效果。但有两种混合模式需要提前说一下，可能是由于它们太过特殊，所以很少有人提及，它们就是"背后"模式和"清除"模式。它们是绘画类工具、"描边"命令，以及"填充"命令独有的混合模式，如图6-14所示。使用形状类工具时，在工具选项栏中选择"像素"选项，"模式"下拉列表中也包含这两种模式。

在"背后"模式下，仅在图层的透明部分编辑或绘画。这非常好理解，我们使用画笔工具 ✐ 的时候，正常状态下，描绘

图像，如图6-15所示。而在"背后"模式下，绘画类工具只作用于透明区域，不影响原图，所
层上绘画，如图6-16所示。

工具或命令就变成了"橡皮擦工具"，可用来清除像素。我们知道画笔工具 ✐ 是用于绘制线条
模式并将工具的不透明度调整为100%后，在画面中涂抹的时候，会将图像擦掉，如图6-17所
则可部分地擦除像素，效果类似于降低图层的不透明度。

图6-15

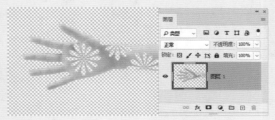

图6-17

模式只能用在未锁定透明区域的图层。如果单击"图层"面板中的 ⊠ 按钮，将透明区域锁定（见

种，如图6-18所示。单击"图
其选取之后，单击"图层"面
列表，即可为图层选择一种混

个模式上移动时，文档窗口中
合模式选项（工具选项栏也可
滚轮，或按↓、↑键，可依次

式的效果，接下来我们将使用
变"图层1"的混合模式，来演
象会产生怎样的混合结果。

混合模式会隐藏中性色（黑、
使其失去作用；"点光""变
颜色""明度"模式对上、下

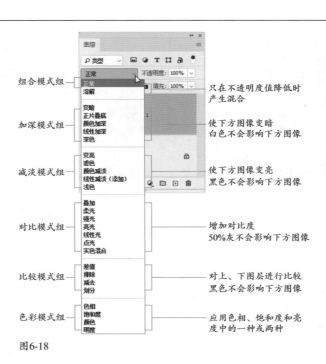

图6-18

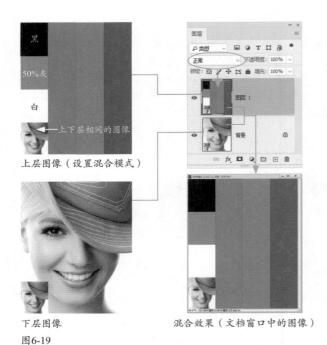

上层图像（设置混合模式）

下层图像　　　　　　混合效果（文档窗口中的图像）

图6-19

组合模式组

使用组合模式组中的混合模式时，需要先降低图层的不透明度才能产生作用。

● 正常：默认的混合模式，当图层的不透明度为100%时，完全遮盖下面的图像，如图6-20所示。降低不透明度可以使其与下面的图层混合。

● 溶解：设置为该模式并降低图层的不透明度后，可以使半透明区域上的像素离散，产生点状颗粒，如图6-21所示。

图6-20　　　　　　　图6-21

加深模式组

加深模式组可以使图像变暗。当前图层中的白色不会对下方图层产生影响，比白色暗的像素会加深下方图层的像素。

● 变暗：比较两个图层，当前图层中较亮的像素会被底层较暗的像素替换，亮度值比底层像素低的像素保持不变，如图6-22所示。

● 正片叠底：当前图层中的像素与底层的白色混合时保持不变，与底层的黑色混合时则被其替换，混合结果通常会使图像变

暗，如图6-23所示。

图6-22　　　　　　　图6-23

● 颜色加深：通过增加对比度来加强深色区域，底层图像的白色保持不变，如图6-24所示。

● 线性加深：通过减小亮度使像素变暗，它与"正片叠底"模式的效果相似，但可以保留底层图像更多的颜色信息，如图6-25所示。

● 深色：比较两个图层的所有通道值的总和并显示值较小的颜色，不会生成第3种颜色，如图6-26所示。

图6-24　　　　　图6-25　　　　　图6-26

减淡模式组

减淡模式组与加深模式组产生的效果截然相反，这些混合模式可以使下方的图像变亮。当前图层中的黑色不会影响下方图层，比黑色亮的像素会加亮下方像素。

● 变亮：与"变暗"模式的效果相反，当前图层中较亮的像素会替换底层较暗的像素，而较暗的像素则被底层较亮的像素替换，如图6-27所示。

● 滤色：与"正片叠底"模式的效果相反，它可以使图像产生漂白的效果，类似于多个摄影幻灯片在彼此之上投影，如图6-28所示。

图6-27　　　　　　　图6-28

模式的效果相反，它通过减小对
使颜色变得更加饱和，如图6-29

性加深"模式的效果相反，它
是亮效果比"滤色"和"颜色减
所示。

通道值的总和并显示值较大的颜
如图6-31所示。

图6-31

层图像的对比度。在混合时，
影响，亮度值高于50%灰色的
度值低于50%灰色的像素会使

并保持底层图像的高光和暗调，

定了图像是变亮还是变暗，如果
灰色亮，则图像变亮；如果像素
暗。产生的效果与发散的聚光灯照
示。

灰色亮的像素会使图像变亮；比
变暗。产生的效果与耀眼的聚光
34所示。

图6-34

像素比 50% 灰色亮，可通过减小
如果当前图层中的像素比 50% 灰
比度的方式使图像变暗。该模式可
，如图6-35所示。

的像素比 50% 灰色亮，可通过增加
前图层中的像素比 50% 灰色暗，则
暗。与"强光"模式相比，"线性

光"模式可以使图像产生更高的对比度，如图6-36所示。

图6-35　　　　　　　　图6-36

- 点光：如果当前图层中的像素比 50% 灰色亮，可以替换暗的
  像素；如果当前图层中的像素比 50% 灰色暗，则替换亮的像
  素。这在向图像中添加特殊效果时非常有用，如图6-37所示。
- 实色混合：如果当前图层中的像素比 50% 灰色亮，会使底层
  图像变亮；如果当前图层中的像素比 50% 灰色暗，则会使底
  层图像变暗。该模式通常会使图像产生色调分离效果，如图
  6-38所示。

图6-37　　　　　　　　图6-38

比较模式组

　　比较模式组会比较当前图层与下方图层，将相同的区
域变为黑色，不同的区域显示为灰色或彩色。如果当前图
层中包含白色，那么白色会使下层像素反相，黑色不会对
下层像素产生影响。

- 差值：当前图层的白色区域会使底层图像产生反相效果，黑
  色区域不会对底层图像产生影响，如图6-39所示。
- 排除：与"差值"模式的原理基本相似，但该模式可以创建
  对比度更低的混合效果，如图6-40所示。

图6-39　　　　　　　　图6-40

● 减去： 可以从目标通道中相应的像素上减去源通道中的像素值，如图6-41所示。

● 划分： 查看每个通道中的颜色信息，从基色中划分混合色，如图6-42所示。

图6-41　　　　　　　图6-42

提示（ Tips ）

基色是图像中的原稿颜色。混合色是通过绘画或编辑工具应用的颜色。结果色是混合后得到的颜色。

色彩模式组

使用色彩模式组时，Photoshop会将色彩分为3种成分（色相、饱和度和亮度），将其中的一种或两种应用在混合后的图像中。但上、下层相同的图像不会改变。

● 色相： 将当前图层的色相应用到底层图像的亮度和饱和度中。该模式可以改变底层图像的色相，但不会影响其亮度和饱和度。对于黑色、白色和灰色区域，该模式不起作用，如图6-43所示。

● 饱和度： 将当前图层的饱和度应用到底层图像的亮度和色相中，可以改变底层图像的饱和度，但不会影响其亮度和色相，如图6-44所示。

图6-43　　　　　　　图6-44

● 颜色： 将当前图层的色相与饱和度应用到底层图像中，但保持底层图像的亮度不变，如图6-45所示。

● 明度： 将当前图层的亮度应用于底层图像的颜色中，可以改变底层图像的亮度，但不会对其色相与饱和度产生影响，如图6-46所示。

图6-45　　　　　　　图6-46

6.1.2
实战：制作镜片反射效果

本实战我们来制作一个反射效果，表现镜片反射彩灯所形成的漂亮光斑，如图6-47所示。当然，素材场景中并没有这样的光源，这只是我们"P"出来的。

扫码看视频

图6-47

01 使用移动工具 ✛ 将光斑素材拖入人物文件中，并调整大小，如图6-48所示。设置混合模式为"滤色"，效果如图6-49所示。

图6-48　　　　　　　图6-49

02 单击"图层"面板中的 ▣ 按钮添加蒙版。选择画笔工具 ✐ 及硬边圆笔尖，将镜片外的光斑涂黑，通过蒙版将多余的光斑隐藏，如图6-50和图6-51所示。

图6-50　　　　　　　图6-51

层。按Ctrl+T快捷键显示定界
角度并移动位置，如图6-52所
如图6-53所示。

欢柔光照，不仅
而且柔美的画面质
能起到磨皮（见294
滤镜和混合模式打
示。

扫码看视频

After

"背景"图层，设置混合模式为
提亮，如图6-55和图6-56所示。

斩模糊"命令，对图像进行模糊处
所示。

03 单击"调整"面板中的 按钮，打开菜单，执行"渐变"命令，创建渐变填充图层，设置混合模式为"线性加深"，用以调整天空颜色，如图6-59~图6-61所示。

图6-59　　　　图6-60　　　　图6-61

04 截至上一步，图像已经表现出了柔光照的特征，即朦胧的美感，但五官有些模糊，人物面部特征就不明显了。下面我们使用通道图像恢复面部细节。单击选中"背景"图层。按住Alt键并单击它左侧的眼睛图标 ，将其他图层隐藏，如图6-62所示。打开"通道"面板，单击绿通道，如图6-63所示，画面中会显示该通道内的图像，如图6-64所示。按Ctrl+A快捷键全选，按Ctrl+C快捷键复制图像。

图6-62　　　　图6-63　　　　图6-64

05 按住Alt键并单击"背景"图层左侧的眼睛图标 ，让图层重新显示，如图6-65所示。在渐变填充图层下方新建一个图层。按Ctrl+V快捷键，将绿通道中的图像粘贴到新建的图层中，设置混合模式为"柔光"，如图6-66和图6-67所示。

图6-65　　　　图6-66　　　　图6-67

06 单击"图层"面板中的 按钮添加蒙版。选择画笔工具 及柔边圆笔尖，在人物的裙子及周边涂抹黑色，这些区域的图像过于清晰了，通过蒙版的遮盖可以显示用"模糊"滤镜处理过的柔光图像，如图6-68和图6-69所示。

图6-68　　　　图6-69

6.1.4
实战：制作神奇的隐身图像

下面制作一个女孩隐身于花朵图案中的实例，如图6-70所示。前面介绍的工具的不透明度、图层的不透明度、混合模式等功能，在本实战中都会用到。

扫码看视频

图6-70

01 使用移动工具 ✛ 将图案拖入人物文件中，设置混合模式为"颜色加深"，如图6-71和图6-72所示。

图6-71　　　　图6-72

02 将鼠标指针放在"颜色填充1"图层的蒙版上，按住Alt键并拖曳给"图层1"，将蒙版复制给该图层，让人物完全显示出来，如图6-73和图6-74所示。使用画笔工具 ✐ 在人物身上涂抹白色，这样就形成了视觉反差，人物面部和头发都是真实的，身体却被隐藏在图案中，如图6-75所示。

图6-73　　　　图6-74　　　　图6-75

03 目前这种隐藏效果还太过明显，似有似无才是这幅作品真正要表达的意境。设置画笔的不透明度为60%。单击"颜色填充1"的蒙版缩览图，用画笔工具 ✐ 在人物的手臂和衣服（这部分在蒙版中显示为黑色）上涂抹白色，由于调整了不透明度，此时涂抹所生成的颜色为浅灰色，它弱化了这部分图像的显示，同时又能若隐若现地看出身体的轮廓，如图6-76和图6-77所示。

图6-76　　　　图6-77

04 按住Ctrl键并单击该图层的缩览图，将蒙版中的白色区域作为选区载入，如图6-78所示。新建一个图层，设置不透明度为40%，将前景色设置为深棕色，用画笔工具 ✐ 在头部两侧绘制投影，让头部与图案之间产生距离感，如图6-79和图6-80所示。

图6-78　　　　图6-79　　　　图6-80

05 将素材中的"颜色调整"图层组拖入人物文件，该图层组包含一整套调色命令，可以使画面颜色变成浪漫的粉橙色，如图6-81和图6-82所示。

图6-81　　　　图6-82

版

剪贴蒙版和矢量蒙版是重要的影像合成工具，它们可以遮挡图层内容，使其隐藏或呈现透明
会删除图层内容，属于非破坏性功能。本节介绍其中最常用的蒙版——图层蒙版。

· PS技术讲堂 ·

【 影像蒙太奇 】

拼贴剪辑手法，通过将不同的镜头组接在一起，产生各个单独镜头所不具有的含义。作为一种基
太奇在整个艺术领域都有存在的价值，不论在中国还是外国、古代还是现代。

唐画家顾闳中的《韩熙载夜宴图》，如图6-83所示。作者采用连环画的形式，将夜宴场景分为5
公韩熙载在5个不同的场景中出现，每一个独立的场景之间由屏风来衔接，打破了时间和空间的

多·达利的《记忆持久性的解体》，如图6-84所示。达利依靠蒙太奇手法创造出超现实主义效
造梦
情境

到影
界，
尤斯
现实中
-85所
不同
画面上
世界。

《记忆持久性的解体》　　　　　　　　摄影大师杰利·尤斯曼（Jerry Uelsmann）作品
混合模　图6-84　　　　　　　　　　　图6-85

取了3个片段，从打破时空局限的拼贴，到奇思妙想的绘画情境，再到浑然天成的影像合成，展现
特点——拼贴、创意及合成。绘画和摄影都有自己的技术手段表现蒙太奇效果，那么Photoshop依

合模式和即将介绍的蒙版（主要是图层蒙版），它们给影像合成带来了无数种可能。有了这些功
文件的情况下合成影像，随心所欲地进行修改，尝试不同的效果。我们来看一组作品，如图6-86
业插画，也有脑洞大开的创意合成。能够将不同的图像移花接木，进行充满巧思妙想的组合，而
密武器"就是图层蒙版。

图6-86

如果说图层是Photoshop的骨骼，那图层蒙版就是Photoshop的灵魂，可以创造奇迹。

在Photoshop中，图层蒙版的用处非常大，几乎所有类型的图层都支持它，就连创建调整图层、填充图层，以及应用智能滤镜时，Photoshop也会自动为其添加图层蒙版。合成影像只是蒙版的部分用途，在特殊类型的图层如调整图层上，图层蒙版可以控制调整范围和强度（见191、193页）。用在智能滤镜上的图层蒙版可以控制滤镜的应用强度和有效范围（见186页）。

· PS技术讲堂 ·

【 怎样理解图层蒙版的本质 】

图层蒙版的原理

图层蒙版是一种灰度图像，包含从黑~白共256级色阶，它附加在图层上并对图层进行遮挡，使图层内容隐藏或透明，但蒙版本身并不可见。

扫码看视频

对于初次接触图层蒙版的人，这种间接作用于图层的功能比较抽象，不太容易理解，我们可将它视为一种能对不透明度进行分区调节的工具，这样便可抓住图层蒙版的本质特征。

在蒙版图像中，黑、白、灰控制图层内容是显示还是隐藏。其中，纯白色区域所对应的图层内容是完全显示的，也就是说，图层蒙版将这一区域的不透明度设定为100%。而纯黑色区域会完全遮挡图层内容，这就相当于将图层内容的不透明度设定为0%。蒙版中的灰色区域的遮挡程度没有黑色强，因此，可以使图层内容呈现一定的透明效果（灰色越深、透明度越高），即这一区域的不透明度被蒙版设定为1%~99%。

图6-87所示展示了上面所说的几种情况。从图中可以看到，只需一个图层蒙版，便可以在图像中创建多种不透明度，这是用"不透明度"选项调整永远也实现不了的，因为它只能控制整个图层，无法分区调节。由此，我们也能总结出图层蒙版的使用方法：当想要隐藏某些内容时，将蒙版中相应的区域涂黑即可；如果想让其重新显示，就涂白色；如果想让图层内容呈现半透明效果，应该将蒙版涂灰。

在黑白渐变区域，图像从完全隐藏到完全显示　白色处对应的图像完全显示　灰色使图像呈现透明效果　黑色完全遮挡图像　　被蒙版遮挡的图像 图层蒙版

图6-87

蒙版

余矢量工具外，几乎所有的绘画类、修饰类、选区类工具和滤镜都可以编辑它。其中常用的有两
具 ▣ 。画笔工具 ✦ 灵活度高，可以控制任意区域的透明度，相当于"步枪点射"，指向精确、
所变工具 ▣ 可以快速创建平滑的图像融合效果，相当于"机枪扫射"，覆盖面大、快速有效，如

两种常用的蒙版——矢量蒙版和剪贴蒙版进行比较的话，在定义图层显示范围方面它们不分伯
的控制上，图层蒙版最强大、最方便。另外，图层蒙版的编辑工具也远远多于其他两种蒙版。

（或其他内容，如文字）又有蒙版时，怎样才能知道当前处理的是哪种对象呢？我们可以观察缩
，如图6-90所示 ，当前的操作就会应用于图像。需要编辑蒙版时，可以单击蒙版缩览图，将边
，然后进行操作。创建图层蒙版后，可直接对其进行编辑。但是切换图层以后，再想编辑蒙版，

图6-89

图6-90

图6-91

现色彩变化和更加丰富的图像细节，如图6-93所示。

用两次或多次独立
照片的技术，可以
重影像效果，如图

扫 码 看 视 频

on 摄影师高桥美纪（M i k i
Takahashi）作品

曝光效果是很容易操作的，如果
是单纯的影像叠加了，还可以展

Before　　　　　　　　　After

图6-93

01 使用移动工具 ✛ 将素材拖入人像文件中，设置混合模
式 为 " 变
亮"，如图6-94和
图6-95所示。

02 单击 ▣ 按
钮添加图层
蒙版。选择画笔工
具 ✦ 及柔边圆笔
尖，在画面中涂抹

图6-94　　　　图6-95

黑色、深灰色（用数字键调整工具的不透明度），对蒙版进行编辑，处理好建筑与人像的衔接，如图6-96和图6-97所示。

图6-96　　　　　图6-97

03 单击"调整"面板中的 ▦ 按钮，创建"渐变映射"调整图层，设置渐变，如图6-98所示。将调整图层的混合模式设置为"滤色"，营造暖黄色的整体颜色氛围，如图6-99和图6-100所示。

图6-98　　　　　图6-99　　　　　图6-100

◈ **6.2.2**

实战：超现实主义合成

在下面的实战中，我们将蒙太奇手法运用到图像合成上，通过蒙版将不同元素融合到一个画面中，制作出无缝拼接的、超现实主义的作品，如图6-101所示。

扫 码 看 视 频

图6-101

01 单击"调整"面板中的 ▦ 按钮，创建"色相/饱和度"调整图层，拖曳滑块降低色彩的饱和度，如图6-102和图6-103所示。新建一个图层，使用画笔工具 ✎ （硬边圆笔尖）在人物的脸颊处绘制裂口，如图6-104和图6-105所示。

02 选择多边形套索工具 ⋗ ，在工具选项栏中设置羽化为1像素，在裂口的右侧创建选区。在"裂口"图层的下方创建名称为"卷边"的图层，将前景色设置为皮肤色，按Alt+Delete快捷键填色，如图6-106和图6-107所示，然后取消选择。裂口的下边的颜色应当偏黄。裂口右边缘可使用橡皮擦工具 ◢ 处理，使其更加自然柔和。

04 将马素材拖入文件中，放在"裂口"图层的上面。将马适当缩小并放到裂口处，如图6-112所示。单击 ◘ 按钮添加蒙版。使用画笔工具 ✔（柔边圆、100像素）在马的后半身涂抹，靠近裂口处时应将画笔调小（可以按 [键）细致涂抹，使图像边缘与裂口的衔接准确，制作出马从裂口跳出的效果，如图6-113和图6-114所示。

图6-112　　　　　　图6-113　　　　　　图6-114

05 单击"调整"面板中的 ⬛ 按钮，创建"色阶"调整图层，将图像调亮，如图6-115所示。按Alt+Ctrl+G快捷键创建剪贴蒙版，使色阶调整图层只作用于"马"图层，如图6-116和图6-117所示。

"图层样式"对话框，添加"投影""叠加"效果，制作出纸张开裂后111所示。

图6-115　　　　　　图6-116　　　　　　图6-117

06 创建一个名称为"色调"的图层，填充棕色（R70，G38，B4）。设置混合模式为"正片叠底"，不透明度为75%，以加深图像颜色，如图6-118和图6-119所示。

图6-118　　　　　　图6-119

内发光

结构

混合模式　滤色

不透明度(O)　　　　75 %

杂色(N)　　　　0 %

图素

方法：柔和

源：○ 居中(E)　● 边缘(G)

阻塞(C)　　　　8 %

大小(S)　　　　3 像素

品质

等高线　　□ 消除锯齿(L)

范围(R)　　　　50 %

抖动(J)　　　　0 %

图6-109

图6-111

07 为该图层添加蒙版。使用画笔工具 ✔（柔边圆、500像素，不透明度为80%）在画面中央涂抹，绘制光照效果，使视点集中在马身上，如图6-120和图6-121所示。

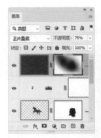

图6-120　　　　　　图6-121

08 按住Alt键并单击 ⊞ 按钮，创建一个名称为"加深"的图层，设置混合模式为"正片叠底"。将前景色设置为深灰色，使用画笔工具 ✐ 在画面下方的两个角涂抹，加深这两个区域，使画面色调的变化更加丰富。调整该图层的不透明度为50%，使画面色调的变化更加微妙，如图6-122和图6-123所示。最后加入图标素材，放在画面左侧，如图6-124所示。

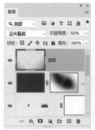

图6-122　　　　　　图6-123

图6-124

◈ 6.2.3

实战：合成爱心水晶（从通道中生成蒙版）

要点

　　图层蒙版与Alpha通道中的图像都是包含256级色阶的灰度图像，属于同一种对象，可以互相转换。但这两种图像在编辑时会带来不同的影响——修改Alpha通道只影响选区，修改图层蒙版则会改变图像的外观，并影响蒙版中所包含的选区。这是我们应该了解的。

扫码看视频

　　下面是一个利用通道图像生成蒙版的实战，如图6-125所示。因为用到了色阶和通道，所以有一些难度。但可以学到很多技巧，而且有助于我们从另外的角度认识图层蒙版，从而能更好地使用它。

图6-125

01 将"绿"通道拖曳到"通道"面板底部的 ⊞ 按钮上进行复制，得到"绿 拷贝"通道。这是一个Alpha通道，如图6-126所示。

02 按Ctrl+L快捷键，打开"色阶"对话框（见203页），将阴影滑块和高光滑块向中间移动，增加对比度，如图6-127和图6-128所示。

图6-126　　　　　图6-127　　　　　图6-128

03 将前景色设置为白色。使用画笔工具 ✐ 将水晶饰物以外的区域涂成白色，如图6-129所示。通道中的白色可以转换为选区，我们要提取的是水晶饰物，而现在背景是白色的，因此还要按Ctrl+I快捷键将通道反相，如图6-130所示。按Ctrl+A快捷键全选，再按Ctrl+C快捷键，将通道图像复制到剪贴板中。按Ctrl+2快捷键，重新显示彩色图像。

图6-129　　　　　　图6-130

04 使用移动工具 ✛ 将花朵素材拖入水晶文件中，如图6-131所示。单击 ▢ 按钮添加蒙版，如图6-132所示。按住Alt键并单击蒙版缩览图，如图6-133所示，文档窗口中会显示蒙版图像。

图6-133

时，既便于观察蒙版细节，也可
图，即被蒙版遮挡前的图像，可

制的通道图像粘贴到蒙版中，如
快捷键取消选择。单击图像缩览
和图6-136所示。

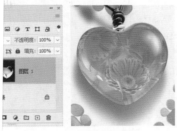

图6-136

的 ▦ 按钮，创建"曲线"调整图
表中选择"强对比度（RGB）"
细节更加清晰，如图6-137和图

138

6.2.4

链接图层内容与蒙版

在蒙版和图像缩览图中间有一个 ⑧ 状图标，它表示蒙版与图像正处于链接状态，此时进行变换操作，如旋转、缩放时，蒙版会与图像一同变换，就像处于链接状态的图层一样（见47页）。如果想单独移动或变换其中的一个，可单击 ⑧ 图标，或执行"图层>图层蒙版>取消链接"命令取消链接。要重新建立链接，只需在原图标处单击即可。

6.2.5

复制与转移蒙版

按住Alt键，将一个图层的蒙版拖曳至另外的图层，可以将蒙版复制给目标图层，如图6-139和图6-140所示。如果没有按住Alt键，则会将该蒙版转换过去，原图层将不再有蒙版，如图6-141所示。

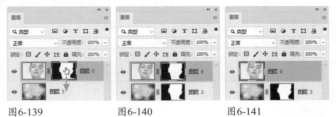

图6-139　　　　图6-140　　　　图6-141

6.2.6

应用与删除蒙版

执行"图层>图层蒙版>应用"命令，可以将蒙版及被遮盖的图像删除，如图6-142所示。执行"图层>图层蒙版>删除"命令，则只删除图层蒙版，如图6-143所示。

图6-142　　　　图6-143

如果觉得用命令操作麻烦，可以将蒙版缩览图拖曳到"图层"面板底部的 🗑 按钮上，这时会弹出一个对话框，如图6-144所示，根据需要单击其中的按钮来决定是应用蒙版还是将其删除。

图6-144

剪贴蒙版

剪贴蒙版可以用一个图层控制另外几个图层的显示范围。它具有连续性，调整图层的堆叠顺序时应加以注意，否则会释放剪贴蒙版。

· PS 技术讲堂 ·

【 剪贴蒙版的特征及结构 】

剪贴蒙版的特征

剪贴蒙版的特征非常明显，如果我们看到一个图形或人物轮廓内显示了很多图像，那么大概率是用剪贴蒙版制作的，如图6-145所示。这种技巧在电影海报中用得也比较多，如图6-146所示。在平面设计中，用剪贴蒙版将文字与图像做一个简单的合成，就能快速呈现生动、有趣的画面效果，如图6-147所示。

剪贴蒙版的结构

剪贴蒙版可以用一个图层内容控制其他多个图层的显示范围，因此，它是成组出现的。在剪贴蒙版组中，最下面的图层叫作基底图层（名称带下画线），它上方的图层叫作内容图层（有 ↓ 状图标并指向基底图层），如图6-148所示。

图6-145　　　　　图6-146　　　　　图6-147

剪贴蒙版组是最具协作精神的团队。基底图层是"队长"，所有成员皆听从它的安排。基底图层的透明区域就是一个蒙版（相当于图层蒙版中的黑色），可以将内容图层中的图像隐藏。反过来说，剪贴蒙版是依靠基底图层中图像或图形的形状来控制蒙版的，内容图层只能在形状范围内得以显示。移动基底图层可以看到内容图层的显示区域会随之改变，如图6-149所示。

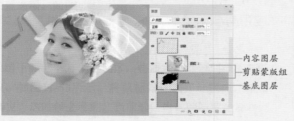
　　　　　　　　　　　　　　内容图层
　　　　　　　　　　　　　　剪贴蒙版组
　　　　　　　　　　　　　　基底图层

图6-148　　　　　　　　　　　　　　　　图6-149

基底图层中的像素区域决定了内容图层的显示范围，而像素的不透明度则控制着内容图层的显示程度。也就是说，当基底图层像素的不透明度为100%时，内容图层中与之对应的区域就会完全显示。如果将不透明度降低为0%（等同于透明区域），内容图层中与之对应的区域就会被完全遮挡。当基底图层像素的不透明度介于0%～100%时，内容图层会呈现相应程度的透明效果，如图6-150所示。图层蒙版和矢量蒙版都是"单兵作战"（只能用于一个图层），最多是一个"二人小组"（同时添加图层蒙版和矢量蒙版）。剪贴蒙版则是一个"行动小队"，因为它可以控制一组图层。这是它的最大优点，也是它与另两种蒙版最大的不同之处。这个小队的纪律非常严明，所有成员（图层）必须上下相邻，如图6-151所示。

　　　　　　　　　　　　　　不能创建
　　　　　　　　　　　　　　剪贴蒙版

　　　　　　　　　　　　　　可以创建
　　　　　　　　　　　　　　剪贴蒙版

图6-150　　　　　　　　　　　　图6-151

贴蒙版合成一幅
效果逼真，需要
颜色、投影等，使

扫码看视频

After

的 按钮，创建"色相/饱和
调整"绿色"和"全图"参数，
6-155所示。

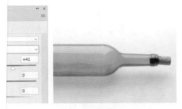

图6-155

边圆，不透明度为30％）在瓶子
抹黑色，通过修改调整图层的蒙
更为原来的颜色，如图6-156和图

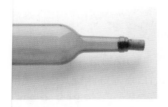

差为32），按住Shift键并在背
全部选取，如图6-158所示。按
中瓶子。按Shift+Ctrl+C快捷键合
Ctrl+V快捷键，粘贴到一个新的图

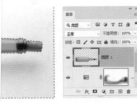

图6-159

04 将素材拖入瓶子文件中，如图6-160所示。执行"图层>创建剪贴蒙版"命令（快捷键为Alt+Ctrl+G），将它与瓶子图像创建为一个剪贴蒙版组，瓶子之外的风景会被隐藏，如图6-161所示。

图6-160　　　　　　　　图6-161

05 单击 按钮添加图层蒙版。使用画笔工具 （柔边圆，不透明度为30％）在瓶子的两边和风景图片的周围涂抹，将这些图像隐藏，使风景与瓶子的融合效果更加自然、真实，如图6-162和图6-163所示。

图6-162　　　　图6-163

06 按住Ctrl键并单击瓶子和风景图层，将它们选取，如图6-164所示，按Alt+Ctrl+E快捷键，将图像盖印到一个新的图层中。按Ctrl+T快捷键显示定界框，单击鼠标右键，打开快捷菜单，执行"垂直翻转"命令，将盖印图像翻转，拖曳到瓶子的下面成为倒影，如图6-165所示。

图6-164　　　　图6-165

07 设置倒影图层的不透明度为30％。单击 按钮添加蒙版。选择渐变工具 ，填充默认的"前景色到背景色"线性渐变，将图像的下半部分隐藏，使制作出来的倒影更加真实，如图6-166和图6-167所示。

图6-166　　　　图6-167

◆ 6.3.2

实战：神奇的放大镜

莱昂纳多·达·芬奇是一位神秘的艺术家，人类历史上绝无仅有的全才。他有很多特别的技能。例如，他竟然可以以镜像字（左手反写）写日记。人们只有通过镜子，才能看明白

扫码看视频

他写了什么。受到这个启发，研究人员用镜子对达·芬奇的作品进行了"研究"，结果还真发现了奇怪的图案——蒙娜丽莎双手交叉处有一个人物头像，其轮廓酷似电影《星球大战》中的大反派黑爵士达斯·维达，如图6-168~图6-170所示。达·芬奇不但在画中留下了这些奇妙的图案，更绝的是，他还通过画中人物的眼神和动作指出了镜子应该摆放在什么位置才能反射出这些图案。真是太神奇了！

电影《星球大战》　达斯·维达　　《蒙娜丽莎》
图6-168　　　图6-169　　　图6-170

使用Photoshop剪贴蒙版，我们也可以像达·芬奇一样在作品中埋下悬念，如图6-171所示。镜子是解开达·芬奇密码的工具。而我们的秘密，只有用Photoshop中的移动工具才能破解。

图6-171

01 使用魔棒工具 ✎ 在镜片处单击，创建选区，如图6-172所示。新建一个图层，按Ctrl+Delete快捷键，在选区内填充背景色（白色），按Ctrl+D快捷键取消选择，如图6-173和图6-174所示。

02 按住Ctrl键并单击"图层0"和"图层1"，将它们选取，单击链接图层按钮 ⌘，将两个图层链接在一起，

如图6-175所示。

图6-172　　　　　　　图6-173

图6-174　　　　　　　图6-175

03 打开素材。该图像包含两个图层，上面层是一张写真照片，下面层是女孩的素描画像，如图6-176所示。使用移动工具 ✛ 将放大镜拖入该文件中，如图6-177所示。

图6-176　　　　　　　图6-177

04 在"图层"面板中，将白色圆形所在图层拖曳到人像图层下方，如图6-178和图6-179所示。

图6-178　　　图6-179

05 下面我们通过另一种方法创建剪贴蒙版。将鼠标指针放在分隔两个图层的线上，按住Alt键（鼠标指针为 ↓□状），单击创建剪贴蒙版，如图6-180所示。现在放大镜外面显示的是"背景"图层中的素描画，如图6-181所示。

蒙版组，可将其从剪贴蒙版组中释放出来，如图6-186和图6-187所示。

图6-184　　　　图6-185　　　　图6-186　　　　图6-187

画面中单击并拖曳鼠标（移动
刊，放大镜移动到哪里，哪里就
如图6-182和图6-183所示。

6.3.4
释放剪贴蒙版

选择基底图层正上方的内容图层，如图6-188所示，执行"图层>释放剪贴蒙版"命令（快捷键为Alt+Ctrl+G），可以解散剪贴蒙版组，释放所有图层，如图6-189所示。

图6-183

图6-188　　　　图6-189

如果要释放单个内容图层，可以采用拖曳的方法将其拖出剪贴蒙版组。如果要释放多个内容图层，并且它们位于整个剪贴蒙版组的最顶层，可以单击其中最下面的一个图层，然后按Alt+Ctrl+G快捷键，将它们一同释放。

版组

图层上方，可将其加入剪贴蒙
85所示。将内容图层拖出剪贴

版

通过矢量图形控制图层内容的显示范围，本节我们学习它的创建和编辑方法。关于矢量功能，
描点等内容，在"第13章 路径与UI设计"中有详细介绍。

· PS技术讲堂 ·

【 金刚不坏之身 】

扫码看视频

都是基于像素的蒙版，而矢量蒙版是通过矢量图形控制图像显示范围。由于矢量图形
所以矢量蒙版有着"金刚不坏之身"——无论怎样旋转和缩放都能保持光滑的轮廓
图像）。矢量蒙版将矢量图形引入蒙版中，丰富了蒙版的多样性，也为我们提供了一种可以在矢量

蒙版的外观特征。蒙版中的图形可以用钢笔工具 （见352页）和各种形状工具（见345页）创建，如图
量工具配合路径运算来添加图形，如图6-191所示。一个图层可同时拥有一个图层蒙版和一个矢量
路、一半是海水"的状态下，图像只能在两个蒙版相交的区域显示，如图6-192所示。但这两个蒙
辑，因为图层蒙版不能用矢量工具编辑，而矢量蒙版只能用矢量工具编辑。

图6-190

图6-191

图6-192

用"属性"面板控制蒙版

"属性"面板可以控制矢量蒙版的遮挡程度，如图6-193所示。"密度"选项可以调整蒙版的整体遮挡强度，降低"密度"，就相当于降低了矢量蒙版的不透明度。"羽化"选项可以控制蒙版边缘的柔化程度，使蒙版的轮廓变得模糊，从而生成柔和的过渡，如图6-194所示。

图6-193

图6-194

"属性"面板也可以编辑图层蒙版，但用处不大，因为图层蒙版的编辑工具实在太多了，而且更好用。但它对于矢量蒙版来说却意义非凡，除它之外，没有任何一种工具能单独调整矢量蒙版的透明度（遮挡程度），更不可能完成羽化。

💎 6.4.1

实战：创建矢量蒙版

01 打开素材，如图6-195所示。单击"图层1"，如图6-196所示。下面为该图层添加矢量蒙版。

扫码看视频

图6-195

图6-196

02 选择自定形状工具 🔅，在工具选项栏中选择"路径"选项，单击按钮，打开形状下拉面板，选择心形图形，如图6-197所示，在画布上拖动鼠标绘制该图形，如图6-198所示。

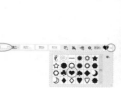

图6-197

图6-198

03 执行"图层>矢量蒙版>当前路径"命令，或按住Ctrl键并单击"图层"面板中的 ▣ 按钮，可基于路径创建矢量蒙版，路径外的图像会被蒙版遮挡，如图6-199和图6-200所示。如果要查看原始图像，可以按住Shift键并单击蒙版，或执行"图层>矢量蒙版>停用"命令，暂时停用蒙版。

图6-199

图6-200

> **提示**（Tips）
>
> 矢量蒙版可以通过3种方法创建。除从路径中生成蒙版外，还可以按住Ctrl键并单击"图层"面板底部的 ▣ 按钮，或执行"图层>矢量蒙版>显示全部"命令，创建一个显示全部填充内容的矢量蒙版，类似于空白的图层蒙版。如果当前图层中已有图层蒙版，则单击 ▣ 按钮可以直接创建矢量蒙版。此外，执行"图层>矢量蒙版>隐藏全部"命令，可创建隐藏全部图层内容的矢量蒙版。

形状

进入蒙版编辑状

出现一个外框，

6-201和图6-202

在工具选项栏中选择合并形状

面板中选择月亮图形，绘制该图

如图6-203和图6-204所示。

星状图形，在画面中继续绘制图

到矢量蒙版中，如图6-205和图

蒙版中的形状

图，如图6-207所

量图形，如图6-208

图6-207　　　　　　图6-208

02 使用路径选择工具 ▶ 单击画面左下角的星形，将它选
取，如图6-209所示，按住Alt键并拖曳鼠标复制图形，
如图6-210所示。如果要删除图形，可在选取之后按Delete键。

图6-209　　　　　　图6-210

03 按Ctrl+T快捷键显示定界框，拖曳控制点将图形旋转并
适当缩小，如图6-211所示，按Enter键确认。用路径选
择工具 ▶ 单击并拖曳矢量图形可将其移动，蒙版的遮挡区域
也会随之改变，如图6-212所示。

图6-211　　　　　　图6-212

> **提 示**（Tips）
>
> 显示定界框后，可按住相应的按键并拖曳控制点对图形进行
> 旋转、缩放和扭曲，具体方法与图像变换相同（见79页）。
> 矢量蒙版与图像缩览图之间有一个链接图标 ⑧，如果想要单
> 独变换图像或蒙版，可单击该图标，或执行"图层>矢量蒙
> 版>取消链接"命令取消链接，再进行其他操作。

◈ 6.4.4

实战：制作创意足球海报

　　Photoshop中预设了很多图形，如动物、
花卉、小船和各种常用符号，而且还可以加载
外部图形库。使用现有的图形（即路径）创建
矢量蒙版，既省时省力，又能借助图形获得更
多的外观变化，如图6-213所示。

图6-213

01 选择"树叶"图层，如图6-214所示。单击"路径"面板中的路径图层，如图6-215所示。

图6-214　　　　图6-215

02 按住Ctrl键并单击"图层"面板底部的 ▣ 按钮，基于当前路径创建矢量蒙版，如图6-216和图6-217所示。

03 按住Ctrl键，单击"图层"面板中的 ⊞ 按钮，在"树叶"图层下方新建一个图层。按住Ctrl键并单击蒙版，如图6-218所示，载入人物选区。

图6-216　　　　图6-217　　　　图6-218

04 执行"编辑>描边"命令，打开"描边"对话框，将描边颜色设置为深绿色，"宽度"设置为4像素，"位置"选择"内部"，如图6-219所示，对选区进行描边。按Ctrl+D快捷键取消选择。选择移动工具 ✛，按几下→键和↓键，将描边图像向右下方轻微移动一些。

05 新建一个图层。使用画笔工具 ✐ 在足球运动员脚部绘制阴影，如图6-220所示。

图6-219　　　　　　　　图6-220

⬦ 6.4.5
将矢量蒙版转换为图层蒙版

使用"图层>栅格化>矢量蒙版"命令，可以将矢量蒙版转换为图层蒙版。如果图层中同时包含图层蒙版和矢量蒙版，如图6-221和图6-222所示，转换之后，会从两个蒙版的交集部分生成最终的图层蒙版，并且不会改变遮挡范围，如图6-223所示。

图6-221　　　　图6-222　　　　图6-223

⬦ 6.4.6
删除矢量蒙版

选择矢量蒙版，如图6-224所示，执行"图层>矢量蒙版>删除"命令，可将其删除，如图6-225所示。或者将矢量蒙版拖曳到 🗑 按钮上进行删除，如图6-226所示。

图6-224　　　　图6-225　　　　图6-226

合选项

式"对话框（见58页）中，有个很不起眼，却颇为复杂的选项面板——"混合选项"。它就像

影像合成功能的总控制室一样，与此相关的混合模式、不透明度、通道、混合颜色带，以及

都在这里进行监督、调控。

影像

后执行"图层>图

都可以打开"图层

选项"。

度"和"填充不

扫码看视频

版一一对应，用途完全相同，

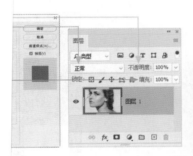

色通道相对应（见37页），可以

图像为例，我们看到的彩色图

和蓝（B）3个颜色通道混合成

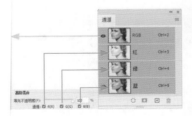

色彩信息，如果取消一个通道的

混合了，图像的颜色会因此发生

则会在"第9章 色彩调整"中详细

需了解选项的用途即可。

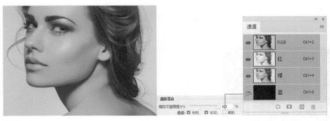

图6-229

当文件中只有一个图层时，这种操作与隐藏"通道"面板中某一个颜色通道完全一样。如果图像下方还有其他图层，则减少通道的时候，既改变了图像颜色，又会让上下图层之间产生混合。下面我们就用这种方法合成一幅错位叠加的图像，如图6-230所示。

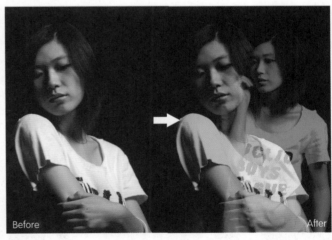

Before　　　　　　　　　　　　　　　　After

图6-230

01 打开素材，如图6-231和图6-232所示。使用移动工具 ⊕ 将素材拖曳到同一个图像文件中，如图6-233所示。

图6-231　　　　　　图6-232　　　　　　图6-233

02 双击"图层1",打开"图层样式"对话框。取消"R"选项的勾选,不让红通道参与混合,完成效果的制作,如图6-234和图6-235所示。关闭对话框。设置混合选项后的图层右侧会显示 ▣ 状图标,如图6-236所示。

图6-234

图6-235   图6-236

◆ 6.5.2
实战:用挖空功能制作拼贴照片

要点

挖空功能可以创建这样的效果:就是让下方图层中的对象穿透上方图层显示出来,类似于用图层蒙版将上方图层的某些区域遮盖住了。它虽然没有图层蒙版的功能强大,但可以更快地合成图像。下面我们就用它制作一幅拼贴照片,如图6-237所示。

扫码看视频

图6-237

01 单击"调整"面板中的 ▦ 按钮,创建"渐变映射"调整图层,并设置混合模式为"正片叠底",如图6-238~图6-240所示。

图6-238   图6-239   图6-240

02 选择矩形工具 ▢,在工具选项栏选择"形状"选项,设置填充颜色为白色,单击并拖曳鼠标创建矩形形状图层,如图6-241和图6-242所示。

图6-241   图6-242

03 执行"图层>图层样式>投影"命令,添加"投影"效果,如图6-243所示。新建一个图层。再创建一个矩形形状图层,设置填充颜色为灰色,如图6-244所示。

图6-243   图6-244

04 双击该图层,打开"图层样式"对话框。将"填充不透明度"设置为0%,在"挖空"下拉列表中选择"深"选项,如图6-245所示,让"背景"图层中的原始图像显现出来,如图6-246所示。

图层顺序调整好之后，双击要挖空的图层，打开"图层样式"对话框，降低"填充不透明度"值，然后在"挖空"下拉列表中选择一个选项即可。选择"无"表示不创建挖空，选择"浅"或"深"选项，都可以挖空到"背景"图层，如图6-254所示。如果文件中没有"背景"图层，则无论选择"浅"还是"深"选项，都会挖空到透明区域，如图6-255所示。

图6-246

形状图层，将它们同时选取，如

快捷键将其编入图层组中，如图

示定界框，将图形旋转一定的角

确认。

图6-249

组，如图6-250所示。按Ctrl+T

调整角度、位置及大小，如图

操作几次，复制出更多的图形，

图6-252

挖空的图层放到被穿透的图层

层设置为"背景"图层，如图

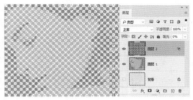

图6-254　　　　　图6-255

如果图层添加了"内发光""颜色叠加""渐变叠加""图案叠加"效果，勾选"将内部效果混合成组"选项时，效果不会显示，如图6-256所示。取消勾选，则可让效果显示，如图6-257所示。

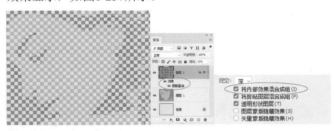

图6-256

图6-257

另外，"透明形状图层"选项还可以限制图层样式和挖空范围。默认情况下，该选项为勾选状态，此时图层样式或挖空范围被限定在图层的不透明区域，如图6-257所示；取消勾选，则会在整个图层内应用效果，如图6-258所示。

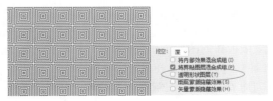

图6-258

6.5.3
怎样改变剪贴蒙版组的混合方法

剪贴蒙版组是一个"小团队"，其核心人物是基底图层（见166页）。当它为"正常"模式时，所有内容图层都使用其自身的混合模式，如图6-259所示。如果将基底图层设置为其他模式，则所有内容图层都会使用这种模式与下面的图层混合，如图6-260所示。调整内容图层自身的混合模式时，不会影响其他图层。

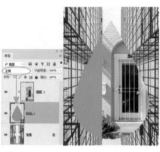
图6-259

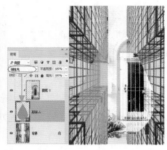
图6-260

如果要改变这种控制规则，可以取消勾选"将剪贴图层混合成组"选项，如图6-261所示。在这种状态下，基层图层的混合模式仅影响自身，不会影响内容图层，如图6-262所示。

图6-261

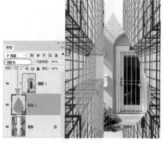
图6-262

> **提示**（Tips）
>
> 基底图层中像素的不透明度控制着内容图层的显示程度，因此，降低基底图层的不透明度，就会使内容图层呈现透明效果。而内容图层的不透明度只对其自身有效。

6.5.4
怎样控制矢量蒙版中的效果范围

为矢量蒙版所在的图层添加效果以后，可以在"高级混合"选项组中控制效果是否在蒙版区域显示。

例如，勾选"矢量蒙版隐藏效果"选项，便可隐藏效果，如图6-263所示；取消勾选，则效果会在矢量蒙版区域内显示，如图6-264所示。

图6-263

图6-264

6.5.5
实战：制作真实的嵌套效果

要点

图层蒙版所在的图层添加图层样式以后，也可在"高级混合"选项组中控制效果范围。这个功能很有用。在本实战中，它是决定真实感的关键，如图6-265所示。

扫码看视频

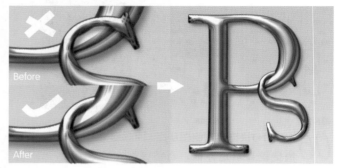
图6-265

01 按Ctrl+N快捷键，创建一个10厘米×10厘米、300像素/英寸的文件。选择横排文字工具 **T**，在工具选项栏中选择字体并设置文字大小，在画布上单击并输入文字"P"，如图6-266所示。

图6-266

02 打开"样式"面板菜单，执行"旧版样式及其他"命令，加载旧版样式库。在"Web样式"组中单击图6-267所示的样式，为文字添加该效果，如图6-268所示。按Ctrl+J快捷键复制文字图层，双击它的缩览图，如图6-269所示，选取文字，如图6-270所示。

03 输入大写的"S"，如图6-271所示。按Ctrl+A快捷键全选，在工具选项栏中将文字大小设置为150点，如图6-272所示。按Ctrl+Enter快捷键结束文字的编辑。

图6-268

150 点

>缩放效果"命令，将效果按比
，使之与文字"S"的大小相匹

74

界框，在定界框外拖曳鼠标，旋
放在定界框内，拖曳鼠标，移动
按Enter键确认。
层蒙版，按住Ctrl键并单击文字
它的选区，如图6-276和图6-277

图6-277

07 使用画笔工具 ✎ 在两个文字的相交处涂抹黑色，如图6-278所示。按Ctrl+D快捷键取消选择。可以看到，文字相交处有很深的压痕，这种嵌套效果显然不真实。双击文字"S"所在的图层，打开"图层样式"对话框，勾选"图层蒙版隐藏效果"选项，如图6-279所示，即可将此处效果隐藏，如图6-280所示。

图6-278　　　　　　图6-279　　　　　　　　图6-280

08 使用渐变工具 ▬ 为"背景"图层添加渐变效果，在颜色的衬托下，金属更有质感，如图6-281和图6-282所示。

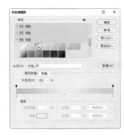

图6-281　　　　　　　　图6-282

◇ 6.5.6

实战：滑雪者

要点

　　混合颜色带是Photoshop中元老级图像合成功能。它也是一种蒙版，能依据像素的亮度信息来使其显示或隐藏。混合颜色带也可用于抠图，在"第14章 抠图技术"中会介绍它的原理、使用技巧和抠图方法。下面我们来学习怎样使用它合成图像，制作出类似雪崩的壮观场景，如图6-283所示。

图6-283

01 打开素材，如图6-284和图6-285所示。使用移动工具 ✛ 将滑雪者拖入云彩文件中，如图6-286所示。

图6-284　　　　　图6-285　　　　　图6-286

02 双击当前图层，打开"图层样式"对话框。按住Alt键并单击"本图层"选项中的白色滑块，将其一分为二，然后拖曳左侧的半个滑块，同时注意观察，当"背景"图层上的高光（即左下角的云）开始显现时，停止拖曳，滑块的位置应该在色阶237处，如图6-287和图6-288所示。

图6-287　　　　　　　　　图6-288

03 按住Alt键并单击"下一图层"选项中的黑色滑块，将其一分为二，然后拖曳右侧的半个滑块，让"背景"图层中的深色云显现出来，如图6-289和图6-290所示。

图6-289　　　　　　　　　图6-290

04 单击 ▣ 按钮，添加图层蒙版。用画笔工具 ✐ 将多余的背景涂黑，如图6-291和图6-292所示。

图6-291　　　　　图6-292

05 按Ctrl+J快捷键复制"图层"，得到"图层1 拷贝"。双击该图层，打开"图层样式"对话框，设置"混合模式"为"滤色"，"不透明度"值为65％，重新调整"本图层"选项组中的滑块位置，如图6-293所示。通过调整可以将滑雪者的色调提亮，如图6-294所示。

图6-293　　　　　　　图6-294

06 单击"调整"面板中的 ▦ 按钮，创建"色相/饱和度"调整图层，将它拖曳到"背景"图层上方，如图6-295所示。拖曳"色相"滑块，让云的颜色向紫色转换，以便与滑雪者素材中的雪的颜色相匹配，如图6-296和图6-297所示。

图6-295　　　　图6-296　　　　图6-297

图6-298所示。由
形，单靠混合模
少且细节不足。
要解决的难点。

扫码看视频

After

99所示。使用移动工具 ✛ 将其
置混合模式为"滤色"，如图

03 使用渐变工具 ▭ 填充黑白线性渐变，通过蒙版遮挡，使
画面下方图像的亮度恢复，如图6-304和图6-305所示。

图6-304　　　　　　　图6-305

04 继续添加图形素材，如图6-306所示。设置混合模式为
"柔光"，效果如图6-307所示。

图6-306　　　　　　　图6-307

05 双击当前图层，如图6-308所示，打开"图层样式"对
话框。按住Alt键并单击"下一图层"选项中的白色滑
块，如图6-309所示，它会分成两块，然后分别拖曳这两个滑
块进行调整，如图6-310所示，让更多的雨滴显现出来，如图
6-311所示。

，水珠在暗一些的背景上效果更
板中的 ☀ 按钮，创建"亮度/对
暗，如图6-302所示。将它拖曳到
6-303所示。

图6-308　　　　　图6-309

图6-310　　　　　　图6-311

第7章

滤镜与插件

【本章简介】

本章主要介绍在使用时滤镜应该注意的事项,解读智能滤镜的操作方法,并推荐几款常用的外挂滤镜。Photoshop各个滤镜的详细说明放在附赠资源的滤镜电子书中,如需了解,可查看电子书。

对于初学者,滤镜的吸引力体现在其能够制作特效上,因为不需要复杂的操作,只要简单地设置几个参数,就能生成绚丽的特效。但这只是滤镜应用的一个方面,随着我们学习的深入,会逐渐接触到滤镜应用的更多层面,例如用滤镜校正数码相机的镜头缺陷、编辑图层蒙版、快速蒙版和通道等。

【学习目标】

在后面的章节中,滤镜的参与度比较高,会用它们完成各种工作任务。本章我们要做的是了解滤镜的规则和使用技巧,以及智能滤镜的操作方法,以便为后面的实战练习打好基础。本章的内容虽然不多,但通过以下实战,可以帮助大家更好地理解和掌握滤镜。

● 制作夸张漫画
● 制作抽丝效果照片
● 制作网点照片
● 修改智能滤镜
● 遮盖智能滤镜
● 用聚光灯改变照片氛围

【学习重点】

滤镜

7.1
Photoshop 2020

滤镜是Photoshop 中的"魔法师",它只要随手一变,就能让普通的图像呈现出令人惊奇的效果。滤镜的用途非常广,在制作特效、绘画、调整照片、抠图的时候都能用到。

·PS技术讲堂·

【 什么是滤镜? 滤镜怎样生成特效 】

滤镜是一种摄影器材,安装在镜头前,可以影响拍摄色彩或产生特殊的拍摄效果。例如,图7-1~图7-3所示为红外滤镜,以及用红外滤镜拍摄的摄影作品。植物、白云由于反射红外线而变得很亮,天空、水等则因吸收红外线而变得很暗,红外线的穿透力能使景物更加清晰,呈现出超现实意境。

图7-1　　　　　　图7-2　　　　　　图7-3

Photoshop中的滤镜是一种插件模块,可以改变像素的位置和颜色,进而生成特效。例如,图7-4所示为原图像,图7-5所示为用"染色玻璃"滤镜处理后的图像(从放大镜中可以看到像素的变化情况)。

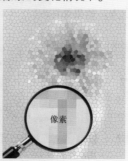

图7-4　　　　　　　　图7-5

有一百多个成员，都在"滤镜"菜单中，如图7-6所示。其中"滤镜库""镜头校正""液

，被单独列出，其他滤镜按照用途分类，放置在各个滤镜组中。如果安装了外挂滤镜，则它们

时，在"滤镜"菜单中是找不到"画笔描边""素描""纹理""艺术效果"滤镜组的，这是

"中了。要使用这些滤镜，需要执行"滤镜>滤镜库"命令，打开"滤镜库"对话框进行查找，

多，将一部分滤镜放在"滤镜库"中，可以让"滤镜"菜单简洁、清晰，方便我们查找滤镜。

行"编辑>首选项>增效工具"命令，打开"首选项"对话框，勾选"显示滤镜库的所有组和名

样可以让所有滤镜回到"滤镜"菜单中。

滤镜组　　　　　　效果图层

 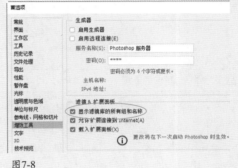

删除效果图层
新建效果图层

图7-7　　　　　　　　　　　　　图7-8

·PS技术讲堂·　　　　　　　　　　　⟶

【 滤镜的使用规则和技巧 】

要先选择要处理的图像，并使图层可见（缩览图左侧有眼睛图标 👁 ）。滤镜只能处理一个图层，不

位进行计算的，因此，用相同的参数处理不同分辨率的图像，效果会出现差异，如图7-9~图7-11所示。

处理选中的图像，如图7-12和图7-13所示；未创建选区，则处理当前图层中的全部图像，如图7-14

72像素/英寸　　　　分辨率为300像素/英寸　　创建选区　　　　滤镜只处理选中的图像　　未创建选区并使用滤镜

图7-11　　　　　　　　　　　　图7-12　　　　　　图7-13　　　　　　图7-14

为灰色的滤镜不能使用。这通常是图像模式造成的。RGB模式的图像可以使用全部滤镜，少量滤镜不

和位图模式的图像不能使用任何滤镜。如果颜色模式限制了滤镜的使用，可以执行"图像>模式>RGB

为RGB模式，再使用滤镜。

滤镜库"或相应的对话框，在预览框中可以预览滤镜效果，单击⊞和⊟按钮，可以放大和缩小显示比

例；单击并拖曳预览框内的图像，可以移动图像，如图 **7-15** 所示；如果想要查看某一区域，可以在文件中单击该区域，滤镜预览框中就会显示单击处的图像，如图 **7-16** 所示。按住 Alt 键，"取消"按钮会变成"复位"按钮，单击该按钮，可以将参数恢复为初始状态。

- 使用一个滤镜后，"滤镜"菜单的第一行便会出现该滤镜的名称（即"上次滤镜操作"命令），单击它可再次应用这一滤镜。
- 只有"云彩"滤镜可以应用在没有像素的区域，其他滤镜都必须应用在包含像素的区域，否则不能使用。
- "光照效果""木刻""染色玻璃"等滤镜在使用时会占用大量的内存，特别是在编辑高分辨率的图像时，Photoshop 的处理速度会变慢。如果遇到这种情况，可以先在一小部分图像上试验滤镜，找到合适的设置后，再将滤镜应用于整个图像。为 Photoshop 提供更多的可用内存也是一个解决办法（见29页）。
- 应用滤镜的过程中如果要终止处理，可以按Esc键。

图7-15   图7-16

💎 7.1.1

实战：夸张漫画效果

漫画中的人物身材比例通常比较夸张，头大身小，为的是塑造让人易于亲近的角色。Photoshop中的"液化"滤镜非常适合制作变形效果，用它改变身体的比例，对头部进行夸张处理，可以让一张普通照片瞬间变得引人注目，让严肃的主题变得轻松活泼，如图7-17所示。

图7-17

01 打开素材。执行"选择>主体"命令，选取人物，如图7-18所示。

图7-18

02 用快速选择工具 🖌 修改选区，在漏选的地方按住Shift键并拖曳鼠标，将其添加到选区中，如图7-19和图7-20所示；在多选的地方，则按住Alt键操作，将其排除到选区之外，如图7-21和图7-22所示。

图7-19   图7-20

图7-21   图7-22

03 按Ctrl+J快捷键，将选中的人物复制到一个新的图层中，隐藏"背景"图层，如图7-23和图7-24所示。

图7-23   图7-24

04 用快速选择工具 🖌 选取帽檐，如图7-25所示，按Delete键将其删除，如图7-26所示。

图7-26

头部，如图7-27所示，按Ctrl+J
的图层中。按住Ctrl键并单击该
载入选区。按Shift+Ctrl+I快捷
层1"，如图7-29所示，按Ctrl+J
示。将"图层1"隐藏。按Ctrl+T
点，将身体缩小，如图7-31所

图7-28

图7-31

令，打开"液化"对话框。选择
大小"值设置为150，如图7-32
的勾选，在手臂和肩膀上拖曳鼠
7-33所示。单击"确定"按钮关

图7-33

开"液化"对话框，用同样的方
，如图7-34和图7-35所示。

图7-34　　　　　　　图7-35

08 关闭对话框，效果如图7-36所示。新建一个图层，按
Ctrl+[快捷键移动到最底层。单击"渐变"面板中的预
设渐变，如图7-37所示，将该图层转换为填充图层。

图7-36　　　　　　　图7-37

09 双击它的缩览图，如图7-38所示，弹出"渐变填充"对
话框，调整选项，如图7-39和图7-40所示。

图7-38　　　　　　图7-39　　　　　　　图7-40

◈ 7.1.2

实战：用"滤镜库"制作抽丝效果照片

01 打开素材，如图7-41所示。首先将前景色
设置为蓝色，背景色设置为白色，如图
7-42所示。

扫 码 看 视 频

图7-41　　　　　　　图7-42

02 执行"滤镜>滤镜库"命令，打开"滤镜库"对话框，
单击"素描"滤镜组左侧的▶按钮展开滤镜组，单击
其中的"半调图案"滤镜，然后在对话框右侧选项组中将"图

案类型"设置为"直线","大小"设置为3,"对比度"设置为8,如图7-43所示。单击"确定"按钮关闭"滤镜库"对话框。

图7-43

提示(Tips)

如果想要使用某个滤镜,但不知道它在哪个滤镜组,可单击 ▶ 按钮,在打开的下拉菜单中查找。在该菜单中,滤镜是按照滤镜名称拼音的先后顺序排列的。

03 执行"滤镜>镜头校正"命令,打开"镜头校正"对话框,单击"自定"选项卡,将"晕影"选项组中的"数量"滑块拖曳到最左侧,为照片添加暗角效果,如图7-44和图7-45所示。

图7-44　　图7-45

04 执行"编辑>渐隐镜头校正"命令,在打开的对话框中将滤镜的混合模式设置为"叠加",如图7-46和图7-47所示。

图7-46　　　　图7-47

技术看板 29 同时添加多个滤镜

在"滤镜库"对话框中选择一个滤镜后,它会出现在对话框右下角的已应用滤镜列表中。单击列表下方的 田 按钮,可以添加一个效果图层,此时可以选择其他滤镜,通过这种方法,可同时为图像添加两个或更多滤镜。上下拖曳效果图层可以调整它们的堆叠顺序,图像效果也会发生改变。单击 圙 按钮,可以删除效果图层。单击眼睛图标 ◉ ,可以隐藏或显示滤镜。

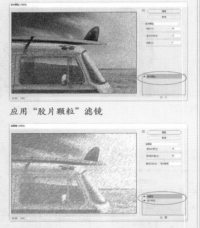

应用"胶片颗粒"滤镜

添加效果图层后,增加一个"绘图笔"滤镜

智能滤镜

7.2

智能滤镜是应用于智能对象的滤镜,可以对其进行修改和删除操作,不会破坏图像。除"液化"和"消失点"等少数滤镜外,其他滤镜均可作为智能滤镜使用,甚至"图像>调整"子菜单中的"阴影/高光"命令也可以用作智能滤镜。

· PS技术讲堂 ·

【 智能滤镜怎样智能 】

滤镜是通过改变像素的位置和颜色来实现特效的,因此,在使用时会修改像素,如图7-48和图7-49所示。如果将滤镜应用于智能对象,情况就不一样了。在这种状态下,滤镜会像图层样式一样附加在智能对象所在的图层上。也就是说,滤镜效果与图像是分离的,如图7-50和图7-51所示。这种特殊构成,使滤镜变为可编辑的

扫码看视频

如下所示。

（2）同一图层可添加多个滤镜；（3）滤镜参数可修改；（4）滤镜效果可以调整混合模式和不□ 添加图层样式，或用蒙版控制滤镜范围，如图7-52所示。

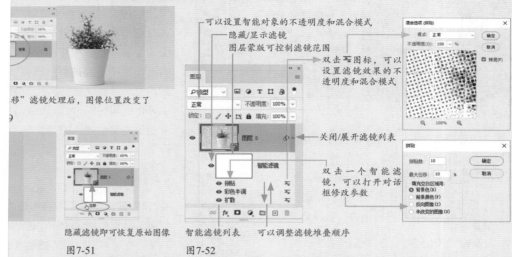

- 可以设置智能对象的不透明度和混合模式
- 隐藏/显示滤镜
- 图层蒙版可控制滤镜范围
- 双击此图标，可以设置滤镜效果的不透明度和混合模式
- 关闭/展开滤镜列表
- 双击一个智能滤镜，可以打开对话框修改参数

"移"滤镜处理后，图像位置改变了

隐藏滤镜即可恢复原始图像　智能滤镜列表　可以调整滤镜堆叠顺序

图7-51　　　　　　图7-52

常突出，但与普通滤镜相比，需要更多的内存及占用更大的存储空间。另外需要注意的是，智能□ 体现在，当缩放添加了智能滤镜的对象时，滤镜效果不会做出相应的改变。例如，在应用了"模□，但模糊范围并不会自动减少，我们需要手动修改滤镜参数，才能使滤镜效果与缩小后的对象

□点照片

□53所示。执行"滤□ 令，弹出一个提示□ 背景"图层转换为□ 当前图层为智能对□ 而不必将其转换为智能滤镜。

图7-54

□层。将前景色调整为普蓝色。执□ 令，打开"滤镜库"对话框，展□ 调图案"滤镜，将"图案类型"□ 如图7-55所示。单击"确定"按□7-56所示。

图7-55　　　　　　图7-56

03 执行"滤镜>锐化>USM锐化"命令，对图像进行锐化，使网点变得清晰，如图7-57和图7-58所示。

图7-57　　　　　　图7-58

04 将"图层0拷贝"图层的混合模式设置为"正片叠底"，选择"图层0"。将前景色调整为洋红色（R173，G95，B198）。执行"滤镜>素描>半调图案"命令，打开"滤镜库"对话框，使用默认的参数，将图像处理为网点效果，如图7-59所

示。执行"滤镜>锐化>USM锐化"命令，锐化网点。选择移动工具 ✛，按←键和↓键微移图层，使上下两个图层中的网点错开。使用裁剪工具 ⛏ 将照片的边缘裁齐，效果如图7-60所示。

图7-59　　　　　　　图7-60

◇ 7.2.2

实战：修改智能滤镜

　　下面使用前面的实战效果文件学习怎样修改智能滤镜。

01 双击"图层0拷贝"图层的"滤镜库"智能滤镜，如图7-61所示，打开"滤镜库"对话框，此时可修改滤镜参数，将"图案类型"设置为"圆形"，单击"确定"按钮关闭对话框，即可更新滤镜效果，如图7-62所示。

图7-61　　　　　　　图7-62

02 双击智能滤镜旁边的编辑混合选项图标 ≡，弹出"混合选项"对话框，设置滤镜的不透明度和混合模式，如图7-63和图7-64所示。虽然对普通图层应用滤镜时，也可使用"编辑>渐隐"命令来修改滤镜效果的不透明度和混合模式，但这得在应用完滤镜以后马上操作，否则将不能使用"渐隐"命令。

图7-63　　　　　　　图7-64

◇ 7.2.3

实战：遮盖智能滤镜

要点

　　智能滤镜包含一个图层蒙版，编辑蒙版可以有选择性地遮盖智能滤镜，使滤镜只影响图像的一部分。遮盖智能滤镜时，蒙版会应用于当前图层中所有的智能滤镜，因此，蒙版无法遮盖单个智能滤镜。执行"图层>智能滤镜>停用滤镜蒙版"命令，或按住Shift键并单击蒙版，可以暂时停用蒙版，蒙版上会出现一个红色的"×"。执行"图层>智能滤镜>删除滤镜蒙版"命令，或将蒙版拖曳到 🗑 按钮上，可以删除蒙版。

扫码看视频

01 单击智能滤镜的蒙版，将其选择，如果要遮盖某一处滤镜效果，可以用黑色绘制；如果要显示某一处滤镜效果，则用白色绘制，如图7-65所示。

02 如果要减弱滤镜效果的强度，可以用灰色绘制，滤镜将呈现不同级别的透明度。也可以使用渐变工具 ▦ 在图像中填充黑白渐变，渐变会应用到蒙版中，对滤镜效果进行遮盖，如图7-66所示。

图7-65　　　　　　　图7-66

◇ 7.2.4

实战：显示、隐藏和重排滤镜

01 打开素材，如图7-67所示。在智能滤镜行及其下方列表中，每一个滤镜左侧都有眼睛图标 👁，单击某个滤镜的眼睛图标 👁，可以隐藏该滤镜，如图7-68所示。

扫码看视频

图7-67　　　　　　　图7-68

02 单击智能滤镜行左侧的眼睛图标 👁，或执行"图层>智能滤镜>停用智能滤镜"命令，可以隐藏智能对象的所有智能滤镜，如图7-69所示。在原眼睛图标 👁 处单击，可以

重新排列它们的顺序。由于
┆上的顺序应用滤镜的，因此，
┆上改变，如图7-70所示。

图7-70

示。在"图层"面
┆智能滤镜从一个智
┆上，或拖曳到智能
┆标以后，可以复制
┆示。

对象旁边的 ◎ 图标，可以将所有
┆象，如图7-75~图7-77所示。如
┆拖曳到"图层"面板中的删除图
┆除应用于智能对象的所有智能滤
┆图层>智能滤镜>清除智能滤镜"
┆按钮上，即可删除。

┆7-77

实战：用聚光灯改变照片氛围

01 打开素材，如图7-78所示。用"滤镜>转
换为智能滤镜"命令将图层转换为智能对
象，如图7-79所示。

图7-78　　　　　图7-79

02 执行"滤镜>渲染>光照效果"命令。按Ctrl+-快捷键，将
视图比例调小，让暂存区显示出来，方便拖曳控制点，调
整光源的角度和照射范围，如图7-80所示。

03 在"属性"面板中单击"着色"选项右侧的颜色块，打开
"拾色器"对话框调整颜色（R0，G24，B255），然后调
整其他参数，如图7-81和图7-82所示。

图7-80　　　　　图7-81　　　　　图7-82

04 新建一个图层，设置混合模式为"叠加"。选择画笔工
具 ✐ 及柔边圆笔尖，在人背后的墙上绘制出投影，如
图7-83和图7-84所示。

图7-83　　　　　图7-84

7.3 插件（外挂滤镜）

插件是一种能扩展软件功能的小程序，使用非常广泛，例如游戏插件、浏览器插件、3D渲染插件等。Photoshop也支持插件，如外挂滤镜，可以帮助我们修图或制作特效。

7.3.1

KPT 系列外挂滤镜

许多知名的软件公司都开发过独具特色的滤镜插件。有的出售，有的免费发放，有些提供了试用版。在特效类插件中，比较有名的是KPT滤镜。

KPT（Kai's Power Tools）有好几个版本，包括KPT 3、KPT 5、KPT 6和KPT 7。每个版本的功能都不同，因此，版本号高并不意味着它就是前面版本的升级版。

KPT 3包含19种滤镜，可制作渐变填充效果、创建3D图像、添加杂质以及生成各种材质效果。图7-85所示为KPT 3的滤镜对话框。

KPT 5是继KPT 3之后Meta Tools公司的又一个力作，它包含10种滤镜，可以创建网页3D按钮、在图像上生成无数的球体、给图像加上令人惊奇的真实羽毛等特殊效果。图7-86所示为KPT 5的操作界面。KPT 6和KPT 7都采用此界面。

图7-85

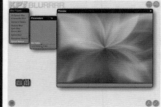
图7-86

KPT 6包含均衡器、凝胶、透镜光斑、天空特效、投影机、黏性物、场景建立和湍流等共计10余种特色滤镜。图7-87所示分别为原图及部分滤镜效果。

原图
图7-87

KPT Lensflare

KPT Projector

KPT 7是目前KPT系列滤镜的最高版本，也是名气很大的Photoshop外挂滤镜。它包含9种特色滤镜，可以创建墨

水滴、闪电、流动、撒播、高级贴图、渐变等超炫特效。图7-88和图7-89所示为部分滤镜效果。

KPT Hypertiling
图7-88

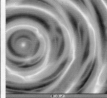
KPT Gradient Lab

KPT Lightning

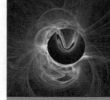
KPT FraxFlame Ⅱ
图7-89

KPT Scatter

KPT Channel Surfing

7.3.2

Mask Pro（抠图插件）

Mask Pro是由Ononesoftware公司开发的抠图插件，如图7-90所示。它的工具与Photoshop很相似，如保留吸管工具、魔术笔刷工具、魔术油漆桶工具、魔术棒工具，甚至还有可以绘制路径的魔术钢笔工具，更加简单易用。

图7-90

]开发的经典抠图插件。它能
烟雾、透明的对象、阴影等轻
处理后的图像可以直接输出到
KnockOut操作界面，图7-92和
像。

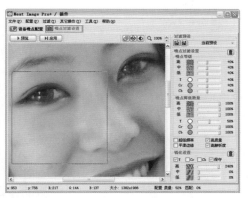

图7-94

图7-95　　　　　　　图7-96

图7-93

7.3.5
kodak（磨皮插件）

kodak是一款比较简单，效果也很不错的磨皮插件，如图7-97所示。如果还不能用好Photoshop磨皮技术，可以用这款软件暂时过渡一下。

图7-97

常好用的磨皮插件，它不仅可
物皮肤洁白、细腻，还能在磨
、眼睫毛的细节。图7-94所示
图7-95和图7-96所示分别为原

提示（Tips）

本书的配套资源中提供了《Photoshop外挂滤镜使用手册》，包含KPT7、Eye Candy 4000、Xenofex等经典外挂滤镜的详细参数设置方法和具体的效果展示。

第8章 色调调整

【本章简介】

Photoshop 中有 25 个图像调整命令，数量虽多，但基本上可分为调色彩和调色调两大类。本章讲解色调调整命令。

我们首先要了解色调范围是怎样一个概念，学会查看和分析图像的直方图；之后学习各个调整命令，从亮度控制、修改曝光、对比度调整、阴影和高光分区调整几个方面展开，由易到难，逐渐过渡到高级调整工具——曲线和超级图像——高动态范围图像。

【学习目标】

通过本章的学习，我们可以掌握以下知识技能。
● 能够从直方图中判断照片的曝光是否正确，掌握像素的分布情况
● 能够运用简单的工具快速调整亮度和对比度，避免出现色偏
● 能用"阴影/高光"命令处理高反差照片，从阴影中还原图像细节，并兼顾高光不会过曝
● 会使用中性色图层
● 掌握在阈值状态下提高对比度的技巧
● 会使用色阶和曲线，并理解它们的原理
● 清楚动态范围对图像意味着什么
● 会制作高动态范围图像

【学习重点】

调整图层

Photoshop 2020
8.1

需要调整颜色或色调时，最好使用调整图层操作，它是一种非破坏性的调整工具，也就是说它不会破坏图像的其他图层对象，可以对它进行修改和删除操作。

8.1.1

创建调整图层

单击"调整"面板中的按钮，如图8-1所示，或执行"图层>新建调整图层"子菜单中的命令，即可在当前图层上方创建调整图层，同时"属性"面板中会显示相应的参数选项，如图8-2所示。

图8-1　　　　　　　　　　　　　　　　　　　　　　图8-2

● 创建剪贴蒙版 ↵□：单击该按钮，可以将当前的调整图层与它下面的图层一起创建为一个剪贴蒙版组，使调整图层仅影响它下面的一个图层；再次单击该按钮后，调整图层会影响它下面的所有图层。

● 切换图层可见性 👁：单击该按钮，可以隐藏或重新显示调整图层。隐藏调整图层后，图像便会恢复原状。

● 查看上一状态 👁）：调整参数以后，可以单击该按钮，在窗口中查看图像的上一个调整状态，以便比较两种效果。

● 复位到调整默认值 ↺：单击该按钮，可以将调整参数恢复为默认值。

● 删除调整图层 🗑：选择一个调整图层后，单击该按钮，可将其删除。

为头发换色的实
它来学习调整图
控制调整范围，

扫码看视频

After

按钮，创建"色相/饱和度"调
按钮，创建剪贴蒙版组，然
所示。

整图层的蒙版反相，使之变为黑
图像会恢复为调整前的状态，如

选中头发（在工具选项栏中勾选
页），如图8-8所示。将背景色设置
键，在选区内填充白色，恢复调整
择，如图8-9所示。

图8-8　　　　　　图8-9

04 将前景色设置为白色，用画笔工具 在嘴唇和眼睛上涂
抹出唇彩和眼影，如图8-10和图8-11所示。

图8-10　　　　　　图8-11

05 单击"调整"面板中的 按钮，再创建一个调整图层，
并调整参数，如图8-12所示。按Ctrl+I快捷键，将蒙版反
相。用画笔工具 在头发中间涂抹，让头发呈现多色漂染效果，
如图8-13和图8-14所示。

图8-12　　　　图8-13　　　　图8-14

06 单击第一个调整图层，降低不透明度值，例如设置为
50%，调整效果会减弱为之前的一半，如图8-15和图
8-16所示。将"不透明度"值恢复为100%。

图8-15　　　　　　图8-16

07 下面修改调整参数。只要单击一个调整图层，如图8-17
所示，"属性"面板中就会显示相应的选项，此时便可

进行修改，如图8-18和图8-19所示。

图8-17　　　　图8-18　　　　图8-19

· PS技术讲堂 ·

【 怎样才能用好调整图层 】

调整命令使用方法

Photoshop中的颜色调整命令都在"图像"菜单中，如图8-20所示。这些命令可以通过3种方法使用。

第1种是以智能滤镜的方式应用调整命令。操作时，先选择需要调整的图层，如图8-21所示；然后执行"图层>智能对象>转换为智能对象"命令，将其转换为智能对象，如图8-22所示；之后再使用"阴影/高光"命令进行调整，它会变成智能滤镜，以列表的形式出现在图层下方，如图8-23所示。当需要修改参数时，双击它，即可打开相应的对话框。但这是一个特例，只有"阴影/高光"命令能这样做。

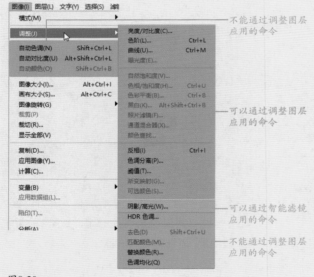

图8-20

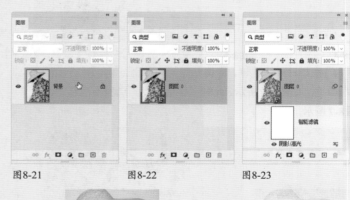

图8-21　　　　图8-22　　　　图8-23

第2种方法是直接执行调整命令，这种方法比较常用。Photoshop会修改像素，使图像颜色发生改变，如图8-24和图8-25所示。注意观察"背景"图层，和原始图像已经不一样了。

第3种方法是通过调整图层来应用命令。调整图层存储调整指令，并对其下方的图层产生影响，如图8-26所示。可以看到，效果与图8-25完全相同，但"背景"图层仍保持原样，图像的颜色并没有真正被改变。单击它左侧的眼睛图标 ◉ ，将调整图层隐藏，如图8-27所

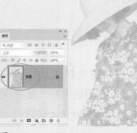

图8-24　　　　　　　图8-25

板底部的 🗑 按钮上删除，图像颜色就会恢复。这说明调整图层是非破坏性的。

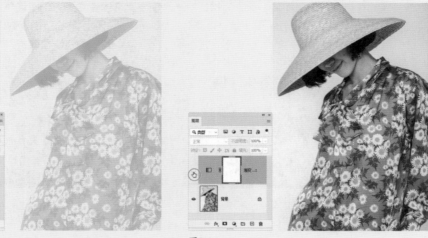

图8-27

操作方法大致相同，但由于它会影响它下方的所有图层，如图8-28所示，所以，改变调整图层的
　这是需要注意的。当调整效果过于强烈的时候，可以通过修改调整图层的不透明度和混合模式
，如果打开了多个文件，选择调整图层后，还可使用移动工具 ✛，像拖曳图像一样（见79页）将其
所示。

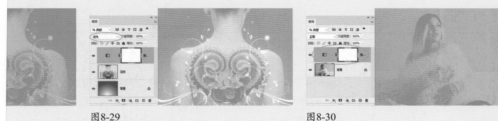

图8-29　　　　　　　　　　　　　　　　　　图8-30

可以合并。将它拖曳到"图层"面板底部的 ⊞ 按钮上，可进行复制。当它与下方的图层合并后，
的图层中；当它与上方的图层合并后，与之合并的图层不会有任何改变，因为调整图层不能对它
图层不能作为合并的目标图层，也就是说，不能将调整图层上方的图层合并到调整图层中。

大，从横向看，它的有效范围覆盖整个画面区域；从纵向看，它会影响位于其下方的所有图层，
"驾驭"不好调整图层，它很容易成为破坏图像的工具。
从以下几个方面着手。首先是控制调整强度。整体调整强度可以通过"不透明度"值来控制，前
不透明度设置为50％时，调整强度就减弱为原先的一半了。局部区域可以使用画笔工具 ✏ 涂灰，
。灰色越深、调整强度越弱，如图8-32所示。

图8-32

。这个比较简单，用画笔工具 ✏ 或其他工具将不想被影响的区域涂黑即可。或者像前面的实战那

样，先将调整图层的蒙版反相为黑色，之后再将需要调整的区域涂白。

还有就是让调整图层只影响特定的图层。如果只想影响一个图层，可以在它上方创建调整图层，之后单击"属性"面板中的 □ 按钮，将这两个图层创建为一个剪贴蒙版组，用剪贴蒙版（见166页）限定调整范围，如图8-33所示。如果想影响更多的图层，可以在它们上方创建调整图层，然后将它与这些图层一同选取，按Ctrl+G快捷键将其编入图层组中，再将组的混合模式设置为"正常"即可，如图8-34所示。

图8-33

图8-34

8.2 色调范围、直方图与曝光

一张好的照片，应该曝光准确，色调范围完整，这样才能获得丰富的细节。直方图是观察曝光和色调范围的专业工具。下面介绍具体用法。

· PS技术讲堂 ·

【 色调范围 】

在一张照片中，色调范围直接关系图像的信息量，也影响着图像的亮度和对比度。而亮度和对比度又决定了图像的清晰度，因此，色调范围是衡量图像好坏的重要指标，由此可知，色调调整在图像调整工作中非常关键。

在Photoshop中，色调范围被定义为0（黑）~255（白），一共256级色阶。在这个范围内，可以划分出阴影、中间调和高光3个色调区域，如图8-35所示。

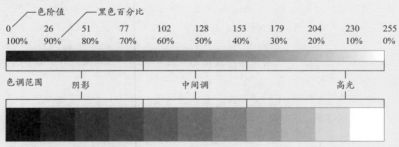

摄影师常用的11级灰度色阶

图8-35

色调范围完整的图像画质细腻、层次丰富、色调过渡平滑，如图8-36所示。如果图像的色调范围不完整，小于0~255级色阶，就会缺少纯黑和纯白或接近纯黑和纯白的色调，造成对比度偏低、图像细节不丰富、色彩平淡、色调不通透等问题，如图8-37所示。

Photoshop中的"色阶"和"曲线"命令可以单独调整任意一个色调区域。其他调整命令则各有侧重，本章后面会有具体详解。这里我们只做一个排序，功能从简单到复杂的顺序是："自动色调"→"自动对比度"→"亮度/对比度"→"曝光度"→"阴影/高光"→"色阶"→"曲线"。"曲线"最强大，可以完成除"曝光度"和"阴影/高光"之外的所有命令所能完成的工作。

色调范围小于0~255级色阶的黑白/彩色照片

图8-37

像色调的时候，也会对色彩产生影响。例如，当色调的反差被调低时，明暗对比减弱，色彩会变
而提高色调反差、增强对比度后，色彩会变得更加鲜艳、更有表现力。

信息

其作用相当于
供油量、车速、发
们从中可以了解汽
图像的亮度分布状
像素数量。观察直方图，能准
道阴影、中间调和高光中包含
合理的调整。
托打开"直方图"面板，分析
从左（色阶为0，纯黑）至右
级色阶。直方图上的"山峰"
的多寡。如果照片中某一个色
直方图就比较高，就会堆积成
则形成较低的"山峰"或凹陷

山峰"高，包含的像素多
峡谷"包含的像素少
像素较少
像素最少

255（白）

当直方图中的像素数量充沛，分布也比较细密时，如图8-39所示，说明图像的细节丰富，能够承受更多的编辑处理。反之，如果直方图中有梳齿状空隙，则表示色调之间出现了断裂，即色调分离，如图8-40所示。如果调整过程中出现这种直方图，则说明图像的细节在减少，不适合再编辑了。一般编辑小尺寸、低分辨率的照片，以及通过扫描仪获取的图像时，多次调整，或者调整幅度稍大，都容易造成色调分离。

图8-39

图8-40

曝光准确

曝光准确的照片色调均匀，明暗层次丰富，亮部不会丢失细节，暗部也不会漆黑一片，如图8-41所示。从直方

图中可以看到，从左（色阶0）到右（色阶255）每个色阶都有像素分布。

图8-41

曝光不足

曝光不足的照片色调较暗，直方图呈L形，山峰分布在左侧，中间调和高光都缺少像素，如图8-42所示。

图8-42

曝光过度

曝光过度的照片画面色调较亮，直方图呈J形，山峰整体都向右偏移，阴影区域缺少像素，如图8-43所示。

图8-43

反差过小

反差过小的照片灰蒙蒙的，色彩不鲜亮，色调也不清晰，直方图呈⊥形，没有横跨整个色调范围（0~255级），如图8-44所示。说明阴影和高光区域缺少必要的像素，图像中最暗的色调不是黑色，最亮的色调不是白色，该暗的地方没有暗下去，该亮的地方也没有亮起来。

暗部缺失

暗部缺失的照片阴影区域漆黑一片，没有层次，也看

不到细节，直方图的一部分山峰紧贴直方图左端，这就是全黑的部分（色阶为0），如图8-45所示。

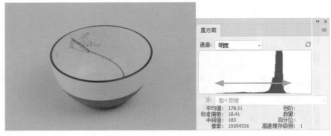

图8-44

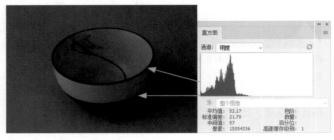

图8-45

高光溢出

高光溢出的照片高光区域完全是白色，没有层次和细节，直方图中的一部分山峰紧贴直方图右端，它们就是全白的部分（色阶为255），如图8-46所示。

图8-46

> **提示（Tips）**
>
> 上面的这些直方图不能用于判断复杂的影调关系。例如，拍摄白色沙滩上的白色冲浪板时，直方图极端偏右也是正常的。光影的复杂关系导致直方图的形态千差万别，完美的直方图不代表曝光完美。

💎 8.2.2
直方图的展现方法

"直方图"面板的显示方法

"直方图"面板有3种显示方法，在它的面板菜单中可

式，只提供直方图信息，如
则多了统计数据和控件，如图
是在前者的基础上增加了通

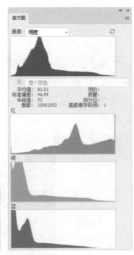

图8-49

"全部通道视图"直方图时，
示。为了便于观察，可以使用
通道"命令，让通道直方图以

蓝"分别是指红通道直方图、
方图，即单个颜色通道的直方
"直方图则是这3个颜色通道的
方图，如图8-51所示。

面板最顶部的RGB复合通道
52所示。

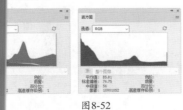

图8-52

显示复合通道的亮度或强度值，
之后的直方图。它比RGB直方图
状况。

8.2.3

统计数据反馈了哪些信息

将"直方图"面板设置为"扩展视图"时，就会显示图像全部的统计数据，如图8-53所示。如果在直方图上拖曳鼠标，则可以显示所选范围内的数据信息，如图8-54所示。

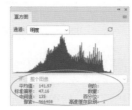 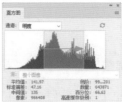

图8-53　　　　　图8-54

● 平均值：显示了像素的平均亮度值（0~255的平均亮度）。通过观察该值，可以判断图像的色调类型。

● 标准偏差：显示了亮度值的变化范围，该值越高，说明图像的亮度变化越剧烈。

● 中间值：显示了亮度值范围内的中间值。图像的色调越亮，中间值越高。

● 像素：显示了用于计算直方图的像素总数。

● 色阶/数量："色阶"显示了鼠标指针所指区域的亮度级别；"数量"显示了鼠标指针下面亮度级别的像素总数，如图8-55所示。

● 百分位：显示了鼠标指针所指的级别或该级别以下的像素累计数。如果对全部色阶范围取样，该值为100；对部分色阶取样，显示的则是取样部分占总量的百分比，如图8-56所示。

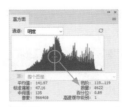 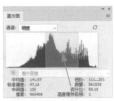

图8-55　　　　　图8-56

● 高速缓存级别：显示了当前用于创建直方图的图像高速缓存级别。当高速缓存级别大于1时，会更加快速地显示直方图。

● 高速缓存数据警告：从高速缓存（而非文件的当前状态）中读取直方图时，会显示 ▲ 状图标，如图8-57所示。这表示当前直方图是Photoshop通过对图像中的像素进行典型性取样而生成的，此时的直方图显示速度较快，但并不是最准确的统计结果。单击 ▲ 图标或使用高速缓存的刷新图标 ⟳，可以刷新直方图，显示当前状态下的最新统计结果，如图8-58所示。

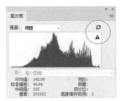 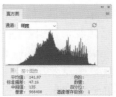

图8-57　　　　　图8-58

色调与亮度调整

8.3

进行色调和亮度调整时，一方面应以直方图为参考依据，另一方面则要用正确的方法操作，那么首先应选对调整命令。下面详细介绍各种调整命令的特点及使用方法。

8.3.1

自动对比度调整

对于曝光不足或者色调不够清晰的照片，如图8-59所示，最简单和快速的调整方法是使用"图像"菜单中的"自动色调"命令处理。

图8-59

执行该命令时，Photoshop会检查各个颜色通道，将每一个颜色通道中最暗的像素映射为黑色（色阶0），最亮的像素映射为白色（色阶255），中间像素按比例重新分布，图像色调呈现完整的亮度级别（0~255级色阶），从而使色调的对比度得到增强，如图8-60所示。

用"自动色调"命令增强对比度，红色基调被削弱，颜色偏黄了一些
图8-60

从图8-60所示的调整结果中可以看到，图像的颜色发生了一些改变。原图的整个颜色基调是偏红的，调整之后，红色基调被削弱了，黄色有所增强。这是由于"自动色调"命令对各个颜色通道做出了不同程度的调整，由于色彩信息保存在颜色通道里（见221页），所以该命令破坏了色彩的平衡，使颜色出现了偏差（见228页）。

"图像"菜单中的"自动对比度"命令可以避免这种情况发生。它只调整图像的色调，不单独处理通道，也就不会造成色偏。但也正因如此，单个颜色通道中的对比并没有被调整到最佳，整个图像的对比度也就没有使用"自动色调"命令处理强，如图8-61所示。

用"自动对比度"命令调整，红色基调没有被修改，即未出现色偏
图8-61

8.3.2

提升清晰度，展现完整亮度色阶（"色调均化"命令）

"图像>调整"子菜单中的"色调均化"命令可以改变像素的亮度值，使最暗的像素呈现为黑色，最亮的像素呈现为白色，其他像素在整个亮度色阶范围内均匀地分布。

它具有这样的特点：处理色调偏亮的图像时，能增强高光和中间调的对比度；处理色调偏暗的图像时，可提高阴影区域的亮度，如图8-62~图8-65所示。

原图：色调偏亮的图像，直方图中的"山峰"偏右
图8-62

处理后：直方图中的"山峰"向中间调区域偏移。高光区域（天空）和中间调（建筑群）的色调对比得到增强，清晰度明显提升

图8-63

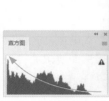

原图：色调偏暗的图像，直方图中的"山峰"偏左

图8-64

处理后：直方图中的"山峰"向中间调区域偏移。阴影区域（画面左下方的礁石）变亮，展现出更多的细节

图8-65

使用"色调均化"命令处理之后，这两幅图像的直方图表现出一个共同特征："山峰"都向中间调区域偏移，这说明中间调得到了改善，像素的分布也更加均匀了。

> **提示**（ Tips ）
>
> 如果创建了选区，则在执行"色调均化"命令时会弹出一个对话框，选取"仅色调均化所选区域"选项，表示仅均匀分布选区内的像素；选取"基于所选区域色调均化整个图像"选项，可以根据选区内的像素均匀分布所有图像像素，包括选区外的像素。

◈ 8.3.3
亮度和对比度控制（"亮度/对比度"命令 ）

"色阶"和"曲线"命令是最好的色调调整工具，但

操作方法比较复杂，掌握起来有一些难度。在尚未熟悉这两个命令之前，可以用"图像>调整>亮度/对比度"命令来替代它们做一些简单的调整，如图8-66和图8-67所示。

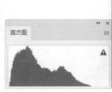

原图

图8-66

降低亮度，提高对比度，让画面呈现油画般的质感

图8-67

该命令既可以提高亮度和对比度（向右拖曳滑块）；也能使它们降低（向左拖曳滑块）。此外，勾选"使用旧版"选项后，还可进行线性调整。这是Photoshop CS3以前的版本的调整方法，调整强度比较大，会损失较多的细节。除非追求特殊效果，否则不建议使用。

> **提示**（ Tips ）
>
> 如果图像用于高端输出，最好还是用"色阶"和"曲线"命令调整，因为用"亮度/对比度"命令处理时，图像细节的损失相对要多一些。

◈ 8.3.4
实战：调整逆光高反差人像（"阴影/高光"命令 ）

要点

逆光拍摄时，场景中亮的区域特别亮，暗的区域又特别暗。如果考虑亮调区域不能过曝，就会导致暗调区域过暗，看不清内容，形成高反差。本实战就是要处理这样的一张照片，如图8-68所示。

扫码看视频

处理这种照片最好的方法是将阴影和高光区域分开来调整，提高阴影区域的色调，高光区域则尽量保持不变或根据需要降低亮度，这样才能获得最佳效果。

图8-68

01 这张逆光照片的色调反差非常大，人物几乎变成了剪影。如果使用"亮度/对比度"或"色阶"命令将图像调亮，则整个图像都会变亮，人物的细节虽然可以显示出来，但背景几乎完全变白了，如图8-69和图8-70所示。我们需要的是将阴影区域（人物）调亮，但又不影响高光区域（人物背后的窗户）的亮度，用"阴影/高光"命令可以实现这个目的。

02 执行"图像>调整>阴影/高光"命令，打开"阴影/高光"对话框，Photoshop会进行自动调整，让暗色调中的细节初步展现出来，如图8-71所示。

图8-69　　　　　　图8-70　　　　　　图8-71

03 将"数量"滑块拖曳到最右侧，提高调整强度，将画面提亮。再向右拖曳"半径"滑块，将更多的像素定义为阴影，以便Photoshop对其应用调整，从而使色调变得平滑，消除不自然感，如图8-72和图8-73所示。

图8-72　　　　　　图8-73

04 当前状态下颜色有些发灰，向右拖曳"颜色"滑块，增加颜色的饱和度，如图8-74和图8-75所示。

图8-74　　　　　　　　　　图8-75

"阴影/高光"对话框选项

　　"阴影/高光"命令适合调整逆光照，也能校正由于太接近相机闪光灯而有些发白的焦点。它能基于阴影或高光中的局部相邻像素来校正每个像素，作用范围非常明确。调整阴影区域时，对高光区域的影响很小；调整高光区域时，也不会给阴影区域造成过多影响。虽然曲线也能实现这样的效果，但需要做复杂的处理。图8-76和图8-77所示为原图及"阴影/高光"对话框。

图8-76　　　　　　　　　图8-77

● "阴影"选项组：可以将阴影区域调亮，如图8-78所示，"数量"选项控制调整强度，该值越高，阴影区域越亮；"色调"选项控制色调的修改范围，较小的值会限制只对较暗的区域进行校正，较大的值会影响更多的色调；"半径"选项控制每个像素周围的局部相邻像素的大小，相邻像素决定了像素是在阴影中还是在高光中。

数量35%/色调0%/半径0　　数量35%/色调50%/半径0　　数量35%/色调50%/半径2500

图8-78

● "高光"选项组：可以将高光区域调暗，如图8-79所示，"数量"选项控制调整强度，该值越高，高光区域越暗；

"色调"选项控制色调的修改范围，较小的值表示只对较亮的区域进行校正；"半径"选项控制每个像素周围的局部相邻像素的大小。

数量100%/色调50%/半径30　数量100%/色调100%/半径30　数量100%/色调100%/半径2500

图8-79

- 颜色：调整所修改区域的颜色。例如，提高"阴影"选项组中的"数量"值，使图像中较暗的颜色显示出来以后，如果再提高"颜色"值，可以使这些颜色更加鲜艳，如图8-80所示。

调整前　　　　　提高阴影区域亮度　　　　提高"颜色"值

图8-80

- 中间调：可提高或降低中间调的对比度。

- 修剪黑色/修剪白色：可以指定在图像中将多少阴影和高光剪切到新的极端阴影（色阶为0，黑色）和高光（色阶为255，白色）颜色。该值越高，色调的对比度越强。

- 存储默认值：单击该按钮，可以将当前的参数设置存储为预设，再次打开"阴影/高光"对话框时，会显示该参数。如果要恢复为默认的数值，可按住Shift键，该按钮就会变为"复位默认值"按钮，单击它便可以进行恢复。

- 显示更多选项：勾选该选项，可以显示其余隐藏的选项。

8.3.5

修改小范围、局部曝光（减淡和加深工具）

在传统摄影技术中，调节照片特定区域的曝光时，摄影师会通过遮挡光线的方法，使照片中的某个区域变亮（减淡）；或者增加曝光度，使照片中的区域变暗（加深）。Photoshop的减淡工具 🔍 和加深工具 ✋ 正是基于这种技术而诞生的，可用于处理照片的曝光，尤其是处理小范围的、局部的图像。这两个工具都通过拖曳鼠标的方法使用，并且它们的工具选项栏也相同，如图8-81所示。

图8-81

- 范围：可以选择要修改的色调。选择"阴影"，可以处理图像中的暗色调；选择"中间调"，可以处理图像的中间调（灰色的中间范围色调）；选择"高光"，可以处理图像的亮部色调。图8-82所示为原图及使用减淡工具 🔍 和加深工具 ✋ 处理后的效果。

原图

减淡阴影　　　　减淡中间调　　　　减淡高光

加深阴影　　　　加深中间调　　　　加深高光

图8-82

- 曝光度：可以为减淡工具或加深工具指定曝光。该值越高，调整强度越大，效果越明显。

- 喷枪 🖌 /设置画笔角度 ∠：单击喷枪按钮，可为画笔开启喷枪功能（见125页）；"设置画笔角度"选项调整画笔的角度。

- 保护色调：可以减小对色调的影响，同时防止色偏。

8.3.6

实战：在中性色图层上修改影调

本实战使用中性色图层对照片的影调和曝光进行局部修正，如图8-83所示。中性色图层是非破坏性功能，不会影响原始图像。

扫码看视频

图8-83

01 执行"图层>新建>图层"命令，打开"新建图层"对话框。在"模式"下拉列表中选择"柔光"选项，勾选"填充柔光中性色"选项，创建一个柔光模式的中性色图层，如图8-84和图8-85所示。

图8-84

图8-85

图8-86　　　　图8-87　　　　图8-88

02 按D键，将前景色设置为黑色。选择画笔工具 ✎ 及柔边圆笔尖，将不透明度设置为30%，在人物后方的背景上涂抹黑色，进行加深处理，如图8-86所示。按X键，将前景色切换为白色。在人物身体上涂抹，进行减淡处理，如图8-87和图8-88所示。

03 单击"调整"面板中的 ▦ 按钮，创建"曲线"调整图层。在曲线上单击，添加控制点并拖曳，如图8-89和图8-90所示。可以看到，调整以后，图像色调更加清晰，色彩也变得鲜艳了。

图8-89　　　　图8-90

· PS技术讲堂 ·

【 认识中性色，用好中性灰 】

中性色

如果我们听到有人讲"中性色""中性灰"，一定不要混淆，这是两个概念。

什么是中性色呢？它特指黑色、50%灰色和白色这3种颜色，如图8-91所示。在创建中性色图层时，Photoshop会用其中的一种颜色填充图层，并为其设置混合模式。在混合模式的作用下，画面中的中性色是不可见的，就像新创建的透明图层一样，对其他图层没有任何影响。

黑色（R0，G0，B0）　　50%灰色（R128，G128，B128）　　白色（R255，G255，B255）

图8-91

从用途上看，中性色图层没有破坏性，可用于修改图像的影调，前面的实战便是一个例子。中性色图层还可以添加图层样式和滤镜，如图8-92和图8-93所示，修改起来也很方便。例如，可以移动滤镜或效果的位置，也可以通过不透明度来控制强度，或用蒙版遮挡部分效果。普通图层是无法这样操作的。

将"光照效果"滤镜应用在中性色图层上，制作出舞台灯光　　　在中性色图层上添加图层样式

图8-92　　　　　　　　　　　　　　　　　　　图8-93

中性灰

中性灰要比中性色范围广，除黑、白之外的任何灰色（R值 = G值 = B值）都属于中性灰。

中性灰在很多效果里都起到关键性作用。本书有多个实战会用到它，包括用"色阶"或"曲线"校正偏色的照片时，会通过定义灰点（中性灰）来校正色偏。此外，磨皮和锐化也能用上中性灰。此处以磨皮为例简单介绍一下。

用"高反差保留"滤镜磨皮时，图像会被处理为中性灰色，只有明度差异，没有色彩信息，皮肤上的痘痘、色斑和皱纹等融入灰色之中，就会被"磨掉"，光滑的皮肤就这样出现了，如图8-94~图8-97所示（该实战在294页）。

原图
图8-94

用"高反差保留"滤镜磨皮
图8-95

色彩被转换为中性灰
图8-96

磨皮效果
图8-97

色阶与曲线调整

8.4

"色阶"和"曲线"可以调整阴影、中间调和高光的强度级别，也能扩展或收窄色调范围，以及改变色彩平衡。也就是说，它们既能调色调，也能调色彩。但在功能和使用方法上，二者有很大的不同。

8.4.1

实战：在阈值状态下提高对比度（"色阶"命令）

要点

对比度低的照片有两个特点：色调不清晰，以及由此导致的颜色不鲜艳，如图8-98所示（左图）。这类照片的处理方法是将画面中最暗的深灰色调映射为黑色，最亮的浅灰色调映射为白色，使色调范围得到扩展，涵盖0~255级色阶，这样对比度就提高了，色彩感自然也就体现出来了，如图8-98所示（右图）。

扫码看视频

但是如果把握不好调整幅度，会对图像的细节造成损失。例如把稍浅一点的灰色映射为黑色以后，之前比它深一些的灰色也都会变为黑色，这些灰色中所包含的图像信息就看不到了。

那么怎样才能找到最暗和最亮的色调呢？下面介绍介绍一个技巧——将图像临时切换为阈值状态，再查找最暗和最亮色调。需要说明的是，这种方法不能用于 CMYK 模式的图像。

图8-98

01 观察"直方图"面板。这是一个⊥形直方图，山脉的两端没有延伸到直方图的两个端点上，如图8-99所示。这说明图像中最暗的点不是黑色，最亮的点也不是白色，这是图像缺乏对比度、颜色发灰的原因。如果将这两个滑块拖曳到直方图的起点和终点上，就可以保证图像细节不会丢失，同时获得最佳的对比度。

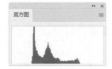

图8-99

02 单击"调整"面板中的 ⋙ 按钮，创建"色阶"调整图层。按住 Alt 键，向右拖曳阴影滑块，切换为阈值模式。这时出现一个高对比度的预览图像，如图8-100和图8-101所示；往回拖曳滑块（不要放开Alt键），当画面中开始出现少量图像时放开滑块，如图8-102和图8-103所示，这样就能够将滑块比较准确地定位在直方图左侧的端点上。

图8-100   图8-101

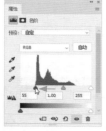

图8-102   图8-103

03 用同样的方法调整高光滑块，将其定位在出现少量高对比度图像处，如图8-104和图8-105所示，这样滑块就大致位于直方图最右侧的端点上了。效果如图8-106所示。

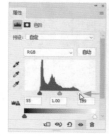

图8-104   图8-105   图8-106

04 单击"调整"面板中的 ▦ 按钮，创建"色相/饱和度"调整图层。把色彩的饱和度调高一点，之后用画笔工具 ✏ 修改蒙版，将调整限定在嘴、头发和头巾的区域，如图

8-107和图8-108所示。

图8-107   图8-108

"色阶"对话框选项

执行"图像>调整>色阶"命令（快捷键为Ctrl+L），打开"色阶"对话框，如图8-109所示。

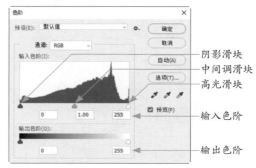

阴影滑块
中间调滑块
高光滑块
输入色阶
输出色阶

图8-109

● 预设：可以选择 Photoshop 提供的预设色阶。单击选项右侧的 ✿ 按钮，在打开的菜单中执行"存储预设"命令，可以将当前的调整参数保存为一个预设文件。在使用相同的方式处理其他图像时，可以用该文件自动完成调整。

● 通道：可以选择一个颜色通道来进行调整。调整通道会改变图像的颜色（见221页）。如果要同时调整多个颜色通道，可以在执行"色阶"命令之前，先按住 Shift 键并在"通道"面板中选择这些通道，这样"色阶"的"通道"菜单会显示目标通道的缩写，例如，RG 表示红、绿通道。

● 输入色阶：用来调整图像的阴影（左侧滑块）、中间调（中间滑块）和高光（右侧滑块）区域。可以拖曳滑块或在滑块下面的文本框中输入数值来进行调整。

● 输出色阶：可以限制图像的亮度范围，降低对比度，使色调对比变弱，颜色发灰。

● 设置黑场 ✒ /设置灰场 ✒ /设置白场 ✒：可以通过在图像上单击的方法使用。设置黑场工具 ✒ 可以将单击点的像素调整为黑色，比该点暗的像素也变为黑色。设置灰场工具 ✒ 用于校正色偏，Photoshop 会根据单击点像素的亮度调整其他中间色调的平均亮度。设置白场工具 ✒ 可以将单击点的像素调整为白色，比该点亮度值高的像素也变为白色。

● 自动/选项：单击"自动"按钮，可以使用当前的默认设置应用自动颜色校正；如果要修改默认设置，可以单击"选项"按钮，在打开的"自动颜色校正选项"对话框中操作。

8.4.2
实战：从严重欠曝的照片中找回细节（"曲线"命令）

下面要处理的是一张曝光严重不足的照片，如图8-110所示。在很多人眼中，这几乎就是一张废片。我们来看看，曲线是怎样将其挽救回来的。

扫码看视频

Before　　　　　　　　　　After

图8-110

01 按Ctrl+J快捷键，复制"背景"图层，得到"图层1"，将它的混合模式改为"滤色"，提升图像的整体亮度，如图8-111所示。再按Ctrl+J快捷键，复制这个"滤色"模式的图层，效果如图8-112所示。

图8-111　　　　图8-112

02 单击"调整"面板中的 按钮，创建"曲线"调整图层。在曲线偏下的位置单击，添加一个控制点，然后向上拖曳曲线，将暗部区域调亮，如图8-113和图8-114所示。

图8-113　　　　图8-114

03 曝光严重不足的照片或多或少都存在色偏。从当前的调整结果中可以看到，图像的颜色有些偏红。下面来校正色偏。单击"调整"面板中的 按钮，创建"色相/饱和度"调整图层，选择"红色"，拖曳"明度"滑块，将红色调亮，这样可以降低红色的饱和度，将人物肤色调白，如图8-115和图8-116所示。

图8-115　　　　图8-116

技术看板 30 调整色调时怎样避免出现色偏

使用"曲线"和"色阶"命令提高对比度时，通常还会增加色彩的饱和度，有可能出现色偏。要避免色偏，可以通过"曲线"或"色阶"调整图层来进行调整，再将调整图层的混合模式设置为"明度"。

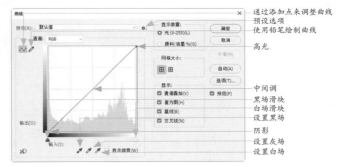

"曲线"对话框基本选项

执行"图像>调整>曲线"命令（快捷键为Ctrl+M），打开"曲线"对话框，如图8-117所示。

通过添加点来调整曲线
预设选项
使用铅笔绘制曲线
高光
中间调
黑场滑块
白场滑块
设置黑场
阴影
设置灰场
设置白场

图8-117

● 预设：可以选择Photoshop提供的预设曲线。单击"预设"选项右侧的 按钮，打开下拉菜单，执行"存储预设"命令，可以将当前的调整状态保存为预设文件，在调整其他图像时，可以使用"载入预设"命令载入文件并自动调整。选择"删除当前预设"命令，可以删除所存储的预设文件。

● 通道：可以选择要调整的颜色通道。

● 输入/输出："输入"显示了调整前的像素值，"输出"显示了调整后的像素值。

● 显示修剪：调整阴影和高光控制点时，可以勾选该选项，临时切换为阈值模式，显示高对比度的预览图像。这与前面介绍的在阈值模式下调整"色阶"是一样的。

● "自动"/"选项"/设置黑场 ∕/设置灰场 ∕/设置白场 ∕：与"色阶"对话框中的选项及工具相同。

205

"曲线"对话框中的显示选项

- **显示数量**：可以反转强度值和百分比的显示。默认选择"光（0-255）"选项，如图8-118所示；图8-119所示为选择"颜料/油墨（％）"选项时的曲线。

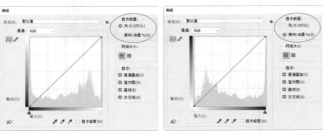

图8-118　　　　　　　　图8-119

- **网格大小**：单击 按钮，以25%的增量显示曲线背后的网格，这也是默认的显示状态；单击 按钮，则以10%的增量显示网格。后者更容易将控制点对齐到直方图上。也可以按住Alt键单击网格，在这两种网格间切换。

- **通道叠加**：在"通道"选项选择颜色通道并进行调整时，可在复合曲线上方叠加各个颜色通道的曲线，如图8-120所示。

- **直方图**：在曲线上叠加直方图。

- **基线**：显示以45°角绘制的基线。

- **交叉线**：调整曲线时显示十字参考线，如图8-121所示。

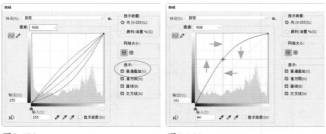

图8-120　　　　　　　　图8-121

提示（Tips）

"色阶"和"曲线"对话框中虽然有直方图，可作为参考依据，但它不能实时更新，因此调整图像时，最好还是通过"直方图"面板观察直方图的变化。另外，调整图像时，"直方图"面板中会出现两个直方图，其中，黑色的是当前调整状态下的直方图（最新的直方图），灰色的则是调整前的直方图（应用调整之后，它会被新的直方图取代）。

8.4.3

曲线的3种玩法

曲线可以用3种方法调整。第1种方法也是最常用的方法，在曲线上单击添加控制点，

扫码看视频

之后拖曳控制点改变曲线形状，从而调整图像，如图8-122所示。

图8-122

第2种方法是选择调整工具 ，将鼠标指针移动到图像上，此时曲线上会出现一个空心方形，这是鼠标指针处的色调在曲线上的准确位置，如图8-123所示。单击并拖曳鼠标，可添加控制点并调整相应的色调，如图8-124所示。

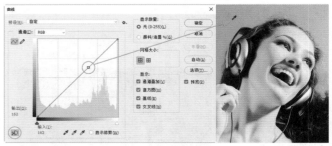

图8-123

图8-124

第3种方法是使用铅笔工具 在曲线上拖曳鼠标徒手绘制曲线，如图8-125所示。单击"平滑"按钮，可以对曲线进行平滑处理，如图8-126所示。单击 按钮，曲线上会显示控制点。

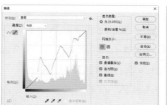

图8-125　　　　　　　　图8-126

选取控制点

如果曲线上添加了多个控制点,通过键盘按键来选取控制点,可以防止其被意外移动。按+键,可以由低向高选择控制点(即从左下角向右上角切换);按–键,则由高向低切换控制点。选中的控制点为实心方块,未选中的为空心方块。如果不想选取任何控制点,可以按Ctrl+D快捷键。

轻移控制点

按↑键和↓键,可以向上、向下微移控制点(在"输出"选项中,以1为单位变动)。如果觉得控制点的移动范围过小,可以按住Shift键,再按↑键和↓键,这样控制点将以10为单位大幅度地移动。

多控制点操作

如果要同时选择多个控制点,可以按住Shift键并单击它们。选取之后,拖曳其中的一个控制点,或按↑键和↓键可以将它们同时移动。

删除控制点

有3种方法可以删除控制点,即将其拖出曲线外、按住Ctrl键并单击控制点或者单击控制点后按Delete键。

色阶与曲线原理

8.5

在色调调整上(色彩调整在第9章中介绍),"色阶"和"曲线"命令无疑是最强的。它们都能将某一个色调映射为更亮或更暗的色调,同时,带动邻近的色调也发生改变。虽然操作方法不一样,但原理是相同的。下面我们就从原理层面,把这两个命令讲透。

· PS技术讲堂 ·

【 色阶是怎样改变色调的 】

"色阶"对话框中有5个滑块,每个滑块下方都有与之对应的选项。在映射色调(即调整色阶)时,拖曳滑块,或者在滑块下方的文本框中输入数值皆可。

如果我们编辑的是一张拥有完整色调范围(0~255级色阶)的照片(见194页),那么"山脉"将横贯整个直方图,即"输入色阶"选项组中的每一个滑块上方都应该有直方图,如图8-127所示。因此,在图像中,除了大量中间调像素外,还有黑色像素和白色像素。这是前提条件。

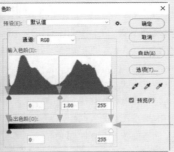

阴影滑块(色阶0,黑)

中间调滑块(色阶128,50%灰)

高光滑块(色阶255,白)

各滑块对应的色调

图8-127

黑、白色调映射方法

在默认状态下,阴影滑块位于色阶0处,它对应的是图像中最暗的色调,即黑色像素。将它向右拖曳时,Photoshop会将滑块当前位置的像素映射为色阶0,即黑色,与此同时,滑块左侧的所有像素也都会变为黑色,如图8-128所示。

高光滑块的位置在色阶255处,它所对应的是图像中最亮的色调,即白色像素。将它向左拖曳时,滑块当前位置的像素会被映射为色阶255,即白色,因此,滑块所在位置及其右侧的所有像素都会变为白色,如图8-129所示。

图8-128　　　　　　　　　　　　　　　　　　　　　　图8-129

色调范围变窄会产生怎样的影响

　　我们观察图8-128和图8-129所示的调整结果，会发现这样一个情况：图像细节有所减少，但对比度提高了。这是因为，移动阴影滑块和高光滑块时，整个色调范围变得比之前窄了。虽然调整完成后，色调范围仍然是0~255级色阶，但是有很多像素之前是深灰色和浅灰色的，现在变成了黑色和白色，这使得色调的对比度得到了增强。但图像的细节是通过灰度变化体现出来的，黑和白是没有细节的，因此，对比度的提高，是用损失细节换来的。

　　"输出色阶"选项组中的两个滑块也能定义色调范围。默认状态下，黑色滑块对应的是黑色像素，白色滑块对应白色像素。将黑色滑块向右拖曳时，黑色及滑块左侧的那段深灰色调就会被映射为滑块当前位置的色调，导致图像中不仅没有了黑色像素，连深灰色调也变浅了，如图8-130所示。

　　将白色滑块向左拖曳，则白色及滑块右侧的那段浅色调都会被映射为滑块当前位置的色调，图像中最亮的色调就不再是白色了，而变成了一种浅灰色，如图8-131所示。

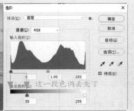

图8-130　　　　　　　　　　　　　　　　　　　　　　图8-131

　　调整"输出色阶"，往往会使图像效果变得更加糟糕。移动黑色滑块，深色调变灰；移动白色滑块，浅色调变暗。不管移动哪个滑块，都会降低对比度。这与"输入色阶"中的黑、白滑块正好相反。

扩展中间调范围

　　"色阶"对话框的中间调滑块位于直方图中央，对应的色阶是128（50%灰）。它的用途是将所在位置的色调映射为色阶128。

　　向左拖曳该滑块时，会将低于50%灰的深灰色映射为50%灰，也就是说，中间调的范围会向之前的深色调区域扩展。这会使得靠近中间调的一部分深灰色调变得更亮了，如图8-132所示。向右拖曳滑块，则会将原先高于50%灰的浅灰色映射为50%灰，因此，中间调的范围是向之前浅色调区域扩展的，这导致接近中间调的一部分浅灰色调变暗了，如图8-133所示。如果没有移动阴影滑块和高光滑块，则阴影和高光区域是不会有明显改变的。

图8-132　　　　　　　　　　　　　　　　　　　　　　图8-133

【 曲线是怎样改变色调的 】

使用"色阶"命令时，我们能看到调整的是哪一个或哪一段色调。"曲线"命令更加完备，我们还可以看到当前色调被映射为哪种色调。

"曲线"对话框中的水平渐变条是输入色阶，体现的是原始色调。垂直渐变条是输出色阶，体现的是调整后的色调。在调整之前，"输入"和"输出"数值是相同的，而曲线则是一条呈45°角的直线，如图8-134所示。

我们在曲线上添加一个控制点，用它来拉动这条直线，使之成为曲线。向上拖曳控制点时，曲线向上弯曲。在输入色阶中，可以看到图像中正在被调整的色调（此处是色阶128）。在输出色阶中，可以看到它被映射为更浅的色调（此处是色阶170），色调因此而变亮，如图8-135所示。

当向下拖曳控制点时，曲线向下弯曲，所调整的色调被映射为更深的色调（此处是将色阶128映射为色阶90），色调也会因此而变暗，如图8-136所示。

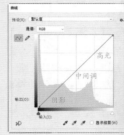

图8-134

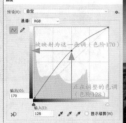

图8-135

图8-136

【 14种典型曲线形状 】

从原理上看，曲线与色阶一样，都是将一种色调映射为另一种色调。但曲线可以被调整为无数种形状，它对图像的改变是多样的、很难预估的，甚至是毁灭性的。但是，没有谁会用曲线去破坏图像，人们都是希望通过曲线调整来改善图像，或者实现某种效果。下面我们展示一些比较常见的曲线形状及对图像产生的影响。其中有几种曲线的调整效果与"亮度/对比度""色调分离""反相"命令相同，也就是说，可用于替代这些命令。

将曲线调整为"S"形，可以使高光区域变亮、阴影区域变暗，增强色调的对比度，如图8-137（原图）和图8-138所示。这种曲线可替代"亮度/对比度"命令（见199页）。反"S"形曲线会降低色调的对比度，如图8-139所示。

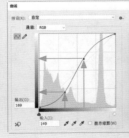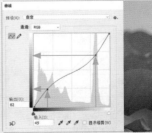

图8-137　　　　图8-138　　　　　　　　图8-139

将底部的控制点垂直向上拖曳，黑色会映射为灰色，阴影变亮，如图8-140所示。将顶部的控制点垂直向下拖曳，白色会映射为灰色，高光区域变暗，如图8-141所示。将曲线的两个端点向中间拖曳（垂直方向），色调反差会变小，色彩会变得灰暗，如图8-142所示。

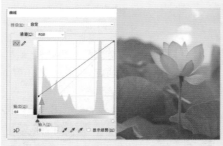
图8-140

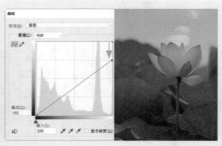
图8-141

图8-142

　　将曲线调整为水平直线，可以将所有像素都映射为灰色（R值＝G值＝B值），如图8-143所示。水平线越高，灰色色调越亮。将曲线顶部的控制点向左拖曳，可以将高光滑块（白色三角滑块）所在位置的灰色映射为白色，因此，高光区域会丢失细节（即高光溢出），如图8-144所示。将曲线底部的控制点向右拖曳，可以将阴影滑块（黑色三角滑块）所在位置的灰色映射为黑色，因此，阴影区域会丢失细节（即阴影溢出），如图8-145所示。

图8-143

图8-144

图8-145

　　将曲线顶部和底部的控制点同时向中间拖曳（水平方向），可以增加色调反差（效果类似于"S"形曲线），但会压缩中间调，因此，中间调会丢失细节，如图8-146所示。将顶部和底部的控制点拖曳到中间，可以创建与执行"色调分离"命令相似的效果（见238页），如图8-147所示。将曲线顶部和底部的控制点调换位置，可以将图像反相成为负片，效果与"反相"命令相同（见243页），如图8-148所示。将曲线调整为"N"形，则可使部分图像反相。

图8-146

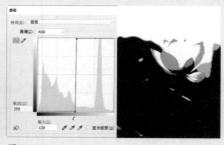
图8-147

图8-148

　　将曲线调整为阶梯形状，也能获得与执行"色调分离"命令接近的效果，如图8-149所示。调整颜色通道曲线，可以改变颜色，如图8-150和图8-151所示，其原理与"色彩平衡"命令（见243页）类似。

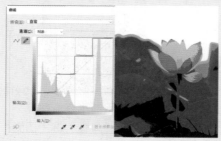
图8-149

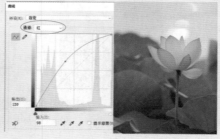
图8-150

图8-151

【 既生瑜，何生亮——色阶的烦恼 】

扫码看视频

为什么说曲线可以代替色阶

"曲线"是比"色阶"还要强大的工具，用"色阶"能完成的操作，用"曲线"一样可以完成，而且效果更好。

我们先给这两个命令的相同之处做一个对标。"色阶"有5个滑块，"曲线"有3个控制点，如果我们在"曲线"的正中间（1/2处，输入和输出的色阶值均为128）添加一个控制点，那么它就与"色阶"产生了对应关系，如图8-152所示。

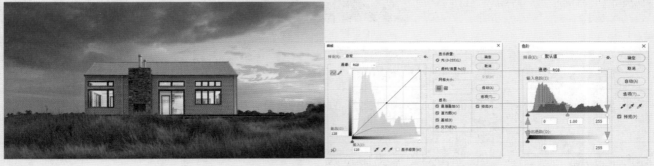

图8-152

"曲线"中的阴影控制点对应"色阶"的阴影滑块和"输出色阶"中的黑色滑块。具体对应哪一个取决于它的移动方向。当它沿水平方向移动时，其作用相当于阴影滑块，可以将深灰色映射为黑色，如图8-153所示。当它沿垂直方向移动时，则相当于"输出色阶"中的黑色滑块，可以将黑色映射为深灰色、深灰色映射为浅灰色，如图8-154所示。

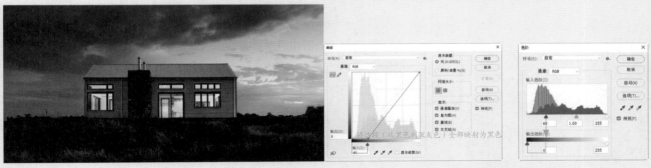

图8-153

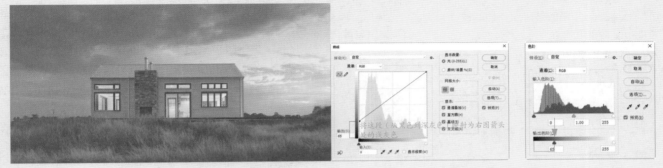

图8-154

"曲线"中的高光控制点对应的是"色阶"的高光滑块和"输出色阶"中的白色滑块，具体对应哪一个也取决于它的移动方向。当它沿水平方向移动时，其作用相当于"色阶"的高光滑块，可以将浅灰色映射为白色，如图8-155所示。当它沿垂直方向移动时，则相当于"输出色阶"中的白色滑块，可以将白色映射为浅灰色、浅灰色映射为深灰色，如图8-156所示。

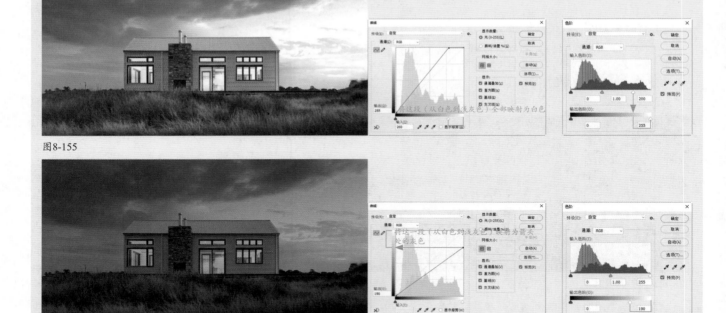

图8-155

图8-156

"曲线"中央的控制点的作用与"色阶"的中间调滑块的作用相同，如图8-157所示，可以将中间调调亮或调暗。

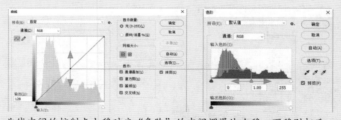

曲线中间的控制点上移对应"色阶"的中间调滑块右移，下移则相反

图8-157

色阶为什么不能替代曲线

色阶远没有曲线强大，也无法替代曲线。我们从色调范围和调整区域的划分这两个方面给出理由。

首先，曲线上能添加14个控制点，加上原有的两个，一共可以有16个控制点。这16个控制点可以将曲线，即整个色调范围（0~255级色阶）划分为15段，如图8-158所示。而色阶只有3个滑块，它只能将色调范围分成3段（阴影、中间调、高光），如图8-159所示。

图8-158

图8-159

其次，由于色阶滑块少，所以它对色调的影响就被限定在了阴影、中间调和高光3个区域。而曲线的任意位置都可以添加控制点，这意味着它可以对任何色调进行调整，这是色阶无法做到的。例如，我们可以在阴影范围内相对较亮的区域添加两

个控制点，然后在它们中间添加一个控制点并向上（或向下）拖曳，最后通过控制点将曲线修正，这样色调的明暗变化就被限定在了一小块区域，而阴影、中间调和高光都不会受到影响，如图8-160所示。这样指向明确、细致入微的调整是无法用色阶或其他命令完成的。

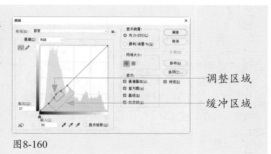

调整区域
缓冲区域

图8-160

8.6 制作专业的高动态影像

高动态范围图像是通过合成多幅以不同曝光度拍摄的同一场景或同一人物的照片制作出来的，比普通图像的色调信息、图像细节要丰富，主要用于影片、特殊效果、3D 作品及高端图片。

· PS技术讲堂 ·

【 什么是动态范围和高动态范围 】

动态范围

动态范围（Dynamic Range）是可变化信号（例如声音或光）最大值和最小值的比值。以声音为例，世界三大男高音之一的鲁契亚诺·帕瓦罗蒂（Luciano Pavarotti）被称为"High C之王"，他的高音部分几乎能达到人类发声的极限音域。如果用动态范围来解释，就是帕瓦罗蒂的音域比其他人宽广，从低音到高音的跨度更大。

图像也是这个道理。图像的动态范围是指：图像中包含的从最暗到最亮的亮度级别。动态范围越大，所能表现的色调层次越丰富，如图8-161所示；动态范围小，色调层次就少，画面中的细节也少一些，如图8-162所示。为什么现在的摄影师都喜欢拍摄Raw格式的照片，而不用"体量"更小、更便于使用的JPEG格式？就是因为Raw格式的照片的动态范围大。

动态范围大的图像，色调层次丰富，高光、阴影中的细节多

图8-161

动态范围小的图像，明暗反差不大，阴影中的细节较少

图8-162

高动态范围

人的眼睛能适应很大的亮度差别，但相机的动态范围有限。例如，我们经常会遇到这种情况，在光线较强的室外拍摄时，针对天空测光，地面较暗的区域就会曝光不足；针对地面测光，又会使天空过曝。想在一张照片中通过完美曝光获得所

有高光和阴影细节是无法办到的，只能以不同曝光度拍摄多张照片来进行合成。

这种方法是美国加州大学伯克利分校计算机科学博士Paul Debevec发现的，初期是在计算机图形学和电影拍摄等专业领域使用。在1997年的SIGGRAPH（计算机图形图像特别兴趣小组）研讨会上，Paul Debevec提交了题为《从照片中恢复高动态范围辐射图》的论文，描述了怎样合成高动态范围图像。在他之前，高动态范围图像只能用Radiance这类软件渲染生成。

高动态范围图像也称HDR图像（HDR是High Dynamic Range的缩写）。理论上讲，HDR图像可以按照比例存储真实场景中的所有明度值，展现现实世界的全部可视动态范围。但在实际使用中，由于设备和技术所限，普通用户实现不了。我们学习HDR图像合成方法，主要是用它扩展图像的动态范围，让画面中的阴影和高光细节更多地得以展现。

8.6.1
实战：用多张照片合成高动态范围图像

要点

拍摄3~7张不同曝光值的照片，每张照片只针对一个色调曝光准确，其他区域过曝或欠曝都不重要，重要的是所有照片放在一起时，要兼顾高光、中间调和阴影细节，之后用Photoshop中的"合并到 HDR Pro"命令，就可以将它们合成为一张HDR高动态范围图像，如图8-163所示。

扫码看视频

图8-163

图8-165

图8-166

01 执行"文件>自动>合并到HDR Pro"命令，在打开的对话框中单击"添加打开的文件"按钮，如图8-164所示，再单击"确定"按钮，将素材添加到"合并到HDR Pro"对话框中。素材为以不同曝光值拍摄的3张照片。

图8-164

02 调整"灰度系数""曝光度""细节"值，如图8-165所示，以降低高光区域的亮度，并将暗部提亮。勾选"边缘平滑度"选项，调整"半径"和"强度"值，提高色调的清晰度，如图8-166所示。

03 调整"阴影"和"高光"值，争取最大化显示细节。调整"自然饱和度"，增加色彩的饱和度，同时避免出现溢色，如图8-167所示。

图8-167

04 在"模式"下拉列表中可以选择将合并后的图像输出为 32 位/通道、16 位/通道或 8 位/通道的文件。我们使用默认的选项即可。但如果想要存储全部 HDR 图像数据，则需要选择32 位/通道。单击"确定"按钮关闭对话框，创建 HDR图像。合成为HDR图像以后，阴影、中间调和高光区域都有充足的细节，并且暗调区域没有漆黑一片，高光区域也没有丢失细节。只是颜色有点偏黄、偏绿。单击"调整"面板中的 ▣ 按钮，创建"可选颜色"调整图层，在"属性"面板的"颜色"下拉列表中选择红色，在红色中增加洋红的比例，让红色恢复原貌，如图8-168和图8-169所示。

图8-168　　图8-169

技术看板 ㉜ 怎样拍摄用于制作HDR图像的照片

拍摄用于制作HDR图像的照片时，首先拍摄数量要足够多，以便能够覆盖场景的整个动态范围。一般情况下应拍摄5~7张照片，最少需要3张。照片的曝光度差异应在一两个 EV（曝光度值）级（相当于差一两级光圈）。另外，不要使用相机的自动包围曝光功能，因为曝光度的变化太小。其次，拍摄时要改变快门速度以获得不同的曝光度。不要调光圈和ISO，否则会使每次曝光的景深发生变化，导致图像品质降低。另外，调整ISO或光圈还可能导致图像中出现杂色和晕影。最后一点提醒就是由于要拍摄多张照片，所以应将相机固定在三脚架上，并确保场景中没有移动的物体。

"合并到HDR Pro"命令选项

● 预设：包含了Photoshop预设的调整选项。如果要将当前的调整设置存储，以便以后使用，可以单击该选项右侧的按钮，打开下拉菜单使用"预设>存储预设"命令。如果以后要重新应用这些设置，可以使用"载入预设"命令。

● 移去重影：如果画面中因为移动的对象（如汽车、人物或树叶）而具有不同的内容，可勾选该选项，Photoshop 会在具有最佳色调平衡的缩览图周围显示一个绿色轮廓，以标识基本图像。其他图像中找到的移动对象将被移去。

● 模式：单击该选项右侧的第1个按钮，可以打开下拉列表为合并后的图像选择位深度（只有 32 位/通道的文件可以存储全部 HDR 图像数据）。单击该选项右侧的第2个按钮，打开下拉列表，选择"局部适应"，可以通过调整图像中的局部亮度区域来调整 HDR 色调；选择"色调均化直方图"，可在压缩 HDR 图像动态范围的同时，尝试保留一部分对比度；

选择"曝光度和灰度系数"，可以手动调整 HDR 图像的亮度和对比度，拖曳"曝光度"滑块可以调整增益，拖曳"灰度系数"滑块可以调整对比度；选择"高光压缩"，可以压缩 HDR 图像中的高光值，使其位于 8 位/通道或 16 位/通道图像文件的亮度值范围内。

● "边缘光"选项组："半径"选项用来指定局部亮度区域的大小；"强度"选项用来指定两个像素的色调值相差多大时，它们属于不同的亮度区域。

● "色调和细节"选项组：灰度系数设置为 1.0 时动态范围最大，较低的设置会加重中间调，而较高的设置会加重高光和阴影；"曝光度"值反映光圈的大小；拖曳"细节"滑块可以调整锐化程度。

● "高级"选项组：拖曳"阴影"和"高光"滑块可以使这些区域变亮或变暗；"自然饱和度""饱和度"选项可以调整色彩的饱和度，其中"自然饱和度"可以调整细微颜色强度，并避免出现溢色。

● 曲线：可通过曲线调整 HDR 图像。如果要对曲线进行更大幅度的调整，可勾选"边角"选项。直方图中显示了原始的 32 位 HDR 图像中的明亮度值。横轴的红色刻度线则以一个 EV（约为一级光圈）为增量。

◈ **8.6.2**

实战：模拟HDR效果（"HDR色调"命令）

▶ 要点

　　真正的HDR图像是用事先拍摄好的多张不同曝光度的照片合成的。我们前一个实战即是。如果没有这样的素材，也可以通过"HDR色调"命令，将普通的单幅照片改造成HDR效果，如图8-170所示。该命令是专门用于调整HDR图像色调的功能，能将全范围的HDR对比度和曝光度设置应用于图像。

扫码看视频

图8-170

01 执行"图像>调整>HDR色调"命令。在"边缘光"选项组中，将"半径"调到最大，使调整范围扩大到整

个图像区域，再将"强度"值设置为1，如图8-171和图8-172所示。

图8-171　　　　　　　图8-172

02 在"色调和细节"选项组中，将"灰度系数"值降低到0.5，"曝光度"值降低到-0.5，现在虽然画面有点发灰，但阴影区域中的细节开始显现出来了，下一步我们再来增强色调对比。"细节"值提高到168%，如图8-173和图8-174所示。

图8-173　　　　　　　图8-174

03 在"高级"选项组中，将"阴影"值降到最低，"高光"值调到最大，让阴影区域暗下去，高光区域亮起来，这样色调对比就体现出来了。再给色彩增加一些饱和度，如图8-175和图8-176所示。按Enter键确认。

图8-175　　　　　　　图8-176

04 执行"图像>复制"命令，复制图像。再用"HDR色调"命令处理一遍，参数不变，如图8-177和图8-178所示。

图8-177　　　　　　　图8-178

05 处理以后的人物面部会提亮，细节变得更多了。使用移动工具 ✛ 将处理结果拖入原文档中，操作时全程按住Shift键，以确保两幅图像完全对齐。单击 ▣ 按钮添加蒙版。选择渐变工具 ▦ 并单击径向渐变按钮 ▣，在蒙版中填充径向渐变，只让人物面部显现，周围还是显示"背景"图层中较暗的图像，即让面部之外的图像暗下去，如图8-179和图8-180所示。

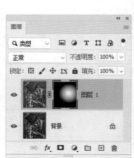 

图8-179　　　　　　　图8-180

06 单击"调整"面板中的 ▦ 按钮，创建"色相/饱和度"调整图层，增加饱和度，如图8-181所示。用画笔工具 ✎ 在鼻子、嘴和耳朵上涂深灰色，通过蒙版的遮盖，将这些区域的饱和度降下来，否则颜色太艳，如图8-182所示。

图8-181　　　　　　　图8-182

"HDR色调"对话框选项

- 预设： 可以选择预设的调整文件。图8-183所示为部分预设效果。

原图

默认值

平滑

单色艺术效果

单色

更加饱和

饱和

Scott5

超现实高对比度

超现实低对比度

图8-183

- 方法： 可以选择色调映射方法。例如，通过调整图像中的局部亮度区域来调整 HDR 色调。

- "边缘光"选项组： 用来控制调整范围和调整的应用强度。

- "色调和细节"选项组： 用来调整照片的曝光度，以及阴影、高光中的细节的显示程度。其中，"灰度系数"选项可以使用简单的乘方函数调整图像的灰度系数。

- "高级"选项组： 用来增加或降低色彩的饱和度。其中，拖曳"自然饱和度"滑块增加饱和度时，不会出现溢色。

- "色调曲线和直方图"选项组： 显示了照片的直方图，并提供了曲线，可用于调整图像的色调。

◆ 8.6.3
调整HDR图像的曝光

"色阶""曲线"这些命令并不能很好地处理HDR图像，因为它们是为编辑普通图像而开发的。需要调整HDR图像色调时，可以用"图像>调整>HDR色调"命令操作。要调整HDR图像的曝光时，使用"图像>调整>曝光度"命令效果更好，如图8-184所示。HDR图像中可以按比例表示和存储真实场景中的所有明度值，所以，调整HDR图像曝光度的方式与在真实环境中，即拍摄场景中调整曝光度的方式类似。

图8-184

- 曝光度： 可以调整色调范围的高光端，对极限阴影的影响很轻微。

- 位移： 使阴影和中间调变暗，对高光的影响很轻微。

- 灰度系数校正： 使用简单的乘方函数调整图像的灰度系数。负值会被视为它们的相应正值（这些数值保持为负数，但仍然会被调整，就像它们是正值一样）。

- 吸管工具 ◢ ◢ ◢： 与"色阶"的吸管用途相同（见204页）。

◆ 8.6.4
调整HDR图像的动态范围视图

HDR图像的动态范围非常广，远远超出了计算机显示器的显示范围，在Photoshop中打开HDR图像时，可能会非常暗，或者褪色。如果出现上述问题，使用"视图>32位预览选项"命令做一些调整，如图8-185所示，是能够让HDR图像正确显示的。

操作时，可以在"方法"下拉列表中选择"曝光度和灰度系数"选项，之后拖曳"曝光度"和"灰度系数"滑块，调整亮度和对比度；也可以选择"高光压缩"选项，自动压缩HDR图像中的高光值，使其位于 8 位/通道或 16 位/通道图像的亮度值范围内。

图8-185

本章介绍 Photoshop 中的色彩调整命令。我们首先学习怎样基于颜色变化规律调色。这部分内容比较难，有很多专业的色彩知识，涉及颜色合成方法、互补色、通道与色彩的关系等。我们可以放慢节奏，把这部分知识吃透，先理解原理，再学习方法。

后面的调色命令是按照种类和任务的不同而进行分类的，每一个命令都很独特，实战也精彩纷呈。

本章最后部分讲解了颜色管理方法。有些工作是需要跨平台、多个软件协作才能完成的，掌握颜色管理方法，可以保证图像在各个平台上使用时颜色不会出现偏差。

【学习目标】

通过本章的学习，我们能学会 Photoshop 中每一个调色命令的使用方法，并能完成以下工作。
● 按照自己的意愿增强任意一种颜色，并知道这会给其他颜色带来怎样的影响
● 单独调整色彩三要素中的任何一个
● 掌握颜色的科学识别方法，用以判断色偏，并校正色偏
● 制作日式小清新照片
● 调出莹润、洁白的肤色
● 实现电影分级调色
● 制作颜色查找表
● 制作出高品质的黑白照片
● 掌握 Lab 调色技术及使用原理

【学习重点】

调色，从认识色彩开始

9.1

现代色彩学将色彩分为无彩色和有彩色两类。无彩色是指黑色、白色和各种明度的灰色。有彩色是指红色、橙色、黄色、绿色、蓝色、紫色这6种基本颜色，以及由它们混合得到的颜色。

· PS技术讲堂 ·

【 教你准确识别颜色 】

色彩三要素

色相、明度和饱和度被称作"色彩三要素"。色相是指色彩的相貌，也是我们对色彩的称谓，如红色、橙色、黄色等。

明度是指色彩的明亮程度。色彩的明度越高，越接近白色，越低则越接近黑色，如图9-1所示（红色的明度从高到低变化）。

图9-1

饱和度是指色彩的鲜艳程度，也称纯度，如图9-2所示（红色的饱和度从高到低变化）。当一种颜色中混入灰色或其他颜色时，其饱和度就会降低。饱和度越低，越接近灰色。达到最低时，就变成了无彩色。

图9-2

考考你的眼力

将一种颜色放在其他颜色上，受到周围颜色的影响，会使它看起来像发生了明显的改变。这是颜色的对比现象，其实颜色本身并没有变。图9-3和图9-4所示分别是色相对比、饱和度对比现象。

在红色上，橙色看起来偏黄。放在黄色上，看起来偏红

图9-3

在低饱和度的蓝色上，蓝紫色看起来更鲜艳了。在高饱和度的蓝色上，它看起来就变得黯淡了

图9-4

明度也可以产生对比现象。例如，图9-5所示是麻省理工学院视觉科学家泰德·艾德森设计的亮度幻觉图形。请你判断，A点和B点的方格哪一个颜色更深？

几乎所有看到这个图形的人都认为A点颜色更深。但真实情况让人惊讶，A点和B点的颜色不存在任何差别！为了验证这个结论，我们打开Photoshop中的色彩识别工具——"信息"面板，将鼠标指针放在A点上，记下面板中的颜色值，如图9-6所示；再将鼠标指针拖曳到B点上，如图9-7所示。可以看到，颜色值完全一样。

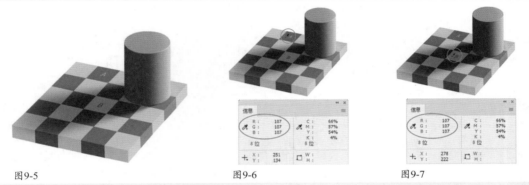

图9-5　　　　　　　　　　　　　图9-6　　　　　　　　　　　　图9-7

这是色彩对比影响我们眼睛判断力的一个很经典的案例。浅色方格（B点）为什么不显得黑呢？是因为我们的视觉系统认为"黑"是阴影造成的，而不是方格本身就有的，我们的眼睛被自己的经验给欺骗了。

· PS技术讲堂 ·

【 追踪颜色变化 】

扫码看视频

前面的小测试说明了只有借助"信息"面板，才能准确识别颜色信息。"信息"面板不仅能让颜色现出真身，还能实时反馈颜色值的变化情况。我们可以这样操作，调色之前，使用颜色取样器工具 🖋 在需要观察的位置单击，建立取样点，如图9-8所示；之后再进行调整，例如，用"色相/饱和度"命令修改颜色，此时"信息"面板会同时显示调整前与调整后两组数值供我们参考，如图9-9所示。

图9-8　　　　　　　　　图9-9

颜色取样器工具使用技巧

颜色取样器工具 🖋 的选项栏中有一个"取样大小"选项，它可以定义取样范围。例如，如果要查看颜色取样点处单个像素的颜色值，可以选择"取样点"（图9-9所示即取样点信息）；选择"3×3平均"，显示的则是取样点3个像素区域内的平均颜色，如图9-10所示。其他选项依此类推。一个图像中最多可以放置10个取样点。拖曳取样点，可以移动它的位置，"信息"面

板中的颜色值也会随之改变；按住 Alt 键并单击颜色取样点，可将其删除；如果要在调整对话框处于打开的状态下删除颜色取样点，可以按住 Alt+Shift快捷键并单击取样点；如果要删除所有颜色取样点，可单击工具选项栏中的"清除全部"按钮。

　　如果希望取样点反馈其他模式的颜色信息，可以在"信息"面板的吸管上单击，打开菜单，在这里可以选择使用哪种模式描述颜色，以及颜色的位深度等，如图9-11所示。打开"信息"面板菜单，执行"面板选项"命令，打开"信息面板选项"对话框，如图9-12所示。在该对话框中可以选择面板中吸管显示的颜色信息。

图9-10　　　　　　　　　　图9-11　　　　　　　　　　图9-12

● 第一颜色信息：在该选项的下拉列表中可以选择面板中第一个吸管显示的颜色信息。选择"实际颜色"，可以显示图像当前颜色模式下的值；选择"校样颜色"，可以显示图像的输出颜色空间的值；选择"灰度""RGB颜色""CMYK颜色"等颜色模式，可以显示相应颜色模式下的颜色值；选择"油墨总量"，可以显示鼠标指针当前位置所有CMYK油墨的总百分比；选择"不透明度"，可以显示当前图层的不透明度（该选项不适用于背景）。

● 第二颜色信息：设置面板中第二个吸管显示的颜色信息。

● 鼠标坐标：设置鼠标指针位置的测量单位。

● 状态信息：设置面板中显示的其他信息。

● 显示工具提示：显示当前使用工具的各种提示信息。

读懂"信息"面板

　　"信息"面板是个多面手，在默认状态下，它显示鼠标指针处的颜色值，以及文档状态、当前工具的提示等信息；在进行编辑操作时，如创建选区、调整颜色时，则显示与当前操作有关的信息。

● 显示颜色信息：将鼠标指针放在图像上，面板中会显示鼠标指针的精确坐标和它所在位置的颜色值。如果颜色超出了CMYK色域（见247页），CMYK值旁边会出现一个惊叹号。

● 显示选区大小：使用选框工具（矩形选框、椭圆选框等）创建选区时，随着鼠标指针的移动，面板中会实时显示选框的宽度（W）和高度（H）。

● 显示定界框的大小：使用裁剪工具 ﬁ 和缩放工具 Q 时，会显示定界框的宽度（W）和高度（H）。如果旋转裁剪框，还会显示旋转角度。

● 显示开始位置、变化角度和距离：当移动选区或使用直线工具 ╱ 、钢笔工具 ⌀ 、渐变工具 ▇ 时，"信息"面板会随着鼠标指针的移动显示开始位置的 x 和 y 坐标，X 的变化（△X）、Y 的变化（△Y），以及角度（A）和距离（L）。

● 显示变换参数：执行二维变换命令（如"缩放"和"旋转"）时，会显示宽度（W）和高度（H）的百分比变化、旋转角度（A），以及水平切线（H）或垂直切线（V）的角度。

● 显示状态信息：显示文件大小、文档配置文件、文件尺寸、暂存盘大小、效率、计时及当前工具等信息。具体显示内容可以在"信息面板选项"对话框中进行设置。

● 显示工具提示：显示与当前使用工具有关的提示信息。

9.2 利用颜色变化规律调色

Photoshop中很多调色命令是基于互补色转换颜色的。本节就来介绍颜色的变化规律及相关命令的使用方法，并重点探讨怎样在图像中增加一种或多种颜色，以及这会给其他颜色带来什么影响。

9.2.1
通道与色彩的关系

在Photoshop中，图像的颜色信息保存在颜色通道里，因此，任何一个调色命令，其实质都是在调整颜色通道。例如，用"可选颜色"命令调色并观察"通道"面板，如图9-13和图9-14所示，可以发现，图像颜色与通道的明度在同步变化。虽然我们没有编辑通道，但Photoshop会在后台处理通道，使之变亮或变暗，进而改变颜色。

调整前的图像及通道
图9-13

用"可选颜色"命令调色后，红通道的明度发生改变
图9-14

既然通道能修改颜色，我们可不可以直接去调整通道呢？完全可以。"曲线"和"色阶"对话框中都提供了颜色通道选项，可对其进行选取和调整操作。

此外，两个通道也可一同调整，这需要先在"通道"面板中按住Shift键并分别单击它们，如图9-15所示，之后在RGB主通道左侧单击，显示出眼睛图标 👁 （即重新显示彩色图像），如图9-16所示，然后再打开"曲线"或"色阶"对话框。"通道"下拉列表中会显示所选通道的缩写，如图9-17所示，在这种状态下操作就行了。

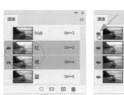

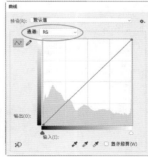

图9-15　　　　图9-16　　　　图9-17

9.2.2
RGB模式的色彩混合方法

为什么通道变亮、变暗就能影响颜色呢？

这个问题有点复杂，它涉及色彩的产生原理、颜色模式、互补色等专业知识，得一个一个拆解。我们先来看看光与色的关系，它决定了RGB模式的颜色合成方法。

光是唤起我们色彩感的关键，也是产生色的原因。1666年，英国物理学家艾萨克·牛顿通过分解太阳光的色散实验，确定了光与色的关系。

他布置了一间房间作为暗室，只在窗板上开一个圆形小孔，让太阳光射入，在小孔面前放一块三棱镜，立刻在对面墙上看到了像彩虹一样的七彩色带，这7种颜色由近及远依次排列为红、橙、黄、绿、蓝、靛、紫，如图9-18所示。

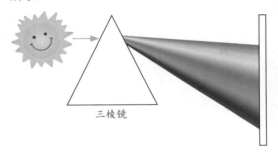

三棱镜

图9-18

牛顿的实验证明了阳光（白光）是由一组单色光混合而成的。在单色光中，红光、绿光和蓝光被称为色光三原

色，将它们混合，可以生成其他任何一种颜色。这种通过色光相加呈现颜色的方法也称为加色混合。RGB模式就是基于这种原理，如图9-19所示。

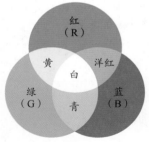

青：由绿、蓝混合而成

洋红：由红、蓝混合而成

黄：由红、绿混合而成

R、G、B 3种色光的取值范围都是0~255。R、G、B均为0时生成黑色。R、G、B都达到最大值（255）时生成白色

RGB模式色光混合原理

图9-19

> **提 示**（Tips）
>
> RGB是红（Red）、绿（Green）、蓝（Blue）三色光的缩写。

💎 9.2.3
CMYK 模式的色彩混合方法

在我们生活的世界里，通过发光呈现颜色的物体，如电视机、计算机显示器等只是少数，那些不能发光的大多数物体之所以能被我们看见，是因为它们能反射光——当光照射到这些物体时，一部分波长的光被它们吸收，余下的光反射到我们眼中。

这种通过吸收和反射光来呈现色彩的方式称为减色混合。CMYK模式就是基于这种原理。

CMYK是一种四色印刷模式。CMY是青色（Cyan）、洋红色（Magenta）和黄色（Yellow）油墨的缩写。K代表黑色油墨，用的是单词（Black）的末尾字母，这是为了避免与色光三原色中的蓝色（Blue）混淆。我们看到的各种印刷色由青色、洋红色、黄色（印刷三原色）油墨混合而成，如图9-20所示。

红：由洋红、黄混合而成

绿：由青、黄混合而成

蓝：由青、洋红混合而成

CMYK模式油墨混合原理

图9-20

以绿色油墨为例。我们知道，白光是由红、绿、蓝三

色光混合而成的，当白光照到纸上时，绿色油墨需要将红光和蓝光吸收，只反射绿光，这样我们才能看到绿色。

绿色油墨由青色和黄色油墨混合而成。青油墨吸收红光，反射绿光和蓝光；黄油墨吸收蓝光，反射红光和绿光。那么这两种油墨混合之后，红光和蓝光都被吸收了，最后只反射绿光，纸张上的绿色就是这样产生的。其他印刷色也可以用这种方法推导出来。

从理论上讲，青色、洋红色、黄色油墨按照相同的比例混合可以生成黑色，但由于油墨提纯技术所限，在实际印刷中，只能生成深灰色。因此，需要借助黑色油墨才能印出黑色。此外，黑色油墨与其他油墨混合，可以调节颜色的明度和纯度。

💎 9.2.4
互补色与跷跷板效应

在光学中，两种色光以适当的比例混合如果能产生白光，那么这两种颜色就称为"互补色"。为了研究方便，科学家将可见光谱围成一个环，如图9-21所示，这就是我们常见的色轮（也称色相环）。"颜色"面板、"Adobe Color Themes"面板都有它。

图9-21

在色轮中，处于对角线位置的颜色是互补色，如红与青。我们可以发现，色光三原色的互补色就是印刷三原色。

调整颜色通道时，颜色基于这样的规律变化：增加一种颜色，就会在同一时间减少它的补色；反之，减少一种颜色，则会增加它的补色。这种平衡关系就像压跷跷板，一边（颜色）下去了，另一边（补色）就会升上来。

颜色基于互补色变化这一规律，为我们调色提供了新思路。当调整一种颜色时，我们不再局限于只调整它，还可以通过调整这种颜色的互补色来间接影响它。

了解了互补色的相互作用关系，可以让我们在调色时更有把握、更有针对性。这里面的操作技巧与颜色模式有关，接下来会详细介绍。

互补色非常重要，把它背下来，记在脑子里，用的时候最方便。或者调色时，把色轮图放在手边，以它为参考，也能做到心中有数、手上有准。

9.2.5
RGB模式的颜色变化规律

RGB模式通过色光三原色相互混合生成颜色，它的颜色通道中分别保存了红光（红通道）、绿光（绿通道）和蓝光（蓝通道）。3个颜色通道组合在一起成为RGB主通道，也就是我们看到的彩色图像，如图9-22所示。

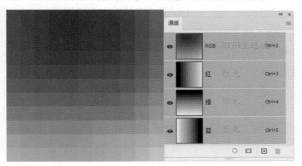

图9-22

通道越明亮，就表示光线越充足，其中所含的颜色也就越多；光线不足，通道会变暗，相应颜色的含量也不高。因此，只要将颜色通道调亮或调暗，便可增加或减少相应的颜色。这就是通道调色的秘诀。

由于颜色是在互补色之间变化的，因此每个颜色通道就都有两种颜色可以调整——通道中保存的颜色，以及它的补色。例如，将红通道调亮可以增加红色，同时会减少其补色青色；调暗则减少红色，增加青色。

图9-23所示为用曲线调整通道时的颜色变化规律（曲线向上扬起，通道变亮；曲线向下弯曲，通道变暗）。

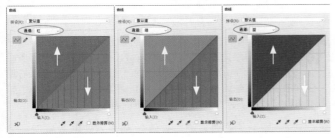

图9-23

如果同时调整两个颜色通道，将影响6种颜色。

将红、绿通道调亮，增加红色、绿色，以及由它们混合而成的黄色，如图9-24所示；同时减少这3种颜色的补色，青色、洋红色和蓝色。调暗则颜色的变化相反，如图9-25所示。

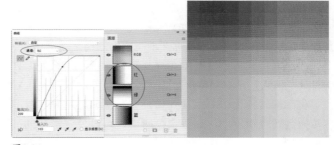

图9-24

图9-25

同时调整红、蓝通道，影响的是红色、蓝色、由它们混合成的洋红色，以及这些颜色的互补色。

同时调整绿、蓝通道，将影响绿色、蓝色、由它们混合成的青色，以及它们的互补色。

9.2.6
CMYK 模式的颜色变化规律

CMYK模式是用青色、洋红色、黄色和黑色油墨混合生成颜色的，它的颜色通道中保存的是这4种油墨，不是光。

扫码看视频

通道的明和暗代表的是油墨量的多与少。一个通道的颜色越暗，就表示其中的油墨含量越高。由此可知，需要增加哪种颜色时，将相应的通道调暗即可；要减少哪种颜色时，则将相应的通道调亮。互补色的影响可以在CMYK模式下发挥同样的作用——增加一种油墨的同时，会减少其补色（油墨）。图9-26所示为用曲线调整通道时的颜色变化规律。

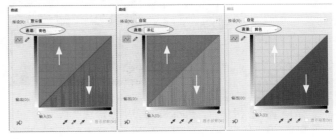

图9-26

有一点需要注意。在RGB模式下，曲线上扬时，光线增加，通道会变亮。而在CMYK模式下，曲线上扬增加的是油墨，这会使通道变暗，曲线向下弯曲通道才变亮。

CMYK模式虽然没有RGB模式那么常用、那么为大家所喜欢，但它还是有独特优势的。

将图像转换为CMYK模式后，会有很多黑色和深灰细节转换到黑色通道中。调整黑色通道，可以使阴影的细节更加清晰，而且不会改变色相。因此，在处理黑色和深灰色方面，CMYK模式效果更好。

但CMYK模式没有RGB模式的色域广，有些颜色，例如饱和度较高的绿色、洋红色等，在转换模式之后，饱和度会降低，没有原来鲜艳了。即使转换回RGB模式也不能自动恢复回来。因此转换颜色模式时需要考虑到这点。

◈ 9.2.7
混合颜色通道("通道混合器"命令)

调整通道的亮度除了可以用曲线和色阶外，还可以使用混合模式。

由于"通道"面板中没有混合选项，因此通道混合需要通过命令来实现，包括"应用图像"、"计算"和"通道混合器"命令。前两个主要用在编辑选区上。"通道混合器"用于调色，可以创建高品质的灰度、棕褐色调或其他色调的图像，也可以进行创造性的颜色调整。

扫码看视频

"通道混合器"命令能让颜色通道以"相加"模式或"减去"模式混合，使目标通道变亮或变暗，进而使颜色发生改变。我们来看一下具体的操作方法。

打开一幅RGB模式的图像。执行"图像>调整>通道混合器"命令，打开"通道混合器"对话框。首先在"输出通道"选项中选择要调整的颜色通道（如蓝通道），如图9-27所示，之后拖曳滑块来进行通道混合。

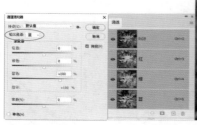

图9-27

当拖曳红色滑块时，Photoshop会用该滑块所代表的红通道与所选的输出通道——蓝通道混合，使蓝通道的亮度发生改变。向左拖曳滑块，两个通道以"减去"模式混合，如图

9-28所示。向右拖曳滑块，则以"相加"模式混合。

红通道以"减去"模式与蓝通道混合，使蓝通道变暗，蓝色减少，其补色黄色增加

图9-28

这种混合方法有一个妙处，就是可以控制强度。滑块越靠近两端，混合强度越高。

如果只单独调整"常数"选项，则可以直接调整输出通道（蓝通道）的亮度。"常数"为正值时，会在通道中增加白色；为负值时增加黑色；为+200%时会使通道成为全白，为-200%时会使通道成为全黑。这种调整方式与使用"色阶"和"曲线"命令调整某一个颜色通道的效果是一样的，如图9-29和图9-30所示。

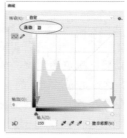

图9-29 　　　　　　　　　图9-30

"通道混合器"命令选项

● 预设：该选项的下拉列表中包含了Photoshop提供的预设调整设置文件，可创建各种黑白效果。

● 输出通道：可以选择要调整的通道。

● 源通道：用来设置输出通道中源通道所占的百分比。将一个源通道的滑块向左拖曳时，可以减小该通道在输出通道中所占的百分比；向右拖曳则增加百分比；为负值可以使源通道在被添加到输出通道之前反相。图9-23所示是分别选择"红""绿""蓝"作为输出通道时的调整结果。

● 总计：显示了源通道的总计值。如果合并的通道值高于100%，会在总计旁边显示一个警告图标▲。并且，该值超过100%有可能会损失阴影和高光细节。

● 常数：用来调整输出通道的灰度值。为负值可以在通道中增加黑色；为正值则在通道中增加白色。值为-200%会使输出通道成为全黑；值为+200%则会使输出通道成为全白。

● 单色：勾选该选项，可以将彩色图像转换为黑白效果。

9.2.8
实战：肤色漂白（"色彩平衡"命令）

要点

皮肤颜色的主要成分是红色和黄色。肤色偏红时，看起来像喝了酒；肤色偏黄时，看上去不健康，显得病恹恹的。

想让肤色变白，就应该将肤色中的红色和黄色的含量适当减少，如图9-31所示。

图9-31

然而随着这两种颜色成分的减少，它们的补色青色和蓝色会增加。蓝色不适合用在肤色上（除非是为了表现恐怖效果，或者渲染紧张氛围）。青色可以使肤色显得白皙，就像汝窑白瓷，莹润、纯净，就是有一点点泛青。当然，青色也要适度。"铁青个脸"可不是夸一个人肤色好看。

01 单击"调整"面板中的 按钮，创建"曲线"调整图层。这是RGB模式的图像，根据其颜色合成原理，青色由绿+蓝混合而成，那么我们就调整绿、蓝通道，将曲线上扬，增加青色，如图9-32~图9-34所示。

图9-32　　　　图9-33　　　　图9-34

02 选择RGB通道，曲线调整为图9-35所示的形状，将高光到中间调这一段色调调亮，如图9-36所示。

图9-35　　　　图9-36

03 随着色调的提亮，肤色又有点偏冷了。单击"调整"面板中的 按钮，创建"色彩平衡"调整图层。调整"中间调"，将滑块分别向红色、洋红和蓝色方向拖曳，如图9-37和图9-38所示。增加红色和洋红，可以让肤色恢复红润，增加蓝色，则可以避免肤色发黄。

图9-37　　　　图9-38

04 到上面一步，调色工作就可以结束了。如果还想让肤色再白一点，调整"高光"中的颜色平衡，增加红色和蓝色（蓝色多一些）即可，如图9-39和图9-40所示。

图9-39　　　　图9-40

05 肤色调整影响到了眼睛，使其给人的感觉太过锐利了。用画笔工具 修改调整图层的蒙版，在眼球上涂抹一些浅灰色，将调整强度减弱，如图9-41和图9-42所示。

图9-41　　　　　图9-42

9.2.9
基于互补色的色彩平衡关系

我们来看"色彩平衡"对话框，如图9-43和图9-44所示。它有3个滑块，每个滑块上方是一个颜色条。颜色条两个端点是互补色（左边是印刷三原色，右边是色光三原色）。三角滑块与颜色条的组合是不是像跷跷板？

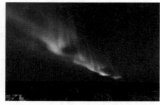

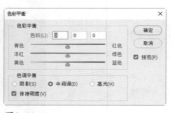

图9-43　　　　　　　　图9-44

滑块向哪种颜色端移动，便增加那种颜色，同时减少其补色，就是这么简单。"色彩平衡"也有"粗中有细"的一面，它也像"色阶"命令那样在图像中划分出阴影、中间调和高光3个色调区域。在操作时，选取一个色调区域，即在"阴影""中间调""高光"选项中选取一项，之后再进行调整，这样就更有针对性，对另外两个色调区域的影响也比较小。

"保持明度"选项很重要，勾选它，图像的亮度就不会发生改变，如图9-45所示。否则滑块向左拖曳，图像色调会变暗，如图9-46所示；向右拖曳，图像色调会变亮。

图9-45　　　　　　　　图9-46

9.2.10
实战：日式小清新（"可选颜色"命令）

增强某种颜色，或者让整体色彩向某个方向发生转变，这是通道调色的优势。"可选颜色"命令在处理肤色方面效果很好，下面就把这两种方法结合起来，调出一张日式小清新风格的生活照片，如图9-47所示。

扫码看视频

Before　　　　　　　After

图9-47

01 小清新风格的颜色特点是用色干净，纯色多，且色彩的明度高，色调舒缓，没有高饱和度色彩造成的对比和跳跃感。我们首先来净化色彩。单击"调整"面板中的 ▨ 按钮，创建"可选颜色"调整图层，将红色里的黑色油墨去除，使皮肤颜色得到净化，如图9-48和图9-49所示。

图9-48　　　　　图9-49

02 减少黄色中的青色油墨，净化阴影中的颜色，如图9-50和图9-51所示。

图9-50　　　　　图9-51

03 暖色会使皮肤看上去发黄，减少白色中的黄色，增强补色蓝色，使皮肤显得更白，如图9-52和图9-53所示。

图9-52　　　　　图9-53

04 下面来降低颜色的饱和度。单击"调整"面板中的 按钮，创建"曲线"调整图层。在曲线上添加两个控制点，针对高光和中间调调整，把色调整体亮度提上去；再将曲线左下角的控制点向上拖曳，让阴影区域的黑色调变灰，把色调的对比度降下来，如图9-54和图9-55所示。

图9-54　　　　　图9-55

05 小清新风格的颜色还具备偏冷的特点。下面把颜色往冷色转换。选择红通道，把曲线调整为图9-56所示的形状，将红通道中的深灰映射为黑色，这样可以在深色调中增加青色，如图9-57所示。

图9-56　　　　　图9-57

06 调整绿通道，通过将曲线向下弯曲的方法，增加一点绿色的补色（洋红），如图9-58和图9-59所示。

图9-58　　　　　图9-59

9.2.11
可选颜色校正

用"可选颜色"命令调整颜色称为可选颜色校正。它是高端扫描仪和分色程序使用的一种技术，可以修改某一主要颜色中的印刷色数量，而不会影响其他主要颜色。例如，可以增加或减少绿色中的青色，同时保留蓝色中的青色。由此可见，"可选颜色"命令是基于CMYK模式的原理调色的。

我们来看这张照片，如图9-60所示。晚霞很美，但红得还不够瑰丽。在晚霞（红）和天空及水面反射区（蓝）中增加洋红色油墨，如图9-61和图9-62所示，可以让晚霞呈现美丽的玫瑰色，如图9-63所示。

图9-60　　　　　　　　　　图9-61

图9-62　　　　　图9-63

这是直接调整某一颜色中印刷三原色含量的方法，比较简单。调整由印刷三原色混合而成的颜色时，就要复杂一点。例如这张照片，如图9-64所示。水是湖蓝色的，天空颜色偏青色。很明显，这是后期将水调成湖蓝色时，误伤了天空。可以通过增强蓝色来实现蓝天碧水的效果。

根据CMYK颜色合成原理，蓝色是青色+洋红色油墨混合而成的，因此在青色中增加洋红色，可以让蓝天重现。

227

如果觉得蓝得还不够彻底，可以增加黑色，获得湛蓝色，如图9-65和图9-66所示。

图9-64

图9-65

图9-66

枝叶颜色发黄？在黄色里增加青色即可使其变绿（绿色是由黄色+青色油墨生成的）。如果绿得还不够青翠，就继续减少洋红色，如图9-67~图9-69所示。

图9-67

图9-68

图9-69

> **提示**（Tips）
>
> 在"可选颜色"面板中，选择"相对"，可以按照总量的百分比修改现有的青色、洋红、黄色和黑色的含量。例如，如果从 50％ 的洋红像素开始添加 10％，结果为 55％ 的洋红（50％＋50％×10％＝55％）；选择"绝对"，则采用绝对值调整颜色。例如，如果从 50％ 的洋红像素开始添加 10％，则结果为60％的洋红。

校正色偏

9.3

我们都有这样的经验，在室内灯光下拍照，照片颜色会偏黄或偏红；在室外的蓝天下拍照，颜色会偏蓝，这就是色偏。校正色偏就是还颜色以本来面貌。前面介绍的利用颜色互补关系调色，可以用来消除色偏，但原理有点复杂，下面介绍几个简单的方法。

◆ 9.3.1

实战：利用互补色校正色偏（"照片滤镜"命令）

"照片滤镜"可用于校正照片的颜色。例如，日落时拍摄的人脸颜色会显得偏红。针对想减弱的颜色选用其补色滤光镜——青色滤光镜，可以用来校正颜色，让肤色恢复正常，如图9-70所示。

扫码看视频

Before　　After
图9-70

01 单击"调整"面板中的 📷 按钮，创建"照片滤镜"调整图层。在"滤镜"下拉列表中选择"青"滤镜，并调整"密度"值，如图9-71和图9-72所示。

图9-71

图9-72

02 单击"调整"面板中的 📊 按钮，创建"色阶"调整图层。将黑色的阴影滑块拖曳到直方图左侧端点处；再将中间调滑块往左侧拖曳，扩展中间调范围，将色调提亮，如图9-73和图9-74所示。

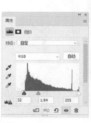
图9-73

图9-74

技术看板 ㉝ 营造色彩效果

滤镜是一种相机配件，安装在镜头前面起到保护作用。有些彩色滤镜可以改变色彩平衡和色温，营造特殊的色彩效果。"照片滤镜"命令可以模拟这种彩色滤镜。

原图

"照片滤镜"参数

调整效果

◈ 9.3.2

实战：巧用中性灰校正色偏

要点

使用中性灰校正色偏，就是将照片中原本应该是黑色、白色或灰色，即无彩色（*见218页*）中的颜色成分去除，如图9-75所示。

扫码看视频

Before　　After
图9-75

这种方法简单、有效。但操作时，如果取样点不是无彩色区域，则会导致更严重的色偏，或者出现新的色偏。

识别色偏不能只靠眼睛看。本章开始部分，我们对自己的眼力进行了测试，结果眼睛并不可靠。正确的方法还是要从"信息"面板中获取真实数据，再进行判断。

01 浅色及中性色容易判断色偏，例如，白色的衬衫、灰色的墙面、路面等。使用颜色取样器工具 ✒ 在白色的耳环上单击，建立取样点，弹出的"信息"面板中会显示颜色值（R181，G187，B202），如图9-76所示

图9-76

示。在Photoshop中，只有R、G、B 3个值完全相同时，才能生成灰色。如果照片中原本应该是灰色的区域的R、G、B数值不一样，说明它不是真正的灰色，其中包含了其他的颜色。哪种颜色值高，就说明哪种颜色偏多一些。此处B值（蓝色）最高，其他两种颜色值相差不大，由此可以判定照片的颜色主要是偏蓝的。

02 单击"调整"面板中的 ⣿ 按钮，创建"色阶"调整图层。单击对话框中的设置灰场工具 ✒，将鼠标指针放在取样点上，如图9-77所示，单击即可校正色偏，如图9-78所示。

图9-77

图9-78

提示（Tips）

色偏并不完全有害，相反，有些色偏还是营造环境和氛围的"高手"。例如，夕阳下的金黄色调、室内温馨的暖色调、用镜头滤镜拍摄到的特殊色调等，都能为照片增光添色，是创作者刻意追求的有益的色偏。

◈ 9.3.3

自动校正色偏（"自动颜色"命令）

"图像"菜单中的"自动颜色"命令可以快速校正色偏。它能自动分析图像，标识阴影、中间调和高光，重新调整图像的对比度和颜色，使色偏得到校正，如图9-79和图9-80所示。

原图
图9-79

用"自动颜色"命令校正后
图9-80

9.4 调整色相和饱和度

如果有这样一张照片，天不蓝、草不绿、花不红，我们就要针对蓝、绿和红这3种颜色做出调整。通过调整色相，让颜色更准确；用改善饱和度的方法，让颜色更鲜艳；调整明度，使颜色更明亮。下面介绍怎样将一种或多种颜色改变成我们希望的样子。

9.4.1

实战：用"色相/饱和度"命令调色

要点

Photoshop所有调色命令里，"色相/饱和度"命令是最"亲民"的一个。它的功能十分强大，却没有任何复杂之处，即使色彩知识为零人也能把它用好。

扫码看视频

我们知道，色彩的三要素是色相、饱和度和明度，"色相/饱和度"命令可以将这3个要素分开来调整。而这种调整，既可应用于整个图像，也可以只针对单一颜色。例如，我们可以用它提高图像中所有颜色的饱和度，也可以只增加红色的饱和度，其他颜色不变。

在下面的实战中，我们先初步见识它的功能，如图9-81所示，下一小节再介绍它的高级用法。

图9-81

01 这张照片曝光不足，色调较暗，色彩不鲜艳且偏黄。首先处理色调。按Ctrl+L快捷键，打开"色阶"对话框。可以看到，直方图呈"L"形，山脉都在左侧，说明阴影区域包含很多信息。向左侧拖曳中间调滑块，将色调调亮，就可以显示更多的细节，如图9-82和图9-83所示。单击"确定"按钮关闭对话框。

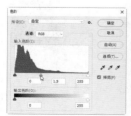
图9-82　　　　图9-83

02 按Ctrl+U快捷键，打开"色相/饱和度"对话框，提高色彩的整体饱和度，如图9-84所示。再分别调整红色、黄色、绿色的饱和度，如图9-85~图9-87所示。

图9-84　　　　　　　　图9-85

图9-86　　　　　　　　图9-87

03 现在色彩已经比较鲜艳了，如图9-88所示，但有些偏色。执行"图像>自动色调"命令校正色偏，如图9-89所示。

图9-88　　　　　　　　图9-89

9.4.2

"色相/饱和度"命令使用方法

"色相/饱和度"命令有3个用途：调整色相、饱和度和明度，去除颜色，以及为黑白图像上色。

通过滑块调整色相、饱和度和明度

执行"图像>调整>色相/饱和度"命令，打开"色相/饱和度"对话框，如图9-90所示。其中包含两个基本选项和3组滑块。"预设"下拉列表中是预设的调整选项，选择其中的一个，可自动对图像进行调整。

图9-90

"预设"下方的选项中显示的是"全图"，这是默认的选项，表示调整将应用于整幅图像。"色相"选项可以改变颜色；"饱和度"选项可以使颜色变得鲜艳或暗淡；"明度"选项可以使色调变亮或变暗。操作时，我们在文档窗口中实时观察图像的变化结果，在"色相/饱和度"对话框底部的渐变颜色条上可观察颜色发生了怎样的改变。在这两个颜色条中，上面的是图像原色，下面是修改后的颜色，如图9-91所示。

图9-91

除了全图调整外，也可以对一种颜色进行单独调整。单击 ✓ 按钮，打开下拉列表，其中包含色光三原色红色、绿色和蓝色，以及印刷三原色青色、洋红和黄色。选择其中的一种颜色，可单独调整它的色相、饱和度和明度。例如，可以选择"绿色"，然后将它转换为其他颜色；也可增加或降低绿色的饱和度，或者让绿色变亮或变暗。图9-92所示为将绿色的饱和度设置为-100时的效果。

图9-92

隔离颜色

当选择了一种颜色进行调整时，两个渐变颜色条中会出现小滑块，如图9-93所示。其中，两个内部的垂直滑块定义了将要修改的颜色范围，调整所影响的区域会由此逐

渐向两个外部的三角形滑块处衰减，三角形滑块以外的颜色不会受到影响。图9-94所示为调整绿色色相时的效果。

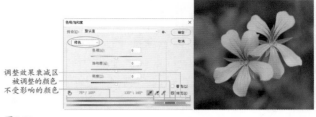

图9-93

图9-94

拖曳垂直的隔离滑块，可以扩展和收缩所影响的颜色范围，如图9-95所示；拖曳三角形衰减滑块，可以扩展和收缩衰减范围，如图9-96所示。

图9-95

图9-96

颜色条上面的4个数字分别代表红色（当前选择的颜色）和其外围颜色的范围。在色轮中，绿色的色相为135°及左右各30°的范围（即105°~165°），如图9-97所示。观察"色相/饱和度"对话框中的数值，如图9-98所示，其中，105°~135°的颜色是被调整的颜色，12°~105°的颜色和135°~165°的颜色的调整强度会逐渐衰减，这样就保证了在调整与未调整的颜色之间可以创

建平滑的过渡效果。

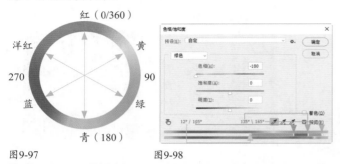

图9-97　　　　　图9-98

用吸管工具隔离颜色

在隔离颜色的情况下操作时，既可以采用前面的方法，通过拖动滑块来扩展和收缩颜色范围，也可以使用对话框中的3个吸管工具从图像上直接选取颜色，这样更加直观。用吸管工具单击图像，可以选取要调整的颜色，同时渐变颜色条上的滑块会移动到这一颜色区域。图9-99所示为单击绿色并调整颜色后的效果。

图9-99

用吸管工具单击，可以将颜色添加到选取范围中，如图9-100所示；用吸管工具单击，可以将颜色排除出去，如图9-101所示。

图9-100

图9-101

使用图像调整工具

单击图像调整工具，在画面中想要修改的颜色上方单击并向左拖曳，可以降低颜色的饱和度，如图9-102所示；向右拖曳，可以增加饱和度，如图9-103所示。如果要修改色相，可以按住Ctrl键操作。

图9-102　　　　　图9-103

去色/上色

将"饱和度"滑块拖曳到最左侧，可以将彩色图像转换为黑白效果。在这种状态下，"色相"滑块将不起作用。拖曳"明度"滑块可以调整图像的亮度。

勾选"着色"选项后，图像的颜色会变为单一颜色。如果前景色是黑色或白色，图像会使用暗红色着色，如图9-104所示；如果前景色为其他颜色，则使用低饱和度的前景色进行着色。在着色状态下，可以拖曳"色相"滑块，使用其他颜色为图像着色，如图9-105所示。拖曳"饱和度"滑块可以调整颜色的饱和度。

图9-104　　　　　图9-105

9.4.3
实战：调出健康红润肤色（"自然饱和度"命令）

要点

虽然提高饱和度可以让色彩看起来更加悦目，但在肤色处理上，这个规律就不太适用。肤色的调整空间比较小，如果用"色相/饱和度"命令改善，极易出现过饱和颜色，令肤色变得难看、不自然。像这类比较温和、精细的调整，用"自然饱和度"命令效果更好，如图9-106所示。该命令会给饱和度设置上限，将饱和度的最高值控制在出现溢色之前，非常适合处理人像照片和印刷用的图像。

扫码看视频

图9-106

01 这张照片由于拍摄时天气不太好，所以模特的肤色不够红润，色彩也有些苍白。执行"图像>调整>自然饱和度"命令，打开"自然饱和度"对话框。首先尝试用"饱和度"滑块调整，图9-107和图9-108所示为增加饱和度时的效果，可以看到，色彩过于鲜艳，人物皮肤的颜色显得非常不自然。不仅如此，画面中还出现了溢色。执行"视图>色域警告"命令，可以查看溢色，如图9-109所示。再次执行该命令，关闭警告。

02 将"自然饱和度"调整到最高值，如图9-110所示。皮肤颜色变得红润以后，仍能保持自然、真实的效果。

图9-107

图9-108

图9-109

图9-110

技术看板 34 降低自然饱和度

在进行降低饱和度操作时，将"饱和度"值调到最低（−100），色彩信息会完全删除。而将"自然饱和度"值调到−100，鲜艳的色彩通常会保留下来，只是饱和度有所下降。

原图

"饱和度"为-100　　"自然饱和度"为-100

9.4.4

实战：秋意浓（"替换颜色"命令）

▶ 要点

"替换颜色"，顾名思义，就是用一种颜色替换另一种颜色。这个命令并不是一个生面孔，它其实是"色彩范围"命令与"色相/饱和度"命令的结合体。

扫码看视频

为什么这么说呢？因为在使用时，它采用与"色彩范围"命令相同的方式选取颜色，之后又用与"色相/饱和度"命令相同的方法修改所选颜色。下面就通过实战来学习它的用法，如图9-111所示。

图9-111

01 按Ctrl+J快捷键复制"背景"图层。执行"图像>调整>替换颜色"命令，打开"替换颜色"对话框。默认选取的是吸管工具 ，用它单击浅色树叶，如图9-112所示，对颜色进行取样，如图9-113所示。在对话框中的图像缩览图上，白色代表选中的区域，灰色代表被部分选取，黑色是未选中的区域。

图9-112　　　　图9-113

02 拖曳"色相"滑块，调整树叶颜色，如图9-114和图9-115所示。

图9-114　　　　图9-115

03 选择添加到取样工具 ，单击深色树叶，扩展选取范围，如图9-116所示。提高"饱和度"值，如图9-117所示。关闭对话框。

233

图9-116 · · · · · · · · · · 图9-117

图9-118 · · · · · · · · · · 图9-119

图9-120 · · · · · · · 图9-121

04 单击 ▣ 按钮，添加蒙版。人和树干的颜色受到了一些影响，用画笔工具 ✐ 将这些区域涂黑，消除影响，效果如图9-118所示。

05 单击图像缩览图，如图9-119所示，执行"滤镜>模糊画廊>移轴模糊"命令，对女孩头部以上、脚以下的图像进行模糊处理，如图9-120和图9-121所示。

06 按Ctrl+J快捷键复制图层。将蒙版拖曳到 🗑 按钮上删除。设置混合模式为"滤色"，使图像色调变得轻快、明亮，如图9-122和图9-123所示。

图9-122 · · · · · · · 图9-123

9.5 颜色查找与映射

颜色查找和渐变映射是两种不同的颜色映射方法。颜色查找是原始颜色通过LUT的颜色查找表映射到新的颜色上去；渐变映射则是将相等的图像灰度范围映射到指定的渐变颜色。

9.5.1
实战：电影分级调色（"颜色查找"命令）

要点

电影在拍摄完成之后，需要后期调色。例如，调色师会利用LUT查找颜色数据，确定特定图像所要显示的颜色和强度，将索引号与输出值建立对应关系，以避免影片在不同显示设备上表现出来的颜色出现偏差。

扫码看视频

LUT是Look Up Table的缩写，意为"查找表"，有1D LUT、2D LUT和3D LUT几种类别。其中，3D LUT的色彩控制能力最强，它的每一个坐标方向都有RGB通道，能够同时影响色域、色温和伽马值，这是1D LUT和2D LUT没法办到的。3D LUT还能映射和处理所有色彩信息，甚至是不存在的色彩。

3D LUT既是一种颜色校准的技术手段，也可以改变颜色。Photoshop提供的就是这种类型的3D LUT文件，可以营造不同的色彩风格，如浪漫、清新、怀旧、冷峻等。由于大多数3D LUT都是针对电影设计的，所以用它处理的照片具有较强的电影感，如图9-124所示。

图9-124

01 单击"调整"面板中的 ▦ 按钮，创建"颜色查找"调整图层，在"3DLUT文件"下拉列表中选择一个预设文件，如图9-125和图9-126所示。

图9-125　　　　　　　　　　　　　　图9-126

02 创建"曲线"调整图层，设置混合模式为"滤色"，如图9-127所示。调整绿通道曲线，在暗色调里增加绿色，如图9-128和图9-129所示。

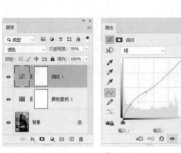

图9-127　　　　图9-128　　　　图9-129

03 调整蓝通道曲线，在阴影里增加蓝色，如图9-130和图9-131所示。

图9-130　　　　　图9-131

◈ 9.5.2

实战：自制颜色查找表

> **要点**

在Photoshop中，用调整图层进行颜色调整操作以后，可以导出为颜色查找表，并可在After Effects、SpeedGrade及其他图像或视频编辑软件中用它进行调色。

扫码看视频

图9-132所示的樱花就是用自制的颜色查找表调出的效果。下面介绍操作方法。

图9-132

01 打开素材，如图9-133所示。单击"调整"面板中的 ▦ 按钮，创建"曲线"调整图层，分别调整RGB、红、绿和蓝通道曲线，如图9-134~图9-138所示。

图9-133　　　　　　　图9-134　　　　　图9-135

图9-136　　　　图9-137　　　　图9-138

02 单击"调整"面板中的 ▣ 按钮，创建"可选颜色"调整图层，分别调整"青色"和"中性色"，如图9-139~图9-141所示。

图9-139　　　　图9-140　　　　图9-141

03 执行"文件>导出>颜色查找表"命令，打开"导出颜色查找表"对话框。如果需要保护版权，可在"说明"和"版权"选项中输入信息，Photoshop 会自动将©版权<current year>添加为我们所输入文本的前缀。在"网格点"选项中输入数值（0~256），数值高则可以创建更高质量的文件。选择颜色查找表格式，如图9-142所示，单击"确定"按钮，并指定存储位置。

04 打开素材，如图9-143所示。单击"调整"面板中的▦按钮，创建"颜色查找"调整图层。

图9-142

图9-143

05 单击"属性"面板中的"3DLUT文件"单选按钮，如图9-144所示，在弹出的对话框中选择存储的颜色查找表文件，如图9-145所示，单击"载入"按钮，加载该文件并用它自动调整图像颜色，如图9-146所示。

图9-144

图9-145

图9-146

◇ 9.5.3
实战：调出霓虹光感（"渐变映射"命令）

本实战介绍怎样使用"渐变映射"命令将渐变映射到图像中，替换它原有的颜色，制作出现在比较流行的、呈现霓虹光感的颜色效果，如图9-147所示。

扫码看视频

图9-147

01 按Ctrl+J快捷键复制"背景"图层。执行"滤镜>模糊>高斯模糊"命令，进行模糊处理，如图9-148所示。设置图层的混合模式为"滤色"，如图9-149和图9-150所示。

图9-148

图9-149

图9-150

02 单击"调整"面板中的▬按钮，创建"渐变映射"调整图层。单击渐变颜色条，如图9-151所示，打开"渐变编辑器"对话框，设置渐变颜色，如图9-152和图9-153所示。

图9-151

图9-152

图9-153

渐变映射使用技巧

执行"图像>调整>渐变映射"命令，打开"渐变映射"对话框。在默认状态下，Photoshop会基于前景色和背景色生成渐变颜色。渐变的起始（左端）颜色、中点和结束（右端）颜色，分别映射到图像的阴影、中间调和高光，如图9-154和图9-155所示。

图9-154

图9-155

单击▾按钮，打开下拉面板，可以选择预设的渐变，创建多种颜色的渐变映射效果，如图9-156和图9-157所示。

渐变映射会改变原图中色调的对比度（见上图）。要避免发生这种情况，可以使用"渐变映射"调整图层，之后将其设置为"颜色"模式，这样它就只改变颜色，而不影响亮度了，如图9-158和图9-159所示。

图9-156　　　　　　　　图9-157　　　　　　　图9-158　　　　　　图9-159

渐变映射有两个选项，"仿色"选项可以在渐变中添加随机的杂色来减少带宽效应，如果图像用于打印，勾选该选项，可以让渐变更加平滑；"反相"选项可以反转渐变颜色的填充方向。

颜色匹配与分离

Photoshop是一个色彩处理大师，颜色在它手里可以有无数种玩法，只有我们想不到的，没有它做不到的。例如下面要介绍的命令，就能让色彩发生创造性的改变。

9.6.1

实战：获得一致的色调（"匹配颜色"命令）

要点

我们经常会遇到这种情况：由于云层遮挡太阳、拍摄角度不同或客观环境变化，所拍摄的照片在影调、色彩和曝光上出现了一些不同。有些照片效果很好，有些不尽如人意。

扫码看视频

Photoshop中的"匹配颜色"命令可以解决这个问题。它能用好照片去校正差的照片，让差的照片"见贤思齐"，影调、色彩和曝光都达到与好照片相同的程度，如图9-160所示。

Before　　　　　　　　　　　　　　　　After

图9-160

01 打开两张照片，如图9-161和图9-162所示。第一张照片在拍摄时，由于没有阳光照射，色调偏冷。第二张是在阳光充足的条件下拍的，效果就比较好。下面用它来匹配第一

张照片。首先将色调偏冷的荷花设置为当前操作的文件。

图9-161　　　　　　　　图9-162

02 执行"图像>调整>匹配颜色"命令，打开"匹配颜色"对话框。在"源"选项下拉列表中选择另一张照片，将"渐隐"设置为50，控制好调整强度。为避免色调过亮，将"明亮度"设置为140，"颜色强度"设置为120，提高色彩的饱和度，如图9-163所示。单击"确定"按钮关闭对话框，即可将这张照片的色调转换过来，效果如图9-164所示。

图9-163　　　　　　　　图9-164

"匹配颜色"命令选项

- **明亮度/颜色强度**：可以调整明亮度和颜色的饱和度。当"颜色强度"为1时，会生成灰度图像。

- **渐隐**：可以减弱调整强度，该值越高，颜色效果越弱。

- **中和**：如果出现色偏，可以勾选该选项，将色偏消除。

- **图层**：用来选择需要匹配颜色的图层。如果要将"匹配颜色"命令应用于目标图像中的特定图层，应确保在执行"匹配颜色"命令时该图层处于当前选择状态。

- **存储统计数据/载入统计数据**：单击"存储统计数据"按钮，可将当前的设置保存；单击"载入统计数据"按钮，可以载入已存储的设置。使用载入的统计数据时，无须在Photoshop中打开源图像，就可以完成匹配当前目标图像的操作。

技术看板 35 用选区计算调整

在被匹配颜色的目标图像上创建选区以后，勾选"应用调整时忽略选区"选项，可以忽略选区，将调整应用于整个图像；取消勾选，则仅影响选中的图像。此外，勾选"使用目标选区计算调整"选项，将使用选区内的图像来计算调整；取消勾选，则使用整个图像中的颜色来计算调整。

调整整幅图像　　　　　　只调整选中的图像

如果源图像上有选区，勾选"使用源选区计算颜色"选项，将会使用选区中的图像匹配当前图像的颜色；取消勾选，则会使用整幅图像进行匹配。

9.6.2

"色调分离"命令

图像的色调范围是256级色阶（0~255）*（见194页）*。使用"色调分离"命令可以减少色阶数目，使颜色数量减少，图像细节得到简化。

执行"图像>调整>色调分离"命令，打开"色调分离"对话框，如图9-165和图9-166所示。

图9-165

图9-166

它只有一个"色阶"选项。当定义了一个色阶值以后，Photoshop会调整每一个颜色通道中的色调级数（或亮度值），然后将像素映射到最接近的匹配级别，色阶值越低，色彩越少，如图9-167和图9-168所示。如果使用"高斯模糊"或"去斑"滤镜对图像进行轻微的模糊，再进行色调分离，就可以得到更少、更大的色块。如果要显示更多的细节，可以提高色阶值。

色阶2　　　　　　　　　　色阶4

图9-167　　　　　　　　　图9-168

9.6.3

实战：制作色彩抽离效果（海绵工具）

当画面主体处于一个复杂的环境中时，将次要图像处理为黑白效果，可以强化主体，突出视觉焦点，如图9-169所示。这种操作就叫色彩抽离。

扫码看视频

图9-169

Photoshop中有很多方法制作黑白效果*（见241页）*，这里我们用的是海绵工具。它可以修改颜色的饱和度，当图像处于灰度模式时，该工具通过使灰阶远离或靠近中间灰色来增加或降低对比度。

01 按Ctrl+J快捷键复制"背景"图层，以保留原始图像。选择海绵工具 ⬤ ，设置工具大小为50像素。首先进行降低色彩饱和度的操作，在"模式"下拉列表中选择"去色"，在背景上单击并拖曳鼠标涂抹，直至其变为黑白效果，如图9-170所示。

02 下面进行增加色彩饱和度的操作。勾选"自然饱和度"选项，在"模式"下拉列表中选择"加色"，"流量"设置为50%，在衣服上涂抹，如图9-171所示。

图9-172　　　　　图9-173

图9-170　　　　图9-171

03 单击"调整"面板中的 ▦ 按钮，创建"曲线"调整图层，在曲线上添加控制点，适当增加图像中间调的亮度，如图9-172和图9-173所示。

海绵工具选项栏

在海绵工具 ⬤ 的选项栏中，画笔、喷枪和设置画笔角度等选项与加深和减淡工具相同（见201页），如图9-174所示。其他选项如下。

图9-174

● 模式：如果要增加色彩的饱和度，可以选择"加色"选项；如果要降低饱和度，则选择"去色"选项。

● 流量：该值越高，修改强度越大。

● 自然饱和度：勾选该选项后，在进行增加饱和度的操作时，可以避免出现溢色（见247页）。

9.7 彩色转黑白

黑白图像与彩色图像相比，高雅而朴素、纯粹而简约，具有独特的艺术魅力。在Photoshop中，彩色图像转黑白图像是很容易实现的，在色调层次控制方面也有上佳的表现。

◈ 9.7.1

实战：模拟伦勃朗光（滤镜+"黑白"命令）

要点

伦勃朗式用光技术是依靠强烈的侧光使被摄者脸部的一侧呈现倒三角形的亮区，拍摄出来的人像酷似伦勃朗（荷兰画家）的人物肖像画，因而得名。本实战用"光照效果"滤镜模拟这种光效，如图9-175所示。

扫码看视频

01 执行"滤镜>转换为智能滤镜"命令，将"背景"图层转换为智能对象。执行"滤镜>渲染>光照效果"命令。在"属性"面板中选择"聚光灯"选项，在画面中调整灯光位置及照射角度，如图9-176和图9-177所示。单击"确定"按钮关闭对话框。

Before　　　　After

图9-175

图9-176　　　　　　图9-177

02 单击"调整"面板中的 ▣ 按钮，创建"黑白"调整图层，设置混合模式为"正片叠底"，营造一种深沉且略带神秘感的色彩范围，如图9-178和图9-179所示。

图9-178　　　　　　图9-179

9.7.2
"黑白"命令使用方法

手动调整

打开一张照片，如图9-180所示，单击"调整"面板中的 ▣ 按钮，创建"黑白"调整图层，"属性"面板中会显示图9-181所示的选项（之所以用调整图层操作，是因为"黑白"命令的对话框中没有 ✋ 工具）。

图9-180　　　　　　图9-181

拖曳各个原色滑块，即可调整图像中特定颜色的灰色调。例如，向左拖曳绿色滑块时，可以使图像中由绿色转换而来的灰色调变暗，如图9-182所示；向右拖曳，则会使灰色调变亮，如图9-183所示。

图9-182　　　　　　　　图9-183

如果要对某种颜色进行手动调整，可以单击"属性"面板中的 ✋ 工具，然后将鼠标指针放在这种颜色上，如图9-184所示。向右拖曳鼠标可以将该颜色调亮，如图9-185所示；向左拖曳可以将颜色调暗，如图9-186所示。与此同时，"黑白"对话框中相应的颜色滑块也会自动移动到相应位置。

图9-184　　　　　　　　图9-185

图9-186

> **提示**（Tips）
>
> 按住 Alt 键并单击某个色卡，可以将单个滑块复位到其初始设置。另外，按住 Alt 键时，对话框中的"取消"按钮将变为"复位"按钮，单击"复位"按钮可复位所有的颜色滑块。

使用预设文件调整

使用"黑白"命令时，可以先单击"自动"按钮，让灰度值的分布最大化，这样做通常会产生极佳的效果，如图9-187所示，然后在此基础上调整某种颜色的灰度。

如果对调整结果比较满意，还可以单击 ☰ 按钮，打开面板菜单，执行"存储预设"命令，将调整参数存储为一个预设，对其他图像进行相同处理时，可在"预设"下拉列表中选取，而不必重新设置参数。此外，Photoshop也提供了一些预设的调整文件，如图9-188所示，效果也是不错的。

图9-187　　　　　　　　　　　图9-188

单色调图像，如图9-189和图9-190所示。如果是使用"图像>调整>黑白"命令来操作，则在"黑白"对话框中还有"色相"滑块和"饱和度"滑块，它们与"色相/饱和度"命令完全相同。

为灰度着色

将图像转换为黑白效果后，勾选"色调"选项，然后单击颜色块，打开"拾色器"对话框设置颜色，可创建

图9-189　　　　　　　　图9-190

·PS技术讲堂·

【 黑白效果的实现方法 】

黑白效果在操作上非常容易实现，只要用"色相/饱和度"命令将色彩的饱和度降到0，便可获得黑白图像。或者用"图像>模式>灰度"命令，转换为灰度模式，将色彩信息删除，也是比较快速的方法。如果不想改变颜色模式，可以用"图像>调整>去色"命令删除颜色。

这些方法各有利弊，但有一个共同点，就是没有控制选项，我们不能根据图像的自身特点，改变细节的亮度和对比度。

比这几个命令控制能力更强、效果更好的是"渐变映射"、"通道混合器"和"计算"命令。其中"计算"命令利用通道和混合模式生成黑白图像，不同的组合方式可以得到不同的结果，因此，它的效果是最丰富的。混合模式虽然有规律可循，但图像千变万化，所以这种方法的随机性比较强。

了解了上面这些命令之后，我们发现，任何方法都不如"黑白"命令直接、有效，可控性强。它能改变红、黄、绿、青、蓝和洋红每一种颜色的色调深浅。而这几种颜色正是色光三原色和印刷三原色，其他颜色都是由它们混合而成的，控制了这几种颜色，几乎就控制了所有颜色。

能够单独调整某种颜色的色调，对于改善色调层次意义重大。例如，红、绿两种颜色在转换为黑白时，灰度非常相似，很难区分，色调的层次感就会被削弱。用"黑白"命令分别调整这两种颜色的灰度，就可以将它们有效地区分开来，使色调的层次丰富而鲜明。

图9-191所示为使用不同方法制作的黑白图像，从中可以大致了解它们之间的差异。

图9-191

💎 9.7.3

实战：制作人像图章（"阈值"命令）

　　"阈值"命令可以将彩色图像转换为高对比度的黑白图像。比较适合制作单色照片或者模拟类似手绘效果的线稿，以及制作木版画、图章等特效，如图9-192所示。

扫码看视频

图9-192

01 单击"调整"面板中的 ▦ 按钮，创建"阈值"调整图层，调整"阈值色阶"，如图9-193和图9-194所示。

图9-193　　　　图9-194

02 按Ctrl+J快捷键复制调整图层，修改"阈值色阶"为65，如图9-195所示。单击调整图层的蒙版，如图9-196所示，用渐变工具 ▦ 填充线性渐变，如图9-197所示。单独一个调整图层调出来的效果不是特别好，结合这两个不同参数的"阈值"调整图层，才能获得完整的面部轮廓和必要的细节，如图9-198所示。

图9-195　　　　图9-196

图9-197　　　　图9-198

03 单击"背景"图层的锁状图标 🔒 ，如图9-199所示，将它转换为普通图层。按住Ctrl键并单击另外两个图层，按Ctrl+G快捷键，将这3个图层编入图层组中，如图9-200所示。单击"图层"面板底部的 ◉ 按钮，打开下拉菜单，执行"纯色"命令，创建一个白色的填充图层，并拖曳到最下方，如图9-201所示。

图9-199　　　图9-200　　　图9-201

04 选择椭圆工具 ◯ ，在工具选项栏中选取"形状"选项并设置参数，按住Shift键并拖曳鼠标，创建圆形，如图9-202所示。单击 ◻ 按钮，添加图层蒙版。用画笔工具 🖊（硬边圆笔尖）将帽檐处的圆形涂黑，通过蒙版将其遮盖住，如图9-203所示。

图9-202　　　　　　图9-203

05 单击图层组，单击 ◻ 按钮，为它添加蒙版，如图9-204所示。用画笔工具 🖊 将圆圈之外的图像涂黑（帽檐除外），效果如图9-205所示。

图9-204　　　　图9-205

06 将文字素材添加到画面中，如图9-206所示。再添加背景素材，设置它的混合模式为"滤色"，如图9-207和图9-208所示。

图9-206　　　　图9-207　　　图9-208

07 创建一个"曲线"调整图层。向下拖曳曲线,将色调压暗,如图9-209和图9-210所示。

图9-209　　图9-210

实战:制作负片和彩色负片("反相"命令)

"反相"命令可以将图像中的每一种颜色都转换为其互补色(黑色、白色比较特殊,它们互相转换),如图9-216所示。这是一种可逆的操作,因为再次执行该命令,可以将原有的颜色转换回来。

扫码看视频

图9-216

"阈值"命令使用技巧

打开一幅图像,如图9-211所示,执行"图像>调整>阈值"命令,打开"阈值"对话框。在"阈值色阶"文本框中输入数值或拖曳滑块,将一个亮度值定义为阈值后,所有比阈值亮的像素会转换为白色;比阈值暗的像素则转换为黑色,如图9-212和图9-213所示。直方图显示了像素的亮度级别(0~255)和分布情况,可作为调整的参照物。

01 执行"图像>调整>反相"命令,得到彩色负片,如图9-217所示。单击"调整"面板中的按钮,创建"曲线"调整图层。将曲线左下角的滑块拖曳到直方图的边缘,增强对比度,如图9-218和图9-219所示。

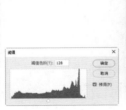

图9-211　　图9-212　　　　图9-213

用"阈值"命令分别处理各个颜色通道,可以生成与用"色调分离"命令处理类似的彩色图像,如图9-214和图9-215所示。

图9-217　　　　图9-218　　　　图9-219

02 单击"调整"面板中的按钮,创建"黑白"调整图层,进行去色处理,可得到黑白负片,如图9-220和图9-221所示。

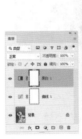

图9-214　　图9-215

图9-220　　图9-221

243

Lab调色技术

Lab调色技术是基于Lab模式色域范围广、通道特殊等优势而发展出来的高级调色技术。在这种模式下，每一个调色命令都好像被赋予了新的能力，都能有超水平的发挥。

◆ 9.8.1

实战：调出明快色彩

要点

用曲线调整RGB和CMYK模式的图像时，不论是改善色调，还是处理颜色，曲线的调整幅度都不会太大，否则破坏力太强*（见210页图示）*。

扫码看视频

Lab模式可以承受较大幅度的调整。例如下面的这个实战，如图9-222所示，用的是一种"之"字形曲线，来增强每个颜色通道的对比度。

图9-222

同样的曲线，用来处理RGB模式图像，效果就完全不同，如图9-223和图9-224所示。这种会对RGB模式图像造成破坏的曲线，在Lab模式下会变得温和。

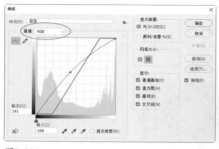

图9-223

图9-224

01 执行"图像>模式>Lab颜色"命令，转换为Lab模式。按Ctrl+M快捷键打开"曲线"对话框，单击"网格大小"选项下方的▦按钮，或按住Alt键再单击直方图，以25%的增量显示网格线。网格细密便于将控制点对齐到网格线上。由于调

整的是颜色通道，因此如果曲线对不齐，容易出现色偏。

02 在"通道"下拉列表中选择a通道，将上面的控制点向左侧水平移动两个网格线，下面的控制点向右侧水平移动两个网格线，如图9-225所示，调整之后可以使色调更加清晰。选择b通道，采用同样的方法移动控制点，如图9-296和图9-227所示。

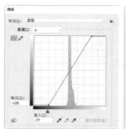
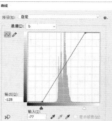

图9-225　　　图9-226　　　图9-227

03 选择"明度"通道，向左侧拖曳白场滑块，将它定位到直方图右侧的端点上，使照片中最亮的点成为白色，以增加对比度，再添加控制点，向上调整曲线，将画面调亮，如图9-228和图9-229所示。

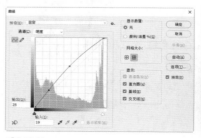

图9-228　　　　　　　　图9-229

◆ 9.8.2

Lab模式的独特通道

Lab模式是色域最广的颜色模式，RGB和CMYK模式都在它的色域范围内。Lab模式也是Photoshop进行颜色模式转换时使用的中间模式。例如，将RGB图像转换为CMYK模式时，Photoshop会先将其转换为Lab模式，再由Lab模式转换为CMYK模式。

Lab模式使用的是与设备（如显示器、打印机或数码相机）无关的颜色模型。它基于人对颜色的感觉，描述了正

常视力的人能够看到的所有颜色。

打开一张照片，如图9-230所示。执行"图像>模式>Lab颜色"命令，转换为Lab模式，如图9-231所示。

图9-230

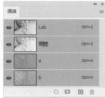
图9-231

Lab模式的通道比较特别。明度通道（L）没有色彩，它保存的是图像的明度信息，如图9-232所示。范围为0~100，0代表纯黑色，100代表纯白色。

图9-232

a通道包含的颜色介于绿色与洋红色之间（互补色），如图9-233所示；b通道包含的颜色介于蓝色与黄色之间（互补色），如图9-234所示。它们的取值范围均为+127 ~ -128。

图9-233

图9-234

执行"编辑>首选项>界面"命令，打开"首选项"对话框，勾选"用彩色显示通道"选项，这样能比较直观地看到a、b通道中的色彩信息，如图9-235和图9-236所示。

图9-235

图9-236

在这两个通道中，50%的灰度对应的是中性灰。当通道的亮度高于50%灰时，颜色会向暖色转换；当亮度低于50%灰时，则向冷色转换。因此，将a通道（包含绿色到洋红色）调亮，就会增加洋红色（暖色）；反之，将a通道调暗，则会增加绿色（冷色）。同理，将b通道（包含黄色到蓝色）调亮会增加黄色，调暗则增加蓝色，如图9-237~图

9-240所示。

a通道变亮增加洋红色
图9-237

a通道变暗增加绿色
图9-238

b通道变亮增加黄色
图9-239

b通道变暗增加蓝色
图9-240

提示（Tips）
黑白图像的a和b通道为50%灰色，调整a、b通道的亮度时，会将图像转换为一种单色。

在颜色数量上，Lab模式多于RGB和CMYK模式。后两个模式都有3个颜色通道（黑色通道暂且不算颜色），每个颜色通道中包含一种颜色，Lab虽然只有a和b两个颜色通道，但每个通道包含两种颜色，加起来一共就是4种颜色。加之Lab模式的色域范围远远超过RGB和CMYK模式，以上这些因素，促成了Lab模式在色彩表现上的不同凡响。

◆ 9.8.3

实战：调出唯美蓝、橙调

要点

Lab模式中的色彩信息与明度信息是分开的，图像细节都在L通道，只要它没有大的改变，a、b通道可以任意修改。下面我们就采用一种特殊的方法处理a、b通道，调色效果如图9-241所示。

扫码看视频

图9-241

01 执行"图像>模式>Lab颜色"命令，将图像转换为Lab模式。执行"图像>复制"命令，复制一份图像备用。单击a通道，如图9-242所示，按Ctrl+A快捷键全选，再按Ctrl+C快捷键复制。

02 单击b通道，如图9-243所示，窗口中会显示b通道图像。按Ctrl+V快捷键，将复制的图像粘贴到b通道中，按Ctrl+D快捷键取消选择，按Ctrl+2快捷键显示彩色图像，蓝调效果做完了，根据画面的构图添加文字，形成一幅完整的平面作品，如图9-244所示。

图9-242　　　　　图9-243　　　　　图9-244

03 橙调与蓝调的制作方法正好相反。切换到另一文档中，按Ctrl+J快捷键复制背景图层。按Ctrl+A快捷键全选，单击b通道，按Ctrl+C快捷键复制；单击a通道，按Ctrl+V快捷键粘贴，效果如图9-245所示。

04 橙调对人物的肤色会有影响，还要再做一下还原肤色的处理。单击"图层"面板底部的 ▣ 按钮添加蒙版。用画笔工具 ✎ 在人物的脸和衣服上涂抹黑色，恢复皮肤和衣服的色彩，如图9-246和图9-247所示。

图9-245　　　　　图9-246　　　　　图9-247

◆ 9.8.4
颜色与明度分开有什么好处

对于RGB和CMYK模式的图像，每一个颜色通道既保存了颜色信息，也保存了明度信息。它制造了一个难题：调整颜色的同时，颜色的亮度也会跟着发生改变，如图

9-248~图9-250所示。Lab模式不会出现这种情况。因为在这种模式下，图像的颜色信息与明度信息是分开的，它们之间既无关联，也不会互相影响。当处理a和b通道时，可以在不影响亮度的状态下修改颜色，如图9-251所示；处理明度通道时，又可以在不影响色彩和饱和度的状态下修改亮度，如图9-252和图9-253所示。这种独特的优势使得Lab模式在高级调色方法中占有极其重要的位置。

使用颜色取样器工具建立取样点　　选择"灰度"选项可以观察明度信息
图9-248　　　　　　　　　　　　图9-249

RGB模式：调整颜色时K值由原来的47%变为43%，说明明度发生了改变　　　　Lab模式：调整颜色时K值还是47%，明度没有变化

图9-250　　　　　　　　　　图9-251

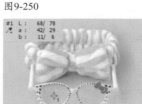  

RGB模式：提高亮度时（L值由68变成78），颜色的明度也发生了改变，a值由42变为29，b值由11变为6，导致色彩饱和度降低

图9-252

Lab模式：提高亮度时（L值由68变成78），没有影响色彩（a、b值没有改变）

图9-253

在Lab模式下，色彩的"宽容度"会变得非常高，我们甚至可以采用极端方法编辑通道，例如，用一个通道替换另一个通道（参见前面的实战），或者将通道反相。对于RGB和CMYK模式的图像，这样操作会打乱色彩关系和明度关系，但Lab模式却能带给我们意外的惊喜，如图9-254所示。在照片降噪方面，Lab模式也具备特别的优势。使用滤镜对a和b通道进行轻微的模糊，可以在不影响图像细节的情况下降低噪点。

原图　　　　　RGB模式：红通道反相　Lab模式：a通道反相　　RGB模式：绿通道反相　Lab模式：b通道反相　　Lab模式：a、b通道反相

图9-254

色彩管理

9.9

数码相机、显示器、打印机等设备采用不同的方法记录和再现色彩，色彩管理可以解决由于硬件设备不同而造成的色彩偏差问题。

· PS 技术讲堂 ·

【 色彩空间、色域和溢色 】

色彩空间与色域

色彩空间是颜色模型的另一种形式，它具有特定的色域，即色彩范围。例如，RGB颜色模型就包含很多的色彩空间，如Adobe RGB、sRGB、ProPhoto RGB等。这几种色彩空间的色域范围也各不相同，色域范围越大，所能呈现的颜色越多。

在现实世界中，自然界可见光谱的颜色组成了最大的色域，它包含了人眼能见到的所有颜色。CIELab国际照明协会根据人眼的视觉特性，把光线波长转换为亮度和色相，创建了一套描述色域的图表，如图9-255所示。可以看到，Lab模式的色域范围包含了RGB和CMYK色域中的所有颜色。由于Lab模式的色彩空间大，所以理论上讲，在Lab模式下能调出最艳丽的颜色。但其中有些颜色超出了CMYK色域，印刷到纸张上，颜色会暗淡一些。

图9-255

溢色

CMYK色域范围之外的颜色称为"溢色"。我们怎样才能知道图像是否存在溢色呢？这要分3种情况。

如果是在选取颜色，例如，使用"拾色器"对话框和"颜色"面板，当出现溢色时，Photoshop会给出警告，如图9-256所示。溢色警告下方有一个小颜色块，它是与当前颜色最为接近的可打印颜色（CMYK色域中的颜色），我们可以单击它来替换溢色。

如果是在调整图像颜色，可以在操作之前，先用颜色取样器工具 ✔ 在图像上建立取样点，然后在"信息"面板的吸管图标上单击鼠标右键，打开快捷菜单，执行"CMYK颜色"命令，如图9-257所示。这样设置之后，再调整图像，如果取样点的颜色超出了CMYK 色域，则

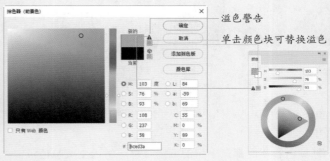

溢色警告
单击颜色块可替换溢色

图9-256

CMYK 值旁边会出现惊叹号以示警告，如图9-258所示。调整时如果想要避免溢色，可以将饱和度调低一点，直到CMYK值旁边惊叹号消失便可。

还有一种情况，就是在Photoshop中打开了一幅图像，想要了解是否存在溢色，可以执行"视图>色域警告"命令，开启色域警告，如果图像中出现灰色，则被灰色覆盖的便是溢色区域，如图9-259所示。在色域警告开启的状态下，"拾色器"对话框中的溢色也会显示为灰色，如图9-260所示，上下拖曳颜色滑块，可以观察将RGB图像转换为CMYK模式后，哪个色系丢失的颜色最多。再次执行"色域警告"命令，可以关闭色域警告。如果图像本身包含灰色，容易与溢色警告的灰色混淆，可以执行"编辑>首选项>透明度与色域"命令，将色域警告修改为其他颜色。

图9-257　　　　图9-258　　　　图9-259　　　　图9-260

在计算机屏幕上模拟印刷效果

创建用于商业印刷机上输出的图像，如小册子、海报和杂志封面等时，可以执行"视图>校样设置>工作中的CMYK"命令，然后执行"视图>校样颜色"命令，启动电子校样，Photoshop会模拟图像在商用印刷机上的效果。"校样颜色"只是提供了一个CMYK模式预览，查看颜色信息的丢失情况，并没有将图像真正转换为CMYK模式。再次执行"校样颜色"命令，就可以关闭电子校样。

💎 9.9.1

管理色彩

数码相机、扫描仪、显示器、打印机和印刷设备等都使用不同的色彩空间，如图9-261所示。

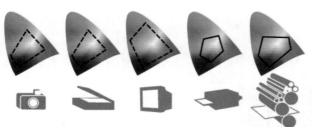

数码相机、扫描仪、电视机、桌面打印机和印刷机的色域范围

图9-261

每种色彩空间都在一定的范围（色域）内生成颜色，因此，各种设备的色域也是不同的。色彩空间、色域，以

及每种设备记录和再现颜色的方法不同，导致在这些设备间传递文件时，颜色可能会发生改变。举个简单的例子，我们拿打印好的照片与计算机屏幕上的照片做比较就会发现，手中照片的色彩没有屏幕上鲜艳，甚至还可能有一点偏色。

为了确保色彩不出现偏差，需要有一个可以在设备之间准确解释和转换颜色的系统，使不同的设备生成一致的颜色。Photoshop提供了这种色彩管理系统，它借助ICC颜色配置文件转换颜色。ICC配置文件是一个用于描述设备怎样产生色彩的小文件，其格式由国际色彩联盟规定。有了这个文件，Photoshop就能在每台设备上产生一致的颜色。

是否需要色彩管理，要看所编辑的图像是否在多种设备上使用。需要的话，可以执行"编辑>颜色设置"命令，打开"颜色设置"对话框进行操作，如图9-262所示。

图9-262

"工作空间"选项组用来为颜色模型指定工作空间配置文件。我们可以通过它下方的几个选项来定义当打开缺少配置文件的图像、新建的图像和配置文件不匹配的图像时所使用的工作空间。

"色彩管理方案"选项组用来指定怎样管理特定颜色模型中的颜色。它决定了在图像缺少配置文件，或包含的配置文件与"工作空间"不匹配的情况下，Photoshop采用什么方法进行处理。如果想要了解这些选项的详细说明，可以将鼠标指针放在选项上，然后到对话框下面的"说明"选项中查看。

9.9.2

实战：指定配置文件

要点

如果图像中未嵌入配置文件，或者配置文件与当前系统不匹配，图像就不能按照其创建（或获取）时的颜色显示。我们需要为它指定配置文件，来让颜色正常显示。

扫码看视频

使用正确的配置文件非常重要。例如，当显示器与打印机没有精确的配置文件时，中性灰（R128，G128，B128）会在显示器上呈现为偏蓝的灰色，而在打印机上又变为偏棕的灰色。

下面使用的图像由于保存时（"文件>存储为"命令）未勾选"ICC配置文件"选项，因而没有嵌入配置文件。我们来为它指定一个。

01 打开素材。单击文件窗口右下角的 ▶ 图标，打开下拉菜单，执行"文档配置文件"命令，状态栏中会出现"未标记的RGB"提示信息，如图9-263所示。它提醒我们，该图像中未嵌入配置文件。观察它的标题栏，会发现"#"标记，这也表示图像中没有嵌入配置文件。

图9-263

02 执行"编辑>指定配置文件"命令，打开"指定配置文件"对话框。可以看到3个选项和一个列表，如图9-264所示。第1个选项"不对此文档应用色彩管理"表示不进行色彩管理。如果不在意图像是否正确显示，可以勾选该选项。第2个选项"工作中的RGB"表示用当前工作的颜色空间来转换图像颜色。如果无法确定该用哪个配置文件转换颜色，可以勾选该选项，但它也不是最佳选项。最好的办法是打开"配置文件"下拉列表，尝试其中各个配置文件对图像的影响，然后选取一个效果

最好的。

03 选择"Adobe RGB（1998）"，为图像指定该配置文件，效果如图9-265所示。

图9-264

图9-265

技术看板 36 配置文件选择技巧

配置文件并非盲目选择，也有一些技巧。例如，Adobe RGB适合用于喷墨打印机和商业印刷机使用的图像，它的色域包括一些无法使用 sRGB 定义的可打印颜色（特别是青色和蓝色），并且很多专业级数码相机都将 Adobe RGB用作默认色彩空间。ColorMatch RGB也适用于商业印刷图像，但效果没有Adobe RGB好。ProPhoto RGB适合扫描的图片。sRGB适合Web图像，它定义了用于查看 Web 上图像的标准显示器的色彩空间。处理来自家用数码相机的图像时，sRGB 也是一个不错的选择，因为大多数相机都将sRGB 用作默认的色彩空间。

9.9.3

转换为配置文件

指定配置文件解决的是图像没有配置文件而导致的色彩无法准确显示的问题。它只是让我们"看到"了准确的色彩，颜色数据并没有改变。如果想要通过配置文件改变色彩数据，则需要执行"编辑>转换为配置文件"命令，打开"转换为配置文件"对话框，如图9-266所示，在"配置文件"下拉列表中选取配置文件，并单击"确定"按钮，进行真正的转换。

图9-266

第10章 照片编辑

【本章简介】

随着数码相机的普及，以及手机拍照功能的强大，越来越多的人爱上了摄影。摄影是蕴含了创意和灵感的艺术，而由于数码相机和手机的原理和构造的特殊性，加之摄影者技术方面的影响，拍出的照片一般都要经过后期编辑效果才更好。

照片处理在Photoshop的应用中涵盖面比较广，涉及的功能也多，本书将按照色调、色彩、照片编辑工具、人像修图、Camera Raw、抠图等，从易到难依次展开讲解。

Photoshop中有很多工具和功能是专为照片处理而开发的，本章主要介绍的就是这些。

【学习目标】

通过本章我们要学会使用Photoshop的照片编辑工具，并掌握以下技能。
● 用不同的方法裁剪图像，进行二次构图
● 快速制作证件照
● 识别镜头引起的缺陷，并找到有效的解决办法
● 用内容识别填充功能，去除照片中多余的人物或景物
● 拼接全景照片
● 使用多张照片制作全景深照片
● 使用滤镜模拟传统高品质镜头所拍摄的特殊效果，制作散景、场景虚化、画面高速旋转、摇摄照片、移轴照片
● 在透视空间中修片

【学习重点】

10.1 裁剪图像

处理数码照片或扫描的图像时，经常需要裁剪图像，以便删除多余内容，使画面的构图更加完美。使用裁剪工具、"裁剪"命令和"裁切"命令都可以裁剪图像。

· PS技术讲堂 ·

【 构图美学及裁剪技巧 】

构图美学

一幅成功的摄影作品，首先是构图的成功。构图是一门大学问，在一定的空间内安排和处理好人、物的关系及位置，表现作品的主题和美感，其实并不容易。

为了帮助我们合理构图，Photoshop提供了基于经典构图形式的参考线。这些构图形式，是历代艺术家通过实践用科学的方法总结出来的经验，适合人们共同的审美标准。

我们使用裁剪工具 ⊏ 裁剪图像时，单击工具选项栏中的 ⊞ 按钮，打开菜单，可以选择一种参考线叠加在图像上，如图10-1所示；再依照参考线划定的重点区域，对画面内容进行裁剪、取舍。

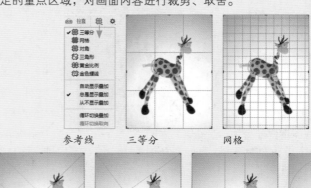

参考线　　　三等分　　　网格

对角　　　三角形　　　黄金比例　　　金色螺线

图10-1

图10-2所示为这些经典构图形式在摄影、广告、新闻图片、油画上的应用。

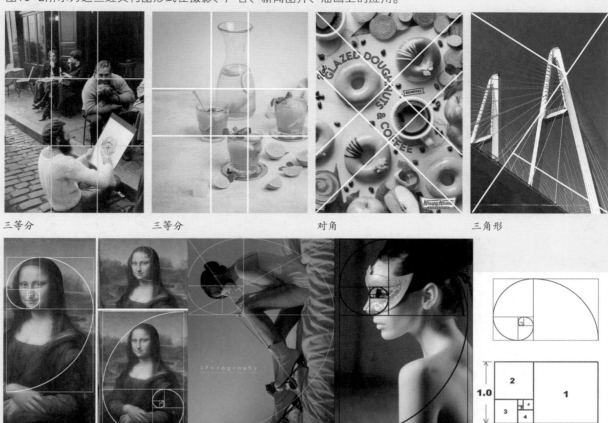

三等分　　　　　　　　三等分　　　　　　　　　　对角　　　　　　　　三角形

黄金比例/斐波那契螺旋线

图10-2

● **三等分**：就是把画面在水平方向上的 **1/3**、**2/3** 位置画两条水平线，在垂直方向上的 **1/3**、**2/3** 位置画两条垂直线，然后把景物尽量放在交点上。实际上这几个点都符合黄金分割定律，是最佳的位置。

● **网格**：主要用于裁剪时对齐图像中的水平和垂直对象。

● **对角**：让主体物处在对角线位置上，线所形成的对角关系，可以使画面产生极强的动感和纵深效果。

● **三角形**：将主体放在三角形中，或影像本身形成三角形的关系。三角形构图可以产生稳定感。倒置三角形则不稳定，但能突出紧张感，可用于近景人物、特写等。

● **黄金比例**：即黄金分割，是指将整体一分为二，较大部分与整体的比值等于较小部分与较大部分的比值，其比值约为0.618。这个比例被公认为是最能产生美感的比例。

● **金色螺线**：即斐波那契螺旋线，是在以斐波那契数为边的正方形拼成的长方形中画一个90°的扇形，多个扇形连起来的弧线，这是自然界最完美的经典黄金比例。

● **自动显示叠加/总是显示叠加/从不显示叠加**：可设置裁剪参考线自动显示、始终显示，或者不显示。

● **循环切换叠加**：选择该项或按**O**键，可以循环切换各种裁剪参考线。

● **循环切换取向**：显示三角形和金色螺线时，选择该项或按**Shift+O**快捷键，可以旋转参考线。

裁剪预设

　　除经典构图参考线外，Photoshop还提供了一些比较常用的图像比例和图像尺寸，也能给裁剪操作提供便利。单击工具选项栏中的 ∨ 按钮，打开下拉菜单可以找到这些选项，如图10-3所示。

- **比例**：选择该选项后，会出现两个文本框，在文本框中可以输入裁剪框的长宽比。如果要交换两个文本框中的数值，可单击 ⇄ 按钮。如果要清除文本框中的数值，可单击"清除"按钮。

- **宽×高×分辨率**：选择该选项后，可在出现的文本框中输入裁剪框的宽度、高度和分辨率，并且可以选择分辨率单位（如像素/厘米）。Photoshop 会按照设定的尺寸裁剪图像。例如，输入宽度95厘米、高度110厘米、分辨率50像素/英寸后，在进行裁剪时会始终锁定长宽比，并且裁剪后图像的尺寸和分辨率会与设定的数值一致。

- **原始比例**：无论怎样拖曳裁剪框，裁剪时始终保持图像原始的长宽比，非常适合用于裁剪照片。

- **预设的长宽比/预设的裁剪尺寸**：1:1（方形）、5:7等选项是预设的长宽比；4×5英寸300ppi、1024×768像素92ppi等是预设的裁剪尺寸。如果要自定义长宽比和裁剪尺寸，可以在该选项右侧的文本框中输入数值。

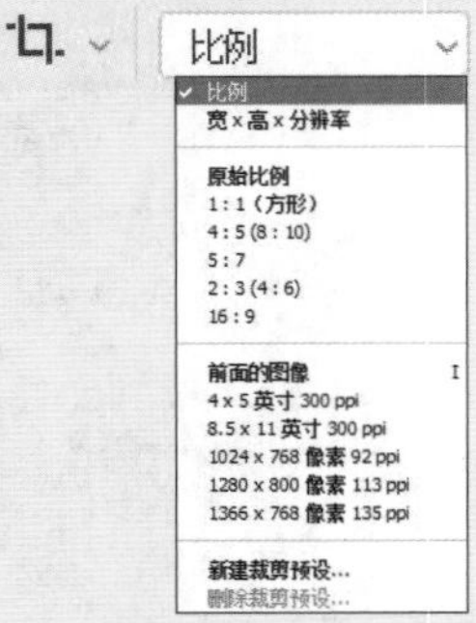

图10-3

- **前面的图像**：可基于一个图像的尺寸和分辨率裁剪另一个图像。操作方法是，打开两个图像，使参考图像处于当前编辑状态，选择裁剪工具 🔲，在选项栏中选择"前面的图像"选项，然后使需要裁剪的图像处于当前编辑状态即可（可以按 Ctrl+Tab 快捷键切换文件）。

- **新建裁剪预设/删除裁剪预设**：拖出裁剪框后，选择"新建裁剪预设"命令，可以将当前创建的长宽比保存为一个预设文件；如果要删除自定义的预设文件，可将其选择，再执行"删除裁剪预设"命令。

裁剪选项

单击工具选项栏中的 ⚙ 按钮，可以打开一个下拉面板，如图10-4所示。在该面板中，可以设置裁剪框内、外的图像如何显示。

- **使用经典模式**：勾选该选项后，可以使用 Photoshop CS6 以前版本的裁剪工具来操作。例如，将鼠标指针放在裁剪框外，单击并拖曳鼠标进行旋转时，可以旋转裁剪框，如图10-5所示。当前版本旋转的是图像内容，如图10-6所示。

- **显示裁剪区域**：勾选该选项，可以显示裁剪的区域；取消勾选，则仅显示裁剪后的图像。

- **自动居中预览**：裁剪框内的图像自动位于画面中心。

- **启用裁剪屏蔽**：勾选该选项后，裁剪框外的区域会被颜色选项中设置的颜色屏蔽（默认颜色为白色，不透明度为75%）。如果要修改屏蔽颜色，可以在"颜色"下拉列表中选择"自定义"命令，打开"拾色器"对话框进行调整，效果如图10-7所示。还可在"不透明度"选项中调整颜色的不透明度，效果如图10-8所示。此外，勾选"自动调整不透明度"选项，Photoshop 会自动调整屏蔽颜色的不透明度。

裁剪选项
图10-4

使用经典模式
图10-5

非经典模式
图10-6

屏蔽颜色为红色
图10-7

红色不透明度为100%
图10-8

其他选项

- **内容识别**：就是将内容识别填充并入裁剪工具。通常在旋转裁剪框时，画面中会出现空白区域，勾选该选项以后，可以自动填充空白区域。如果选择"使用经典模式"选项，则无法使用内容识别填充。

- **删除裁剪的像素**：在默认情况下，Photoshop 会将裁掉的图像保留在暂存区（见81页）（使用移动工具 ✛ 拖曳图像，可以将隐藏的图像内容显示出来）。如果要彻底删除被裁剪的图像，可勾选该选项，再进行裁剪操作。

- **复位 ↺**：单击该按钮，可以将裁剪框、图像旋转及长宽比恢复为最初状态。

- **提交 ✓/取消 ⊘**：单击 ✓ 按钮或按 Enter 键，可以确认裁剪操作。单击 ⊘ 按钮或按 Esc 键，可以放弃裁剪。

◆ 10.1.1

实战：裁出超宽幅照片，自动补空（裁剪工具）

要点

扫码看视频

裁剪工具 ☐ 有很多用途，既可裁剪图像，也可增加画布范围、校正水平线（将倾斜的画面拉正）。由于该工具集成了内容识别填充功能，所以，因画布旋转或增加而出现空白时，还可用图像自动填满，如图10-9所示。

图10-9

01 选择裁剪工具 ☐ ，勾选"内容识别"选项，在工选项栏中单击 ☷ 按钮，打开下拉菜单，选择"三等分"参考线，如图10-10所示。在画面中单击，显示裁剪框，如图10-11所示。按Ctrl+-快捷键，缩小视图比例，让暂存区显示出来，如图10-12所示。

图10-10

图10-11   图10-12

02 拖曳左、右定界框，扩展画布（即画面范围），如图10-13所示。另外，要依据参考线进行构图，让画面中的主要对象——船处在左侧网格交叉点上。

03 将鼠标指针放在定界框外，单击并拖曳鼠标，对画面进行旋转。这时会自动显示网格参考线。观察画面中的水平线，即水与山交界处，让它与网格平行，如图10-14所示。

图10-13   图10-14

提示（Tips）

拖曳裁剪框上的控制点可以缩放裁剪框，按住Shift键操作，可进行等比缩放。将鼠标指针放在裁剪框内，单击并拖曳鼠标可以移动图像。

04 按Enter键确认。由于勾选了"内容识别"选项，Photoshop会从图像中取样，并填充到新增的画布上，图像的衔接非常自然，几乎看不出痕迹，如图10-15所示。

图10-15

技术看板 ③7 校正水平线

如果画面角度出现倾斜（如拍摄照片时，由于相机没有端平而导致画面内容倾斜），也可以使用拉直工具 ☐ 进行校正。例如，选择裁剪工具 ☐ 后，在工具选项栏中单击拉直工具 ☐ ，然后在画面中单击并拖出一条直线，让它与地平线、建筑物墙面或其他关键元素对齐，放开鼠标后，画面会自动旋转到正确角度。

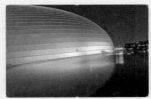

用拉直工具拖出水平线   将画面旋转过来

◆ 10.1.2

实战：横幅改纵幅（"裁剪"命令）

要点

扫码看视频

使用裁剪工具 ☐ 时，如果裁剪框太靠近窗口的边界，便会自动吸附过去，导致无法做出细微的调整。遇到这种情况，可以用选区定义裁剪范围，再通过"裁剪"命令来进行裁剪。下面我们来学习操作方法。

01 按Ctrl+A快捷键全选图像。执行"选择>变换选区"命令，显示定界框。按Ctrl+-快捷键，将视图比例调小，如图10-16所示。

02 将鼠标指针放在定界框外，按住Shift键，单击并拖曳鼠标，将选区旋转90°，如图10-17所示。放开Shift键，

拖曳边角的控制点，将选区等比缩小；将鼠标指针放在选区内，单击并拖曳鼠标进行移动，使其选中要保留的图像，如图10-18所示。按Enter键关闭定界框。

03 执行"图像>裁剪"命令，将选区以外的图像裁剪掉。按Ctrl+D快捷键取消选择。效果如图10-19所示。

图10-16

图10-17

图10-18

图10-19

> **提示** (Tips)
>
> 通过全选并旋转选区的方法，可以确保图像的比例不变。如果对比例没有要求，可以用矩形选框工具 创建选区。

10.1.3
实战：裁掉多余背景（"裁切"命令）

01 打开素材，如图10-20所示。下面通过"裁切"命令将兵马俑周围多余的橙色背景裁掉。

扫 码 看 视 频

图10-20

02 执行"图像>裁切"命令，打开"裁切"对话框，选择"左上角像素颜色"及勾选"裁切"选项组内的全部选

项，如图10-21所示，单击"确定"按钮，效果如图10-22所示。

图10-21

图10-22

"裁切"命令选项

● 透明像素： 裁掉图像边缘的透明区域，留下包含非透明像素的最小图像。

● 左上角像素颜色/右下角像素颜色： 从图像中删除左上角/右下角像素颜色的区域。

● 裁切： 可设置要裁剪的区域。

10.1.4
实战：快速制作证件照

本实战我们介绍如何快速制作证件照。找素材时最好选用白色背景的照片，这样做出来的效果较好。稍微有点颜色也不要紧，可以通过后期调色的方法修掉，如图10-23所示。

扫 码 看 视 频

图10-23

01 选择裁剪工具 。单击工具选项栏中的 按钮，打开下拉菜单，选择"宽×高×分辨率"选项，输入1英寸证件照尺寸，即2.5厘米×3.5厘米，分辨率为300像素/英寸，如图10-24所示。

图10-24

02 单击画面。将鼠标指针放在裁剪框外，拖曳鼠标，将人的角度调正，如图10-25所示。再调整裁剪框大小及位置，如图10-26所示。按Enter键进行裁剪。

图10-25   图10-26

03 按Ctrl+L快捷键，打开"色阶"对话框，选择白场吸管，如图10-27所示。在背景上单击，将背景颜色调整为白色，同时，图像中的色偏（偏绿）也会被校正过来。如图10-28所示。

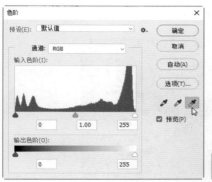

图10-27   图10-28

04 按Ctrl+N快捷键，使用预设创建一个4英寸×6英寸大小的文件，如图10-29所示。使用移动工具 ✛ 将照片拖入该文件中。按住Shift+Alt快捷键并拖曳鼠标进行复制，一共7张，如图10-30所示。

图10-29   图10-30

技术看板 ㊳ 裁剪并拉直照片

每个人家里都有珍贵的老照片，要用Photoshop处理这些照片，需要先用扫描仪将它们扫描到计算机中。如果将多张照片扫描在一个文件中，可以用"文件>自动>裁剪并拉直照片"命令，自动将各个图像裁剪为单独的文件。

画面修正与反向应用

10.2

下面介绍怎样校正由于拍摄方法不对，或相机镜头缺陷而导致的问题，包括画面扭曲、色差和暗角等。其中有些问题并不完全是有害的，只要善加利用，还能将其用于制作特效。

◈ 10.2.1

实战：校正扭曲的画面（透视裁剪工具）

01 打开素材，如图10-31所示。选择透视裁剪工具 ▥，在画面中单击并拖曳鼠标，创建矩形裁剪框。拖曳四个角的控制点，对齐到展板边缘，如图10-32所示。

扫码看视频

图10-31   图10-32

02 按Enter键裁剪图像，同时校正透视畸变，如图10-33所示。单击"调整"面板中的 按钮，创建"色阶"调整图层。拖曳滑块，调整色调，如图10-34所示。

图10-33　　　　　　　　图10-34

03 设置调整图层的混合模式为"叠加"，如图10-35和图10-36所示。

图10-35　　　　　　　　图10-36

技术看板 ③ 校正透视畸变

拍摄高大的建筑时，由于视角较低，竖直的线条会向消失点集中，产生透视畸变。透视裁剪工具 能很好地解决这个问题。

拖曳裁剪框上的控制点，让顶部的两个边角与建筑的边缘保持平行

按Enter键裁剪图像，同时校正透视畸变（两侧的建筑不再向中间倾斜）

透视裁剪工具选项

图10-37所示为透视裁剪工具 的选项栏。

图10-37

● **W/H**：输入图像的宽度（W）和高度（H）值，可以按照设定的尺寸裁剪图像。单击 按钮可对调这两个数值。

● **分辨率**：可以输入图像的分辨率，裁剪图像后，Photoshop会自动将图像的分辨率调整为设定的大小。

● **前面的图像**：单击该按钮，可以在"W""H""分辨率"

文本框中显示当前文件的尺寸和分辨率；如果同时打开了两个文件，则会显示另外一个文件的尺寸和分辨率。

● 清除：清空"W""H""分辨率"文本框中的数值。

● 显示网格：勾选该选项，可以显示网格线。

◈ 10.2.2

实战：校正超广角镜头引起的弯曲

"自适应广角"滤镜可以检测相机和镜头型号，提供有效的配置文件，将全景图像，或使用鱼眼（即超广角）镜头拍摄的弯曲对象拉直。

扫码看视频

01 打开素材。执行"滤镜>自适应广角"命令，打开"自适应广角"对话框，如图10-38所示。对话框左下角会显示拍摄此照片所使用的相机和镜头型号。可以看到，这是用佳能EF8-15mm/F4L鱼眼镜头拍摄的照片。

图10-38

02 Photoshop会自动对照片进行简单的校正，不过效果还不完美，还需手动调整。在"校正"下拉列表中选择"透视"选项。选择约束工具 ，将鼠标指针放在出现弯曲的对象上，拖曳鼠标，拖出一条绿色的约束线，即可将弯曲的图像拉直。采用这种方法，在玻璃展柜、顶棚和墙的侧立面创建约束线，如图10-39所示。

图10-39

03 单击"确定"按钮关闭对话框。用裁剪工具 ⊞ 将空白部分裁掉，如图10-40所示。

图10-40

● 约束工具 ▶ ：单击图像或拖曳端点，可以添加或编辑约束线。按住Shift键并单击可添加水平/垂直约束线，按住Alt键并单击可删除约束线。

● 多边形约束工具 ◇ ：单击图像或拖曳端点，可以添加或编辑多边形约束线。按住Alt键并单击可删除约束线。

● 移动工具 ✛ /抓手工具 ✋ /缩放工具 Q ：可以移动对话框中的图像位置、移动画面，以及调整视图比例。

● 校正：在该选项的下拉列表中可以选择校正类型。"鱼眼"可以校正由鱼眼镜头所引起的极度弯度；"透视"可以校正由视角和相机倾斜角所引起的汇聚线；"自动"可自动地检测合适的校正；"完整球面"可以校正360°全景图。

● 缩放：校正图像后缩放图像，以填满空白区域。

● 焦距：用来指定镜头的焦距。如果在照片中检测到镜头信息，会自动填写此值。

● 裁剪因子：用来确定如何裁剪最终图像。此值与"缩放"配合使用可以补偿应用滤镜时出现的空白区域。

● 原照设置：勾选该选项，可以使用镜头配置文件中定义的值。如果没有找到镜头信息，则禁用此选项。

● 细节：该选项中会实时显示鼠标指针下方图像的细节（比例为100%）。使用约束工具 ▶ 和多边形约束工具 ◇ 时，可通过观察该图像来准确定位约束点。

● 显示约束/显示网格：显示约束线和网格。

◈ **10.2.3**

实战：制作哈哈镜效果大头照

摄影器材里有一种可以拍摄超大的视角镜头——鱼眼镜头（焦距为16mm或更短，视角接近或等于180°）。现在常见的无人机拍摄的地面全景照片，以及场所监控画面等使用的多是这种镜头。使用鱼眼镜头时，拍摄对象会出现弯曲，呈现强烈的透视感。应用在人像上，可以获得类似哈

扫码看视频

哈镜那样的夸张效果。"自适应广角"滤镜可以模拟这种效果，如图10-41所示。

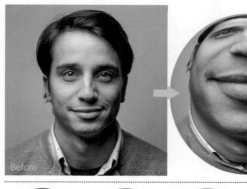

图10-41

01 执行"滤镜>自适应广角"命令，打开"自适应广角"对话框。在"校正"下拉列表中选择"透视"选项。将"焦距"滑块拖曳到最左侧，生成最强的膨胀效果。此时图像会扩展到画面以外，将"缩放"设置为80%，使图像缩小，让它重新回到画面内，如图10-42所示。

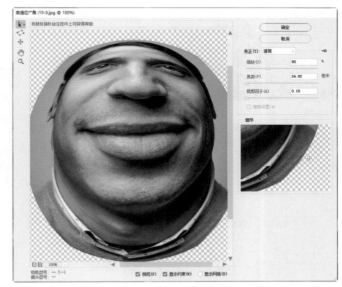

图10-42

02 经过滤镜的扭曲以后，图像的边界不太规则，使用椭圆选框工具 ◯ 创建选区，如图10-43所示，单击"图层"面板底部的 ▢ 按钮，创建蒙版，将选区外的图像遮盖，如图10-44所示。

图10-43　　　　　　　　图10-44

10.2.4

实战：校正桶形失真和枕形失真

　　使用广角镜头或者变焦镜头的最大广角拍摄时，容易出现桶形失真，即水平线会从图像中心向外弯曲，画面呈现膨胀效果。而使用长焦镜头或变焦镜头的长焦端拍摄时，则会出现枕形失真，即水平线朝图像中心弯曲，画面向中心收缩。

扫码看视频

01 打开素材，如图10-45所示。执行"滤镜>镜头校正"命令，打开"镜头校正"对话框，勾选"自动缩放图像"选项。

图10-45

02 单击"自定"选项卡，显示手动设置面板。拖曳"移去扭曲"滑块，可以消除镜头桶形失真和枕形失真造成的扭曲，如图10-46和图10-47所示。

图10-46

图10-47

> **提示**（Tips）
>
> 使用移去扭曲工具 🔲 单击并向画面边缘拖曳鼠标可以校正桶形失真；向画面中心拖曳鼠标可以校正枕形失真。

10.2.5

实战：校正色差

　　色差是光分解（见221页）造成的。拍摄照片时，如果背景的亮度高于前景，就容易出现色差。具体表现为背景与前景相接的边缘出现红、蓝或绿色杂边。

扫码看视频

01 打开素材。执行"滤镜>镜头校正"命令，打开"镜头校正"对话框，单击"自定"选项卡。按Ctrl++快捷键，放大视图比例，以便准确观察效果，如图10-48所示。可以看到，花茎边缘色差非常明显。

02 向左侧拖曳"修复红/青边"滑块，针对红/青色边进行补偿，再向右侧拖曳"修复绿/洋红边"滑块进行校正，即可消除花朵和花茎边缘的色差，如图10-49所示。单击"确定"按钮关闭对话框。

图10-48

图10-49

10.2.6

实战：校正暗角

暗角也称晕影，特征非常明显，即画面四周，尤其边角位置的颜色比中心暗，因此，校正暗角，就是要将照片的边角调亮。

扫码看视频

01 打开素材。打开"镜头校正"对话框，单击"自定"选项卡，如图10-50所示。

图10-50

02 向右拖曳"晕影"选项组的"数量"滑块，可将边角调亮（向左拖曳则会调暗），从而消除晕影，再向右拖曳"中点"滑块，如图10-51所示。"中点"用来控制"数量"参数的影响范围，"中点"的数值越高，受影响的区域就越靠近画面边缘。单击"确定"按钮关闭对话框。

图10-51

10.2.7

实战：LOMO照片，彰显个性和态度

暗角可以让视觉焦点集中到重要对象上，在古典油画、人像摄影中运用比较多。

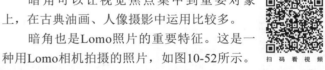

扫码看视频

暗角也是Lomo照片的重要特征。这是一种用Lomo相机拍摄的照片，如图10-52所示。这种相机对红、蓝、黄感光特别敏锐，用正片冲洗出来的照片色泽异常艳丽，但成像质量不高，画面有些模糊，具有颗粒感，暗角也比较大。这些看起来不为"正统"摄影所接受的瑕疵，由于阴差阳错的关系，反而引领了风尚，甚至发展成为一个独特的艺术门类，在崇尚随意、自由、个性的年轻人中非常流行。

图10-52

本实战我们用"镜头校正"和调色命令制作一张Lomo照片，如图10-53所示。

图10-53

01 按Ctrl+J快捷键，复制"背景"图层。执行"滤镜>镜头校正"命令，打开"镜头校正"对话框。单击"自定"选项卡并调整"晕影"选项组中的参数，在照片四周添加暗角，如图10-54所示。单击"确定"按钮关闭对话框。

图10-54

02 执行"滤镜>杂色>添加杂色"命令，在画面中添加杂点，如图10-55所示。执行"滤镜>模糊>高斯模糊"命令，对画面进行模糊处理，如图10-56和图10-57所示。

图10-55　　　　　图10-56　　　　　图10-57

03 单击"图层"面板底部的 ⚫ 按钮，打开菜单，执行"渐变"命令，创建渐变填充图层。设置渐变颜色及参数，如图10-58所示。将图层的混合模式设置为"亮光"，如图10-59和图10-60所示。

图10-58　　　　　图10-59　　　　　图10-60

💎 10.2.8

应用透视变换

在"镜头校正"对话框中，"变换"选项组中包含扭曲图像的选项，如图10-61所示，可用于修复由于相机垂直或水平倾斜而导致的图像透视现象。

图10-61

● **垂直透视/水平透视**：用于校正由于相机向上或向下倾斜而导致的图像透视。"垂直透视"可以使图像中的垂直线平行；"水平透视"可以使图像中的水平线平行，如图10-62和图10-63所示。

图10-62　　　　　　　　图10-63

● **比例**：可以向上或向下调整图像缩放比例，图像的像素尺寸不会改变。它的主要用途是填充由于枕形失真、旋转或透视校正而产生的图像空白区域。放大实际上是裁剪图像，并使插值增大到原始像素尺寸，因此，放大比例过高会导致图像变虚。

> **提示**（Tips）
>
> "镜头校正"对话框中的拉直工具 📐 与裁剪工具 🔲 选项栏中的拉直工具 📐 都可以用于调整图像角度，而且用法相同。此外，也可在"角度"右侧的文本框中输入数值，对画面进行精确或更加细微的旋转。

💎 10.2.9

实战：自动校正镜头缺陷

01 打开素材。这张照片的问题出现在天花板上，如图10-64所示，这是用广角端拍摄而导致的膨胀变形。

扫码看视频

图10-64

02 执行"滤镜>镜头校正"命令，打开"镜头校正"对话框，Photoshop会根据照片元数据中的信息提供相应的配置文件。勾选"校正"选项组中的选项，即可自动校正照片中出现的问题，如桶形失真或枕形失真（勾选"几何扭曲"）、色差和晕影等，如图10-65所示。

图10-65

"镜头校正"对话框选项

● **"校正"选项组**：可以选择要校正的缺陷，包括几何扭曲、色差和晕影。如果校正后导致图像超出了原始尺寸，可勾选

"自动缩放图像"选项，或者在"边缘"下拉列表中指定如何处理出现的空白区域。选择"边缘扩展"，可扩展图像的边缘像素来填充空白区域；选择"透明度"，空白区域保持透明；选择"黑色"或"白色"，则使用黑色或白色填充空白区域。

- **"搜索条件"选项组**：可以手动设置相机的制造商、相机型号和镜头类型，这些选项指定之后，Photoshop 就会给出与之匹配的镜头配置文件。

- **"镜头配置文件"选项组**：可以选择与相机和镜头匹配的配置文件。

- **显示网格**：校正扭曲和画面倾斜时，可以勾选"显示网格"选项，在网格线的辅助下，很容易校准水平线、垂直线和地平线。网格间距可在"大小"选项中设置，单击颜色块，则可修改网格颜色。

> **提 示**（Tips）
>
> 使用"文件>自动>镜头校正"命令，也可以校正色差、晕影和几何扭曲。

💎 10.2.10

实战：风光照去人（内容识别填充）

在旅游景点、名胜古迹等人多的地方拍照，难免会有路人闯入画面。下面介绍一种可以在图像中快速去除人物的方法，如图10-66所示。

扫码看视频

图10-66

01 选择多边形套索工具 ，单击工具选项栏中的添加到选区按钮 ，如图10-67所示，在画面中创建选区，将人及投影选中，如图10-68所示。

图10-67　　　　　　图10-68

02 执行"编辑>内容识别填充"命令，设置颜色适应为"高"，如图10-69所示。Photoshop会从选区周围复制图像来填充选区。观察"预览"面板中的填充效果，位于女孩腿部的云彩衔接得不太自然，如图10-70所示。

03 选择取样画笔工具 ，单击 按钮，在腿部涂抹，将取样位置向外扩展一些，如图10-71所示。单击"确定"按钮，填充选区并应用到一个新的图层中，效果如图10-72所示。

图10-69　　　　　　图10-70

图10-71　　　　　　图10-72

内容识别填充工作区

执行"内容识别填充"命令时，会切换到内容识别填充工作区。在文档窗口中，选区之外的图像上会覆盖一层绿色的半透明的蒙版，类似快速蒙版（*见422页*），只是颜色不同。

"工具"面板有取样画笔工具 ，它与"选择并遮住"命令中的画笔工具 用法相同（*见428页*）。套索工具 （*见388页*）和多边形套索工具 （*见389页*）可用于修改选区。"预览"面板实时显示填充结果。

取样

选区内所填充的图像是从其周围取样之后生成的。这里有3种取样方法。单击"自动"按钮，表示从填充区域周围的内容取样；单击"矩形选择"按钮，则使用填充区域周围的矩形区域中的图像填充；单击"自定选择"按钮，可手动定义取样区域，此时可使用取样画笔工具 修改取样区域。

填充设置

取样方法设置好以后，还可根据实际情况，在"填充设置"选项组中，对填充内容与周围图像的匹配度进行设定。

当填充渐变或纹理时，可以从"颜色适应"下拉列表中选择适当的选项，以调整对比度和亮度，使填充图像与周围内容更好地匹配。

当填充包含旋转或弯曲图案的内容时，则可在"旋转适应"下拉列表中选择一个选项，通过旋转图像，取得更好的匹配，如图10-73所示。

原图及选区

旋转适应：无

旋转适应：低

旋转适应：中

旋转适应：高

旋转适应：完全

图10-73

> 提示（Tips）
>
> 单击 ↻ 按钮，可以重置为默认的填充设置。

如果填充不同大小或具有透视效果的重复图案，可以勾选"缩放"选项，让Photoshop自动调整内容大小，如图10-74所示。

原图

未勾选"缩放"选项

勾选"缩放"选项

图10-74

如果水平翻转图像可以取得更好的匹配度，可以勾选"径向"选项，效果如图10-75所示。

原图及选区

未勾选"径向"选项

勾选"径向"选项

图10-75

蒙版与输出设置

● 显示取样区域：即显示蒙版。

● 不透明度/颜色：在"不透明度"选项中可以调整蒙版的遮盖程度；单击颜色块，可以打开"拾色器"对话框修改蒙版颜色。

● 指示：可设置蒙版是覆盖选区之外的图像（"取样区域"选项），还是覆盖选中的图像（"已排除区域"选项）。

● 缩放：选择该选项，表示允许调整内容大小，以取得更好的匹配度。此选项非常适合填充包含具有不同大小或透视的重复图案的内容。

● 输出到：可以设置填充的图像应用于当前图层、新建图层或复制图层上。

接片

10.3

拍摄风光时，如果广角镜头也无法拍摄到整体画面，不妨拍几张不同角度的照片，再用Photoshop将它们拼接成全景图。

10.3.1

实战：拼接全景照片

01 执行"文件>自动>Photomerge"命令，打开"Photomerge"对话框。选择"自动""混合图像""内容识别填充透明区域"选项，单击"浏览"按钮，如图10-76所示，在弹出的对话框中选择配套资源中的照片素材，如图10-77所示。单击"确定"按钮，将它们添加到"源文件"列表中，如图10-78所示。

02 单击"确定"按钮，Photoshop会自动拼合照片，并添加图层蒙版，使照片之间无缝衔接，如图10-79所示。用裁剪工具 ⊐ 将空白区域和多余的图像内容裁掉，如图10-80所示。

扫码看视频

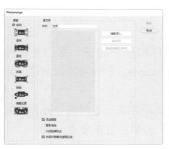

图10-76　　　　　　　　图10-77　　　　　　　　图10-78

提示（Tips）

勾选"混合图像"选项，可以让Photoshop自动修改照片的曝光，使它们自然衔接。勾选"内容识别填充透明区域"选项，Photoshop会自动填充拼接照片时出现的空缺。

图10-79　　　　图10-80

提示（Tips）

除"Photomerge"命令外，用"编辑"菜单中的"自动对齐图层"和"自动混合图层"命令也可制作全景照片。

"自动对齐图层"命令可根据不同图层中的相似内容（如角和边）自动对齐图层。我们可以指定一个图层作为参考图层，也可以让 Photoshop 自动选择参考图层，其他图层将与参考图层对齐，以便匹配的内容能够自行叠加。

用"自动混合图层"命令制作全景照片时，Photoshop会根据需要对每个图层应用图层蒙版，以遮盖过度曝光或曝光不足的区域或内容之间的差异，从而创建无缝拼贴和平滑的过渡效果。

"Photomerge" 对话框选项

● 自动：Photoshop 会分析源图像并应用 "透视" 或 "圆柱" 版面（取决于哪一种版面能够生成更好的复合图像）。

● 透视：将源图像中的一个图像（默认情况下为中间的图像）指定为参考图像来创建一致的复合图像。然后变换其他图像（必要时进行位置调整、伸展或斜切），以便匹配图层的重叠内容。

● 圆柱：在展开的圆柱上显示各个图像来减少在 "透视" 版面中出现的 "领结" 扭曲。图层的重叠内容仍匹配，将参考图像居中放置。该方式适合创建宽全景图。

● 球面：将图像与宽视角对齐（垂直和水平）。指定某个源图像（默认情况下是中间图像）作为参考图像，并对其他图像执行球面变换，以便匹配重叠的内容。如果是360°全景拍摄的照片，可选择该选项，拼合并变换图像，以模拟观看360°全景图的感受。

● 拼贴：对齐图层并匹配重叠内容，不修改图像中对象的形状（例如，圆形将保持为圆形）。

● 调整位置：对齐图层并匹配重叠内容，但不会变换（伸展或斜切）任何源图层。

> **技术看板 40 制作联系表**
>
> 使用"文件>自动>联系表II"命令，可以为指定的文件夹中的图像创建缩览图。通过缩览图可以轻松地预览一组图像或对其进行编目。
>
>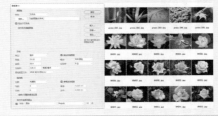

10.3.2
全景照片拍摄技巧

全景照片在商业上用途广泛。例如，旅游风景区以360°全景照片展示景点，给旅游者以身临其境的感觉；宾馆、酒店、会议厅等各服务场所，用全景照片来展现环境，给客户以实在的感受；楼盘展示楼宇外观、房屋结构、布局和室内设计等，也会用到全景照片。

拍摄全景照片需要使用三脚架，在固定位置，将相机向一侧旋转拍摄。而且一张照片和相邻的下一张照片要有10％～15％的重叠，也就是说第一张照片至少要有10％的内容出现在第二张照片里，这样Photoshop才能通过识别这些重叠的图像来拼接照片。

一般垂直拍摄要比水平拍摄照片边缘的变形更少，合成之后效果也更好。此外，为了使照片的曝光值保持一致，最好使用手动模式。因为在曝光优先和快门优先模式里，每一张照片的曝光参数都不同，这样拍出的照片会亮度不一。

10.4 控制景深范围

景深是由相机的镜头来控制的，Photoshop并不能改变它。但Photoshop可以选取照片中清晰的景物进行合成，或者将某段距离的图像模糊，使景深看上去发生了改变。

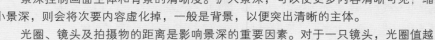
·PS技术讲堂·
【 什么是景深 】

拍摄照片时，调节相机镜头，使离相机有一定距离的景物清晰成像的过程叫作对焦，那个景物所在的点，称为对焦点。因为"清晰"并不是一种绝对的概念，所以，对焦点前（靠近相机）、后一定距离内景物的成像都可以是清晰的，这个前后范围的总和，就叫作景深，如图10-81所示。意思是只要在景深范围之内的景物，都能清楚地被拍摄到。

景深控制画面主体和背景的清晰度。扩大景深，可以使更多内容清晰可见；缩小景深，则会将次要内容虚化掉，一般是背景，以便突出清晰的主体。

光圈、镜头及拍摄物的距离是影响景深的重要因素。对于一只镜头，光圈值越大（F值越小），如图10-82所示，景深越浅，得到的虚化效果就越强烈，可以有效地将主体与背景分离，常用于人像、静物、花卉、美食等拍摄题材，如图10-83和图10-84所示。

图10-81

尼康AF-S 200mm f/2G ED VR II

佳能RF 70-200mm F2.8 L IS USM

图10-82

图10-83

图10-84

与大光圈刚好相反，小光圈有着很大的清晰范围，能最好地发挥摄影的"记录"功能，适用于风光、旅游、建筑、纪实类等拍摄题材，如图10-85和图10-86所示。

图10-85　　　　　　　　　　　　　　　　　　　图10-86

此外，镜头焦距越长、主体越近，景深越浅；反之镜头焦距越短、主体越远，景深越深。

10.4.1
实战：自动混合，制作全景深照片

`要点`

扫码看视频

景深的概念也可以理解为照片清晰的范围。全景深照片的清晰范围最大，画面中几乎所有景物都是清楚的。如果我们的拍摄器材不支持更大的景深范围，可以用多张照片来合成。

图10-87~图10-89所示的3张照片在拍摄时分别对焦于茶碗、水滴壶和笔架，所以曝光和清晰范围都不一样。在进行合成时，除了要让茶碗、水滴壶和笔架都清晰外，色调上的细微差别也要用Photoshop修正过来。

图10-87　　　　　图10-88　　　　　图10-89

01 执行"文件>脚本>将文件载入堆栈"命令，弹出"载入图层"对话框，单击"浏览"按钮，在弹出的对话框中选择照片素材，如图10-90所示。将这3张照片添加到"使用"列表中，如图10-91所示。单击"确定"按钮，所有照片会加载到新建的文件中，如图10-92所示。

02 拍摄时没有使用三脚架，在根据每个器物的位置调整对焦点时，相机免不了会有轻微的移动，哪怕是极小

的移动，照片中器物的位置都会改变。所以，在进行图层混合前要先对齐图层，使3件器物能有一个统一的位置。选取这3个图层，执行"编辑>自动对齐图层"命令，打开"自动对齐图层"对话框，默认选项为"自动"，如图10-93所示。Photoshop会自动分析图像内容的位置，然后进行对齐，单击"确定"按钮，将图层中的主体对象对齐。边缘部分可以在最后整理图像时进行裁切，如图10-94所示。

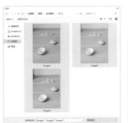

图10-90　　　　　　　图10-91　　　　　　　图10-92

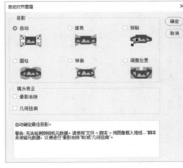

图10-93　　　　　　　　　图10-94

03 执行"编辑>自动混合图层"命令，将"混合方法"设置为"堆叠图像"，它能很好地将已对齐的图层的细节呈现出来；勾选"无缝色调和颜色"选项，调整颜色和色调以

便进行混合；勾选"内容识别填充透明区域"选项，可将透明区域用自动识别的内容进行填充，如图10-95所示。单击"确定"按钮，在3张照片上会自动创建蒙版，以遮盖内容有差异的区域，并将混合结果合并在一个新的图层中，如图10-96所示。混合后的照片扩展了景深效果，每件器物的细节都清晰可见，如图10-97所示。

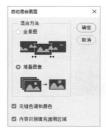
图10-95

图10-96

图10-97

04 按Ctrl+D快捷键取消选择。用裁剪工具 ⌐ 将多余的图像裁切掉，如图10-98所示。

05 将颜色稍加调整，就可以作为设计素材使用了。单击"调整"面板中的 ◑◑ 按钮，添加一个"色彩平衡"调整图层，将色调调暖，体现瓷器古典、温润的质感，与其所呈现的文人气息相合，如图10-99~图10-101所示。再添加一些有书法特点的文字和流动的线条来装饰图像，就构成一幅完整的作品了，如图10-102所示。

图10-98

图10-99

图10-100

图10-101

图10-102

◈ 10.4.2
实战：改变景深，普通照片变大光圈效果

要点

"镜头模糊"滤镜可用于改变景深范围，如图10-103所示。它利用Alpha通道或图层蒙版的深度值映射像素的位置，使图像中的某一区域出现在焦点内，其他区域则进行模糊处理。在操作时，也可以对图像的所有区域应用相同程度的模糊，创建与"USM锐化"滤镜相同的效果。

扫码看视频

Before　After
图10-103

01 使用快速选择工具 ◢，在娃娃上拖曳鼠标，将其选取，如图10-104所示。执行"选择>修改>羽化"命令，对选区进行羽化，如图10-105所示。单击"通道"面板底部的 ◙ 按钮，将选区保存到通道中，如图10-106所示。按Ctrl+D快捷键取消选择。

图10-104

图10-105
图10-106

02 执行"滤镜>模糊>镜头模糊"命令，打开"镜头模糊"对话框。在"源"下拉列表中选择"Alpha1"通道，用该通道限定模糊范围，使背景变得模糊。在"光圈"选项组的"形状"下拉列表中选择"八边形（8）"，然后调整"亮度"和"阈值"，生成漂亮的八边形光斑，如图10-107所示。

图10-107

03 单击"确定"按钮关闭对话框。选择仿制图章工具 🔳，按住Alt键，在图10-108所示的区域取样，然后将右上角过于明亮的光斑涂掉，如图10-109所示。

图10-108　　　　　图10-109

"镜头模糊"滤镜选项

● 更快：可提高预览速度。

● 更加准确：可查看图像的最终效果，但会增加预览时间。

● "深度映射"选项组：在"源"选项下拉列表中可以选择使用 Alpha 通道和图层蒙版来创建深度映射。如果图像包含 Alpha 通道并选择了该项，则 Alpha 通道中的黑色区域被视为位于照片的前面，白色区域被视为位于远处的位置。"模糊焦距"选项用来设置位于焦点内像素的深度。勾选"反相"选项，可以反转蒙版和通道，然后将其应用。

● "光圈"选项组：用来设置模糊的显示方式。在"形状"选项下拉列表中可以设置光圈的形状，效果如图10-110所示。通过"半径"值可以调整模糊的数量，拖曳"叶片弯度"滑块可对光圈边缘进行平滑处理，拖曳"旋转"滑块则可旋转光圈。

● "镜面高光"选项组：可设置镜面高光的范围，如图10-111所示。"亮度"选项用来设置高光的亮度；"阈值"选项用来设置亮度截止点，比该截止点亮的所有像素都被视为镜面高光。

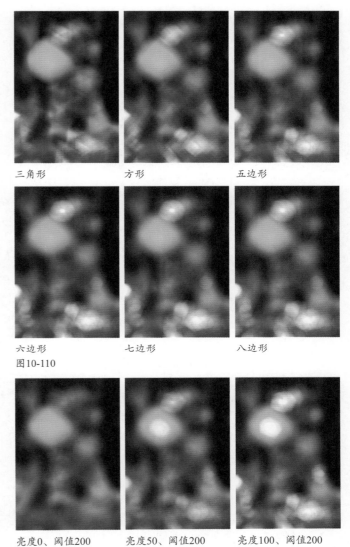

三角形　　方形　　五边形
六边形　　七边形　　八边形
图10-110

亮度0、阈值200　亮度50、阈值200　亮度100、阈值200
图10-111

● "杂色"选项组：拖曳"数量"滑块可以在图像中添加或减少杂色。勾选"单色"选项，可以在不影响颜色的情况下为图像添加杂色。添加杂色后，还可设置杂色的分布方式，包括"平均分布"和"高斯分布"。

10.4.3
图像的局部模糊和锐化

前面我们学习了两种改变景深范围的方法，下面再介绍两个辅助工具，它们适合处理局部的、小范围图像的清晰度。其中，模糊工具 △ 可以柔化图像，使细节变得模糊；锐化工具 △ 可以增强相邻像素之间的对比，提高图像的清晰度。

例如，图10-112所示为原图，使用模糊工具 △ 处理背景使其变虚，可以创建景深效果，如图10-113所示；使用锐化工具 △ 涂抹前景，可以锐化前景，使图像的细节更加清晰，如图10-114所示。

原图　　　　　　模糊背景　　　　　锐化前景
图10-112　　　　图10-113　　　　图10-114

使用这两个工具时，在图像中拖曳鼠标即可。但如果在同一区域反复涂抹，则会使其变得更加模糊（模糊工具

 ），或者造成图像失真（锐化工具 △ ）。修改局部细节时，它们比较灵活。但如果要对整幅图像进行处理，则使用"模糊"和"锐化"滤镜操作更加方便。这两个工具的选项基本相同，如图10-115所示。

图10-115

● 画笔：可以选择一个笔尖，模糊或锐化区域的大小取决于画笔的大小。单击 ☑ 按钮，可以打开"画笔设置"面板。

● 模式：用来设置涂抹效果的混合模式。

● 强度：用来设置工具的修改强度。

● 对所有图层取样：如果文件中包含多个图层，勾选该选项，表示使用所有可见图层中的数据进行处理；取消勾选，则只处理当前图层中的数据。

● 保护细节：勾选该选项，可以增强细节，弱化不自然感。如果要产生更夸张的锐化效果，应取消勾选该选项。

模拟高品质镜头 10.5

Photoshop被称为"数码暗房"，它提供了大量用于处理照片的滤镜，其中的"场景模糊""光圈模糊""移轴模糊""旋转模糊"等滤镜可以模拟镜头特效，如大光圈景深效果、移轴摄影效果、锐化单个焦点，以及改变多个焦点间的模糊效果等。

10.5.1
实战：散景效果（"场景模糊"滤镜）

"场景模糊"滤镜可以在图像的不同位置应用模糊效果，每一个模糊点都能调整滤镜范围和模糊量。用它制作散景，效果非常好，如图10-116所示。

扫 码 看 视 频

图10-116

01 执行"滤镜>模糊画廊>场景模糊"命令，图像中央会出现一个图钉。将它移动到鼻梁上，将"模糊"参数设置为0像素，如图10-117和图10-118所示。

图10-117　　　　　　　　图10-118

02 在左上角单击，添加一个图钉，将"模糊"设置为15像素。在"效果"面板中调整参数，如图10-119和图10-120所示。

图10-119　　　　　图10-120

03 继续添加图钉，并分别调整"模糊"值，如图10-121所示。单击"确定"按钮应用滤镜。

04 新建一个图层。单击"渐变"面板中的渐变色，如图10-122所示，将该图层转换为填充图层，调整不透明度和混合模式，如图10-123和图10-124所示。

图10-121　　　　　图10-122

图10-123　　　　　图10-124

提示（Tips）
拖曳图钉可进行移动。单击一个图钉，可将其选中，按Delete键，可将其删除。

"场景模糊"滤镜选项

● **模糊**：用来设置模糊强度。
● **光源散景**：用来调亮照片中焦点以外的区域或模糊区域。
● **散景颜色**：将更鲜亮的颜色添加到尚未到白色的加亮区域。

该值越高，散景色彩的饱和度越高。
● **光照范围**：用来确定当前设置影响的色调范围。

扫码看视频

⬦ 10.5.2
实战：虚化场景，制作光斑（"光圈模糊"滤镜）

镜头的光圈越大，景深越浅，焦点之外的虚化效果就越强烈。"光圈模糊"滤镜可以定义多个圆形或椭圆形焦点，并对焦点之外的图像进行模糊处理，生成散景虚化效果，这是使用传统相机几乎不可能实现的效果。

本实战我们就用它来制作这样的效果，并通过画笔工具绘制光斑，如图10-125所示。

图10-125

01 执行"滤镜>转换为智能滤镜"命令，将当前图层转换为智能对象，如图10-126所示。执行"滤镜>模糊画廊>光圈模糊"命令，显示操作控件，即光圈和图钉，如图10-127所示。

图10-126　　　　　图10-127

02 将鼠标指针移动到光圈里，会显示一个图钉状的圆环，它用来定位焦点，将它拖曳到头发上，如图10-128所示。拖曳外侧的图钉，旋转光圈，如图10-129所示。

图10-128　　　　　图10-129

03 将光圈的范围调小一些，如图10-130所示。在右侧的面板中调整参数，如图10-131和图10-132所示。单击"确定"按钮，关闭对话框，如图10-133所示。

图10-130　　　　　　　　　　图10-131

图10-132　　　　　　　　　　图10-133

04 单击智能滤镜的蒙版，如图10-134所示，使用画笔工具 ✏️ 在图10-135所示的位置涂抹黑色，这些地方的光斑太耀眼了，可以通过蒙版将滤镜效果遮盖住。

图10-134　　　　　　　　图10-135

05 按Ctrl+J快捷键复制图层。执行"图层>智能滤镜>清除智能滤镜"命令，将滤镜删除。单击"图层"面板底部的 ▣ 按钮，添加蒙版，用画笔工具 ✏️ 在人物之外的图像上涂抹黑色，用蒙版遮盖图像，让下方经过滤镜处理的图像（即光斑）显示出来，如图10-136和图10-137所示。

图10-136　　　　　　　图10-137

06 单击"调整"面板中的 ▦ 按钮，创建"曲线"调整图层，将曲线左下角的控制点拖曳到图10-138所示的位置，增强对比度。单击"调整"面板中的 ▦ 按钮，创建"色相/饱和度"调整图层，提高色彩的饱和度，如图10-139和图10-140所示。

07 下面制作大光斑。调整前景色和背景色，如图10-141所示。选择画笔工具 ✏️ （柔边圆笔尖），如图10-142所示。打开"画笔设置"面板，添加"形状动态"和"颜色动

态"属性，如图10-143和图10-144所示。

图10-138　　　图10-139　　　图10-140

图10-141　图10-142　　　图10-143　　　图10-144

08 新建一个图层，设置混合模式为"滤色"，如图10-145所示。用画笔工具 ✏️ 绘制光斑，如图10-146所示。

图10-145　　　　　图10-146

💎 **10.5.3**

实战：高速旋转效果（"旋转模糊"滤镜）

　　本实战用"旋转模糊"滤镜制作高速旋转效果，如图10-147所示。在使用方法上，"旋转模糊"滤镜与"光圈模糊"滤镜类似，也可以创建多个模糊区域。

扫码看视频

图10-147

01 执行"滤镜>转换为智能滤镜"命令，将图层转换为智能对象。

02 执行"滤镜>模糊画廊>旋转模糊"命令。先按Ctrl+-快捷键，将视图比例调小，再拖曳最外圈的控制点，让滤镜范围覆盖图像，如图10-148所示。调整参数，如图10-149~图10-151所示。

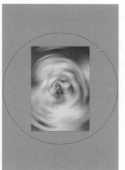

图10-148　　　　图10-149

图10-150　　　　图10-151

03 单击"确定"按钮应用滤镜。单击智能滤镜的蒙版，如图10-152所示。用画笔工具 ✐ 在女孩身上涂抹黑色，隐藏滤镜，让原始图像显示出来，如图10-153和图10-154所示。

图10-152　　图10-153　　　图10-154

"旋转模糊"滤镜选项

● 闪光灯强度：可设置闪光灯闪光曝光之间的模糊量。闪光灯强度可以控制环境光和虚拟闪光灯之间的平衡。将该值设置

为0%时，无闪光灯，只显示连续的模糊效果。如果设置为100%，则会产生最大强度的闪光，但在闪光曝光之间不会显示连续的模糊。处于中间的"闪光灯强度"值会产生单个闪光灯闪光与持续模糊混合在一起的效果。

● 闪光灯闪光：用来设置虚拟闪光灯闪光曝光数。

● 闪光灯闪光持续时间：可设置闪光灯闪光曝光的度数和时长。闪光灯闪光持续时间可根据圆周的角距对每次闪光曝光模糊的长度进行控制。

10.5.4
实战：摇摄照片，展现流动美（"路径模糊"滤镜）

摇摄是一种摇动相机追随对象的特殊拍摄方法，拍出的照片中既有清晰的主体，又有模糊的、充满流动感的背景。下面我们用"路径模糊"滤镜制作这种效果，如图10-155所示。

图10-155

01 按Ctrl+J快捷键复制"背景"图层。执行"滤镜>模糊画廊>路径模糊"命令。拖曳路径边缘的控制点，移动路径位置，如图10-156所示。拖曳中间的控制点，调整路径的弧度，如图10-157所示。

图10-156　　　　图10-157

271

02 在当前路径下方添加一条路径，如图10-158所示。调整弧度，如图10-159所示。在路径上单击，添加一个控制点，进行拖曳，将路径调整为"S"形，如图10-160所示。

图10-158　　　　　图10-159　　　　　图10-160

03 添加第3条路径，这3条路径汇集在女孩的肩部，之后向外发散开，如图10-161所示。调整滤镜参数，让图像沿着路径创建运动模糊的效果，如图10-162和图10-163所示。单击"确定"按钮进行确认。

图10-161　　　　　图10-162　　　　　图10-163

04 单击"图层"面板底部的 ■ 按钮，添加蒙版。用画笔工具 ✎ 在女孩面部、胳膊上涂抹黑色，让"背景"图层中的原图显示出来，如图10-164和图10-165所示。

图10-164　　　　　图10-165

05 打开"渐变"面板。单击"彩虹色"渐变组中的渐变，如图10-166所示，创建填充图层。设置混合模式为"柔光"，如图10-167和图10-168所示。

图10-166　　　　　图10-167　　　　　图10-168

"路径模糊"滤镜选项

● 速度/终点速度：　"速度"设置所有路径的模糊量。如果要单独调整一条路径，可单击位于该路径端点上的一个控制点，如图10-169所示，之后在"终点速度"选项中进行设置，如图10-170和图10-171所示。

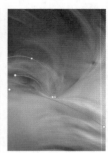

图10-169　　　　　图10-170　　　　　图10-171

● 锥度：　其值较高时会使模糊逐渐减弱。

● 居中模糊：　以任何像素的模糊形状为中心创建稳定的模糊。如果要生成更有导向性的运动模糊效果，就不要勾选该选项。效果如图10-172所示。

● 编辑模糊形状：　勾选该选项，或双击路径的一个端点，可以显示模糊形状参考线（红色），如图10-173所示。按住Ctrl键并单击一个端点，则可将其模糊形状参考线的效果减为0，如图10-174所示。

图10-172　　　　　图10-173　　　　　图10-174

● 编辑控制点：　按住Alt键并单击路径上的曲线控制点，可将其转换为角点，如图10-175和图10-176所示；按住Alt键并单击角点，可将其转换为曲线点；按住Ctrl键并拖曳路径，可以移动路径；如果同时按住Alt键，则可复制路径；单击路径的一个端点，然后按Delete键，可删除路径。

按住Alt键并单击控制点

图10-175

转换为角点

图10-176

💎 **10.5.5**

实战：移轴摄影，将场景变成模型

移轴摄影是一种利用移轴镜头拍摄的作品，照片效果就像是缩微模型一样，非常特别。"移轴模糊"滤镜可以模拟这种特效，如图10-177所示。

图10-177

01 执行"滤镜>模糊画廊>移轴模糊"命令，显示控件。向上拖曳图钉，定位图像中最清晰的点，如图10-178所示。直线范围内是清晰区域，直线到虚线间是由清晰到模糊的过渡区域，虚线外是模糊区域。拖曳直线和虚线，如图10-179所示。

图10-178

图10-179

02 调整模糊参数，如图10-180所示，按Enter键确认。单击"调整"面板中的 ▦ 按钮，创建"颜色查找"调整图层，选择一个预设的调整文件，如图10-181所示，效果如图10-182所示。

图10-180

图10-181

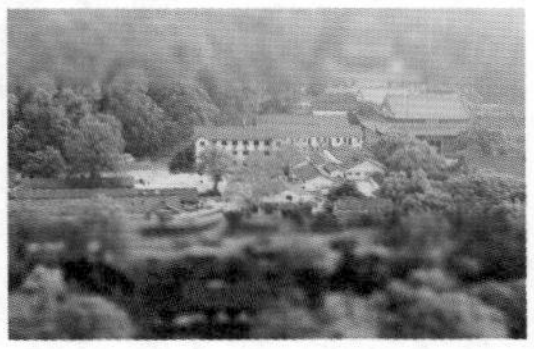

图10-182

"移轴模糊"滤镜选项

● **模糊：** 用来设置模糊强度。

● **扭曲度：** 用来控制模糊扭曲的形状。

● **对称扭曲：** 勾选该选项后，可以从两个方向应用扭曲。

10.6

在透视空间中修片

"消失点"滤镜具有特殊的功能，它能在包含透视平面（如建筑物侧面或任何矩形对象）的图像中进行透视校正。在应用如绘画、仿制、复制或粘贴，以及变换等编辑操作时，Photoshop可以正确确定这些编辑操作的方向，并将它们缩放到透视平面，使效果更加逼真。

· PS技术讲堂 ·

【 透视平面 】

怎样创建透视平面

打开"消失点"对话框。使用创建平面工具 ⊞ 在图像上单击，定义平面的4个角点，进而得到一个矩形网格图形，它就是透视平面，如图10-183所示。

在图像上，凡是有直线的区域，尤其是矩形容易体现透视关系，如门、窗、建筑立面、向远处延伸的道路等，以它们为基准放置角点是比较好的选择。放置角点的过程中，按Backspace键，可以删除最后一个角点。创建好透视平面后按Backspace键，则可以删除平面。

要想让"消失点"滤镜发挥正确作用，关键的是创建准确的透视平面，这样，之后的复制、修复等操作才能按照正确的透视发生扭曲。Photoshop会给我们创建的透视平面（网格）赋予蓝色、黄色和红色，以示提醒。蓝色是有效透视平面；黄色是无效透视平面，如图10-184所示，虽然可以操作，但不能确保产生准确的透视效果；红色则是完全无效透视平面，如图10-185所示，在这种状态下，Photoshop无法计算平面的长宽比。当网格颜色变为黄色或红色时，就说明透视平面出现问题了，此时应该使用编辑平面工具 ▶ 移动角点，使网格变为蓝色，再进行后续的操作。

图10-183

图10-184

图10-185

编辑平面工具 ▶ 可用于移动角点、选择和移动平面，操作方法与"自由变换"命令类似。网格边缘的4个角点可通过单击并拖曳的方式来移动，如图10-186所示；网格线中间的控制点用于拉伸网格平面，如图10-187所示。

按住Ctrl键并拖曳鼠标，则可以拉出新的网格平面，如图10-188所示。新的透视平面可以调整角度，操作方法是按住Alt键，拖曳网格线中间的控制点，如图10-189所示，或者在"角度"文本框中输入数值。

图10-186

图10-187

图10-188

图10-189

将鼠标指针放在网格内，拖曳鼠标可以移动整个网格平面。此外，网格的间距也可以通过"网格大小"选项来进行调整。

关于透视平面的操作基本就是上述这些内容。另外需要注意的是，有些时候蓝色网格也不能保证会产生适当的透视结果，应确保外框和网格与图像中的几何元素或平面区域精确对齐才行。有一个小技巧比较有用，即拖曳角点时按住X键，这时Photoshop会临时放大窗口的显示比例，我们就可以看清图像细节，进行准确的对齐。复制图像时也可以使用这种方法来观察细节效果。

一般情况下，透视平面最好将所要编辑的图像覆盖。但有些时候只有将网格拉到画面外才能使其完全覆盖图像，这就需要将窗口的比例调小，画布外的区域得到扩展后才能操作。方法是按Ctrl+-快捷键（将视图比例调小），再使用编辑网格工具 ▸ 拖曳网格上的控制点，进行移动或拉伸。

工具

- **编辑平面工具 ▸**：用来选择、编辑、移动平面，调整平面的大小。此外，选择该工具后，可以在对话框顶部输入"网格大小"值，调整透视平面网格的间距。

- **创建平面工具 ⊞**：使用该工具可以定义透视平面的4个角节点，调整平面的大小和形状并拖出新的平面。在定义透视平面的节点时，如果节点的位置不正确，可以按Backspace键，将该节点删除。

- **选框工具 ⟦⟧**：可创建正方形或矩形选区，同时移动或复制选区内的图像。

- **仿制图章工具 ♟**：使用该工具时，按住 Alt 键并在图像中单击可以为仿制设置取样点，在其他区域拖曳鼠标可复制图像；在某一点单击，然后按住Shift键并在另一点单击，可以在透视中绘制出一条直线。

- **画笔工具 ✎**：可以在图像上绘制选定的颜色。

- **变换工具 ⋈**：使用该工具时，可以通过拖曳定界框的控制点来缩放、旋转和移动浮动选区，就类似于在矩形选区上使用"自由变换"命令。

- **吸管工具 ⌇**：可以拾取图像中的颜色作为画笔工具 ✎ 的绘画颜色。

- **测量工具 ▭**：可以在透视平面中测量项目的距离和角度。

- **缩放工具 ◌ / 抓手工具 ✋**：用于缩放窗口的显示比例，以及移动画面。

◈ 10.6.1
实战：在消失点中修复图像

01 打开素材。下面使用"消失点"滤镜将地板上的绳子、刷子等杂物清除。执行"滤镜>消失点"命令，打开"消失点"对话框，如图10-190所示。

扫码看视频

图10-191　　　　　　　　图10-192

03 按Ctrl++快捷键，放大窗口的显示比例。选择仿制图章工具 ♟，将鼠标指针放在地板上，按住Alt键并单击进行取样，如图10-193所示。在绳子上单击并拖曳鼠标进行修复，Photoshop会自动匹配图像，使地板衔接自然、真实，如图10-194所示。在修复时，需要注意地板缝应尽量对齐。

图10-190

02 选择创建平面工具 ⊞，在图像上单击，创建透视平面，如图10-191所示。按Ctrl+-快捷键，缩小窗口的显示比例，拖曳右上角的控制点，将网格的透视调整正确，如图10-192所示。

图10-193　　　　　　　　图10-194

04 在刷子附近取样，然后将刷子也覆盖住，如图10-195和图10-196所示。单击"确定"按钮关闭对话框。

图10-195　　　　　　　　图10-196

10.6.2

实战：在消失点中使用选区

消失点中的选区可以选取图像，以及限定仿制图章工具 和画笔工具 的操作范围，并没有其他用途。但在消失点这个特殊的空间里，不管跨越几个透视平面，选区都会依照透视平面变形。

01 打开素材。选择创建平面工具 ，创建透视平面，如图10-197所示。

图10-197

02 使用选框工具 创建选区，如图10-198所示。按住Alt键，单击并拖曳选区内的图像，可以将其复制（这与Photoshop中用移动工具 复制选区内的图像方法一样），但由于是消失点中的操作，图像会呈现透视扭曲。采用这种方法向上复制几组图像，如图10-199所示。

图10-198　　　　　　　　图10-199

03 按几次Ctrl+Z快捷键，依次向前撤销，回到选区状态，如图10-200所示。将鼠标指针放在选区内，按住Ctrl

键，向上拖曳鼠标，可以将鼠标指针所指的图像复制到选区内，如图10-201所示。

图10-200　　　　　　　　图10-201

提示〔Tips〕

"消失点"滤镜支持撤销和恢复，即按Ctrl+Z快捷键，可依次向前撤销操作；按Shift+Ctrl+Z快捷键，可恢复被撤销的操作（可连续按）。另外，按Ctrl++、Ctrl+−快捷键可以放大和缩小窗口的显示比例；按住空格键并拖曳鼠标可以移动画面。这些快捷键可以用来替代缩放工具 和抓手工具 。

选框工具选项栏

使用选框工具 时，"消失点"对话框顶部的选项栏中会显示图10-202所示的选项。

| 羽化：1 | 不透明度：100 | 修复：关 | 移动模式：目标 |

图10-202

● 羽化：可以对选区进行羽化。

● 不透明度：可设置所选图像的透明度，它只在选取图像并进行拖曳时有效。例如，"不透明度"为100%时所选图像会完全遮盖下层图像；低于100%，所选图像会呈现透明效果。按Ctrl+D快捷键或在选区外部单击，可以取消选区。

● 修复：使用选区来移动图像内容时，可在该选项的下拉列表中选取一种混合模式，来定义移动的像素与周围图像的混合方式。选择"关"选项，选区将不会与周围像素的颜色、阴影和纹理混合；选择"明亮度"选项，可将选区与周围像素的光照混合；选择"开"选项，可将选区与周围像素的颜色、光照和阴影混合。

● 移动模式：下拉列表中包含"目标"和"源"两个选项，它们与修补工具 的选项的作用相同。因此，在消失点中，选框工具 可以像修补工具 一样复制图像。选择"目标"选项，将鼠标指针放在选区内，单击并拖曳鼠标，即可复制图像；选择"源"选项，则用鼠标指针下方的图像填充选区。

10.6.3

实战：在消失点中粘贴和变换海报

01 打开素材，如图10-203和图10-204所示。将鞋子海报设置为当前文件，按Ctrl+A快捷键全选，按Ctrl+C快捷键复制图像。

扫码看视频

图10-203 图10-204

02 切换到另一个文件中。单击"图层"面板中的 ⬜ 按钮，新建一个图层。打开"消失点"对话框，用创建平面工具 ⬛ 创建透视平面，之后按住Ctrl键并拖曳左侧的角点，在侧面拉出网格平面，如图10-205所示。

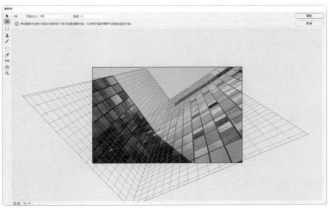

图10-205

03 按Ctrl+V快捷键粘贴，图像会位于一个浮动的选区之中。按Ctrl+-快捷键，将视图比例调小，如图10-206所示，选择变换工具 ⬚，按住Shift键并拖曳定界框上的控制点，将图像等比缩小，按Ctrl++快捷键，将窗口的视图比例调大，如图10-207所示。

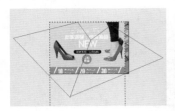

图10-206 图10-207

04 使用变换工具 ⬚ 拖曳图像，可以在透视状态下对浮动选区及其中的图像进行拖曳，如图10-208所示。按住Alt键并拖曳图像，将其复制到另一侧的透视网格上，按住Shift键并拖曳控制点，调整图像大小，如图10-209所示。

图10-208 图10-209

05 单击"确定"按钮关闭对话框，图像会粘贴到新建的图层上，设置它的混合模式为"柔光"。按Ctrl+J快捷键复制，让图像效果更加清晰，如图10-210和图10-211所示。

图10-210 图10-211

💠 10.6.4

在消失点中绘画

使用"消失点"滤镜中的画笔工具 ✏ 时，只要将"修复"设置为"关"，就可以像使用Photoshop中的画笔工具 ✏ 一样在图像上绘制色彩，如图10-212所示。

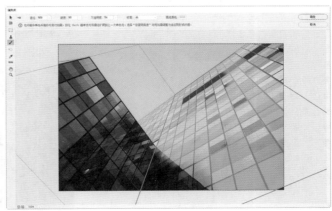

图10-212

色彩需要预先设置，可以单击"画笔颜色"右侧的颜色块，打开"拾色器"对话框设置；也可用吸管工具 ✏ 拾取图像中的颜色作为绘画颜色。画笔大小可以通过] 键和 [键调节；画笔硬度可以通过Shift+] 和Shift+[快捷键调整。

第11章

人像修图

【本章简介】

爱美之心人皆有之。谁都希望照片和视频影像能展现自己最佳的一面,所以各种美图软件、美颜App大行其道。这些程序大都有个通病,就是容易修"过头",更有甚者看上去都不是本人了。这样的图片发发朋友圈还可以,用在广告、杂志、网络宣传等商业用途上,肯定是不行的。商业级修图还得用Photoshop。

本章我们就来学习Photoshop修图方法。我们将在保留模特个性和特征的前提下,对人像进行修饰和美化。也就是说,一切以真实为基础,促使其向完美靠拢,从五官、皮肤,到身材,都有全套的改善方案。不论是有修图需要的设计师、摄影爱好者,还是喜爱自拍的人士,都能从本章学到适合自己的技术。

【学习目标】

掌握Photoshop修图工具,学会针对男、女不同五官和皮肤特点的修图方法及以下技术。

● 修粉刺、色斑、疤痕

● 美化眼睛、牙齿和嘴唇

● 6种磨皮方法,让肌肤变得完美无瑕

● 让人物瘦脸,使其展现迷人微笑

● 让身材变瘦,让腿变长的方法

● 减少照片噪点,提升画质

● 几种锐化方法,有针对女性照片和男性照片的,也有可以改善因相机抖动而造成的模糊的方法

美颜

11.1

由于审美的差异,人们对于什么是完美的面孔并没有统一的标准,但无瑕的皮肤、神采奕奕的眼睛、洁白的牙齿、红润的嘴唇等,作为健康、美丽的标志,则是所有人的共识。而这些都可以通过高超的后期技术来实现。当然,这其中会运用很多技巧。下面我们就来一一介绍。

11.1.1

实战:修粉刺和暗疮(修复画笔+黑白命令)

要点

暗疮俗称青春痘、粉刺。睡眠不足、过度疲累、饮食不均衡、化妆物残留等都容易引起暗疮,这与性别和年龄无关。

如果暗疮多且明显,例如满脸青春痘,用污点修复画笔工具 🖊 清除是比较简便的。但绝大多数人,尤其是年轻人的暗疮很轻微,例如肤色较白的女孩,脸上的颜色较轻的暗疮就不是特别明显,如图11-1所示(左图为原图,右图为修复结果)。

图11-1

修此类图的时候,有一个比较好的方法,就是先用"黑白"命令,将图像转换为黑白效果,再单独调整红色和黄色的明度,目的是增加肤色和暗疮之间的反差,让暗疮更突出,使那些轻微的、在正常状态下很难观察到的暗疮"现身",之后再用修复画笔工具 🖊 将其清除。这需要暂时将照

片"丑化"一下，所以修图过程最好不要被照片主角本人看到，切记。

01 单击"调整"面板中的 ▣ 按钮，创建"黑白"调整图层，图像会转换为黑白效果，如图11-2所示。暗疮比皮肤颜色深，而且发红，那么就将红色的亮度调低，如图11-3所示。可以看到，暗疮的颜色更深、更明显了。

图11-2　　　　　　　　　图11-3

02 将黄色的亮度提高，现在皮肤上的瑕疵全都显现出来了，如图11-4和图11-5所示。

图11-4　　　　　　　　　图11-5

03 选择修复画笔工具 ✐，在"源"选项中单击"取样"按钮，这表示我们要像使用仿制图章工具 ▲（见281页）那样从图像中取样。在"样本"选项中选取"所有图层"，如图11-6所示。按住Ctrl键并单击 ⊞ 按钮，在调整图层下方新建一个图层，这样修复结果会应用于该图层上，不会破坏原始图像。

图11-6

04 按住Alt键并在暗疮附近的皮肤上单击，进行取样，如图11-7所示，然后放开Alt键在暗疮上涂抹，即可用取样的图像将其覆盖，如图11-8所示。

图11-7　　　　　　　　　图11-8

05 用相同的方法处理其他暗疮，如图11-9和图11-10所示。操作时可根据暗疮大小，用 [键和] 键灵活调整笔尖大小。另外，为了确保修复后皮肤的纹理仍然清晰可见，修复画笔工具 ✐ 的"硬度"值最好设置为80%左右。

图11-9　　　　　　　　　图11-10

06 处理完成以后，将调整图层隐藏即可，如图11-11和图11-12所示。

图11-11　　　　　　　　　图11-12

修复画笔工具选项栏

修复画笔工具 ✐ 可以从被修饰的图像周围取样，之后将样本的纹理、光照、透明度和阴影等与所修复的像素匹配，使其不留痕迹地融合到图像中。此外，它也可绘制图案。图11-13所示为该工具的选项栏。

图11-13

● **模式**：在下拉列表中可以设置修复图像的混合模式。其中的"替换"模式可以保留画笔描边边缘处的杂色、胶片颗粒和纹理，使修复效果更加真实。

● **源**：设置用于修复的像素的来源。单击"取样"按钮，可以从图像上取样，除用于修复色斑、瑕疵、裂痕等，还可用于复制图像，如图11-14和图11-15所示；单击"图案"按钮，可在图案下拉面板中选择一种图案，用图案绘画，在这种状态下，修复画笔工具 ✐ 的作用就与图案图章工具 ▲ 差不多了（见139页）。

图11-14　　　　　图11-15

- 对齐：勾选该选项，可以对像素进行连续取样，在修复过程中，取样点随修复位置的移动而变化；取消勾选，则在修复过程中始终以一个取样点为起始点。

- 使用旧版/扩散：勾选该选项后，可以将修复画笔工具 恢复到 Photoshop CC 2014 版本状态，此时不能设置"扩散"选项；"扩散"选项用于控制修复的区域能够以多快的速度适应周围的图像。一般来说，较低的值适合具有颗粒或良好细节的图像，而较高的值适合平滑的图像。

- 样本：可以选择在哪些图层中取样。参见仿制图章工具 的"样本"选项（见282页）。

11.1.2
实战：去除色斑（污点修复画笔工具）

要点

　　如果想要快速去除照片中的污点、划痕和其他不理想的部分，可以使用污点修复画笔工具 。它与修复画笔工具 的原理及效果相似，但可以自动从所修饰区域的周围取样，使用起来更容易一些。

01 打开素材，如图11-16所示。选择污点修复画笔工具 ，在工具选项栏中选择一个柔边圆笔尖，单击"内容识别"按钮，如图11-17所示。

图11-16　　　　　图11-17

02 在鼻子上的斑点上单击，即可清除斑点，如图11-18和图11-19所示。采用相同的方法修复下巴和眼角的皱纹，如图11-20所示。

图11-18　　　　　图11-19　　　　　图11-20

污点修复画笔工具选项栏

　　图11-21所示为污点修复画笔工具 的选项栏。

图11-21

- 模式：用来设置修复图像时使用的混合模式。除"正常""正片叠底"等常用模式外，该工具还包含一个"替换"模式。选择该模式时，可以保留画笔描边边缘处的杂色、胶片颗粒和纹理。

- 类型：用来设置修复方法。选取"内容识别"选项后，Photoshop 会比较鼠标指针附近的图像内容，不留痕迹地填充选区，同时保留让图像栩栩如生的关键细节，如阴影和对象边缘；选取"创建纹理"选项，可以使用选区中的所有像素创建一个用于修复该区域的纹理，如果纹理不起作用，可尝试再次拖过该区域；选取"近似匹配"选项，可以使用选区边缘的像素来查找要用作选定区域修补的图像区域，如果该选项的修复效果不能令人满意，可以还原修复并尝试"创建纹理"选项。图11-22所示为这3种修复效果之间的差别。

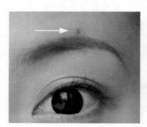

原图（眼眉上方有痦子）　　内容识别（效果最好）

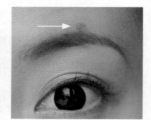

创建纹理　　　　　近似匹配

图11-22

- 对所有图层取样：如果文件中有多个图层，勾选该选项后，可以从当前效果中取样，否则只从所选图层中取样。

◈ 11.1.3

实战：修疤痕（仿制图章工具+内容识别填充）

要点

本实战我们来修复疤痕，如图11-23所示。疤痕是从额头中部开始，跨过眉、眼，一直贯穿到颧骨，疤痕长，并且面部结构的变化也比较大。

扫码看视频

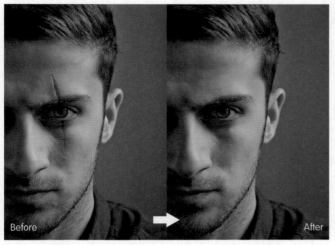

Before　　　　　　After

图11-23

我们仍然是用好皮肤覆盖问题皮肤（即疤痕）。有两个需要特别注意的地方，首先这幅人像的细节都是很清晰的，因此，复制的皮肤也要将纹理体现出来。如果工具选择不当，或者笔尖的柔角范围过大，都容易把纹理抹平。另外，眼眉、眼睫毛都在疤痕范围内，但毛发复制相对容易，在色调一致的情况下，只要做好衔接就不会留下痕迹。

01 按Ctrl+J快捷键，复制"背景"图层。用套索工具⊙创建选区，选取眉上方的疤痕，如图11-24所示。执行"编辑>填充"命令，选择"内容识别"选项，进行填充，如图11-25和图11-26所示。再选取下眼睑下方疤痕，如图11-27所示，用"填充"命令修复，如图11-28所示。按Ctrl+D快捷键取消选择。

图11-24

图11-25

图11-26

图11-27　　　　　　　图11-28

02 下面来做后续的融合处理。内容识别填充真是强大，它起码代替我们完成了50%的工作，像额头，只需再简单修饰一下就行了。新建一个图层。选择仿制图章工具▲及柔边圆笔尖，选取"所有图层"选项（修复结果应用到该图层），如图11-29所示。笔尖大小可以根据疤痕大小用[键和]键调整。笔尖的"硬度"值是比较关键的参数，这个值越低，笔尖的柔角范围越大，那么在复制皮肤时，画笔边缘的皮肤就是模糊的、没有纹理的，效果如图11-30所示。但是"硬度"值太高了也不行，因为皮肤是有颜色和明暗变化的，复制的皮肤其边缘太清晰了，就会像膏药贴在疤痕上一样，色调不匹配，纹理也衔接不上，如图11-31所示。修复工作的难度就体现在这里。

图11-29

图11-30　　　　　　　图11-31

03 先修饰额头，这里有几处不太自然，如图11-32所示。将"硬度"设置为80%，"不透明度"设置为50%（瑕疵比较轻微，用半透明的皮肤即可遮盖，而且融合效果更好），如图11-33所示。按住Alt键，在需要修饰的皮肤旁边单击鼠标进行取样（即复制皮肤），然后放开Alt键涂抹，用复制的皮肤将瑕疵遮盖住，如图11-34所示。另外几处也用同样的方法修复，如图11-35所示。

图11-32

图11-33

图11-34

图11-35

04 创建一个图层。修复下眼睑下方疤痕的时候，可以将笔尖调小一些，进行细致处理，如图11-36所示。这里皮肤的纹理很清晰，如果复制的纹理比较模糊，可以适当提高"不透明度"值。另外，脸上的痘痘也可以顺便清掉，如图11-37所示。

图11-36

图11-37

05 创建一个图层。将工具的"不透明度"值设置为80%，修复眼眉上的疤痕，如图11-38和图11-39所示。

图11-38

图11-39

06 把笔尖调一下，修复下眼睑处的疤痕，如图11-40和图11-41所示。这里要做好睫毛下方与皮肤的衔接。

图11-40

图11-41

技术看板 41 鼠标指针中心的十字线的用处

使用仿制图章工具👤时，按住Alt键并在图像中单击，定义要复制的内容（称为"取样"），然后将鼠标指针放在其他位置，放开Alt键并拖曳鼠标涂抹，即可将复制的图像应用到当前位置。与此同时，画面中会出现一个圆形鼠标指针和一个十字形鼠标指针，圆形鼠标指针是我们正在涂抹的区域，该区域的内容则是从十字形鼠标指针所在位置的图像上复制的。在操作时，两个鼠标指针始终保持相同的距离，我们只要观察十字形鼠标指针位置的图像，便知道将要涂抹出哪些图像了。

仿制图章工具选项栏

图11-42所示为仿制图章工具👤的选项栏，除"对齐"和"样本"外，其他选项均与画笔工具✏相同（见125页）。

图11-42

- 对齐：勾选该选项，可以连续对像素进行取样；取消勾选，则每单击一次鼠标，都使用初始取样点中的样本像素，因此，每次单击都被视为是另一次复制。

- 样本：用来选择从哪些图层中取样。如果要从当前图层及其下方的可见图层中取样，应选择"当前和下方图层"；如果仅从当前图层中取样，应选择"当前图层"；如果要从所有可见图层中取样，应选择"所有图层"；如果要从调整图层以外的所有可见图层中取样，应选择"所有图层"，然后单击选项右侧的忽略调整图层按钮 ⬦。

- 切换画笔设置/仿制源面板 📁 📋：分别单击两个按钮，可分别打开"画笔设置"面板和"仿制源"面板。

【 "仿制源"面板 】

　　使用仿制图章工具🔖和修复画笔工具🖊时，如果想要更好地定位和匹配图像，或者需要对取样的图像做出缩放、旋转等修改，可以通过"仿制源"面板进行设置。打开一幅图像，如图11-43所示。执行"窗口>仿制源"命令，打开"仿制源"面板，如图11-44所示。

● 仿制源：单击仿制源按钮🔖后，使用仿制图章工具或修复画笔工具时，按住Alt键并在画面中单击，可以设置取样点；再单击下一个🔖按钮，还可以继续取样，采用同样的方法最多可以创建5个取样源。"仿制源"面板会存储样本源，直到关闭文件。

● 位移：如果想要在相对于取样点的特定位置进行绘制，可以指定X和Y像素位移值。

● 缩放：输入 W（宽度）和 H（高度）值，可以缩放所仿制的图像，如图 11-45 所示。默认情况下，缩放时会约束比例。如果要单独调整尺寸或恢复约束选项，可以单击保持长宽比按钮🔗。

● 旋转：在△文本框中输入旋转角度，可以旋转仿制的源图像，如图11-46所示。

图11-43　　　　　　　　图11-44　　　　　　　　图11-45　　　　　　　　图11-46

● 翻转：单击🔁按钮，可水平翻转图像，如图11-47所示；单击🔁按钮，可垂直翻转图像，如图11-48所示。

● 重置转换🔄：单击该按钮，可以将样本源复位到其初始的大小和方向。

● 帧位移/锁定帧：在"帧位移"中输入帧数，可以使用与初始取样的帧相关的特定帧进行绘制。输入正值时，要使用的帧在初始取样的帧之后；输入负值时，要使用的帧在初始取样的帧之前；如果选择"锁定帧"，则总是使用与初始取样帧的相同帧进行绘制。

● 显示叠加：勾选"显示叠加"并指定叠加选项，可以在使用仿制图章工具🔖或修复画笔工具🖊时更好地查看叠加及下面的图像，如图11-49和图11-50所示。其中，"不透明度"选项用来设置叠加图像的不透明度；选择"自动隐藏"选项，可以在应用绘画描边时隐藏叠加；勾选"已剪切"选项，可以将叠加剪切到画笔大小；如果要设置叠加的外观，可以从"仿制源"面板底部的弹出菜单中选择一种混合模式；勾选"反相"选项，可以反相叠加中的颜色。

图11-47　　　　　　　　图11-48　　　　　　　　图11-49　　　　　　　　图11-50

💎 11.1.4

实战：修眼袋和黑眼圈（修补工具＋仿制图章）

要点

　　修补工具 🔘 与污点修复画笔工具 🖌 和修复画笔工具 🖌 的工作原理类似，可以对纹理、光照和透明度进行匹配，图像的融合效果非常好，如图11-51所示。在使用上，修补工具 🔘 与后两种工具不同，它需要选区来限定修补范围。正因为有选区，所以它的修复区域及影响范围的可控性比较好。

图11-51

01 按Ctrl+J快捷键，复制"背景"图层。选择修补工具 🔘 并设置选项，如图11-52所示。

| 修补: | 正常 ∨ | 源 | 目标 | ☐ 透明 | 使用图案 ∨ | 扩散: 5 ∨ |

图11-52

02 在眼睛下睫毛下方创建选区，将眼袋和比较明显的皱纹选取，如图11-53所示。将鼠标指针放在选区内，单击并向下方拖曳，这时候会看到，当前选区内部的图像会复制到先前的选区内，将皱纹覆盖住，如图11-54所示。放开鼠标以后，复制的图像会与原图像自动融合，如图11-55所示。

图11-53

图11-54

图11-55

03 在选区外单击，取消选择。观察效果，在颜色不自然的地方创建选区，继续修补，如图11-56~图11-58所示。

图11-56

图11-57

图11-58

04 用同样的方法处理右侧眼袋，如图11-59~图11-63所示。一次不能完全处理后的话，也可以分多次处理，但要做好衔接。

图11-59

图11-60

图11-61

图11-62

图11-63

05 鼻子上的皱纹需要复制不同区域的皮肤，因而需要分多次处理。先将鼻梁上的皱纹覆盖掉，如图11-64~图11-66所示；再修饰鼻翼两侧的皱纹，如图11-67~图11-70所示。

图11-64

图11-65

图11-66

图11-67

图11-68

图11-69　　　　　图11-70

06 眼睛上方有一处皮肤颜色有点深，把这里修复好，如图11-71和图11-72所示。

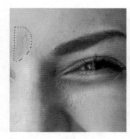 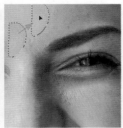

图11-71　　　　　图11-72

07 现在，眼袋和皱纹已经被修复好了，但眼窝的颜色还是比较深，看上去有黑眼圈。下面来处理这个问题。单击 ⊞ 按钮，新建一个图层。选择仿制图章工具 ▲ 并设置参数，如图11-73所示。按住Alt键，在黑眼圈下方正常颜色皮肤上单击进行取样，然后涂抹黑眼圈，进行修复，如图11-74和图11-75所示。

图11-73

处理前　　　　　　　处理后
图11-74　　　　　　　图11-75

08 将该图层的不透明度调低，设置在60%左右。由于修复操作具有一定的随机性，每个人的结果都不太一样，这里的参数设置不必太过死板，最终还是看具体效果，只要深色被修正就可以了。如果衔接的地方不太自然，可以用蒙版来做一下处理，如图11-76和图11-77所示。

图11-76　　　　图11-77

修补工具选项栏

图11-78所示为修补工具 ⬡ 的选项栏。

图11-78

● **选区运算按钮** ▣▣▣▣：可进行选区运算（见35页）。

● **修补**：在该选项右侧的下拉列表中可以选择"正常"和"内容识别"模式，用途参见污点修复画笔工具相应选项。单击"源"按钮，将选区拖至要修补的区域后，会用当前鼠标指针下方的图像修补选中的图像，如图11-79和图11-80所示；单击"目标"按钮，则会将选中的图像复制到目标区域，如图11-81所示。

图11-79

图11-80　　　　　　　图11-81

● **透明**：使修补的图像与原图像产生透明的叠加效果。

● **使用图案**：单击它右侧的按钮，打开下拉面板选择一个图案后，单击该按钮，可以使用图案修补选区内的图像。

● **扩散**：可以控制修复的区域能够以多快的速度适应周围的图像。一般来说，较低的值适合具有颗粒或良好细节的图像，而较高的值适合平滑的图像。效果如图11-82~图11-84所示。

  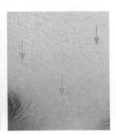

原图（额头）　　　扩散2　　　　　　扩散5
图11-82　　　　　图11-83　　　　　图11-84

【 详解修复类工具的特点及区别 】

清晰度

Photoshop的修复类工具，其实都是先复制图像，再应用到修复区域上的。由于运用了人工智能技术，Photoshop会自动对图像进行融合处理。但仿制图章工具▲是个例外。在复制图像的时候，该工具会将源图像（即取样的图像）百分之百地应用于绘制区域。也就是说，它最忠实于"原作"，修复时不做任何加工和处理，这是它的最大优势——当使用硬边圆笔尖，且不透明度为100%时，用它修复的图像细节完整、清晰，如图11-85~图11-87所示。

而修复画笔工具 ✎、污点修复画笔工具 ✎ 和修补工具 ⊕，则会对纹理、亮度和颜色与源像素进行匹配，笔尖边缘图像的细节会有所损失，但能够与周围图像更好地融合在一起，如图11-88所示。当希望获得最佳融合效果，对清晰度没有过高要求时，这些工具就很不错。例如，修复污点、划痕、裂缝、破损，用这些工具可以又快又好地完成任务。

原图　　　　　　　　　　需要修复的粉刺　　　　　用仿制图章修复，皮肤纹理清晰　　用污点修复画笔工具修复，纹理被磨平了

图11-85　　　　　　　　图11-86　　　　　　　图11-87　　　　　　　　图11-88

是否取样

污点修复画笔工具 ✎ 与修复画笔工具 ✎ 的工作原理相同，但不需要取样，因而更加简单易用，可以作为首选。但如果需要控制取样位置，或者从另一个打开的图像中取样，就需要使用修复画笔工具 ✎ 了。

还有一种情况，就是对取样图像的形状有要求，例如，需要复制矩形或三角形范围内的图像，那么我们就应该使用修补工具 ⊕。如果控制不好选区范围，可以先用矩形选框工具 ⊟、多边形套索工具 ⊠ 选取图像，再用修补工具 ⊕ 处理。

内容感知移动工具

相对于修补工具 ⊕，内容感知移动工具 ✕ 更加强大，复制图像时效果更好，尤其是大范围的图像复制，空白区域会自动填充相匹配的图像，效果更加出色。

该工具有两种工作方式。图11-89所示为它的工具选项栏。将"模式"设置为"移动"选项时，它可以移动所选图像，如图11-90和图11-91所示；选择"扩展"选项时，它可以复制图像，如图11-92所示。

✕ ⊡ ⊡ ⊡ ⊡　模式 扩展 ⌄　结构 4 ⌄　颜色 0 ⌄　☐ 对所有图层取样　☑ 投影时变换

图11-89

用内容感知移动工具将鸭子选中　　移动鸭子，Photoshop自动填补空缺　　复制鸭子

图11-90　　　　　　　　　　　图11-91　　　　　　　　　　图11-92

- 结构： 可以输入1~5的值， 以指定修补结果与现有图像图案的近似程度。 如果输入5， 修补内容将严格遵循现有图像的图案； 如果将该值指定为1， 则修补结果会最低限度地符合现有的图像图案。
- 颜色： 可以输入0~10的值， 以指定我们希望Photoshop在多大限度上对修补内容应用算法颜色混合。 如果输入0， 将禁用颜色混合； 输入10， 则将应用最大颜色混合。
- 对所有图层取样： 如果文件中包含多个图层， 勾选该选项， 可以从所有图层的图像中取样。
- 投影时变换： 可以先应用变换， 再混合图像。 具体来说就是勾选该选项， 并拖曳选区内的图像后， 选区上方会出现定界框， 此时可对图像进行变换（缩放、 旋转和翻转）， 完成变换之后， 按Enter键才正式混合图像。

非破坏性编辑

修复画笔工具 ✐、污点修复画笔工具 ✐、仿制图章工具 ♨ 和内容感知移动工具 ✂ 的选项栏都有 "对所有图层取样" 这一选项， 我们可以创建一个图层， 然后勾选该选项， 再进行图像的复制或者修复， 这样就可以将复制的图像绘制在空白图层上， 避免原图像被破坏。

修补工具 ✦ 只支持当前图层， 它会真正修改图像， 不能进行非破坏性编辑。 但这也没有关系， 我们只要在操作之前， 通过复制图层的方法复制图像， 也能避免原始图像被破坏。

◆ 11.1.5
实战：消除红眼

01 打开素材，如图11-93所示。下面使用红眼工具 ⊕ 去除用闪光灯拍摄的人物照片中的红眼。该工具还可去除动物照片中的白色和绿色反光。

02 选择红眼工具 ⊕，然后将鼠标指针放在红眼区域上，如图11-94所示，单击即可校正红眼，如图11-95所示。另一只眼睛也采用相同的方法校正，如图11-96所示。如果对结果不满意，可以执行"编辑>还原"命令还原，然后设置不同的"瞳孔大小"和"变暗量"再次尝试。

图11-93

图11-94

图11-95

图11-96

红眼工具选项栏

图11-97所示为红眼工具 ⊕ 的选项栏。

图11-97

- 瞳孔大小： 可设置瞳孔（眼睛暗色的中心）的大小。
- 变暗量： 用来设置瞳孔的暗度。

◆ 11.1.6
实战：让眼睛更有神采的修图技巧

要点

图11-98所示为眼睛的结构图。眼睛美化的关键在虹膜。虹膜主要由结缔组织构成，内含色素、血管和平滑肌。如果按照虹膜的结构去增强血管和肌肉组织，即强化其放射状形状，就可以丰富眼球的细节、增强立体感；再辅以色彩修正，主要是饱和度和亮度控制，眼睛看上去就会变得非常清澈、有神采。另外，提亮瞳孔附近反光点的亮度，也是让眼睛变得明亮的技巧。下面我们就按照上述想法进行实践，如图11-99所示。

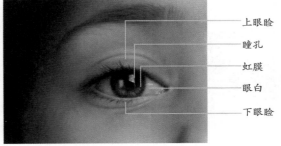

上眼睑
瞳孔
虹膜
眼白
下眼睑

图11-98

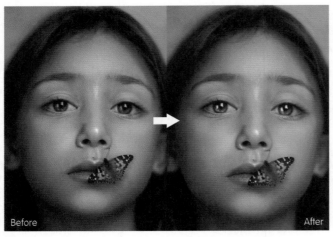

图11-99

01 单击"调整"面板中的 ▦ 按钮，创建"曲线"调整图层并进行提亮操作，如图11-100和图11-101所示。

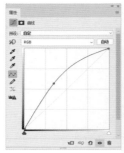
图11-100

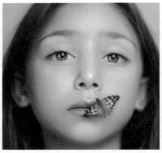
图11-101

02 按Alt+Delete快捷键，为调整图层的蒙版填充黑色，如图11-102所示。这样调整效果就被蒙版遮盖住了，图像又恢复到调整前的状态，如图11-103所示。选择画笔工具 ✐，笔尖调至3像素左右。把前景色切换为白色，在虹膜上绘制放射线，如图11-104所示。因为涂抹的是白色，画笔所到之处会应用曲线调整，色调就会被提亮。

图11-102

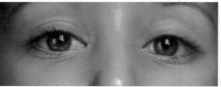
图11-103

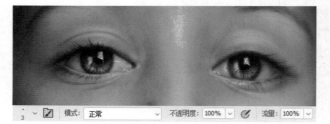
图11-104

提示（Tips）

如果没有数位板（见118页），用鼠标不太容易画出直线。我们可以运用两种技巧来克服困难。第1个技巧，在画面上单击后，按住Shift键并在另一位置单击，这样两点之间就会以直线连接；第2个技巧，可以用旋转视图工具 ✋ 旋转画布，一般从左向右绘制直线比较容易，那么我们就把画面旋转到那个方向，再进行绘制。需要恢复画面角度时，双击该工具即可。

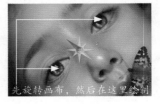
先旋转画布，然后在这里绘制

03 新建一个图层。用画笔工具 ✐ 在瞳孔及虹膜上绘制高光点，如图11-105所示。

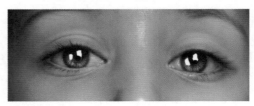
图11-105

04 双击该图层，如图11-106所示。打开"图层样式"对话框，按住Alt键并单击"下一图层"中的黑色滑块，将它分开，然后拖曳右侧的滑块，如图11-107所示，让眼球中的深色细节透过当前图层显现出来，如图11-108所示。

图11-106　　　　图11-107

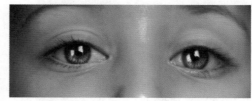
图11-108

05 创建"色相/饱和度"调整图层，提高虹膜色彩的饱和度，如图11-109所示。操作时，先将该调整图层的蒙版填充为黑色，再用画笔工具 ✐ 在虹膜上涂抹白色，如图11-110和图11-111所示。

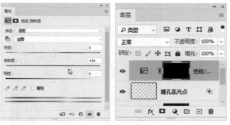

图11-109　　　图11-110

图11-111

⬥ **11.1.7**

实战：牙齿美白与整形方法

我们常用"明眸皓齿"来形容一个人貌美。这说明单单眼睛好看，如果牙齿不好，也会令美貌大打折扣。牙齿的问题主要有3个方面，即发黄、有缺口和参差不齐。本实战介绍解决这些问题的方法，效果如图11-112所示。

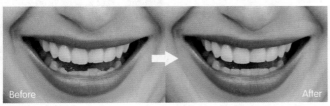

Before　　　　　　　　　　　　After

图11-112

01 单击"调整"面板中的 ▦ 按钮，创建"色相/饱和度"调整图层。单击"属性"面板中的图像调整工具 🖑，找一处最黄的牙齿（鼠标指针会变成吸管工具 🖉），在它上方单击进行取样，如图11-113所示。"调整"面板的渐变颜色条上会出现滑块，我们取样的颜色就在滑块这个区间，如图11-114所示。

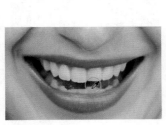

图11-113

图11-114

02 将"饱和度"值调低，黄色会变白。注意不能调到最低值，否则牙齿会变成黑白效果，没有色彩感，像黑白照片一样了。将"明度"值提高，让牙齿颜色明亮一些，有一点晶莹剔透的感觉更好，如图11-115和图11-116所示。

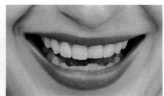

图11-115　　　　　　　　图11-116

03 调色完成。按Alt+Shift+Ctrl+E快捷键，将当前效果盖印到一个新的图层中。用它修复牙齿。

04 执行"滤镜>液化"命令，打开"液化"对话框。默认会选取向前变形工具 🖉，用 [键和] 键调整工具大小，通过单击并拖曳鼠标的方法，将缺口上方的图像向下"推"，把缺口补上，如图11-117~图11-119所示。"推"过头的地方，可以从下往上"推"，把牙齿找平。上面牙齿的缺口比较小，把工具调到比缺口大一点再处理；下面一排牙齿主要是参差不齐的问题，因此工具应调大一些。另外，处理的时候，尽量不要反复地修改一处缺口，那样会使图像变得模糊不清。

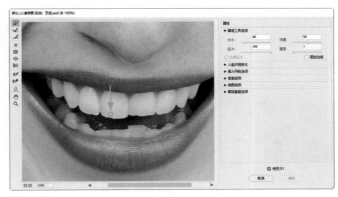

图11-117

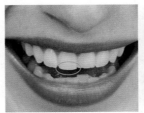

图11-118 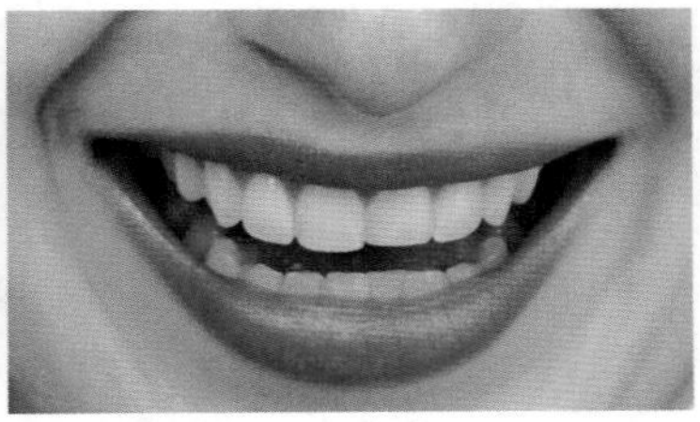　　　　　　　图11-119

◈ 11.1.8

实战：绘制唇彩（画笔工具＋混合颜色带）

唇彩有很多处理方法。例如，可以用颜色替换工具 ✎ 画上颜色，也可用"色相/饱和度"命令调色等，这些难度都不大。我们要介绍的是一种技巧性更强、效果更好的方法。它有两个特点，一是唇彩的颜色非常容易修改；二是能够保留嘴唇的纹理，使唇彩具有很强的真实感，如图11-120所示。

图11-120

01 单击"图层"面板底部的 ◉. 按钮，打开菜单，执行"纯色"命令，设置颜色为红色，如图11-121所示，创建填充图层。设置它的混合模式为"正片叠底"。单击蒙版缩览图，然后填充黑色，如图11-122所示。现在蒙版将填充图层完全遮盖住了。

图11-121　　　　　　图11-122

02 用画笔工具 ✎ 在嘴唇上涂抹白色，给嘴唇应用调整效果，如图11-123和图11-124所示。

03 双击该图层，打开"图层样式"对话框。按住Alt键并单击"下一图层"中的白色滑块，将它分开，然后将两个滑块向左拖曳。观察图像，原始图像中嘴唇的高光区域穿透填充图层显现出来就可以了。此时滑块上方的数字对应的数字是110/193，如图11-125和图11-126所示。这一层是唇彩的主色，下面制作嘴唇高光处的唇彩。

图11-123　　　　　　　　　　图11-124

图11-125　　　　　　图11-126

04 创建填充图层，设置颜色为朱红色（R255，G121，B62）。这个颜色与眼影比较接近，可以让妆容风格统一、有呼应。设置混合模式为"滤色"，如图11-127所示，提亮颜色，制造出莹润效果。按住Alt键，将前一个填充图层的蒙版拖曳过来，替换原有的蒙版，如图11-128所示。这样填充范围也被限定在嘴唇区域，如图11-129所示。

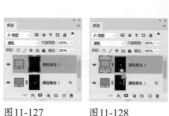

图11-127　　　　图11-128　　　　图11-129

05 双击填充图层，打开"图层样式"对话框。按住Alt键，单击"下一图层"中的黑色滑块并分开调整，让下方图层中的阴影区域显现出来，从而缩小朱红色的填充范围，使其只覆盖嘴唇的高光区域，如图11-130和图11-131所示。

图11-130   图11-131

06 选择这两个填充图层，如图11-132所示，按Ctrl+G快捷键将其编入图层组中。将组的不透明度设置为80%，将颜色稍微弱化一下，如图11-133和图11-134所示。

图11-132   图11-133   图11-134

◈ 11.1.9
实战：商业级时尚美妆

服装杂志和广告大片上的模特、艺人个个光彩照人、完美无瑕。如果在现实中接触这些人就会发现，他们的皮肤并没有那么好，脸上也会长痘痘。美丽的面孔其实也有化妆师、修图师的功劳。

扫码看视频

对于商业大片修图，客户的要求是比较高的，甚至很

苛刻，修出完美面孔只是基础，更重要的是表现模特与众不同的气质，如图11-135所示。因此，修图师不仅要有高超的技术，还要具备良好的审美素养和艺术表现力。

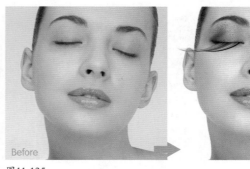

图11-135

01 使用快速选择工具 选取人物，如图11-136所示。单击"选择并遮住"按钮，对选区进行细化处理。单击"确定"按钮抠图，如图11-137~图11-139所示。

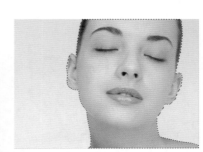

图11-136   图11-137

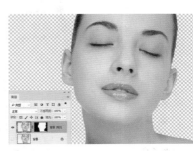

图11-138   图11-139

02 选择并显示"背景"图层，将其填充为白色。单击"背景 拷贝"图层的图像缩览图，如图11-140所示。按Ctrl+B快捷键，打开"色彩平衡"对话框，勾选"保持明度"选项，分别对中间调和高光进行调整，使人物的肤色变白，如图11-141~图11-143所示。

图11-140

图11-141

图11-142

图11-143

03 下面调整眼眉。创建一个曲线调整图层，首先将RGB曲线向下调整，使眼眉的色调变深，如图11-144所示；再将蓝通道曲线向上调整，在眼眉颜色里加入蓝色，如图11-145和图11-146所示。

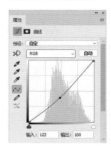
图11-144

图11-145

图11-146

04 按Ctrl+I快捷键将蒙版反相，隐藏调整效果。使用画笔工具 在眼眉上涂抹白色，使调整效果只应用于眼眉，如图11-147和图11-148所示。

图11-147

图11-148

05 下面制作眼影。使用椭圆选框工具 （羽化10像素）创建选区，如图11-149所示。创建"曲线"调整图层，按图11-150~图11-153所示的方法调整曲线，增加红色和蓝色，减少绿色，使眼影呈现玫瑰红色，如图11-154所示。

图11-149

图11-150

图11-151

图11-152

图11-153

图11-154

06 使用画笔工具 在眼睛上方涂抹白色，扩大眼影范围，如图11-155所示。将画笔工具的不透明度调低，在眼睛周围涂抹，可以使眼影变浅，这样可以让眼影与皮肤的衔接和过渡更加自然，图11-156所示为蒙版效果。

图11-155

图11-156

07 为配合眼影，将唇彩的颜色也调整为粉色。图11-157~图11-159所示为唇彩的曲线调整方法，图11-160所示为调整后的效果。

图11-157

图11-158

图11-159

图11-160

08 将前景色设置为黑色。选择钢笔工具 ，在工具选项栏中选取"形状"选项，绘制眼线，如图11-161所示。设置图层的混合模式为"正片叠底"，不透明度为40%，如图

11-162和图11-163所示。

图11-161　　　　图11-162　　　　图11-163

09 将前景色设置为深红色（R117，G0，B44）。新建一个图层，设置混合模式为"正片叠底"，不透明度为80%。使用画笔工具 ✐ 在眼角涂抹，如图11-164所示。将前景色设置为深紫色（R125，G5，B88）。新建一个图层，设置混合模式为"柔光"，不透明度为35%，绘制腮红，如图11-165所示。

图11-164　　　　　　　　图11-165

10 选择画笔工具 ✐，打开"画笔"面板，选择"沙丘草"样本，设置大小为392像素，角度为124°，如图11-166所示。将前景色设置为深红色（R193，G53，B5）。新建一个图层，绘制睫毛，如图11-167所示。

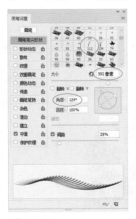 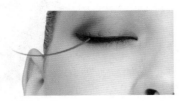

图11-166　　　　　　　　图11-167

11 按Ctrl+J快捷键，复制图层。使用移动工具 ✛，将复制后的眼睫毛向右侧拖曳，按Ctrl+U快捷键打开"色相/饱和度"对话框，设置色相参数为+180，改变睫毛颜色，如图11-168和图11-169所示。

 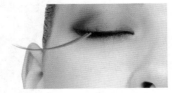

图11-168　　　　　　　　图11-169

12 再复制一根眼睫毛，并调整其位置和颜色，如图11-170和图11-171所示。

图11-170　　　　　　　　图11-171

13 用同样的方法制作彩色眼睫毛，如图11-172所示。按住Shift键选取第一个眼睫毛图层，按Ctrl+E快捷键，将所有眼睫毛图层合并。按Ctrl+M快捷键打开"曲线"对话框，将曲线向上调整，使眼睫毛色调变亮，如图11-173和图11-174所示。

 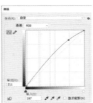 

图11-172　　　　图11-173　　　　图11-174

14 单击"图层"面板顶部的 ▦ 按钮，将图层的透明区域锁定，如图11-175所示。使用画笔工具 ✐ 在眼睫毛的根部涂抹黑色，如图11-176所示。

 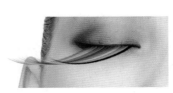

图11-175　　　　图11-176

15 复制"眼睫毛"图层，并移动到另一只眼睛上面。按Ctrl+T快捷键显示定界框，先水平翻转，再调整一下大小和角度，使其贴近眼睛，效果如图11-177所示。

图11-177

16 使用椭圆选框工具 ◯（羽化20像素）在眼睛上方创建选区。选择渐变工具 ▭ 及图11-178所示的渐变颜色，填充到选区内，如图11-179所示。

图11-178　　　　图11-179

17 使用移动工具 ✛，按住 Alt 键并将选区内的图像拖曳到另一只眼睛上。执行"编辑>变换>水平翻转"命令，按 Ctrl+D 快捷键取消选择。用画笔工具 ✐ 在嘴唇的高光位置涂抹白色，如图 11-180 所示。设置该图层的混合模式为"溶解"，不透明度为 20%，如图 11-181 和图 11-182 所示。

图 11-180

图 11-181

图 11-182

磨皮

11.2

在人像照片处理中，磨皮是非常重要的环节，它是指对人物的皮肤进行美化处理，去除色斑、痘痘、皱纹，让皮肤变得白皙、细腻、光滑，使人显得更加年轻、漂亮。

11.2.1

实战：保留皮肤细节的磨皮方法

要点

磨皮其实并不难，但容易出糗。这是因为，只要使用"高斯模糊"滤镜，就能将所有的瑕疵抹掉，只是效果很夸张，就像现在很多手机美颜 App 一样，磨出来的皮肤像塑料般光滑，一看就非常假。

扫码看视频

好的磨皮技术能还原皮肤的纹理细节，这是能否体现出真实感的决定性要素。下面我们介绍的就是这样的方法，我们会先用"表面模糊"滤镜磨皮，再通过"高反差保留"滤镜强化皮肤纹理，把细节找回来，如图 11-183 所示。

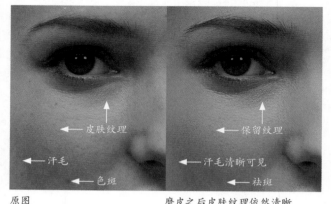
原图　　　　　　　磨皮之后皮肤纹理依然清晰
图 11-183

01 按两下 Ctrl+J 快捷键，复制出两个图层。单击下方的图层，如图 11-184 所示，执行"滤镜>模糊>表面模糊"命令，进行磨皮，即模糊处理，如图 11-185 所示。

图 11-184 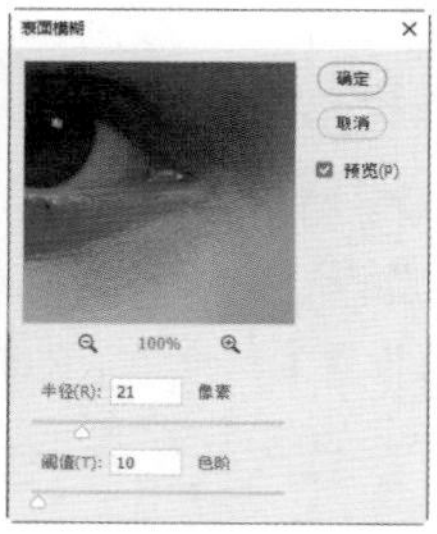　　　　图 11-185

02 单击上方的图层，按 Shift+Ctrl+U 快捷键去色，设置混合模式为"叠加"，如图 11-186 和图 11-187 所示。

图 11-186　　　　图 11-187

03 执行"滤镜>其他>高反差保留"命令，对皮肤进行柔化处理，如图 11-188 和图 11-189 所示。

图 11-188　　　　图 11-189

04 按住Ctrl键并单击"图层1"，将它一同选取，如图11-190所示。按Ctrl+G快捷键编入一个组中。单击 ▣ 按钮，为组添加蒙版，如图11-191所示。用画笔工具 ✐ 将不需要磨皮的地方涂黑，包括眼睛、嘴、头发和花饰，如图11-192所示。

图11-190　　　　图11-191　　　　图11-192

05 双击图层组，打开"图层样式"对话框，在"混合颜色带"选项组中，按住Alt键并在"下一图层"的黑色滑块上单击，把这个滑块分为两半。拖曳右侧的滑块，如图11-193所示，让组下方的"背景"图层，也就是未经磨皮图像中的阴影区域显现出来，这些暗色调包含了皮肤纹理和毛孔中的深色，如图11-194所示。

图11-193　　　　　图11-194

> **提示（Tips）**
>
> 调整混合颜色带的目的是让皮肤纹理和毛孔中的深色出现在磨皮后的图像中，以还原纹理质感。这两个滑块中间有一条自然过渡的颜色带，它确保了深色纹理是逐渐显现的，避免突兀。滑块位置不能太靠近右侧，否则纹理和色斑会变得过于清晰，磨皮效果就被抵消了。在什么位置比较好呢？拖曳滑块时注意观察，在汗毛变明显的位置就可以了。当然，色斑也会变明显，但没关系，它们很容易处理。
>
>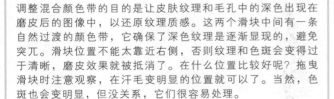
>
>
>
> 过渡区可以让深色逐渐显现

06 新建一个图层。用污点修复画笔工具 ✐ 将色斑清除，如图11-195所示。操作方法很简单，将笔尖调整到比色斑稍大一点，然后在其上方单击或拖曳即可。需要修饰的细节主要分布在图11-196所示这些地方。

图11-195　　　　　　图11-196

💎 11.2.2
实战：保留皮肤细节的磨皮方法（增强版）

要点

既能磨皮、又能保留皮肤细节的方法有很多，这里我们精选出两种效果最好的。其基本原理都是通过模糊的方法将皮肤的瑕疵磨掉，同时还能改善皮肤颜色，之后再运用技术手段，将皮肤的纹理细节找回来。这一次我们使用智能滤镜磨皮，如图11-197所示。

图11-197

这种方法的好处非常多。首先，在任何时候都可以修改滤镜参数。例如，如果觉得模糊效果有点过了，可以双击"高斯模糊"滤镜，打开相应的对话框，把参数值降下来。另外，智能滤镜是可以复制的。如果有其他照片需要磨皮，那么我们可先将其转换为智能对象，再将磨皮文档中的智能滤镜复制给它，之后，根据当前照片的实际情况，灵活调整滤镜参数，使效果趋于完美。这种方法类似磨皮动作，但动作中的滤镜参数是固定不变的，不可能适合所有类型的人像。

01 按Ctrl+J快捷键，复制"背景"图层。设置混合模式为"亮光"。在图层上单击鼠标右键，使用面板菜单中的命令将图层转换为智能对象，如图11-198所示。按Ctrl+I快捷键反相，如图11-199所示。

图11-198　　　　　图11-199

图11-202　　　　　图11-203

02 用"滤镜>其他>高反差保留"滤镜磨皮，将色斑磨掉，皮肤会显得更加细腻，颜色更加柔和，如图11-200和图11-201所示。

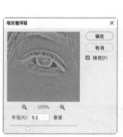

图11-200　　　　　图11-201

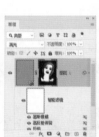

图11-204　　　　　图11-205

05 现在皮肤上还是有一些色斑。新建一个图层，选择污点修复画笔工具 ✐，在剩余的色斑上单击，将它们清理掉，如图11-206和图11-207所示。

提 示（Tips）

"半径"值过低，皮肤上的瑕疵磨不掉。这个值越高，模糊效果越强烈、皮肤越光滑。但太高的话，会强化重要的边界线，使色彩结块，也会出现严重的重影。

"半径"值过低　　　　　"半径"值过高

图11-206　　　　　图11-207

03 执行"滤镜>模糊>高斯模糊"命令，对当前效果进行模糊处理。这其实是在还原细节，在此滤镜的作用下，皮肤的纹理会出现在磨皮后的效果中，如图11-202和图11-203所示。

04 按住Alt键并单击 ▣ 按钮，添加一个反相的（黑色）蒙版。用画笔工具 ✐ 在皮肤上涂抹白色，使磨皮效果只应用于皮肤，如图11-204和图11-205所示。注意，不要在脸的轮廓线上涂抹，因为这里有重影。

06 鼻翼外侧皮肤的颜色有点深，且发红，因此也需要处理。创建一个图层。选择仿制图章工具 ♣ 及柔边圆笔尖（笔尖大小用 [键和] 键调整），选取"所有图层"选项（修复结果应用到该图层），如图11-208所示。按住Alt键并在正常的皮肤上单击进行取样，然后放开Alt键，在发红的皮肤上按住鼠标拖曳，进行修复，如图11-209和图11-210所示。

图11-208

图11-209

图11-210

07 将图层的不透明度调低至50%左右。添加蒙版。用画笔工具 ✐ 在新皮肤边缘涂抹黑色，使皮肤的融合效果真实、自然，不留痕迹，如图11-211和图11-212所示。

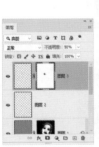

图11-211

图11-212

08 单击"调整"面板中的 ▨ 按钮，创建"可选颜色"调整图层。减少黄色中黑色油墨的含量，黄色变浅以后，肤色就会变白，如图11-213和图11-214所示。

图11-213

图11-214

09 创建一个"色相/饱和度"调整图层，提高色彩的饱和度。用画笔工具 ✐ 修改调整图层，使它只应用于头发、眼睛和嘴巴，如图11-215和图11-216所示。

图11-215

图11-216

10 创建"曲线"调整图层，用画笔工具 ✐ 修改调整图层的蒙版，将眼睛提亮，如图11-217和图11-218所示。

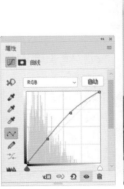

图11-217

图11-218

> **提示**（Tips）
>
> 在蒙版上涂抹黑色，可以隐藏调整效果；想让效果重现，可以涂白色；想降低调整效果的强度，可以将蒙版涂灰。修改蒙版时，可以按X键切换前景色和背景色。

11.2.3

实战：通道磨皮

要点

通道磨皮是传统的磨皮技术，发展得比较成熟，如图11-219所示。这种方法是在通道中对皮肤进行模糊，消除色斑、痘痘等，再用曲线将色调调亮。有的会用到滤镜+蒙版磨皮，高级一些的还会用到滤镜重塑皮肤纹理。

图11-219

01 将"绿"通道拖曳到"通道"面板底部的 ⊡ 按钮上复制，如图11-220所示。现在文档窗口中显示的是"绿 拷贝"通道中的图像，如图11-221所示。

图11-220　　　图11-221

02 执行"滤镜>其他>高反差保留"命令，设置半径为20像素，如图11-222所示。执行"图像>计算"命令，打开"计算"对话框，选择"强光"模式，将"结果"设置为"新建通道"，如图11-223所示。单击"确定"按钮关闭对话框，新建通道自动命名为"Alpha 1"，如图11-224和图11-225所示。

图11-222　　　图11-223

图11-224　　　图11-225

03 再执行两次"计算"命令，强化色点，得到"Alpha 3"通道，如图11-226所示。单击"通道"面板底部的 ⸬ 按钮，载入选区，如图11-227所示。按Ctrl+2快捷键，返回彩色图像编辑状态。

图11-226　　　图11-227

04 按Shift+Ctrl+I快捷键反选，按Ctrl+H快捷键隐藏选区，以便更好地观察图像的变化。单击"调整"面板中的 ⊞ 按钮，创建"曲线"调整图层，将曲线略向上调整，如图11-228所示。经过磨皮处理，人物的皮肤变得光滑细腻，如图11-229所示。

图11-228　　　图11-229

05 下面提亮肤色，修复小瑕疵。按Alt+Shift+Ctrl+E快捷键，将图像效果盖印到一个新的图层中，设置混合模式为"滤色"，不透明度为33%。单击"图层"面板底部的 ◉ 按钮，添加图层蒙版。使用渐变工具 ▣ 在蒙版中填充线性渐变，将背景区域模糊，如图11-230和图11-231所示。

图11-230　　　图11-231

06 用污点修复画笔工具 ✎ 将面部瑕疵清除，如图11-232所示。执行"滤镜>锐化>USM锐化"命令，设置参数如图11-233所示，单击"确定"按钮，关闭对话框。再次应用该滤镜，加强锐化效果，如图11-234所示。

图11-232　　　　图11-233　　　　图11-234

07 创建一个"色阶"调整图层，向左拖曳中间调滑块，如图11-235所示，使皮肤色调变亮。双击该调整图层，打开"图层样式"对话框，按住Alt键并拖曳"下一图层"的黑色滑块，将滑块拖曳至数值显示为164，让底层图像的黑色像素显示出来，如图11-236和图11-237所示。

图11-235　　　　图11-236　　　　图11-237

> **提示**（Tips）
>
> 有些软件公司开发了专门用于磨皮的插件，如kodak、NeatImage等，用它们来磨皮不仅操作简便，效果也不错。

◈ 11.2.4

实战：强力祛斑+皮肤纹理再造

▍要点

　　如果皮肤纹理不明显，经过磨皮以后，光滑程度就会更高，即使用"高反差保留"滤镜再进行强化也找不回细节，因为原本就没有多少细节。这种照片就只能通过再造皮肤纹理的方法进行补救。

扫码看视频

　　这样的情况我们会经常碰到。例如在网上下载素材的时候会发现，很多人像被过度磨皮处理，没有皮肤细节。这种照片是比较"鸡肋"的，看上去很美，却不能用。不过不用担心，只要掌握下面的方法，以后我们就知道该怎

么处理了，如图11-238所示。

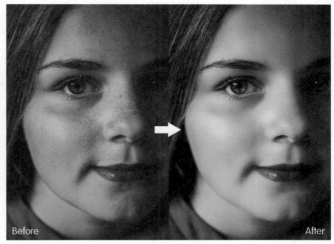

图11-238

01 先来修色斑。按两下Ctrl+J快捷键，复制"背景"图层并修改名称，如图11-239所示。用"滤镜>模糊>表面模糊"命令对下方图层进行磨皮，如图11-240和图11-241所示。

 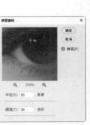 

图11-239　　　　图11-240　　　　图11-241

02 选择位于上方的图层。用"滤镜>杂色>添加杂色"滤镜生成杂点，如图11-242所示。用"滤镜>风格化>浮雕效果"滤镜，让杂点立体化，类似于皮肤纹理状且不规则排布，如图11-243所示。设置混合模式为"柔光"，效果如图11-244所示。

图11-242　　　　图11-243　　　　图11-244

03 按住Ctrl键并单击下方图层，如图11-245所示，按 Ctrl+G快捷键，将它们编入图层组中。单击 ◑ 按钮 添加蒙版。用画笔工具 ✎ 将眼睛、眉毛、嘴、头发和衣服涂 黑，让原图，即未经磨皮的效果显现出来，如图11-246~图11-248所示。有些地方如鼻子右侧的阴影区域、下巴等，纹理过 于突出，可以在其上方涂灰色（可以通过数字键来改变画笔的 不透明度），以降低纹理强度。

图11-245　　　　图11-246

图11-247　　　　图11-248

04 单击"调整"面板中的 按钮，创建"曲线"调整图 层。将滑块对齐到直方图端点，增强色调的对比度，如 图11-249和图11-250所示。

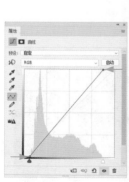

图11-249　　　　图11-250

05 新建一个图层。选择污点修复画笔工具 ✐ ，勾选"近 似匹配"和"对所有图层取样"选项。将脸上的小瑕疵 修掉，主要修嘴到鼻子之间的皮肤，如图11-251和图11-252所

示。将鼻梁上的色斑也清除。修复的内容会保存在新建的图层 上，不会破坏原图像。

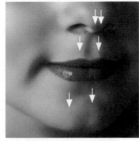

图11-251　　　　图11-252

06 单击"调整"面板中的 按钮，创建"可选颜色"调 整图层。降低红色和黄色这两种颜色成分中的黑色的含 量，使这两种颜色变浅。由于肤色的主要成分就是红色和黄 色，因此当它们的明度提高以后，皮肤的颜色就变白了，如图 11-253~图11-255所示。

图11-253　　　　图11-254　　　　图11-255

07 将图层的不透明度设置为80%。选择画笔工具 ✎ ，将除 皮肤之外的图像涂黑，限定好调整范围，如图11-256和 图11-257所示。

图11-256　　　　图11-257

08 最后处理一下眼睛，主要是提高眼睛的亮度。女孩眼睛 的颜色非常漂亮，我们通过增强对比度，让眼睛里的蓝 色像湖水一样清澈，眼神光也更加突出。创建一个"曲线"调 整图层，将曲线调整为图11-258所示的形状。将蒙版填充为黑 色，然后用画笔工具 ✎ 将瞳孔涂白，调整的重点就在这里，

在周围的眼白上涂浅灰色，让眼白也明亮一些，如图11-259~
图11-261所示。

图11-258　　　　图11-259

图11-260　　　　图11-261

💎 **11.2.5**

实战：打造水润光泽、有质感的皮肤

　　补水是一个非常重要的美容项目，因为皮肤干涩，没有光泽，会让人显得很老。使用Photoshop能让皮肤变得水润光滑，只要按下面的方法操作即可，如图11-262所示。

扫码看视频

Before　　　　　　　　　　After

图11-262

01 首先来增强对比度，即让面部的高光区域——额头、鼻梁、颧骨上方，以及嘴唇最亮的区域变亮，让暗部区域——额头两侧、颧骨下方、眉心等处变暗一些。单击"调整"面板中的 ▦ 按钮，创建"曲线"调整图层。将它的混合模式设置为"滤色"，即可将图像的色调提亮，如图11-263和图11-264所示。现在面部的高光更加明显了。

图11-263　　　　图11-264

02 创建一个"曲线"调整图层，混合模式设置为"正片叠底"，将色调压暗，如图11-265和图11-266所示。

图11-265　　　　图11-266

03 按Ctrl键并单击下方的调整图层，如图11-267所示，按Ctrl+G快捷键将它们编入图层组中。单击 ▣ 按钮，为组添加蒙版，如图11-268所示。

图11-267　　　　图11-268

04 执行"图像>应用图像"命令，使用"强光"模式处理，降低色调的总体反差，这样阴影区域会显示更多的细节，如图11-269和图11-270所示。处理结果会应用到图层组的蒙版上。

图11-269　　　　　图11-270

图11-273

05 双击用于提亮色调的"曲线"调整图层，如图11-271所示。打开"图层样式"对话框，我们现在控制高光范围，拖曳"下一图层"中的黑色滑块，同时观察图像。女孩的面部有点平，光又是从侧前方打过来的，因此高光范围比较大，我们把这个范围稍微调小一点，这样能够让面部的立体感更强一些，如图11-272所示。

图11-274　　　　　图11-275

图11-271　　　　　　图11-272

06 调好范围以后，按住Alt键并在滑块上单击一下，将它分开，再单独拖曳右侧的滑块，把它拖到最右侧（它会"躲到"白色滑块后方），这样高光区域会逐渐衰减，呈现自然、柔和的过渡，如图11-273所示。单击"确定"按钮关闭对话框。

07 双击用于压暗色调的调整图层，如图11-274所示。打开"图层样式"对话框，采用同样的方法操作，即首先控制阴影区域的范围，如图11-275所示；再将滑块分开调整，让阴影呈现衰减效果，如图11-276所示。选择图层组，将不透明度设置为50%，因为曲线都在组中，所以可以通过这种方法降低调整强度，如图11-277所示。

图11-276

图11-277

08 下面再增强面部几个高光点的亮度，让高光区域更有层次。单击组左侧的 ∨ 按钮，将组关闭。执行"图层>新建填充图层>纯色"命令，用白色作为填充颜色，如图11-278

所示,在组上方创建填充图层。双击它,如图11-279所示,打开"图层样式"对话框。拖曳"下一图层"中的黑色滑块,"背景"图层中的暗色调会显现出来,白色填充范围会渐渐缩小,当只有额头最高处、鼻尖和嘴唇最亮处有少量的白色时就停止拖曳,如图11-280所示。按住Alt键并单击该滑块,将它分开调整,创建过渡效果,如图11-281所示。

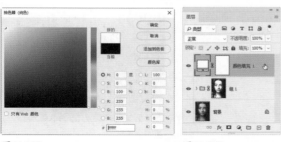

图11-278　　　　　　图11-279

图11-280　　　　　　图11-281

09 单击蒙版缩览图,为它填充黑色,如图11-282所示。用画笔工具 ✐ 在几处最亮区域,即额头最高处、鼻尖和嘴唇最亮处涂抹白色,如图11-283所示。

图11-282　　　　　　图11-283

10 单击"调整"面板中的 按钮,创建"色相/饱和度"调整图层。先提高饱和度,如图11-284所示;然后按Alt+Delete快捷键,将蒙版填充为黑色;再用画笔工具 ✐ 在嘴唇和眼睫毛上涂抹白色,将色彩增强效果限定在画笔涂抹的范围内;之后将调整图层的不透明度降低为65%,不要让颜色太过鲜艳,如图11-285所示。

图11-284　　　　　　图11-285

◈ **11.2.6**
实战:修图+磨皮+锐化全流程

通过前一节的各种皮肤美化方法,以及本节的几种磨皮技术,面部美化方法我们基本上都学到了。下面来做一个综合练习,运用所学技能,将修图、磨皮和锐化,即面部美容的完整流程练习一遍,如图11-286所示。

扫码看视频

图11-286

01 先来修色斑。按Ctrl+J快捷键,复制"背景"图层。用污点修复画笔工具 ✐ 将比较明显的色斑去除。操作时

可以将鼠标指针放在色斑上方，然后通过[键和]键调整笔尖大小，笔尖比色斑大一点就行，单击便可将其去除，如图11-287和图11-288所示。

图11-287　　　　　　　图11-288

02 眼睑下方颜色有点深，这倒并不完全是眼袋，女孩的眼窝比较深，加之光从左上方打过来都会造成阴影。选择修补工具 ⊕ 并设置参数，如在眼睑下方创建选区，如图11-289所示，将鼠标指针放在选区内，向下方拖曳，如图11-290所示。另一只眼睛也这样处理，如图11-291~图11-294所示。

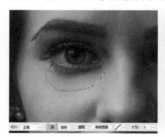

图11-289　　　　　　　图11-290

图11-291　　　　　　　图11-292

图11-293　　　　　　　图11-294

03 下面处理脖子上的皱纹。选择修复画笔工具 ✎ 并设置参数，如图11-295所示。按住Alt键并在皱纹下方单击，进行取样，如图11-296所示，然后在皱纹上涂抹，将纹理替换掉，如图11-297和图11-298所示。如果效果不自然，可以更换取样点，即在更靠近皱纹的位置取样。脖子上的几条主要皱纹修复好之后，效果如图11-299所示。

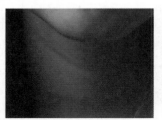

图11-295　　　　　　　图11-296

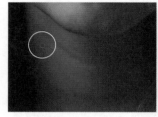
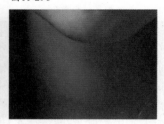

图11-297　　　　　　　图11-298

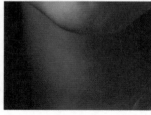

图11-299

04 按两下Ctrl+J快捷键复制图层，并修改图层名称。在"锐化"图层的眼睛图标 ◉ 上单击，隐藏该图层，然后选择下方图层，如图11-300所示，用"滤镜>模糊>表面模糊"命令磨皮，如图11-301和图11-302所示。

图11-300　　　　图11-301　　　　图11-302

05 选择并显示"锐化"图层，用"滤镜>其他>高反差保留"滤镜将重要的线条和纹理提取出来，如图11-303和图11-304所示。线条包括发丝、睫毛、面部轮廓、眼睛轮廓，纹理主要就是皮肤的纹路。

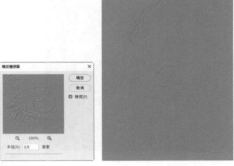

图11-303　　　　图11-304

06 将该图层的混合模式设置为"亮光"，如图11-305和图11-306所示。

图11-305　　　　图11-306

07 按住Ctrl键并单击图11-307所示的图层，将它一同选取，按Ctrl+G快捷键编入一个组中。按住Alt键单击 ▣ 按钮，为组添加黑色蒙版。用画笔工具 ✎ 将皮肤涂白，让磨皮效果显现出来，如图11-308和图11-309所示。

图11-307　　图11-308　　图11-309

08 双击图层组，打开"图层样式"对话框，可以看到混合颜色带。按住Alt键并在"本图层"的白色滑块上单击，把这个滑块分为两半，然后拖曳左侧的滑块，如图11-310所示，将高光区域隐藏，这样可以让组下方的图层，即未经模糊处理的图像中的高光区域显现出来，这样额头、颧骨、鼻梁上的高光区域就会显示皮肤原有的纹理了，如图11-311和图11-312所示。

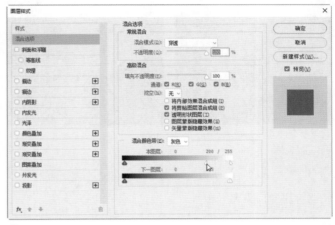

图11-310

调整前　　　　　　　　调整后，高光区域显现原纹理

图11-311　　　　　　　图11-312

09 按住Alt键并在"下一图层"的黑色滑块上单击，将其分开之后，拖曳右侧的滑块，如图11-313所示，让组下方的图层的阴影区域显现出来，这些暗色调包含了皮肤纹理和毛孔中的深色，如图11-314和图11-315所示。

图11-313

调整前

图11-314

调整后，深色区域显现原纹理

图11-315

图11-319　　　　　图11-320

10 单击"调整"面板中的 ▦ 按钮，创建"曲线"调整图层，调高色调的对比度，将混合模式设置为"明度"（否则会改变色彩的饱和度），如图11-316~图11-318所示。

图11-316　　　　　图11-317

12 创建"曲线"调整图层，将眼睛调亮，使眼睛更加有神采。操作时，先将蒙版填充为黑色，然后用画笔工具 ✐ 在眼珠上涂抹白色即可，如图11-321~图11-323所示。

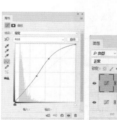

图11-321　　　　图11-322　　　　图11-323

13 创建"曲线"调整图层，将色调调暗，然后将蒙版填充为黑色，再用画笔工具 ✐ 在头发的深色区域涂抹白色，单独对头发进行加深处理，如图11-324~图11-326所示。创建"色相/饱和度"调整图层，增加头发色彩的饱和度（也是用蒙版控制调整范围），如图11-327~图11-329所示。

图11-318

11 创建"曲线"调整图层，设置为"正片叠底"模式。用画笔工具 ✐ 将人物涂黑，如图11-319和图11-320所示。

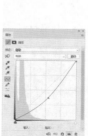

图11-324　　　　图11-325　　　　图11-326

令，进行锐化，如图11-332所示。这个锐化主要用于头发、眼睛瞳孔和嘴，因此，应该先将滤镜的蒙版填充为黑色，然后用画笔工具 ✏ 将以上几处涂白，如图11-333和图11-334所示。

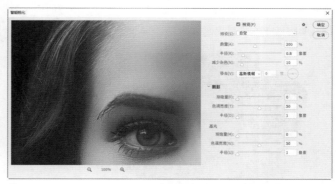

图11-332

图11-327　　图11-328　　图11-329

14 按Alt+Shift+Ctrl+E快捷键，将当前效果盖印到一个新的图层中。用仿制图章工具 ⚘ 把不自然的地方再修一下，如图11-330和图11-331所示。

图11-330　　　　　图11-331

15 执行"图层>智能对象>转换为智能对象"命令，将当前图层转换为智能对象。执行"滤镜>锐化>智能锐化"命

图11-333　　　　　图11-334

修改面部表情

11.3

"液化"滤镜能识别人的五官，并可对眼睛、鼻子、嘴唇进行单独调整。例如，它可以让脸变窄，让眼睛变大，让嘴角上翘、展现微笑等，用它来修改表情，真的是再好不过了。

11.3.1

实战：修出瓜子脸

要点

　　"液化"滤镜就像一个高温烤箱，图像进去之后，会变成"融化的凝胶"，柔软、可塑。使用"液化"滤镜提供的工具，可以对图像进行推拉、扭曲、旋转和收缩等变形处理，也可以用预设的选项修改人的脸型和表情，如图11-335所示。

扫码看视频

图11-335

01 打开素材。执行"滤镜>转换为智能滤镜"命令，将文件转换为智能对象。执行"滤镜>液化"命令，打开"液化"对话框，选择脸部工具 ，将鼠标指针移动到人物面部，系统会自动识别照片中的人脸，并显示相应的调整控件，如图11-336所示。

图11-336

02 拖曳下颌控件，将下颌调窄一些，如图11-337所示。向上拖曳前额控件，让额头看上去更长一些，如图11-338所示。

图11-337

图11-338

> **提示**（Tips）
>
> 如果照片中有多个人物，可以在"选择脸部"右侧的下拉列表中选择要编辑的人物，或者将鼠标指针直接放在其面部，通过拖曳显示的控件来进行调整。

03 向上拖曳嘴角控件，让嘴角向上扬起，展现出微笑，如图11-339所示。拖曳上嘴唇控件，增加嘴唇的厚度，如图11-340所示。由于面颊收缩，嘴比之前小了，有些不自然，将嘴唇拉宽一些，如图11-341所示。

图11-339

图11-340

图11-341

04 单击"眼睛大小"和"眼睛斜度"选项右侧的 ，将左眼和右眼链接起来，然后拖曳滑块，调整这两个参数，让眼睛变大，并适当进行旋转。链接之后，两只眼睛的处理效果是对称的，如图11-342所示。

图11-342

05 五官的修饰基本完成了，但下颌骨还是有点突出，脸型显得不够圆润，我们来手动调整一下。选择向前变形工具 ，调整参数，在脸颊下部单击并拖曳鼠标，将脸部向内推，如图11-343和图11-344所示。该工具的变形能力非常强，操作时，如果脸部轮廓被扭曲了，或者左右脸颊不对称，可以按Ctrl+Z快捷键依次向前撤销，再重新调整。

图11-343

图11-344

> **提示**（Tips）
>
> "液化"滤镜有点"挑食"，它能处理正面朝向相机的面孔，半侧脸也可以，但完全侧脸，就不太容易检测了。

11.3.2
液化工具和选项

执行"滤镜>液化"命令，打开"液化"对话框，如图11-345所示。"液化"滤镜中的变形工具有3种用法，即单击一下、单击并按住鼠标左键不放，以及单击并拖曳鼠标。操作时，变形集中在画笔区域中心，并会随着鼠标指针在某个区域中的重复拖曳而增强。

图11-345

● 向前变形工具 ⚟ : 可以推动像素, 如图11-346所示。

● 重建工具 ✎ : 在变形区域单击或拖曳涂抹, 可以将其恢复为原状。

● 平滑工具 ✎ : 可以对扭曲效果进行平滑处理。

● 顺时针旋转扭曲工具 ⟳ : 可顺时针旋转像素, 如图11-347所示。 按住Alt键操作可逆时针旋转。

图11-346   图11-347

● 褶皱工具 ⟐ /膨胀工具 ⟐ : 褶皱工具 ⟐ 可以使像素向画笔区域的中心移动, 产生收缩效果, 如图11-348所示; 膨胀工具 ⟐ 可以使像素向画笔区域中心以外的方向移动, 产生膨胀效果, 如图11-349所示。 使用其中的一个工具时, 按住Alt键可以切换为另一个工具。 此外, 按住鼠标左键不放, 可以持续地应用扭曲。

● 左推工具 ⟩⟩⟨ : 将画笔下方的像素向鼠标指针移动方向的左侧推动。 例如, 将鼠标指针向上拖曳时, 像素向左移动, 如图

11-350所示; 将鼠标指针向下方拖曳时, 像素向右移动, 如图11-351所示。 按住Alt键操作, 可以反转图像的移动方向。

图11-348   图11-349

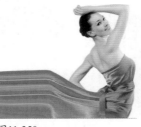 

图11-350   图11-351

● 脸部工具 ⧑ : 可以对人像的五官做出调整。

● 抓手工具 ✋ /缩放工具 ⚲ : 抓手工具 ✋ 可以移动画面; 缩放工具 ⚲ 可以放大和缩小（按住Alt键并单击）窗口的显示比例。

● 大小: 可以设置各种变形工具, 以及重建工具、 冻结蒙版工具和解冻蒙版工具的画笔大小。 使用［键和］键也可以进行调整。

● 浓度: 使用 "液化" 滤镜的工具时, 画笔中心的效果较强, 并向画笔边缘逐渐衰减。 "画笔密度" 值越小, 画笔边缘的效果越弱。

● 压力/光笔压力: "画笔压力" 用来设置工具的压力强度。 如果计算机配置有数位板和压感笔, 可以选取 "光笔压力" 选项, 用压感笔的压力控制 "画笔压力"。

● 速率: 使用重建工具、 顺时针旋转扭曲工具、 褶皱工具、 膨胀工具时, 在画面中单击并按住鼠标不放, "速率" 决定这些工具的应用速度。 例如, 使用顺时针旋转扭曲工具时, "速率" 值越高, 图像的旋转速度越快。

● 固定边缘: 勾选该选项, 可以锁定图像边缘。

· PS技术讲堂 ·

【 冻结图像 】

使用 "液化" 滤镜时, 如果想要保护某处图像不被修改, 可以使用冻结蒙版工具 ⚟ 在其上方拖曳鼠标涂抹, 将图像冻结, 如图11-352所示。 在默认状态下, 涂抹区域会覆盖一层半透明的宝石红色。 如果蒙版的颜色与图像颜色接近, 不易识别, 可以在 "蒙版颜色" 下拉列表中选择其他颜色。 取消对 "显示蒙版" 选项的勾选, 还可以隐藏蒙版。 但此时蒙版仍然存在, 对图像的冻结仍然生效。

创建冻结区域后, 在进行变形处理时, 蒙版会像选区限定操作范围一样将图像保护起来, 如图11-353所示。

如果想要解除冻结，使图像可以被编辑，可以用解冻蒙版工具 将宝石红色擦掉。对冻结蒙版的操作与使用画笔工具 编辑快速蒙版非常相似，而且快速蒙版也是半透明的宝石红色。

"蒙版选项"选项组中有3个大按钮和5个小按钮，如图11-354所示。

图11-352

图11-353

图11-354

单击"全部蒙住"按钮，可以将图像全部冻结。它的作用类似于"选择"菜单中的"全部"命令。如果要冻结大部分图像，只编辑很小的区域，就可以单击该按钮，然后用解冻蒙版工具 将需要编辑的区域解冻，再进行处理。单击"全部反相"按钮，可以反转蒙版，将未冻结区域冻结、冻结区域解冻。它的作用类似于"选择>反选"命令。单击"无"按钮，可一次性解冻所有区域。它的作用类似于"选择>取消选择"命令。"蒙版选项"中的5个小按钮在图像中有选区、图层蒙版或包含透明区域时，可以发挥作用。

● 替换选区 ：显示原图像中的选区、蒙版或透明度。

● 添加到选区 ：显示原图像中的蒙版，此时可以使用冻结蒙版工具添加到选区。

● 从选区中减去 ：从冻结区域中减去通道中的像素。

● 与选区交叉 ：只使用处于冻结状态的选定像素。

● 反相选区 ：使当前的冻结区域反相。

───────── ·PS技术讲堂· ─────────

【 降低扭曲强度 】

进行扭曲操作时，如果图像的变形幅度过大，可以使用重建工具 在其上方拖曳鼠标进行恢复。反复拖曳，图像会逐渐恢复到扭曲前的正常状态。

使用重建工具 的好处是可以根据需要对任何区域进行不同程度的恢复，非常适合处理局部图像。但如果想要调整所有扭曲，用该工具一处一处编辑就比较麻烦了，此时我们可以单击"重建"按钮，打开"恢复重建"对话框，拖曳"数量"滑块来进行调整，如图11-355~图11-357所示。该值越低，图像的扭曲程度越弱、越接近扭曲前的效果。单击"液化"对话框中的"恢复全部"按钮，则可取消所有扭曲效果，即使当前图像中有被冻结的区域也不例外。

扭曲效果
图11-355

重建扭曲
图11-356

恢复效果
图11-357

· PS技术讲堂 ·

【 在网格或背景上观察变形效果 】

网格

使用"液化"滤镜时，如果画面中改动的区域较多，势必会有一些地方变动较大，另一些地方变动较小。变动较小的区域因不太容易察觉而被忽视。那么怎样了解图像中有哪些区域进行了变形，以及变形程度有多大呢？这里我们介绍一个技巧——取消"显示图像"选项的勾选，然后勾选"显示网格"选项，即隐藏图像，只显示网格，如图11-358所示。在这种状态下，图像上任何一处微小的扭曲都会在网格上反映出来。我们还可以调整"网格大小"和"网格颜色"，让网格更加清晰，易于识别。

如果同时勾选"显示网格"和"显示图像"两个选项，则可让网格出现在图像上方，如图11-359所示，用它作为参考，可进行小幅度的、精准的扭曲。

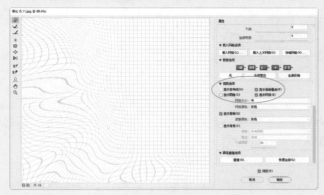

图11-358

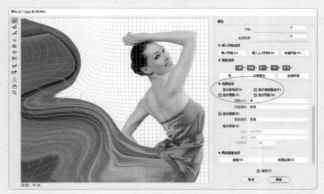

图11-359

另外，进行扭曲操作时，可以单击"存储网格"按钮，将网格保存为单独的文件（扩展名为.msh）。这有两个好处，一是可以随时单击"载入网格"按钮，加载网格并用它来扭曲图像，就相当于为图像的扭曲状态创建了一个"快照"（见26页）。我们可以为每一个重要的扭曲结果都创建一个"快照"，如果当前效果明显不如之前的效果，就可以通过"快照"（加载网格）来进行恢复。

第二个好处是存储的网格可用于其他图像，也就是说，使用"液化"滤镜编辑其他图像时，可以单击"载入网格"按钮，加载网格文件，用它来扭曲图像。如果网格尺寸与当前图像不同，Photoshop还会自动缩放网格，以适应当前图像。

以图像为背景

如果图像中包含多个图层，可以设置"显示背景"选项组，让其他图层作为背景来显示，这样可以观察扭曲后的图像与其他图层的合成效果，如图11-360所示。

在"使用"下拉列表中可以选择作为背景的图层；在"模式"下拉列表中可以选择将背景放在当前图层的前方或后面，以便观察效果；"不透明度"选项用来设置背景图层的不透明度。

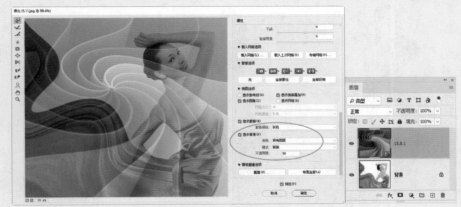

图11-360

撤销、导航和工具使用技巧

使用"液化"滤镜时，如果操作出现了失误，可以按Ctrl+Z快捷键撤销操作，连续按可依次向前撤销。如果要恢复被撤销的操作，可以按Shift+Ctrl+Z快捷键（可连续按）。

如果要撤销所有扭曲操作，可单击"恢复全部"按钮，将图像恢复到最初状态。这样操作不会复位工具参数，并且也不会破坏画面中的冻结区域。如果要进行彻底复位，包括恢复图像、复位工具参数、清除冻结区域，可以按住Alt键并单击窗口右上角的"复位"按钮。

另外，当需要编辑图像细节时，可以按Ctrl++快捷键放大窗口的显示比例；当需要移动画面时，可以按住空格键并拖曳鼠标；当需要缩小图像的显示比例时，可以按Ctrl+-快捷键；按Ctrl+0快捷键，可以让图像完整地显示在窗口中。这些操作与Photoshop文档导航（见22页）的方法完全一样，可以替代缩放工具 🔍 和抓手工具 ✋ 。

使用"液化"滤镜的各种变形工具时，可通过快捷键调整画笔大小，包括按] 键将画笔调大，按 [键将画笔调小。使用向前变形工具 🖐 时，在图像上单击一下，然后按住Shift键并在另一处单击，两个单击点之间可以形成直线轨迹。

身体塑形

11.4

好身材，"P"出来。用Photoshop修改身材，其实就是对图像做变形处理，因此使用的主要是变形功能。修图方法都不难，但操作要细心，要注意人体的对称关系。

💎 **11.4.1**

实战：10分钟瘦身

环肥燕瘦，各有千秋。唐代以体态丰满为美，汉代崇尚身姿轻盈。可见，审美标准是随着时代的不同而改变的。我们这个时代，女性比较认可瘦一点更美。下面我们就来看一看，怎样用"液化"滤镜将多余的脂肪和赘肉修掉，如图11-361所示。反向操作，则可以让身体看起来更强壮、肌肉更发达。

01 为了不破坏原始图像，也为了便于修改，使用"图层>智能对象>转换为智能对象"命令，将"背景"图层转换为智能对象。执行"滤镜>液化"命令，打开"液化"对话框。默认选择的是向前变形工具 🖐 ，将"大小"设置为125，用它处理身体的轮廓比较合适。在对话框中，鼠标指针是一个圆形，它代表了工具及工具的覆盖范围。将鼠标指针中心放在轮廓上，也就是说，工具的一半在身体内部，一半在背景上，如图11-362所示。单击并向身体内部拖曳鼠标，将身体轮廓向内"推"，如图11-363所示。我们也可以像调整笔尖大小一样通过 [键和] 键来控制变形工具 🖐 的大小。画笔不能太大，否则容易在胳膊弯曲处这样的转折区域造成扭曲；画笔太小也不行，那样的话轮廓很难流畅。

图11-361

图11-362

图11-363

02 通过这种方法让身体"瘦下来"，如图11-364所示。按 [键将工具调小，处理图11-365所示几处区域的图像。处理时，有不满意的地方，可以按Ctrl+Z快捷键撤销操作。如果哪里的效果不好，可以用重建工具 将其恢复为原状，再重新扭曲。另外，有两点需要注意：第一是轮廓一定要流畅，这就要求我们能用大画笔的时候，尽量不要用小画笔；第二不能反复处理同一处图像，这会导致图像模糊不清。

图11-364　　　　　　图11-365

03 身体瘦下来之后，胳膊和腿就显得更粗了。用向前变形工具 继续处理。这里要用一个技巧，就是用冻结蒙版工具 把头发冻结起来，即给头发区域做一个保护，以防止其被扭曲，如图11-366所示，然后再处理与其接近处的图像（胳膊），效果如图11-367所示。

图11-366　　　　　　图11-367

04 另一只胳膊主要是处理外侧，所以不需要冻结，直接扭曲即可，如图11-368和图11-369所示。

图11-368　　　　　　图11-369

05 最后处理腿，如图11-370和图11-371所示。腿后面的背景是地砖，地砖的边界线如果被扭曲了，要修正过来。

图11-370　　　　　　图11-371

11.4.2
实战：修出大长腿

01 打开素材。按Ctrl+J快捷键复制"背景"图层。

02 选择矩形选框工具，创建图11-372所示的选区。按Ctrl+T快捷键，显示定界框，如图11-373所示，按住Shift键拖曳定界框的边界，调整选区内图像的高度，如图11-374所示。按Enter键确认操作，按Ctrl+D快捷键取消选择，效果如图11-375所示。

扫码看视频

图11-372　　　　　　图11-373

图11-374　　　　　　图11-375

313

降噪，提高画质

11.5

噪点是数码照片中的杂色和杂点，是影响图像细节、破坏画质的有害对象。降噪就是使用滤镜或其他方法对噪点进行模糊处理，使噪点不再明显，或者完全融入图像的细节之中。

11.5.1
噪点的成因及表现形式

数码照片中的噪点分为两种——明度噪点和颜色噪点，如图11-376所示。明度噪点会让图像看起来有颗粒感；颜色噪点则是彩色的颗粒。

图11-376

在Photoshop中进行后期处理时，例如增加黄昏、夜景等低光照环境下拍摄的照片的曝光，进行锐化，或者颜色的调整幅度大一些，都会增强图像中所有的细节，噪点颗粒和杂色也会被强化，如图11-377所示。

增加曝光（左图）及增强色彩饱和度（右图）都会增加噪点
图11-377

噪点的形成原因比较复杂，有照相设备的因素。数码相机内部的影像传感器在工作时受到电路的电磁干扰，就会生成噪点。尽管数码相机的控噪能力越来越强，但仍然无法完全消除噪点。

拍摄环境也会导致噪点的形成。尤其是在夜里或光线较暗的环境中拍摄，需要提高ISO感光度，以便传感器增加CCD所接收的进光量，单元之间受光量的差异是产生噪点的原因。

11.5.2
实战：用"减少杂色"滤镜降噪

图像和色彩信息保存在颜色通道（见37、221页），因此，在颜色通道中也会有噪点。有的颜色通道噪点多一些，有的可能就少一些。

扫码看视频

如果对噪点多的通道进行较大幅度的模糊，对噪点少的通道进行轻微模糊或者不做处理，就可以在确保图像清晰度的情况下，最大限度地消除噪点。下面我们用这种方法给人像照片降噪。

01 打开素材，如图11-378所示。双击缩放工具 🔍，让图像以100％的比例显示，以便看清细节。可以看到，颜色噪点还是比较多的，如图11-379所示。

图11-378　　　　　图11-379

02 按Ctrl+3、Ctrl+4、Ctrl+5快捷键，显示红、绿、蓝通道，如图11-380~图11-382所示。可以看到，噪点在各个颜色通道中的分布并不均匀，蓝通道噪点最多，红通道最少。

红通道　　　　　绿通道　　　　　蓝通道
图11-380　　　　图11-381　　　　图11-382

03 按Ctrl+2快捷键，恢复彩色图像的显示。执行"滤镜>杂色>减少杂色"命令，打开"减少杂色"对话框。选择"高级"单选项，然后单击"每通道"选项卡，在"通道"下拉列表中选择"绿"选项，拖曳滑块，减少绿通道中的杂

色，如图11-383所示。之后减少蓝通道中的杂色，如图11-384
所示。

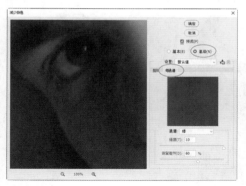

图11-383　　　　　　　　　　　　　　图11-384

04 单击"整体"选项卡，将"强度"值调到最高，其他参
数的设置如图11-385所示。单击"确定"按钮关闭对话
框。图11-386和图11-387所示分别为原图及降噪后的效果（局
部）。

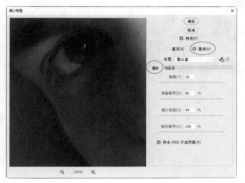

图11-385

原图　　　　　　　　　　　降噪后
图11-386　　　　　　　　　图11-387

"减少杂色"滤镜选项

● 设置：单击 按钮，可以将当前设置的调整参数保存为一个
预设，以后需要使用该参数调整图像时，可在"设置"下拉
列表中将它选择，从而对图像进行自动调整。如果要删除创
建的自定义预设，可以单击 按钮。

● 强度：用来控制应用于所有图像通道的亮度杂色的减少量。

● 保留细节：用来设置图像边缘和图像细节的保留程度。当该
值为100%时，可保留大多数图像细节，但亮度杂色减少不
明显。

● 减少杂色：用来消除随机的颜色像素，该值越高，减少的杂
色越多。

● 锐化细节：可以对图像进行锐化。

● 移去JPEG不自然感：可以去除由于使用低JPEG品质设置
存储图像而导致的斑驳的图像伪像和光晕。

锐化，最大程度展现影像细节

Photoshop 2020
11.6

用数码相机拍摄的照片，或用扫描仪扫描的图片，画面的锐度通常不够。此外，拍摄照片时持机不稳，或
者没有准确对焦，则会导致图像出现模糊。对图像进行锐化处理，可以使图像的细节更加清晰、丰富。

· PS技术讲堂 ·

【图像细节是怎样变清晰的】

　　锐化可以增强相邻像素之间的对比度，如树叶边缘、脸部轮
廓、眉毛、头发等细节，以及画面四周的边框等，使像素更易识别，
这样看上去就更加清晰了，如图11-388和图11-389所示。

　　但锐化处理其实是给人造成图像清晰的错觉，并不能让模糊的
细节真正恢复为清晰效果，原因很简单，原始像素是无法再造的。

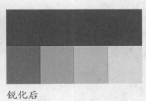

原图　　　　　　　　　　锐化后
图11-388　　　　　　　　图11-389

锐化图像最重要的不是技术，而是锐化程度，这个必须把握好。锐化程度低，效果不明显；程度太高，则会产生光环、颜色和晕影，或增加杂色和颗粒，给图像造成破坏，影响画质，如图11-390~图11-393所示。

原图　　　　　　　　　锐化不足　　　　　　　　适度的锐化　　　　　　　锐化过度
图11-390　　　　　　　图11-391　　　　　　　　图11-392　　　　　　　图11-393

为了能更准确地看清锐化给图像带来的改变，一定要让图像以100%的比例显示，否则很容易造成误判。例如，视图比例小于100%时，锐化效果看起来不足，其实锐化已经到位了；而大于100%时图像就不清晰了，也会给锐化造成干扰，如图11-394~图11-396所示。比较好的办法是创建两个窗口（*操作方法见24页*），一个窗口显示细节（视图比例为100%），另一个窗口显示完整图像，如图11-397所示。当然，这需要使用宽屏显示器。

100%比例显示　　　　50%比例显示　　　　　300%比例显示　　　　两个窗口同步显示
图11-394　　　　　　　图11-395　　　　　　　图11-396　　　　　　　图11-397

另外，锐化的时机很重要。锐化一般安排在最后环节，即在裁剪、调整曝光和色彩、修饰、调整大小和分辨率等之后进行。如果在最开始阶段进行锐化，调整曝光和色彩时，会更加强化边缘，致使后面的锐化操作空间受到限制，从而导致后续操作无法进行。另外，调整图像大小和分辨率时，也可能会使清晰度发生改变，因此将锐化放在最后，是比较合理的安排。

◈ 11.6.1

实战：用智能锐化滤镜锐化女性照片

要点

图11-398所示的金发女孩是本实战的素材及效果。女孩的五官很有立体感，整个画面柔美、温馨，只是稍微欠缺了一点锐度。

扫码看视频

图11-398

首先介绍一下这个实战的操作思路。在设计方案时我们要考虑到，锐化会强化轮廓以及各种瑕疵，如色斑、痘痘等。如果不想破坏原片的氛围，就要有所取舍。对于绝大多数女性照片，我们只要把锐化重点放在3个地方——眼睛、嘴唇和头发，就能获得不错的效果。皮肤很少有锐化的，那种情况只适合老年人和男性（锐化方法也不一样，后面的实战会介绍）。因此需要控制好锐化范围。如果这时候你的头脑中跳出一个名词——蒙版，那么思路就对了。没错，我们要通过蒙版将锐化范围限定在眼睛、嘴唇和头发区域。

本实战用的是"智能锐化"滤镜。在所有锐化滤镜中，在没有特殊要求的情况下，它的效果是非常突出的，尤其适合处理人像。这个滤镜最主要的特点是提供了几种锐化算法，可以对高斯模糊、镜头模糊和动感模糊3种情况造成的模糊进行有针对性的锐化处理，而且还能单独控制阴影区域和高光区域的锐化量。

在用滤镜锐化之后，我们还要运用其他技巧提高眼睛的明亮度，使眼睛更清澈、有神。头发效果也要进行改善，目的是增强头发的层次感和光泽。

01 先按Ctrl+J快捷键复制"背景"图层，然后在得到的图层上单击鼠标右键，使用快捷菜单中的命令将图层转换为智能对象，如图11-399所示。执行"滤镜>锐化>智能锐化"命令，进行全方位锐化处理，不必区分高光和阴影区域，因为可以通过蒙版来进行控制，如图11-400所示。

图11-399　　　　　　图11-400

02 智能滤镜是自带图层蒙版的。选择画笔工具 ✎ 及柔边圆笔尖，在皮肤上涂抹黑色。通过蒙版遮盖滤镜，让未经锐化的皮肤显现出来。另外，人物轮廓没必要强化，把头发外侧边缘也涂黑，以保持轮廓的柔美。按数字键3，将工具的不透明度调低，在肩部涂抹，这样可以抹出灰色，降低肩部衣服的锐化强度（这里的纹理太突出了）。效果如图11-401所示。处理后的蒙版如图11-402所示。

图11-401　　　　　　　图11-402

03 下面处理头发。创建"曲线"调整图层。设置混合模式为"明度"，曲线调整为"S"形。这是用于增强对比度的曲线形状，如图11-403所示，用它来提高头发的光泽度。然后按Alt+Delete快捷键，将曲线的蒙版填充为黑色，如图11-404所示。由于蒙版变为黑色，曲线调整实际上被隐藏了，画面效果又恢复为上一步的状态。

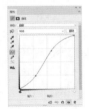 

图11-403　　　　图11-404

提示（Tips）

曲线设置为"明度"模式后，增强对比度时，只影响色调，不会提高色彩的饱和度。也就是说，用这种方法调整图层可以增强头发的色调对比，而色彩不会发生改变。

04 用画笔工具 ✎ 编辑蒙版。适当调整工具的不透明度（可通过数字键来改变），在画面中的头发处涂抹深浅不同的灰色，如图11-405所示（蒙版图像）。头发的高光区域用浅灰处理，阴影区域用深灰色处理，这样头发的层次感就表现出来了，如图11-406所示。

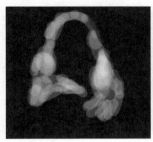 

图11-405　　　　　　图11-406

05 眼睛虽然也经过了锐化，但效果还不够突出。再创建一个"曲线"调整图层用以编辑眼睛。将曲线调整为图11-407所示的形状。右上角的锚点将曲线向上拉升，为的是提高高光和中间调的亮度，但这会使阴影区域也受到影响。在曲线右下角添加锚点，并将阴影区域的曲线形状往回拉一拉即可抵消这种影响。按Alt+Delete快捷键，将该曲线的蒙版填充为黑色，如图11-408所示。

图11-407　　　　图11-408

06 用画笔工具 ✎ 在瞳孔和虹膜处涂抹白色，提高瞳孔的亮度，增强眼神光，如图11-409和图11-410所示。

图11-409　　　　图11-410

11.6.2
实战：用高反差保留方法锐化女性照片

下面用"高反差保留"滤镜锐化女性照片，如图11-411所示。用该滤镜处理图像时，往往会在颜色中融入大量的中性灰，使色彩感变弱，所以锐化之后，还应该适当提高色彩的饱和度。

扫 码 看 视 频

图11-411

01 按Ctrl+J快捷键，复制"背景"图层。按Shift+Ctrl+U快捷键去色，设置混合模式为"叠加"，如图11-412和图11-413所示。

图11-412　　　图11-413

02 执行"滤镜>其他>高反差保留"命令，如图11-414和图11-415所示。锐化效果初步完成。

图11-414　　　图11-415

03 单击"图层"面板中的 ▣ 按钮，添加蒙版。用画笔工具 ✐ 编辑蒙版，减弱几处滤镜效果（即涂抹黑色和灰色），如图11-416所示。其中脸部轮廓、胳膊外侧、面部的皮

肤，这些区域都是被提亮的；手臂轮廓外侧区域被加深了。通过蒙版来改善这些区域，如图11-417所示。

图11-416

图11-417

技术看板 42 强化轮廓+混合模式，产生锐化效果

让滤镜图层单独显示，就会看到下面这幅灰色图像。从中可以发现，"高反差保留"滤镜增强了人物面部的五官轮廓和身体轮廓，也让眼睫毛和发丝分毫毕现。其他细节，如眼睛下方的皮肤纹理、衣服的纹路等也得到了很好的展现。这幅图像是灰色的，在混合模式的作用下，被强化的部分对下层图像产生了影响，使色调对比更强了，我们的直观感受就是图像的清晰度提高了，锐化效果就是这样产生的。

04 使用"高反差保留"滤镜以后，画面中融入了大量的中性灰，使整个图像的色彩感变弱了。单击"调整"面板中的 ▤ 按钮，用"色相/饱和度"调整图层提高色彩的饱和度，如图11-418所示。再单独选择红色，先提高明度，这样可以提亮肤色（皮肤颜色以红色、黄色为主），之后增加其饱和度，如图11-419所示。黄色也需要单独处理，如图11-420所示，但只提高明度即可（因为黄色如果被增强，会使肤色呈现

出一种病态的蜡黄色）。经过这样调整以后，色彩不仅重现活力，女孩的肤色也比原先健康红润了，而且随着黄色明度的提高，牙齿也会变白，可谓一举多得，如图11-421所示。

图11-418　　　　　图11-419

图11-420　　　　　图11-421

05 用画笔工具 ✐ 把衣服和沙发涂黑，把这两处的颜色恢复，如图11-422所示。

图11-422

06 创建"色相/饱和度"调整图层，用它提高头发色彩的饱和度。首先增加整幅图像的饱和度，如图11-423所示；然后按Alt+Delete快捷键将蒙版填充为黑色，如图11-424所示；再用画笔工具 ✐ 将头发涂白，这个调整图层只影响头发，如图11-425所示。

图11-423　　　　　图11-424

图11-425

⬦ 11.6.3
实战：用3D滤镜增强纹理，锐化男性照片

要点

本实战我们用3D滤镜——"生成法线图"命令来进行锐化，如图11-426所示。该滤镜能增强五官立体感，使皮肤纹理更加清晰、更有质感，因此，非常适合展现男性的阳刚美，也可以用于表现沧桑的岁月痕迹。但不适用于年轻人。

扫码看视频

图11-426

法线图是3D模型、CG动画渲染、游戏画面制作领域使用的一种技术。具体来说就是高细节的模型通过映射的方法"烘焙"出法线图，然后贴在低细节模型的法线贴图通道里，使其表面拥有光影分布的渲染效果，从而减少表现物体时所需要的面数和计算量，优化动画和游戏的渲染效果。如果没有学过3D软件，以上文字理解起来可能有些困难，我们再说通俗一点吧。法线图可以帮助比较简单的模型展现出更多的细节，而且能节省建模和渲染的时间。Photoshop增加3D功能以后，法线图在Photoshop里也有了用武之地。

那么在本实战中，法线图有什么用呢？

我们要通过它从人像中提取细节，然后进行去色和反相处理，得到纯灰色的、包含丰富细节的图像，再通过混合模式将其与原图混合，进而强化和突出细节，实现锐化效果。归纳起来就是，法线图+中性灰+混合模式，这3种功能结合实现锐化。

01 按Ctrl+J快捷键，复制"背景"图层。执行"滤镜>3D>生成法线图"命令，生成一张法线图，如图11-427和图11-428所示。

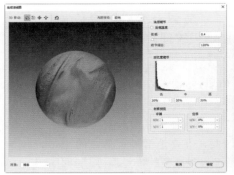

图11-427　　　　　　　　　　　　　图11-428

02 按Shift+Ctrl+U快捷键去色，如图11-429所示。按Ctrl+I快捷键反相，如图11-430所示。再将混合模式设置为"柔光"，如图11-431和图11-432所示。

图11-429　　　　　　　图11-430

图11-431　　　　　　　图11-432

03 照片中的男人处在一个深色的环境中，其头发和衣服的颜色也接近黑色，看上去与背景几乎融为一体了。创建"曲线"调整图层。单击 按钮，将它与下方（锐化后的）图像创建为一个剪贴蒙版组。用曲线将色调提亮，观察衣服和头发，接近原片（调整前的素材）亮度即可，如图11-433和图11-434所示。再用画笔工具 在面部涂深灰色，如图11-435和图11-436所示。面部暗一点效果更好。

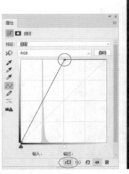

图11-433　　　　　　　图11-434

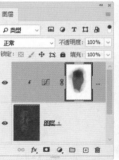

图11-435　　　　　　　图11-436

04 按住Ctrl键并单击"图层1"，将它与调整图层同时选取，如图11-437所示，按Ctrl+G快捷键，编入一个组中，如图11-438所示。按Ctrl+J快捷键复制组，进一步增强锐化效果。单击 按钮，为它添加蒙版，如图11-439所示。

图11-437　　　　　图11-438　　　　　图11-439

05 用画笔工具 在面部，包括鼻子和脸部的明暗交界线及阴影区域涂一层灰色。这些地方太暗了，把亮度往回找一找，细节就会重新显现出来，如图11-440和图11-441所示。图11-442和图11-443所示为原图及锐化结果（局部）。

图11-440

图11-441

图11-442

图11-443

11.6.4

实战：用"防抖"滤镜锐化图像

要点

　　如果由于相机没有固定好，或者在行进过程中拍摄，照片产生了某种运动模糊，如线性、弧形、旋转和Z形模糊等，可以用"防抖"滤镜"对症下药"实现锐化，效果非常好。

　　用"防抖"滤镜锐化非运动型模糊也很有效。例如，锐化曝光适度且杂色较少的图像，包括使用长焦镜头拍摄的室内或室外图像，以及在不开闪光灯的情况下使用较慢的快门拍摄的室内照片，如图11-444所示。此外，模糊的文字用它锐化，效果也是不错的。

扫码看视频

Before　　After

图11-444

01 打开素材。执行"滤镜>转换为智能滤镜"命令，将图像转换为智能对象。执行"滤镜>锐化>防抖"命令，打开"防抖"对话框。Photoshop 会分析图像中适合使用防抖功能的区域，确定模糊性质，给出相应的参数。我们先来做准备工作。按Ctrl++快捷键，将视图比例调整为100%。图像上的"细节"窗口里显示的是锐化结果，将它拖曳到图11-445所示的位置，覆盖眼睛和头发。

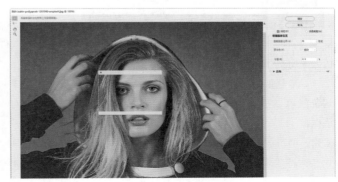

图11-445

02 先关掉伪像抑制功能（取消"伪像抑制"选项的勾选）。它是用来控制杂色的，比较耗费计算时间。将"平滑"设置为0%，即关掉这个功能。此时我们只进行锐化处理。拖曳"模糊描摹边界"滑块，同时观察窗口，大概到65像素时就差不多了，再高的话，纹理就不好控制了，如图11-446所示。

图11-446

03 拖曳"平滑"滑块，让画质变柔和，类似于做一个轻微的模糊处理，如图11-447所示。

图11-447

04 勾选"伪像抑制"选项，并拖曳下方的滑块，将伪像尽量抵消，如图11-448所示。这里主要处理五官，效果到位就可以了，头发是次要的。单击"确定"按钮，关闭对话框。

05 单击智能滤镜的蒙版，如图11-449所示。选择画笔工具及柔边圆笔尖，将不透明度设置为50%，在头发上涂抹黑色，通过蒙版的遮挡降低锐化强度。将衣服的边线也涂

黑，如图11-450所示。图11-451和图11-452所示为原图及锐化结果（局部）。

图11-448

图11-449　　　　　　　　图11-450

锐化前　　　　　　　　　锐化后
图11-451　　　　　　　　图11-452

工具和基本选项

● 模糊评估工具：使用该工具在对话框中的画面上单击，窗口右下角的"细节"预览区会显示单击点图像的细节；在画面上单击并拖曳鼠标，则可以自由定义模糊评估区域。

● 模糊方向工具：使用该工具可以在画面中手动绘制表示模糊方向的直线，这种方法适合处理相机线性运动产生的模糊。如果要准确调整描摹长度和方向，可以在"模糊描摹设置"选项组中进行调整。按 [键或] 键可微调长度，按 Ctrl+ [快捷键或 Ctrl+] 快捷键可微调角度。

● 缩放工具/抓手工具：前者用来缩放窗口，后者用于移动画面。

● 预览：可以在窗口中预览滤镜效果。

- 模糊描摹边界：模糊描摹边界是 Photoshop 估计的模糊大小（以像素为单位），如图 11-453 和图 11-454 所示。我们也可以拖曳该选项中的滑块，自己调整。

模糊描摹边界10像素
图11-453

模糊描摹边界199像素
图11-454

- 源杂色：默认状态下，Photoshop 会自动估计图像中的杂色量。我们也可以根据需要选择不同的值（自动/低/中/高）。

- 平滑：可以减少由于高频锐化而出现的杂色，如图 11-455 和图 11-456 所示。Adobe 的建议是将"平滑"保持为较低的值。

平滑50%
图11-455

平滑100%
图11-456

- 伪像抑制：锐化图像时，如果出现了明显的杂色伪像，如图 11-457 所示。可以将该值设置得较高，以便抑制这些伪像，如图 11-458 所示。100% 伪像抑制会产生原始图像，而 0% 伪像抑制不会抑制任何杂色伪像。

伪像抑制0%
图11-457

伪像抑制100%
图11-458

高级选项

图像的不同区域可能具有不同形状的模糊。在默认

状态下，"防抖"滤镜只将模糊描摹（模糊描摹表示影响图像中选定区域的模糊形状）应用于图像的默认区域，即 Photoshop所确定的适于模糊评估的区域，如图11-459所示。单击"高级"选项组中的 按钮，Photoshop会突出显示图像中适于模糊评估的区域，并为它创建模糊描摹，如图11-460所示。也可使用模糊评估工具 ，在具有一定边缘对比的图像区域中手动创建模糊评估区域。

图11-459 　　　　　　　　　图11-460

创建多个模糊评估区域后，按住Ctrl键并单击它们，如图11-461所示，这时Photoshop 会显示它们的预览窗口，如图11-462所示。此时可调整窗口上方的"平滑"和"伪像抑制"选项，并查看对图像有何影响。

图11-461

图11-462

如果要删除一个模糊评估区域，可以在"高级"选项组中单击它，然后单击 按钮。如果要隐藏画面中的模糊评估区域组件，可以取消"显示模糊评估区域"选项的勾选。

查看细节

单击"细节"选项组左下角的 图标，模糊评估区域会自动移动到"细节"窗口中所显示的图像位置上。

单击 按钮或按Q键，"细节"窗口会移动到画面上。在该窗口中拖曳鼠标，可以移动它的位置。如果想要观察哪里的细节，就可以将窗口拖曳到其上。再次按Q键，可将其停放回原先的位置上。

第12章

Camera Raw

【本章简介】

Adobe Camera Raw 简称 "ACR"，是专门用于解析和编辑各种相机所拍摄的 Raw 格式照片的应用程序。本章首先介绍它的界面和工具，以及文件的使用方法，之后再从调曝光、调影调、修图、锐化，以及自动化处理等方面展开深入讲解。

在前面几章，我们学习了 Photoshop 调色和修图功能，再接触 Camera Raw 就容易多了。因为 Camera Raw 中的一些工具与 Photoshop 相同，调色选项也有很多近似或相通之处。相信通过学习，我们会对照片处理有一个更加全面的认识，也会清楚哪种照片适合用 Photoshop 处理，哪种用 Camera Raw 编辑效果更好。

【学习目标】

通过本章的学习，我们能用 Camera Raw 完成以下工作。
● 解决色温和白平衡问题
● 处理曝光有问题的照片，能从高光色调中恢复更多的信息，也能让阴影色调中展现出更多细节
● 让雾霾照片由废变宝
● 制作明信片级风光照
● 对某种色彩进行有针对性的调整，包括转换色彩、调饱和度和明度
● 用调整画笔工具、渐变滤镜和径向滤镜处理局部图像，添加效果
● 用 Camera Raw 修片、磨皮、锐化
● 掌握多照片处理技巧

【学习重点】

Camera Raw 基础

12.1

Camera Raw 是一个比较特殊的插件，可谓 "上得厅堂，下得厨房"。它既是 Photoshop 中的滤镜，也可脱离 Photoshop，作为一个独立的软件来使用。

·PS技术讲堂·

【 为什么要学 Camera Raw 】

为什么要学 Camera Raw？因为 Camera Raw 能解析 Raw 格式照片，而且，在处理色温、曝光、高光和阴影色调，以及颜色细分调整等方面，它比 Photoshop 更专业、效果更好。

Camera Raw 是专门用于编辑 Raw 格式照片的程序，它可以解释相机原始数据文件，使用相机的信息及元数据来构建和处理图像。

相机原始数据文件就是人们常说的 Raw 文件。这种文件有很多种格式，目前还没有统一的标准。例如，佳能相机的 Raw 文件以 CRW 或 CR2 为后缀；尼康相机的 Raw 文件以 NEF 为后缀；奥林巴斯相机的 Raw 文件以 ORF 为后缀，这些都属于 Raw 文件。

Raw 文件有什么特殊之处呢？

要回答这个问题，得从数码照片的存储方法说起。早期的计算机技术还不发达，硬盘、存储卡的空间都很有限，要想存储更多的文件，需要通过压缩的方法对文件进行 "瘦身" 处理。JPEG 格式就是这样一种可以压缩图像的格式，由于其效果好，交换也很方便，受到相机设备厂家的广泛青睐，因此，早期的数码照片多以这种格式存储（在非专业摄影领域，目前仍以 JPEG 格式为主）。其处理过程是这样的：当我们拍摄照片时，光线进入相机以后，在感光元件上成像，其间数码相机会调节图像的颜色、清晰度、色阶和分辨率，再进行压缩处理，之后保存到相机的存储卡上。由此可知，虽然我们只是按下快门这么简单，但在相机内部，不仅自动对照片做了编辑处理，还进行了压缩（这会丢弃部分原始信息）处理。

Raw 格式被研发出来以后，照片存储有了革命性的改进。当使用 Raw 格式拍摄时，会直接记录感光元件上获取的信息，不进行任何调节和压缩。相机捕获的所有数据，包括 ISO、快门、光圈值、曝光度、白平衡等也都被记录下来。摄影师称之为 "数字底片"，就是这个原因。

不过 Camera Raw 也有些小缺憾，Photoshop 中的很多重要功能它都不具备，如图层和蒙版。另外它的工具也很有限。这些不足使得它在修图方

面，如图像修复、效果遮挡、磨皮、锐化、降噪等，没有Photoshop强大。修图还是用Photoshop更好一些。

💎 12.1.1
Camera Raw界面

"Camera Raw"的界面中包含工具、选项卡和少量隐藏的菜单，如图12-1所示。

图12-1

> **提示**（Tips）
>
> Camera Raw的升级比Photoshop频繁。如果想查看自己的Camera Raw是不是最新版（看版本号），或者想了解它的研发人员信息，可以执行"帮助>关于增效工具>Camera Raw"命令。

● **相机名称或文件格式**：如果打开的是Raw格式文件，此处显示照片是用什么型号的相机拍摄的。非Raw格式文件则显示图像的文件格式。

● **视图切换按钮**Y：在Y按钮上单击并按住鼠标左键，可以在打开的下拉菜单中选择照片的预览模式，如图12-2~图12-4所示。在该按钮上单击，则可在这些模式中循环切换。当对照片进行编辑以后，右侧的几个按钮将被激活，单击❏按钮，可在原图和调整效果之间切换；单击❏按钮，可将当前设置存储为图像的"原图"状态；单击≈按钮，仅为显示的面板切换当前设置和默认值。

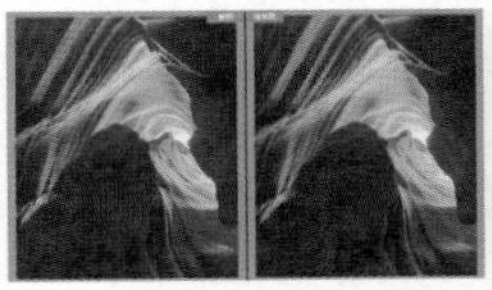

原图（左）/效果图（右）
图12-3

打开菜单
图12-2

原图、效果图左右分离
图12-4

● **切换全屏模式**⤢：让"Camera Raw"对话框全屏显示。

● **拍摄信息**：显示光圈、快门速度等原始拍摄信息。

● **阴影/高光**：显示阴影和高光修剪。阴影缺失（见196页）以蓝色显示，高光溢出（见196页）则显示为红色。

● **R/G/B**：将鼠标指针放在图像上，即可显示鼠标指针下方图像的R、G、B颜色值。

● **直方图**：显示了图像的直方图（与"直方图"面板相同）。

● **"Camera Raw设置"菜单**：单击≡按钮打开下拉菜单，可以对Camera Raw默认值，以及存储和载入预设等进行设置。

● **窗口缩放级别**：显示并可调整窗口的视图比例。

● **单击显示"工作流程选项"对话框**：单击此处文字，打开"工作流程选项"对话框，可以为从 Camera Raw 中输出的所有文件指定色彩深度、色彩空间和像素尺寸等参数。

💎 12.1.2
Camera Raw工具

图12-5所示是Camera Raw的所有工具。红圈内的5个工具与Photoshop相同，黄圈内是功能类似的工具。其中的污点去除工具✐与修补工具⊛类似，拉直工具▤和变换工具▥则与"镜头校正"滤镜中的拉直工具▤和"变换"选项组类似。这里就不再赘述了。需要说明的是，当编辑非Raw格式照片时，Camera Raw中没有裁剪工具⊐、拉直工具▤和旋转工具↺↻。其他工具如下。

图12-5

● **白平衡工具**✐：与"色阶"和"曲线"中的设置灰场吸管✐类似（见229页），即用该工具在原本应该是中性色的区域单击，可以校正白平衡，消除色偏；双击它，则可撤销调整，将白平衡恢复到初始状态。

● **目标调整工具**✐：这个工具很强大，可以对"参数曲线"、"色相"、"饱和度"和"明亮度"这些选项做出调整。在使用前，需要在该工具上单击，打开下拉菜单，执行一个命令，之后在图像上单击并拖曳鼠标，便可应用相应的调整了。

● **调整画笔**✐/**渐变滤镜**▤：主要用于处理图像的局部曝光度、亮度、对比度、饱和度和清晰度等。使用方法与Photoshop中的画笔和渐变工具相同。

● **径向滤镜**○：主要用于调整局部图像的色温、色调、清晰度、曝光度和饱和度。在突出照片中的主体时很有用。

● **旋转工具**↺↻：可以将照片逆时针或顺时针旋转90°。

● **设置首选项**☰：如果要修改Camera Raw的首选项，可单击该按钮。

● **切换删除标记**🗑：导入多张照片时，如果想删除其中的一张，可单击它，然后单击🗑按钮（照片上会出现"X"号）；再次单击该按钮，可撤销删除。

◆ 12.1.3
打开 Raw 格式照片

在Photoshop中，使用"文件>打开"命令打开文件时，如果选择的是Raw格式照片，会自动运行Camera Raw。

◆ 12.1.4
在 Bridge 中打开 Raw 格式照片

Windows 7和更早操作系统的用户需要使用专门的软件解析，之后才能预览Raw格式照片。Windows 10操作系统，以及Photoshop中集成的Bridge不会出现这个问题，因此用Bridge管理Raw照片更加方便，而且在Bridge中选择Raw照片以后，执行"文件>在Camera Raw中打开"命令（快捷键为Ctrl+R），可以在未启动Photoshop的状态下直接在Camera Raw中将照片打开。这就是说，编辑Raw格式照片时，Camera Raw是一个独立的软件，而编辑JPEG和TIFF格式的图像时，则只能以滤镜的方式使用它。

◆ 12.1.5
打开其他格式照片

在Photoshop中打开JPEG或TIFF格式的图像以后，执行"滤镜>Camera Raw滤镜"命令，即可用Camera Raw对其进行编辑。

◆ 12.1.6
调整 Raw 格式照片的大小和分辨率

Raw文件都很大，如果想要修改其尺寸和分辨率，可以单击"Camera Raw"对话框底部的文字，如图12-6所示，在弹出的"工作流程选项"对话框中进行修改，如图12-7所示。

图12-6　　　　图12-7

- 色彩空间/色彩深度：前者可以指定目标颜色的配置文件（见249页），后者可以设置位深度（见104页）。
- 调整图像大小：可设置导入Photoshop时，图像的尺寸和分辨率。默认的是拍摄图像时所用的像素尺寸。
- 输出锐化：可以对"滤色""光面纸""粗面纸"应用输出锐化。
- 在Photoshop中打开为智能对象：勾选该选项以后，单击Camera Raw对话框中的"打开图像"按钮时，文件在Photoshop中作为智能对象打开，而不是"背景"图层。

◆ 12.1.7
为什么要以 DNG 格式存储 Raw 格式照片

在Camera Raw中编辑相机原始文件（Raw格式照片）以后，是不能以其原有格式存储的。

Adobe公司专门开发了一种格式——DNG格式（也称"数字负片"）用于保存Raw格式照片。它会将Raw格式照片的副本保存起来，这样原始文件不会被修改，而我们所做的编辑则存储在Camera Raw的数据库中，或作为元数据嵌入副本（DNG格式）文件中，或者存储在附属的XMP文件（相机原始数据文件附带的元数据文件）中。

这意味着什么呢？就是DNG格式可以像蒙版、图层样式、智能滤镜这些非破坏性编辑功能一样，具备可修改、可复原的能力。也就是说，无论以后什么时候打开DNG文件，都可以修改其中所做的任何调整，也能将照片复原到最初状态。

Raw格式照片在编辑以后该怎样存储呢？非常简单，单击"Camera Raw"对话框底部的按钮即可，如图12-8所示。

图12-8

- 存储图像：如果要将Raw格式照片存储为PSD、TIFF、JPEG和DNG格式，可单击该按钮，打开"存储选项"对话框，设置文件名称和存储位置，在"格式"下拉列表中选择保存格式。选择DNG格式并选取"嵌入JPEG预览"选项，这样其他应用程序不必解析相机原始数据便可查看DNG文件的具体内容。

- 打开图像：单击该按钮，修改后的文件将作为普通图像在Photoshop中打开。按住Alt键并单击该按钮，可在不更新元数据的情况下打开图像。按住Shift键并单击，文件会作为智能对象在Photoshop中打开。

- 取消：撤销调整并关闭Camera Raw。

- 完成：单击该按钮，可以将调整应用到Raw格式照片，并更新其在Bridge中的缩览图。

12.2 照片调整

在照片调整方面，Camera Raw不像Photoshop中的调色命令那样，能把颜色处理得很极端、很夸张。它的调整强度控制得很合理，更适合处理摄影作品。在细节处理上，它提供了调整画笔 🖌、目标调整工具 ⊕、渐变滤镜 ▢ 和径向滤镜 ○ 等，可以对照片局部的曝光、影调和色彩进行改善。

· PS技术讲堂 ·

【 Camera Raw 中的直方图 】

直方图在调整图像时能反馈很多信息（见195页），让我们在调整图像时可以减少或避免图像受到伤害。

与Photoshop中的"直方图"面板一样，Camera Raw也用3种颜色表示红、绿和蓝通道的直方图，如图12-9所示。当两个通道的直方图发生重叠时，会显示黄色、洋红色和青色，3个通道重叠处，则显示为白色。调整图像时，直方图自动更新。如果直方图的端点突然出现竖线，就要注意了，这是它发出的警告——出现高光溢出或阴影缺失（见196页），即高光或阴影区域的细节在减少。到底是哪里受到损害了呢？我们可通过单击直方图上方的图标（或按U键和O键）来进行查看，具体区域上方会覆盖红色或蓝色，如图12-10和图12-11所示。再次单击相应的图标，可以取消颜色显示。

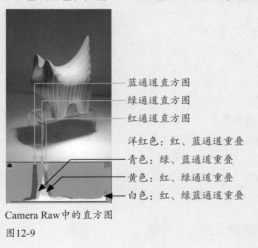

蓝通道直方图
绿通道直方图
红通道直方图

洋红色：红、蓝通道重叠
青色：绿、蓝通道重叠
黄色：红、绿通道重叠
白色：红、绿蓝通道重叠

Camera Raw中的直方图
图12-9

色调被调暗后，出现阴影缺失
图12-10

色调被调亮后，出现高光溢出
图12-11

12.2.1

实战：调色温、曝光和饱和度（基本选项卡）

银河SOHO是解构主义大师扎哈·哈迪德的杰作，是一个充满未来感和科技感的建筑。不论观看建筑的外观，还是置身于它的内部，都能让人联想到神秘的外太空。这样一个前卫的建筑，浅灰蓝色应该非常适合它的气质，如图12-12所示。

扫码看视频

01 先在Photoshop中打开照片，然后执行"滤镜>Camera Raw滤镜"命令，打开"Camera Raw"对话框。调整"色温"值（-63），将主色转换为蓝色，再将"自然饱和度"

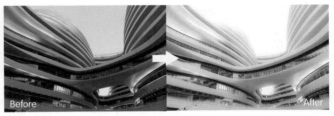

图12-12

调整为-100，如图12-13所示，这样可以保留淡淡的颜色。如果将"饱和度"设置为-100，则图像会变为黑白照，色彩全无。这两个饱和度调整选项是有很大区别的（见233页）。

02 将"阴影"调整为+54，"黑色"调整为+32，让阴影区域变亮。设置"曝光"为+0.6，将画面提亮。将"清晰度"调整为-66，让画面变得柔和，营造一种类似于柔光箱打出那种光线漫射的效果。适当提高"对比度"（设置为+7），让清晰度恢复一些，如图12-14所示。

图12-13

图12-14

基本选项卡

照片后期处理一般从曝光、白平衡、影调调整开始入手，Camera Raw中的选项也是这样安排的。打开"Camera Raw"对话框时，便会显示基本选项卡，其中就包含这些最基本的调整选项。如图12-15和图12-16所示。

图12-15　　　　　图12-16

- 白平衡：默认情况下，显示的是照片的原始白平衡（即"原照设置"选项）。在下拉列表中选择"自动"选项，可以自动校正白平衡。如果是Raw格式照片，还可以选择日光、阴天、阴影、白炽灯、荧光灯和闪光灯等模式。

- 色温：可以改变色温，如图12-17和图12-18所示，常用于校正色偏。例如，如果拍摄时的光线色温较低，导致颜色发黄，可降低"色温"值，使图像颜色变蓝以补偿周围光线的低色温（发黄）；反之，如果色温较高，颜色偏蓝，则提高"色温"值可以校正颜色。

- 色调：通过设置白平衡来补偿绿色或洋红色色调。该值为负值时，可在图像中添加绿色，如图12-19所示；为正值时，可在图像中添加洋红色，如图12-20所示。

   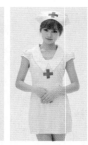

降低色温颜色变蓝　提高色温颜色变黄　降低色调颜色变绿　提高色调颜色变洋红色
图12-17　　　　图12-18　　　　图12-19　　　　图12-20

- 曝光：可以调整照片的曝光。减小"曝光"值会使图像变暗，增加"曝光"值则使图像变亮。曝光值相当于相机的光圈大小。调整为+1.00类似于将光圈打开1，调整为-1.00则类似于将光圈关闭1。

- 对比度：可以调整对比度，主要影响中间色调。提高对比度时，中间调到暗调区域会变得更暗，中间调到亮调区域会变得更亮；降低对比度对色调的影响相反。

- 高光：可调整图像的明亮区域，如图12-21和图12-22所示。向左拖曳滑块，可使高光变暗、恢复高光细节；向右拖曳滑块，可在高光区域细节损失最小化的同时使高光变亮。

- 阴影：可调整黑暗区域，如图12-23和图12-24所示。向左拖曳滑块，可以在阴影区域细节损失最小的同时使阴影变暗，向右拖曳滑块，可使阴影变亮并恢复阴影细节。

   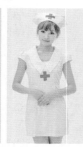

高光-100　　　　高光+100　　　　阴影-100　　　　阴影+100
图12-21　　　　图12-22　　　　图12-23　　　　图12-24

- 白色：指定将哪些像素映射为白色。向右拖曳滑块，可以使更多的高光变为白色，如图12-25和图12-26所示。

- 黑色：指定将哪些像素映射为黑色。向左拖曳滑块可增加变为黑色的区域，如图12-27和图12-28所示。它主要影响阴影区域，对中间调和高光区域的影响较小。

- 纹理：设置为正值时，可以提高纹理的清晰度；设置为负值时，则会对纹理进行模糊处理，可用于人像磨皮。

白色-100　　　白色+100　　　黑色-100　　　黑色+100
图12-25　　　图12-26　　　图12-27　　　图12-28

● 清晰度：通过提高局部对比度来增加图像的清晰度，对中色调的影响最大。增加清晰度类似于大半径 USM 锐化，降低清晰度则类似于模糊滤镜效果，如图12-29所示。

● 去除薄雾：减少照片中的雾气，使画面变得清晰、通透。

● 自然饱和度：与 Photoshop 的"自然饱和度"命令相同，可增加所有低饱和度颜色的饱和度，对高饱和度颜色的影响较小，因此能避免出现溢色，如图12-30所示。

● 饱和度：与 Photoshop 的"色相/饱和度"命令相同，可均匀地调整所有颜色的饱和度，如图12-31所示。

降低清晰度　　　增加自然饱和度　　增加饱和度
图12-29　　　　图12-30　　　　图12-31

◈ 12.2.2

实战：增加局部曝光，改善逆光照（调整画笔工具）

要点

本实战介绍调整画笔工具 ✎，用它来修改照片的局部曝光，如图12-32所示。调整画笔工具 ✎的使用方法是这样的：先将需要调整的区域描绘出来，即用蒙版覆盖住，然后隐藏蒙版，再调整色调、饱和度和锐化。

扫码看视频

Before
图12-32

01 在Camera Raw滤镜中打开逆光照，并选择调整画笔工具 ✎。对话框右侧会显示"调整画笔"选项卡，勾选"蒙版"选项，如图12-33所示。

图12-33

02 将鼠标指针放在人物面部，鼠标指针中的十字线代表了画笔中心，实圆代表了画笔的大小，黑白虚圆代表了羽化范围。拖曳鼠标绘制蒙版，覆盖调整区域，如图12-34所示（如果涂抹到了其他区域，可按住Alt键并在其上方绘制，将蒙版清除。鼠标第一次单击点会显示图钉图标 ◉）。

图12-34

03 取消对"蒙版"选项的勾选（或按Y键），将蒙版隐藏，现在可以进行调整了。向右拖曳"曝光"滑块，将蒙版区域调亮，如图12-35所示。

图12-35

调整画笔工具选项

● 新建/添加/清除： 选择调整画笔工具 ✐ 时，"新建"选项自动选取，此时在图像中涂抹可以绘制蒙版；如果想要在其他区域添加蒙版，可选取"添加"选项，再进行绘制；要删除部分蒙版或撤销部分调整，可选取"清除"选项，并在原蒙版区域上涂抹；创建多个调整区域以后，如果要删除其中的一个调整区域，则可单击该区域的图钉图标 🔍，然后按Delete键。

● 锐化程度： 为正值时可增强边缘清晰度，为负值时会模糊细节。

● 减少杂色： 减少阴影区域明显的明亮度杂色。

● 波纹去除： 消除莫尔失真或颜色失真。

● 去边： 消除重要边缘的色边。

● 颜色： 可以在选中的区域中叠加颜色。单击右侧的颜色块，可以设置颜色。

● 大小/羽化： 调整工具大小（以像素为单位）和硬度。

● 流动/浓度： 用来控制调整的应用速率和笔触的透明度。

● 自动蒙版： 将画笔描边限制到颜色相似的区域。

💎 12.2.3

实战：明信片级风光照（目标调整工具＋渐变滤镜）

要点

Camera Raw的目标调整工具 🔍 与"色相/饱和度"命令的图像调整工具 ☝（见232页）很像，都是直接在图像上使用，可以改变鼠标指针下方像素的颜色和饱和度。下面用该工具和渐变滤镜工具 ▦ 修改风光照，如图12-36所示。

图12-36

01 打开照片并执行"滤镜>Camera Raw滤镜"命令，启动Camera Raw滤镜。首先调色温，快速将照片的整体色调转换为蓝色，再提高"自然饱和度"值，如图12-37所示。

02 单击目标调整工具 🔍 并按住鼠标左键，打开下拉菜单，执行"饱和度"命令。下面来调整帆船的饱和度。将鼠标指针放在帆船上，单击并向右侧拖曳鼠标，观察"橙色"的饱和度值，达到100时，放开鼠标，如图12-38所示。

图12-37

图12-38

03 在效果选项卡 𝑓𝑥 中，将"数量"设置为负值，让照片的4个角暗下去；继续调整参数，让晕影中心向外扩展一些，使其呈现椭圆状，如图12-39所示。

图12-39

04 选择渐变滤镜工具 ▦，按住Shift键（锁定垂直方向），由上至下拖曳鼠标，添加渐变滤镜。调整"色温"，降低"曝光"值，让画面上方变为深蓝色，如图12-40所示。

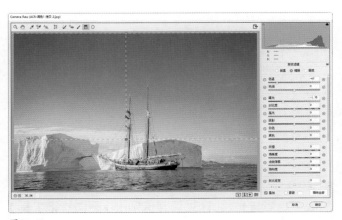

图12-40

◆ 12.2.4

实战：除雾霾（除雾选项＋色调曲线选项卡）

风光摄影是一个靠天吃饭的职业。大自然的美景是上天的恩赐，能否拍好，技术固然重要，好天气也是决定性要素。而雾霾会让所有美景变得暗淡。遇到这种天气，我们通常会感叹运气不好。现在就不同了，Camera Raw里有一个专门用于除雾的功能，有着化腐朽为神奇的力量，如图12-41所示。今后再有雾霾照片，不要删掉了，试试用Camera Raw挽救一下吧。

扫码看视频

Before After

图12-41

01 打开照片，启动Camera Raw滤镜。设置"去除薄雾"值为+88，提升画面的清晰度，色彩和图像细节也得到了初步改善，如图12-42所示。

图12-42

02 切换到色调曲线选项卡 ▦。拖曳曲线的两个端点，将它们对齐到直方图的边缘，如图12-43所示。

图12-43

03 调整曲线以后，对比度增强了，色调更加清晰了，但同时也出现了大量噪点。切换到细节选项卡 ▲，进行降噪处理，如图12-44所示。

图12-44

04 选择污点去除工具 ✐，在画面上方的黑点上单击并拖曳鼠标，将污点清除，如图12-45所示。

图12-45

05 选择渐变滤镜工具 ▭，按住Shift键并拖曳鼠标，添加渐变滤镜，之后调整"高光""阴影""黑色"参数，将天空调亮，如图12-46所示。

图12-46

06 在画面左上角添加一个渐变滤镜，提高"高光"值（+50），将此处调亮，如图12-47所示。

图12-47

色调曲线选项卡

Camera Raw中的曲线有两种使用方法，如图12-48所示。如果习惯用Photoshop曲线，可以在色调曲线选项卡 ▦ 中单击"点"选项卡，用这里的曲线操作。

正常修片时，曲线调整的幅度不会太大，一般都是针对某个色调区域进行微调。如果是这种需要的话，可以单击"参数"选项卡，这里预先设置好了"高光"、"亮调"、"暗调"和"阴影"选项，我们不用担心调整过度，影响到别的色调区域。这是Camera Raw曲线比Photoshop强大的地方，它的针对性更强，更准确。

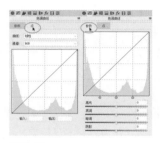

图12-48

💎 **12.2.5**
实战：色彩与光效（ HSL调整选项卡＋径向滤镜工具 ）

本实战我们用Camera Raw和Photoshop联手调色，制作光线照射效果，如图12-49所示。原片的影调和曝光都很好，细节充足，只是色彩感不强，这并不难处理。光线的原始素材是从丛林深处的高亮区域提取出来的，通过滤镜加工，制作成冲击力极强的放射状光线。

图12-49

01 打开照片以后，执行"图层>智能对象>转换为智能对象"命令，再打开Camera Raw滤镜。这样就以智能滤镜的形式应用Camera Raw，既不损伤图像，以后也可随时修改。先调基本参数，增加暗部细节的显示程度，让色调对比强烈一些，同时增强色彩感，如图12-50所示。

图12-50

02 切换到HSL调整选项卡 ，将红色、橙色、黄色、绿色的饱和度调到最高，如图12-51所示；再将橙色、黄色、绿色和浅绿色的明亮度调到最高，如图12-52所示。

图12-51　　　　　　图12-52

03 用渐变滤镜工具  添加两个渐变滤镜，分别将天空调蓝（"色温"为-25，"色调"为-2），画面底部颜色调为暖色并适当锐化（"阴影"为-30，"饱和度"为-30，"锐化程度"为+100），如图12-53和图12-54所示。

图12-53　　　　　　图12-54

04 渐变滤镜影响了树干颜色，用调整画笔工具 在画面上部的树干上涂抹，之后设置参数（"色温"为+16，"饱和度"为-11），如图12-55所示。在画面中部的树干上涂抹并设置参数（"色温"为+35，"色调"为+11，"饱和度"为-100），如图12-56所示。画面中的浅灰色是涂抹区域。如果涂抹到树干外侧，可以按住Alt键进行擦除。

图12-55　　　　　　图12-56

05 按Ctrl+-快捷键，将视图比例调小。选择径向滤镜工具 ，单击并拖出一个椭圆范围框，降低"曝光"值

（-0.65），提高"饱和度"值（+50），将范围框之外的天空调暗，在画面上方制作出暗角效果，如图12-57所示。

06 切换到细节选项卡 ，对图像进行锐化，如图12-58所示。单击"确定"按钮关闭滤镜。

图12-57　　　　　　图12-58

提示（Tips）

如果要修改径向滤镜的参数，可单击其灰色手柄。选中后，手柄变为红色，此时单击并拖曳滤镜的中心可以移动滤镜。拖曳滤镜的4个手柄可以调整滤镜大小，在滤镜边缘拖曳则可旋转滤镜。按Delete键，可删除滤镜。

---

07 下面制作光线。单击蓝通道，如图12-59所示，执行"选择>色彩范围"命令，打开"色彩范围"对话框，在天空区域单击，选取天空，如图12-60和图12-61所示。

图12-59　　　　图12-60　　　　图12-61

08 按Ctrl+2快捷键恢复为彩色图像。新建一个图层，填充为白色，按Ctrl+D快捷键取消选择。执行"滤镜>模糊>径向模糊"命令，选取"缩放"选项，将模糊中心拖曳到画面左侧偏下的位置，如图12-62所示，制作出放射状光线，如图12-63所示。

图12-62　　　　　　图12-63

09 单击 ■ 按钮添加图层蒙版，用画笔工具 ✏ 将天空和树干上的光线擦掉（涂抹黑色）。按Ctrl+J快捷键复制图层，设置混合模式为"叠加"，以增强光线效果，如图12-64和图12-65所示。

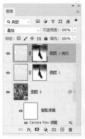

图12-64　　　　图12-65

HSL调整选项卡

HSL调整选项卡 ▤ 中有3个嵌套的选项卡，如图12-66~图12-68所示，可对红色、黄色、蓝色等基本颜色的色相（改变颜色）、饱和度（让颜色鲜艳或使其发白）和明亮度（将颜色提亮或调暗）进行单独调整。

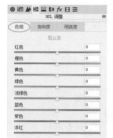

图12-66　　　　　　图12-67　　　　　　图12-68

这里有个小技巧，就是每一个颜色条都非常直观地显示了颜色的变化情况，我们只要将滑块拖曳到相应的位置便可。例如，如果红色看起来太鲜艳了，可切换到"饱和度"选项卡，将"红色"滑块拖曳到低饱和区域（即左侧），就这么简单。

12.2.6
调整阴影和高光颜色（分离色调选项卡）

分离色调选项卡 ▤ 有3个用途：为单色图像着色、在整个色调范围中添加一种颜色，以及为阴影和高光应用不同的颜色，创建分离色调效果，如图12-69~图12-71所示。

原图　　　　　　　参数　　　　　　调整效果
图12-69　　　　　图12-70　　　　　图12-71

它将图像的色调粗略划分为两种：阴影和高光，并通过"色相"选项来控制颜色，颜色的强度在"饱和度"选项中调整。"平衡"选项可以平衡"高光"和"阴影"控件之间的影响。正值增加"阴影"的影响，负值则增加"高光"的影响。

图像修饰、锐化与降噪

12.3

Camera Raw提供了用于修图、锐化和降噪的工具和选项，应该说还是能够满足基本需求的。但由于功能有限，Camera Raw在这方面并不占优势，方法没有Photoshop多，效果也不是特别突出。

12.3.1
实战：磨皮（污点去除工具+调整选项）

污点去除工具 ✏ 与修补工具 ◉ 用处差不多，但效果是可以修改和删除的，因此更灵活，也没有破坏性。下面用它清除痘痘，并用Camera Raw的选项磨皮，如图12-72所示。

扫码看视频

图12-72

01 执行"图层>智能对象>转换为智能对象"命令，将图像转换为智能对象，再打开Camera Raw滤镜。选择污点去除工具 ，将鼠标指针放在一处痘痘上，用[键和]键调整工具大小，使其刚好能覆盖痘痘，如图12-73所示，单击后画面中会出现红色、绿色两个手柄及白色选框，绿色手柄及选框内的图像会复制到红色手柄处，将斑点遮盖住，如图12-74所示。

图12-73　　　　　　图12-74

提 示（ Tips ）

如果修复效果不好，可以移动手柄，以便更好地匹配图像。按Delete键则可将其删除。

02 用同样的方法将痘痘和色斑都清除，如图12-75所示。下面来磨皮。用调整画笔工具 在皮肤上涂抹，绘制出蒙版，如图12-76所示。

图12-75　　　　　　图12-76

03 将"纹理"调整为-100，即可磨皮。再将"清晰度"调整为-50，对皮肤进行柔化处理，如图12-77所示。

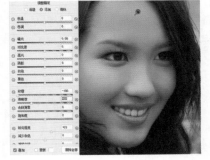

图12-77

04 用调整画笔工具 在牙齿上涂抹，绘制蒙版，然后将牙齿调白，如图12-78所示。在眼珠里绘制蒙版，将眼珠调亮，如图12-79所示。

图12-78

图12-79

05 切换到HSL调整选项卡 。提高红色的饱和度，提高橙色的亮度，使肤色变白，如图12-80所示。

图12-80

06 使用径向滤镜工具 创建一个椭圆径向滤镜，将画面右侧的向日葵背景调暗，如图12-81所示。用调整画笔工具 在头发上绘制蒙版，提高"曝光"值，并进行锐化，如图12-82所示。

图12-81

图12-82

污点去除工具选项及使用技巧

选择污点去除工具 ✔ 以后，可以设置工具的大小，羽化范围和不透明度。另外，还可以从"类型"下拉列表中选择修复方法。选择"仿制"选项，可直接将图像复制到需要修复的区域；选择"修复"选项，则可对纹理、光线、阴影进行智能匹配，使图像的融合效果更好。

如果需要修复的图像（如色斑）不明显，可以选取"使位置可见"选项，将图像反相。在这种状态下，更容易找到污点和瑕疵，如图12-83~图12-86所示。拖曳该选项右侧的滑块还可以对阈值进行调整，以便查看传感器灰尘、斑点等瑕疵。

原图上有高压线塔
图12-83

开启可视化污点功能
图12-84

清除高压线塔
图12-85

修复结果
图12-86

💎 12.3.2
锐化和降噪（细节选项卡）

Camera Raw的锐化和降噪选项都在细节选项卡 ▲▲ 中，如图12-87所示。在操作时，最好将窗口的比例调整到100%，这样才能更清楚地观察细节，避免调整效果过大，反而使画质下降，适得其反。

图12-87

> **锐化**

- **数量**：调整边缘的清晰度。该值为0时关闭锐化。

- **半径**：调整应用锐化时的细节的大小。具有微小细节的图像设置较低的值即可，因为该值过大会导致图像内容不自然。

- **细节**：可以调整在图像中锐化多少高频信息和锐化过程强调边缘的程度。较低的值将主要锐化边缘，以便消除模糊；较高的值会使图像中的纹理更加清楚。

- **蒙版**：Camera Raw是通过强调图像边缘的细节来实现锐化效果的，将"蒙版"设置为0时，图像中的所有部分均接受等量的锐化；设置为100时，则可将锐化限制在饱和度最高的边缘附近，避免非边缘区域锐化。

> **减少杂色（降噪）**

- **明亮度**：减少明亮度杂色，即明度噪点（见314页）。

- **明亮度细节**：可以控制明亮度杂色的阈值，适用于杂色照片。该值越高，保留的细节就越多，但杂色也会增多；该值越低，产生的结果就越干净，但也会消除某些细节。

- **明亮度对比**：控制明亮度的对比。该值越高，保留的对比度就越高，但可能会产生杂色（花纹或色斑）；该值越低，产生的结果就越平滑，但也可能使对比度较低。

- **颜色**：减少彩色杂色，即颜色噪点（见314页）。

- **颜色细节**：可以控制彩色杂色的阈值。该值越高，边缘保持得越细、色彩细节越多，但可能会产生彩色颗粒；该值越低，越能消除色斑，但可能会出现溢色。

- **颜色平滑度**：控制颜色的平滑效果。

针对特定相机和镜头进行校准

12.4

Camera Raw会通过升级的方法支持新型号相机和镜头，以及Raw文件。而且每次升级也会补充配置文件，用以校准相机、校正镜头缺陷。

12.4.1
针对特定相机校准（校准选项卡）

有些型号的相机容易出现色偏，如果不幸"中招"，可真是一件让人头痛的事，毕竟相机的更换成本太高。不要怕，Camera Raw有一项非常贴心的功能，我们只需花一点点的时间，便可一劳永逸地解决这一难题。

用Camera Raw打开由问题相机拍摄的照片，单击校准按钮，如图12-88所示。"阴影"选项可以校正阴影区域的色偏，下面的几个选项，则可对相机的红、绿和蓝原色进行调整（它们模拟的是不同类型的胶卷）。

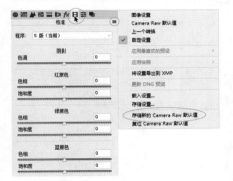

图12-88

通过调整将色偏消除之后，单击选项卡右侧的 按钮，打开菜单，执行"存储新的Camera Raw默认值"命令，将这一设置保存。以后用Camera Raw打开该相机拍摄

的其他照片时，无须我们动手，Camera Raw就会自动对照片进行颜色校正了。

12.4.2
镜头缺陷校正（镜头校正选项卡）

Camera Raw的镜头校正选项卡 下方嵌套了两个选项卡，可以解决镜头缺陷所导致的色差、几何扭曲和晕影问题。它们与Photoshop中的"镜头校正"滤镜基本相同，使用方法可参考该滤镜（见258、260页）。

这里简单概括一下，如果想使用相机厂商或Adobe提供的配置文件进行自动校正，可以在"配置文件"选项卡中勾选"启用配置文件校正"选项，如图12-89所示，然后指定相机和镜头型号。如果习惯手动调整，可在"手动"选项卡中设置，如图12-90所示。

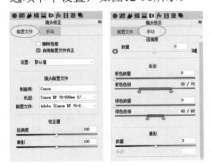

图12-89　　　　图12-90

效果、预设与多照片处理

12.5

除了大量工具与Photoshop用法相同外，Camera Raw中的很多功能也与Photoshop类似。下面介绍二者的相似功能。我们对Photoshop已经有了一定的基础，用这种方法学习Camera Raw就更容易理解了。

12.5.1
添加颗粒和晕影（效果选项卡）

在效果选项卡 fx 中，用户可以在照片中添加颗粒，以

模拟传统的胶片效果；也可通过添加晕影（将照片四周调暗）来突出视觉焦点，或者模拟LOMO照片所特有的暗角效果，如图12-91~图12-93所示。

原图	参数	添加颗粒和暗角
图12-91	图12-92	图12-93

- "颗粒"选项组：可以添加颗粒。"数量"选项控制应用于图像的颗粒数量；"大小"选项用于控制颗粒大小，如果大于或等于25，图像可能会有一点模糊；"粗糙度"选项控制颗粒的匀称性，向左拖曳可使颗粒更匀称，向右拖曳可使颗粒更不匀称。

- "裁剪后晕影"选项组：可以添加晕影，并控制其圆度、羽化范围等属性。如果将"数量"值调高，则可以将照片的4个边角调亮，用这种方法可以去除照片中的晕影。

12.5.2
像定义图层样式一样存储效果（预设选项卡）

　　Photoshop初学者普遍比较喜欢图层样式这个功能，原因是它能制作出绚丽的特效，而且还有很多现成的样式拿来即用，非常省事。

　　Camera Raw中也有类似的功能。我们调整照片以后，切换到预设选项卡，单击底部的按钮，就可以像定义图层样式一样（见74页），将当前调整效果保存为一个预设，如图12-94所示。此后使用Camera Raw编辑其他照片时，可通过单击该预设，自动调整，如图12-95所示。

图12-94　　　　　　图12-95

　　预设选项卡中还提供了很多预设，如色彩调整、曲线调整、锐化、晕影、转换为黑白、进行创意性调整等。只要单击其中的条目，便可添加相应的效果。

　　如果某种效果比较理想，需要经常使用，可在其左侧

单击，☆状图标变为★状，这种效果就会添加到选项卡顶部的"收藏夹"中，使用时更便于查找。如果想取消收藏某一效果，在其左侧的★状图标上单击即可。

12.5.3
像快照一样记录编辑状态（快照选项卡）

　　Camera Raw中虽然没有"历史记录"面板（见25页），但提供了快照功能，真是有点不可思议。

　　它的快照怎么使用呢？与"历史记录"面板的快照的用法完全相同——对照片进行编辑以后，单击快照选项卡底部的按钮，当前效果就会被创建为一个快照，如图12-96所示。在以后的处理过程中，就可以通过单击它来恢复图像了，如图12-97和图12-98所示。如果要删除快照，可单击它，再单击选项卡底部的按钮。

图12-96

图12-97　　　　　　图12-98

　　Photoshop快照只能暂存在计算机的内存中，关闭文件时会释放内存，快照也会被删除。Camera Raw快照有所不同。在快照选项卡中，单击右侧的按钮，打开菜单，使用其中的"存储设置"命令，如图12-99所示，可将快照保存到Camera Raw的数据库中，这样就不受文件关闭的影响了，以后任何时间打开照片，都可以使用"载入设置"命令加载快照，将照片恢复到它所记录的状态。另外预设选项卡的"用户预设"列表中也会将其保存下来，我们也可以用这一快照为其他照片添加效果，就像添加图层样式一样简单。

图12-99

12.5.4
实战：同时调整多张照片

`要点`

Camera Raw支持多照片同时编辑。这个功能很实用。例如，如果相机镜头上有灰尘，那么拍摄的所有照片都会在相同位置留下灰尘痕迹，利用多照片编辑功能，就可一次将多张照片的灰尘清除。

01 按Ctrl+O快捷键，弹出"打开"对话框，按住Ctrl键并单击图12-100所示的3张照片，按Enter键打开，它们会以列表的形式排列在"Camera Raw"对话框的左侧。按住Ctrl键并单击这些照片，将它们选取，如图12-101所示。此时便可同时对它们进行调整了。

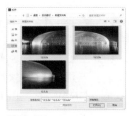

图12-100

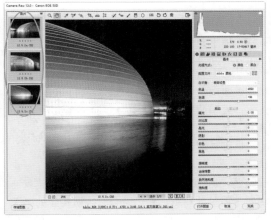

图12-101

02 单击 按钮，切换到分离色调选项卡，分别向阴影和高光中添加颜色，当前操作会同时应用于所选照片，如图12-102所示。

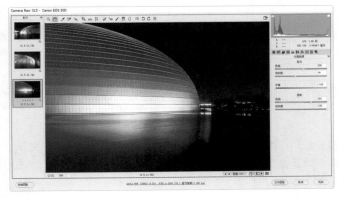

图12-102

12.5.5
实战：像动作一样将调整效果应用到其他照片

`要点`

如果有大量类似条件的照片需要处理，例如在某一个地方拍摄的一批照片，在曝光、色温上出现了相同问题，但照片的数量过多，不能一次性加载到Camera Raw中。这种情况该怎么办呢？下面就介绍一种类似Photoshop动作的功能，通过它将调整效果自动应用到其他照片上。

01 将需要处理照片放到一个文件夹中。在Photoshop中执行"文件>在Bridge中浏览"命令，运行Bridge。单击文件夹中的一张照片，如图12-103所示，按Ctrl+R快捷键，在Camera Raw中打开它。切换到预设选项卡，添加图12-104所示的几种效果，之后单击"完成"按钮，关闭照片。

图12-103　　　　　图12-104

02 将需要处理的其他照片选取，单击鼠标右键，打开菜单，执行"开发设置>上一次转换"命令，如图12-105所示，即可将调整效果应用于所选照片，如图12-106所示（经Camera Raw处理后，照片右上角会显示状图标）。如果要将照片恢复为原状，可以在Bridge中选择照片，打开"开发设置"菜单，执行"清除设置"命令。

图12-105　　　　　图12-106

第13章　路径与UI设计

【本章简介】

本章介绍 Photoshop 中的矢量功能。在实际工作当中，UI 设计、VI 设计、网页制作等所涉及的图形和界面多用矢量工具绘制，因为矢量功能绘图方便、容易修改，而且还可以无损缩放，加之与图层样式和滤镜等结合使用，可以模拟金属、玻璃、木材、大理石等材质；表现纹理、浮雕、光滑、褶皱等质感；以及创建发光、反射、反光和投影等特效。

学好矢量功能的关键是掌握绘图方法，尤其是用钢笔工具绘图，需要经过大量练习才能做到得心应手。

【学习目标】

本章旨在将 Photoshop 与设计工作结合起来，因而更侧重于实战。通过学习，我们要学会矢量功能，并独立完成下面的各个实例。
- 设计条码签
- 制作超酷打孔字
- 绘制服装款式图
- 制作扁平化图标
- 制作赛车游戏图标
- 制作玻璃质感卡通人
- 制作布纹图标
- 制作 App 个人主页
- 制作服装网店详情页

【学习重点】

矢量图形

13.1
Photoshop 2020

矢量图形这个术语主要用于二维计算机图形学领域。基于矢量图形的软件包括平面设计类的 Illustrator、CorelDRAW等，工程和工业制图类的 AutoCAD，3D 类的 3ds Max 等。此外，三维模型的渲染也是二维矢量图形技术的扩展，工程制图领域的绘图仪仍然直接在图纸上绘制矢量图形。

·PS技术讲堂·

【 什么是矢量图形 】

矢量图形也叫矢量形状或矢量对象，是由被称作矢量的数学对象定义的直线和曲线构成的。在Photoshop中，矢量图形具体是指用形状工具或钢笔工具绘制的路径，也可是加载的由其他软件程序制作的可编辑的矢量素材。

扫码看视频　扫码看视频

路径在外观上是一段一段线条状的轮廓，每两段路径之间由一个锚点连接，如图13-1所示。不要小看这简单的轮廓，它们组合起来所构建的画面具有独特的风格，一点也不比位图逊色。例如，图13-2所示为用钢笔工具 绘制的矢量图形，图13-3所示是上色后的效果。

图13-1　　　　　图13-2　　　　　图13-3

路径可以是开放的，也可以是封闭的，如图13-4和图13-5所示。复杂的图形一般由多个相互独立的路径组件组成，它们称为子路径，如图13-6所示。锚点既连接路径段，也标记了开放式路径的起点和终点。它包含两种类型，即平滑点和角点。平滑点连接平滑的曲线，如图13-7所示，角点连接直线和转角曲线，如图13-8和图13-9所示。

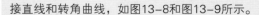
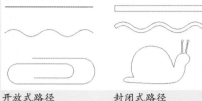

开放式路径	封闭式路径	包含3个子路径	平滑点连接的曲线	角点连接的直线	角点连接的转角曲线
图13-4	图13-5	图13-6	图13-7	图13-8	图13-9

在曲线路径段上，锚点上有方向线，方向线的端点是方向点，如图13-10所示，拖曳方向点可以拉动方向线，进而改变曲线的形状，我们就是用这种方法修改路径的，如图13-11所示。

路径可以"变身"为6种对象，即选区、形状图层、矢量蒙版、文字基线、以颜色填充的图像、以颜色描边的图像，如图13-12所示。通过这6种对象的转换，我们可以完成绘图、抠图、合成图像、创建路径文字等工作。在没有进行填充或描边处理时，其他程序（主要是非矢量程序）不能预览路径，也不能打印路径。

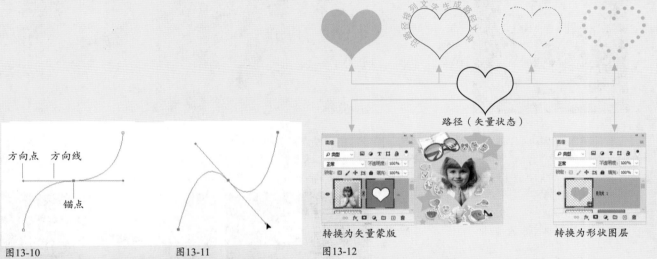

图13-10　　　　　图13-11　　　　　图13-12

路径是矢量对象，需要用矢量工具创建和编辑。文字类工具（见430页）也属于矢量工具，但与路径没有多大关系。

绘图类（矢量）工具

● 钢笔工具 ⌀：可以绘制直线路径、光滑的曲线路径和任何形状的图形。

● 弯度钢笔工具 ⌀：可以绘制和编辑路径。比钢笔工具 ⌀ 简单易用。

● 自由钢笔工具 ⌀/磁性钢笔工具 ⌀：使用自由钢笔工具 ⌀ 可以徒手绘制路径；如果在工具选项栏中勾选"磁性的"选项，则可以转换为磁性钢笔工具 ⌀，该工具可以自动识别对象的边缘。这两个工具的特点是使用起来比钢笔工具 ⌀ 方便，缺点是准确度不高。

● 矩形工具 ▭、圆角矩形工具 ▢、椭圆工具 ○、多边形工具 ⬡、直线工具 ∕：可以绘制矩形、圆形、星形和直线等简单图形。

● 自定形状工具 ⬚：可以绘制Photoshop预设的各种图形，也可以用加载的外部图形绘图。

矢量图形编辑类工具

● 添加锚点工具 ⌀：可以在路径上添加锚点。

● 删除锚点工具 ⌀：可以删除路径上的锚点。

● 转换点工具 ⋀：可以转换锚点的类型，调整方向线进而改变路径形状。

● 路径选择工具 ▶：可以选择、移动路径，变换路径的形状。在进行路径运算时，也会用该工具选择路径。

● 直接选择工具 ▷：可以选择锚点，移动方向线进而改变路径形状。

提示〔Tips〕

使用PSD、TIFF、JPEG和PDF等格式存储文件时可以保存路径。

【 与位图相比，矢量图有哪些特点 】

矢量图与位图是一对"欢喜冤家"。矢量图的最大优点是位图的最大缺点；矢量图的最大缺点反而是位图的最大优点。它们谁也代替不了谁。

矢量图形的最大优点是与分辨率无关，无论怎样旋转和缩放图像都保持清晰，是真正能做到无损编辑的对象，如图13-13所示。因此，它常用于制作图标和Logo等需要经常变换尺寸或以不同分辨率印刷的对象。

位图受到分辨率的制约，只包含固定数量的像素（见87页）。在放大和旋转时，多出的空间需要新的像素来填充，而Photoshop无法生成原始像素，它只能模拟出像素，这会导致图像没有原来清晰，也就是通常所说的图像变虚了。这是位图的最大缺点。例如，图13-14所示为原图及放大600%后的局部，可以看到，图像细节已经模糊了。

放大600%（局部效果）图形丝毫未变，仍光滑清晰

放大600%，清晰度变差

图13-13

图13-14

位图的最大优点是可以展现丰富的颜色变化、细微的色调过渡和清晰的图像细节，完整地呈现真实世界中的所有色彩和景物，这也是它成为照片标准格式的原因。矢量图形虽然也可以表现复杂的图形效果，但在细节上无法像位图那么丰富，这是它的最大缺点。例如，图13-15所示为一张照片，用Illustrator将它转换为矢量图以后，就变成了图13-16所示的效果。

除此之外，这两种对象的来源、编辑方法、存储方式和应用等方面也有着本质的区别。

从来源上看，矢量图形只能通过软件（Illustrator、CorelDraw、FreeHand和AutoCAD等）生成。位图可以用数码相机、摄像机、手机、扫描仪等设备获取，也可用软件（如Photoshop中的绘画类工具）绘制出来。

从编辑方法上看，基于矢量图的绘图工具可以绘制出光滑流畅的曲线，也能准确地描摹对象的轮廓。在修改时，只需调整路径和锚点即可，非常方便。而基于位图的绘画类工具则以鼠标的运行轨迹进行绘画，很难控制，修改起来也不方便。因此，在绘图方面，矢量工具完胜位图工具。

图13-15

图13-16

从存储方面看，矢量图是用一系列计算指令来表示的图形，存储时保存的是计算机指令，所以只占用很小的空间。而保存位图时，需要存储每一个像素的位置和颜色信息。现在，即便是普通的数码照片也动辄几千万个像素，文件的信息量非常大，因此，位图通常会占用较大的存储空间。

在应用方面，位图受到绝大多数软件和输出设备的支持，在软件间交换使用及浏览观看和编辑时都非常方便。矢量图没有那么强的兼容性，而且Photoshop中很多功能也不能用于它，如滤镜、画笔等。

绘图模式

13.2

Photoshop的矢量工具不仅可以创建矢量图形，也能绘制出位图。这取决于绘图模式如何设定。

13.2.1
绘图模式概述

矢量工具一般可以创建3种对象——形状、路径和像素。在操作前，需要先在工具选项栏中选择一种绘制模式，以"告诉"Photoshop我们需要绘制哪种对象。

使用"形状"模式绘制出的是形状图层。它的形状轮廓是矢量图形，其内部可用纯色、渐变和图案填充，并且可以修改填充内容。形状图层同时出现在"图层"面板和"路径"面板中，如图13-17所示。

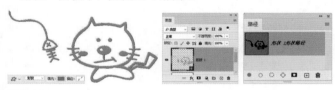

图13-17

使用"路径"模式绘制出的是路径轮廓，可以转换为选区和矢量蒙版。路径只保存在"路径"面板中，"图层"面板没有它的位置，如图13-18所示。

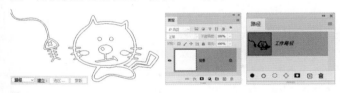

图13-18

使用"像素"模式，可以在当前图层中绘制出用前景色填充的图像，如图13-19所示。在画布上，图像与使用形状图层创建的图形完全相同，但并不具备矢量轮廓，因此，该模式是一种快捷方式，它将绘图和填色操作合二为一了。

图13-19

13.2.2
形状

> 填充图形

选择"形状"选项后，可单击"填充"和"描边"选项，在打开的下拉面板中选择用纯色、渐变或图案对图形进行填充和描边，如图13-20所示。图13-21所示为采用不同内容对图形进行填充的效果。如果要自定义填充颜色，可以单击　　按钮，打开"拾色器"对话框进行调整。

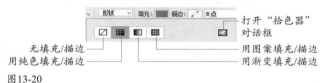

图13-20

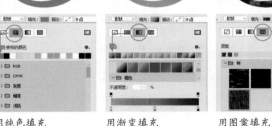

用纯色填充　　　用渐变填充　　　用图案填充
图13-21

> **提示**（Tips）
>
> 创建形状图层后，执行"图层>图层内容选项"命令，可以打开"拾色器"对话框修改形状的填充颜色。

> 描边图形

在"描边"选项组中，可以用纯色、渐变和图案为图形描边，如图13-22所示。

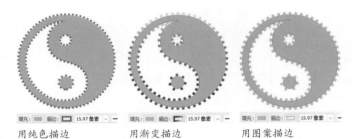

用纯色描边　　　　　用渐变描边　　　　　用图案描边
图13-22

斜接　　　　　　　　圆形　　　　　　　　斜面
图13-28

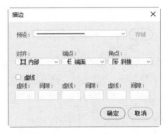

图13-29

设置描边选项

　　"描边"右侧的选项用于调整描边宽度，如图13-23和图13-24所示。单击第2个 ﹀ 按钮，可以打开图13-25所示的下拉面板。

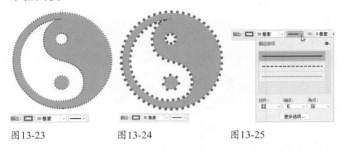

图13-23　　　　　　图13-24　　　　　　图13-25

- 描边样式：可以选择用实线、虚线和圆点来描边路径，如图13-26所示。

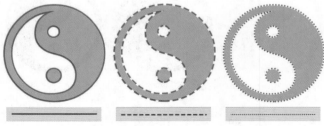

图13-26

- 对齐：单击 ﹀ 按钮，可在打开的下拉列表中选择描边与路径的对齐方式，包括内部▯、居中▯和外部▯。

- 端点：单击 ﹀ 按钮打开下拉列表可以选择路径端点的样式，包括端面▮、圆形▮和方形▮，效果如图13-27所示。

端面　　　　　　　　圆形　　　　　　　　方形
图13-27

- 角点：单击 ﹀ 按钮，可以在打开的下拉列表中选择路径转角处的转折样式，包括斜接▯、圆形▯和斜面▯，效果如图13-28所示。

- 更多选项：单击该按钮，可以打开"描边"对话框，该对话框中除包含前面的选项外，还可以调整虚线的间隙，如图13-29所示。

◈ 13.2.3

路径

　　在工具选项栏中选择"路径"选项并绘制路径后，单击"选区""蒙版""形状"按钮，可以将路径转换为选区、矢量蒙版和形状图层，如图13-30所示。

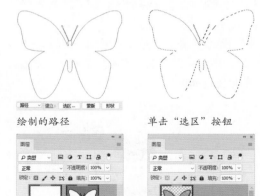

绘制的路径　　　　　　　　单击"选区"按钮

单击"蒙版"按钮　　　　　　单击"形状"按钮
图13-30

◈ 13.2.4

像素

　　在工具选项栏中选择"像素"选项后，可以为绘制的图像设置混合模式和不透明度，如图13-31所示。如果想使图像的边缘平滑，可以勾选"消除锯齿"选项。

图13-31

用形状工具绘图

13.3

Photoshop中的形状工具有6种。其中，矩形工具 □ 、圆角矩形工具 ◻ 和椭圆工具 ◯ 可以绘制与其名称相同的几何图形；多边形工具 ⬠ 可以绘制多边形和星形；直线工具 ╱ 可以绘制直线和虚线；自定形状工具 ✿ 可以绘制Photoshop中预设的图形、用户自定义的图形，以及从外部加载的图形。

13.3.1
创建直线和箭头

直线工具 ╱ 用来创建直线和带有箭头的线段，如图13-32所示。在它的工具选项栏中可以设置直线的粗细，在下拉面板中可以设置箭头选项，如图13-33所示。

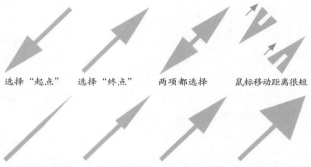

选择"起点"　　选择"终点"　　两项都选择　　鼠标移动距离很短

（在终点添加箭头，设置"长度"为1000%）"宽度"值分别设置为100%、300%、500%和1000%的箭头

（在终点添加箭头，设置"宽度"为500%）"长度"值分别设置为100%、500%、1000%和2000%的箭头

（在终点添加箭头，设置"宽度"为500%、"长度"为1000%）"凹度"值分别为-50%、0%、20%和50%的箭头

图13-32

- 粗细/颜色：可以设置直线的粗细，调整颜色。

- 起点/终点：可以分别或同时在直线的起点和终点添加箭头。

- 宽度：可以设置箭头宽度与直线宽度的百分比（10%～1000%）。

- 长度：可以设置箭头长度与直线长度的百分比（10%～5000%）。

图13-33

- 凹度：用来设置箭头的凹陷程度（-50%～50%）。该值为0%时，箭头尾部平齐；该值大于0%时，向内凹陷；该值小于0%时，向外凸出。

> **提示**（Tips）
>
> 使用直线工具 ╱ 时，按住Shift键并拖曳鼠标，可以创建水平、垂直或以45°角为增量的直线。

13.3.2
创建矩形和圆角矩形

矩形工具

矩形工具 □ 用来绘制矩形和正方形。使用该工具时，单击并拖曳鼠标可以创建矩形；按住Shift键并拖曳可以创建正方形；按住Alt键并拖曳，会以单击点为中心创建矩形；按住Shift+Alt快捷键，会以单击点为中心创建正方形。矩形的更多创建方法，可单击工具选项栏中的 ✿ 按钮，打开下拉面板设置，如图13-34所示。

- 不受约束：可以通过拖曳鼠标创建任意大小的矩形和正方形，如图13-35所示。

- 方形：只创建任意大小的正方形，如图13-36所示。

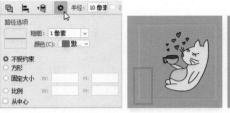　　

图13-34　　　　　　　图13-35　　　　图13-36

- 固定大小：选取该选项，并在它右侧的文本框中输入数值（W为宽度，H为高度）后，在画板上单击，即可按照预设大小创建矩形。

- 比例：选取该选项，并在它右侧的文本框中输入数值（W为宽度比例，H为高度比例）后，单击并拖曳鼠标时，无论创建多大的矩形，矩形的宽度和高度都保持预设的比例。

- 从中心：以任何方式创建矩形时，鼠标在画面中的单击点即为矩形的中心，拖曳鼠标时矩形将由该中心点向外扩展。

345

圆角矩形工具

圆角矩形工具 ◻ 用来创建圆角矩形，如图13-37所示。它的使用方法与矩形工具 ◻ 相同。在选项上也只是多了一个"半径"，如图13-38所示。该值越高，圆角范围越广。

图13-37　　　　图13-38

13.3.3
创建圆形和椭圆

椭圆工具 ◯ 用来创建圆形和椭圆形，如图13-39所示。使用时，单击并拖曳鼠标可以创建椭圆形。按住Shift键并拖曳鼠标可以创建圆形。椭圆工具的选项及创建方法与矩形工具 ◻ 基本相同，既可以创建不受约束的椭圆形和圆形，也可以创建固定大小和固定比例的圆形。

图13-39

13.3.4
创建多边形和星形

多边形工具 ◯ 用来创建多边形和星形。选择该工具后，首先要在工具选项栏中设置多边形或星形的边数，范围为3～100。单击工具选项栏中的 ✿ 按钮，打开下拉面板，可以设置其他选项，如图13-40所示。

● 半径：可以输入多边形和星形的半径长度，按预设参数创建图形。

● 平滑拐角：可以创建具有平滑拐角的多边形和星形，图13-41所示为有平滑拐角的5边形和5边星形，图13-42所示为无平滑拐角的5边形和5边星形。

● 星形：勾选该选项可以创建星形。在"缩进边依据"选项中可以设置星形边缘向中心缩进的数量，该值越高，缩进量越大。勾选"平滑缩进"选项，可以使星形的边平滑地向中心缩进。图13-43所示为各种效果。

图13-40

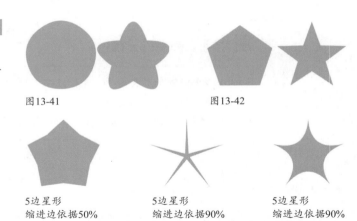

图13-41　　　　　　　　　　图13-42

5边星形
缩进边依据50%　　　5边星形
缩进边依据90%　　　5边星形
缩进边依据90%
平滑缩进

图13-43

13.3.5
实战：设计两款条码签

扫码看视频

01 选择椭圆工具 ◯，在工具选项栏中选取"形状"选项，设置描边颜色为黑色，宽度为5像素，在画布上单击并按住Shift键拖曳鼠标，创建圆形，如图13-44所示。

02 使用直接选择工具 ▷ 单击圆形底部的锚点，如图13-45所示，按Delete键删除，得到一个半圆，如图13-46所示。

图13-44　　　　　图13-45　　　　　图13-46

03 执行"视图>显示>智能参考线"命令，开启智能参考线。选择矩形工具 ◻ 及"形状"选项，设置填充和描边颜色为黑色，创建几个矩形，如图13-47所示。有了智能参考线的帮助，可以轻松对齐图形。

04 按住Ctrl键并单击这几个矩形所在的形状图层，如图13-48所示，执行"图层>合并形状>统一形状"命令，将它们合并到一个形状图层中，如图13-49所示。

图13-47　　　　图13-48　　　　图13-49

选择多个形状图层后，执行"图层>合并形状"子菜单中的命令，可以将所选形状合并到一个形状图层中，并进行图形运算（见364页）。

05 单击"图层"面板中的 ⊞ 按钮，新建一个图层。修改矩形工具 □ 的填充和描边颜色，采用同样的方法再制作几组矩形，组成一个完整的手提袋，如图13-50所示。使用横排文字工具 **T** 在手提袋的底部单击鼠标，然后输入一行数字，如图13-51所示。

图13-50　　　　　　图13-51

06 执行"图像>复制"命令，从当前文件中复制出一个相同效果的文件，用来制作咖啡杯。单击半圆形所在的形状图层，如图13-52所示，按Ctrl+T快捷键显示定界框，按住Shift键并拖曳，将它旋转-90°移动到左侧，作为杯子的把手，如图13-53所示。按Enter键确认。选择矩形工具 □ ，设置描边宽度为15像素，将把手加粗，如图13-54所示。

图13-52　　　图13-53　　　图13-54

07 创建一个矩形，如图13-55所示。按Ctrl+T快捷键显示定界框，按住Shift+Alt+Ctrl快捷键并拖曳底部的控制点，进行透视扭曲，制作出小盘子，按Enter键确认，如图13-56所示。

图13-55　　　　　　图13-56

 13.3.6

实战：制作超酷打孔字

要点

本实战我们用形状图层和图层样式制作打孔特效字，如图13-57所示。形状图层是在形状内部填充颜色、渐变或图案的特殊图层，其中，形状轮廓是矢量对象（路径），填充内容（颜色、渐变和图案）是位图对象。

图13-57

01 打开素材，如图13-58和图13-59所示。下面先根据文字的结构重新绘制路径，再为每个笔画添加图层样式，使文字呈现层次感。

图13-58　　　　　　图13-59

02 将前景色设置为蓝色（R0，G183，B238）。选择圆角矩形工具 □ 及"形状"选项，在"属性"面板中设置填充为蓝色，无描边，半径为30像素。根据字母"P"的笔画轮廓绘制一个圆角矩形，在"图层"面板中会自动生成一个形状图层，如图13-60~图13-62所示。

图13-60　　　图13-61　　　图13-62

03 打开"路径"面板，单击"路径 1"，如图13-63所示。在画面中显示该路径，按Ctrl+C快捷键复制，在"路

径"面板空白处单击,隐藏路径,如图13-64所示。使用路径选择工具 ▶ 在蓝色路径图形上单击,如图13-65所示。按Ctrl+V快捷键,将复制的路径粘贴到形状图层中,如图13-66和图13-67所示。

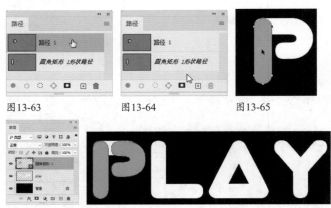

图13-63　　　　图13-64　　　　图13-65

图13-66　　　　图13-67

04 选择椭圆工具 ◯ ,在工具选项栏中选取"形状"选项,单击排除重叠形状按钮 ⚏ ,如图13-68所示。

图13-68

05 在画布上先单击并拖曳鼠标,此时不要放开鼠标左键,按Shift键,这样可以将椭圆转换为圆形,放开鼠标后可创建打孔效果,如图13-69所示。使用路径选择工具 ▶ 在圆形路径上单击,将其选取,如图13-70所示,按Alt键并拖曳复制到相应位置,生成图13-71所示的效果。

图13-69　　　　图13-70　　　　图13-71

06 双击"形状 1"图层,打开"图层样式"对话框,在左侧列表分别选择"投影"和"内发光"效果,设置参数如图13-72和图13-73所示。

图13-72 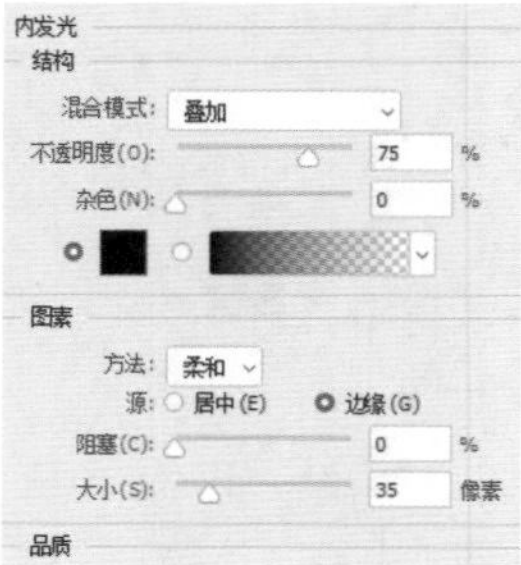　　　　图13-73

07 添加"斜面和浮雕"效果,使字母产生一定厚度,参数如图13-74所示。添加"光泽"效果,在字母表面创建光泽感,参数如图13-75所示,效果如图13-76所示。

图13-74 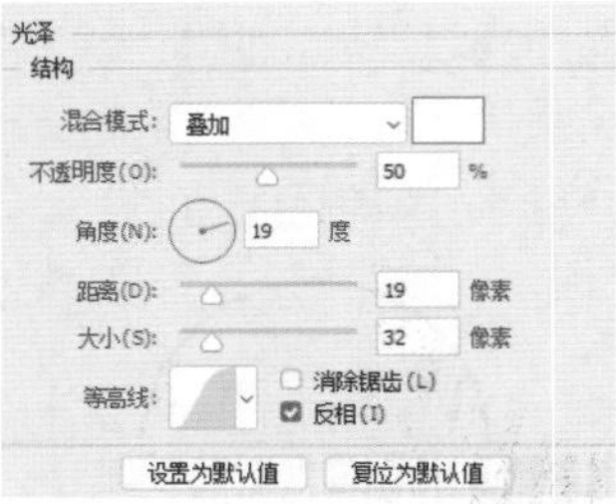　　　　图13-75

图13-76

提示(Tips)
要改变路径形状的颜色,可先调整前景色(背景色),然后像填充图形一样操作,按Alt+Delete快捷键填充前景色(Ctrl+Delete快捷键填充背景色)。

08 继续绘制路径,组成完整的文字,并以不同的颜色填充,可以按Ctrl+[或Ctrl+] 快捷键调整形状的前后位置。隐藏最底层的"PLAY"图层,效果如图13-77所示。

图13-77

09 为了便于区分字母,可以将组成每个字母的图层选取,按Ctrl+G快捷键编组。按住Shift键并选取这些图层组,如图13-78所示,按Alt+Ctrl+E快捷键盖印图层,将字母效果合并到一个新的图层中,如图13-79所示。

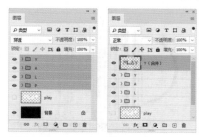

图13-78　　　　图13-79

10 按Ctrl+J快捷键复制图层，单击图层左侧的眼睛图标 ◉，隐藏图层。选择第一个盖印的图层，如图13-80所示。执行"编辑>变换>垂直翻转"命令，翻转图像，使之成为倒影，如图13-81所示。

图13-80   图13-81

11 执行"滤镜>模糊>高斯模糊"命令，对倒影进行模糊，如图13-82和图13-83所示。

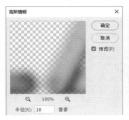

图13-82   图13-83

12 单击 ◉ 按钮，添加图层蒙版。使用渐变工具 填充线性渐变，将字母的下半部分隐藏，如图13-84和图13-85所示。

图13-84   图13-85

13 选择并显示另一个盖印的图层，按Shift+Ctrl+[快捷键将其移至底层，如图13-86所示。执行"滤镜>模糊>动感模糊"命令，设置参数如图13-87所示。再应用一次该滤镜，这次调整参数，沿垂直方向进行模糊，如图13-88所示，效果如图13-89所示。

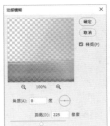

图13-86   图13-87   图13-88

图13-89

14 使用矩形选框工具 选取文字的下半部分，如图13-90所示。在"图层"面板最上方新建一个图层。将前景色设置为黑色。使用渐变工具 填充"前景色到透明渐变"，按Ctrl+D快捷键取消选择，效果如图13-91所示。

图13-90   图13-91

15 设置混合模式为"叠加"，不透明度为60%，按住Ctrl键并单击"PLAY"图层缩览图，载入选区，如图13-92所示。单击 ◉ 按钮，基于选区生成图层蒙版，将选区外的图像隐藏，如图13-93所示，效果如图13-94所示。打开飞鸟素材文件，将其拖入文件中，效果如图13-95所示。

图13-92   图13-93   图13-94

图13-95

◈ 13.3.7

实战：制作邮票效果（自定形状工具）

邮票是深受大众喜爱的收藏品，方寸之间可以展现大千世界。用Photoshop制作邮票效果并不难，自定形状工具 的下拉面板中

扫 码 看 视 频

就有预设的邮票图形。效果如图13-96所示。

图13-96

01 打开素材，如图13-97所示。选择图框工具 ⊠，单击工具选项栏中的 ⊠ 按钮，在小羊图像上创建矩形图框，图框外的内容被隐藏，同时，图像会转换为智能对象，如图13-98和图13-99所示。

图13-97　　　　　图13-98　　　　　图13-99

02 选择自定形状工具 ✿ 及"形状"选项，设置填充颜色为白色，单击"形状"选项右侧的 ⌄ 按钮，打开形状下拉面板，选择邮票状图形，如图13-100所示。

图13-100

03 单击"背景"图层，如图13-101所示。在画布上按住Shift键并拖曳鼠标，绘制图形，如图13-102所示。

图13-101　　　　图13-102

> **提示（Tips）**
>
> 绘制图形时，向上、下、左、右方向拖曳鼠标，可以拉伸图形。按住Shift键并拖曳，可以让图形保持原有的比例。

04 双击邮票形状图层，打开"图层样式"对话框，添加"投影"效果，如图13-103和图13-104所示。

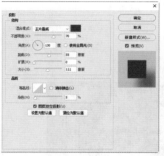 

图13-103　　　　　　　　图13-104

05 使用横排文字工具 **T** 添加文字，如图13-105所示。下面我们来替换图框中的图像。单击小羊所在的图层，如图13-106所示，使用"文件>置入嵌入的对象"命令，可在图框中置入另一幅图像，如图13-107所示。

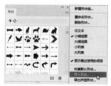 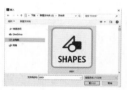

图13-105　　　　　图13-106　　　　　图13-107

◈ **13.3.8**

保存形状

我们自己绘制出的图形，可以用"编辑>定义自定形状"命令保存到"形状"面板中，作为一个预设的形状，以后使用该形状时，就不必重新绘制了。

◈ **13.3.9**

加载外部形状库

单击"形状"面板右上角的 ☰ 按钮，打开面板菜单，如图13-108所示，使用"导入形状"命令，可以将本书配套资源中提供的形状库加载到该面板中，如图13-109和图13-110所示。如果从网上下载了形状库，也可以用该命令加载。

图13-108　　　　　图13-109　　　　　图13-110

加载形状库后，如果想将其删除，可先单击它所在的组图标 ⌄☐，然后单击"形状"面板底部的 🗑 按钮。

· PS技术讲堂 ·

【 中心绘图、动态绘图及修改形状 】

中心绘图/动态绘图

当我们需要对齐图形的时候，一般是创建参考线或显示网格，之后以参考线和网格的交叉点为基准绘图。使用自定形状工具 ✿ 和多边形工具 ◯ 绘图时，图形是以鼠标单击点为中心向外展开的，因此，很容易就能对齐到交叉点上。而矩形工具 ▢、圆角矩形工具 ▢ 和椭圆工具 ◯ 在使用时，图形是沿对角线方向展开的，如图13-111所示。如果也想从中心绘图，可以在拖曳鼠标过程中按住Alt键，如图13-112所示。

除此之外，掌握动态绘图技巧也很有用。操作方法是：在画布上单击并拖曳鼠标绘制形状时，不要放开鼠标左键，这时按住空格键并拖曳鼠标，即可移动形状；放开空格键继续拖曳鼠标，则可以调整形状大小。连贯起来操作，就可以动态调整形状的大小和位置了，如图13-113~图13-115所示。

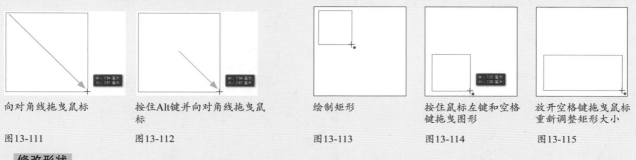

向对角线拖曳鼠标　　按住Alt键并向对角线拖曳鼠　绘制矩形　　按住鼠标左键和空格　放开空格键拖曳鼠标
　　　　　　　　　　标　　　　　　　　　　　　　　　　键拖曳图形　　　　重新调整矩形大小

图13-111　　　　　图13-112　　　　　　　图13-113　　　　图13-114　　　　图13-115

修改形状

创建形状图层或路径后，可以通过"属性"面板调整图形大小、位置、填色和描边，如图13-116所示。

● W/H：可以设置图形的宽度（W）和高度（H）。如果要进行等比缩放，可单击 ∞ 按钮。

● X/Y：可以设置图形的在画板中的位置。X代表水平位置，Y代表垂直位置。

● 填充颜色▢/描边颜色▣：可以设置填充和描边颜色。

● 描边宽度/描边样式：可以设置描边宽度（ 10.15点 ∨ ），选择用实线、虚线和圆点来描边（ —∨ ）。

● 描边选项：单击 ▢ 按钮，可在打开的下拉菜单中设置描边与路径的对齐方式，包括内部▣、居中▣和外部▢；单击 E ∨ 按钮，可以设置描边的端点样式，包括端面E、圆形E和方形E；单击 F ∨ 按钮，可以设置路径转角处的转折样式，包括斜接F、圆形F和斜面F。

矩形形状图层

图13-116

● 修改角半径：创建矩形或圆角矩形后，可以调整角半径，如图13-117所示；如果要分别调整角半径，可单击 ∞ 按钮，之后在它周围的文本框中输入值，或者将鼠标指针放在角图标上，单击并向左或向右拖曳，如图13-118所示。

图13-117

图13-118

● 路径运算按钮 ▣ ▢ ▢ ▢：可以对两个或更多的形状和路径进行运算（见364页）。

用钢笔工具绘图

钢笔工具 ∅ 是最强大的绘图工具，它既可以绘图，也可以抠图（见397页）。钢笔工具 ∅ 的绘图练习应该从基本图形入手，包括直线、曲线和转角曲线。这些图形看似简单，但所有复杂的图形都是由其演变而来的。

◈ 13.4.1
实战：绘制直线

01 选择钢笔工具 ∅，在工具选项栏中选取"路径"选项。在画布上（鼠标指针变为 ✎状）单击，创建锚点，如图13-119所示。

02 放开鼠标左键，在下一位置按住Shift键（锁定水平方向）并单击，创建第2个锚点，两个锚点会连接成一条由角点定义的直线路径。在其他区域单击可继续绘制直线路径，如图13-120所示。操作时按住Shift键还可以锁定垂直方向，或以45°角为增量进行绘制。

03 如果要闭合路径，将鼠标指针放在路径的起点，当鼠标指针变为 ✎状时，如图13-121所示，单击即可，如图13-122所示。如果要结束一段开放式路径的绘制，可以按住Ctrl键（临时转换为直接选择工具 ▷ ）并在画面的空白处单击。单击其他工具或按Esc键也可以结束路径的绘制。

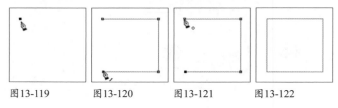

图13-119　　图13-120　　图13-121　　图13-122

◈ 13.4.2
实战：绘制曲线

用钢笔工具绘制的曲线叫作贝塞尔曲线。它是由法国计算机图形学大师皮埃尔·贝塞尔（Pierre Bézier）在20世纪70年代早期开发的，其原理是在锚点上加上两个控制柄，无论调整哪个控制柄，另外一个始终与它保持在一条直线上并与曲线相切。贝塞尔曲线具有精确和易于修改的特点，被广泛地应用在计算机图形领域，Illustrator、CorelDRAW、FreeHand、Flash和3ds Max等软件都包含绘制贝塞尔曲线的工具。

01 选择钢笔工具 ∅ 及"路径"选项。单击并向上拖曳鼠标，创建一个平滑点，如图13-123所示。

02 将鼠标指针移至下一位置上，如图13-124所示，单击并向下拖曳鼠标，创建第2个平滑点，如图13-125所示。在拖曳的过程中可以调整方向线的长度和方向，进而影响由下一个锚点生成的路径的走向。要绘制出平滑的曲线，需要控制好方向线。

03 继续创建平滑点，即可生成一段光滑、流畅的曲线，如图13-126所示。

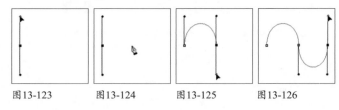

图13-123　　图13-124　　图13-125　　图13-126

◈ 13.4.3
实战：在曲线后面绘制直线

01 选择钢笔工具 ∅ 及"路径"选项。在画布上单击并拖曳鼠标，绘制一段曲线，如图13-127所示。将鼠标指针放在最后一个锚点上，按住Alt键单击，如图13-128所示，将该平滑点转换为角点，这时它的另一侧方向线会被删除，如图13-129所示。

02 在其他位置单击（不要拖曳），即可在曲线后面绘制出直线，如图13-130所示。

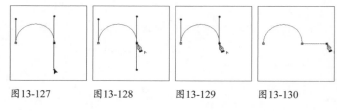

图13-127　　图13-128　　图13-129　　图13-130

◈ 13.4.4
实战：在直线后面绘制曲线

01 选择钢笔工具 ∅ 及"路径"选项。在画布上单击，绘制一段直线路径。将鼠标指针放在最后一个锚点上，按住Alt键，如图13-131

所示，单击并拖曳鼠标，从该锚点上拖出方向线，如图13-132所示。

02 在其他位置单击并拖曳鼠标，可以在直线后面绘制出曲线。如果拖曳方向与方向线的方向相同，可以创建"S"形曲线，如图13-133所示；如果方向相反，则创建"C"形曲线，如图13-134所示。

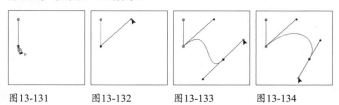

图13-131　　　图13-132　　　图13-133　　　图13-134

13.4.5

实战：绘制转角曲线

> 要点

通过单击并拖曳鼠标的方式可以绘制光滑流畅的曲线。但是如果想要绘制与上一段曲线之间出现转折的曲线（即转角曲线），就需要在创建锚点前改变方向线的方向。下面就通过转角曲线绘制一个心形图形。

扫码看视频

01 按Ctrl+N快捷键，打开"新建"对话框，创建一个大小为788像素×788像素，分辨率为100像素/英寸的文件。执行"视图>显示>网格"命令，显示网格，通过网格辅助绘图很容易创建对称图形。当前的网格颜色为黑色，不利于观察路径，可以执行"编辑>首选项>参考线、网格和切片"命令，将网格颜色改为灰色，如图13-135所示。

图13-135

02 选择钢笔工具 ⊘ 及"路径"选项。在网格点上单击并向画面右上方拖曳鼠标，创建一个平滑点，如图13-136所示。将鼠标指针移至下一个锚点处，单击并向下拖曳鼠标创建曲线，如图13-137所示。将鼠标指针移至下一个锚点处，单击（不要拖曳鼠标）创建一个角点，如图13-138所示。这样就完成了心形右侧的绘制。

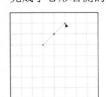
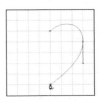

图13-136　　　　图13-137　　　　图13-138

03 在图13-139所示的网格点上单击并向上拖曳鼠标，创建曲线。将鼠标指针移至路径的起点上，单击鼠标闭合路径，如图13-140所示。

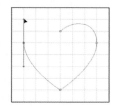

图13-139　　　　　图13-140

04 按住Ctrl键（切换为直接选择工具 ▷）在路径的起始处单击，显示锚点，如图13-141所示。此时锚点上会出现两条方向线，将鼠标指针移至左下角的方向线上，按住Alt键切换为转换点工具 ⌐，如图13-142所示。单击并向上拖曳该方向线，使之与右侧的方向线对称，如图13-143所示。按Ctrl+'快捷键隐藏网格，完成绘制，如图13-144所示。

图13-141　　　图13-142　　　图13-143　　　图13-144

技术看板 ⑮ 预判路径走向

单击钢笔工具选项栏中的 ❀. 按钮，打开下拉面板，勾选"橡皮带"选项，此后使用钢笔工具 ⊘ 绘制路径时，可以预先看到将要创建的路径段，从而判断出路径的走向。

13.4.6

用弯度钢笔工具绘图

使用钢笔工具 ⊘ 绘图时，想要同时编辑路径，需要配合多个按键才能完成。而弯度钢笔工具 ⌒ 则可直接用于编辑路径，这是它最方便的地方。该工具特别适合绘制曲线。

> 绘制路径

选择弯度钢笔工具 ⌒ 后，在画布上单击创建第1个锚点，如图13-145所示。在其他位置单击，创建第2个锚点，它们之间会生成一段路径，如图13-146所示。如果想要路径发生弯曲，可在下一位置单击，如图13-147所示。单击并拖曳鼠标，可以控制路径的弯曲程度，如图13-148

所示。如果想要绘制出直线，则需要双击，然后在下一位置单击，如图13-149所示。完成绘制后，可按Esc键。

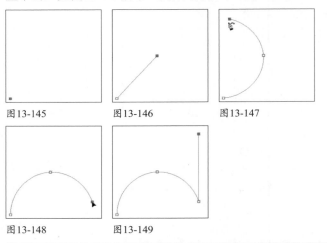

图13-145 | 图13-146 | 图13-147

图13-148 | 图13-149

编辑路径

如果要在路径上添加锚点，可以在路径上单击，如图13-150和图13-151所示。如果要删除一个锚点，可单击它，然后按Delete键，如图13-152和图13-153所示。单击并拖曳锚点，可以移动其位置，如图13-154所示。双击锚点，可以转换其类型，即将平滑锚点转换为角点，如图13-155所示，或者相反。

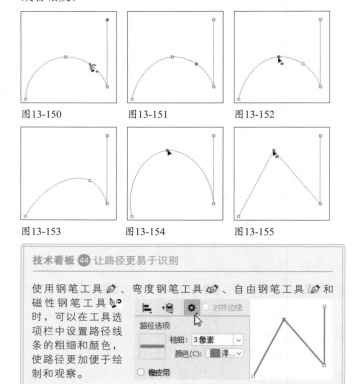

图13-150 | 图13-151 | 图13-152

图13-153 | 图13-154 | 图13-155

技术看板 44 让路径更易于识别

使用钢笔工具 ✍、弯度钢笔工具 ✍、自由钢笔工具 ✍ 和磁性钢笔工具 ✍ 时，可以在工具选项栏中设置路径线条的粗细和颜色，使路径更加便于绘制和观察。

路径选项
粗细：3像素
颜色(C)：洋
□ 橡皮带

13.4.7
实战：绘制服装款式图

要点

服装款式图是以平面图形表现的含有细节说明的设计图。要求绘画规范、严谨、对称，线条表现要清晰、平滑、流畅，以便在企业生产中作为样图，起到规范指导的作用。

本实战以参考线为辅助，绘制对称服装款式图，如图13-156所示。其中涉及一些很实用的小技巧，包括轻移锚点、复制一组路径、对称复制衣袖，以及路径描边技巧等。

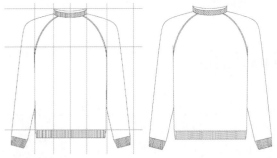

图13-156

01 按Ctrl+N快捷键，打开"新建文档"对话框，使用预设创建一个A4大小的文件。按Ctrl+R快捷键显示标尺，将鼠标指针放在标尺上，按住Shift键拖出参考线，定位在水平标尺100毫米处（按住Shift键以后，参考线会与刻度线对齐），如图13-157所示。再拖出一条参考线，定位在垂直标尺20毫米处，如图13-158所示。

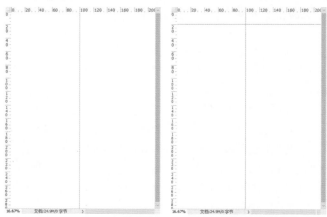

图13-157 | 图13-158

02 继续从标尺上拖出参考线，如图13-159所示。选择椭圆工具 ○ 及"路径"选项，绘制椭圆，如图13-160所示。使用直接选择工具 ▷ 单击最上方的锚点，如图13-161所示，按Delete键删除，如图13-162所示。

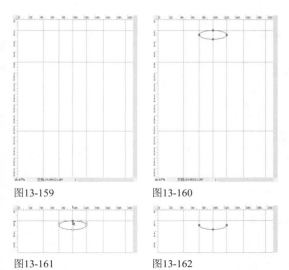

图13-159　　　　　　　　图13-160

图13-161　　　　　　　　图13-162

03 使用路径选择工具 ▶ 单击路径，按住Alt键并拖曳，进行复制，如图13-163所示。选择钢笔工具 ∅，在工具选项栏中选取"路径"选项并勾选"自动添加/删除"选项。将鼠标指针放在锚点上方，鼠标指针变为 ▶。状时单击，如图13-164所示，然后在下面路径的锚点上单击，将这两条路径连接，如图13-165所示。采用同样的方法将左侧的两个锚点也连接起来，如图13-166所示。

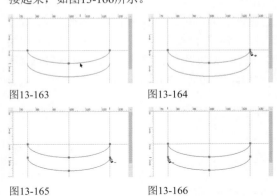

图13-163　　　　　　　　图13-164

图13-165　　　　　　　　图13-166

04 在衣领后方绘制一条曲线。下面制作衣领上的螺纹。按住Shift键并在衣领上绘制直线，如图13-167所示。使用路径选择工具 ▶ 单击直线，按住Alt键并拖曳进行复制，如图13-168所示。

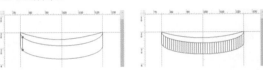

图13-167　　　　　　　　图13-168

05 使用钢笔工具 ∅ 按住Shift键并绘制直线，如图13-169所示。使用直接选择工具 ▶ 单击左下角的锚点，按4下→键，对锚点进行轻微移动。单击右下角的锚点，按4下←键，以便使两个锚点的位置对称，如图13-170所示。

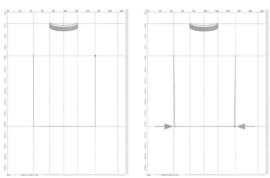

图13-169　　　　　　　　图13-170

06 使用路径选择工具 ▶ 单击图形，按住Alt键并拖曳图形进行复制，如图13-171所示。按Ctrl+T快捷键显示定界框，拖曳上方的控制点，将图形向下压扁，如图13-172所示。拖曳左、右两侧的控制点，将图形与上方矩形的边缘对齐，如图13-173和图13-174所示。按Enter键确认。

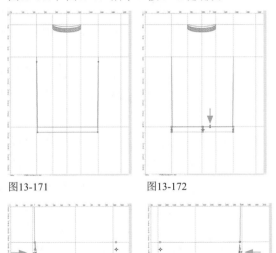

图13-171　　　　　　　　图13-172

图13-173 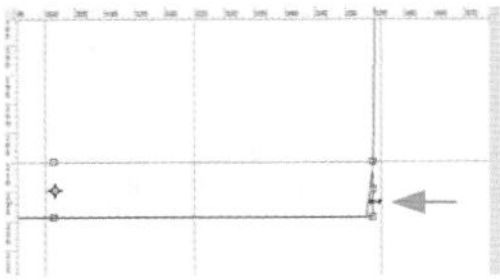　　　　　　　　图13-174

07 用钢笔工具 ∅ 在该图形内绘制一组直线，如图13-175所示。用路径选择工具 ▶ 单击并拖曳出一个选框，将它们选取，然后按住Alt+Shift快捷键，单击并拖曳鼠标进行复制，如图13-176所示。

图13-175　　　　　　　　图13-176

08 使用钢笔工具 ∅ 绘制袖子，如图13-177和图13-178所示。绘制直线，之后通过复制的方式铺满袖口，如图13-179所示。

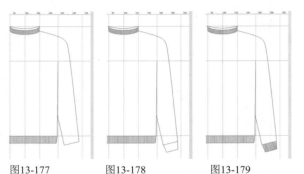

图13-177　　　　图13-178　　　　图13-179

09 使用钢笔工具 ⬥ 绘制一条曲线，如图13-180所示。使用路径选择工具 ▸ 单击曲线，按住Alt键并拖曳曲线进行复制，如图13-181所示。复制曲线后，可以用直接选择工具 ▹ 调整锚点位置，让两条曲线平行。

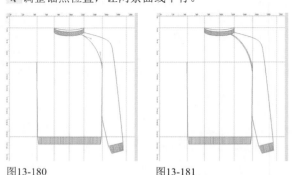

图13-180　　　　　　图13-181

10 使用路径选择工具 ▸ 单击并拖出一个矩形选框，选取组成袖子的所有图形，如图13-182所示。按住Shift键并单击上方的两条曲线，将它们也选中，如图13-183所示。

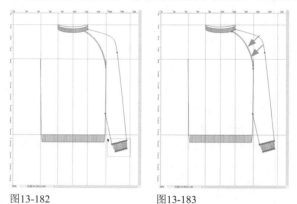

图13-182　　　　　　图13-183

11 按Ctrl+C快捷键复制，按Ctrl+V快捷键粘贴。按Ctrl+T快捷键显示定界框，单击鼠标右键，打开快捷菜单，执行"水平翻转"命令，翻转图形，如图13-184所示。按住Shift键并拖曳鼠标，将袖子移动到左侧对称的位置，如图13-185所示。按Enter键确认。

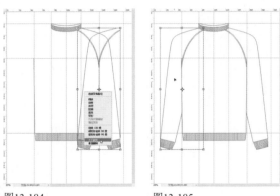

图13-184　　　　　　图13-185

12 按Ctrl+;快捷键隐藏参考线。选择铅笔工具 ⬥ ，在工具选项栏中选择硬边圆笔尖，并调整大小为3像素，如图13-186所示。

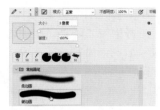

图13-186

13 按住Alt键，单击"路径"面板底部的 ⬭ 按钮，打开"描边路径"对话框，选择用铅笔工具描边路径，如图13-187所示。在"路径"面板底部的空白处单击，取消路径的显示，也可以按Ctrl+H快捷键隐藏路径。按Ctrl+;快捷键隐藏参考线。针织外套结构图效果如图13-188所示。

图13-187

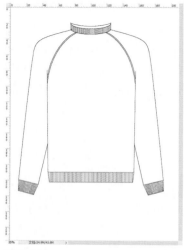

图13-188

编辑锚点和路径

13.5

使用钢笔工具 ⬿ 绘图或描摹对象的轮廓时，有时不能一次就绘制准确，需要在绘制完成后，通过对锚点和路径的编辑来达到目的。此外，使用形状工具绘制的图形也可以通过编辑生成新的图形。

· PS技术讲堂 ·

【 "路径"面板、路径层与工作路径 】

"路径"面板

执行"窗口>路径"命令，打开"路径"面板，如图13-189所示。该面板中可以显示存储的路径、当前工作路径、当前矢量蒙版的名称和缩览图。

- **路径/工作路径/矢量蒙版**：显示了当前文件中包含的路径、临时路径和矢量蒙版。
- **用前景色填充路径 ●**：用前景色填充路径区域。
- **用画笔描边路径 ○**：用画笔工具对路径进行描边。
- **将路径作为选区载入 ⋯**：将当前选择的路径转换为选区。
- **从选区生成工作路径 ◇**：从当前的选区中生成工作路径。
- **添加蒙版 ■**：单击该按钮，可以从路径中生成图层蒙版，再次单击可生成矢量蒙版。
- **删除当前路径 🗑**：删除当前选择的路径。

图13-189

管理路径层

单击"路径"面板中的 ⊞ 按钮，可以创建一个路径层，如图13-190所示。如果要在新建路径层时为路径命名，可以按住Alt键并单击 ⊞ 按钮，在打开的"新建路径"对话框中进行设置，如图13-191和图13-192所示。如果要修改路径层的名称，可以在名称上双击，然后在显示的文本框中输入新名称并按Enter键。

图13-190　　　　图13-191　　　　图13-192

当路径层数量多了以后，就需要做好管理工作。路径层的管理方式与图层非常相似。例如，按住Ctrl键并单击各个路径层，可以将它们同时选取，如图13-193和图13-194所示。在这种状态下，可以使用路径选择工具 ▶ 和直接选择工具 ▷ 编辑分属不同路径层上的路径，图13-195所示为同时选择两个路径层上的锚点。按Delete键，可以一次性将选取的路径层删除。按住Alt键并拖曳路径层，可以像复制图层一样复制路径层，如图13-196和图13-197所示。

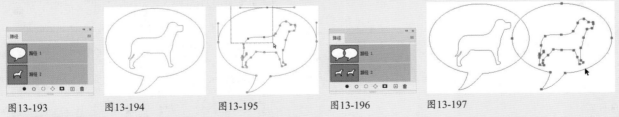

图13-193　　　图13-194　　　　图13-195　　　　图13-196　　　图13-197

管理工作路径

使用钢笔工具或形状工具绘图前，如果单击"路径"面板中的 ⊞ 按钮再绘图，图形就会保存在路径层上，如图13-198所示；如果没有单击 ⊞ 按钮而直接绘图，则图形会保存在工作路径层上，如图13-199所示。

工作路径层是"临时工"，稍有不慎就会被"开除"。例如，单击"路径"面板的空白区域，如图13-200所示，之后，绘制一个圆形路径，前一个图形就会被圆形替代，如图13-201所示。

图13-198

图13-199

图13-200

图13-201

有3种方法可以避免出现这种情况：对于已绘制好的工作路径，可将其所在的路径层拖曳到"路径"面板中的 ⊞ 按钮上，这时它的名称会变为"路径1"，表示已转换为正式的路径，从"临时工"变为"正式工"；如果路径层较多，可以双击工作路径层，弹出"存储路径"对话框，为它设置一个名称，通过这种方法保存路径后，有利于查找；如果尚未绘图，可以先单击 ⊞ 按钮，创建一个路径层，再绘制路径。

💎 13.5.1
选择与移动路径

使用路径选择工具 ▶ 在路径上单击，即可选择路径，如图13-202所示。按住Shift键并单击其他路径，可以将其一同选取，如图13-203所示。单击并拖曳出一个选框，则可将选框范围内的所有路径都选取，如图13-204所示。

图13-202

图13-203

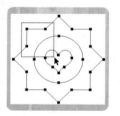
图13-204

选择一个或多个路径后，将鼠标指针放在路径上方，单击并拖曳鼠标可以进行移动，如图13-205所示。如果只需要移动一条路径，将鼠标指针放在一条路径上，单击并拖曳鼠标可直接移动，如图13-206所示，不必先选取再移动。

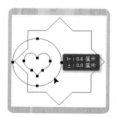
图13-205

图13-206

💎 13.5.2
选择与移动锚点和路径段

如果要选择或移动锚点，首先要让锚点显示出来。使用直接选择工具 ▶，将鼠标指针放在路径上，单击可以选

择路径段并显示其两端的锚点，如图13-207所示。显示锚点后，如果单击它，便可将其选取（选取的锚点为实心方块，未选取的锚点为空心方块），如图13-208所示；如果单击它并拖曳鼠标，则可将其移动，如图13-209所示。

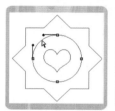
图13-207

图13-208

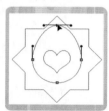
图13-209

需要注意的是，单击锚点后，按住鼠标左键不放并拖曳，可将其移动。但如果单击了锚点后，鼠标指针从锚点上移开了，这时又想移动锚点，则需要将鼠标指针重新定位在锚点上，单击并拖曳鼠标才能将其移动。否则，只能在画面中拖曳出一个矩形框，可以框选锚点（路径、路径段），但不能进行移动。路径和路径段也是如此，从选择的路径或路径段上移开鼠标指针后，要进行移动，需要重新将鼠标指针定位在路径或路径段上。

路径段的选取方法比锚点简单，使用直接选择工具 ▶ 单击路径即可，如图13-210所示。在路径段上单击并拖曳鼠标，则可将其移动，如图13-211所示。

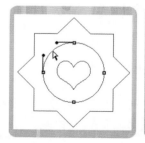
图13-210

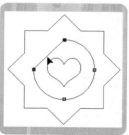
图13-211

如果想要选取多个锚点（或多条路径段），可以使用直接选择工具 ![direct] 按住Shift键并逐个单击锚点（或路径段）。或者单击并拖曳出一个选框，将需要选取的对象框选。如果要取消选择，可以在画面空白处单击。

13.5.3
添加和删除锚点

选择添加锚点工具 ![add]，将鼠标指针放在路径上，当鼠标指针变为 ![add2] 状时，如图13-212所示，单击可以添加一个锚点，如图13-213所示；如果单击并拖曳鼠标，可同时调整路径形状，如图13-214所示。

 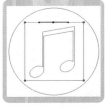 

图13-212   图13-213   图13-214

选择删除锚点工具 ![del]，将鼠标指针放在锚点上，当鼠标指针变为 ![del2] 状时，如图13-215所示，单击可以删除该锚点，如图13-216所示。此外，使用直接选择工具 ![direct] 选择锚点后，按Delete键也可以将其删除，但该锚点两侧的路径段也会同时被删除，这样操作会导致闭合式路径变为开放式路径，如图13-217所示。

图13-215   图13-216   图13-217

提 示（Tips）

适当删除锚点可降低路径的复杂度，使其更加易于编辑。尤其是曲线，锚点越少，曲线越平滑、流畅。

13.5.4
转换锚点类型

转换点工具 ![convert] 可以转换锚点的类型。选择该工具后，将鼠标指针放在锚点上方，如果这是一个角点，单击并拖曳鼠标可将其转换为平滑点，如图13-218和图13-219所示；如果这是一个平滑点，则单击可将其转换为角点，如

图13-220所示。

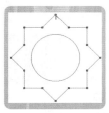 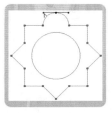 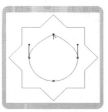

图13-218   图13-219   图13-220

13.5.5
调整曲线形状

锚点分为平滑点和角点两种。在曲线路径段上，每个锚点还包含一条或两条方向线，方向线的端点是方向点，如图13-221所示。拖曳方向点可以调整方向线的长度和方向，进而改变曲线的形状。直接选择工具 ![direct] 和转换点工具 ![convert] 都可用于拖曳方向点。

直接选择工具 ![direct] 会区分平滑点和角点。对于该工具，平滑点上的方向线永远是一条直线，拖曳任意一端的方向点，都会影响锚点两侧的路径段，如图13-222所示。角点上的方向线不会联动，可以单独调整，因此，拖曳角点上的方向点时，只调整与方向线同侧的路径段，如图13-223所示。

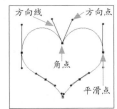 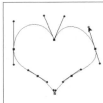 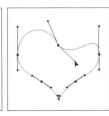

图13-221   图13-222   图13-223

转换点工具 ![convert] 对平滑点和角点一视同仁。无论拖曳哪种方向点，都只单独调整锚点一侧的方向线，不影响另外一侧方向线和路径段，如图13-224和图13-225所示。

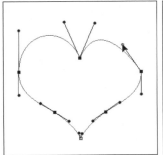 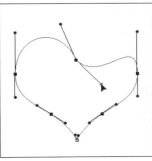

图13-224   图13-225

13.5.6
实战：用钢笔工具编辑路径

前面介绍的所有操作都可以用钢笔工具 完成，这样我们在绘制路径时就可以编辑形状，而不必使用其他工具。但这需要一定的技巧，反复练习才能熟练掌握。下面我们来学习操作方法。每完成一步，可以按Ctrl+Z快捷键撤销操作，将图形恢复为原样。

01 打开素材。单击"路径"面板中的路径层，在画布中显示它，如图13-226所示。选择钢笔工具 ⌀ 并勾选"自动添加/删除"选项。

02 按住Ctrl+Alt快捷键并单击路径，可以选取路径，如图13-227所示。选取后按住Ctrl键，单击路径并进行拖曳，可以移动路径，如图13-228所示。按住Ctrl键并在空白处单击结束编辑。

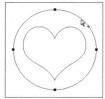
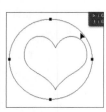

图13-226　　　　　图13-227　　　　　图13-228

03 按住Ctrl键并单击路径，可以在选取路径段的同时显示锚点，如图13-229所示。选取后，按住Ctrl键，单击路径段并进行拖曳，可以移动路径段，如图13-230所示。按住Ctrl键并单击锚点可以选取锚点，如图13-231所示。按住Ctrl键，单击锚点并进行拖曳，可以移动锚点。

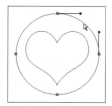
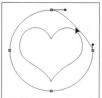
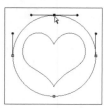

图13-229　　　　　图13-230　　　　　图13-231

04 将鼠标指针放在路径段上，单击鼠标可以添加锚点，如图13-232所示。将鼠标指针放在锚点上，如图13-233所示，单击鼠标可以删除锚点，如图13-234所示。

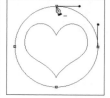
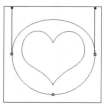

图13-232　　　　　图13-233　　　　　图13-234

05 按住Ctrl键并单击心形图形，将其选取。下面我们来转换锚点类型。将鼠标指针放在锚点上方，按住Alt键可以临时切换为转换点工具 ⌐。因此，我们按住Alt键，单击并拖曳角点，可将其转换为平滑点，如图13-235和图13-236所示；按住Alt键并单击平滑点，则可将其转换为角点，如图13-237所示。

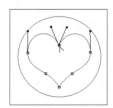
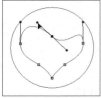
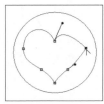

图13-235　　　　　图13-236　　　　　图13-237

06 通过前面的操作，我们已经学会了怎样临时切换工具，即按住Ctrl键切换为直接选择工具 ▷，按住Alt键切换为转换点工具 ⌐，用这些技术调整曲线的形状更加方便。结合前面所讲，根据自己的需要按住Ctrl键或Alt键拖曳方向点即可编辑路径。它们的区别在于编辑平滑点，按住Ctrl键操作会影响平滑点两侧的路径段，如图13-238所示；按住Alt键操作只影响一侧的路径段，如图13-239所示。

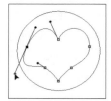
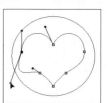

图13-238　　　　　图13-239

技术看板 45 钢笔工具鼠标指针观察技巧

使用钢笔工具时 ⌀，鼠标指针在路径和锚点上会有不同的显示状态，通过对鼠标指针的观察可以判断钢笔工具此时的功能，从而更加灵活地使用钢笔工具。

● ♦。：当鼠标指针在画面中显示为 ♦。状时，单击可以创建一个角点；单击并拖动鼠标可以创建一个平滑点。

● ♦。：在绘制路径的过程中，将鼠标指针移至路径的起始锚点上，鼠标指针会变为 ♦。状，此时单击可闭合路径。

● ♦。：选择一个开放式路径，将鼠标指针移至该路径的一个端点上，鼠标指针变为 ♦。状时单击，然后便可继续绘制该路径；如果在绘制路径的过程中将钢笔工具移至另外一条开放路径的端点上，鼠标指针变为 ♦。状时单击，可以将这两段开放式路径连接成一条路径。

13.5.7
显示和隐藏路径

单击一个路径层，如图13-240所示，即可将其选择，同时，画布上也会显示路径。在面板的空白处单击，如图13-241所示，可以取消选择并隐藏画布上的路径。

图13-240　　　　　　　图13-241

选择路径后，画布上会始终显示它，即使在使用其他工具时也是如此。如果要保持路径的选取状态，但又不希望它对视线造成干扰，可以按Ctrl+H快捷键，隐藏画布上的路径。再次按该快捷键可以重新显示路径。

💎 13.5.8
复制和删除路径

如果要在原位置复制路径，可以在"路径"面板中将路径层拖曳到 ⊞ 按钮上（工作路径需要拖曳两次）。此时复制出的路径与原路径重叠，且它们位于不同的路径层中，如图13-242所示。

如果不在意路径的位置，可以使用路径选择工具 ▶ 单击画板中的路径，按住Alt键并拖曳，此时可沿拖曳方向复制出路径，但复制出的路径与原路径位于同一个路径层中，如图13-243和图13-244所示。

图13-242　　　　　图13-243　　　　图13-244

如果想将路径复制到其他打开的文件中，可以使用路径选择工具 ▶ 将其拖曳到另一文件。操作方法与拖曳图像到其他文件是一样的（见79页），只是使用的是路径选择工具 ▶，而非移动工具 ✛。

如果要删除文档窗口中的路径，可以使用路径选择工具 ▶ 单击画布上的路径，再按Delete键。

如果要删除"路径"面板中的路径层，可以单击路径层，然后单击面板底部的 🗑 按钮，在弹出的对话框中单击"是"按钮。更简便的方法是直接将路径层拖曳到 🗑 按钮上。

💎 13.5.9
对齐与分布路径

使用路径选择工具 ▶ 按住Shift键并单击画布上的多

个子路径（或同一个形状图层中的多个形状），将它们选取，单击工具选项栏中的 ▤ 按钮，打开下拉面板，如图13-245所示，选择一个选项，即可让所选路径（或形状）对齐，或者按一定的规则均匀分布，如图13-246所示。其他效果可参见图层（见51页）。

图13-245

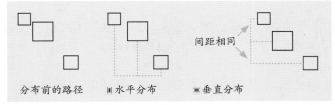

间距相同

分布前的路径　　‖水平分布　　☰垂直分布

图13-246

同一个路径层中的多个路径，以及同一个形状图层中的多个形状可以进行上述操作。不同的路径层、不同的形状图层无法进行上述操作，如图13-247和图13-248所示。

这两个路径层不能对齐和分布

这3个图形可以对齐和分布

图13-247

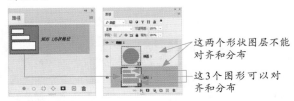

这两个形状图层不能对齐和分布

这3个图形可以对齐和分布

图13-248

> **提示**（Tips）
>
> 进行路径分布操作时，需要至少选择3个路径组件。此外，选择"对齐到画布"选项，可以相对于画布来对齐或分布对象。例如，单击左边按钮 ▤，可以将路径对齐到画布的左侧边界上。

💎 13.5.10
路径的变换与变形

在"路径"面板中选择路径，执行"编辑>变换路径"子菜单中的命令，或按Ctrl+T快捷键，所选路径上会显示定界框，此时拖曳定界框和控制点可以对路径进行缩放、旋转、斜切和扭曲等操作。具体方法与图像的变换方法相同（见80页）。

💎 13.5.11

实战：路径与选区互相转换

01 打开素材。使用魔棒工具 ✐ 选择背景，如图13-249所示。按Shift+Ctrl+I快捷键反选，选中北极熊，如图13-250所示。单击"路径"面板中的 ◇ 按钮，可以将选区转换为路径，如图13-251所示。在面板的空白处单击，取消路径的选取，如图13-252所示。

02 如果要从路径中载入选区，可以按住Ctrl键并单击路径层的缩览图，如图13-253和图13-254所示。虽然单击"路径"面板中的路径层后，再单击 ⬚ 按钮也可载入选区，但这会因选择了路径层而在文档窗口显示路径。

图13-249

图13-250

图13-251

图13-252

图13-253

图13-254

💎 13.5.12

实战：制作花饰字（描边路径）

绘画和修饰类工具可以对路径进行描边，让路径轮廓变为可见图像。Photoshop的笔尖种类非常丰富，只要善加利用，便可制作出很炫的特效，如图13-255所示。

扫码看视频

图13-255

01 打开素材。单击路径层，如图13-256所示，画布上会显示所选的文字路径，如图13-257所示。

图13-256

图13-257

02 选择画笔工具 ✐。打开"画笔"面板，在"旧版画笔>默认画笔>特殊效果画笔"组内选择"杜鹃花串"笔尖并设置直径为40像素，如图10-258所示。新建一个图层。调整前景色（R2，G125，B0）和背景色（R99，G140，B11）。打开"路径"面板菜单，执行"描边路径"命令，如图13-259所示。打开"描边路径"对话框，在"工具"下拉列表中选择"画笔"，如图13-260所示，单击"确定"按钮，对路径进行描边，效果如图13-261所示。

图13-258

图13-259

图13-260

图13-261

> **提示（Tips）**
>
> 在"描边路径"对话框中可以选择画笔、铅笔、橡皮擦、背景橡皮擦、仿制图章、历史记录画笔、加深和减淡等工具来描边路径，只是在描边路径前，需要先设置好工具的参数。

03 新建一个图层。调整前景色（R190，G139，B0）和背景色（R189，G4，B0），按住Alt键并单击"路径"面板底部的 ○ 按钮，通过这种方法直接打开"描边路径"对话

框，勾选"模拟压力"选项，如图13-262所示，使描边线条的粗细发生变化，效果如图13-263所示。

图13-262　　　　　　　　　图13-263

04 设置画笔工具 ✐ 的直径为20像素。新建一个图层。设置前景色为白色，背景色为橙色（R243，G152，B0），再次描边路径，效果如图13-264所示。按Ctrl+L快捷键打开"色阶"对话框，拖曳滑块，提高色调的对比度，如图13-265和图13-266所示。

图13-264　　　　　图13-265　　　　　图13-266

05 在"路径"面板的空白处单击隐藏路径。双击"图层3"，打开"图层样式"对话框，为文字添加"投影"效果，如图13-267和图13-268所示。

图13-267　　　　　　　　　图13-268

06 按住Alt键，将"图层 3"后面的效果图标 *fx* 拖曳给"图层 2"和"图层 1"，复制效果到这两个图层，使花朵文字产生立体感，如图13-269和图13-270所示。

图13-269　　　　　　　　　图13-270

13.5.13

实战：用路径运算方法制作图标

01 按Ctrl+N快捷键，打开"新建文档"对话框，创建一个24厘米×24厘米、分辨率为72像素/英寸的RGB模式文件。打开"视图>显示"子菜单，看一下"智能参考线"命令前面是否有一个"√"，如果有就说明开启了智能参考线，没有的话，就单击该命令启用智能参考线。

02 按Ctrl+R快捷键显示标尺，将鼠标指针放在窗口顶部的标尺上，按住Shift键并拖曳出参考线，放在12厘米的位置，如图13-271所示。按住Shift键并拖曳出参考线，可以使参考线与刻度对齐，另外，智能参考线还会显示当前参考线的坐标，这样就等于为准确定位参考线提供了双重保险。采用同样的方法，从窗口左侧的标尺拖曳出参考线，如图13-272所示。参考线的相交点就是画面的中心点。

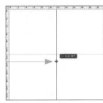

图13-271　　　　　　　　图13-272

03 选择自定形状工具 ✿。在工具选项栏中选项"形状"选项，设置填充颜色为蓝色，无描边。在形状下拉面板中选择图13-273所示的图形。

图13-273

04 将鼠标指针放在中心点单击，然后按住Shift键并拖曳出图形，如图13-274所示。选择双环图形，单击减去顶层形状按钮 🖿，如图13-275所示。将鼠标指针放在中心点，首先单击并拖曳鼠标，然后按住Shift键并继续拖曳，此时图形会以中心点为基准展开，放开鼠标后，会进行相减运算，如图13-276所示。操作时一定要先拖曳出图形，然后按Shift键，否则这两个按键会影响运算。

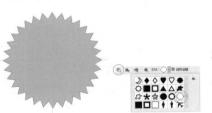

图13-274　　　　　图13-275　　　　　图13-276

05 选择五角星并单击排除重叠形状按钮，如图13-277所示。按住Shift键并绘制五角星，操作时可同时按住空格键拖曳图形，使之与外侧的圆环对齐，如图13-278所示。

图13-277　　　　　　　图13-278

06 按Ctrl+R快捷键隐藏标尺；按Ctrl+；快捷键隐藏参考线；按Ctrl+H快捷键隐藏路径。打开"样式"面板，在面板菜单中执行"旧版样式及其他"命令，载入该样式库，单击"Web"样式组中的样式，如图13-279和图13-280所示，为图形添加效果。图13-281所示为添加其他样式创建的效果。

图13-279　　　　　图13-280　　　　　图13-281

技术看板 46 修改路径运算结果

路径是矢量对象，修改起来非常方便。例如，使用路径选择工具 ▶ 选择多个子路径后，单击工具选项栏中的运算按钮，即可修改运算结果。这是选区和通道运算无法实现的。

选择路径　　　　　修改运算方法　　　　　运算结果

路径运算

使用选择类工具选取对象时，通常要对选区进行相加、相减等运算*（见35页）*，以使其符合要求。

路径也可以进行运算，原理与选区运算一样，只是操作方法有些不同。运算时至少需要两个图形，如果图形是现成的，使用路径选择工具 ▶ 将它们选取便可；如果想在绘制路径的时进行运算，可先绘制一个图形，然后单击工具选项栏中的 按钮，打开下拉菜单选择运算方法，如图13-282所示，之后绘制另一个图形。以图13-283所示的图形为例，绘制好邮票图形后，单击不同的运算按钮，再绘制

人物图形，就会得到不同的运算结果，如图13-284所示。

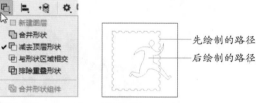

图13-282　　　　　图13-283

合并形状　　　　　　　　减去顶层形状

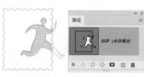

与形状区域相交　　　　　排除重叠形状

图13-284

● 新建图层 □ ： 可以创建新的路径层。

● 合并形状 ◻ ： 将新绘制的图形与现有的图形合并。

● 减去顶层形状 ◻ ： 从现有的图形中减去新绘制的图形。

● 与形状区域相交 ◻ ： 单击该按钮后，得到的图形为新图形与现有图形相交的区域。

● 排除重叠形状 ◻ ： 单击该按钮后，得到的图形为合并路径中排除重叠的区域。

● 合并形状组件 ◻ ： 可以合并重叠的路径组件。

13.5.14

调整路径的堆叠顺序

Photoshop中的图层按照其创建的先后顺序依次向上堆叠，路径也遵守这一规则。但路径表现在两个方面：一是各个路径层的上下堆叠；二是同层路径的上下堆叠，也就是说，在同一个路径层中绘制多条路径时，这些路径也会按照创建的先后顺序堆叠。

进行路径相减运算时（单击减去顶层形状按钮 ◻ ），Photoshop会使用所选路径中的下层路径减去上层路径，因此，要想获得预期结果，就需要先将路径的堆叠顺序调整好。操作方法是：选择路径，然后单击工具选项栏中的 按钮打开下拉菜单，执行一个需要的命令即可，如图13-285所示。

图13-285

扁平化图标：收音机

扫码看视频

难度：★★☆☆☆　功能：滤镜、椭圆工具、图层样式

说明：这套图标在设计时使用了鲜亮的多彩色设计风格，并添加了弥散阴影，使图标在视觉上丰富、醒目。

扁平化图标通过简化、抽象的图形来表现主题内容，减弱或消除各种渐变、阴影、高光等拟真视觉效果对用户视线的干扰，让用户更加专注于内容本身。由于去掉了繁复的装饰，因此也使展示个性的空间变小。这也正是扁平化设计看似简单，但要做出独特风格却很难的原因。

13.6.1

绘制收音机图形

01 打开素材，如图13-286所示。这是一个iOS图标制作模板，画面中的红色区域是预留区域，也就是留白，制作图标时不要超出红色区域。

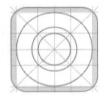

图13-286

02 将前景色设置为黄色（R255，G204，B0）。选择椭圆工具 ◯，在工具选项栏中选择"形状"选项，按住Shift键创建圆形，如图13-287所示。在"图层"面板空白处单击，取消路径的显示。当一个系列图标中既有方形（圆角矩形）又有圆形时，就不能采用相同的尺寸了，因为方形所占面积大于圆形，在视觉上会不统一。因此在制作时需要缩小方形的尺寸，如图13-288所示。

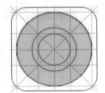
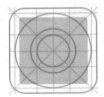

图13-287　　　　　　　图13-288

03 用圆角矩形工具 ◻ 绘制图形，如图13-289所示。为了便于查看操作效果，在提供步骤图时隐藏了参考线。在工具选项栏中选择"合并形状"选项，如图13-290所示，绘制的

图形会与之前的图形位于同一个形状图层中。在图形右上角绘制天线，由一个小的圆角矩形和圆形组成，如图13-291所示。在"图层"面板空白处单击，取消路径的显示，再绘制图形时会在一个新的形状图层中。一个形状图层中可以包含多种形状，但只能填充一种颜色，因此，要绘制其他颜色的形状就得在一个新的图层中操作。

图13-289　　　　　图13-290　　　　　图13-291

04 在收音机左侧绘制两个圆形，填充橙色（R255，G153，B0），如图13-292所示。用圆角矩形工具 ◻ 绘制组成音箱的图形，如图13-293所示。选择椭圆工具 ◯，按住Shift键并创建一个圆形，设置填充为无，描边宽度为3点，颜色为橙色，如图13-294所示。

图13-292　　　　　图13-293　　　　　图13-294

13.6.2

为图层组添加效果

01 按住Shift键并单击"圆角矩形1"图层，将图13-295所示的3个图层选取，按Ctrl+G快捷键将其编组，如图13-296所示。

图13-295　　　　　图13-296

02 单击"图层"面板底部的 *fx* 按钮，在打开的菜单中执行"外发光"命令，打开"图层样式"对话框，设置发光颜色为橙色，如图13-297和图13-298所示。用同样的方法制作其他图标，将背景的圆形设置为丰富、亮丽的颜色。设置外发光颜色时要与背景颜色相近，略深一点即可，如图13-299所示。

图13-297　　　　图13-298　　　　图13-299

图标设计规范

图标的制作通常采取做大不做小的原则，做大尺寸的图标，通过缩放可以得到小尺寸图标。现在智能手机普遍采用苹果系统（iOS）和安卓系统（Android），这两个系统都有其官方设计规范，对图标、状态栏、导航栏和标签栏的大小、字体及最适字号有所要求，具体参见下表。

iOS图标规范		
图标类型	图标尺寸	圆角大小
App图标	120像素×120像素	22像素
App Store图标	1024像素×1024像素	180像素
标签栏导航图标	50像素×50像素	9像素
设置图标	58像素×58像素	10像素
Web Clip图标	120像素×120像素	22像素

Android图标规范		
图标类型	图标尺寸	圆角大小
LDPI屏幕	36像素×36像素	6像素
MDPI屏幕	48像素×48像素	8像素
HDPI屏幕	72像素×72像素	12像素
XHDPI屏幕	96像素×96像素	16像素
XXHDPI屏幕	144像素×144像素	24像素

拟物图标：
赛车游戏

难度：★★★☆　功能：滤镜、图层样式、蒙版

扫码看视频

说明：先用滤镜制作一个纹理材质，再通过图层样式表现金属底版和文字的工业感。汽车用的是图片素材，通过蒙版进行遮挡，并适当调色，使其具有蒸汽朋克味道。

拟物图标是指模拟现实物品的造型和质感，适度概括、变形和夸张，通过表现高光、纹理、材质、阴影等效果对实物进行再现。拟物图标直观有趣、辨识度高，能让人一眼就认出是什么。在制作拟物图标时注重阴影与质感的表现，以体现真实物品的感觉。

◈ 13.7.1

制作金属纹理并定义为图案

01 按Ctrl+N快捷键，创建一个1024像素×1024像素、72像素/英寸的文件，如图13-300所示。将前景色设置为灰色（R179，G179，B179），按Alt+Delete快捷键填充灰色，如图13-301所示。

图13-300 图13-301

02 执行"滤镜>杂色>添加杂色"命令，在图像中添加单色杂点，如图13-302所示（"高斯分布"比"平均分布"效果更强烈）。执行"滤镜>模糊>动感模糊"命令，设置角度为45°，产生倾斜的纹理，如图13-303和图13-304所示。执行"编辑>定义图案"命令，将纹理定义为图案，如图13-305所示。在制作图标的文字和金属底版时会用到此纹理。

图13-302 图13-303

图13-304 图13-305

◆ 13.7.2

制作金属底版

01 将图像填充为白色。选择圆角矩形工具 ⬜ 及"形状"选项。在画布上单击，在弹出的对话框中设置宽度和高度均为1024像素，半径为180像素，如图13-306所示。创建圆角矩形，"图层"面板中会自动生成一个形状图层。新创建的图形不会位于画板正中位置，可以按住Ctrl键并单击"背景"图层，将其与形状图层一同选取，选择移动工具 ✛，分别单击工具选项栏中的垂直居中按钮 ♣ 和水平居中对齐按钮 ♣，将圆角矩形对齐到画板正中位置，如图13-307所示。

图13-306 图13-307

02 按Ctrl+J快捷键复制形状图层，如图13-308所示。选择圆角矩形工具 ⬜，在复制的形状图层上绘制一个小一点的圆角矩形，与原来的图形相减。绘制前先在工具选项栏中选择"排除重叠形状"选项，如图13-309所示，然后在画面中单击，会弹出"创建圆角矩形"对话框，设置宽度和高度均为755像素，半径为150像素，如图13-310所示。

图13-308 图13-309 图13-310

03 创建圆角矩形后，需要将其与该层中的大圆角矩形对齐。两图形在同一图层中，对齐方法较之前有所不同。选择路径选择工具 ▶ 按住Shift键并单击这两个圆角矩形，在工具选项栏中选择"对齐到画布"选项，这是为了避免两图形居中对齐后偏离画布中心。再分别选择水平居中对齐 ♣ 和垂直居中对齐 ♣，如图13-311和图13-312所示。由于下一图层的圆角矩形也为黑色，在图像窗口中看不出两图形相减的效果，可通过"图层"面板中的图层缩览图观察图像，如图13-313所示。

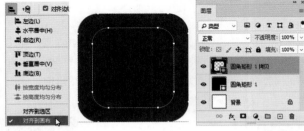

图13-311 图13-312 图13-313

04 双击该图层，打开"图层样式"对话框，在左侧的列表中勾选"图案叠加"选项，设置混合模式为"正常"，不透明度为100%，在"图案"下拉列表中选择自定义的图案，如图13-314和图13-315所示。

图13-314　　　　　图13-315

05 添加"描边"效果，如图13-316和图13-317所示。

图13-316　　　　　图13-317

06 继续添加"斜面和浮雕"效果，如图13-318所示。高光颜色为白色，阴影颜色为接近黑色的深蓝色，以更好地表现金属的冷峻质感，如图13-319所示。

图13-318　　　　　图13-319

07 将视图比例放大，可以看到浮雕的斜面略显锐利，如图13-320所示，因此需要进一步调整。添加"等高线"效果，在浮雕效果基础上对斜面的高光和阴影进行修饰，如图13-321所示，使过渡柔和自然，如图13-322所示。

图13-320　　　　图13-321　　　　图13-322

08 "光泽"效果适合表现金属表面质感，在制作这个金属底版时，自然也少不了它。添加"光泽"效果，设置参数，如图13-323所示。再添加"颜色叠加"效果，为金属表面添加一层浅灰色，如图13-324和图13-325所示。

图13-323　　　　　　　　图13-324

图13-325

09 添加"渐变叠加"效果，叠加在金属框上，让层次变化更丰富。这个渐变在渐变库中没有现成的样式，需要自己设置。单击渐变按钮，打开"渐变编辑器"对话框，在"渐变类型"下拉列表中选择"杂色"选项。杂色渐变有着丰富的变化，我们要定制的渐变不需要颜色。在"颜色模型"下拉列表中选择"HSB"选项，勾选"限制颜色"选项。H、S、B分别表示色调、饱和度、亮度，要为渐变去色，就得将饱和度降为0。将鼠标指针放在S（饱和度）滑杆右侧的白色滑块上，如图13-326所示，将其拖曳到左侧黑色滑块的位置，渐变即可变为无色，如图13-327所示。关闭"渐变编辑器"对话框，设置"渐变叠加"选项的其他参数，如图13-328和图13-329所示。

图13-326　　　　　　　　图13-327

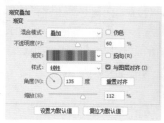

图13-328　　　　　　　　图13-329

10 选择"投影"选项，为图标添加一个投影效果，如图13-330和图13-331所示。图标与画布大小相同，投影效果并不能完全显示。将图标放在其他大一点的背景中时，可再根据背景色对投影的颜色、大小做进一步调整。

图13-330　　　　　　　图13-331

♦ 13.7.3
制作从图标中驶出的汽车

01 打开汽车素材。使用移动工具 ✛ 将汽车拖入图标文件中。用矩形选框工具 ⬚ 框选右侧与金属框重叠的车身部分，如图13-332所示，再用椭圆选框工具 ◯（按住Alt键）在轮胎上创建一个选区，如图13-333所示，与矩形选区相减，如图13-334所示，这个选区内的图像就是要隐藏的。按住Alt键并单击"图层"面板底部的 ▢ 按钮，基于选区创建一个反相的蒙版，如图13-335所示。

图13-332　　　　　　　图13-333

图13-334　　　　　　　图13-335

02 新建一个图层，设置不透明度为76%。按Alt+Ctrl+G快捷键创建剪贴蒙版。这个图层负责压暗车身的显示，使车身后部能够融入黑暗的背景中。而使用剪贴蒙版的意义则是可以放心大胆地去绘制，不用担心会影响到车身以外的部分。将前景色设置为黑色。选择渐变工具 ▣，在工具选项栏中单击线性渐变按钮 ▣，在渐变下拉面板中选择"前景色到透明渐变"。从画面右侧（轮胎位置）向左侧拖曳鼠标创建渐变，渐变范围约占画面的⅓。在左侧车头位置填充渐变，渐变范围较小，将车头适当压暗即可，如图13-336和图13-337所示。

图13-336　　　　　　　图13-337

03 单击"调整"面板中的 ▦ 按钮，创建"曲线"调整图层，向下拖曳曲线，如图13-338所示，使汽车整体变暗，与图标的色调和金属质感更加协调。按Alt+Ctrl+G快捷键，将调整图层也创建到剪贴蒙版组中，如图13-339和图13-340所示。

图13-338　　　　图13-339　　　　图13-340

04 在"汽车"图层下方新建一个图层，用画笔工具 ✎ 绘制汽车投影，如图13-341和图13-342所示。

图13-341　　　　图13-342

05 打开文字素材，将其拖入文件中。为文字添加图层样式，制作出金属感，如图13-343~图13-349所示。最后，将文字素材拖入车牌处，通过"自由变换"命令对其外观进行倾斜扭曲，使其与车牌贴合，如图13-350所示。

图 13-343

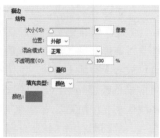

图 13-344

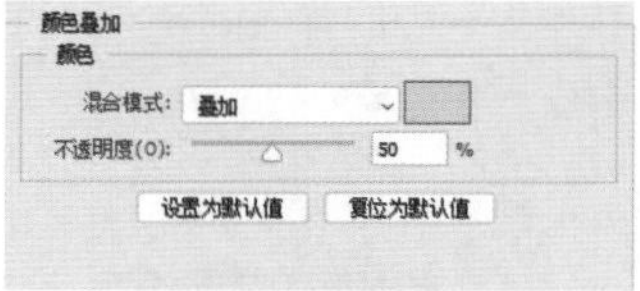

图 13-345

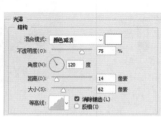

图 13-346

图 13-347

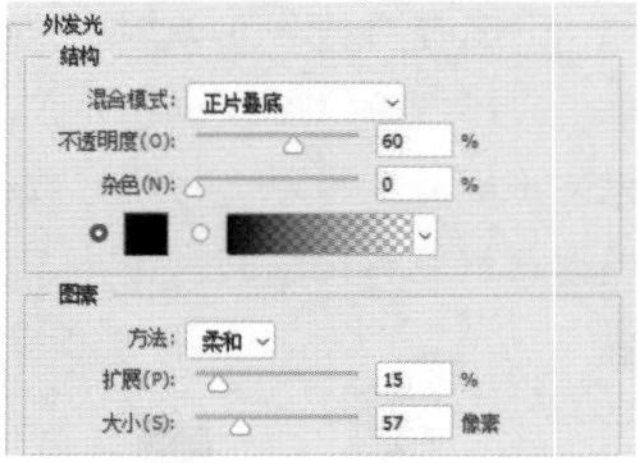

图 13-348

图 13-349

图 13-350

13.8 拟物图标：玻璃质感卡通人

扫码看视频

难度：★★★★☆　功能：绘图工具、图层样式　　　说明：使用绘图工具绘制五官和头发形状，应用图层样式制作出具有立体感的、可爱有趣的卡通头像。

 13.8.1

制作五官

01 按Ctrl+N快捷键，打开"新建"对话框，创建一个210毫米×297毫米、200像素/英寸的文件。

02 将前景色设置为白色。选择椭圆工具 ◯，在工具选项栏中选择"形状"选项，创建一个长度约3.5厘米的椭圆形，如图13-351所示。

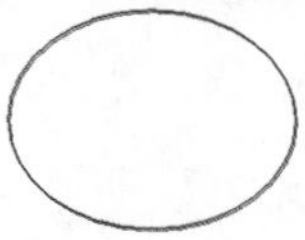

图 13-351

03 双击该图层，在打开的"图层样式"对话框中分别勾选"投影"和"内阴影"效果，将投影的颜色设置为深棕

色，而内阴影颜色设置为深红色，其他参数设置分别如图13-352和图13-353所示。

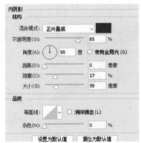

图13-352　　　　　　　　图13-353

04 添加"内发光""斜面和浮雕""等高线"效果，设置参数如图13-354~图13-356所示，制作出一个立体的图形效果，如图13-357所示。

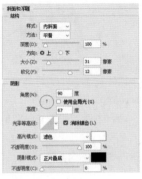

图13-354　　　　　　　　图13-355

图13-356　　　　　　　　图13-357

05 选择工具选项栏中的"合并形状"选项，再绘制一个小一点的椭圆，这样它会与大椭圆位于同一个图层中，如图13-358和图13-359所示。

图13-358　　　　　　　　图13-359

06 单击"图层"面板底部的按钮，新建一个图层。选择椭圆选框工具，按住Shift键并创建一个圆形。选择渐变工具，单击径向渐变按钮，再单击按钮打开"渐变编辑器"对话框，调整渐变颜色，如图13-360所示。在

圆形选区内填充径向渐变，如图13-361所示。

图13-360　　　　　　　　图13-361

07 依然保留选区的存在。选择画笔工具，设置大小为55像素，不透明度为80%，在选区内为眼珠点上高光，如图13-362所示。选择移动工具，按住Alt键并将眼珠图形拖曳到另一只眼睛上，进行复制，按Ctrl+D快捷键取消选择，如图13-363所示。

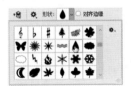

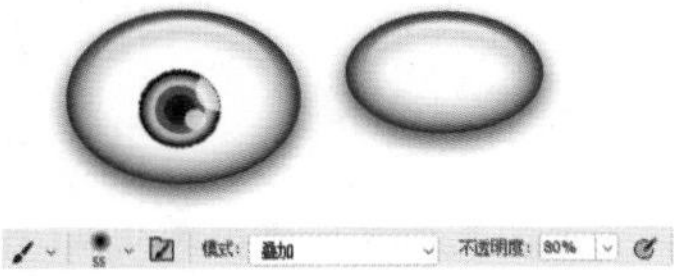

图13-362 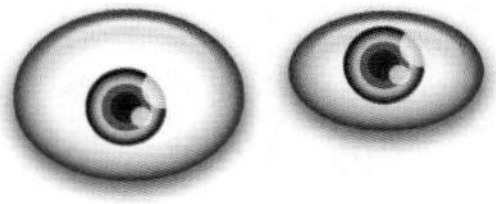　　　　　　　　图13-363

08 选择自定形状工具，在形状下拉面板中选取"雨滴"形状，如图13-364所示，在眼睛中间绘制出图形，作为卡通人的鼻子，如图13-365所示。

图13-364　　　　　　　　图13-365

09 按住Alt键将"形状1"图层后面的图标拖曳到"形状2"图层中，复制图层样式，如图13-366和图13-367所示。

图13-366　　　　　　　　图13-367

10 双击该图层，打开"图层样式"对话框，勾选"外发光"效果，将发光颜色设置为红色，如图13-368所示。选择"渐变叠加"效果，单击渐变按钮打开"渐变编辑器"对话框，设置渐变颜色如图13-369和图13-370所示，使鼻子颜色呈现渐变过渡效果，如图13-371所示。

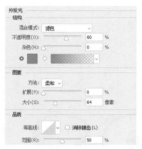

图 13-368　　　　　　图 13-369

图 13-370　　　　　　图 13-371

11 使用钢笔工具 ✐ 绘制眼眉，将"形状 2"图层的效果复制给眼眉图层。将前景色设置为深棕色（R106，G57，B6），按Alt+Delete快捷键填充前景色，如图13-372所示。

12 将前景色设置为黄色。双击眼眉图层，在打开的对话框中勾选"光泽"效果，设置发光颜色为红色，如图13-373所示。勾选"渐变叠加"效果，在"渐变"面板中选择"透明条纹渐变"，由于前景色为黄色，所以这个条纹也会呈现黄色，如图13-374和图13-375所示。

图 13-372　　　　　　图 13-373

图 13-374　　　　　　图 13-375

13 单击外发光左侧的眼睛图标 ◉ ，将该效果隐藏，如图13-376和图13-377所示。

图 13-376　　　　图 13-377

14 用同样的方法制作出胡须，如图13-378所示。将前景色设置为深棕色（R54，G46，B43），按Alt+Delete快捷键填充图形，将该图层拖曳到鼻子图层下方，如图13-379所示。

图 13-378　　　　　　图 13-379

15 绘制出脸的图形，按Shift+Ctrl+[快捷键将其拖曳至底层。按住Alt键，将"形状 2"（鼻子）图层后面的 *fx* 图标拖曳到脸图层，如图13-380和图13-381所示。

图 13-380　　　　图 13-381

16 选择椭圆工具 ◯ ，在工具选项栏中选择" 減去顶层形状"选项，如图13-382所示。绘制出一个椭圆形，作为卡通人的嘴，这个图形会与脸部图形相减，生成凹陷状效果，如图13-383和图13-384所示。

图 13-382　　　　图 13-383　　　　图 13-384

◆ **13.8.2**

制作领结和头发

01 绘制出衣领图形，将前景色设置为深棕色（R87，G60，B100），按Alt+Delete快捷键填充颜色，将该图层拖曳到脸部图层下方。添加"渐变叠加"效果，将渐变样式设置为"对称的"，如图13-385和图13-386所示。

图 13-385　　　　　　图 13-386

02 在形状下拉面板中选择"花1"图形，创建一个填充黄色的形状，如图13-387和图13-388所示。

图13-387　　　　　　　图13-388

03 按住Ctrl键并单击"形状 5"（脸部）图层，载入脸部选区，如图13-389所示。按住Alt键并单击面板底部的 ◘ 按钮，基于选区创建一个反相蒙版，如图13-390所示。

图13-389　　　　　　　图13-390

04 选择圆角矩形工具 ▭，设置半径为50像素，按住Shift键并绘制一个圆角矩形，隐藏"渐变叠加"效果，如图

13-391和图13-392所示。将前景色设置为黑色，在圆角矩形的下面绘制一个矩形，如图13-393所示。

图13-391　　　　图13-392　　　　图13-393

05 在面部图层上方新建一个图层，如图13-394所示。选择椭圆工具 ○ 及"像素"选项，在卡通人的脸上绘制一些粉红色的圆点，模拟雀斑，如图13-395所示。

图13-394　　　　　　　图13-395

Photoshop 2020
13.9

拟物图标：布纹图标

扫码看视频

难度：★★★★☆　功能：图层样式、画笔　　　　　　　　说明：使用图层样式表现图标的布纹质感和立体效果。缝纫线则选用方头画笔模拟，让笔迹产生断点。

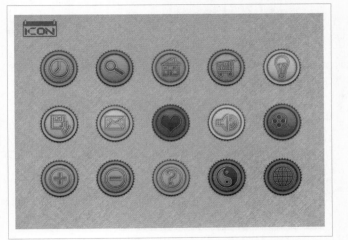

💎 13.9.1

制作布纹

01 打开素材。将前景色设置为浅绿色（R177，G222，B32），背景色设置为深绿色（R42，G138，B20）。使用椭圆选框工具 ○ 按住Shift键创建一个圆形选区。新建一个图层，选择渐变工具 ▭，填充线性渐变，如图13-396所示。

图13-396

02 双击该图层，打开"图层样式"对话框，在左侧的列表中勾选"投影"和"外发光"选项，添加这两种效果，如图13-397和图13-398所示。

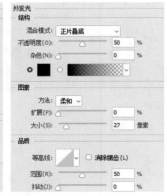

图13-397　　　　　　　　　图13-398

03 继续添加"内发光""斜面和浮雕""纹理"效果，在对话框中设置参数，制作带有纹理的立体效果，如图13-399~图13-402所示。

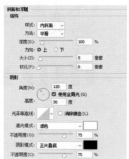

图13-399　　　　　　　　　图13-400

图13-401　　　　　　　图13-402

04 新建一个图层。使用椭圆选框工具绘制一个圆形选区，填充深绿色，如图13-403所示。

图13-403

05 执行"选择>变换选区"命令，在选区周围显示定界框，按住Alt+Shift组合键并拖曳定界框的一角，将选区等比缩小，如图13-404所示。按Enter键确认操作。按Delete键删除选区内的图像，形成一个环形，如图13-405所示。按Ctrl+D快捷键取消选择。

图13-404　　　　　　　　　图13-405

06 双击该图层，打开"图层样式"对话框，添加"内发光"和"投影"效果，如图13-406~图13-408所示。

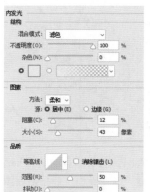

图13-406　　　　　　　　　图13-407

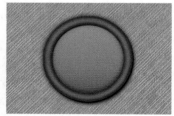

图13-408

07 选择椭圆工具，在工具选项栏中选择"路径"选项，按住Shift键并创建一个比圆环稍小点的圆形路径，如图13-409所示。新建一个图层，如图13-410所示。我们要在该图层上制作缝纫线。

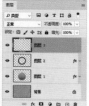

图13-409　　　　　　　图13-410

13.9.2

制作缝纫线

01 选择画笔工具 ✎，在工具选项栏的画笔下拉面板菜单中选择"旧版画笔"，加载该画笔库。打开"画笔设置"面板，选择一个方头画笔，设置画笔的大小、圆度和间距，如图13-411所示。勾选"形状动态"属性，然后在"角度抖动"下方的"控制"选项下拉列表中选择"方向"，如图13-412所示。

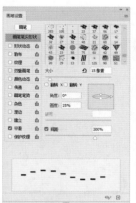

图13-411　　　　　　　图13-412

02 将前景色设置为浅黄色（R204，G225，B152），单击"路径"面板底部的 ○ 按钮，用画笔描边路径，制作出虚线，如图13-413所示。在"路径"面板空白处单击，隐藏路径，如图13-414所示。

图13-413　　　　　　　图13-414

03 双击该图层，添加"斜面和浮雕""投影"效果，如图13-415~图13-417所示。

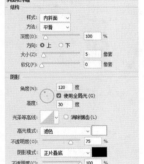

图13-415　　　　　　　图13-416

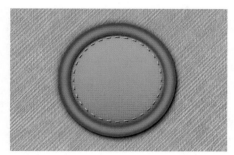

图13-417

04 按Ctrl+O快捷键，打开配套资源中的AI素材文件。使用矩形选框工具 ⬚ 选取最左侧的图形，如图13-418所示。

图13-418

05 使用移动工具 ✛ 将选区内的图形拖入图标文档中，按Shift+Ctrl+[快捷键将它移至底层，如图13-419所示。再选取素材文件中的第2个图形，拖入图标文件，放在深绿色曲线上面，如图13-420所示。依次将第3、第4个图形拖入图标文件中，放在图标图层的最上方，效果如图13-421所示。

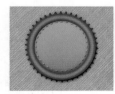
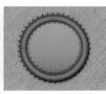

图13-419　　　　图13-420　　　　图13-421

13.9.3

制作凹凸纹样

01 选择自定形状工具 ✿，选取图13-422所示的图形。新建一个图层，绘制该图形，如图13-423所示。

图13-422　　　　　　　图13-423

02 设置该图层的混合模式为"柔光"，使图形显示出底纹效果，如图13-424和图13-425所示。

375

图13-424

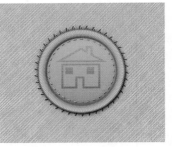
图13-425

图13-428

图13-429

03 为该图层添加"内阴影""外发光""描边"效果，如图13-426~图13-429所示。

04 用相同的参数和方法，变换一下填充的颜色和图形，制作出更多的图标效果，如图13-430所示。

图13-426

图13-427

图13-430

13.10 社交类应用：个人主页设计

难度：★★★☆☆ 功能：矩形工具、渐变工具、蒙版、图层样式

说明：个人主页是集中展示个人信息的页面，由头像、个人信息和功能模块组成。这个App是养猫者"以猫会友"的社交类应用，以展示猫咪的日常生活趣事为主。

13.10.1

制作猫咪头像

01 新建一个文件。使用矩形工具 创建一个矩形，如图13-431所示。打开素材文件，使用移动工具 将猫咪素材拖入文件中，如图13-432所示，按Alt+Ctrl+G快捷键创建剪贴蒙版，如图13-433所示。

图13-431

图13-432

图13-433

02 将前景色设置为白色。选择渐变工具 ▣，在工具选项栏中单击 ▣ 按钮，打开渐变下拉面板，选择"前景色到透明渐变"渐变，在猫咪图像左上角填充径向渐变，如图13-434所示。调整前景色，单击工具选项栏中的线性渐变按钮 ▣，在猫咪右侧填充线性渐变，降低右侧背景的亮度，如图13-435所示。打开素材文件，将状态栏和导航栏拖入文件中，如图13-436所示。

图13-434

图13-435

图13-436

> **提示**（Tips）
>
> 状态栏（Status Bar）位于界面最上方，显示信息、时间、信号和电量等。它的规范高度为40像素。导航栏（Navigation Bar）位于状态栏下方，用于在层级结构的信息中导航或管理屏幕信息。左侧为后退图标，中间为当前界面内容的标题，右侧为操作图标。导航栏的规范高度为88像素。

03 选择椭圆工具 ◯，在画面中单击，弹出"创建椭圆"对话框，设置椭圆大小为144像素，如图13-437所示。使用椭圆选框工具 ◯ 在猫咪脸部创建一个选区，如图13-438所示，将鼠标指针放在选区内，按住Ctrl键并拖曳选区内的图像到当前文件中，按Alt+Ctrl+G快捷键创建剪贴蒙版，制作出猫咪的头像。按Ctrl+T快捷键显示定界框，按住Shift键并拖曳定界框的一角，将图像成比例缩小，如图13-439所示。

图13-437

图13-438

图13-439

13.10.2
制作图标和按钮

01 选择自定形状工具 ✿，在形状下拉面板中选择"雄性符号"形状，如图13-440所示，在头像右上方绘制该形状，绘制时按住Shift键可锁定形状比例。选择横排文字工具 T，在画面中输入猫咪的名字、品种、年龄和个性特征等信息，都使用"苹方"字体，字号为28点，其他文字为24点，颜色有深浅变化，白色文字用一个矩形色块作为背景，如图13-441所示。

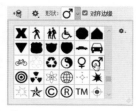
图13-440

图13-441

02 调整前景色（R153，G102，B102）。选择"雨滴"形状，如图13-442所示，在画面中绘制该形状，如图13-443所示。按Ctrl+T快捷键显示定界框，在图形上单击鼠标右键，打开快捷菜单，执行"垂直翻转"命令，如图13-444所示。按Enter键确认。

图13-442

图13-443

图13-444

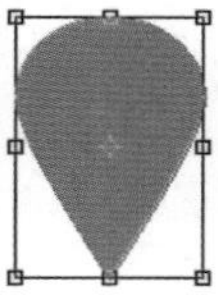

03 选择椭圆工具 ◯，在工具选项栏中选择"□排除重叠形状"选项，按住Shift键并绘制一个圆形，与雨滴图形相减，制作出地理位置图标，如图13-445所示。在图标右侧添加猫咪的地址，如图13-446所示。

图13-445

图13-446

04 在画面下方绘制爪印图形，如图13-447所示。用圆角矩形工具 ◻ 绘制一个按钮，如图13-448所示。

图13-447

图13-448

05 双击该图层，打开"图层样式"对话框，添加"投影"效果，如图13-449和图13-450所示。

图13-449

图13-450

图13-451　　　　图13-452

06 在按钮上添加白色文字，如图13-451所示。添加其他信息，如图13-452所示。

13.11 女装电商应用：详情页设计

难度：★★★☆　功能：绘图工具、横排文字工具

扫码看视频

说明：详情页用于向用户介绍产品，引导用户下单购买。在详情页中既要完美地展示产品，同时产品信息也要清晰，而且"加入购物车"按钮要格外醒目。

13.11.1 制作导航栏

01 打开素材文件，文件中包含了状态栏。选择矩形工具，在画布上单击，打开"创建矩形"对话框，创建一个750像素×88像素的矩形，填充浅灰色，如图13-453和图13-454所示。

图13-453

图13-454

02 选择钢笔工具，在导航栏左侧绘制后退图标，在右侧绘制分享图标，如图13-455所示。

03 选择横排文字工具 T，输入导航栏标题文字，以等量的间距作为分隔，如图13-456所示。

图13-455

图13-456

13.11.2 制作产品展示及信息

01 选择"背景"图层，填充浅灰色。打开之前制作的服装详情页文件，如图13-457所示，按住Shift键并选取与人物及背景相关的图层，如图13-458所示，按Alt+Ctrl+E快捷键，将所选图层盖印到一个新的图层中。

图13-457

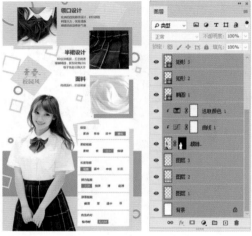

图13-458

02 使用移动工具 ✛ 将盖印图层拖入文件中，调整其大小，作为服装的展示信息。使用矩形工具 □ 在图片左下角绘制一个矩形，作为页码指示器，提示用户当前展示的是第一页视图，如图13-459所示。

03 选择横排文字工具 T，输入服装的信息。标题文字可以大一点，如图13-460

所示。与优惠相关的信息用红色，这样文字虽小也能足够吸引眼球，如图13-461所示。输入价格信息，如图13-462所示。文字有大小、深浅的变化，体现出信息传达的主次和重要程度。在设计时应了解用户的购买心理，主要文字突出显示，使用户能一眼看到，如图13-463所示。

图13-459

图13-460

图13-461

图13-462

图13-463

04 选择自定形状工具 ✿，选取图13-464所示的图形。在商家承诺的条款信息前面绘制形状，如图13-465所示。

图13-464

图13-465

◈ 13.11.3

制作标签栏

01 用矩形工具 □ 绘制两个白色的矩形，按Ctrl+[快捷键调整到文字下方，使文字阅读起来更加方便，尽量给用户创造良好的阅读体验。在画面中单击，打开"创建矩形"对话框，创建一个750像素×98像素的矩形，填充略深一点的灰色，如图13-466和图13-467所示。

图13-466

图13-467

02 用自定形状工具 ✿ 绘制图标，客服、关注和购物车图标都来源于形状库，店铺图标可使用钢笔工具 ✎ 绘制，如图13-468所示。输入标签名称，如图13-469所示。

图13-468

图13-469

03 最后，输入文字"加入购物车"，将文字设置为白色，并用红色矩形作为背景，如图13-470和图13-471所示。

图13-470

图13-471

提示（Tips）

标签栏（Tab Bar）位于界面最下方，用于全局导航，具有方便、快速切换的功能。标签栏内容不能超过5个页签，每个页签的名称要简短易懂，以当前卡片主要信息的总称或所执行按钮的名称为主，如主页、地图、发送信息、详情信息等。标签栏的规范高度为98像素。

第14章

抠图技术

[本章简介]

本章我们来学习抠图方法和操作技巧。应当承认，抠图比较难，尤其是抠浓密长发的人像、带有皮毛的动物、透明或模糊的对象等，很有挑战性。另外，图像类型也比较复杂，这使得抠某一类图像的技巧，并不能处理好其他类型的图像，甚至用在同类图像上，由于背景不同，也不会管用。总之，挺让人头痛的。我们只能多多开动脑筋，根据图像的特点，结合多种技巧来灵活处理。

越是复杂的东西，越需要找到其中蕴含的规律，这样方能破解难题。本章我们就从分析图像、认识抠图规律入手，从易到难，逐步学习各种抠图技术。

[学习目标]

本章我们要学会以下抠图技术。
- 抠简单的不规则图像
- 抠边缘复杂的图像——鹦鹉、毛绒玩具、闪电、大树和变形金刚等
- 抠建筑
- 抠轮廓光滑的对象
- 抠宠物——长毛小狗
- 抠汽车及阴影
- 抠透明对象——酒杯、冰块和婚纱
- 抠像
- 抠发丝——用通道和"选择并遮住"命令两种方法处理

[学习重点]

搞懂这几个问题

14.1

学习抠图，不要把注意力都只放在各种技术上，可以先想一想这两个问题：我们了解图像的特点吗？对抠图工具又有多少认知呢？只有想清楚了，才能让抠图技术与不同类型的图像对应好、衔接上。

· PS技术讲堂 ·

【 什么是抠图，为什么要抠图 】

抠图就是将图像从原有的背景中分离出来。它包含两层意思，一是采用某些方法制作选区，将图像选中，如图14-1所示；二是通过蒙版遮挡选区之外的图像，或者将所选图像放到单独的图层上，即抠出来，如图14-2和图14-3所示。

图14-1　　　　　　图14-2　　　　　　图14-3

为什么要抠图呢？主要因为很多工作需要使用没有背景的素材来进行图像合成，例如我们常见的广告、商品的宣传单、网页banner、书籍封面、商品包装等，如图14-4所示。

此外，在需要选区限定操作范围的时候，例如，限定调色范围、滤镜范围等，也会用到抠图技术。虽然只是创建选区，并没有将图像与背景分离，但抠图技术在其中也发挥了关键作用。

网店详情页　　　　　　　　　网店详情页　　　　　　　　　杂志封面

banner　　　　　　　　　　　　　　　　　　　　　　　旅游广告

图14-4

· PS技术讲堂 ·

【选区的"无间道"】

　　学习抠图技术，其实就是学习选区的创建和编辑技术。而要想编辑好选区，则需要对它有充分的了解，尤其是要认得选区。就像川剧里的变脸一样，选区也能以不同的面貌示人，颇有点"无间道"的意思。如果不知道这其中的奥妙，就没有办法利用好它。

　　在图像上，选区的边界是一圈闪烁的"蚁行线"，如图14-5所示，这是它最常见的"面孔"。Photoshop中的选框类工具、套索类工具和魔棒类工具，以及"选择"菜单中的命令都可以编辑"蚁行线"状态下的选区。

　　绘画和修饰类工具，以及种类繁多的滤镜是不认识蚁行线的。要想用这些工具，如画笔工具 ✏、渐变工具 ▦、模糊工具 ◌、锐化工具 △、减淡工具 ✎、加深工具 ✍，以及滤镜编辑选区，就得让选区变成它们能够识别的"面孔"——图像才行。快速蒙版（见422页）能将选区转换成为临时的蒙版图像，如图14-6所示。在这种状态下，我们就可以像编辑图像一样编辑选区了。这是选区的第2张"面孔"。

图14-5　　　　　　　　　　　　　　图14-6

快速蒙版虽然好用，但毕竟是一种临时性的选区转换工具，而通道能将选区转换为永久图像，如图14-7所示。这是选区的第3张"面孔"。我们知道，Photoshop是图像编辑软件，在它的全部功能中，图像类功能占的比重最大，因此，选区变为图像以后，其编辑方法也实现了最大化。

选区的第4张"面孔"是路径。单击"路径"面板中的◇按钮，选区就会变成路径，成为矢量对象，瞬间完成"跨界"之旅，如图14-8所示。有了这张"面孔"，我们就可以用Photoshop中的矢量工具编辑选区了。如果把选区转换为图像看作是一场量变的话，那么将选区转变为矢量图形（见362页），则是让它实现了质的变化。

图14-7　　　　　　　　　　　　图14-8

· PS 技术讲堂 ·

【 从4个方面分析图像，就能找对抠图方法 】

选区就像一个神秘的精灵，有时在画面上闪烁、跳跃，有时又隐身到通道和蒙版中，或者变成矢量图形。当选区转换形态之后，Photoshop中各种工具就都能派上用场了，这也意味着抠图方法有很多种。

在这个世界上，每一天都有无数的图像诞生，而所有图像又都是千差万别的，没有哪一种抠图技术能单独应对所有图像。我们只有依据各种抠图技术的特点和适用范围，来对图像做出分类，让抠图技术与图像对应好、衔接上，才能真正解决问题。因此，分析图像是抠图之前要做的重要工作。经过正确的分析，抓住图像的特点，才能找到最恰当的抠图方法。

从形状特征入手

边界清晰、内部也没有透明区域的图像比较容易选取。如果这样的对象外形为基本的几何形，可以用选框类工具（矩形选框工具▢、椭圆选框工具〇）和多边形套索工具▷选取，如图14-9和图14-10所示。如果对象呈现不规则形状，且边缘比较光滑，则更适合用钢笔工具⌀选取。

钢笔工具⌀可以绘制出光滑流畅的曲线，准确描绘对象的轮廓，如图14-11所示，将轮廓转换为选区即可选取对象，如图14-12所示。但是，如果对象边缘的细节过多（如树叶），则不适合用它选取。因为描绘过于复杂的边缘是一项非常繁重的工作，也是没有必要的。

用椭圆选框工具选择篮球
图14-9

用多边形套索工具选择纸箱
图14-10

用钢笔工具描绘轮廓
图14-11

将路径转换为选区
图14-12

边缘是否复杂

人像类、毛发类（人和动物），树木的枝叶等边缘复杂的对象，被风吹动的旗帜、高速行驶的汽车、飞行的鸟类等边缘模糊的对象都很难选取，用简单的选择工具无法"降服"它们。

"选择并遮住"命令和通道是抠毛发等复杂对象主要的工具。

快速蒙版、"色彩范围"命令、"选择并遮住"命令、通道等则可以抠边缘模糊的对象。其中，快速蒙版适合处理边缘简单的对象；"色彩范围"命令适合处理边缘复杂的对象；"选择并遮住"命令要比前两种工具强大，它对对象的要求就简单得多，只要其边缘与背景色之间存在一定的差异，即使对象内部的颜色与背景颜色接近，也可以获得比较满意的抠图结果；通道是抠边缘模糊的对象非常有效的工具，它可以控制选择程度。图14-13~图14-16所示为不同类型的图像及适合采用的选择方法。

适合用快速蒙版选取　　　　适合用"色彩范围"命令选取　　　适合用"选择并遮住"命令选取　　适合用通道选取
图14-13　　　　　　　　　　图14-14　　　　　　　　　　　图14-15　　　　　　　　　　图14-16

有没有透明区域

我们知道，图像是由像素构成的，因此，选区选择的是像素，抠图抠出的也是像素。使用未经羽化的选区选择图像后，可以将其完全抠出，如图14-17所示。也就是说，未经羽化的选区对像素的选择程度是100%。如果选择程度低于100%，则抠出的图像会呈现透明效果，如图14-18所示。

羽化、"选择并遮住"命令和通道都能够以低于100%的选择程度抠图，适合抠具有一定透明度的对象，如玻璃杯、冰块、烟雾、水珠、气泡等，如图14-19所示。尤其是通道，在处理像素的选择程度上具有非常强的可控性。我们通过将代表选区的通道图像调整为灰色，来改变选区的选择程度，灰色越浅、选择程度越高。

图14-17　　　　　　　　　　图14-18　　　　　　　　　　图14-19

能不能让色调差异最大化

在Photoshop内部（即通道中），不管多么绚丽的彩色图像，都被其视为黑白"素描"，所谓的红、橙、黄、绿、蓝、紫等颜色，只是不同明度的灰度而已。

Photoshop将灰度色调分为256级（0~255）（见194页），如图14-20所示。如果我们面对的是彩色图像，但没有适合的工具能够将其选取，此时可以借助通道来抠图。通过编辑通道，对象与背景之间很容易产生足够的色调差异，进而为抠图创造机会，如图14-21所示。

0（黑）　　　　　　　　255（白）

灰度色调范围　　　　　　　　　　彩色图像　　　　　　通道中的黑白图像　　　利用色调差异创建选区
图14-20　　　　　　　　　　　　图14-21

磁性套索工具 、魔棒工具 、快速选择工具 、背景橡皮擦工具 、魔术橡皮擦工具 、通道、混合颜色带、混合模式，以及"色彩范围"命令（部分功能）、"选择并遮住"命令，都能基于色调差别生成选区。

当背景比较简单，并且对象与背景之间存在着足够的色调差异时，可以用魔棒工具 ✨ 或快速选择工具 ✨ 先选取背景，如图14-22所示，再通过反选选中对象，如图14-23所示。

如果对象内部的颜色与背景的颜色比较接近，如图14-24所示，则魔棒工具 ✨ 就不太听话了，它往往只选择在"容差"设定范围内的图像，而不去关心所选对象是不是我们需要的。在这种情况下，可以使用磁性套索工具 ✨ 选取对象，如图14-25所示。

图14-22

图14-23

图14-24

图14-25

通道是基于色调差异选择对象较为理想的场所。例如，在抠图14-26所示的图像时，草帽和矿泉水瓶是两大难点，选区制作主要经过了4个过程：第1步用钢笔工具 ✨ 描摹人物外部轮廓；第2步用"应用图像"命令在通道中制作草帽选区；第3步在通道中制作矿泉水瓶选区；第4步将这3个选区进行运算，制作为一个最终的选区，用它来抠图。

素材

用钢笔工具描摹人物轮廓

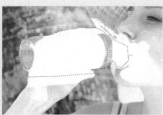

在通道中制作草帽选区、矿泉水瓶选区，之后将3个选区合成一个完整的选区

抠图

图14-26

放在新背景上检验抠图效果

分析图像的技巧在于，如果无法使用选择类工具直接选取对象，就要找出它与背景之间存在哪些差异，再用Photoshop中的各种工具和命令让差异更明显，使对象与背景更加容易区分，进而选取对象。

例如，图14-27所示是具有一定难度的通道抠图案例。其难点体现在，通道中的棕褐色毛发呈深灰色，白色毛发则为白色和浅灰色，这给选区制作带来了很大的麻烦。

素材（毛发有棕褐色、有白色）

通道中的灰度图像

用"通道混合器"命令针对棕褐色毛发制作的灰度图像/针对白色毛发制作的灰度图像　　在通道中将两个选区（图像）合并

抠出的图像

将图像合成到新背景中进行检验

图14-27

如果使用"计算"和"应用图像"命令处理毛发，虽然这两个命令都可以对通道应用混合模式进而增强色调差异，但在本案例中，效果却很不理想，它们使得毛发边缘的灰色大量丢失。因而只能另辟蹊径。

"通道混合器"命令可以创建高质量的灰度图像，而且可以通过源通道向目标通道中增、减灰度信息，那么能不能用它制作两个高品质的灰度图像，一个针对棕褐色毛发，另一个针对白色毛发呢？结果是完全可行的，这两个图像制作好之后，粘贴到通道内，通过选区运算合二为一，便得到了完整的毛发选区，进而将图像抠出来了。

提示（Tips）

上面两个抠图实例摘自《Photoshop 专业抠图技法》一书（李金明编著）。此书对抠图技术的探讨更加系统，实例也更丰富。

抠简单的几何图形和不规则图像

14.2

圆形、方形、轮廓为几何状，或外形不规则但比较简单的图像很容易抠，基本上用一两个工具再配合选区修改命令就能完成。

14.2.1

矩形选框工具

矩形选框工具■是Photoshop第一个版本就存在的元老级工具，它能创建矩形和正方形选区，可用于选取矩形和正方形的图像，如门、窗、画框、屏幕、标牌等，以及创建网页中使用的矩形按钮。图14-28和图14-29所示为使用该工具选取部分画稿，再与人像合成制作的拼贴效果。

原图　　　　　　　拼贴效果
图14-28　　　　　图14-29

使用该工具时，单击并拖曳鼠标可以创建矩形选区，在此过程中，选区的宽度和高度可以灵活调整。按住Alt键并拖曳鼠标，能以单击点为中心向外创建矩形选区，宽度和高度也可灵活调节；按住Shift键并拖曳鼠标，可以创建正方形选区；按住Shift+Alt快捷键并拖曳鼠标，则以单击点为中心向外创建正方形选区。另外，使用该工具及椭圆选框工具○时，可配合空格键来移动选区，动态调整选区大小和位置。

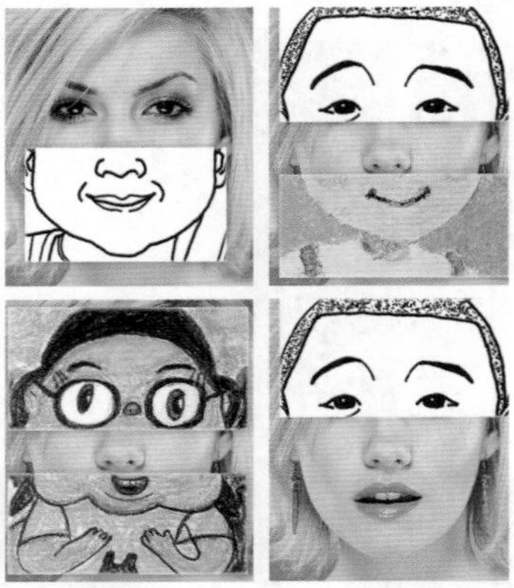

矩形选框工具选项栏

图14-30所示为矩形选框工具■的选项栏。前面的4个按钮■ ■ ■ ■可进行选区运算（见35页）。"羽化"选项可设置羽化值（见31页）。后面的选项同样适用于椭圆选框工具○。

图14-30

样式：用来设置选区的创建方法。选择"正常"，可以通过拖曳鼠标创建任意大小的选区；选择"固定比例"，可以在右侧的"宽度"和"高度"文本框中输入数值，创建固定比例的选区，例如，如果要创建一个宽度是高度两倍的选区，可以输入宽度2、高度1；选择"固定大小"，可以在"宽度"和"高度"文本框中输入选区的宽度与高度值，此后只需在画板上单击鼠标，便可创建预设大小的选区；单击⇄按钮，可以切换"宽度"与"高度"值。

选择并遮住：单击该按钮，可以打开"选择并遮住"对话框（见427页），对选区进行平滑、羽化等处理。

> **提示**（Tips）
>
> 采用固定大小或固定长宽比的方式创建选区后，设置的数值会一直保留在选项内，并影响以后采用这两种方式创建的选区。因此，在采用这两种方式创建选区前，应注意选项内设置的参数是否正确，以免制作的选区不符合要求。

14.2.2

实战：抠唱片（椭圆选框工具）

椭圆选框工具○也是Photoshop元老级工具，它可以创建椭圆形和圆形选区，适合选取篮球、乒乓球、盘子等圆形对象。

扫码看视频

01 打开素材。选择椭圆选框工具○，按住Shift键，单击并拖曳鼠标，创建圆形选区，选中唱片（可同时按住空格键移动选区，使选区与唱片对齐），如图14-31所示。

02 按住Alt键（进行减去运算）选取唱片中心的白色背景。这里还要用到一个技巧，就是按住Alt键并拖曳出选区后，再同时按住Shift键，这样就可以创建出圆形选区。放开鼠标按键，完成选区运算，如图14-32所示。

图14-31　　　　　　　　　图14-32

03 按Ctrl+J快捷键，抠出图像。单击"背景"图层左侧的
眼睛图标 👁 ，隐藏该图层，如图14-33和图14-34所示。

 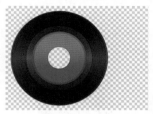

图14-33　　　　图14-34

> **提示**（Tips）
>
> 椭圆选框工具 ◯ 也可以像矩形选框工具 ▢ 那样通过4种方法
> 使用：单击并拖曳鼠标创建椭圆形选区；按住Alt键并拖曳鼠
> 标，以单击点为中心向外创建椭圆形选区；按住Shift键并拖
> 曳鼠标，创建圆形选区；按住Shift+Alt快捷键并拖曳鼠标，
> 以单击点为中心向外创建圆形选区。

💎 14.2.3
实战：通过变换选区的方法抠图

　　矩形选框工具 ▢ 、椭圆选框工具 ◯ 非常
适合选择方形和圆形对象。然而，生活中很
少有哪些对象是标准的矩形、正方形、椭圆
形和圆形。要准确地选取对象，还需要对选
区的大小、角度、位置等进行一些调整。下面，我们通过
实战学习选区的变换操作方法，并用于抠图。

01 打开素材，如图14-35所示。画面中的麦田圈是一个有
点倾斜的椭圆形。使用椭圆选框工具 ◯ 先创建一个选
区，基本将它涵盖，如图14-36所示。

02 执行"选择>变换选区"命令，选区上会显示定界框，
拖曳控制点，对选区进行旋转和拉伸，即可得到麦田圈

扫码看视频

的准确选区，如图14-37所示。按Enter键确认。

03 单击"图层"面板中的 ◻ 按钮创建蒙版，将选区外的
图层隐藏，即可看到抠图效果，如图14-38所示。

 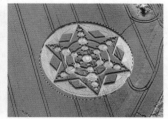

图14-35　　　　　　　　　图14-36

图14-37　　　　　　　　　图14-38

> **提示**（Tips）
>
> "变换选区"命令是专为选区配备的，操作时，选区内的图
> 像不受影响。如果使用"编辑>变换"命令操作，则会对选
> 区及选中的图像同时应用变换。
>
>
>
> 用"变换选区"命令扭曲选区　　用"变换"命令扭曲选区和图像

・PS技术讲堂・

【消除锯齿 ≠ 羽化】

什么是消除锯齿

　　在椭圆选框工具 ◯ 的选项栏中，除"消除锯齿"选项外，其他均与矩形选框工具 ▢ 相同，如图14-39所示。该选项在选
取图像之后，进行剪切、复制和粘贴操作时非常有用。另外，套索工具 ⦾ 、多边形套索工具 ⧖ 、磁性套索工具 ⧗ 和魔棒工具
⤳ 都包含这一选项。下面我们来解释一下什么是消除锯齿。

◻ ◻ ◻ ◻　羽化：0像素　☑ 消除锯齿　样式：正常　宽度：　⇄　高度：　选择并遮住…

图14-39

　　由于位图图像的最小元素是像素，因此最小的选择单位也就只能达到1像素，我们无法选择和处理1/2或更小的像素。
因此，在Photoshop中，圆形选区选择的对象是数量不等的方形像素（像素呈块状）。如果将图像放大至像素级别进行
观察就可以看到，其实圆形选区的边缘是锯齿状的。

例如，我们可以创建一个分辨率为72像素/英寸、宽度和高度均为10像素的文件，然后用椭圆选框工具创建圆形选区，如图14-40所示，放开鼠标后，选区就会变为图14-41所示的形状。从中可以看出，在像素级别下，由于圆形选区选取的是方形像素，因而其形状并不是圆形的。

按Alt+Delete快捷键，用前景色（黑色）填充选区，我们来观察"消除锯齿"选项的用途。如果创建这个选区前，没有勾选"消除锯齿"选项，填色效果如图14-42所示；如果勾选了该选项，则填色效果如图14-43所示。

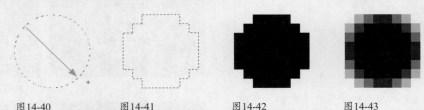

图14-40　　　　图14-41　　　　图14-42　　　　图14-43

对比两图可以发现，勾选"消除锯齿"选项后所创建的选区，其边缘产生了许多灰色的像素，由此可知，"消除锯齿"功能影响的是选区周围的像素而非选区。这些像素使图像边缘颜色的过渡变得柔和，因此我们的眼睛也就感觉不到锯齿的存在了。

在该示例中，我们将文件的尺寸设置得非常小，为的是能够观察像素的变化。因此，即使是启用了"消除锯齿"功能，我们仍能看到锯齿的存在。但在正常情况下，使用的选区要比这大得多，这时那些在选区边缘的像素将发挥它们的作用，有了它们的过渡，锯齿就不再明显，我们甚至都察觉不到。

莫把消除锯齿当成羽化

羽化与消除锯齿都能平滑硬边，但它们的原理和用途完全不同。

首先，从工作原理上来看，羽化是通过建立选区和选区周围像素之间的转换边界来模糊边缘的。而消除锯齿则是通过软化边缘像素与背景像素之间的颜色转换，使选区的锯齿状边缘得到平滑。

其次，羽化可以设置为0.2～250像素。羽化范围越大，选区边缘像素的模糊区域就越广，选区周围图像被模糊处理的区域也就越多。而消除锯齿是不能设置范围的，它是通过在选区边缘1个像素宽的边框中添加与周围图像相近的颜色，使得颜色的过渡变得柔和。由于只有边缘像素发生了改变，因而这种变化对图像细节的影响是微乎其微的。图14-44所示显示了这二者的区别。

消除锯齿的范围只有1像素（左图），而羽化的范围更广（右图）

图14-44

14.2.4

徒手绘制选区（套索工具）

Photoshop中有3种套索类工具，即套索工具、多边形套索工具和磁性套索工具，它们可以像绳索捆绑对象一样，围绕对象创建不规则选区。

套索工具是徒手绘制选区的工具。它的优点是可以快速创建不规则形状选区；缺点是不能十分准确地选取对象。也就是说，它能以非常快的速度"捆绑"对象，但"绳索"非常松散。如果对需要选取的对象的边界没有严格要求，用它操作还是挺方便的。

选择套索工具，单击并拖曳鼠标可绘制选区（在此过程中要一直按住鼠标左键），将鼠标指针拖曳至起点处放开鼠标，可以封闭选区，如图14-45～图14-47所示。如果在拖曳鼠标的过程中放开鼠标，则会在该点与起点间创建

一条直线来封闭选区。

图14-45　　　　图14-46　　　　图14-47

在绘制的过程中，按住Alt键，然后放开鼠标左键（切换为多边形套索工具），此时在画面中单击，可以绘制出直线边界，如图14-48所示。放开Alt键可以恢复为套索工具，此时拖曳鼠标，可以继续徒手绘制选区，如图14-49所示。

图14-48　　　　　　图14-49

提示（Tips）

套索工具非常适合处理零星的选区，例如选区范围内的漏选区域，用该工具按住Shift键并在其上方画一个圈，即可快速将其添加到选区范围内。而主要选区范围以外多选的零星选区，用该工具也可快速将其排除（按住Alt键操作）。如果快捷键容易搞混，也可以先单击工具选项栏中的选区运算按钮，再进行处理。另外，在通道或快速蒙版中编辑选区时，零星区域也可以用该工具处理。

14.2.5
实战：抠魔方（多边形套索工具）

如果将套索工具🔾比作绳索，那么多边形套索工具🔽就有点像双节棍，当然，节数要更多一些。它可以创建一段段的由直线相互连接而成的选区，适合"捆绑"边缘为直线的对象。

扫码看视频

01 选择多边形套索工具🔽，在魔方边缘的各个拐角处单击，创建选区，如图14-50和图14-51所示。

图14-50　　　　　　　图14-51

02 由于多边形套索工具🔽是通过在不同区域单击来定位直线的，因此，即使是放开鼠标，也不会像套索工具🔾那样自动封闭选区。将鼠标指针拖曳至选区起点处单击可封闭选区，如图14-52和图14-53所示；在其他位置双击，则Photoshop会在双击点与起点之间创建直线来封闭选区。按Ctrl+J快捷键抠图，效果如图14-54所示。

图14-52　　　　　　图14-53　　　　　　图14-54

技术看板 47　选区创建和工具转换技巧

在创建选区的过程中，按住Shift键操作，则能以水平、垂直或以45°角为增量创建选区。如果在操作时绘制的直线不够准确，可以按Delete键向前删除；连续按Delete键可依次向前删除；按住Delete键不放，则可删除所有直线段。

　按Delete键删除　　　　　依次向前删除

使用多边形套索工具🔽时，还可改为创建徒手绘制选区，操作方法是：按住Alt键，然后单击并拖曳鼠标（切换为套索工具🔾）即可。放开Alt键，在其他区域单击，可以恢复为多边形套索工具🔽，此时可继续创建直线选区。

　按住Alt键并拖曳鼠标　　　放开Alt键

14.2.6
实战：抠熊猫摆件（磁性套索+多边形套索工具）

抠图时，需要根据边界特点使用不同的工具，通过快捷键转换工具既方便，又能提升效率。例如，使用磁性套索工具🔽创建选区时，如果遇到直线边界，可以按住Alt键并单击，让磁性套索工具转换为多边形套索工具🔽，此时在直线处单击即可绘制出直线选区。绘制完直线选区后，放开Alt键并拖曳鼠标，可恢复为磁性套索工具🔽。本实战我们就用这个技巧抠图，如图14-55所示。

扫码看视频

图14-55

01 选择磁性套索工具 并设置选项，如图14-56所示。将鼠标指针放在图14-57所示的位置，单击设定选区的起点，然后紧贴文字及熊猫边缘拖曳鼠标，创建选区。Photoshop会在鼠标指针经过处放置一定数量的锚点来连接选区，如图14-58所示。

键，将选中的图像复制到新的图层中，完成抠图。

图14-56

图14-62

提示（Tips）

如果想要在某一位置放置一个锚点，可以在该处单击；如果锚点的位置不准确，可按Delete键将其删除，连续按Delete键可依次删除前面的锚点。如果在创建选区的过程中对选区不满意，但又觉得逐个删除锚点很麻烦，可以按Esc键，一次性清除选区。

图14-57　　　　图14-58

02 下面选取电话亭。按住Alt键并单击一下，切换为多边形套索工具 ，创建直线选区，如图14-59所示；放开Alt键并拖曳鼠标，此时可切换回磁性套索工具 ，继续选取电话亭的弧形顶，如图14-60所示。

磁性套索工具选项栏

磁性套索工具 能自动检测和跟踪对象的边缘并创建选区。它就像是哪吒手中的混天绫，扔出去便能将敌人捆绑结实。如果对象边缘较为清晰，并且与背景色调对比明显，可以使用该工具快速选取对象。

在磁性套索工具 的选项栏中，有3个可以影响该工具性能的重要选项，如图14-63所示。

图14-63

图14-59　　　　图14-60

03 采用同样的方法创建选区，遇到直线边界就按住Alt键（切换为多边形套索工具 ）并单击，遇到曲线边界则放开Alt键并拖曳鼠标。图14-61所示为选区范围。

● **宽度**："宽度"指的是检测宽度，以像素为单位，范围为1像素～256像素。该值决定了以鼠标指针中心为基准，其周围有多少像素能够被工具检测到。输入"宽度"值后，磁性套索工具只检测鼠标指针中心指定距离以内的图像边缘。如果对象的边界清晰，该值可以大一些，以加快检测速度；如果边界不是特别清晰，则需要设置较小的宽度值，以便Photoshop能够准确地识别边界。图14-64和图14-65所示是分别设置该值为5像素和50像素检测到的边缘。

图14-61

04 按住Alt键，在熊猫手臂与字母的空隙处创建选区，将此区域排除到选区之外，如图14-62所示。按Ctrl+J快捷

图14-64　　　　图14-65

● **对比度**：决定了选择图像时，对象与背景之间的对比度有多大才能被工具检测到，该值的范围为1%～100%。较高的数值只能检测到与背景对比鲜明的边缘，较低的数值则可以检测到对比不是特别鲜明的边缘。选择边缘比较清晰的图像时，

可以使用更大的"宽度"和更高的"对比度",然后大致跟踪边缘即可,这样操作速度较快。而对于边缘较柔和的图像,则要尝试使用较小的"宽度"和较低的"对比度",这样才能更加精确地跟踪边界。图14-66所示是设置该值为1%时绘制的部分选区,图14-67所示是设置该值为100%时绘制的部分选区。

图14-66　　　　　　　图14-67

● 频率: 决定了磁性套索工具以什么样的频率放置锚点。它的设置范围为0 ~ 100,该值越高,锚点的放置速度就越快,数量也越多,如图14-68和图14-69所示。

图14-68　　　　　　　图14-69

● 钢笔压力 ✐: 如果计算机配置有数位板和压感笔,可以单击该按钮,Photoshop会根据压感笔的压力自动调整工具的检测范围。例如,增大压力会导致边缘宽度减小。

技术看板 48 磁性套索工具使用技巧

选择磁性套索工具 ✎ 后,鼠标指针在画面中显示为 ✎ 状。按Caps Lock键,可以将鼠标指针切换为一个中心带有十字的圆形 ⊕。此时,圆形的范围代表了工具能够检测到的宽度,这对于"宽度"值较小的状态下绘制选区是非常有帮助的。在创建选区时,还可以通过按中括号键来调整工具的检测宽度。例如,按右中括号键"]",可以将磁性套索边缘宽度增大1像素;按左中括号键"[",则可将宽度减小1像素;按Shift+]快捷键,可以将检测宽度设置为最大值,即256像素;按Shift+[快捷键,可以将检测宽度设置为最小值,即1像素。

💎 14.2.7

实战:抠西点(对象选择工具)

对象选择工具 ▦ 是Photoshop 2020版的新增功能,适合选取边缘明确的对象。这个工具很有意思,它既可以变成矩形选框工具 ▦ ,也可以像套索工具 ◯ 那样使用,我们只要创

扫码看视频

建一个大概的选区范围,Photoshop会自动进行调整,将图像准确选取。

01 选择对象选择工具 ▦ 。在工具选项栏的"模式"下拉列表中选取"套索"选项,如图14-70所示。

图14-70

02 像使用套索工具 ◯ 一样,围绕对象周围创建选区范围,如图14-71所示,放开鼠标后,选区会向内收缩,将图像选中,如图14-72所示。

图14-71　　　　　　　图14-72

03 按住Shift键并创建选区,将其他西点也选取,如图14-73所示。单击 ▢ 按钮,添加图层蒙版,完成抠图,如图14-74所示。

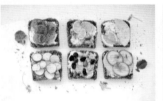
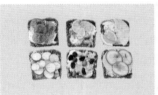

图14-73　　　　　　　图14-74

技术看板 49 单行和单列选框工具

单行选框工具 ▭ 和单列选框工具 ▯ 分别能创建高度为1像素的矩形选区和宽度为1像素的矩形选区。比较适合制作网格时使用,但不能用于选取图像。

单行选区　　　　　单列选区

使用这两个工具时,在画布上单击即可。放开鼠标前拖曳鼠标,则可以移动选区。由于选区的宽度或高度只有1像素大小,当文件的尺寸较大和分辨率较高时,很有可能看不到选区。在此情况下,需要按Ctrl++快捷键放大窗口的显示比例,才能观察到选区。

对象选择工具的选项栏

● 模式: 选择"矩形"表示创建矩形选区;选择"套索"则可以像使用套索工具 ◯ 一样徒手绘制选区。

● 对所有图层取样：根据所有图层，而不仅仅是当前的图层来创建选区。

● 自动增强：可以减少选区边界的粗糙度。

● 减去对象：当有多选的区域需要从选区中排除时，通常都是单击从选区减去按钮🔲，或者按住 Alt 键，在多选的区域绘制选区，进行选区运算。对象选择工具🔲 对此类相减运算进行了增强处理，即比其他工具多了一个"减去对象"选项，它能让选区运算更加准确，即使选区范围不那么合适，例如选区范围大一些，也能得到很好的运算结果。

14.2.8
实战：抠鲨鱼（快速选择工具）

> 要点

在 Photoshop 中，工具的图标都是特别设计过的。我们看快速选择工具🖌。它的图标是一支画笔+选区轮廓，这说明它是选择类工具，而使用方法又与画笔工具🖌 类似。也就是说，它可以像画笔绘画一样操作，但"绘制"出的是选区，而不是颜色。

扫 码 看 视 频

01 打开素材，如图14-75所示。选择快速选择工具🖌，将鼠标指针中心的十字线定位在要选取的对象，即鲨鱼上，圆形的笔触的绘制范围完全位于鲨鱼内部。然后单击并拖曳绘制选区，选区会向外扩展并自动查找边缘，将鲨鱼选取，如图14-76所示。

图14-75　　　　　　图14-76

02 快速选择工具🖌 可以轻松地检索到鱼身的大面积区域，然后创建选区，但细小的鱼鳍容易被忽略，如图14-77所示。单击工具选项栏中的🖌按钮，按 [键，将笔尖宽度调到与鱼鳍相近，如图14-78所示，沿鱼鳍拖曳鼠标，将其选取，如图14-79所示。

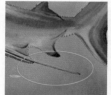
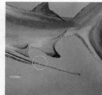
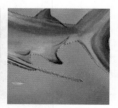
图14-77　　　　　图14-78　　　　　图14-79

03 单击"选择并遮住"按钮，在"属性"面板中将视图模式设置为"黑白"，勾选"智能半径"选项，设置"半径"为8像素，如图14-80所示。设置"平滑"为2，以减少选区边缘的锯齿。设置"对比度"为23%，使选区更加清晰明确，如图14-81所示。鲨鱼内部靠近轮廓处还有些许灰色，如图14-82所示，表示没有完全选取，用快速选择工具🖌 在这些位置单击，将它们添加到选区中，如图14-83所示。

图14-80　　　　　　　　　图14-81

图14-82　　　　　　　图14-83

04 选取"图层蒙版"选项，如图14-84所示，按Enter键抠图，如图14-85和图14-86所示。

图14-84　　　　　图14-85　　　　　图14-86

05 打开素材，如图14-87和图14-88所示。使用移动工具➕将鲨鱼拖入该文件中，如图14-89所示。

图14-87　　　　　图14-88　　　　　图14-89

06 为增加鲨鱼的气势和画面的张力，可对图像进行适当变换。按Ctrl+T快捷键显示定界框，单击并拖曳右上角的

控制点，将图像朝顺时针方向旋转，如图14-90所示。按住Ctrl键并拖曳定界框的左上角，进行透视扭曲，以增加鲨鱼的头部比例，如图14-91所示，按Enter键确认，如图14-92所示。

图14-90　　　　　图14-91　　　　　图14-92

07 单击"调整"面板中的 ▦ 按钮，创建"颜色查找"调整图层，在"3DLUT文件"下拉列表中选择"Crisp_Warm.look"，如图14-93所示，使画面呈现暖色。为使人物不产生色偏，可用渐变工具 ▬ 在画面左下方填充一个灰色的线性渐变。在"鱼"图层组左侧单击，让眼睛图标 👁 显示出来，以显示另外两只鲨鱼，如图14-94和图14-95所示。

图14-93　　　　　图14-94　　　　　图14-95

快速选择工具的选项栏

图14-96所示为快速选择工具 的选项栏。

图14-96

● **选区运算按钮** ：可以进行选区运算，这3个按钮虽然与选框和套索类工具的选区运算按钮不同，但用途是一样的。单击新选区按钮 ，表示创建新选区；单击添加到选区按钮 ，可以在原选区的基础上添加绘制的选区；单击从选区减去按钮 ，可以在原选区的基础上减去当前绘制的选区。

● **下拉面板**：单击 按钮，可以打开与画笔工具类似的下拉面板（见114页），在面板中可以选择笔尖，设置大小、硬度和间距。在绘制选区的过程中，也可以按] 键将笔尖调大，按 [键将笔尖调小。

● **自动增强**：可以使选区边缘更加平滑。作用类似于"选择并遮住"对话框中的"平滑"选项（见428页）。

14.2.9

实战：抠白鸽（魔棒工具+选区修改命令）

　　魔棒工具 的使用方法非常简单，只需在图像上单击，就会选择与单击点色调相似的像素。当背景颜色变化不大，需要选取的对象轮廓清楚、与背景色之间也有一定的差异时，使用该工具可以快速选取对象，如图14-97所示。

图14-97

01 选择魔棒工具 。这幅图像的背景颜色变化很小，"容差"不需要修改，使用默认的32即可。勾选"消除锯齿"选项，确保选区边界平滑。为避免选取鸽子深色与天空接近的区域，还要勾选"连续"选项。将鼠标指针放在背景图像上，如图14-98所示，单击创建选区，如图14-99所示。

图14-98　　　　　　　图14-99

02 执行两遍"选择>扩大选取"命令，向外扩展选区范围，将漏选的蓝天完全包含到选区中，如图14-100所示。按Shift+Ctrl+I快捷键反选，选中鸽子，如图14-101所示。

图14-100　　　　　　　图14-101

03 现在还不能抠图，先使用"选择>修改>收缩"命令将选区向内收缩3像素，如图14-102所示，之后再单击 ◙ 按钮添加蒙版，将图像抠出来，如图14-103所示。在本实战中，对选区进行收缩处理是非常必要的，如果不这样做，鸽子边缘会有一圈天空颜色的边线，如图14-104所示（抠图后放在红色背景上更易观察）。排除这圈蓝边的最好方法，就是把选区范围稍微地缩小一点。抠图效果如图14-105所示。

收缩选区

图14-102

抠图

图14-103

未收缩选区直接抠图

图14-104

先收缩选区，再抠图

图14-105

技术看板 50 扩大选取与选取相似

"选择"菜单中的"扩大选取"和"选取相似"命令都能用来扩展选区范围。它们的区别在于，执行"扩大选取"命令时，Photoshop会查找并选择与当前选区中的像素色调相近的其他像素，从而扩展选区，但只扩大到与原选区相连接的区域。而"选取相似"命令可将与原选区并不相邻的像素也选取，只要其与选区中的像素相似便可。哪些像素被认定为相似，可以在魔棒工具 ✔ 的"容差"选项中设定，该值越高，对像素相似程度的要求越低，选区扩展的范围也就越大。

创建选区

"扩大选取"命令扩展结果

"选取相似"命令扩展结果

· PS技术讲堂 ·

【 容差对魔棒的影响 】

图14-106所示为魔棒工具 ✔ 的工具选项栏。"容差"是影响魔棒工具 ✔ 性能非常重要的选项，它决定了要选取的像素与选定的色调（即单击点）的相似程度。当该值较低时，只选择与单击点像素非常相似的少数颜色的像素；该值越高，对像素相似程度的要求就越低，可以选择的颜色范围就更广。因此，在图像的同一位置单击，设置不同的"容差"值所选择的区域也不一样。此外，在"容差"值不变的情况下，单击点的位置不同，选择的区域也会不同。

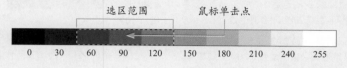

图14-106

"容差"的取值范围为0～255。0表示只能选择一个色调；默认值为32，它表示可以选择32级色调；255表示可以选择所有色调。例如，设置"容差"为30，然后使用魔棒工具 ✔ 在一个灰度图像上单击，如果单击点的灰度为90，则可以选择60～120的所有灰度像素，即从低于单击点30级灰度（90－30）到高于单击点30级灰度（90＋30）之间的所有灰度像素，如图14-107所示。

选区范围　　　　　鼠标单击点

| | | | | | | | | | |
|0|30|60|90|120|150|180|210|240|255|

图14-107

彩色图像要复杂一些。使用魔棒工具 ✔ 在彩色图像上单击时，Photoshop需要分析图像的各个颜色通道，然后才能决定选择哪些像素。以RGB模式的图像为例，它包含红（R）、绿（G）和蓝（B）3个颜色通道，假设将"容差"设置为10，然后在图像上单击。如果单击点的颜色值为（R50，G100，B150），那么Photoshop就会在红通道中选择R值为40～60的颜色；在绿色通道中选择G值为90～110的颜色；在蓝通道中选择B值为140～160的颜色。

我们来看一个具体示例。将魔棒工具 ✔ 的"容差"值设置为50，之后在颜色为（R100，G0，B0）的色块上单击，可以将该色块与"容差"范围内的另外两处色块同时选中，如图14-108所示。

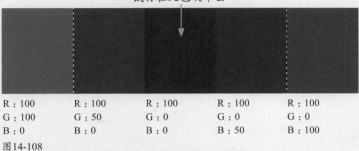

鼠标在此色块单击

R：100	R：100	R：100	R：100	R：100
G：100	G：50	G：0	G：0	G：0
B：0	B：0	B：0	B：50	B：100

图14-108

图14-109所示为该图像各个颜色通道中的颜色值，能帮助我们更好地理解容差原理。

R：100	R：100	R：100	R：100	R：100
G：100	G：100	G：100	G：100	G：100
B：100	B：100	B：100	B：100	B：100

红通道

R：100	R：50	R：0	R：0	R：0
G：100	G：50	G：0	G：0	G：0
B：100	B：50	B：0	B：0	B：0

绿通道

R：0	R：0	R：0	R：50	R：100
G：0	G：0	G：0	G：50	G：100
B：0	B：0	B：0	B：50	B：100

蓝通道

图14-109

魔棒工具的其他选项

● 连续：在默认状态下，"连续"选项被勾选，它表示魔棒工具 ✐ 只选择与单击点相连接且符合"容差"要求的像素，如图 14-110 所示；取消该选项的勾选时，则会选择整个图像范围内所有符合要求的像素，包括没有与单击点连接的区域内的像素，如图 14-111 所示。

图14-110

图14-111

● 取样大小：用来设置取样范围。选择"取样点"，可以对鼠标指针所在位置的像素进行取样；选择"3×3平均"，可以对鼠标指针所在位置3个像素区域内的平均颜色进行取样。其他选项依此类推。

● 对所有图层取样：如果文件中包含多个图层，勾选该选项，可以选择所有可见图层上颜色相近的区域，如图 14-112 所示；取消勾选，则仅选择当前图层上颜色相近的区域，如图 14-113 所示。

图14-112

图14-113

● 选择主体/选择并遮住：可以打开"选择主体"和"选择并遮住"对话框。

14.3 抠轮廓光滑，边缘清晰的图像

抠轮廓光滑、边缘清晰的图像，钢笔工具 ⌀ 是最适合的。该工具也常与蒙版、通道等配合，即钢笔负责外轮廓，蒙版和通道负责图像内部的透明区域。钢笔工具 ⌀ 的使用方法较其他工具复杂一些，需要一定的练习才能上手，第13章有相关的实战（见352页）。

14.3.1
实战：抠苹果（磁性钢笔工具）

要点

Photoshop中有一个与套索工具 ⌀ 用法相同的工具，即自由钢笔工具 ⌀ 。选择该工具后，在画布上单击并拖曳鼠标即可绘制路径，Photoshop会自动为路径添加锚点。原图如图14-114所示，添加路径后的效果如图14-115所示。在使用时，如果要封闭路径，将鼠标指针移动到路径的起点处，按住Alt键，鼠标指针变为 ⌀ 状后放开鼠标左键即可。在绘制路径的速度方面，自由钢笔工具 ⌀ 的速度快，但可控性也差，它只适合绘制比较随意的图形。

图14-114

图14-115

自由钢笔工具 ⌀ 还可以转变成磁性钢笔工具 ⌀ 。磁性钢笔工具 ⌀ 与磁性套索工具 ⌀ 用法相同。下面我们用它来抠苹果，如图14-116所示。

Before　　After
图14-116

01 选择自由钢笔工具 ⌀ ，在工具选项栏中选取"路径"选项并勾选"磁性的"选项。单击 ✿ 按钮打开下拉面板，设置参数，如图14-117所示。

02 将鼠标指针放在苹果边缘，单击创建第一个锚点，然后放开鼠标左键，沿着苹果边缘拖曳，创建路径，如

图14-118和图14-119所示。如果锚点的位置不正确，可以按Delete键删除。

03 拖曳到路径的起点时，鼠标指针会变为 ⌀ 状，如图14-120所示，此时单击即可封闭路径，完成轮廓的描绘。按Ctrl+Enter快捷键，将路径转换为选区。按Ctrl+J快捷键抠图。

图14-117　　　图14-118

图14-119　　　图14-120

磁性钢笔工具选项

在磁性钢笔工具 ⌀ 的下拉面板中，"曲线拟合"和"钢笔压力"是自由钢笔工具 ⌀ 和磁性钢笔工具 ⌀ 的共同选项，"磁性的"是控制磁性钢笔工具 ⌀ 的选项。

- **曲线拟合**：控制最终路径对鼠标或压感笔移动的灵敏度，该值越高，生成的锚点越少，路径也越简单。

- **"磁性的"选项组**："宽度"选项用于设置磁性钢笔工具 ⌀ 的检测范围，该值越高，工具的检测范围就越广；"对比"选项用于设置工具对于图像边缘的敏感度，如果图像的边缘与背景的色调比较接近，可将该值设置得大一些；"频率"选项用于确定锚点的密度，该值越高，锚点的密度越大。

- **钢笔压力**：如果计算机配置有数位板，可以选择"钢笔压力"选项，然后通过钢笔压力控制检测宽度，钢笔压力增加将导致工具的检测宽度减小。

14.3.2

实战：抠陶瓷工艺品（钢笔工具）

要点

钢笔工具 ✍ 非常适合描摹对象的轮廓。与其他抠图工具相比，由钢笔工具 ✍ 绘制的路径转换出来的是最明确、最光滑的选区，用这样的选区抠出的图像也是最准确、最经得起挑剔的眼光检验的作品，可以满足大画幅、高品质印刷要求，如图14-121所示。

扫 码 看 视 频

图14-121

01 打开素材。选择钢笔工具 ✍，在工具选项栏中选取"路径"选项。按Ctrl++快捷键，放大窗口的显示比例。在脸部与脖子的转折处单击并向上拖曳鼠标，创建一个平滑点，如图14-122所示。向上移动鼠标指针，单击并拖曳鼠标，生成第2个平滑点，如图14-123所示。

图14-122   图14-123

02 在发髻底部创建第3个平滑点，如图14-124所示。由于此处的轮廓出现了转折，因此要按住Alt键并在该锚点上单击一下，将其转换为只有一个方向线的角点，如图14-125所示，这样在绘制下一段路径时就可以发生转折了。继续在发髻顶部创建路径，如图14-126所示。

图14-124   图14-125   图14-126

03 外轮廓绘制完成后，在路径的起点上单击，将路径封闭，如图14-127所示。下面来进行路径运算。在工具选项栏中单击从路径区域减去按钮 ⊏，在两只胳膊的空隙处绘制路径，如图14-128和图14-129所示。

图14-127   图14-128   图14-129

提示（Tips）

如果锚点偏离了轮廓，可以按住Ctrl键切换为直接选择工具 ▷，将它拖回到轮廓上。用钢笔工具抠图时，最好通过快捷键来切换直接选择工具 ▷（按住Ctrl键）和转换点工具 ⌐（按住Alt键），可以在绘制路径的同时对路径进行调整。此外，还可以适时按Ctrl++和Ctrl+-快捷键放大、缩小窗口，并按住空格键移动画面，以便观察图像细节。

04 按Ctrl+Enter快捷键，将路径转换为选区，如图14-130所示。按Ctrl+J快捷键将对象抠出，如图14-131所示。隐藏"背景"图层，图14-132所示为将抠出的图像放在新背景上的效果。

图14-130   图14-131

图14-132

◆ 14.3.3
实战：将汽车及阴影完美抠出（钢笔工具＋通道）

要点

本实战我们来抠汽车和车身阴影，如图14-133所示。一般情况下，抠图是不抠阴影的。但需要做图像合成的时候，后期制作的阴影的真实感往往不能令人满意，如果有原始阴影，那效果就大不一样了，如图14-134和图14-135所示。

扫码看视频

Before　　　　　After

图14-133

图14-134　　绘制的阴影
图14-135　　使用原始阴影

汽车属于轮廓清晰、外形光滑的对象，而阴影则需要呈现一定的透明度，边缘也要是模糊的才行，因此，它们需要分开处理。

阴影颜色及深浅都与背景比较接近，不太好办。我们将使用"阈值"命令准确定位阴影范围，之后再用通道中

的图像将阴影提取出来。这是一个很好的技巧，本书中多次用到通道，包括用色阶调整对比度时（见203页）要靠它来帮忙，修饰粉刺的时候也会使用（见279页）。虽然形式有一些变化，但原理是一样的。

01 先来抠汽车。选择钢笔工具 ✐ 及"路径"选项，沿车身绘制路径，如图14-136所示。汽车顶部的天线过于纤细，在后面处理阴影时我们会将它顺便选取，现在不用管它。

图14-136

02 按Ctrl+Enter快捷键，将路径转换为选区，如图14-137所示。按Ctrl+J快捷键，将车身抠出来，如图14-138所示。

图14-137　　　　　图14-138

03 下面需要将背景调整为白色，以便抠阴影。单击"调整"面板中的 ▨ 按钮，创建"阈值"调整图层。将滑块拖曳到最右侧，如图14-139所示。在阈值状态下，图像会变为黑白效果，如图14-140所示。

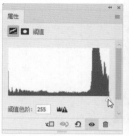

图14-139　　　　图14-140

04 单击"背景"图层。单击"调整"面板中的 ▨▨▨ 按钮，在当前图层上方创建"色阶"调整图层，如图14-141所示。向左侧拖曳高光滑块，直至阴影完整显示，同时背景也变为白色，如图14-142和图14-143所示。

05 阴影的准确区域找到之后，将"阈值"调整图层删除。现在图像的背景变为了白色，汽车的阴影也完整而清晰，如图14-144所示，说明"色阶"调整参数恰到好处，没有破坏阴影细节。

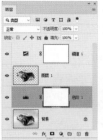

图14-141　　　　图14-142

图14-143　　　　　　　图14-144

提示 (Tips)

"阈值"调整图层是一个辅助查找阴影的工具。创建这个调整图层后，就可以在色调对比最为强烈的黑白图像状态下调整"色阶"，以确保准确地找到阴影边缘。

06 分别按Ctrl+3、Ctrl+4、Ctrl+5快捷键，查看红、绿、蓝通道图像，如图14-145~图14-147所示。注意观察阴影，其实差别不算太大，但红通道效果是最好的。按Ctrl+2快捷键重新显示彩色图像。按住Ctrl键并单击红通道，如图14-148所示，从该通道的高光色调中转换出选区，如图14-149所示。

红通道

图14-145

绿通道

图14-146

蓝通道

图14-147

按住Ctrl键并单击红通道

图14-148

从高光中转换出选区

图14-149

07 按Shift+Ctrl+I快捷键反选，此时暗色调被选取，这其中就包含了汽车的阴影、车身的暗色调区域，以及汽车天线，如图14-150所示。

图14-150

08 在"图层1"下方创建一个图层。按D键，将前景色设置为黑色，按Alt+Delete快捷键，在选区内填充黑色，如图14-151所示，然后取消选择。将"色阶"调整图层和"背景"图层隐藏。图14-152所示为汽车及阴影抠图效果。

图14-151　　　　图14-152

技术看板 51 检验抠图效果

为了验证阴影的透明度是否合适，可以在图像下方创建一个填充图层，观察汽车和阴影在不同颜色的背景上是什么效果，可以用黑色、白色，或互补色等。多切换些颜色检验是有好处的，因为同类色会掩盖瑕疵。例如，如果汽车是浅蓝色的，那么即使抠得不好，放在深蓝色背景上也不容易看出来，而放在黄色（蓝色的互补色）背景上瑕疵就会非常明显。

抠毛发和边缘复杂的图像

14.4

边缘复杂的图像不太容易抠，尤其是毛发，更是考验抠图技术，所以本节的案例较之前的那些更有难度，技巧性也更强。

14.4.1
实战：用人工智能技术抠鹦鹉（"主体"命令）

要点

本实战我们用"主体"命令抠鹦鹉，如图14-153所示。这是一个基于先进的机器学习技术的工具，非常智能。它甚至会"自我学习"。也就是说，我们使用它的次数越多，它的识别能力越强。用它抠人像、动物、车辆、玩具等，效果都很不错。

扫码看视频

图14-153

01 执行"选择>主体"命令，只需等待1~2秒钟，便可选中鹦鹉，如图14-154所示。相比快速选择工具、对象选择工具等，不论从时间上，还是选择精度上，"主体"命令都更好一些。但这个选区还不完美，其中有漏选的图像，边缘也需要修饰。在修改选区的各种工具和命令里，"选择并遮住"是最方便的，我们就用它处理。

02 执行"选择>选择并遮住"命令。在"视图"下拉列表中选择"叠加"，选区外的图像上会覆盖一层红色。将不透明度调整为50%，降低颜色的覆盖力，让图像淡淡地显现出

需要处理的边缘

漏选的图像

图14-154

来，以便处理羽毛边缘，如图14-155和图14-156所示。

图14-155　　　　　　　　图14-156

03 首先用快速选择工具将漏选的图像添加到选区中，如图14-157所示；然后选择调整边缘画笔工具，将笔尖大小设置为10像素（也可用 [键和] 键调整），通过单击并拖曳鼠标的方法处理羽毛边缘，将多余的背景抹掉，如图14-158和图14-159所示。嘴上部的白色边缘不整齐，这里得用画笔工具才能修好，如图14-160~图14-162所示。

图14-157　　　　　　图14-158　　　　　　图14-159

图14-160　　　　　　图14-161　　　　　　图14-162

04 选取"净化颜色"选项，这样可以更好地清掉边缘的绿色背景色。在"输出到"下拉列表中选择"新建带有图层蒙版的图层"选项，如图14-163所示。按Enter键抠出图像，如图14-164所示。

图14-163　　　　图14-164

◈ 14.4.2
实战：抠毛绒玩具（"焦点区域"命令）

要点

　　"焦点区域"是一个很有特点的抠图命令，它能自动识别位于焦点区域内的对象，快速将其选取，同时排除那些次要的、虚化的图像内容。抠大光圈镜头拍摄的照片（主体对象清晰、背景虚化）时，"焦点区域"命令非常强大，能给我们节省很多时间。

　　本实战抠的是一个毛绒玩具，如图14-165所示。由于玩具长颈鹿与后面车及人的距离还不够远，所以背景的虚化效果不是特别强，但"焦点区域"命令仍能识别出来。

图14-165

01 执行"选择>焦点区域"命令，打开"焦点区域"对话框。在"视图"下拉列表中选择"叠加"并设置颜色的不透明度为50%，让非焦点区域的图像（即选区之外的）显现出来，以便于观察和修改选区。勾选"自动"选项，Photoshop会识别图像中的焦点区域并将"焦点对准范围"参数调到最佳位置，如图14-166所示。现在长颈鹿除了4条腿的下方，其他部分都被选中了，如图14-167所示。

图14-166　　　　图14-167

02 长颈鹿背部有一个白点，这是车窗上的高光，用焦点区域减去工具将其去除，如图14-168所示。再将腿部下方的背景及右侧的毛绒玩具也给抹掉，如图14-169所示。如果长颈鹿有被抹掉的部分，可以用焦点区域添加工具将其恢复。这两个工具与快速选择工具的用法完全一样。

图14-168　　　　图14-169

03 单击"选择并遮住"按钮，切换到这一工作界面。用调整边缘画笔工具在长颈鹿脖子的毛发边缘涂抹，把毛发间的背景清理掉，如图14-170和图14-171所示。选择画笔工具，按住Alt键，将蹄子下方的阴影抹掉，如图14-172所示。

图14-170　　　图14-171　　　图14-172

401

04 在"输出到"下拉列表中选择"新建带有图层蒙版的图层"选项，按Enter键抠图，如图14-173所示。把图像放在彩色背景上观察，如图14-174所示，可以发现抠得非常干净，毛发完整，边缘也没有杂色。"焦点区域""选择并遮住"这两个命令配合起来抠图，效果真是非常好。

图14-173 　　　　　　　　图14-174

"焦点区域"对话框选项

图14-175所示为"焦点区域"的对话框。"视图""输出到"选项与"选择并遮住"命令相同。

图14-175

- 焦点对准范围：可以扩大或缩小选区。如果将滑块拖曳到0，会选择整个图像；将滑块拖曳到最右侧，则只会选择图像中位于最清晰焦点内的部分。

- 焦点区域添加工具 ⊘/焦点区域减去工具 ⊘：与快速选择工具选项栏中的添加到选区和从选区减去按钮类似，使用它们，可以手动扩展和收缩选区范围。修改选区时，还可以通过"预览"选项切换原始图像和当前选取效果，更简便的方法是按F键来进行切换。

- 图像杂色级别：如果选择区域中存在杂色，可以拖曳该滑块来进行控制。

- 自动："焦点对准范围"和"图像杂色级别"选项右侧都有"自动"选项。勾选该选项，Photoshop将自动为这些参数选择适当的值。

- 柔化边缘：可以对选区边缘进行轻微的羽化。

◆ 14.4.3

实战：1分钟快速抠闪电（混合颜色带）

要点

本实战我们用混合颜色带抠闪电。混合颜色带是一种高级蒙版，它能根据像素的亮度值来决定其显示还是隐藏，非常适合抠火焰、烟花、云彩等处于深色背景中的图像。

扫码看视频

混合颜色带的优点是抠图速度快，缺点是可控性不强，抠图精度也不是特别高，而且对图像有一定的要求。只有背景简单且对象与背景间的色调差异较大时，它才能发挥很好的作用。

01 打开素材，如图14-176所示。使用移动工具 ✛ 将闪电图像拖入另一个文件中，如图14-177所示。

图14-176 　　　　　图14-177

02 双击闪电所在的图层，打开"图层样式"对话框。按住Alt键并拖曳"本图层"中的黑色滑块，将它分开后，将右半边滑块向右侧拖曳至靠近白色滑块处。这样可以创建一个较大的半透明区域，使闪电周围的蓝色能够较好地融合到背景中，并且半透明区域还可以增加背景的亮度，这正好体现出闪电照亮夜空的效果，如图14-178和图14-179所示。

图14-178 　　　　　　图14-179

03 按两下Ctrl+J快捷键，复制闪电图层，让电光更加强烈，如图14-180和图14-181所示。

图14-180 　　　　图14-181

14.4.4
实战：抠大树（混合颜色带）

要点

大树枝叶繁盛，细节非常多，是比较有代表性的复杂对象。这类对象好不好抠，关键看背景。如果背景也复杂，例如树后面有其他种类的树或者建筑等，要花很大工夫才能抠出来。如果背景是天空，那就好办了，"色彩范围"命令、通道、混合颜色带等都能比较好地完成抠图任务。另外，也可以用我们下面介绍的方法，效果如图14-182所示。其优点是速度快，快到让人惊讶。你绝对想象不到，这么复杂的大树一下就能抠出来！

图14-182

01 单击锁状图标 🔒，如图14-183所示，将"背景"图层转换为普通图层。双击它，如图14-184所示，打开"图层样式"对话框。

图14-183

图14-184

02 在"混合颜色带"列表中选择"蓝"（即蓝通道）。向左拖曳"本图层"下方的白色滑块，即可隐藏蓝天，如图14-185和图14-186所示。

图14-185

图14-186

03 按住Alt键并单击滑块，将其分开，然后把右半边滑块稍微往回拖曳一些，这样可以建立一个过渡区域，防止枝叶边缘太过琐碎，如图14-187和图14-188所示。

图14-187

图14-188

技术看板 52 通过盖印的方法获取抠图内容

观察图像缩览图可以看到，天空仍然存在，这说明它只是被隐藏了。如果想将其删除，可以创建一个图层，然后按Alt+Shift+Ctrl+E快捷键，将当前效果盖印到新建的图层中，这样既抠出了大树，原始素材还会被保留下来。需要注意的是，如果同时调整了"本图层"和"下一图层"中的滑块，则盖印以后，只能删除"本图层"滑块所隐藏的区域中的图像。

天空被隐藏了

创建图层

盖印图像

· PS技术讲堂 ·

【 读懂混合颜色带中的数字 】

控制本图层中的像素

在"图层样式"对话框中，有一个非常"低调"的蒙版——混合颜色带，它可以隐藏当前图层中的像素，也能让下一图层中的像素穿透当前图层显示出来，或者同时隐藏当前图层和下一图层的部分像素，这是其他任

扫码看视频

何一种蒙版都无法做到的。

打开一个文件，双击"图层1"，如图14-189所示，打开"图层样式"对话框。"混合颜色带"就在对话框底部，如图14-190所示。它没有参数选项，操作时通过拖曳滑块来定义亮度范围。

在"混合颜色带"选项组中，"本图层"选项是指当前正在处理的图层（即我们双击的图层），"下一图层"选项则是当前图层下方的第一个图层。这两个选项下方有两个完全相同的黑白渐变条，渐变条上还有数字。

黑白渐变条代表了图像的色调范围，从0（黑）到255（白），共256级色阶。黑色滑块位于渐变条的最左侧（数字为0），它定义了亮度范围的最低值；白色滑块位于渐变条的最右侧（数字为255），它定义了亮度范围的最高值，如图14-191所示。

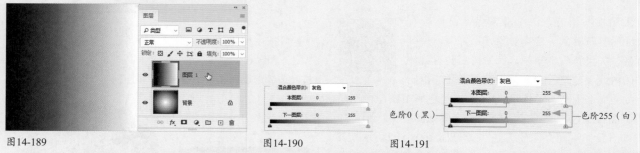

图14-189　　　　　　　　　　　图14-190　　　　　　　　　图14-191

拖曳"本图层"滑块，可以隐藏当前图层中的像素，下一图层中的像素就会显示出来。当我们向右拖曳黑色滑块时，它就从黑色色阶下方移动到了灰色色阶下方，此时所有亮度值低于滑块当前位置的像素都会被隐藏。拖曳滑块时，它所对应的数字也在改变，观察数字，我们就能知道图像中有哪些像素被隐藏了。从当前结果看，数字是100，如图14-192所示，它说明，亮度值在0~100的像素被隐藏了。

拖曳白色滑块，可以将亮度值高于滑块所在位置的像素隐藏，如图14-193所示。可以看到，滑块所对应的数字是200，说明隐藏的是亮度值在200~255的像素。

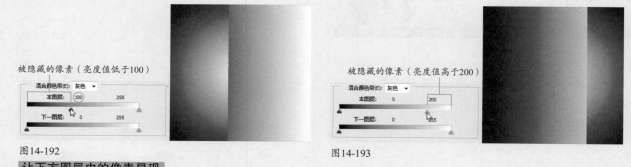

图14-192　　　　　　　　　　　　　　　　　　　図14-193

让下方图层中的像素显现

"下一图层"是指位于当前图层下方的第一个图层，拖曳"下一图层"滑块，可以让该图层中的像素穿透当前图层显示出来。例如，将黑色滑块拖曳到100处，亮度值在0~100的像素就会穿透当前图层显示出来，如图14-194所示；将白色滑块拖曳到200处，显示的是亮度值在200~255的像素，如图14-195所示。

图14-194　　　　　　　　　　　　　　図14-195

【像蒙版一样创建半透明区域】

在图层蒙版中，灰色不会完全遮挡图像，而是让其呈现一定程度的透明效果。混合颜色带也能创建类似的半透明区域，我们只要按住Alt键并单击一个滑块，将它拆分为两个三角滑块，然后将这两个滑块拉开一定距离，这样它们中间的像素就会呈现半透明效果了。

例如，图14-196所示的"下一图层"滑块位置在120和200处，它表示亮度值在120~255的像素会穿透当前图层显示出来，其中200~255这一段的像素完全显示，120~200一段的像素则会呈现透明效果，色调值越低，像素越透明。

图14-196

14.4.5

实战：抠变形金刚（魔术橡皮擦工具）

要点

本实战用到的是魔术橡皮擦工具，效果如图14-197所示。我们看该工具的图标，是不是魔棒工具和橡皮擦工具的组合？这说明该工具具备这两个工具的某些特性。在操作时，它会先像魔棒工具那样选取对象，再像橡皮擦工具那样将其擦除，由于这一过程是同步进行的，因此，不会显示选区。我们也可以这样理解，魔术橡皮擦工具是一个添加了擦除功能的魔棒工具，它的用途是擦除所选对象。

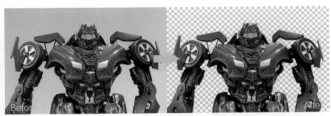

图14-197

魔术橡皮擦工具的使用方法很简单，只需在图像中单击便可，不必拖曳鼠标。Photoshop会将所有与单击点相似的像素都删除，使之成为透明区域。但如果是在"背景"图层或锁定了透明度的图层（单击"图层"面板中的

按钮锁定透明度）上使用，则这些像素会被更改为背景色，"背景"图层也会自动转换为普通图层。

01 由于魔术橡皮擦工具会擦除像素，按Ctrl+J快捷键，复制"背景"图层，以保留原始图像。单击"背景"图层左侧的眼睛图标，将其隐藏，如图14-198所示。

02 单击按钮打开菜单，使用"纯色"命令创建黑色填充图层。按Ctrl+[快捷键，将其调整到"图层1"下方，如图14-199所示。

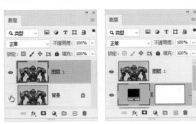

图14-198　　　　图14-199

> **提示（Tips）**
>
> 抠图效果是否完美，在透明背景上不太容易观察出来。我们在变形金刚下方添加了一个黑色背景，在黑色背景的衬托下抠图，这样任何一点不足之处都能被发现。

03 单击变形金刚所在的"图层1"。选择魔术橡皮擦工具，将"容差"设置为15，勾选"连续"选项，如图14-200所示，在背景上单击，将背景擦除，如图14-201所示。剩余的残留背景，用橡皮擦工具擦掉（使用硬边圆笔

尖），如图14-202所示。

图14-200

图14-201　　　　　图14-202

04 上一步我们完成了抠图，现在来检查一下效果如何。按Ctrl++快捷键放大视图比例观察，可以看到，变形金刚的轮廓不光滑，而且有一圈白边，如图14-203所示。我们来处理一下。按住Ctrl键并单击缩览图，如图14-204所示，将变形金刚的选区加载到画布上。

图14-203　　　　　图14-204

05 执行"选择>修改>平滑"命令，设置参数如图14-205所示，让选区变得平滑，这样在下一步添加蒙版时，变形金刚的轮廓就是光滑的了。执行"选择>修改>收缩"命令，将选区向内收缩2像素，如图14-206所示，让白边在选区外边。如果白边比较宽，可以将收缩值调大。单击 ■ 按钮添加蒙版，将白边遮盖住。

图14-205　　　　　图14-206

提示（Tips）

魔术橡皮擦工具 ✷ 虽然简单方便，但太容易形成琐碎的边界（参见下面左图），必须对选区进行调整，才能改善效果。除了"选择>修改"子菜单中的几个命令外，也可以用"选择并遮住"命令修改选区。

未修改选区的抠图效果　　进行收缩和平滑处理后的抠图效果

魔术橡皮擦工具的选项栏

在魔术橡皮擦工具 ✷ 的工具选项栏中，除"不透明度"外，其他选项均与魔棒工具 ✬ 相同。"不透明度"用来设置擦除强度，100%的不透明度将完全擦除像素，较低的不透明度可擦除部分像素。其效果类似于将所擦除区域的图层的不透明度设置为低于100%的数值。

◈ 14.4.6

实战：抠宠物狗（背景橡皮擦工具）

要点

背景橡皮擦工具 ✷ 是一种智能橡皮擦，可以自动识别对象边缘，将指定范围内的图像擦除成为透明区域，适合处理边界清晰的图像。对象的边缘与背景的对比度越高，擦除效果越好。用它抠毛发，效果也不错，如图14-207所示。

扫码看视频

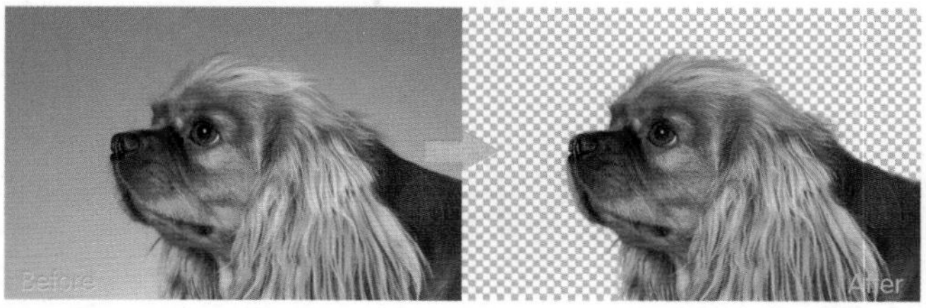

图14-207

在画布上，该工具的鼠标指针是一个圆，它代表了工具的大小。圆形中心有一个十字线，擦除图像时，Photoshop会自动采集十字线位置的颜色，并将工具范围内（即圆形区域内）出现的类似颜色擦除。在进行操作时，只需沿对象的边缘拖曳鼠标涂抹即可，非常方便。

01 选择背景橡皮擦工具 ✷ 并单击连续按钮 ✍，设置"容差"值，如图14-208所示。

限制：连续　　容差：30%　　☑ 保护前景色
图14-208

02 将鼠标指针放在背景上，如图14-209所示，单击并拖曳鼠标，将背景擦除，如图14-210所示。背景的灰色调呈上深下浅变化，擦除时，可多次单击进行取样。但要注意，鼠标指针中心的十字线不能碰触毛发，否则会将其擦掉。

图14-209　　　　　图14-210

03 按住Ctrl键并单击"图层"面板底部的 ⊞ 按钮，在当前图层下方新建一个图层。将前景色设置为绿色，按Alt+Delete快捷键填色，如图14-211和图14-212所示。

图14-211　　　　　图14-212

04 执行"滤镜>渲染>光照效果"命令，打开"光照效果"对话框，拖曳控制点将光源入射方向调整到画面右上角，如图14-213所示。单击"确定"按钮关闭对话框，为当前图层添加光照效果，如图14-214所示。

图14-213　　　　　图14-214

05 在新背景上，很容易就能够发现狗的抠图效果并不完美，还残留一层淡淡的背景色。下面就来仔细处理这些多余的图像内容。单击"图层 0"，如图14-215所示。重新调整工具参数，包括单击背景色板按钮、选择"不连续"选项，以及勾选"保护前景色"选项，如图14-216所示。

06 处理之前还得做一些设定。选择吸管工具 ，在狗的浅色毛发上单击，拾取颜色作为前景色，如图14-217所示。由于启用了"保护前景色"功能，因此，在擦除时就可以

避免伤害到狗的毛发。按住Alt键并在残留的背景上单击，如图14-218所示，拾取颜色作为背景色，这样操作的目的是配合背景色板 。单击了该按钮，就可以只擦除与拾取的背景色相似的颜色，这样就做到了双重保险，最大限度地减少狗毛发的损失，保证留有足够多的细节。

图14-215　　　　　图14-216

图14-217　　　　　图14-218

07 用背景橡皮擦工具 处理狗身体边缘的毛发，将残留的背景擦除，如图14-219所示。毛发之外如果还有残留的背景图像，可以用橡皮擦工具 擦掉。图14-220所示为抠出的图像在透明背景上的效果。

图14-219　　　　　图14-220

· PS技术讲堂 ·

【 背景橡皮擦的取样与限制方法 】

取样方法

背景橡皮擦工具 比魔术橡皮擦工具 功能强大，因而其选项也复杂一些，如图14-221所示。

图14-221

取样是指采用某种方式对图像的色彩进行取样。背景橡皮擦工具 以鼠标指针中的十字线作为取样点，以圆形鼠标指针为工具的作用范围。

单击连续按钮 ，在拖曳鼠标时可以连续对颜色取样，此时凡出现在鼠标指针中心十字线内，且符合"容差"要求的图像都会被擦除，如图14-222所示。当需要擦除多种颜色时，适合使用这种方式。但在操作时需要特别留意，不要让鼠标指针中的十字线碰触到需要保留的图像。

单击一次按钮 ✏，只对鼠标单击点十字线处的颜色取样一次，如图14-223所示，之后只擦除与之类似的颜色。在这种状态下，鼠标指针是可以在图像上任意移动的，如图14-224所示。

图14-222

图14-223

图14-224

单击背景色板按钮 ✏，只擦除与背景色类似的颜色。在具体操作时，需要进行一些设定。首先单击"工具"面板中的背景色块，打开"拾色器"对话框，将鼠标指针放在需要擦除的颜色上单击，将这种颜色设置为背景色，然后关闭"拾色器"对话框，再使用背景橡皮擦工具 ✏ 进行擦除操作。

除此之外，还可以自定义取样颜色，这在处理多色背景时非常方便。例如，当需要擦除的图像中有白、蓝两种颜色时，由于它们的色调差异较大，一次不容易清除干净，最好分开处理。可以单击背景色板按钮 ✏，再用吸管工具 🖊 按住Alt键在白色背景上单击，拾取颜色作为背景色，如图14-225所示，之后在背景上拖曳鼠标，先将白色擦除，如图14-226所示。

处理蓝色时，也是先用吸管工具 🖊 按住Alt键并拾取蓝色作为背景色，再擦除，如图14-227和图14-228所示。

图14-225

图14-226

图14-227

图14-228

使用限制方法保护前景色

在背景橡皮擦工具 ✏ 的工具选项栏中，"限制"下拉列表中包含"不连续""连续""查找边缘"3个选项。可以控制擦除的限制模式，它们决定了拖曳鼠标时，是擦除连接的像素还是擦除工具范围内的所有相似的像素。

选择"不连续"选项，可以擦除出现在鼠标指针范围内的任何位置的样本颜色；选择"连续"选项，则只擦除包含样本颜色并且互相连接的区域；"查找边缘"选项与"连续"选项的作用有些相似，可以擦除包含取样颜色的连接区域，但同时能更好地保留形状边缘的锐化程度。

如果想要某种颜色不被破坏，可以勾选"保护前景色"选项，然后用吸管工具 🖊 拾取这种颜色作为前景色，再进行擦除操作。

· PS技术讲堂 ·

【 魔术橡皮擦工具与背景橡皮擦工具的利弊 】

所有抠图工具中，只有魔术橡皮擦工具 ✏ 和背景橡皮擦工具 ✏ 可以将图像从背景中直接抠出，因为背景被它们擦掉了。虽然比较省事，但也有其不利的一面。

先从有利的方面看，这两个工具的操作方法比较简单，比前面介绍的任何一个智能抠图工具都容易上手，而且可以快速清除背景图像。然而，其弊端也十分明显。

首先，这两个工具会直接擦掉背景，对图像造成实质性的破坏；其次，它们对图像也有一定的要求，即背景不能太过复杂，以单色为宜；最后就是其抠图精度不高，并且由于会删除图像，后期调整起来也是一件很麻烦的事。既然它们有这么多缺点，为什么还要介绍这两个工具呢？这是因为，抠图的目的是对图像进一步加工，如进行合成、制作为书刊封面、制作为网页素材等。用背景橡皮擦工具 和魔术橡皮擦工具 快速抠图，可以为制作图像小样提供方便，即我们可以先看一下图像合成的大致效果如何，再决定是否花些工夫仔细抠图。这对于从事摄影后期处理、平面设计、网页设计等的人员是非常有利的。

14.4.7
实战：抠古代建筑（"应用图像"命令）

要点

本实战我们来抠古代建筑（以下简称古建），如图14-229所示。这张照片中，背景（天空）很简单，但琉璃瓦、飞檐上的走兽和照明用的线管比较复杂，而且轮廓清晰，用魔棒工具
、快速选择工具 、"色彩范围"命令、"选择并遮住"命令等抠图容易形成琐碎的边界，效果不好。

图14-229

这样的图像比较适合用传统技术——通道来抠。虽然操作有一点难度，但全程可控，效果非常棒。我们用事实说话。图14-230所示是对抠图效果做的检验，这次我们用的是背景素材做图像合成。

图14-230

可以看到，古建与新背景的结合浑然天成，建筑轮廓的准确度和光滑度都无可挑剔。在Photoshop不断改进自动抠图工具，甚至加入人工智能的大背景下，传统的通道抠图技术仍然有其强大的优势，短期内还不能被替代。本书中除这个案例以外，还有几个实战也是用通道或通道与其

他工具结合抠图的。这些练习可以帮助大家比较全面地掌握通道抠图技术。

01 使用通道抠图首先要学会查看通道，发现其中包含的选区。分别按Ctrl+3、Ctrl+4、Ctrl+5快捷键，文档窗口中会显示红、绿和蓝通道中的灰度图像，如图14-231所示。

红通道　　　　　　绿通道　　　　　　蓝通道

图14-231

02 在通道中，白色可以转换为选区。蓝通道中的天空接近白色，而且很容易处理成白色，那么我们只要再把古建处理为黑色就行了。将该通道拖曳到"通道"面板底部的 按钮上复制，得到"蓝 拷贝"通道，如图14-232所示。执行"图像>应用图像"命令，让该通道以"线性加深"模式与自身混合，如图14-233所示。当色调的对比度增强以后，背景（天空）更白，古建色调更深，如图14-234所示。

03 单击"确定"按钮关闭对话框。再使用"应用图像"命令处理一次，还是使用原参数，效果如图14-235所示。按Ctrl+L快捷键，打开"色阶"对话框。用增强对比度的调整方法（即滑块向中间集中），将画面右下角的灰色（天空）调为白色，如图14-236和图14-237所示。

图14-232　　　　　　　　图14-233

图14-234　　　　　　　　图14-235

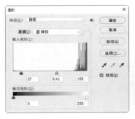

图14-236　　　　　　　图14-237

图14-238　　　　　　　图14-239

图14-240　　　　　　　图14-241

04 现在古建内部还有星星点点的白色存在，如图14-238所示，将其用画笔工具 ✐ 涂黑。为了避免遗漏（兽首上的高光点）和涂错位置，可以在RGB通道的左侧单击，显示出眼睛图标 ◉，如图14-239所示，这样图像会显现并与通道叠加，呈现的是一种快速蒙版状态，也就是选区外的图像（古建）上覆盖一层淡淡的红色。在兽首上的高光点，以及其他白点上涂抹黑色，效果如图14-240和图14-241所示。

05 处理好以后，单击"通道"面板底部的 ▣ 按钮，将通道转换为选区，如图14-242所示。按住Alt键并单击"图层"面板底部的 ▣ 按钮，基于选区创建一个反相的蒙版，将选中的天空遮盖住，完成抠图，如图14-243所示。

图14-242　　　　　　　图14-243

· PS技术讲堂 ·

【"应用图像"命令与颜色、图像和选区】

修改颜色

为图层设置混合模式以后，可以让它与下方的所有图层混合，这是创建图像合成效果的常用方法。通道也可以进行混合，但主要用于调色和编辑选区（即抠图）。

"应用图像"和"计算"命令都可以混合通道。

使用"应用图像"命令前，先要选择被混合对象。这里有一个操作技巧，单击一个颜色通道，如图14-244所示，然后在RGB复合通道的左侧单击，显示出眼睛图标 ◉，如图14-245所示。在这种状态下，当前选择的仍然是颜色通道，但文档窗口中显示的是彩色图像，这样操作时便能看到颜色变化了。

选择好被混合的目标对象后，执行"图像>应用图像"命令，打开"应用图像"对话框，如图14-246所示，可以看到3个选项组。"源"选项组是指参与混合的对象；"目标"选项组是指被混合的对象（即执行该命令前选择的通道）；"混合"选项组用来控制两者如何混合。

由于被混合的通道在打开对话框时已经选择好了，接下来可以选择参与混合的对象，然后设置一种混合模式即可。在混合模式的作用下，被混合的通道的明度发生改变，进而改变图像颜色，如图14-247所示。如果要降低混合强度，可以调整"不透明度"值，该值越小，混合强度越弱，如图14-248和图14-249所示。

图14-244　　　　　　　图14-245

图14-246

参与混合的对象

被混合的对象

控制混合的选项

蓝通道采用"划分"模式混入红通道　　　将不透明度设置为50%　　　　　混合强度降低为之前的一半

图14-247　　　　　　　　　　　图14-248　　　　　　　　　　图14-249

如果图层中包含透明区域，可以勾选"保留透明区域"选项，将混合效果限定在图层的不透明区域内。

如果勾选"蒙版"选项，则会显示出隐藏的选项，可以选择包含蒙版的图像和图层。"通道"选项可以选择任何颜色通道或 Alpha 通道以用作蒙版。也可使用基于现用选区或选中图层（透明区域）边界的蒙版。"反相"选项可以反转通道的蒙版区域和无蒙版区域。

修改图像

使用"应用图像"命令时，如果被混合的目标对象是图层，则会改变所选图层中的图像，其效果类似于图层之间的混合。区别在于图层混合可修改和撤销，而这种方法会改变像素，而且不能逆转，如图14-250和图14-251所示。

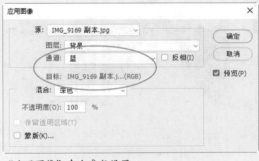

"应用图像"命令参数设置　　　　　　　　　　　蓝通道混入"背景"图层

图14-250　　　　　　　　　　　　　　　　　图14-251

修改选区

使用"应用图像"命令时，如果被混合的目标对象是Alpha通道，则会修改Alpha通道中的灰度图像，进而改变选区范围。有两种混合模式对于修改选区比较有用，即"相加"和"减去"（"相加"模式是"图层"面板中没有的）。这两种模式与选区的加、减运算类似（见35页），只是作用对象是通道，其结果会影响选区，如图14-252~图14-254所示。

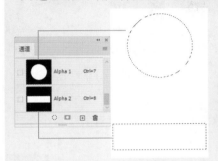

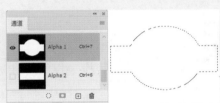

"Alpha 1"和"Alpha 2"通道及选区　　　用"相加"模式混合　　　　　用"减去"模式混合

图14-252　　　　　　　　　　　　　图14-253　　　　　　　　　图14-254

抠透明的图像

14.5

对很多人来说，往往最后考虑通道，能用其他工具解决的问题，一般情况下不会动用通道，因为它较难。但抠边缘模糊或内部有透明区域的对象，通道的效果是最好的。虽然"色彩范围""选择并遮住"命令、快速蒙版也可以，但通道的可控性强，是这几种工具中"本领"最大的一个。

14.5.1

实战：抠婚纱（钢笔工具+通道）

01 打开素材，如图14-255所示。选择钢笔工具 ✐ 及"路径"选项。单击"路径"面板底部的 ⊞ 按钮，新建一个路径层。沿人物的轮廓绘制路径，描绘时要避开半透明的头纱，如图14-256和图14-257所示。

扫码看视频

图14-255　　　　图14-256　　　　图14-257

02 按Ctrl+Enter快捷键将路径转换为选区，如图14-258所示。单击"通道"面板中的 ▣ 按钮，将选区保存到通道中，如图14-259所示。将蓝通道拖曳到 ⊞ 按钮上进行复制，如图14-260所示。

图14-258　　　　图14-259　　　　图14-260

03 使用快速选择工具 ❖ 选取女孩（包括半透明的头纱），按Shift+Ctrl+I快捷键反选，如图14-261所示。在选区中填充黑色，如图14-262和图14-263所示。取消选择。

图14-261　　　　图14-262　　　　图14-263

04 执行"图像>计算"命令，让"蓝 拷贝"通道与"Alpha 1"通道采用"相加"模式混合，如图14-264所示。单击"确定"按钮，得到一个新的通道，如图14-265所示。

图14-264　　　　　　　　　图14-265

05 由于现在显示的是通道图像，可单击"通道"面板底部的 ⟲ 按钮，直接载入婚纱选区。按Ctrl+2快捷键显示彩色图像，如图14-266所示。打开素材，将抠出的婚纱图像拖入该文件中，如图14-267所示。

图14-266　　　　　　　　　图14-267

06 头纱还有些暗，添加"曲线"调整图层，调亮图像，如图14-268所示。按Ctrl+I快捷键将蒙版反相，使用画笔工具 ✐ 在头纱上涂抹白色，使头纱变亮，按Alt+Ctrl+G快捷键，创建剪贴蒙版，如图14-269和图14-270所示。

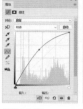

图14-268　　　　图14-269　　　　图14-270

14.5.2

实战：抠酒杯和冰块（钢笔工具+"计算"命令）

要点

本实战我们来抠酒杯和冰块，如图14-271所示。冰块是无色的，酒是浅黄色的，杯子是无色的，这三者都是透明物体。什么工具能抠

扫码看视频

透明物体呢？"色彩范围"命令、"选择并遮住"命令、混合颜色带、快速蒙版和通道都可以。

图14-271

方法虽多，但通道还是首选。因为它能控制好选取程度，即图像的透明度。所以一般抠此类图片时，最好先看一看通道的情况。能用通道抠的图，就不必考虑其他方法了。

01 用钢笔工具 描绘酒杯轮廓，如图14-272所示。按Ctrl+Enter快捷键，将路径转换为选区，如图14-273所示。

图14-272　　　　　　　图14-273

02 执行"选择>存储选区"命令，将选区命名为"酒杯"，保存到通道中，如图14-274和图14-275所示。

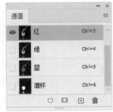

图14-274　　　　　　　图14-275

03 取消选择。下面制作酒和冰块的选区。用快速选择工具 选取杯子外边的酒和冰块，如图14-276所示。用"存储选区"命令将其保存到"通道"面板中，名称设置为"酒和冰块"，如图14-277所示。

图14-276　　　　　　　图14-277

04 取消选择。执行"图像>计算"命令，打开"计算"对话框。通过设置选项，让"酒杯"通道与"酒和冰块"通道中的选区相加，如图14-278所示，生成为一个新的通道，它包含我们要抠的全部图像，如图14-279所示。

图14-278　　　　　　　图14-279

05 分别按Ctrl+3、Ctrl+4、Ctrl+5快捷键，文档窗口中会显示红、绿和蓝通道中的灰度图像，如图14-280所示。通过观察和比较可以发现，蓝通道中酒杯和冰块的透明度最高，显然是不适合抠图的，因为越透明，杯子、冰块的细节越少，也就越难看清楚。相比之下，绿通道中图像的细节比较多，我们就用从该通道中提取选区。

红通道　　　　绿通道　　　　蓝通道

图14-280

06 按Ctrl+2快捷键重新显示彩色图层。单击绿通道，如图14-281所示，按Ctrl+A快捷键选取该通道中的图像，按Ctrl+C快捷键复制。在"图层"面板中单击 按钮添加蒙版，然后按住Alt键并单击蒙版缩览图，如图14-282所示。此时，文档窗口中会显示蒙版图像，现在它还是一个白色的图像。按Ctrl+V快捷键，将复制的绿通道粘贴到蒙版中，如图

413

14-283所示，这样我们就用通道中的图像作为蒙版将背景遮盖住了。

图14-281　　　　　图14-282　　　　　图14-283

07 按住Ctrl键并单击通道，如图14-284所示，将酒杯、酒和冰块的外轮廓选区加载到图像上，按Shift+Ctrl+I快捷键反选，填充黑色。取消选择。单击图层缩览图，结束蒙版的编辑，如图14-285和图14-286所示。

图14-284　　　　　图14-285　　　　　图14-286

08 在酒杯下层创建一个填充图层来验证抠图效果。如果感觉杯子等的透明度还是有点高，可以将抠好的图层复制一层，如图14-287和图14-288所示。

图14-287　　　　　　　　　　图14-288

· PS技术讲堂 ·

【"计算"命令】

执行"图像>计算"命令，打开"计算"对话框，如图14-289所示。"图层""通道""混合""不透明度""蒙版"等选项均与"应用图像"命令相同。

"计算"命令既可以混合一个图像中的通道，也可以混合多个图像中的通道。混合结果可以生成一个新的通道、选区或黑白图像。

"计算"命令包含的混合模式，以及控制混合强度的方法（调整不透明度值）都与"应用图像"命令相同。它也可以混合颜色通道，但只能将混合结果应用到一个新创建的通道（Alpha通道）中，而不能修改颜色通道，因此，"计算"命令不能修改图像的颜色。它的主要用途是编辑Alpha通道中的选区。

此外，使用"应用图像"命令前，需要先选择将要被混合的目标对象，之后再打开"应用图像"对话框指定参与混合的对象。而"计算"命令没有这种限制，我们可以打开"计算"对话框后任意指定目标对象，从这方面来看，"计算"命令的灵活度更高一些。但如果要对同一个通道进行多次混合，使用"应用图像"命令操作就会更加方便，因为该命令不会生成新通道，而"计算"命令每一次操作都会生成一个通道，必须来回切换通道才能进行多次混合。

图14-289

● "源1"选项组/"源2"选项组："源1"选项组用来选择第一个源图像、图层和通道；"源2"选项组用于选取与"源1"选项组混合的第2个源图像、图层和通道，该文件必须是打开的，并且与"源1"的图像具有相同尺寸和分辨率。

● 结果：可以选择计算之后生成的对象。选择"通道"，可以从计算结果中创建一个新的通道，参与混合的两个通道不会受到影响；选择"文档"，可以创建一个黑白图像；选择"选区"，可以创建一个选区。

【 选区与通道转换技巧 】

通道中的黑、白、灰与选区范围

选区保存到通道中之后，会变成灰度图像，反之通道中的灰度图像可以转换成选区。

在通道中，黑、白、灰分别对应了不同的选区范围。黑色代表选区外部；白色代表选区内部，即可以被选择的区域，黑白交界处便是选区边界；灰色代表可以被部分选择的区域，即羽化范围，也可认为是选择程度低于100%的区域。例如，图14-290所示为原图像，我们在Alpha通道中制作一个灰度阶梯状图像，如图14-291所示，将它转换为选区之后，可以抠出图14-292所示的图像。

图14-290

图14-291

图14-292

在显示图像的状态下编辑通道

当我们需要编辑一个通道，例如处理Alpha通道中的选区时，会单击这一通道，如图14-293所示，之后在文档窗口中显示的通道图像上进行修改，如图14-294所示。但是，在这种状态下看不到彩色图像。这会给一些操作带来困难，如描绘图像边缘（选区边界）时不够准确。

如果遇到这种情况，可以用这个技巧：在复合通道的左侧单击，出现眼睛图标 👁 ，如图14-295所示，窗口中会显示彩色图像，而选区之外的图像上则覆盖一层半透明的红色，如图14-296所示。这与快速蒙版状态下的选区完全一样（见422页）。

图14-293

图14-294

图14-295

图14-296

从通道中载入选区并进行运算

"通道"面板底部有一个 ◌ 按钮，单击一个通道，再单击 ◌ 按钮，便可将通道中的选区加载到画布上，如图14-297所示。这是最常规的选区加载方法，初学者用得比较多。我们尽量不要使用这种方法。因为单击一个通道，就会选择这一通道，载入选区之后，还要切换回复合通道才能显示彩色图像，如图14-298所示，比较麻烦。最直接的方法是按住Ctrl键并单击通道，如图14-299所示，这样就不必来回切换通道了。

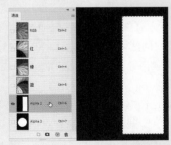
图14-297

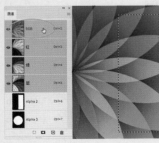
图14-298

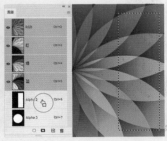
图14-299

从通道中加载选区时，配合相应按键，还可进行选区运算。例如，当图像上已有选区时，按住Ctrl+Shift快捷键（鼠标指针变为 图 状）并单击通道，可以将其中的选区添加到现有选区中，如图14-300所示；按住Ctrl+Alt快捷键（鼠标指针变为 图 状）单击，可以从现有选区中减去加载的选区；按住Ctrl+Shift+Alt快捷键（鼠标指针变为 图 状）并单击，得到的是它与画布上选区相交的区域。使用"选择>载入选区"命令加载选区时，也可进行选区运算，但没有通过快捷按键操作方便。

从其他载体中载入选区

除通道外，包含透明像素的图层、图层蒙版、矢量蒙版、路径层中也都包含选区，因此，从这些载体中也可以加载选区。操作方法非常简单，只要按住Ctrl键并单击图层、蒙版或路径的缩览图即可，如图14-301所示。并且在操作时，也可以使用上面介绍的按键来进行选区运算。

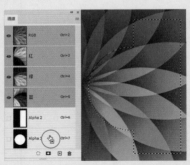

按住Ctrl+Shift快捷键并单击通道
图14-300

按住Ctrl键并单击路径层缩览图
图14-301

抠文字和图标

文字和图标与其他图像的抠法不太一样，因为它们不仅要求边界明确，而且轮廓要光滑。如果图标简单，也可以用钢笔工具抠，但速度慢。文字的笔画多，结构比较复杂，用钢笔工具抠是很麻烦的，不是好办法。下面介绍两种抠此类图像的方法，既快捷，又不会出现瑕疵。抠好的素材不论是用于网页，还是印刷，都不会出任何问题。

◈ 14.6.1
实战：抠福字（混合颜色带）

要点

使用混合颜色带抠文字，不仅速度快，效果也非常好，如图14-302所示。混合颜色带能创建羽化区域。当边缘没有那么生硬，而是需要呈现一点点柔边效果时，它要比其他工具，如"色彩范围"命令好用。

扫码看视频

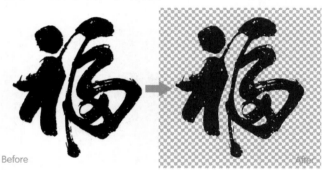

Before

After

图14-302

01 单击锁状图标 🔒，如图14-303所示，将"背景"图层转换为普通图层，然后创建一个红色填充图层，并调整到最下方，如图14-304所示。

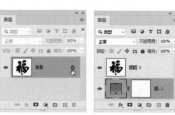

图14-303　　　图14-304

02 双击福字所在的"图层0"，打开"图层样式"对话框。将"本图层"下方的白色滑块向左侧拖曳，此时背景颜色会隐藏，下方填充图层的红色逐渐显现，如图14-305所示。注意观察文字边缘，当背景图像（白色）消失时放开滑块，如图14-306所示。

03 现在文字就已经抠好了。但因为这是毛笔字，我们希望它的边缘柔和一些，即让边缘有点模糊，太过清楚了会有锯齿感。按住Alt键并单击这个白色滑块，将它一分为二，然后把分离出来的这两个滑块往左右两侧各拖曳一点，建立一个过渡的羽化区域，即可在文字边缘生成轻微的模糊效果，如图14-307所示。

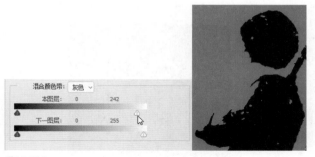

图14-305

图14-306

图14-307

💎 **14.6.2**

实战：抠图标（"色彩范围"命令）

要点

一般情况下，单色背景上的图像是比较容易抠的。可以用魔棒工具 🪄、"色彩范围"命令等先选取背景，再反转选区，然后抠图。但用这些方法处理那种对边界明确程度及边缘准确度要求都比较高的图像，例如图标和文字时，效果通常并不好。下面这个实战就是这样，如图14-308所示。我们使用的是"色彩范围"命令来抠图，结果问题非常大，图形边缘有背景色（参见第3步结果）。

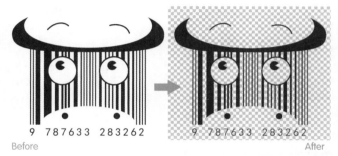

Before　　　　　　　　　　　　　　　After

图14-308

是方法不对吗？不是的，只是在使用上，没有根据图像的特点进行灵活变通，一般初学者比较容易犯这样的错误。其实我们只要把操作方法稍微改良一下，问题就能迎刃而解。操作技巧就在下面这个实战中。

01 执行"选择>色彩范围"命令，打开"色彩范围"对话框。在白色背景上单击，然后向右拖曳"颜色容差"滑块，如图14-309所示（白色代表了选中的区域）。单击"确定"按钮关闭对话框，选中背景，如图14-310所示。

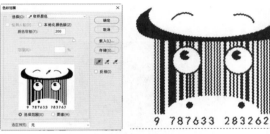

图14-309　　　　　　　图14-310

02 按住Alt键并单击 ◻ 按钮，创建一个反相的蒙版，将选中的背景遮盖住，完成抠图，如图14-311和图14-312所示。

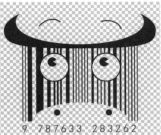

图14-311　　　　　　　图14-312

03 我们来看看抠得是否干净。单击 ◕ 按钮打开菜单，使用"纯色"命令创建深灰色填充图层，如图14-313所示。按Ctrl+[快捷键，将其调整到最下方，如图14-314所示。在深灰色背景的衬托下，可以很清楚地看到图形边缘的白边（即背景色），如图14-315所示。对于其他类型的图像，这意味着抠图失败了。但图标这类单色图像不一样，只要用一个小技巧，就能扭转败局。

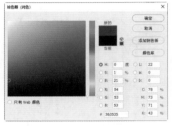 

图14-313　　　　　　　　　图14-314

图14-315

04 将图标所在的图层隐藏，然后按住 Ctrl 键并单击它的蒙版缩览图，如图14-316所示，将图标的选区加载到画布上，如图14-317所示。

图14-316　　　　　　　图14-317

05 创建一个黑色填充图层，选区会转换到它的蒙版中，如图14-318所示。由于脱离了原图标图层，就不存在背景颜色了，图标就没有白边了，如图14-319所示。如果原图标是其他颜色的，那我们就创建与图标相同颜色的填充图层即可。

图14-318　　　　　　图14-319

技术看板 53 快速修改图标颜色

一般大公司对图标、Logo，以及公司名称的颜色有很严格的要求，颜色上一般只允许使用专色，而且会提供专色色值。当需要改变图标颜色时，只需双击填充图层，便可打开"拾色器"对话框进行调整，非常方便。

修改填充图层颜色即可改变图标颜色

· PS技术讲堂 ·

【 颜色取样方法 】

"色彩范围"命令可以根据图像的颜色范围创建选区，在这一点上它与魔棒工具 📏 有着很大的相似之处，但该命令提供了更多的控制选项，因此选择精度更高。

执行"选择>色彩范围"命令，打开"色彩范围"对话框。选择"选择范围"选项，可以看到选区的预览效果，此时预览图中的白色代表选区范围；黑色代表选区之外的区域；灰色代表被部分选择的区域，即羽化区域，如图14-320所示。如果勾选"图像"选项，则预览区内会显示彩色图像。

通常情况下，选区的创建主要依靠对话框中的吸管和"颜色容差"来设置。将鼠标指针移动到图像上，鼠标指针会变为一个吸管 ✏️，单击即可拾取颜色，并将所有与之相似的色彩都选取，如图14-321所示。至于色彩涵盖范围有多广，则需要在"颜色容差"选项中调整。如果习惯在黑白效果的图像上操作，也可以在对话框的预览图上单击，对选择的颜色范围进行设置。如

选区外部
羽化区域
选区内部

图14-320

果要将其他颜色添加到选区中，可单击添加到取样按钮 🖋，然后在需要添加的颜色上单击，如图14-322所示；如果要在选区中排除某些颜色，可以单击从取样中减去按钮 🖋，然后在颜色上单击，如图14-323所示。

图14-321　　　　　　　图14-322　　　　　　　图14-323

除了使用吸管工具进行颜色取样外，"选择"下拉列表中还提供了几个预设选项。其中，预设颜色包括"红色""黄色""绿色""青色""蓝色""洋红"。通过这些选项，可以选择图像中的特定颜色。

预设色调包括"高光""中间调""阴影"。通过这3个选项，可以选择图像中的高光、中间调和阴影区域。这些选项对于校正数码照片的影调非常有用。

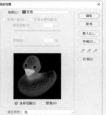  

此外，选择"溢色"选项，则可以选取图像中出现的溢色（见247页）；选择"肤色"选项，可以选取皮肤颜色。图14-324~图14-326所示为部分选项选取效果。

选择红色　　　　　　选择黄色　　　　　　选择高光
图14-324　　　　　　图14-325　　　　　　图14-326

提示（Tips）

如果创建了选区，则"色彩范围"命令只分析位于选区内部的图像。当需要细调选区时，可以重复使用该命令。

· PS技术讲堂 ·

【 颜色容差与容差的区别 】

何为颜色容差

魔棒工具 🖋 和"色彩范围"命令都基于"容差"值定义颜色选取范围，该值越高，所包含的颜色范围越广。在"色彩范围"命令中，"容差"换了一个名字，叫作"颜色容差"。它除了可以增加和减少选取的颜色范围外，还能控制相关颜色（其实是像素）的选择程度。我们从其对话框的预览图中就可以看出来。当颜色的选择程度为100%时（即完全选择），在预览图上显示为白色；选择程度为0%时（即没有被选择到），则会显示为黑色；如果选择程度为0%~100%，就能够部分地选择这些颜色（像素），它们在预览图上显示为灰色。

魔棒工具 🖋 无法部分地选择颜色，也就是说，该工具不具备选取带有一定透明度的像素的能力，这是它与"色彩范围"命令显著的区别。将"色彩范围"命令的"颜色容差"与魔棒工具 🖋 的"容差"都设置为相同的数值，再分别用它们创建选区（取样点相同），便可看出二者的区别，如图14-327和图14-328所示。

图14-327

左图为使用"色彩范围"对话框中的吸管在图像上取样（"颜色容差"为120）。右图为抠出的图像，可以清楚地看到半透明的像素

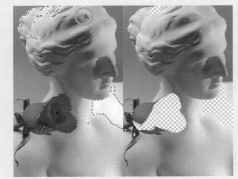

图14-328

左图为使用魔棒工具单击（取样位置相同，"容差"为120）。右图为抠出的图像（没有半透明像素）

"色彩范围"对话框的其他选项

● 选区预览：用来设置文档窗口中的选区的预览方式，如图14-329所示。"无"表示不在窗口显示选区；"灰度"可以按照选区在灰度通道中的外观来显示选区；"黑色杂边"可以在未选择的区域上覆盖一层黑色；"白色杂边"可以在未选择的区域上

覆盖一层白色；"快速蒙版"可以显示选区在快速蒙版状态下的效果，此时，未选择的区域会覆盖一层宝石红色。

图 14-329

- 检测人脸：选择人像或因需要调整肤色而选择皮肤时，勾选该选项，可以更加准确地选择肤色，如图 14-330 所示。
- 本地化颜色簇/范围：可以控制要包含在蒙版中的颜色与取样点的最大和最小距离，距离的大小通过"范围"选项设定。通俗一点说就是，勾选"本地化颜色簇"选项后，Photoshop 会以取样点（鼠标单击处）为基准，只查找位于"范围"值之内的图像。例如，图 14-331 所示的画面中有两朵荷花，如果只想选择其中的一朵，可在它上方单击进行颜色取样，如图 14-332 所示，然后调整"范围"值来缩小范围，这样就能够避免选中另一朵花，如图 14-333 所示。

图 14-330　　　　　　　　　　　　　　　　　图 14-331　　　　　图 14-332　　　　图 14-333

- 存储/载入：单击"存储"按钮，可以将当前的设置状态保存为选区预设；单击"载入"按钮，可以载入预设文件。
- 反相：可以反转选区，这就相当于创建选区之后，执行"选择>反选"命令。

14.7 抠像

抠像就是抠人像。男性图片比较好抠，女性就麻烦一些，主要是发丝较长且太过纤细。另外一些服饰细节，如纱裙、皮草、蕾丝边等也很难处理。但现在各种媒体和广告中使用的模特，一般还是以年轻女孩为主，年轻女孩里又以长发者居多。那么要想成为一个合格的设计师，抠发的技术一定要掌握好、使用好，这也是抠像技术里最重要的必修课。

14.7.1

实战：用"色彩范围"命令抠像

01 打开素材。执行"选择>色彩范围"命令，打开"色彩范围"对话框。在文档窗口中的人物背景上单击，对颜色进行取样，如图 14-334 和图 14-335 所示。

扫码看视频

图 14-334　　　　　　图 14-335

02 单击添加到取样按钮 ✎，在右上角的背景区域内单击并向下拖曳鼠标，如图14-336所示，将该区域的背景全部添加到选区中，如图14-337所示。从"色彩范围"对话框的预览区域中可以看到，背景全部变成了白色。

图14-336   图14-337

03 向左拖曳"颜色容差"滑块，这样可以让羽毛翅膀的边缘保留一些半透明的像素，如图14-338所示。单击"确定"按钮关闭对话框，选中背景，如图14-339所示。

图14-338   图14-339

04 执行"选择>反选"命令，将小女孩选中。图14-340所示为抠图效果。可以看到，图像边缘有一圈蓝边，并呈现半透明效果，这是原背景的颜色。虽然是我们刻意保留的，但仍然不美观，似乎抠图不彻底。其实不然，因为这一圈蓝色是羽毛、小女孩头发的边缘部分，是应该体现出柔和效果的。我们只要将蓝色去除，效果就完美了。

05 打开素材，使用移动工具 ✛ 将小女孩拖入该文件中，如图14-341所示。执行"图层>图层样式>内发光"命令，打开"图层样式"对话框，为小女孩添加"内发光"效果，让发光颜色盖住图像边界的蓝色，如图14-342和图14-343所示。

图14-340   图14-341

图14-342   图14-343

14.7.2
实战：用快速蒙版抠像

本实战我们用快速蒙版抠图，如图14-344所示。快速蒙版可以将选区转换成临时的蒙版图像，之后我们便可以用画笔工具 ✎、渐变工具 ▣ 等绘画类工具编辑蒙版图像，达到修改选区的目的。在控制选区边界及调整羽化范围方面，快速蒙版要比"选择>修改"子菜单中的各个命令，以及"调整边缘"命令更好用。

扫码看视频

图14-344

01 用快速选择工具 ✎ 选取小孩，如图14-345所示。下面制作投影选区。投影不能完全选中，而应该使其呈现透明效果，否则为图像添加新背景时，投影效果会显得太过生硬，不真实。执行"选择>在快速蒙版模式下编辑"命令（也可以单击"工具"面板底部的 ▣ 按钮或按Q键），进入快速蒙版编辑状态，未选中的区域会覆盖一层半透明的颜色，被选择的区域还是显示为原状，如图14-346所示。

图14-345　　　　　　　图14-346

图14-347　　　　　　　　　　　　图14-348

02 前景色会变为白色。选择画笔工具 ，在工具选项栏中将不透明度设置为30%，如图14-347所示，在投影上涂抹，将投影添加到选区中，如图14-348所示。如果涂抹到背景区域，则可按X键，将前景色切换为黑色，用黑色涂抹就可以将多余内容排除到选区之外。

03 单击"工具"面板底部的 ◙ 按钮，退出快速蒙版，返回正常模式，图14-349所示为修改后的选区。打开素材，使用移动工具 ✛ 将小孩拖入该文件，如图14-350所示。

图14-349　　　　　　　　图14-350

·PS技术讲堂·

【用快速蒙版编辑选区】

怎样编辑快速蒙版

　　创建选区以后，如图14-351所示，按Q键进入快速蒙版模式，选区轮廓会消失，原选区内的图像正常显示，选区之外覆盖一层半透明的宝石红色，如图14-352所示。同时，"通道"面板中会出现一个临时的蒙版图像，如图14-353所示。在这种状态下，可以使用画笔、渐变、滤镜、"曲线"等工具在文档窗口中编辑蒙版图像，就像修改图层蒙版一样，之后再将蒙版图像转换为选区，从而实现用以上工具编辑选区的目的。在这一过程中，前景色和背景色会自动变为黑色和白色（这也与添加图层蒙版时一样），以配合编辑工作。

图14-351　　　　　　　图14-352　　　　　　　图14-353

　　如果在蒙版图像上涂抹黑色，就会为其覆盖一层半透明的宝石红色，这说明黑色会减少选区范围；在覆盖宝石红色的区域涂抹白色，则图像会显现出来，因此白色可以扩展选区范围；如果涂抹灰色，则宝石红色会变淡，它们代表了羽化区域。图14-354所示为用黑色、白色和灰色编辑快速蒙版时的选区和抠图效果。

在蒙版上涂抹黑色　　　　转换的选区　　　　抠出的图像

在蒙版上涂抹白色　　　　转换的选区　　　　抠出的图像

在蒙版上涂抹灰色　　　　转换的选区　　　　抠出的图像

图14-354

快速蒙版选项

　　双击"工具"面板中的以快速蒙版模式编辑按钮 ⬚，打开"快速蒙版选项"对话框，可以设置快速蒙版的覆盖范围、颜色和不透明度等选项，如图14-355所示。

● 被蒙版区域：被蒙版区域是指选区之外的区域。将"色彩指示"设置为"被蒙版区域"后，选区之外的图像将被蒙版颜色覆盖，如图14-356所示。

● 所选区域：所选区域是指选中的区域。如果将"色彩指示"设置为"所选区域"，则选中的区域将被蒙版颜色覆盖，未被选择的区域显示为图像本身的效果，如图14-357所示。该选项比较适合在没有选区的状态下直接进入快速蒙版状态，然后在快速蒙版的状态下制作选区。

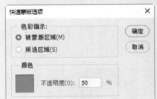

图14-355　　　　图14-356　　　　图14-357

● 颜色/不透明度：单击颜色块，可以打开"拾色器"对话框设置蒙版颜色，如果对象与蒙版的颜色非常接近，可以对蒙版颜色做出调整；"不透明度"选项用来设置蒙版颜色的不透明度。设置"颜色"选项和"不透明度"选项都只影响蒙版的外观，不会对选区产生任何影响。修改它们的目的是让蒙版与图像中的颜色对比更加鲜明，以便我们准确操作。

14.7.3

实战：抠长发少女（通道抠图）

要点

先来分析图像，如图14-358所示。我们知道，抠图中最难处理的是毛发细节，因此，这幅图中模特的发丝部分就是抠图重点。图中头发与背景的对比一深一浅，我们可以利用这种色调差异，在通道中将背景处理为白色，让头发变为黑色。

图14-358

从衣服整体来看，其轮廓还是比较简单的，但是白上衣与浅灰色背景在色调上区别不是特别大，制作选区时需要留意一点。好在衣服的轮廓并不复杂，不会带来太多麻烦。

01 执行"窗口>通道"命令，打开"通道"面板，先找出一个头发与背景对比清晰的通道，用它来完成抠图操作。分别单击红、绿、蓝通道，以观察通道中的图像，如图14-359~图14-361所示。可以看到，红通道中的头发色调是最浅的，不适合此项操作。绿通道和蓝通道中头发很清晰，与背景的对比更明显。蓝通道中人物整体的色调比较柔和，皮肤为灰色，因此我们选择蓝通道，将它拖曳至面板底部的 ⊞ 按钮上进行复制，如图14-362所示。

图14-359

图14-360

图14-361

图14-362

02 执行"图像>应用图像"命令，打开"应用图像"对话框，将混合模式设置为"正片叠底"，如图14-363和图14-364所示。"正片叠底"模式可以使图像中的白色保持不变，其他颜色变得更暗。再次执行该命令，设置相同的参数，如图14-365所示。不仅头发、裙子呈现出清晰的黑色，皮肤也变为深灰色了，抠图的难度降低了一半。

03 上衣轮廓比较简单，可以用快速选择工具 ✎ 选取，如图14-366所示。由于衣服与背景颜色相近，在选取右侧衣袖时会同时选取一些背景，需要进一步处理。

图14-363

图14-364

图14-365

图14-366

04 选择多边形套索工具 ⬡ ，按住Alt键并在多选的区域上创建选区，将其从原选区中排除，如图14-367和图14-368所示。

图14-367

图14-368

05 单击工具选项栏中的"选择并遮住"按钮，在"视图"下拉列表中选择"黑白"模式，以便更好地观察图像，如图14-369所示。按Ctrl++快捷键，让窗口中的图像放大显示，可以看到选区边缘还存在锯齿，并不光滑，如图14-370所示。勾选"智能半径"选项，设置参数，让选区变得更平滑，如图14-371和图14-372所示。单击"确定"按钮，关闭对话框，按Ctrl+Delete快捷键填充背景色（黑色），如图14-373所示。按Ctrl+D快捷键取消选择。

图14-369　　　　　　图14-370

图14-371　　　图14-372　　　图14-373

06 按Ctrl+L快捷键打开"色阶"对话框，单击右侧的设置白场工具，在背景上单击，如图14-374所示，所有比该点亮的像素都会变为白色，如图14-375所示。通道中的白色为选取区域，我们要选取的是人物，按Ctrl+I快捷键反相，使人物变成白色，如图14-376所示。

图14-374　　　图14-375　　　图14-376

07 接下来的工作就轻松多了，选择画笔工具，在工具选项栏中设置混合模式为"叠加"，不透明度为75%，

在人物脸上的灰色区域涂抹白色，直至灰色区域全部变白，如图14-377所示。设置"叠加"模式可以不影响背景，即使涂到背景上，白色也不会对背景的黑色产生任何作用。不透明度的作用是不使边缘线的对比过于强烈。裙子部分可以使用多边形套索工具，在轮廓内创建选区，如图14-378所示，填充白色，然后取消选择。边缘处的小部分灰色就更好处理了，如图14-379所示。

图14-377　　　图14-378　　　图14-379

08 单击"通道"面板底部的按钮，载入通道中的选区，如图14-380所示。单击RGB复合通道或按Ctrl+2快捷键，显示彩色图像。单击"图层"面板底部的按钮，基于选区创建蒙版，将背景隐藏，如图14-381所示。将窗口放大，再仔细检查一下抠图效果，如图14-382所示。

图14-380　　　图14-381　　　图14-382

💎 14.7.4

实战：抠抱宠物的女孩（"选择并遮住"命令）

要点

　　前一个实战我们学习了怎样使用通道抠图（重点是发丝），用的工具比较多，有一定的难度。下面仍然抠长发女孩，如图14-383所示。这次我们用一个简单的方法——"选择并遮住"命令操作。它虽然没有通道强大，但效果还是不错的。这几年Photoshop中的人工智能技术在逐渐增强，使得"选择并遮住"命令等一系列工具越来越出色了，将来会更加强大。

扫码看视频

图 14-383

01 执行"选择>主体"命令自动生成包含美女和狗狗的选区，如图 14-384 所示。下面处理毛发选区。

02 执行"选择>选择并遮住"命令。将"视图"设置为"叠加"，不透明度调整为 50%，让选区外的图像淡淡地显现出来。选择调整边缘画笔工具 ，将笔尖设置为 30 像素（也可用 [键和] 键调整其大小），如图 14-385 所示。处理左侧发丝，先将鼠标指针放在发丝空隙中的黑色背景上单击，如图 14-386 所示，然后拖曳鼠标，在发丝上涂抹，如图 14-387 所示。

图 14-384　　　　　　　　　图 14-385

图 14-386　　　　　　　　　图 14-387

03 处理头顶发丝也是同样操作。即先在发丝空隙包含背景的区域单击，如图 14-388 所示，然后拖曳鼠标涂抹，如图 14-389 所示。

图 14-388　　　　　　　　　图 14-389

04 使用画笔工具 在右侧发丝上涂抹，向外扩大选区，将发丝都包含进来，选区里有背景图像也没关系，用调整边缘画笔工具 处理即可，如图 14-390 和图 14-391 所示。

图 14-390　　　　　　　　　图 14-391

05 用调整边缘画笔工具 处理狗狗边界。重点是狗狗的眉毛和胡须，如图 14-392 和图 14-393 所示。

图 14-392　　　　　　　　　图 14-393

06 勾选"净化颜色"选项，如图 14-394 所示，这样可以改善毛发选区，将断掉的选区自动连接起来。图 14-395 和图 14-396 所示为对照效果，在黑色背景下，区别非常明显。

图 14-394

净化颜色前　　　　　　　　净化颜色后
图 14-395　　　　　　　　　图 14-396

07 在"输出到"下拉列表中选择"新建带有图层蒙版的图层"选项，按Enter键抠图，如图14-397所示。将图像放在黑色背景上观察效果，如图14-398所示。

08 发丝很完整，但还不够清晰，这很容易处理，按Ctrl+J快捷键，将抠好的图像再复制一层即可，如图14-399和图14-400所示。

图14-397

图14-398

图14-399

图14-400

· PS技术讲堂 ·

【 用"选择并遮住"命令修改选区 】

视图模式

"选择并遮住"集选区编辑和抠图功能于一身，可以对选区进行羽化、扩展、收缩和平滑处理；还能有效识别透明区域、毛发等细微对象。抠此类对象时，可先用魔棒工具 ✎、快速选择工具 ✎，或者"色彩范围"命令创建一个大致的选区，再使用"选择并遮住"命令进行细化，从而准确选取对象。

本章开始我们就介绍过，选区能够以多种面孔出现，例如，在画布上，它是闪烁的蚁行线；在通道中则变为一张定格的黑白图像。选区的各种形态不仅有利于对其进行编辑，也为我们更好地观察它们的范围提供了帮助。"选择并遮住"命令能够将选区的绝大多数面貌展现在我们面前，如图14-401所示。

"视图"下拉列表

洋葱皮（"透明度"为25%）

闪烁虚线

叠加

黑底

白底

黑白

图层

图14-401

● 洋葱皮：将选区显示为动画样式的洋葱皮结构。

● 闪烁虚线：显示标准选区，即"蚁行线"。

● 叠加：显示快速蒙版状态下的选区。

- 黑底/白底：将选区置于深色、白色背景上。

- 黑白：显示通道状态下的选区。

- 图层：如果当前图层不是"背景"图层，选择该选项后，可以将选取的对象放在"背景"图层上观察。创建图像合成效果时，该选项比较有用，它能让我们看到图像与背景的融合是否完美。如果发现选区缺陷，在"选择并遮住"对话框中就可以修正。如果当前图层是"背景"图层，则可将选取的对象放在透明背景上。

- 显示边缘：显示调整区域。

- 显示原稿：显示原始选区。

- 高品质预览：勾选该选项后，在处理图像时，按住鼠标左键（向下滑动）可以查看更高分辨率的预览；取消勾选该选项后，向下滑动鼠标时，会显示更低分辨率的预览。

工具和选项栏

"选择并遮住"工作区中提供了与Photoshop正常操作界面类似的"工具"面板和工具选项栏，如图14-402~图14-405所示。

图14-402　　　　　　　图14-403　　　　　　　图14-404　　　　　　　图14-405

从工具上看，它集合了快速选择工具、套索工具、对象选择工具、多边形套索工具，以及文档导航工具（抓手工具/缩放工具）。但工具的选项有所精简，只提供了工具大小调整选项、"对所有图层取样"选项和选区运算按钮。

这里有两个新工具。调整边缘画笔工具可以精确调整发生边缘调整的边框区域。例如，轻刷柔化区域（如头发或毛皮）以向选区中加入准确的细节。

画笔工具可用于完善细节。例如，使用快速选择工具（或其他选择工具）先进行粗略选择后，用调整边缘画笔工具对其进行调整，之后便可用画笔工具来完成或清理细节。它可以按照以下两种简便的方式微调选区：在添加模式下，绘制想要选择的区域；在减去模式下，绘制不想选择的区域。

使用快速选择工具、调整边缘画笔工具和画笔工具时，由于是描绘细节，建议将窗口放大再进行处理。虽然抓手工具和缩放工具负责此项工作，但用快捷键操作更方便（按Ctrl++快捷键放大、按Ctrl+-快捷键缩小、按住空格键移动画面）。

边缘检测

在"选择并遮住"工作区的"属性"面板中，"半径"选项可确定发生边缘调整的选区边界的大小。如果选区边缘较锐利，可以使用较小的半径；如果选区边缘较柔和，则可使用较大的半径。

"智能半径"选项允许选区边缘出现宽度可变的调整区域。在处理人物肖像，如头发和肩膀时，该选项十分有用，它可以根据需要为头发设置比肩膀更大的调整区域。

扩展和收缩选区

在"选择并遮住"工作区的"属性"面板中，"移动边缘"选项可用来扩展和收缩选区范围。该值为负值时，选区向内移动（这有助于从选区边缘移去不想要的背景颜色）；为正值时，则向外移动。由于该选项以百分比为单位，选区的变化范围非常小，只适合进行轻微移动。如果要进行大范围移动，建议使用"选择>修改"子菜单中的"扩展"和"收缩"命令操作，如图14-406~图14-408所示。

平滑

在"属性"面板中，"平滑"选项可以减少选区中的不规则区域（凹凸不平），创建较平滑的轮廓。如用魔棒工具或"色彩范围"命令选择图像时，选区边缘往往会很琐碎、生硬，这样的选区就需要进行平滑处理。要注意的是，平滑矩形选区时，其边角会变得圆滑。

此外，使用"选择>修改>平滑"命令，也可以让选区变得平滑，如图14-409所示。与使用"选择并遮住"命令操作相比，"平滑"命令是以像素为单位处理的，因此处理范围更大，但也会加大选区的变形程度。

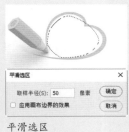

原选区　　　　　　　　　　扩展选区　　　　　　　　收缩选区　　　　　　　　平滑选区

图14-406　　　　　　　　　图14-407　　　　　　　图14-408　　　　　　　图14-409

羽化

在"选择并遮住"工作区的"属性"面板中，可以通过"羽化"选项为选区设置羽化（范围为0像素～1000 像素），让选区边缘的图像呈现透明效果。

设置"对比度"选项可以锐化选区边缘并去除模糊的不自然感。这两个选项是互相抵消的关系，也就是说，当选区增加"羽化"值之后，再提高"对比度"值，可减少或消除羽化。"羽化""平滑""移动边缘"等选项都是以像素为单位进行处理的。而实际的物理距离和像素距离之间的关系取决于图像的分辨率。例如，分辨率为300像素/英寸的图像中的5像素的距离要比72像素/英寸的图像中的5像素短。这是由于分辨率高的图像包含的像素多，因此像素点更小（见86页）。

净化颜色及输出

"属性"面板中的"输出设置"选项组用于设置选区的输出方式，以及消除选区边缘的杂色，如图14-410和图14-411所示。

勾选"净化颜色"选项并拖曳"数量"滑块，可以将彩色边替换为附近完全选中的像素的颜色。例如，图14-412所示是未勾选该项的抠图效果，可以看到，轮廓处有一圈黑边。图14-413所示为净化颜色后的效果，此时黑边被清除掉了。在"输出到"选项的下拉列表中可以选择选区的输出方式，它们决定了调整后的选区是变为当前图层上的选区或蒙版，还是生成一个新图层或新的文件。

图14-410　　　　　　　图14-411　　　　　　　图14-412　　　　　　　图14-413

技术看板 54 创建边界选区

创建选区后，执行"选择>修改>边界"命令，可以将选区的边界同时向内部和外部扩展，进而形成新的选区。在"边界选区"对话框中，"宽度"用于设置选区扩展的像素值，例如，将该值设置为30像素时，原选区会分别向外和向内扩展15像素。

创建选区　　　　　　　　生成新的选区

第15章 文字与版面设计

[本章简介]

人们能对一幅作品产生良好的印象，其中的创意、图像处理技巧等固然重要，文字的字体选择和版面设计也能产生很大影响。本章我们就来学习文字的创建和编辑方法，以及怎样编排文字，合理构图，设计出美观的版面。

Photoshop中的文字是由以数学方式定义的形状组成的，是一种矢量对象。我们可以通过栅格化的方法，让文字变为图像，这样，就能用画笔或滤镜等编辑它；也可将其转换为路径和矢量图形，修改文字结构，制作出新颖、独特的字体。

对于从事设计工作的人，在制作以文字为主的印刷品，如名片、宣传册、商场的宣传单时，最好使用InDesign、Illustrator这类排版、矢量软件，Photoshop的文字编排能力与之相比还不够强大，而且文字过于细小，打印时容易模糊不清。

[学习目标]

通过本章的学习，我们应该学会文字的各种创建方法，了解文字在版面中的编排规范及以下操作技巧。

● 制作宣传海报
● 制作文字面孔
● 制作奔跑的人形轮廓字
● 制作萌宠脚印字
● 用路径文字排出图形效果
● 在文字中加入Emoji表情符号
● 使用OpenType可变字体
● 从 Typekit 网站下载字体
● 特殊字形的创建方法

[学习重点]

15.1

文字概述

Photoshop中有许多专门用于创建和编辑文字的工具和命令。在学习它们的使用方法之前，我们先来了解一下文字的种类和变化形式。

———· PS技术讲堂 ·———

【 文字工具与文字类型 】

在Photoshop中，我们可以通过3种方法创建文字：以任意一点为起始点创建横向或纵向排列点文字；以矩形范围框为边界创建段落文字；在路径上排布文字，或者在矢量图形的内部创建路径文字。

Photoshop中有4个文字工具，其中的横排文字工具 **T** 和直排文字工具 **↓T** 都能以上述方法创建文字。横排文字蒙版工具 **T** 和直排文字蒙版工具 **↓T** 则用来创建文字状选区。这两个工具的实用性不强，因为从横排文字工具 **T** 和直排文字工具 **↓T** 创建的文字中也可以加载选区，而且文字内容修改起来更加方便，选区也会随文字而变。要说有什么可取之处的话，那就是这两个工具能在图层蒙版和Alpha通道中创建文字。

———· PS技术讲堂 ·———

【 文字外观的变化方法 】

简单的文字排列方式

在Photoshop中，文字的基本排列形式有两种，即横向排列和纵向排列。这是点文字和段落文字为我们呈现的效果，如图15-1和图15-2所示。

扫码看视频

点文字属于"一根筋"的性格，它只知道沿水平或垂直方向排列，我们只要不停止输入，它就会一直这样排布下去，总体效果是比较单一的。

段落文字要"聪明"一些，它撞了南墙（文字框）知道回头，不会将文字排到画布外边。段落文字可以将文字限定在矩形文字框内，因此，这类文字的整体外形呈方块状。段落文字方便了大段和多段文字的输入与管理，但文字外观较之点文字并没有多大突破。很显然，这两种文字排列方式都缺少变化，只能满足最基本的使用需要。

图15-1

图15-2

图形化文字

　　能让排列形式出现变化的是路径文字。它包含了两种变化样式。一种是让文字在封闭的路径内部排列，如图15-3所示，文字的整体外观与路径外形一致。例如，如果路径是心形的，那么文字也排成心形。其原理是以路径轮廓为框架排布段落文字，当框架（即路径轮廓的形状）发生改变时，其中的文字便会自动排布，以与之适应。

　　还有一种是文字在路径上方排列，文字能随着路径的弯曲而起伏、转折，如图15-4所示。其原理是以路径为基线排布点文字。这种状态下的点文字不仅可以沿路径移动，还能翻转到路径另一侧。用路径控制文字，能让文字的布局随着路径变化，文字的排列形状一下子就变得"可塑"了。

文字在图形内排列

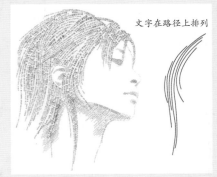

文字在路径上排列

图15-3

图15-4

文字变形

有一点需要明确，路径文字能让所有文字按图形排布，如排成曲线、圆环或其他形状，但文字本身并没有变形，也就是说，虽然整个文本的外观发生了改变，但其中的每一个文字并没有变形。那么有没有一种方法，能让整个文本的外观及每一个文字都变形呢？有的，这就是变形文字功能。

这种功能与Adobe Illustrator中的"封套扭曲"异曲同工，即将文字"塞入"封套中，使其按照封套的形状产生扭曲变形，如图15-5所示。变形文字一共有15种效果，图15-6所示为其中的部分效果。

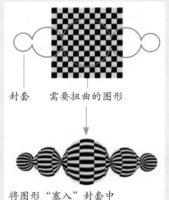

封套　　需要扭曲的图形

将图形"塞入"封套中

封套扭曲示意图
图15-5

扇形扭曲　　　　　　　　　　　　　拱形扭曲　　　　　　　　　　　　拱形+水平扭曲
图15-6

无论是点文字、段落文字，还是路径文字，都可以通过"文字变形"命令进行变形处理，让文字的整体外观变为扇形、弧形等形状。但要想突破这15种效果，做更大的变形处理，如图15-7所示，则需要将文字转换为形状图层，或者从文字中生成路径，再对形状和路径进行编辑。

图15-7

技术看板 55 Photoshop文字的特殊之处

● 专用工具：文字是矢量对象，不能用编辑图像的工具修改它。但文字又有别于路径，矢量工具也不能修改文字。
● 无损缩放：矢量对象的最大优点是无损缩放，因此，文字无论怎样缩放、旋转和倾斜，其清晰度都不会改变。
● 无限次修改：文字只要不栅格化，就可以无限次修改，即文字内容、字体、颜色、间距和行距等属性可随时编辑。
● 转换成矢量对象：文字可以转换为矢量图形或路径，这是设计特殊字体的最佳方法。
● 转换成位图：前面列举的编辑方法都是基于矢量状态下的文字，文字栅格化不适用（见454页）。因为栅格化以后，文字会转换为图像。

创建点文字和段落文字

下面介绍点文字和段落文字的创建方法，文字内容的修改、添加与删除，文字颜色的设置技巧等。

15.2.1

实战：制作PS宣传海报（点文字）

点文字适合处理字数较少的标题、标签和网页上的菜单选项，以及海报上的宣传主题，如图15-8所示。这种文字不能自动换行，如果一直输入，就会扩展到画布外面而看不到。我们需要按Enter键进行换行。

扫码看视频

图15-8

01 打开素材以后，执行"图像>图像旋转>顺时针90度"命令，旋转画面。选择横排文字工具 **T**。打开"字符"面板，选择字体，设置大小、颜色和间距，如图15-9所示。单击工具选项栏中的 按钮，以便让文字居中排列，如图15-10所示。

图15-9    图15-10

02 在画布上单击，画面中会出现闪烁的"I"形光标，它被称作"插入点"。输入文字"我们的"，如图15-11所示。按Enter键换行，再输入"PS"，如图15-12所示。继续换行，输入最后一组文字"世界"，如图15-13所示。

03 将鼠标指针放在字符外，单击并拖曳鼠标，调整文字位置，如图15-14所示。

图15-11

图15-12

图15-13

图15-14

04 单击工具选项栏中的 ✔ 按钮，结束文字输入。单击 按钮，为文字图层添加图层蒙版。选择画笔工具 及硬边圆笔尖，将主要建筑物前方的文字涂黑，使其看上去像被建筑遮挡了一样，如图15-15和图15-16所示。

图15-15

图15-16

提 示 (Tips)

单击其他工具、按Enter键、按Ctrl+Enter快捷键都可以结束操作。如果要放弃输入，可以单击工具选项栏中的 ⊘ 按钮，或按Esc键。

05 双击文字图层，打开“图层样式”对话框，添加“渐变叠加”效果，让远处的文字颜色变暗，如图15-17和图15-18所示。

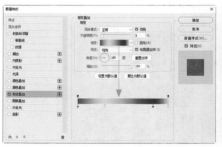

图15-17

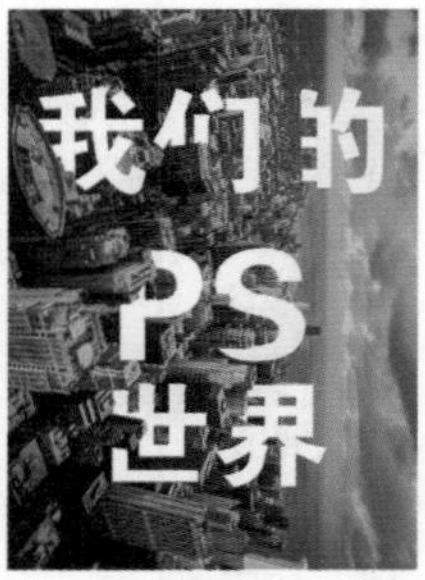

图15-18

06 创建一个图层。按Alt+Ctrl+G快捷键，将其与下方的文字图层创建为剪贴蒙版组，如图15-19所示。选择画笔工具 🖌，使用柔边圆笔尖，在建筑后方文字上涂抹浅灰色阴影，如图15-20所示。

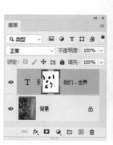

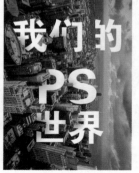

图15-19

图15-20

15.2.2 实战：选取和修改文字

文字在创建之后，并不是固定不变的，而是可以随时修改的。修改文字之前，需要先选取文字。

扫码看视频

01 打开素材。选择横排文字工具 **T**，将鼠标指针放在文字上，单击并拖曳鼠标，将需要修改的文字选取，如图15-21所示。

02 在这种状态下，在工具选项栏中可以修改字体和文字大小等，如图15-22所示。如果输入文字，则可替换所选文字，如图15-23所示。按Delete键，可以删除所选文字，如图15-24所示。单击工具选项栏中的 ✓ 按钮，或在文本框外侧单击，结束编辑。

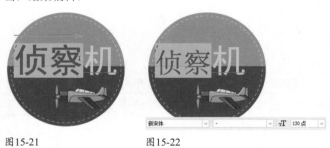

图15-21

图15-22

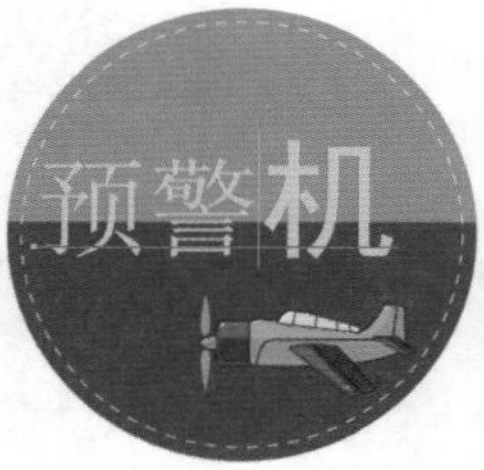

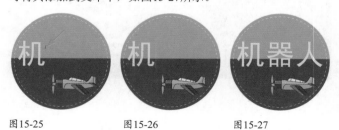

图15-23

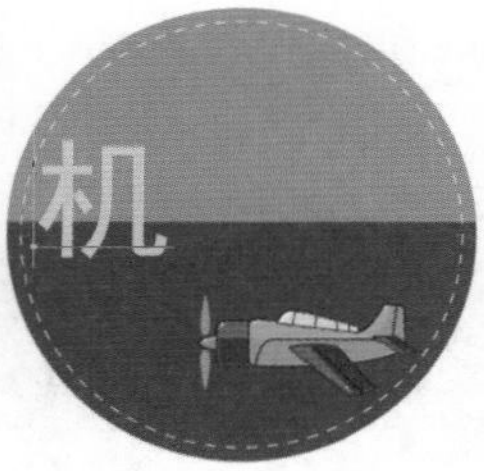

图15-24

03 下面我们来看一下怎样添加文字。将鼠标指针放在文字行上，鼠标指针变为“I”状时，如图15-25所示，单击鼠标，设置文字插入点，如图15-26所示，此时输入文字，便可将其添加到文本中，如图15-27所示。

图15-25

图15-26

图15-27

提 示 (Tips)

使用横排文字工具 **T** 在文字中单击，设置插入点后，再单击3下，可以选取一行文字；单击4下，可以选取整个段落；按Ctrl+A快捷键，可以选取全部文字。此外，双击文字图层中的“T”字缩览图，也可以选取所有文字。

15.2.3 实战：修改文字颜色

01 打开素材，如图15-28所示。使用横排文字工具 **T** 选取文字。所选文字的颜色会变为原有颜色的补色，即黄色文字变为蓝色，如图15-29所示。

扫码看视频

图15-28　　　　　　　　　图15-29

02 在这种状态下，使用"颜色"或"色板"面板修改颜色时，我们看不到文字真正的颜色。例如，颜色虽然调为红色，如图15-30所示，但文字上显示的是其补色（青色），如图15-31所示。只有单击工具选项栏中的 ✔ 按钮确认之后，才能显示真正的颜色。要想实时显示文字颜色，需要使用"拾色器"对话框。

图15-30　　　　　图15-31

03 单击工具选项栏中的文字颜色图标，如图15-32所示，打开"拾色器"对话框，此时颜色能够以原有的面目显示，如图15-33和图15-34所示。单击 ✔ 按钮确认修改。

图15-32

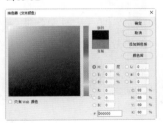

图15-33　　　　　　　　图15-34

> **提示**（Tips）
>
> 选取文字后，按Alt+Delete快捷键，可以使用前景色填充文字；按Ctrl+Delete快捷键，则使用背景色填充。如果只是单击了文字图层，使其处于选取状态，而并未选择个别文字，则用这两种快捷键可以填充图层中的所有文字。

💎 **15.2.4**

实战：文字面孔（段落文字及特效）

有些设计方案文字量比较多，如宣传单、说明书等。用点文字处理非常耗费时间，也不容易对齐文字。这种文字量较多的文本最适合用段落文字输入和管理。段落文字能将所有文字限定在一个矩形定界框内，当文字到达定界框边界

扫码看视频

时还会自动换行，非常方便。但如果要开始新的段落，则需要按Enter键。本实战我们用它制作一个特效，如图15-35所示。

图15-35

01 当我们在脸上贴好文字之后，还要用"置换"滤镜让文字依照脸的结构扭曲，这样效果才更真实。我们首先来制作用于置换的图像。打开素材，执行"图像>复制"命令，复制出一幅图像。执行"图像>调整>黑白"命令，使用默认参数即可，创建黑白效果，如图15-36和图15-37所示。

图15-36　　　　　　　图15-37

02 执行"滤镜>模糊>高斯模糊"命令，让图像变得模糊一些，如图15-38和图15-39所示。这样扭曲文字的效果会比较柔和，否则文字会变得比较散碎。按Ctrl+S快捷键，将图像保存为PSD格式，之后关闭。

图15-38　　　　　　　图15-39

03 选择横排文字工具 **T** 。在"字符"面板中选择字体，设置大小、颜色和间距，如图15-40所示。单击工具选项栏中的 ■ 按钮，让文字居中排列，如图15-41所示。

图15-40　　　　　图15-41

04 在图像中单击并向右下角拖曳出一个定界框，如图15-42所示。当画布上出现"I"形光标时，执行"文字>粘贴Lorem Lpsum"命令，用 Lorem Ipsum 占位符文本填满文本框，如图15-43所示。单击工具选项栏中的 ✓ 按钮，结束文字的编辑，完成段落文本的创建。

图15-42　　　　　　　图15-43

05 按Ctrl+G快捷键，将该图层编入图层组中。双击组，如图15-44所示，打开"图层样式"对话框，添加"投影"效果，如图15-45和图15-46所示。

图15-44　　　　图15-45　　　　图15-46

06 选择移动工具 ✛ ，按住Alt键并拖曳文字，进行复制，如图15-47所示。再复制出两组文字，之后按Ctrl+T快

捷键显示定界框，将一组文字旋转，另一组放大，如图15-48所示。

图15-47　　　　　　　图15-48

07 将图层组关闭，如图15-49所示。单击 ■ 按钮，添加图层蒙版，如图15-50所示。用画笔工具 ✐ 将面孔之外的文字涂黑，通过蒙版将其隐藏起来，如图15-51所示。

图15-49　　　图15-50　　　图15-51

08 单击 ■ 按钮，创建一个图层组，如图15-52所示。在黑色背景上单击，输入文字，如图15-53所示。一定要在远离文字的地方单击，否则会选取段落文本。之后，再将文字拖曳到图15-54所示的位置上。

图15-52　　　图15-53　　　　15-54

09 双击该文字图层，为它添加"描边"和"投影"效果，如图15-55~图15-57所示。

图15-55　　　　图15-56　　　　　图15-57

10 选择移动工具 ⊕，按住Alt键并拖曳文字，进行复制。按Ctrl+T快捷键显示定界框，通过变换操作，调整文字大小和角度，将文字放在额头、鼻梁颧骨和锁骨上，图15-58所示为文字具体位置。当前效果如图15-59所示。

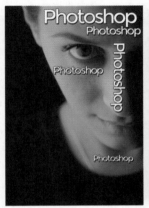 

图15-58　　　　　　　　图15-59

11 单击"背景"图层左侧的眼睛图标 ◉，将该图层隐藏，如图15-60所示。按Shift+Alt+Ctrl+E快捷键，将所有文字盖印到一个新的图层中，如图15-61和图15-62所示。

图15-60　　　　　图15-61　　　　　图15-62

12 执行"滤镜>扭曲>置换"命令，设置参数，如图15-63所示，单击"确定"按钮，弹出下一个对话框，选择之前保存的黑白图像，如图15-64所示，用它扭曲文字，如图15-65所示。

图15-63　　　　图15-64　　　　　图15-65

13 按住Ctrl键并单击 ⊞ 按钮，在当前图层下方创建图层，按Alt+Delete快捷键填充前景色（黑色），如图15-66和图15-67所示。

图15-66　　　　　图15-67

14 选择并显示"背景"图层，如图15-68所示。按Ctrl+J快捷键复制，按Shift+Ctrl+]快捷键将其移动到最顶层，设置混合模式为"正片叠底"，如图15-69和图15-70所示。

图15-68　　　　图15-69　　　　图15-70

15 单击"调整"面板中的 ⊞ 按钮，创建"曲线"调整图层。将曲线右上角的控制点往左侧拖曳，如图15-71所示，使色调变亮一些，这样人物的面孔就更清晰了，如图15-72所示。

图15-71　　　　　　　　图15-72

技术看板 56 定义段落文字的范围

段落文字可以通过两种方法来创建。第1种方法是使用横排文字工具 **T** 拖曳出任意大小的定界框，用以存放文字；第2种方法是在拖曳时按住Alt键，然后在弹出的"段落文字大小"对话框中输入"宽度"和"高度"值，精确定义文字定界框的大小。

15.2.5
实战：编辑段落文字

01 使用横排文字工具 **T** 在文字中单击，设置插入点，同时显示文字的定界框，如图15-73所示。拖曳控制点，调整定界框的大小，文字会重新排列，如图15-74所示。

扫码看视频

图15-73　　　　　　　图15-74

02 将鼠标指针放在定界框右下角的控制点上单击，然后按住Shift+Ctrl键并拖曳，可以等比缩放文字，如图15-75所示。如果没有按住Shift键，拖曳时文字会被拉宽或拉长。

03 将鼠标指针放在定界框外，当指针变为弯曲的双向箭头时拖曳鼠标，可以旋转文字，如图15-76所示。如果同时按住Shift键，则能够以15°角为增量进行旋转。单击工具选项栏中的 ✔ 按钮，结束文本的编辑。

图15-75　　　　　　　　图15-76

提示（Tips）

定界框既存放文字，也用来限定文字范围。当定界框被调小不能显示全部文字时，它右下角的控制点会变为 ⊞ 状。操作时要注意观察，如果出现该标记，就应该拖曳控制点，将定界框范围调大，以便让隐藏的文字显示出来；或者将文字的字号调小。

15.2.6
转换点文本与段落文本

点文本和段落文本可以互相转换。如果是点文本，可以使用"文字>转换为段落文本"命令，将其转换为段落文本；段落文本可以使用"文字>转换为点文本"命令转换为点文本。需要注意的是，在转换为点文本时，溢出到定界框外的字符将会被删除。因此，为避免丢失文字，应首先调整定界框，使所有文字在转换前都显示出来。

15.2.7
转换水平文字与垂直文字

使用"文字>文本排列方向"菜单中的"横排"和"竖排"命令，可以让水平文字和垂直文字互相转换，如图15-77和图15-78所示。

图15-77　　　　　　　　图15-78

增加版面变化：路径文字和变形文字

15.3

路径文字是Photoshop CS版本中出现的功能，在这之前，只有矢量软件才能制作这种文字。点文字和段落文字都可用于创建路径文字，具体来说，如果文字在路径上，那它就是点文字；如果在封闭的路径内部，则是段落文字。路径文字、点文字和段落文字都可以做变形处理，即制作成变形文字。

15.3.1

实战：沿路径排列文字

在路径上输入文字时，文字的排列方向与路径的绘制方向一致，因此，在绘制路径的时候，一定要从左向右进行，这样文字才能从左向右排列，否则会在路径上颠倒。

01 打开素材，如图15-79所示。选择钢笔工具 ✐ 及"路径"选项，沿手的轮廓从左向右绘制路径，如图15-80所示。

图15-79   图15-80

02 选择横排文字工具 **T**，设置字体、大小和颜色，如图15-81所示。将鼠标指针放在路径上，当鼠标指针变为 ﹗ 状时，如图15-82所示，单击设置文字插入点，画面中会出现闪烁的"I"形光标，此时输入文字即可沿着路径排列，如图15-83所示。

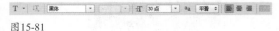

图15-81

图15-82   图15-83

03 选择直接选择工具 ▷ 或路径选择工具 ▶，将鼠标指针定位到文字上，当鼠标指针变为 ﹗ 状时，如图15-84所示，单击并沿路径拖曳鼠标，可以移动文字，如图15-85所示。

04 单击并向路径的另一侧拖曳文字，可以翻转文字，如图15-86所示。在"路径"面板的空白处单击，隐藏路径。

图15-84   图15-85   图15-86

15.3.2

实战：编辑文字路径

在路径的转折处，文字会因"拥挤"而出现重叠。采用增加文字间距（见444页）的方法可以解决这个问题，但文字的排列可能会很不均匀。转折不要太大，或者使用曲线路径，都可以避免这种情况发生。此外，也可以通过修改路径形状，让转折处变得平滑顺畅来解决这个问题。需要注意的是，编辑路径时，路径文字的排列也会随之改变。

另外，创建路径文字时，会基于鼠标所单击的路径生成一条新的文字路径。编辑该路径才能修改文字的排列形状，原始路径与文字不相关。

01 打开素材。单击文字图层，画面中会显示路径，如图15-87和图15-88所示。

图15-87   图15-88

02 使用直接选择工具 ▷ 单击路径，显示锚点，如图15-89所示。

03 移动锚点或调整方向线修改路径的形状，文字会沿修改后的路径重新排列，如图15-90和图15-91所示。

图15-89   图15-90   图15-91

💎 15.3.3

实战：用路径文字排出图形效果

要点

设计师这个工作很多时候是带着镣铐跳舞，限制非常多。例如客户只给一张图片和说明文字，怎么才能表现创意？这样苛刻的条件，就只能在文字的版面排布上下功夫了。就像下面这个实战，如图15-92所示，文字沿着人像轮廓排列，生动、有趣的排版一下就解决了素材过于简单的难题。

扫码看视频

图15-92

01 选择钢笔工具 ✎ 及"路径"选项，围绕人物轮廓绘制封闭的图形，如图15-93所示。当绘制直线轮廓时，需要同时按住Shift键操作。

图15-93

02 选择横排文字工具 **T**，设置字体、大小、颜色和间距，如图15-94所示。单击"段落"面板中的 ≣ 按钮，让文字左右两端与定界框对齐，如图15-95所示。将鼠标指针移动到图形内部，鼠标指针会变为 ⚟ 状，如图15-96所示。注意，鼠标指针不能在路径上，否则文字会沿路径排列。

图15-94   图15-95

图15-96

03 单击显示定界框并自动填充占位符文字，如图15-97所示。执行两次"文字>粘贴Lorem Lpsum"命令，让占位符文字填满文字框，如图15-98所示。✔ 按钮，结束文本的编辑。

图15-97   图15-98

04 新建一个图层。在右侧空白处输入点文字，如图15-99和图15-100所示。

图15-99   图15-100

💎 15.3.4

实战：制作奔跑的人形轮廓字

01 打开素材。单击"路径"面板中的路径层，在画布上显示路径，如图15-101和图15-102所示。

扫码看视频

图15-101   图15-102

02 将前景色设置为蓝色（R38，G164，B253）。选择横排文字工具 **T**，设置字体、大小及间距，单击 **T** 按钮，让文字的角度倾斜，如图15-103所示。将鼠标指针放在路径上，当鼠标指针变为 ⚟ 状时，如图15-104所示，单击设置文字插入点，然后输入文字，如图15-105所示。

03 单击 ✔ 按钮结束文字的输入。单击文字图层左侧的眼睛图标 👁，隐藏图层，如图15-106所示。再次单击"路径1"层，显示路径，如图15-107所示。将鼠标指针放在人物腿部的小路径上并单击，在路径上输入文字，将路径文字全部显示的效果如图15-108所示。

图15-103　　　　　　　图15-104

图15-112　　　　　　　图15-113

图15-105

图15-114　　　　　　　图15-115

图15-106　　　图15-107　　　图15-108

提示（Tips）

"路径1"层中包括两个封闭的子路径。在小路径上制作路径文字时，由于它包含在大路径内，会自动将文字插入点设置在大路径上。先将大路径文字图层隐藏，就能避免这种情况发生，可以继续制作其他路径文字。

06 在画面空白位置单击，输入一组数字。按Ctrl+A快捷键将数字全部选取，在工具选项栏中设置字体、大小及颜色，如图15-116所示。执行"图层>栅格化>文字"命令，将文字转换为普通图层。选择椭圆选框工具○，按住Shift键并创建圆形选区，将数字选中，将鼠标指针在选区内拖曳，可移动选区的位置，使数字位于选区的右下方，如图15-117所示。

04 将两个路径文字图层隐藏，如图15-109所示。单击"路径"面板中的"路径2"层，显示该路径，如图15-110和图15-111所示。

图15-116　　　　　　　图15-117

07 执行"滤镜>扭曲>球面化"命令，使文字产生球面膨胀的效果，如图15-118和图15-119所示。为了增强球面化效果，可再次应用该滤镜。

图15-109　　　图15-110　　　图15-111

05 将鼠标拖曳到路径内，鼠标指针变为①状时单击并输入文字，如图15-112和图15-113所示。显示全部文字的效果如图15-114所示。使用移动工具◈将文字的位置略向上调整，避免与路径文字重叠，如图15-115所示。

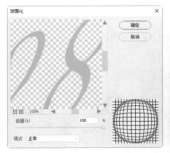

图15-118　　　　　　　图15-119

08 按Ctrl+D快捷键取消选择。设置该图层的不透明度为20%，使用移动工具◈将数字拖曳到画面左上角，如图15-120所示。

图15-120

💎 15.3.5

实战：制作萌宠脚印字（变形文字）

要点

Photoshop提供了15种预设的变形样式，可以让文字产生扇形、拱形、波浪形等形状的扭曲，可用于处理点文字、段落文字和路径文字。此外，使用横排文字蒙版工具 ᵀ 和直排文字蒙版工具 ᵀ 创建选区时，在文本输入状态下也可以变形，从而得到变形的文字选区。

扫码看视频

01 打开素材，如图15-121所示。单击文字图层，将其选取，如图15-122所示。

图15-121　　　　图15-122

02 执行"文字>文字变形"命令，打开"变形文字"对话框，在"样式"下拉列表中选择"扇形"，并调整变形参数，如图15-123和图15-124所示。

图15-123　　　　图15-124

03 创建变形文字后，它的缩览图中会出现出一条弧线，如图15-125所示。双击该图层，打开"图层样式"对话

框，添加"描边"效果，如图15-126和图15-127所示。

图15-125　　图15-126　　图15-127

04 选择另外一个文字图层，执行"文字>文字变形"命令，打开"变形文字"对话框，选择"膨胀"样式，创建收缩效果，如图15-128和图15-129所示。

图15-128　　　　　　图15-129

05 将前景色设置为黄色，如图15-130所示。新建一个图层，设置混合模式为"叠加"，如图15-131所示。使用画笔工具 ✎ 及柔边圆笔尖，在文字、脚掌顶部点几处亮点作为高光，如图15-132所示。

图15-130　图15-131　　　　图15-132

技术看板 57 重置和取消变形

如果要修改变形参数，可以执行"文字>文字变形"命令，或者选择横排文字工具 T 或直排文字工具 ᴵT，再单击工具选项栏中的创建文字变形按钮 ✄，打开"变形文字"对话框，此时便可修改参数。也可以在"样式"下拉列表中选择其他样式。

如果要取消变形，将文字恢复为变形前的状态，可以在"变形文字"对话框的"样式"下拉列表中选择"无"，然后单击"确定"按钮关闭对话框。

"变形文字"对话框选项

● 样式：在该选项的下拉列表中可以选择15种文字变形样式，效果如图 15-133 所示。

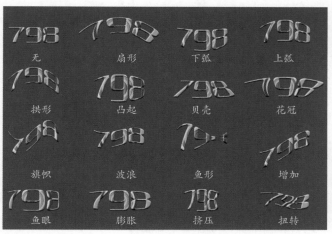

图15-133

● 水平/垂直：选择"水平"，文本扭曲的方向为水平方向；选择"垂直"，扭曲方向为垂直方向，如图 15-134 所示。

图15-134

● 弯曲：用来设置文本的弯曲程度。

● 水平扭曲/垂直扭曲：可以让文本产生透视扭曲的效果，如图 15-135 所示。

图15-135

15.4 调整版面中的文字

文字工具选项栏，以及"字符"面板都可以设置文字的字体、大小、颜色、行距和字距。这些属性既可在创建文字之前提前设置好，也可以在创建文字之后再操作。在默认状态下，修改操作会影响所选文字图层中的所有文字，如果只想改变部分文字，可以提前用文字工具将它们选取。

15.4.1

调整字号、字体、样式和颜色

在文字工具选项栏中可以选择字体，设置文字大小和颜色，以及进行简单的段落对齐，如图15-136所示。

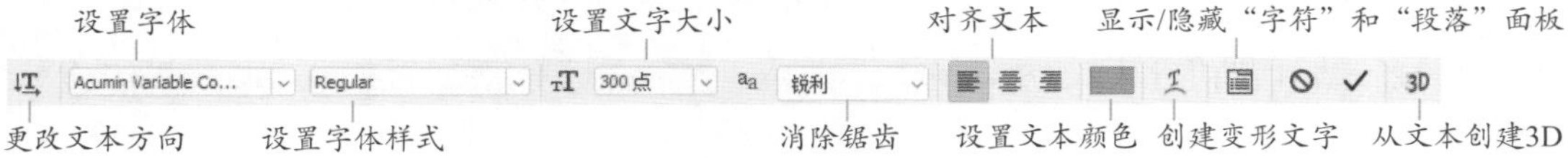

图15-136

● 更改文本方向 ⟪↕⟫：单击该按钮，或者执行"文字>文本排列方向"子菜单中的命令，可以让横排文字和直排文字互相转换。

● 设置字体：在该选项的下拉列表中可以选择一种字体。选择字体的同时可查看字体的预览效果。如果字体太小，看不清楚，可以打开"文字>字体预览大小"子菜单，选择"特大"或"超大"选项，查看大字体。

● 设置字体样式：如果所选字体包含变体，可以在该选项的下拉列表中选取，包括 Regular（规则的）、Italic（斜体）、Bold（粗体）和 Bold Italic（粗斜体）等，如图 15-137 所示。该选项仅适用于部分英文字体。如果使用的字体（英文字体、中文字体皆可）不包含粗体和斜体样式，可以单击"字符"面板底部的仿粗体按钮 **T** 和仿斜体按钮 *T*，让文字加粗或倾斜。

Regular　　Italic　　Bold　　Bold Italic

图15-137

● **设置文字大小**：可以设置文字的大小，也可以直接输入数值并按 Enter 键来进行调整。

● **消除锯齿**：可以消除文字边缘的锯齿（见 454 页）。

● **对齐文本**：根据输入文字时鼠标单击点的位置对齐文本，包括左对齐文本▤、居中对齐文本▤和右对齐文本▤。

● **设置文本颜色**：单击颜色块，可以打开"拾色器"对话框设置文字颜色。

● **创建变形文字☑**：单击该按钮，可以打开"变形文字"对话框，为文本添加变形样式，创建变形文字。

● **显示/隐藏"字符"和"段落"面板▤**：单击该按钮，可以打开和关闭"字符"和"段落"面板。

● **从文本创建 3D**：从文字中创建 3D 模型。

技术看板 58 文字编辑技巧

● 调整文字大小：选取文字以后，按住 Shift+Ctrl 快捷键并连续按 > 键，能够以 2 点为增量将文字调大；按 Shift+Ctrl+< 快捷键，则以 2 点为增量将文字调小。

● 调整字间距：选取文字以后，按住 Alt 键并连续按 → 键可以增加字间距；按 Alt+← 快捷键，则减小字间距。

● 调整行间距：选取多行文字以后，按住 Alt 键并连续按 ↑ 键可以增加行间距；按 Alt+↓ 快捷键，则减小行间距。

◈ 15.4.2
调整行距、字距、比例和缩放

在"字符"面板中，字体、样式、颜色、消除锯齿等选项与文字工具选项栏中的选项相同。除此之外，它还可以调整文字的间距、对文字进行缩放，以及添加特殊样式等，如图 15-138 所示。

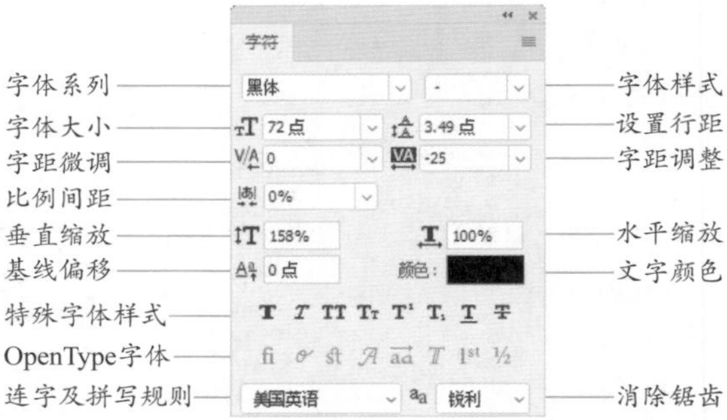

图 15-138

字体系列、字体样式、字体大小、设置行距、字距微调、字距调整、比例间距、垂直缩放、水平缩放、基线偏移、文字颜色、特殊字体样式、OpenType 字体、连字及拼写规则、消除锯齿

● **设置行距▤**：可以设置各行文字之间的垂直间距。默认的选项为"自动"，此时 Photoshop 会自动分配行距，它会随着字体大小的改变而改变。在同一个段落中，可以应用一个以上的行距量，但文字行中的最大行距值决定该行的行距值。图 15-139 所示是行距为 72 点的文本（文字大小为 72 点），图 15-140 所示是行距调整为 100 点的文本。

图 15-139 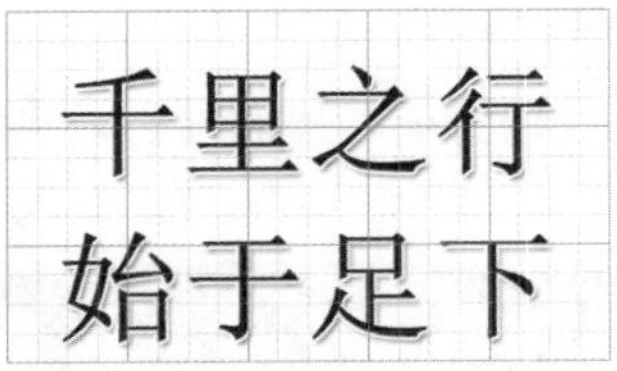　　　　　　　图 15-140

● **字距微调▤**：用来调整两个字符之间的间距，操作方法是，使用横排文字工具 **T** 在两个字符之间单击，出现闪烁的"I"形光标后，如图 15-141 所示，在该选项中输入数值并按 Enter 键，以增加（正数），如图 15-142 所示，或者减少（负数）这两个字符之间的间距量，如图 15-143 所示。此外，如果要使用字体的内置字距微调信息，可以在该选项的下拉列表中选择"度量标准"选项；如果要根据字符形状自动调整间距，可以选择"视觉"选项。

图 15-141 　　　　　图 15-142 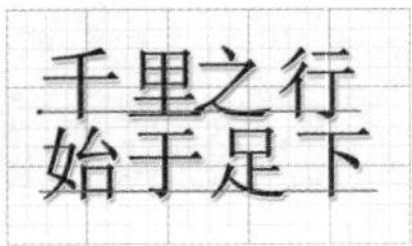　　　　　图 15-143

● **字距调整▤**：字距微调▤只能调整两个字符之间的间距，而字距调整▤则可以调整多个字符或整个文本中所有字符的间距。如果要调整多个字符，可以使用横排文字工具 **T** 将它们选取，如图 15-144 所示；如果未进行选取，则会调整文中所有字符的间距，如图 15-145 所示。

图 15-144 　　　　　　　图 15-145

● **比例间距▤**：可以按照一定的比例来调整字符的间距。在未进行调整时，比例间距值为 0%，此时字符的间距最大；设置为 50% 时，字符的间距会变为原来的一半；设置为 100% 时，字符的间距变为 0。由此可知，比例间距▤只能收缩字符之间的间距，而字距微调▤和字距调整▤既可以收缩间距，也可以扩展间距。

● **垂直缩放▤/水平缩放▤**：垂直缩放▤可以垂直拉伸文字，不会改变其宽度；水平缩放▤可以在水平方向上拉伸文字，不会改变其高度。这两个百分比相同时，可进行等比缩放。

● **基线偏移▤**：使用文字工具在图像中单击设置文字插入点时，会出现闪烁的"I"形光标，光标中的小线条标记的便是文字的基线（文字所依托的假想线条）。在默认状态下，绝大部分文字位于基线之上，小写的 g、p、q 位于基线之下。调整字符的基线可以使字符上升或下降。

● **OpenType 字体（见 450 页）**：包含当前 PostScript 和 TrueType 字体不具备的功能，如花饰字和自由连字。

● **连字及拼写规则**：可对所选字符进行有关连字符和拼写规则的语言设置。Photoshop 使用语言词典检查连字符连接。

💎 15.4.3

怎样快速找到自己需要的字体

在设计作品中，文字是一大组成要素，设计师一般都会安装很多字体，以满足不同风格作品的需要。由于加载字体很耗费内存，因此就会导致我们查找字体时，刷新的速度比较慢，而且在几十、甚至上百种字体中找到需要的那种，也是一件很麻烦的事。

如果知道字体名称，可以在字体列表中单击，然后输入名称来进行快速查找，如图15-146所示。对于经常使用的字体，我们可以打开文字工具选项栏或"字符"面板的字体列表，在其左侧的☆状图标上单击，这时图标会变为★状，如图15-147所示，这表示字体已经被收藏了；之后单击"筛选"选项右侧的★图标，字体列表中就只显示被收藏的字体，一目了然，如图15-148所示。取消收藏也很简单，单击字体左侧的★图标便可。

图15-146

图15-147

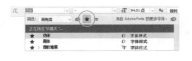
图15-148

另外，也可以对字体进行筛选和屏蔽，就像屏蔽和隔离图层一样（见50页）。例如，单击 ◎ 按钮，可以显示Adobe Fonts字体；单击 ≈ 按钮，可以显示视觉效果上与选中的字体类似的字体，如图15-149和图15-150所示；在"筛选"下拉列表中可以选择不同种类的字体，如图15-151所示。

当前选择的字体
图15-149

视觉效果与之相近的字体
图15-150

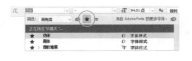
筛选字体
图15-151

美化段落

15.5

我们输入文字时，每按一次Enter键，便切换一个段落。"段落"面板可以调整段落的对齐、缩进和文字行的间距等，让文字在版面中更加规整。

💎 15.5.1

"段落"面板

图15-152所示为"段落"面板。

右对齐文本
居中对齐文本
最后一行左对齐
最后一行居中对齐
最后一行右对齐
左对齐文本
全部对齐
左缩进
右缩进
首行缩进
段前添加空格
段后添加空格

图15-152

"段落"面板只能处理段落，不能处理单个或多个字符。如果要设置单个段落的格式，可以用文字工具在该段落中单击，设置文字插入点并显示定界框，如图15-153所示；如果要设置多个段落的格式，先要选择这些段落，如图15-154所示；如果要设置全部段落的格式，则可在"图层"面板中选择该文本图层，如图15-155所示。

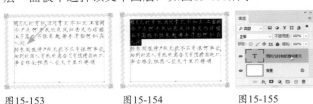
图15-153　　　　图15-154　　　　图15-155

💎 15.5.2

怎样让段落对齐

"段落"面板最上面一排按钮用来设置段落的对齐方式，它们可以将文字与段落的某个边缘对齐。

● 左对齐文本 ▤：文字的左端对齐，段落右端参差不齐，如图 15-156 所示。

● 居中对齐文本 ▤：文字居中对齐，段落两端参差不齐，如图 15-157 所示.

● 右对齐文本 ▤：文字的右端对齐，段落左端参差不齐，如图 15-158 所示。

图15-156　　　　　图15-157　　　　　图15-158

● 最后一行左对齐 ▤：最后一行左对齐，其他行左右两端强制对齐，如图 15-159 所示。

● 最后一行居中对齐 ▤：最后一行居中对齐，其他行左右两端强制对齐，如图 15-160 所示。

● 最后一行右对齐 ▤：最后一行右对齐，其他行左右两端强制对齐，如图 15-161 所示。

● 全部对齐 ▤：在字符间添加额外的间距，使文本左右两端强制对齐，如图 15-162 所示。

图15-159　　　　　　　　图15-160

图15-161　　　　　　　　图15-162

💎 15.5.3

怎样让段落缩进

缩进用来指定文字与定界框之间或与包含该文字的行之间的间距量。它只影响选择的一个或多个段落，因此，各个段落可以设置不同的缩进量。

● 左缩进 ▐：横排文字从段落的左边缩进，直排文字从段落的顶端缩进，如图 15-163 所示。

● 右缩进 ▐：横排文字从段落的右边缩进，直排文字则从段落的底部缩进，如图 15-164 所示。

● 首行缩进 ▐：缩进段落中的首行文字。对于横排文字，首行缩进与左缩进有关，如图 15-165 所示；对于直排文字，首行缩进与顶端缩进有关。如果将该值设置为负值，则可以创建首行悬挂缩进。

图15-163　　　　　图15-164　　　　　图15-165

💎 15.5.4

怎样设置段落的间距

"段落"面板中的段前添加空格按钮 ▐ 和段后添加空格按钮 ▐ 用于控制所选段落的间距。图15-166所示为选择的段落，图15-167所示为设置段前添加空格为30点的效果，图15-168所示为设置段后添加空格为30点的效果。

图15-166　　　　　图15-167　　　　　图15-168

💎 15.5.5

连字标记有什么用处

连字符是在每一行末端断开的单词间添加的标记。在将文本强制对齐时，为了对齐的需要，会将某一行末端的单词断开，移至下一行，勾选"段落"面板中的"连字"选项，即可在断开的单词间显示连字标记。

· PS技术讲堂 ·

【 版面中的文字设计规则 】

字体和字号（文字大小）

做版面设计的时候，文字是一个不容忽视的要素。为了能够准确传达信息，需要使用恰当的字体。在字体选择上，可以基于这样的原则——文字量越多，越应该使用简洁的字体，以避免阅读困难，也能减轻眼睛的疲劳。由图15-169所示可以看到，笔画变细之后，文字更易阅读了。如果目标群体是老年人和小孩子，应使用大一些的字号，或者粗体字。在相同字号的情况下，粗体字识别度更高。

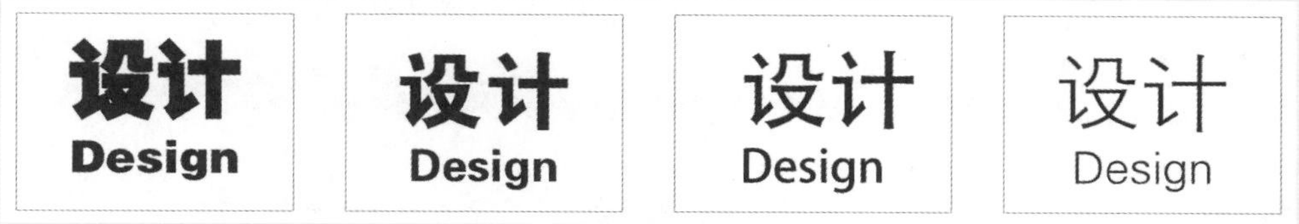

设计 Design	设计 Design	设计 Design	设计 Design
粗黑	大黑	黑体	细黑

图15-169

行距也很重要。行与行之间拉得过开，从一行末到下一行，视线的移动距离过长，会增加阅读难度，如图15-170所示。反之，行与行之间贴得过紧，则会影响视线，让人不知道正在阅读的是哪一行，如图15-171所示。一般来说，最合适的行距是文字大小的1.5倍，如图15-172所示。

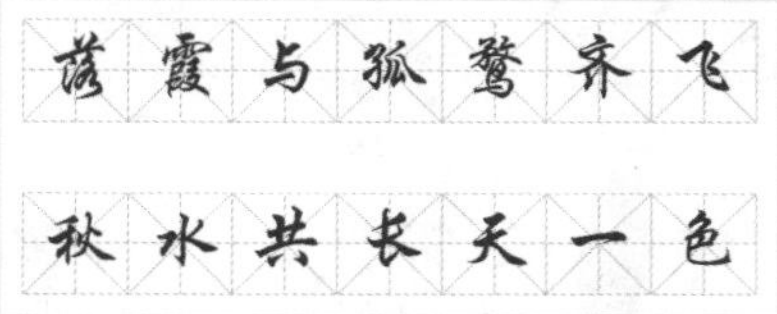

落霞与孤鹜齐飞 秋水共长天一色	落霞与孤鹜齐飞 秋水共长天一色	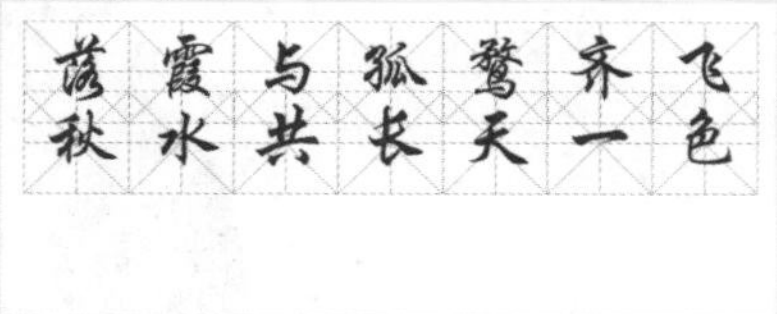 落霞与孤鹜齐飞 秋水共长天一色
图15-170	图15-171	图15-172

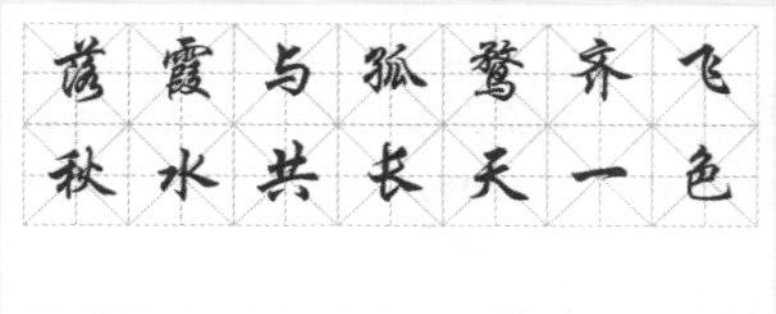

标题应该醒目一些，但不能过于突出，以免破坏整体效果。突出标题的方法包括文字加粗、放大、换颜色，或者加边框或底色，如图15-173所示。

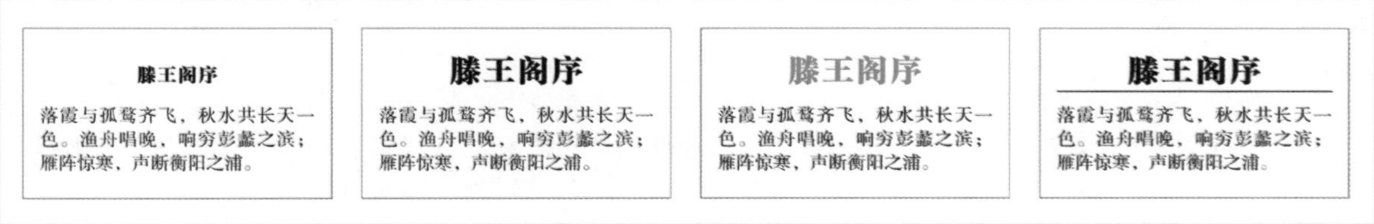

滕王阁序	滕王阁序	滕王阁序	滕王阁序
落霞与孤鹜齐飞，秋水共长天一色。渔舟唱晚，响穷彭蠡之滨；雁阵惊寒，声断衡阳之浦。	落霞与孤鹜齐飞，秋水共长天一色。渔舟唱晚，响穷彭蠡之滨；雁阵惊寒，声断衡阳之浦。	落霞与孤鹜齐飞，秋水共长天一色。渔舟唱晚，响穷彭蠡之滨；雁阵惊寒，声断衡阳之浦。	落霞与孤鹜齐飞，秋水共长天一色。渔舟唱晚，响穷彭蠡之滨；雁阵惊寒，声断衡阳之浦。
标题加粗	标题放大	标题换色	标题加底线

图15-173

文字颜色

在需要将某些文字与其他文字区分开，或者需要特别强调的时候，较常用的方法是修改这一部分文字的颜色，如图15-174所示。其中包含一定的规则，首先要保证颜色整体协调；其次改变了颜色的文字要有意义，因为改变颜色会赋予文字特别的含义，如果没有任何意图地修改文字颜色，则会影响信息的正确传达。

文字颜色的使用还要考虑文字的可辨识度。例如，字号小的文字不要用浅色，用深色才更容易识别。如果字号较小、颜色较浅，选用的又是较细的字体，看着就比较费劲，观众没有耐心阅读，文字也就失去了其意义。

原图（左图）/改变几个关键字的颜色，使标题醒目又有变化（右图）
图15-174

还有，在彩色背景上，文字经常进行反白处理，选用较粗的字体，如黑体、粗宋体就比较容易辨识，而仿宋、报宋等过于纤细的字体则会降低文字的辨识度。印刷的时候，文字周围的颜色会向内"吃掉"一部分白色，使文字看上去更细。外形很漂亮但很难分辨的字体，在设计上是不可取的。

· PS 技术讲堂 ·

【 版面设计中的点、线和面 】

点、线、面是版面设计的构成要素。点是最基本的形，它可以是一个文字，也可以是一个图形或色块。大点与小点可以形成对比关系，点在版面上的集散与疏密则能给人带来空间感。点既可以成为视觉中心，也可以与其他形态相互呼应，起到平衡画面、烘托氛围的作用，如图15-175所示。

线是分割画面的主要元素，在构图时，可以选择一根突出的线条来引导视线，使整个画面由原来的杂乱无章变得简洁有序，具有节奏感和韵律感。

不同形状的线具有不同的含义，能给人以不同的视觉感受。水平的线可以表现平稳和宁静，能缓和人们的情绪；对角线很有活力，适合表现运动，如图15-176所示；曲线能表现柔和、婉转和优雅的女性美感，如图15-177所示；会聚的线适合表现深度和空间，如图15-178所示；螺旋线能产生独特的导向效果，能在第一时间吸引注意力。此外，画面中的色彩、图形的边缘、文字以及各种点，在人们头脑中也可以形成心理连接线，即形成无形的线。

图15-175 　　　　　图15-176 　　　　　图15-177 　　　　　图15-178

面是各种基本形态和形式中最富于变化的，在版面编排中包含了点和线的所有性质，在视觉强度上要比点、线更加强烈。面有一定的长度和宽度，受线的界定而呈现一定的形状。圆形具有一种运动感，如图15-179所示；三角形则有稳定性、均衡感；方形具有平衡感，如图15-180所示。规则的面简洁、明了，给人以安定和有秩序的感觉，如图15-181所示；自由面则柔软、轻松和生动，如图15-182所示。

图15-179 　　　　　图15-180 　　　　　　图15-181 　　　　　图15-182

·PS技术讲堂·

【 版面编排构成形式 】

　　网格型版面是最常见的设计方法之一，将版面划分为若干网格形态，用网格来限定图文信息位置，可以使版面充实、规范、理性而富有条理，适合版面上内容较多、图形较繁杂的广告、宣传单等，如图15-183所示。但如果编排过于规律化，容易造成单调的视觉印象。对网格的大小、色彩进行变化处理，可以增加版面的趣味性，如图15-184所示。

　　标准型是一种简单而规则化的版面编排形式。图形在版面中上方，占据大部分位置，其次是标题和说明文字等，如图15-185所示。这种编排具有良好的安定感，观众的视线以自上而下的顺序流动，符合人们认识思维的逻辑顺序。

　　标题位于中央或上方，占据版面的醒目位置，这是标题型构图，如图15-186所示。这种编排形式首先引起观众对标题的注意，使其留下明确的印象，再让观众通过图形获得感性形象认识，激发兴趣，进而阅读版面下方的内容，获得一个完整的认识。

图15-183

图15-184

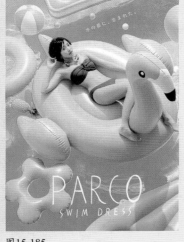
图15-185

图15-186

　　中轴型是一种对称的构成形态，版面上的中轴线可以是有形的，也可以是隐形的。这种编排方式具有良好的平衡感，如图15-187所示。

　　放射型版面结构可以统一视觉中心，具有多样而统一的综合视觉效果，能产生强烈的动感和视觉冲击力，但极不稳定，在版面上安排其他构成要素时，应作平衡处理，同时也不宜产生太多的交叉与重叠，如图15-188所示。

　　切入型是一种不规则的、富于创造性的编排方式，在编排时刻意将不同角度的图形从版面的上、下、左、右方向切入到版面中，而图形又不完全进入版面，余下的空白位置配置文字，如图15-189和图15-190所示。这种编排方式可以突破版面的限制，在视觉心理上扩大版面空间，给人以空畅之感。

图15-187

图15-188

图15-189

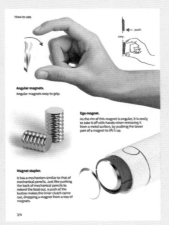
图15-190

使用特殊字体

在文字工具选项栏和"字符"面板的字体下拉列表中，每个字体名称的右侧都用图标标识出它属于哪种类型。其中，比较特殊的几种字体包括OpenType、OpenType SVG和OpenType SVG emoji。

15.6.1

OpenType 字体

在字体列表中，带有 **O** 状图标的是OpenType字体。这是一种Windows和Macintosh操作系统都支持的字体，也就是说，如果文件中使用的是这种字体，那么不论是在Windows操作系统，还是Macintosh操作系统的计算机中打开，文字的字体和版面都不会有任何改变，也不会出现字体替换或其他导致文本重新排列的问题。

使用OpenType字体后，还可在"字符"面板或"文字>OpenType"子菜单中选择一个选项，为文字设置格式，如图15-191和图15-192所示。

图15-191

图15-192

15.6.2

OpenType SVG 字体

有 **G_{svg}** 状图标的是OpenType SVG字体。它有两个分支，在文字列表中的区别也很明显，一种在 **G_{svg}** 图标右侧显示渐变文字 SAMPLE ，这是Trajan Color Concept 字体。另一种显示 状符号，这是Emoji字体。Emoji（绘文字——绘指图画，文字指的是字符）是表情符号的统称，创造者是日本人栗田穰崇，最早在日本计算机及手机用户中流行。自苹果公司发布的iOS 5输入法中加入了Emoji后，表情符号开始席卷全球。

使用Trajan Color Concept字体时，可得到立体效果的文字，如图15-193所示。选取文字以后，还会自动显示一个下拉面板，在其中可以为字符选择多种颜色和渐变，如图15-194所示。

图15-193

图15-194

Emoji 字体是 "符号大杂烩"，包括表情符号、旗帜、路标、动物、人物、食物和地标等图标。这些符号只能通过"字形"面板使用，无法用键盘输入。

使用横排文字工具 **T** 在画布上或文本中单击，设置文字插入点，打开"字形"面板，选择Emoji字体，面板中就会显示各种图标，双击图标，即可将其插入文本中，如图15-195~图15-198所示。

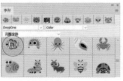
图15-195

图15-196

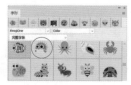
图15-197

图15-198

15.6.3

OpenType 可变字体

有 **G_{var}** 状图标的是OpenType可变字体，如图15-199所示。使用这种字体以后，可以通过"属性"面板中的滑块调整文字的直线宽度、文字宽度、倾斜度和视觉大小等，如图15-200和图15-201所示。

图15-199

图15-200

调整前的文字

直线宽度900

宽度80

倾斜12

图15-201

15.6.4
从 Typekit 网站下载字体

对从事设计工作的人来说，字体当然是越多越好，因为字体越多，创作空间就越大。Adobe提供了大量字体，我们可以执行"文字>来自Adobe Fonts的更多字体"命令，链接到Typekit 网站进行选择和购买。启动同步操作后，Creative Cloud 桌面应用程序会将字体同步至我们的计算机，并在"字符"面板和选项栏中显示。

15.6.5
使用特殊字形

在"字符"面板或文字工具选项栏中选择一种字体以后，"字形"面板中会显示该字体的所有字符，如图15-202所示。字形由字体所支持的 OpenType 功能进行组织，如替代字、装饰字、花饰字、分子字、分母字、风格组合、定宽数字、序数字等。

使用"字形"面板可以将特殊字符，如上标和下标字符、货币符号、数字、特殊字符及其他语言的字形插入文本中，如图15-203和图15-204所示。

图15-202

图15-203

图15-204

在"字形"面板中，如果字形右下角有一个黑色的方块，就表示该字形有可用的替代字。在方块上单击并按住鼠标左键，便可弹出窗口，将鼠标指针拖曳到替代字形的上方并释放，可将其插入文本中，如图15-205所示。

选择文字

用替代字形替代文字

图15-205

15.6.6
创建上标、下标等特殊字体样式

很多单位刻度、化学式、数学公式，如立方厘米（cm^3）、二氧化碳（CO_2），以及某些特殊符号（™ © ®），都会用到上标、下标等特殊字符。在Photoshop中，可以通过下面的方法创建此类字符。首先用文字工具将其选取，然后单击"字符"面板下面的一排"T"状按钮，如图15-206所示。图15-207所示为原文字，图15-208所示为单击各按钮所创建的效果。

仿斜体
仿粗体
全部大写字母
小型大写字母

下划线
删除线
下标
上标

图15-206

图15-207

451

| 仿粗体 | 仿斜体 | 全部大写字母 | 小型大写字母 | 上标 | 下标 | 下划线 | 删除线 |

图15-208

![徽标] **使用字符和段落样式**

15.7

"字符样式"和"段落样式"面板可以保存文字样式,并可快速应用于其他文字、线条或文本段落,从而极大地节省操作时间。

15.7.1

创建字符样式和段落样式

字符样式是字体、大小、颜色等字符属性的集合。单击"字符样式"面板中的 ⊞ 按钮,即可创建一个空白的字符样式,如图15-209所示,双击它,打开"字符样式选项"对话框可以设置字符属性,如图15-210所示。

扫 码 看 视 频

图15-209 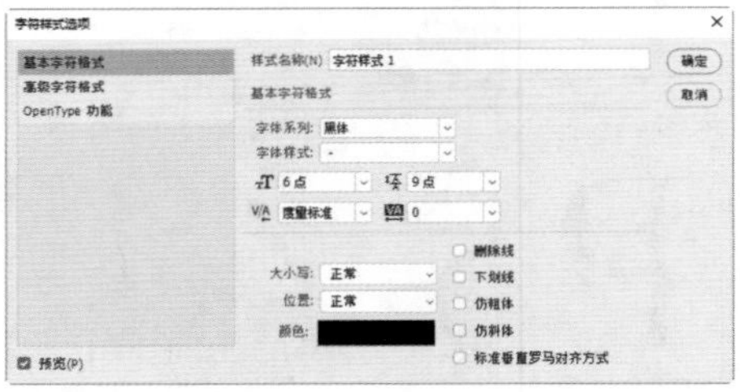　　　　图15-210

对其他文本应用字符样式时,只需选择文字图层,如图15-211所示,再单击"字符样式"面板中的样式即可,如图15-212和图15-213所示。

图15-211 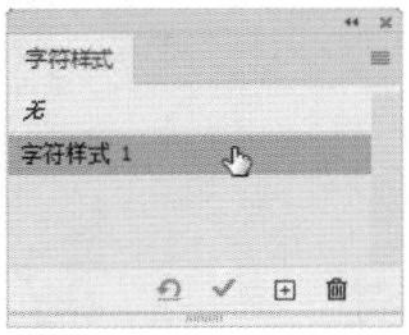　　　图15-212　　　图15-213

段落样式的创建和使用方法与字符样式相同。单击"段落样式"面板中的 ⊞ 按钮,创建空白样式,然后双击该样式,可以打开"段落样式选项"对话框设置段落属性。

15.7.2

存储和载入文字样式

当前的字符和段落样式可存储为文字默认样式,它们会自动应用于新的文件,以及尚未包含文字样式的现有文件。如果要将当前的字符和段落样式存储为文字默认样式,可以使用"文字>存储默认文字样式"命令。如果要将默认字符和段落样式应用于文件,可以使用"文字>载入默认文字样式"命令。

![徽标] **文字修改命令**

15.8

在Photoshop中,除了可以在"字符"和"段落"面板中编辑文本外,还可通过相关命令编辑文字,如匹配字体、进行拼写检查、查找和替换文本等。

15.8.1

替换所有缺失字体

打开一个文件时,如果其中的文字使用了当前操作系统中没有的字体,会弹出一条警告信息。如果忽略警告,

在编辑缺少字体的文字图层时,Photoshop 会提示我们用现有的字体替换缺少的字体。如果有多个图层都包含缺少的字体,可以使用"文字>替换所有欠缺字体"命令,将它们一次性替换。

缺少字体时,Photoshop 还会在 Typekit 中搜索缺失字

体。如果找到了，便会用其替换缺失字体。

15.8.2
更新文字图层

导入在旧版Photoshop中创建的文字时，使用"文字>更新所有文字图层"命令，可以将其转换为矢量对象。

15.8.3
匹配字体

当我们在杂志、网站、宣传品的文本中发现心仪的字体时，高手凭经验便可获知使用的是哪种字体，或者找到与之类似的字体。而"小白"就只能靠猜了。这里介绍一个技巧，可以识别字体或快速找到相似字体。

打开需要匹配字体的文件，如图15-214所示。执行"文字>匹配字体"命令，画面上会出现一个定界框，拖曳控制点，使其靠近文本的边界，以便Photoshop减少分析范围，更快地出结果。Photoshop会识别图像上的字体，并在弹出的"匹配字体"对话框中将其匹配到本地或是Typekit上相同或是相似的字体，如图15-215所示。

图15-214

图15-215

如果只想列出计算机中的相似字体，可以取消"显示可从Typekit 同步的字体"选项的勾选。如果文字扭曲或呈现一定的角度，应先拉直图像或校正图像透视（见94、255页），再匹配字体，这样识别的准确度更高。

"匹配文字"命令借助神奇的智能图像分析，只需使用一张拉丁文字体的图像，Photoshop就可以利用机器学习技术来检测字体，并将其与计算机或 Typekit 中经过授权的

字体相匹配，进而推荐相似的字体。遗憾的是，该功能目前还仅适用于罗马/拉丁字符，不支持汉字。

15.8.4
拼写检查

使用"编辑>拼写检查"命令，可以检查当前文本中的英文单词拼写是否有误。图15-216所示为"拼写检查"对话框。当发现错误时，Photoshop会将其显示在"不在词典中"列表内，并在"建议"列表中给出修改建议。如果被查找到的单词拼写正确，可单击"添加"按钮，将它添加到Photoshop词典中。以后再查找到该单词时，Photoshop会将其划分为正确的拼写形式。

图15-216

15.8.5
查找和替换文本

相对于只能检查英文单词的"拼写检查"命令，"编辑>查找和替换文本"命令更有用。有需要修改的文字（汉字）、单词和标点时，可以通过该命令，让Photoshop来检查和修改。

图15-217所示为"查找和替换文本"对话框。在"查找内容"文本框内输入要替换的内容，在"更改为"选项内输入用来替换的内容，然后单击"查找下一个"按钮，Photoshop会搜索并突出显示查找到的内容。如果要替换内容，可以单击"更改"按钮；如果要替换所有符合要求的内容，可单击"更改全部"按钮。需要注意的是，已经栅格化的文字不能进行查找和替换操作。

图15-217

15.8.6
无格式粘贴文字

复制文字以后，执行"编辑>选择性粘贴>粘贴且不使用任何格式"命令，将其粘贴到文本中时，可去除源文本中的样式属性并使其适应目标文字图层的样式。

◈ 15.8.7
语言选项

在"文字>语言选项"子菜单中，Photoshop提供了多种处理东亚语言、中东语言、阿拉伯数字等文字的选项。例如，执行"文字>语言选项>中东语言功能"命令，可以启用中东语言功能，"字符"面板中会显示中东文字选项。

◈ 15.8.8
基于文字创建路径

选择一个文字图层，如图15-218所示，执行"文字>创建工作路径"命令，可以基于文字生成工作路径，原文字图层保持不变，如图15-219所示。生成的工作路径可以应用填充和描边，或者通过调整锚点得到变形文字。

图15-218

图15-219

◈ 15.8.9
将文字转换为形状

在进行旋转、缩放和倾斜操作时，无论是点文字、段落文字、路径文字，还是变形文字，Photoshop都将其视为完整的对象，而不管其中有多少个文字，因此，不允许我们对文本中的单个文字（泛指部分文字，非全部文字）进行处理。如果想要突破这种局限，可以采取一种折中的办法，即将文字转换为矢量图形，再对其中的单个文字图形进行变换操作。

选择文字图层，如图15-220所示，执行"文字>转换为形状"命令，可以将它转换为形状图层，如图15-221所示。文字变为矢量图形后，原文字图层不会保留，无法修改文字内容、字体、间距等属性，因此，在将文字转换为图形前，最好复制一个文字图层留作备份。

图15-220

图15-221

◈ 15.8.10
消除锯齿

文字虽然是矢量对象，但需要转换为像素后，才能在计算机屏幕上显示或打印到纸上。在转换时，文字的边缘会产生硬边和锯齿。在文字工具选项栏、"字符"面板和"文字>消除锯齿"子菜单中都可以选择一种方法来消除锯齿。

选择"无"选项，表示不对锯齿进行处理，如果文字较小，如创建用于Web的小尺寸文字时，选择该选项，可以避免文字边缘因模糊而看不清楚。

选择其他几个选项时，Photoshop会让文字边缘的像素与图像混合，产生平滑的边缘。其中，"锐利"选项会使边缘显得最为锐利；"犀利"选项表示边缘以稍微锐利的效果显示；"浑厚"选项会使文字看起来粗一点；"平滑"选项会使边缘显得柔和。图15-222所示为具体效果。

无　　锐利　　犀利　　浑厚　　平滑
图15-222

◈ 15.8.11
栅格化文字图层

Photoshop中的文字在未进行栅格化以前是矢量对象，可以随时修改文字内容、颜色和字体等属性，也可以任意旋转、缩放而不会出现锯齿（即文字保持清晰，不会模糊）。

栅格化是指将矢量对象像素化。对于文字，就是将文字转变为图像，这意味着我们可以用绘画工具、调色工具和滤镜等编辑文字图像，但文字的属性将不能再进行修改，而且旋转和缩放时也容易造成清晰度下降，使文字模糊。

如果要进行栅格化，可以在"图层"面板中选择文字图层，然后执行"文字>栅格化文字图层"命令，或"图层>栅格化>文字"命令，如图15-223和图15-224所示。

图15-223

图15-224

文本与图框

15.9

图框工具⊠与图层蒙版类似，可以遮盖图像，但操作更简单，而且还可以替换图像内容，特别适合在图文混排的版面中使用。

15.9.1
实战：将文字转换为图框

01 打开素材。按Ctrl+J快捷键复制"背景"图层。在当前图层下方创建图层。使用矩形选框工具[ ]选取右半边图像，如图15-225和图15-226所示。按Alt+Delete快捷键填充前景色（黑色）。取消选择。

扫码看视频

图15-225　　　　图15-226

02 使用横排文字工具 **T** 输入文字，如图15-227所示。执行"图层>新建>转换为图框"命令，在弹出的对话框中可以设置图框的宽度和高度。我们使用默参数，单击"确定"按钮，将文字转换为图框，如图15-228所示。

图15-227　　　　　图15-228

> **提示**（Tips）
>
> 单击图框图层，可同时选取图框及其中的图像；如果只想选择图像，可在文档窗口中双击图像；如果只想选择图框，可单击图框缩览图，或者在文档窗口中单击图框边框。

03 单击"调整"面板中的 ▣ 按钮，创建"渐变映射"调整图层，选取预设渐变，如图15-229所示。设置该图

层的混合模式为"滤色"。

04 单击"调整"面板中的 ▦ 按钮，创建"曲线"调整图层，将色调调暗，如图15-230和图15-231所示。

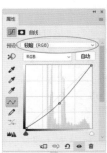

图15-229　　　　图15-230　　　　图15-231

15.9.2
图框创建与编辑方法

使用图框工具⊠在图像上方创建图框，或者执行"图层>新建>来自图层的画框"命令，即可将图框外的图像隐藏，同时，图像会转换为智能对象。

图框有两种基本形状，矩形和圆形，图15-232所示为矩形图框。除此之外，也可以用钢笔工具 ⌀ 、自定形状工具 ✿ 等创建形状图层，之后用"图层>新建>转换为图框"命令，将形状转换为图框，如图15-233所示。

图框的最大优点是换图方便。例如，使用"文件"菜单中的"置入链接的对象"或"置入嵌入的对象"命令，可以在图框中置入其他图像，如图15-234所示。将图像从"库"面板中拖曳至画布上的图框中，或者将图像拖曳到"图层"面板中的图框图层上，都可替换图框内容。

图15-232　　　　图15-233　　　　图15-234

第16章

Web 图形与网店装修

【本章简介】

本章介绍 Photoshop 中的网页制作功能，包括创建和优化切片等，以及怎样从 PSD 文件中提取图像资源、导出 PNG 文件等与 Web 设计相关的功能。在网页设计中，Photoshop 的工作重点在制作效果方面，例如设计网站主页、导航条、欢迎模块、收藏区、客服区等（本章有相关实例）。完成这些工作以后，需要用更加专业的软件，如 Dreamweaver、Fireworks 等制作成网页。Photoshop 只是网页设计中的一环，并不能完成全部工作。

【学习目标】

本章我们需要了解 Photoshop 在网页设计中发挥怎样的作用，还要学会使用 Web 工具、掌握图像资源的导出方法，以及熟练使用画板。以下是本章的主要实例。
● 在画板上设计网页和手机图稿
● 生成图像资源
● 导出并微调图像资源
● 设计一个欢迎模块及新品发布方案
● 设计新年促销活动
● 制作首饰店店招
● 设计时尚女鞋网店

16.1 使用Web图形

使用Photoshop中的Web工具可以轻松构建网页的组件，或按照预设或自定格式输出完整网页。

💎 16.1.1
Web 安全色

颜色是网页设计的重要内容，然而，由于系统的差异（见248页），我们在显示器上看到的颜色不一定能在其他设备中以同样的效果显示。为了使颜色能够在所有的显示器上看起来一模一样，在制作网页时，需要使用Web安全颜色。

在"颜色"面板或"拾色器"对话框中调整颜色时，如果出现警告图标 ⚠，如图16-1所示，可单击该图标，将当前颜色替换为与其最为接近的 Web 安全颜色，如图16-2所示。更好的办法是在"颜色"面板或"拾色器"对话框中设置颜色时，选择相应的选项，这样就可以始终在Web 安全颜色模式下工作，如图16-3和图16-4所示。

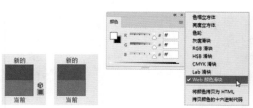
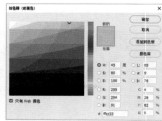

图16-1　　图16-2　　图16-3　　　　　　图16-4

💎 16.1.2
切片分为几种类型

在制作网页时，通常要对页面进行分割，即制作切片，然后通过优化切片来对图像进行不同程度的压缩，以减少图像的下载时间。另外，还可以为切片制作动画，链接到URL地址，或者使用它们制作翻转按钮。

Photoshop中有3种切片，使用切片工具创建的切片称作用户切片，通过图层创建的切片称作基于图层的切片。在图像上，它们的边界是实线。

创建这两种切片时，还会生成自动切片来占据图像的其余空间。而且每次添加和编辑用户切片或基于图层的切片时，都会重新生成自动切片。自动切片的边界是虚线，如图16-5和图16-6所示。

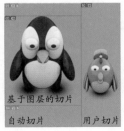

图16-5　　　　　　　　图16-6

16.1.3

实战：使用切片工具创建切片

01 打开素材。选择切片工具 ，在工具选项栏的"样式"下拉列表中选择"正常"选项，如图16-7所示。

| 样式：正常 | 宽度： | 高度： | 基于参考线的切片 |

图16-7

02 在要创建切片的区域上单击并拖曳出一个矩形框（可同时按住空格键移动定界框），如图16-8所示，放开鼠标即可创建一个用户切片，它以外的部分会生成自动切片，如图16-9所示。如果按住Shift键并拖曳，则可以创建正方形切片；按住Alt键并拖曳，可以从中心向外创建切片。

图16-8　　　　　　　　图16-9

> **提示**（Tips）
>
> 在"样式"下拉列表中，选择"正常"选项，可通过拖曳鼠标自由定义切片的大小；选择"固定长宽比"选项，并输入切片的长和宽，按Enter键，可以创建具有固定长宽比的切片。例如，如果要创建一个宽度是高度两倍的切片，可以输入宽度 2 和高度 1；选择"固定大小"选项，并输入切片的高度和宽度值，然后在画板上单击，可以创建指定大小的切片。

16.1.4

实战：基于参考线创建切片

01 打开素材，如图16-10所示。按Ctrl+R快捷键显示标尺，如图16-11所示。分别从水平标尺和垂直标尺上拖出参考线，定义切片的范围，如图16-12所示。

02 选择切片工具 ，单击工具选项栏中的"基于参考线的切片"按钮，即可基于参考线创建切片，如图16-13所示。

图16-10　　　　　　　　图16-11

图16-12　　　　　　　　图16-13

16.1.5

实战：基于图层创建切片

01 打开素材，如图16-14和图16-15所示。这是一个PSD格式的分层文件。

图16-14　　　　　　　　图16-15

02 选择"图层 1"，如图16-16所示，执行"图层>新建基于图层的切片"命令，基于图层创建切片，切片会包含该图层中的所有像素，如图16-17所示。

03 使用移动工具 移动图层内容时，切片区域会随之自动调整，如图16-18所示。此外，编辑图层内容，如进行缩放时也是如此，如图16-19所示。

图16-16

图16-17

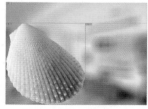
图16-18

图16-19

 16.1.6

实战：选择、移动与调整切片

创建切片以后，可以移动切片或组合多个切片，也可以复制切片或删除切片，或者为切片设置输出选项，指定输出内容，为图像指定URL链接信息等。

扫码看视频

01 打开素材。使用切片选择工具 ✂ 单击一个切片，将它选择，如图16-20所示。按住Shift键并单击其他切片，可以选择多个切片，如图16-21所示。

图16-20

图16-21

02 选择切片后，拖曳切片定界框上的控制点可以调整切片大小，如图16-22所示。

03 拖曳切片则可以移动切片，如图16-23所示。按住Shift键并拖曳可以将移动限制在垂直、水平或 45° 对角线的方向上；按住Alt键并拖曳鼠标，可以复制切片。如果想防止切片被意外修改，可以执行"视图>锁定切片"命令，锁定所有切片。再次执行该命令则取消锁定。

--- 提示（Tips）---
执行"编辑>首选项>参考线、网格和切片"命令，打开"首选项"对话框，可以修改切片的颜色和编号。

图16-22

图16-23

切片选择工具选项栏

切片选择工具 ✂ 的工具选项栏中提供了可调整切片的堆叠顺序、对切片进行对齐与分布的选项，如图16-24所示。

图16-24

● 调整切片堆叠顺序：在创建切片时，最后创建的切片是堆叠顺序中的顶层切片。当切片重叠时，可以单击该选项中的按钮，改变切片的堆叠顺序，以便能够选择到底层的切片。单击置为顶层按钮 ⬆，可以将所选切片调整到所有切片之上；单击前移一层按钮 ⬆，可以将所选切片向上层移动一个位置；单击后移一层按钮 ⬇，可以将所选切片向下层移动一个位置；单击置为底层按钮 ⬇，可以将所选切片移动到所有切片之下。

● 提升：将所选的自动切片或图层切片转换为用户切片。

● 划分：单击该按钮，可以打开"划分切片"对话框对所选切片进行划分。

● 对齐与分布切片：与对齐和分布图层效果大致相同（见 51 页）。即选择了两个或多个切片后，单击 ⬅ ⬆ ⬇ 按钮可以让所选切片对齐；选择了3个或3个以上切片，单击 ⬆ ⬇ ⬇ 按钮，可以让所选切片按照一定的规则均匀分布。

● 隐藏自动切片：单击该按钮，可以隐藏自动切片。

● 设置切片选项 ▦：单击该按钮，可在打开的"切片选项"对话框中设置切片的名称、类型并指定 URL 地址等。

◇ **16.1.7**

划分切片

使用切片选择工具 ✂ 选择切片，如图16-25所示，单击工具选项栏中的"划分"按钮，可在打开的对话框中设置切片的划分方式，如图16-26所示。

● 水平划分为：勾选该选项后，可以在长度方向上划分切片。它包含两种划分方式，选择"个纵向切片，均匀分隔"选项，可输入切片的划分数目；选择"像素/切片"选项，可以输入一个数值，基于指定数目的像素创建切片，如果按该像素数目无法平均地划分切片，则会将剩余部分划分为另一个切片。例如，如果将 100 像素宽的切片划分为 3 个 30 像素宽的新切片，则剩余的 10 像素宽的区域将变成一个新的切片。图 16-27 所示为选择"个纵向切片，均匀分隔"选项后，设置数值为3的划分结果；图16-28所示为选择"像素/切片"选项后，输入数值为200像素的划分结果。

图16-25　　　　　　　　　　图16-26

图16-27　　　　　　　　　　图16-28

● 垂直划分为：勾选该选项后，可以在宽度方向上划分切片。它也包含两种划分方法。

● 预览：在画面中预览切片划分结果。

16.1.8
组合与删除切片

使用切片选择工具选择两个或更多的切片，如图16-29所示，单击鼠标右键打开下拉菜单，执行"组合切片"命令，可以将所选切片组合为一个切片，如图16-30所示。

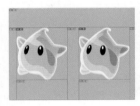

图16-29　　　　　　　图16-30

如果要删除切片，可以选择一个或多个切片，然后按Delete键。如果要删除所有用户切片和基于图层的切片，可以执行"视图>清除切片"命令。

16.1.9
转换为用户切片

基于图层的切片与图层的像素内容相关联，因此，在对切片进行移动、组合、划分、调整大小和对齐等操作时，唯一的方法是编辑相应的图层。如果想使用切片工具完成以上操作，则需要先将这样的切片转换为用户切片。此外，在图像中，所有自动切片都链接在一起并共享相同的优化设置，如果要为自动切片设置不同的优化设置，也

必须将其提升为用户切片。

使用切片选择工具 选择要转换的切片，如图16-31所示，单击工具选项栏中的"提升"按钮，即可将其转换为用户切片，如图16-32所示。

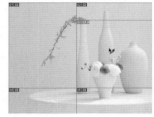

图16-31　　　　　　　　　　图16-32

16.1.10
设置切片选项

使用切片选择工具 双击切片，或者选择切片然后单击工具选项栏中的 按钮，可以打开"切片选项"对话框，如图16-33所示。

图16-33

● 切片类型：可以选择要输出的切片的内容类型，即在与HTML文件一起导出时，切片数据在Web浏览器中的显示方式。"图像"为默认的类型，切片包含图像数据；选择"无图像"选项，可以在切片中输入HTML文本，但不能导出为图像，并且无法在浏览器中预览；选择"表"选项，切片导出时将作为嵌套表写入HTML文本文件中。

● 名称：可以输入切片的名称。

● URL：输入切片链接的Web地址，在浏览器中单击切片图像时，即可链接到此选项设置的网址和目标框架。该选项只能用于"图像"切片。

● 目标：输入目标框架的名称。

● 信息文本：指定哪些信息出现在浏览器中。这些选项只能用于图像切片，并且只会在导出的HTML文件中出现。

● Alt标记：指定选定切片的Alt标记。Alt文本在图像下载过程中取代图像，并在一些浏览器中作为工具提示出现。

● 尺寸："X"和"Y"选项用于设置切片的位置，"W"和"H"选项用于设置切片的大小。

● 切片背景类型：可以选择一种背景色来填充透明区域（适用于"图像"切片）或整个区域（适用于"无图像"切片）。

优化切片图像

16.2

创建切片后，可以对切片图像进行优化，以减小文件的大小。在Web上发布图像时，较小的文件可以使Web服务器更加高效地存储和传输图像，从而使用户能够更快地下载图像。

执行"文件>导出>存储为 Web 所用格式（旧版）"命令，打开"存储为 Web 所用格式"对话框，如图16-34所示，在对话框中导出和优化切片图像。Photoshop 将每个切片存储为单独的文件并生成显示切片图像所需的 HTML 或 CSS 代码。

扫码看视频

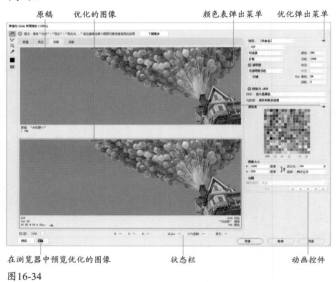

图16-34

文件基本信息

使用切片选择工具 ✂ 单击需要优化的切片，将其选择，在右侧的文件格式下拉列表中选择一种文件格式并设置优化选项，对所选切片进行优化，如图16-35所示。Web图形格式可以是位图（栅格），也可以是矢量。位图格式（GIF、JPEG、PNG 和 WBMP）与分辨率有关，因此，图像的尺寸会随显示器分辨率的不同而发生变化，图像品质也可能会发生变化。矢量格式（SVG 和 SWF）与分辨率无关，对图像进行放大或缩小时不会降低图像品质。

图16-35

工具

● **缩放工具 🔍 /抓手工具 ✋ /缩放文本框**：使用缩放工具 🔍 单击可以放大图像的显示比例，按住 Alt 键并单击则缩小显示比例；也可在窗口左下角的缩放文本框中输入显示百分比；使用抓手工具 ✋ 可以移动查看图像。

● **切片选择工具 ✂**：当图像包含多个切片时，可以使用该工具选择窗口中的切片，以便对其进行优化。

● **吸管工具 💧 /吸管颜色 ■**：使用吸管工具在图像中单击，可以拾取单击点的颜色，并显示在吸管颜色图标中。

● **切换切片可视性 ▦**：单击该按钮，可以显示或隐藏切片的定界框。

菜单和选项

● **显示选项**：单击"原稿"标签，窗口中会显示未优化的图像；单击"优化"标签，窗口中会显示应用了当前优化设置的图像；单击"双联"标签，可并排显示图像的两个版本，即优化前和优化后的图像；单击"四联"标签，可并排显示图像的4个版本，如图16-36所示，原稿以外的其他3个图像可以进行不同的优化，每个图像下面都提供了优化信息，如优化格式、文件大小、图像估计下载时间等，通过对比可以找出满意的优化方案。

● **优化弹出菜单**：包含"存储设置""链接切片""编辑输出设置"等命令，如图16-37所示。

● **颜色表弹出菜单**：包含与颜色表有关的命令，可以新建颜色、删除颜色及对颜色进行排序等，如图16-38所示。

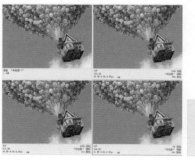

图16-36　　　　　　图16-37　图16-38

● **转换为 sRGB**：如果使用 sRGB 以外的嵌入颜色配置文件来优化图像，应勾选该选项，将图像的颜色转换为 sRGB，然后存储图像以便在 Web 上使用。这样可确保在优化图像中看到的颜色与其他 Web 浏览器中的颜色看起来相同。

● 预览： 可以预览图像有不同的灰度系数值时显示在系统中的效果，并对图像做出灰度系数调整以进行补偿。计算机显示器的灰度系数值会影响图像在Web浏览器中显示的明暗程度。

● 元数据： 可以选择要与优化的文件一起存储的元数据。

● 颜色表： 将图像优化为GIF、 PNG-8和WBMP格式时， 可在 "颜色表" 中对图像颜色进行优化设置。

● 图像大小： 可以调整图像的宽度 （W） 和高度 （H）， 也可以通过百分比值对图像进行缩放。

● 状态栏： 显示鼠标指针所在位置图像的颜色值等信息。

● 在浏览器中预览优化的图像： 单击 按钮可在计算机上默认的Web浏览器中预览优化后的图像。预览窗口中会显示图像的题注， 其中列出了图像的文件类型、 像素尺寸、 文件大小、 压缩规格和其他HTML信息， 如图16-39所示。 如果要使用其他浏览器预览， 可在此菜单中选择 "其他" 命令。

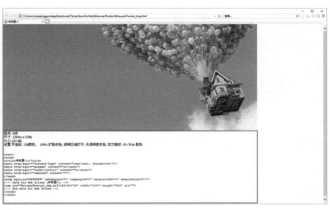

图16-39

16.3 使用画板

在工作中， 每一种设计方案， Web和UI设计人员都要制作出适合不同设备和应用程序页面的图稿。画板可以帮助用户简化设计过程，它提供了一个无限画布，适合不同设备和屏幕的设计。

· PS技术讲堂 ·

【 画板有哪些用途 】

做网页设计、 UI设计或移动设备界面时， 一般需要为不同的显示器或移动设备提供不同尺寸的设计图稿。而在Photoshop的文档窗口中， 只有画布（见81页）这一块区域用于显示图像， 如图16-40所示， 位于画布之外， 即暂存区域上的图像， 不能显示和打印， 并且将文件存储为不支持图层的格式时（如JPEG）， 还会被删除， 这就造成一个文件只能制作一个图稿这样一种情况。画板可以突破这种限制， 如图16-41所示。

画板就相当于在原有的画布之外又开辟出新的画布。每一个画板上的对象都位于同一个画板组中，并且互不干扰。在Photoshop中， 图层是所有对象（图像、调整图层、3D对象、视频文件等）的载体，因此，画板也位列 "图层" 面板中，如图16-42所示。我们可将其视为一种 "超级" 图层组来看待，因为画板可以包含图层和图层组（不能包含其他画板）。要编辑画板，如调整画板大小或者移动画板位置时，需要在画板名称的右侧单击，如图16-43所示。要编辑画板中的图层，则直接单击相应的图层便可，如图16-44所示。

图16-40

图16-41

图16-42

图16-43

图16-44

由于每一个画板都相当于一个单独的画布，因此，在甲画板上创建的参考线不会在乙画板上显示。使用画板工具 ⤵ 移动画板时，专属于画板的参考线会随其一同移动。

提示（Tips）
执行"视图>按屏幕大小缩放画板"命令，可以在文档窗口中最大化显示当前所选画板。

16.3.1
实战：用5种方法创建画板

01 画板有5种创建方法。第1种方法是执行"文件>新建"命令，设置文件大小，并勾选"画板"选项，直接创建包含画板的文件，如图16-45~图16-47所示。

扫码看视频

图16-45　　图16-46　　　　　图16-47

02 第2种方法是执行"图层>新建>画板"命令，打开"新建画板"对话框，输入画板的宽度和高度，可以自定义画板大小；也可以单击 ˅ 按钮，打开下拉列表选择预设的尺寸，如图16-48所示。这里的预设非常多，常用的iPhone、Android、Web、iPad、Mac图标等，几乎都有。

图16-48

03 创建或打开文件以后，可基于其中的图层和图层组创建画板。我们先单击"画板2"左侧的 ˅ 按钮，将画板组关闭，如图16-49所示，然后单击"图层"面板底部的 ⊞ 按钮，创建两个图层，按住Ctrl键并单击，将它们选取，如图16-50所示。执行"图层>新建>来自图层的画板"命令，可基于所选图层创建画板，这是第3种方法，如图16-51所示。

图16-49　　　图16-50　　　　图16-51

提示（Tips）
当画板组打开时，其左侧的按钮为 ˅ 状。此时创建的图层和图层组都将位于画板组中。如果想要在画板组外创建，则需要先将画板组关闭。

04 关闭画板组。单击"图层"面板中的 ▭ 按钮，创建一个图层组，如图16-52所示，执行"图层>新建>来自图层组的画板"命令，可基于所选图层组创建画板，这是第4种方法。通过这种方法创建的画板的默认名称为"组1"，如图16-53所示，识别度不高，容易与其他图层组混淆。执行"图层>重命名画板"命令，或双击画板名称，在显示的文本框中修改画板名称，如图16-54所示。

图16-52　　　图16-53　　　　图16-54

05 第5种方法，也是最灵活的方法，即使用画板工具 ⤵ 操作。按Ctrl+-快捷键，将文档窗口的比例调小，让暂存区显示出来。使用该工具在画布外的暂存区单击并拖曳鼠标，即可拖出一个画板，如图16-55所示。

06 以任何方法创建画板以后，都可以拖曳画板的定界框自由调整其大小，如图16-56所示；也可以在工具选项栏中输入"宽度"和"高度"值，或者在"大小"下拉列表中选择一个预设的尺寸修改其大小，如图16-57所示。

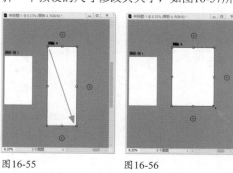

图16-55　　　　图16-56

大小：iPad Pro　宽度：2048 像素　高度：2732 像素

图16-57

16.3.2
实战：在画板上设计网页和手机图稿

下面使用画板设计两个图稿，一个用于网页，另一个用于智能手机。

扫码看视频

01 按Ctrl+O快捷键，打开素材，如图16-58和图16-59所示。这是在一个在预设的"Web常见尺寸"画板上设计的图稿，可作为网站页面使用。下面我们用其中的素材再创建一个Android系统手机使用的页面。

图16-58 图16-59

02 单击画板，如图16-60所示，选择画板工具 ⌐，按住Alt键并单击画板右侧的 ⊕ 图标，如图16-61所示，在它旁边复制出一个画板，如图16-62所示。

图16-60 图16-61

图16-62

03 画板的背景颜色是可以改变的。单击"属性"面板底部的颜色块，打开"拾色器"对话框，将背景颜色设置为浅灰色，如图16-63和图16-64所示，这样在手机上观看时，可以降低背景的明度，以免引起视觉疲劳。

图16-63

图16-64

04 选择画板工具 ⌐，在工具选项栏的"大小"下拉列表中选择"Android 1080p"选项，如图16-65所示，将该画板的尺寸改为Android系统手机屏幕所使用的尺寸。拖曳画板底部定界框上的控制点，将页面范围拉高，或者在工具选项

栏中输入"高度"为3407像素，如图16-66所示。按住Ctrl键并单击画板组中除"纵3"图层外的所有图层，将它们选取，如图16-67所示。

大小： Android 1080p

图16-65

图16-66　　　　　　　　图16-67

05 按Ctrl+T快捷键显示定界框，按住Shift键并拖曳控制点，将它们等比缩小，如图16-68所示，之后按Enter键确认。

06 打开"视图>显示"子菜单，看一下"智能参考线"命令左侧是否有一个√，如果没有，就单击该命令，让它左侧出现√，以启用智能参考线。选择移动工具✛，在工具选项栏中勾选"自动选择"选项，单击"纵3"图层，按Ctrl+T快捷键显示定界框，按住Shift键并拖曳控制点，调整它的大小，如图16-69所示。使用移动工具✛将其放在单独的一行，智能参考线会帮助我们对齐图像，如图16-70所示。

图16-68　　　　　图16-69　　　　　图16-70

07 现在最下面一行还有空缺，打开另一个素材，使用移动工具✛将其拖曳到当前文件中，放在空缺位置，如图16-71所示。用移动工具✛将祥云素材移动到下方，再用画板工具📋调整一下画板的高度，如图16-72所示。

图16-71　　　　　　　　图16-72

技术看板 59 **准确调整画板位置和大小**

单击"图层"面板中的画板以后，使用画板工具📋在文档窗口中单击并拖曳鼠标，可以自由移动画板，就像移动图像一样方便。如果要精确定位画板的位置，可在"属性"面板中调整。其中，"X"选项可调整画板的水平位置，"Y"选项可调整垂直位置。通过"W"和"H"选项可修改画板的宽度和高度。

单击画板　　　　　　　"属性"面板显示的选项

16.3.3

分解画板

画板也可以像图层组一样解散。单击画板以后，如图16-73所示，只要使用"图层>取消画板编组"命令，或者按下与取消编组相同的Shift+Ctrl+G快捷键，就可以将画板分解，释放其中的图层和图层组，如图16-74所示。

图16-73　　　　　　　　图16-74

16.3.4

将画板导出为单独的文件

单击一个画板，如图16-75所示，使用"文件>导出>画板至文件"命令，可以将其导出为单独的文件，如图16-76和图16-77所示。

图16-75

图16-76

图16-77

图16-78

"画板至文件"命令选项

● 仅限画板内容/包括重叠区域：决定导出时只导出画板内容还是要包括重叠区域。

● 导出选定的画板：勾选该选项，只导出"图层"面板中当前所选画板；取消勾选，则会导出所有画板。

● 在导出中包括背景：可指定是否要随画板一起导出画板背景。

● 文件类型：可以选择要导出的文件格式。如果要对所选文件格式进行更多的设置，可以勾选"导出选项"选项。例如，选择JPEG格式，可以设置图像品质；选择TIFF格式，可以设置文件是否进行压缩等。

16.3.5

将画板导出为PDF文档

选择画板以后，可以使用"文件>导出>将画板导出到PDF"命令，将其导出为PDF文档，如图16-78和图16-79所示。

图16-79

执行该命令会打开"将画板导出到PDF"对话框，其中的"包括重叠区域""仅限画板内容"等选项与将画板导出为文件所打开的对话框中的选项相同。

● 多页面文档/依照画板的文档：指定是要为当前文件中的所有画板生成单个PDF，还是为每个画板生成一个PDF文件。如果选择生成多个PDF文件，则所有这些文件都将使用之前指定的文件名前缀。

● 编码：可以为导出的PDF文件指定编码方式，即"ZIP"或"JPEG"。如果选择"JPEG"，则还要设置"品质"值（0~12）。

● 包含ICC配置文件：指定是否要在PDF文件中包含国际色彩联盟（ICC）配置文件。ICC配置文件包含能够区分色彩输入或输出设备的数据。

● 包含画板名称：指定是否要随导出的画板一起导出画板名称。勾选该选项后，还可以选择字体，设置字体大小、颜色和画布扩展颜色。

● 反转页面顺序：可以调转页面的排列顺序。

16.4 导出图层和文件

在Photoshop中，PSD文件、画板、图层、图层组可以导出为 PNG、JPEG、GIF或 SVG等格式的图像资源。

16.4.1
实战：从PSD文件中生成图像资源

要点

Photoshop可以从PSD文件的每一个图层中生成一幅图像。有了这项功能，Web设计人员就可以从PSD文件中自动提取图像资源，免除了手动分离和转存工作的麻烦。

01 将配套资源中的PSD素材复制到计算机中，然后在Photoshop中打开它，如图16-80和图16-81所示。

图16-80　　　　图16-81

02 执行"文件>生成>图像资源"命令，使该命令处于选取状态。在图层组的名称上双击，显示文本框，修改名称并添加文件格式扩展名.jpg，如图16-82所示。在图层名称上双击，将该图层重命名为"太阳.gif"，如图16-83所示。需要注意的是，图层名称不支持特殊字符 /、: 和 *。

图16-82　　　　图16-83

03 操作完成后，即可生成图像资源，Photoshop 会将它们与源 PSD 文件一起保存在子文件夹中，如图16-84所示。如果源 PSD 文件尚未保存，则生成的资源会保存在桌面上的新文件夹中。如果要禁用图像资源生成功能，取消"文件>生成>图像资源"命令左侧的勾选即可。

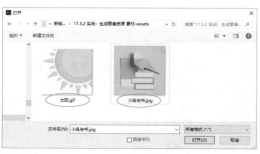

图16-84

技术看板 60 生成多个资源并指定品质和大小

如果要从一个图层或图层组生成多个资源，可以用逗号（，）分隔资源名称。例如，以"图层_4.jpg，图层_4b.png，图层_4c.png"命名图层可以生成3个资源。默认情况下，生成图像资源时，JPEG 资源会以90%品质生成；PNG 资源会以32位图像生成；GIF资源会以基本Alpha透明度生成。当重命名图层或图层组以便为资源生成做准备时，可以自定品质和大小。例如，如果将图层名称设置为"120%图层.jpg，42%图层.png24，100×100图层_2.jpg90%，250%图层.gif"，则可以从该图层生成以下资源。

图层.jpg（缩放120%的8品质JPEG图像）；图层.png（缩放42%的24位PNG图像）；图层_2.jpg（100×100 像素绝对大小的90%品质JPEG图像）；图层.gif（缩放250%的GIF图像）。

16.4.2
实战：导出并微调图像资源

要点

在将图层、图层组、画板或Photoshop文件导出为图像时，想要对设置进行微调，可以使用"导出为"命令操作。该命令设计得非常"贴心"，它充分考虑到了用户使用中会遇到的各种情况。例如，进行Web设计时，制作好的图标用在不同的地方时对于尺寸方面也会有所要求，有的可能是原有尺寸的一半，有的可能要放大到两倍才行。

01 打开素材，如图16-85所示。这是在两个画板上创建的设计图稿，如图16-86所示。

图16-85　　　　　　　　　　图16-86

图16-90

02 执行"文件>导出>导出为"命令，或"图层>导出为"命令，打开"导出为"对话框，在"格式"下拉列表中选择文件格式，如图16-87所示。如果要改变图像或画布尺寸，可以在"图像大小"或"画布大小"选项组中设置。

04 除了导出全部内容外，还可以只导出部分图层、图层组或画板。例如，单击"画板2"左侧的 〉 按钮，展开画板组，按住Ctrl键并单击图16-91所示的两个图层，将它们选取，然后在它们上方单击鼠标右键，在弹出的快捷菜单中执行"导出为"命令，如图16-92所示。之后按照第2步、第3步的方法操作，便可以将这两个图层导出为资源，如图16-93和图16-94所示。

图16-91　　　　　　图16-92

图16-87

03 单击"后缀"右侧的+状图标，添加一组选项，并选取"0.5×"，该组的"后缀"会自动变为"@0.5×"，这样可以同时导出两组图像资源，一组是原始尺寸，另一组是它的一半大小。文件后缀可帮助我们轻松管理导出的资源，因为0.5×资源的名称后缀均为@0.5×。单击"全部导出"按钮，在弹出的对话框中为资源指定保存位置，如图16-88和图16-89所示，单击"选择文件夹"按钮，导出资源，如图16-90所示。

图16-93

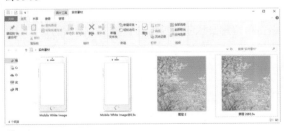

图16-94

"导出为"对话框选项

● 文件设置：可以选择将文件导出为PNG、JPEG、GIF和SVG格式。

图16-88

图16-89

- "图像大小"选项组：可以指定图像资源的"宽度"和"高度"；如果调整"缩放"值，可以对图像进行放大或缩小，还可以选择"重新采样"的方法。
- "画布大小"选项组：可以设置资源所占据的画布的大小；如果图像大于画布大小，将会按照所设置的画布"宽度"和"高度"对它进行剪切；如果不想裁切图像，可以单击"复位"按钮，将该选项中的数值恢复为"图像大小"选项组中设置的值。
- "元数据"选项组：可以指定是否要将元数据（版权和联系信息）嵌入导出的资源中。
- "色彩空间"选项组：可以设置是否要将导出的资源转换为 sRGB 色彩空间，以及是否要将颜色配置文件嵌入导出的资源中。

◈ 16.4.3
快速导出 PNG 资源

PNG是网络上常用的文件格式，其特点是体积小、传输速度快、支持透明背景。该格式采用的是无损压缩方法，可确保导出后图像的质量不会降低。

使用"文件>导出>快速导出为PNG"命令，或者"图层>快速导出为PNG"命令，可以将文件或其中的所有画板导出为PNG资源。如果想要用该快捷方法将文件导出为其他格式，可以执行"文件>导出>导出首选项"命令，打开"首选项"对话框修改文件格式。使用"文件>导出>将图层导出到文件"命令，可以将图层导出为单独的文件。

◈ 16.4.4
复制 CSS

执行"图层>复制CSS"命令，可以从形状或文本图层生成级联样式表（CSS）属性。CSS 即级联样式表，是一种用来表现HTML（标准通用标记语言的一个应用）或XML（标准通用标记语言的一个子集）等文件样式的计算机语言。

◈ 16.4.5
复制 SVG

在一个图层上单击鼠标右键，在弹出的菜单中执行"复制 SVG"命令，此后便可将SVG资源粘贴到 Adobe XD文件中。此外，也可在Photoshop的画布中将 SVG 资源直接拖曳到 Adobe XD。

Adobe XD（Adobe Experience Design CC）是一款专为 UX、UI、原型、交互而生的矢量化图形设计软件，可快速设计和建立手机 App和网站原型，包含线框稿、视觉设计、互动设计、用户体验设计、原型制作、预览和共享等功能。

> **提示** (Tips)
>
> UX即用户体验。UX设计指以用户体验为中心的设计。UX设计师研究和评估一个系统的用户体验，关注该系统的易用性、价值体现、实用性、高效性等。

欢迎模块及新品发布设计

16.5

难度：★★☆☆☆　功能：蒙版、文字转换为形状和编辑路径

说明：使用茂密的大森林作为背景来衬托精油，氛围沉静又有童话般的神秘感，与品牌风格相符。在进行字体设计时，笔画中加入树叶作为装饰，体现取材天然、绿色环保的理念。

◈ 16.5.1
打造神秘背景

01 打开素材，如图16-95和图16-96所示。这是一些分层素材，网络上有很多这样的资源。

图16-95

图16-96

02 使用移动工具 ✛ 将森林图像拖入绿色背景文件中。放在"背景"图层上方。单击面板底部的 ▣ 按钮，创建蒙版。选择画笔工具 ✏ （柔边圆450像素），在大树位置涂抹黑色，将其隐藏。将画笔的不透明度设置为30%，在画面左侧涂抹灰色，淡化这部分图像的显示，以使树木之间的白色不再抢眼，如图16-97所示。

图16-97

💎 16.5.2
添加光效以突出产品

01 打开精油素材并拖入文件中，如图16-98所示。背景色调比精油浅，而且画面内容丰富，精油并没有成为主体。应再做调整，使画面分出主次，将精油产品衬托出来。

图16-98

02 单击"图层"面板底部的 ⊞ 按钮，新建一个图层。这个图层要位于"组1"下方，才可以不遮挡画面中的藤蔓和绿叶。用画笔工具 🖊 在精油附近涂一些黑色，压暗背景。在其左侧也涂一些，如图16-99所示。

图16-99

03 打开素材，如图16-100所示。

图16-100

04 将"蓝绿光点"和"白光"图层拖入文件，放在精油图层下方，衬托精油，如图16-101和图16-102所示。再将"蓝黄光斑"图层放在精油图层上方，使产品被绚丽的彩光环绕着，有种强势推出的隆重感，画面焦点也聚集在此，如图16-103所示。

图16-101　　　　图16-102　　　　图16-103

💎 16.5.3
设计专用字体

01 再新建一个同样大小的文件，用来制作文字。选择横排文字工具 **T**，在"字符"面板中设置字体及大小，将字距设置为-50，输入文字，如图16-104和图16-105所示。

图16-104　　　　图16-105

02 在"图层"面板中的文字图层上单击鼠标右键，打开快捷菜单，执行"转换为形状"命令，将文字转换为形状后，原来的文字图层也会变为形状图层，如图16-106所示。用直接选择工具 ▷ 单击文字"物"的路径，显示锚点，再框选如图16-107所示的锚点，将其向上拖曳，与竖画上边的锚点高度一致，如图16-108所示。

图16-106　　　　图16-107　　　　图16-108

03 再框选文字"森"右侧的两个锚点，如图16-109所示，按住Shift键并向右沿水平方向拖曳，与文字"物"连接上，如图16-110所示。

图16-109　　　　　　　　图16-110

04 单击文字"林"，显示锚点，如图16-111所示。选择删除锚点工具 ⌀，将鼠标指针放在多余笔画的锚点上，如图16-112所示，单击可将锚点删除，如图16-113和图16-114所示。

图16-111　　图16-112　　图16-113　　图16-114

469

05 再来编辑文字"物"。用直接选择工具 ▷ 单击"物"，显示锚点。锚点密集的话就不能用框选的方法了，可以将要编辑的锚点逐一选取，方法是按住Shift键并单击。选取图16-115所示的4个锚点，向上拖曳，与"森"的延长笔画持平，如图16-116所示。用删除锚点工具 ✐ 删除部首上的笔画，如图16-117所示。

图16-115　　　图16-116　　　图16-117

06 用直接选择工具 ▷ 单击"语"，如图16-118所示。选取口字和言字旁上边的点，按Delete键删除，如图16-119所示。再调整偏旁的外观，如图16-120所示。

图16-118　　　图16-119　　　图16-120

07 使用椭圆工具 ○ 绘制一个椭圆形。选择添加锚点工具 ✐，在椭圆形最上方的锚点两边分别添加新锚点，如图16-121和图16-122所示。用直接选择工具 ▷ 将中间的锚点向下拖曳，使图形看起来像一个嘴唇形状，如图16-123所示。用转换点工具 ▷ 单击这个锚点，将其转换成角点，如图16-124所示。

图16-121　　图16-122　　图16-123　　图16-124

08 选择椭圆工具 ○，在工具选项栏中选择"排除重叠形状"选项，在嘴唇图形上绘制一个小椭圆形，与原来的图形相减。再用钢笔工具 ∅ 绘制树叶，作为装饰。树叶要填充绿色，因此不能与文字在同一个形状图层，如图16-125所示。

图16-125

◆ 16.5.4
制作其他文字及背板

01 将文字拖入文件中。打开素材，将花纹放在文字下方，如图16-126所示。

图16-126

02 选择横排文字工具 **T**，在"字符"面板中设置字体参数，输入文字"初夏新品"，如图16-127所示。输入产品英文名称，使用圆角矩形工具 ▢ 绘制一个黄色图形作为衬托，如图16-128所示。

图16-127

图16-128

03 新建一个图层，选择矩形工具 ▢，绘制一个矩形，如图16-129所示。将它放在花纹图层的下方。双击该图层，添加"描边"效果，设置颜色为黄色，如图16-130和图16-131所示。

 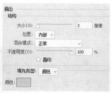 

图16-129　　　　图16-130　　　　图16-131

04 设置该图层的不透明度为76%，填充不透明度为45%，如图16-132和图16-133所示。

图16-132　　　　图16-133

05 选择直线工具 ／，在工具选项栏中设置宽度为2像素，按住Shift键并绘制两条竖线，如图16-134所示。

图16-134

06 输入其他信息。单击"调整"面板中的 ▽ 按钮，创建"自然饱和度"调整图层，增加自然饱和度，同时适当增加饱和度，使图像色彩更加鲜亮，如图16-135和图16-136所示。

图16-135

图16-136

16.6 欢迎模块及新年促销活动设计

难度：★★★☆☆ 功能：绘制图形、编辑文字

说明：在制作背景时，以简洁的图形、喜庆的色彩来衬托主题和模特隆重的装束。

16.6.1
绘制热烈喜庆的背景画面

01 创建一个1920像素×720像素、72像素/英寸的文件。将前景色设置为橙色（R255，G153，B0），按Alt+Delete快捷键填充前景色，如图16-137所示。

02 选择钢笔工具 ✐，在工具选项栏中选择"形状"选项，绘制图16-138所示的图形，填充橘红色（R255，G51，B0）。

图16-137

图16-138

03 选择椭圆工具 ○，按住Shift键并绘制几个大小不同的圆形，填充棕红色（R153，G51，B0），如图16-139所示。将颜色相同的圆形绘制在一个形状图层中，方法是绘制完一个圆形后，单击工具选项栏中的 □ 按钮，选择" ⬚ 合并形状"选项，再绘制其他的圆形。

04 设置图层的混合模式为"正片叠底"，不透明度为68%，如图16-140和图16-141所示。

05 单击工具选项栏中的 □ 按钮，打开下拉列表，选择" □ 新建图层"选项，再绘制几个圆形，位于一个新的图层中，填充白色，如图16-142所示。设置该图层的不透明度为60%，如图16-143和图16-144所示。

图16-139

图16-140

图16-141

图16-142

图16-143

图16-144

06 打开蝴蝶结素材。选择魔棒工具 ✦，在工具选项栏中单击添加到选区按钮 ⬚，设置容差为30，在图像背景上单击，然后在蝴蝶结细小的空隙处单击，才能将背景全部选取，如图16-145所示。按Shift+Ctrl+I快捷键反选，选取蝴蝶结，如图16-146所示。

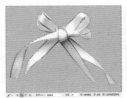

图16-145

图16-146

07 使用移动工具 ✛ 将选区内的蝴蝶结拖入文件中，如图16-147所示。打开并拖入人物素材，放在蝴蝶结上方，如图16-148所示。

图16-147　　　　图16-148

08 打开花朵素材，如图16-149所示，这是一个分层的文件。选择移动工具 ✛ ，在工具选项栏中勾选"自动选择"选项，拖入叶子与花朵，放在人物身后作为装饰物，如图16-150所示。

图16-149　　　　图16-150

💎 **16.6.2**

制作并装饰文字

01 选择矩形工具 □ ，绘制一个矩形，如图16-151所示。

图16-151

02 设置该图层的不透明度为50%，使图形呈现半透明效果，以便让背景图像显示出来，如图16-152和图16-153所示。

图16-152　　　　图16-153

03 选择横排文字工具 T ，在"字符"面板中设置文字参数，单击面板中的 T 图标，表示为文字设置仿粗体，如图16-154所示，单击工具选项栏中的 ✓ 按钮，完成输入。在其下方输入主题文字，如图16-155所示，用横排文字工具 T 在"的"上面拖曳鼠标，将该文字选取，调整大小及垂直缩放参数，使这个字变小一些，如图16-156所示。

图16-154　　　图16-155　　　图16-156

04 将素材中的蝴蝶拖入，放在文字上。选择直线工具 ／ 绘制一条直线，如图16-157所示。选择自定形状工具 ✿ ，在形状下拉面板中选择"横幅4"形状，图16-158所示，在画面中创建一个宽于底图色块的图形，如图16-159所示。

图16-157　　　图16-158　　　图16-159

05 在横幅上输入一行白色小字，如图16-160所示。输入折扣信息，文字大小为27点，颜色为深棕色。再单独选取数字部分，设置大小为45点，修改颜色为绿色，如图16-161所示。输入文字"立即抢购"，在"立即"后面按Enter键，使文字两行排列。绘制一个橙色方形，按Ctrl+[快捷键将其移至文字下方作为衬托，如图16-162所示。

图16-160　　　图16-161　　　图16-162

06 输入本次促销活动的时间，文字大小为23点，效果如图16-163所示。

图16-163

制作首饰店店招

16.7

扫 码 看 视 频

难度：★★☆☆☆　功能：绘制图形、编辑路径

说明：本实例为首饰店店招设计，左侧为店铺名称和信息，中间为店铺的广告语和热销产品，右侧为代金券。在有限的空间内放置能吸引顾客的元素，尽可能地留住顾客。

01 打开素材。在"字符"面板中选择字体，将间距设置为-25，垂直缩放80%，如图16-164所示。用横排文字工具 T 输入文字，如图16-165所示。

图16-164　　　　图16-165

02 新建一个图层。选择矩形工具 □ 及"像素"选项，在文字下方绘制品红色长方形（R255，G0，B102）。输入店铺信息，如图16-166和图16-167所示。

图16-166　　　　图16-167

03 选择椭圆工具 ○ 及"形状"选项，按住Shift键并拖曳鼠标创建圆形，如图16-168所示。用直接选择工具 ▷ 在圆形边缘的路径上单击，显示锚点，如图16-169所示。选择钢笔工具 ⌀，将鼠标指针放在图形下方锚点左侧的路径上，钢笔工具显示为 ⌀₊ 状，如图16-170所示，单击可添加锚点。

图16-168　　　图16-169　　　图16-170

04 用同样的方法在路径右侧也添加一个锚点，如图16-171所示。用直接选择工具 ▷ 单击圆形下方的锚点，将其选取，如图16-172所示，按住鼠标向左下方拖曳，如图16-173所示。再调整一下锚点两侧的方向线，使路径更流畅，如图16-174所示。

05 选择自定形状工具 ⌖ 及"红心"形状，如图16-175所示，创建白色心形图案，如图16-176所示。

图16-171　　　图16-172　　　图16-173

图16-174　　　图16-175　　　图16-176

06 用横排文字工具 T 在空白处输入文字"关注"，再拖曳至图形上，如图16-177和图16-178所示。输入其他文字，如图16-179所示。

图16-177　　　　图16-178

图16-179

07 新建一个图层。选择矩形工具 □ 及"像素"选项，绘制白色矩形。双击该图层，打开"图层样式"对话框，添加"描边"效果，如图16-180和图16-181所示。

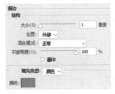

图16-180　　　　　图16-181

08 新建一个图层，按Alt+Ctrl+G快捷键创建剪贴蒙版，设置不透明度为50%，如图16-182所示。用多边形套索工具 ⊠ 创建梯形选区，填充品红色，如图16-183所示。由于图层设置了不透明度，颜色看起来会比较浅。选区可创建得大一些，剪贴蒙版会将多余的区域隐藏。取消选择。

"点击领取"处绘制一个矩形，用于衬托文字，如图16-186~图16-189所示。

图16-182

图16-183

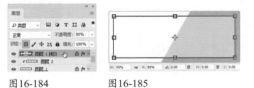

图16-184　　　　图16-185

09 单击"图层1"，按住Alt键并将其向上拖曳至"图层2"上方，设置不透明度为50%，如图16-184所示。按Ctrl+T快捷键显示定界框，在工具选项栏中设置水平缩放为95%，垂直缩放为85%，如图16-185所示。按Enter键确认。

图16-186

图16-187

图16-188

10 用横排文字工具 T 输入优惠券金额文字。要输入"¥"符号，在中文输入法状态下按Shift+4快捷键即可。在

图16-189

时尚女鞋网店设计

16.8

难度：★★★★★　功能：绘图工具、图层样式

扫码看视频

说明：本实例是某品牌女鞋的店铺首页设计。欢迎模块中主题文字放在正中位置，清晰明确，突出了活动内容。模特穿着女鞋的图片展示，使顾客能清晰地看到产品效果。

01 打开素材，如图16-190所示。这是一个首页模板，以模块形式进行了区域划分，可在此基础上进行网页设计。由于首页元素多，将图层按照模块名称进行了分组管理，如图16-191所示。

黑色矩形背景，以突出文字的显示。用钢笔工具 ⊘ 绘制一个白色的三角形，如图16-193所示。

图16-192

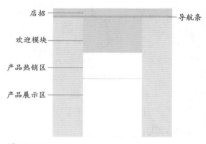
图16-190　　　　　　　　　图16-191

图16-193

02 使用移动工具 ⊕ 将商品Logo、关注和优惠券标签拖入文件，在之前的实例中讲解过制作方法，这里不再赘述。选择横排文字工具 T ，输入广告语，如图16-192所示。

04 将女鞋素材和英文拖入文件中。输入本次活动标题文字"夏季满赠，惊喜换新"，设置字体为"微软雅黑"，大小为60点。在其下方分别输入其他文字，字体略调小一些，并为文字加上黑色的圆角矩形和红色圆形背景进行衬托，使文字醒目，如图16-194所示。

03 在导航条上输入文字，每个项目文字之间设置相同的空格间距。用矩形工具 ▭ 为"所有分类"文字绘制一个

图16-194

05 选择矩形工具 ▭ ，在画布上单击，弹出"创建矩形"对话框，设置参数，如图16-195所示，创建一个红色的矩形，如图16-196所示。按Ctrl+T快捷键显示定界框，在图形上单击鼠标右键，显示快捷菜单，执行"透视"命令。将鼠标指针放在定界框上并向右拖曳，将矩形变换成梯形，如图16-197所示。按Enter键确认。

图16-195　　　　　图16-196　　　　　图16-197

06 选择路径选择工具 ▸ ，按住Alt+Shift快捷键并拖曳图形进行复制，共复制4个，如图16-198所示。使用矩形选框工具 ▭ 创建一个与欢迎模块相同宽度的选区，如图16-199所示。

图16-198　　　　　　　图16-199

07 单击"图层"面板底部的 ▭ 按钮，基于选区创建蒙版，将选区以外的图形隐藏，如图16-200和图16-201所示。

图16-200　　　　图16-201

08 输入优惠券上的文字信息。优惠额度字体为"Impact"，大小为66点，如图16-202所示，为了拉长文字的高度，使其与旁边两行文字一致，可以在"字符"面板中将"垂直缩放"参数设置为130%。右侧两行文字的字体为"Adobe黑体"，大小分别是26点和20点，文字的字体、大小有所变化，可以突出要强调的信息，让顾客能一目了然，在设计上也体现出了版式变化之美。

图16-202

09 将女鞋素材拖入文件。选择矩形工具 ▭ ，绘制一个矩形，设置填充为"无"，描边宽度为2点，颜色为黑色，如图16-203所示。

图16-203

10 使用矩形选框工具 ▭ 在黑色边框中间创建一个矩形，如图16-204所示。按住Alt键并单击 ▭ 按钮，创建一个反相的蒙版，将选区内的边框隐藏，如图16-205和图16-206所示。在空白位置输入文字，如图16-207所示。

图16-204　　　图16-205　　　　图16-206　　　　图16-207

11 输入其他文字，如图16-208~图16-210所示。输入符号"¥"。双击该图层，打开"图层样式"对话框，勾选"描边"选项，并设置描边大小为2像素，颜色为白色，如图16-211所示。将符号放在数字"9"上层，如图16-212所示。

图16-208　　　　　图16-209　　　　　图16-210

图16-211　　　　　　　图16-212

12 拖入其他女鞋素材，并摆放整齐。使用矩形工具 ▭ 绘制矩形，然后拖曳到女鞋下层。复制该图形到其他女鞋下层，填充不同的颜色。拖入素材文件中的斜纹图案，放在色块下层，形成淡雅的投影，如图16-213所示。输入价格信息。制作完一组价格信息后，将其复制到其他女鞋上，然后修改价格数字就可以了，女鞋展示要排列整齐，如图16-214所示。

图16-213　　　　　　　图16-214

第17章

3D 与技术成像

在给客户做设计方案时，以3D形式呈现效果更好，例如Logo，除展示在名片、公司资料上，客户可能更希望看到招牌和徽标等更具真实感的立体实物。以往这些工作需要用3D软件完成，属于平面设计之外的范畴。而现在用Photoshop的3D功能，平面设计师也能制作和渲染出精美的3D模型。本章我们就来学习怎样在Photoshop中创建3D模型，设置3D材质和光源。

从2007年 Photoshop CS3 版本中首次出现3D功能，到今天已经十几年了，3D功能越来越完善，也越来越强大了。但我们也不难发现，Photoshop在建模方面还是比较简单，只能创建少量的几何体。但它为材质编辑提供的则是最专业、最丰富的工具，而且3D、2D场景可以无缝切换，这些为模型贴图、后期编辑、效果合成等带来了极大的便利。这应该是Photoshop在3D领域的真正优势吧。

【学习目标】

通过本章的学习，我们要学会使用3D工具、创建模型、在3D场景中布置光源、编辑材质，以及渲染3D模型，并完成下面的实例。
● 制作3D文字模型
● 制作立体卡通人
● 从路径中生成老爷车模型
● 制作3D石膏几何体
● 制作球面全景图
● 为3D椅子和石膏像模型添加材质

【学习重点】

3D功能概述

17.1

Photoshop可以调整3D相机，改变3D模型的角度和透视，编辑纹理映射，添加光源和投影。这些操作与3D软件没有太大区别。

・PS技术讲堂・

【 3D 工作区及"3D"面板 】

3D工作区

使用"文件>打开"命令，可以打开3D文件，就像打开图像一样简单。使用"3D>从文件新建3D图层"命令，则可以将3D模型置入当前文件中。如果同时打开了一幅图像和一个3D文件，可以使用移动工具✛，直接将3D模型所在的图层拖入图像文件中。

Photoshop可以打开和编辑VRML、IGES、U3D 和 PLY 格式的3D文件。这些文件可以来自于不同的3D软件，包括Adobe Acrobat 3D Version 8、3ds Max、Alias、Maya和Google Earth等。

打开3D文件时，会自动切换到3D工作区，如图17-1所示。Photoshop会保留对象的纹理、渲染和光照信息，并将3D模型放在3D图层上，在其下面的条目中显示对象的纹理。

3D光源　3D副视图　3D地面　　　　　　　3D工具　3D模型　　　　3D模型使用的材质　3D图层

图17-1

在3D工作区中，可以创建3D模型，如立方体、球面、圆柱和3D明信片等，也可以修改场景和对象方向、拖曳阴影、调整光源位置、编辑地面反射和其他效果，甚至还可以将3D对象自动对齐至图像中的消失点上。

3D面板

打开3D模型，如图17-2所示，或者在"图层"面板中选择3D图层，"3D"面板中会显示与之关联的3D组件。面板顶部是场景 <img>、网格 <img>、材质 <img> 和光源 <img> 按钮。单击场景按钮 <img>，可以显示3D场景中的所有条目（网格、材质和光源），如图17-3所示。单击其他按钮，则会单独显示网格、材质和光源。"3D"面板仿效"图层"面板，采用根对象（类似于图层组）和子对象的层级模式。在面板中的3D对象上单击鼠标右键，打开快捷菜单，如图17-4所示，使用其中的命令可以像编辑图层一样为3D对象编组、调整堆叠顺序，或像智能对象（见96页）一样复制出与之链接的实例。

- **添加对象**：可以向3D场景中添加金字塔、立方体和球体等。

- **复制对象/删除对象**：可以在3D场景中复制出新的3D对象，或删除所选对象。

- **反转顺序**：反转对象的堆叠顺序，类似于调整图层顺序。

- **编组对象/取消对象编组**：可以对多个3D对象编组或取消编组。按住Ctrl键并单击面板中的多个3D对象，将它们选择，执行"编组对象"命令，可以将它们编入一个组中（类似于图层组）；此外，使用"3D>编组对象"命令，也可将所选3D对象编入一个组中。使用"3D>将场景中的所有对象编组"命令，则可将场景中的所有对象编入一个组中（在"3D"面板中，组的默认名称为"场景对象"）。使用3D工具可以对组中的所有模型同时进行移动、旋转、缩放等操作。如果要取消编组，可以执行"取消对象编组"命令。

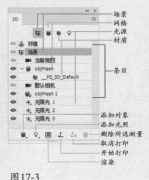

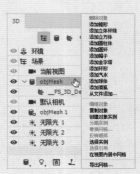

图17-2　　　　　　　　　　图17-3　　　　　　　　　　图17-4

- **创建对象实例**：在"3D"面板中单击3D对象，使用该命令可以复制一个3D实例，它是与原始对象保持链接的实例副本（类似于智能对象副本），对原始对象所做的修改会反映在实例上。

- **分离实例**：单击3D对象的实例，执行该命令可切断其与原始对象的链接。

· PS技术讲堂 ·

【 3D网格、材质和光源 】

扫码看视频

3D文件中一般包含网格、材质和光源等。网格是3D模型的骨骼和肌肉，材质则相当于3D模型的皮肤或外衣，光源用于模拟太阳、射灯或白炽灯，将3D场景照亮，让3D模型可见。网格是3D模型的底层结构。通常，网格看起来是由成千上万个单独的多边形框架结构组成的线框，如图17-5所示。在 Photoshop中，可以在多种渲染模式下查看网格，还可以分别对每个网格进行操作，也可以用2D图层创建3D网格。但要编辑3D模型本身的多边形网格，则必须使用3D软件。

一个网格可以有一种或多种相关的材质，它们控制整个网格的外观或局部网格的外观。材质映射到网格上，可以模拟各种纹理和质感，如颜色、图案、反光度或崎岖度等。图17-6所示为恐龙的纹理材质。

在3D场景中，光源的类型包括点光、聚光灯和无限光，如图17-7所示。我们可以移动和调整现有光照的颜色和强度，也可以将新的光源添加到3D场景中。

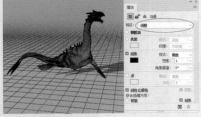

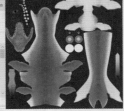

图17-5　　　　　　　　　　　　　图17-6

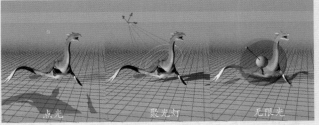

图17-7

3D对象和相机工具

17.2

Photoshop可以编辑3D文件中的模型、光源和相机，包括对3D模型进行移动、旋转和缩放；移动光源位置和照射角度；移动、旋转、滚动相机视图等。

· PS技术讲堂 ·

【 怎样选取3D对象 】

扫码看视频

在Photoshop中打开3D文件，或单击3D图层以后，选择移动工具 ✛，工具选项栏中会显示3D对象和相机编辑工具，如图17-8所示。如果要编辑3D模型，可以使用其中的一个工具，在文档窗口中单击模型，如图17-9所示。如果要编辑光源，可单击它，如图17-10所示。如果要编辑相机，则应先在空白处，即模型和相机之外的空间单击，如图17-11所示，再进行操作。

如果模型或光源较多，操作不当的话很容易选错。例如，在模型上单击两下，会选取鼠标指针所指的材质，如图17-12所示。不仅如此，拖曳鼠标还有可能移动模型或相机。

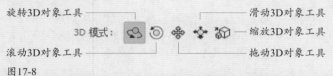
图17-8

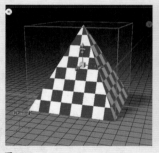
图17-9

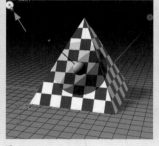
图17-10

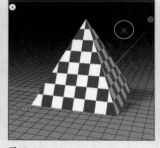
图17-11

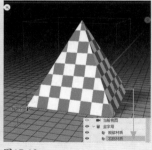
图17-12

为稳妥起见，最好在"3D"面板中选取对象。例如，如果要编辑整个模型，可单击模型所在的条目，如图17-13所示；如果要编辑模型上的某处材质，可在其材质条目上单击，如图17-14所示；如果要编辑光源，可在光源条目上单击，如图17-15所示；单击"当前视图"条目，可编辑相机，如图17-16所示。

另外，编辑不同的项目时，文档窗口的边界线会改变颜色。例如，编辑相机时，边界线会变为金色，如图17-17所示。单击"3D"面板中的"当前视图"条目（即相机）时，也同样如此。编辑环境时，边界线变为蓝色，如图17-18所示。编辑3D模型的网格控件和光源时，文档窗口不会显示边界线。

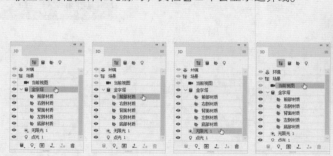
图17-13 图17-14 图17-15 图17-16

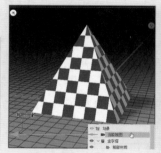
图17-17

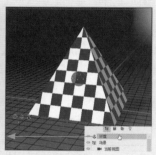
图17-18

🔷 17.2.1

实战：移动、旋转和缩放3D模型

01 按Ctrl+O快捷键，打开素材，单击3D图层，如图17-19所示。选择移动工具 ✛，在工具选项栏单击旋转3D对象工具 🔄，在模型上单击，选择模型，如图17-20所示。上下拖曳可以使模型围绕其 *x* 轴旋转，如图17-21所示；两侧拖曳可使模型围绕其 *y* 轴旋转，如图17-22所示；按住 Alt键的同时拖曳鼠标，则可以滚动模型。

图17-19　　　　图17-20

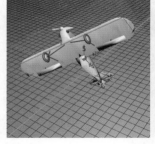

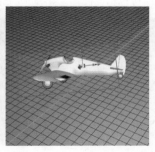

图17-21　　　　图17-22

02 选择滚动3D对象工具 🔄，在3D对象两侧拖曳鼠标，可以使模型围绕其 *z* 轴旋转，如图17-23所示。

03 选择拖动3D对象工具 ✛，在3D对象两侧拖曳可沿水平方向移动模型，如图17-24所示；上下拖曳可沿垂直方向移动模型；按住Alt键的同时拖曳可沿 *x*/*z* 轴方向移动模型。

图17-23　　　　图17-24

04 选择滑动3D对象工具 ✛，在3D对象两侧拖曳可沿水平方向移动模型；上下拖曳可将模型移近或移远，如图

17-25所示；按住Alt键的同时拖曳可沿 *x*/*y* 轴方向移动模型。

05 选择缩放3D对象工具 🔄，单击3D对象并上下拖曳可放大或缩小模型，如图17-26所示；按住Alt键的同时拖曳可沿 *z* 轴方向缩放模型。

图17-25　　　　图17-26

技术看板 61 让3D对象紧贴地面

移动3D对象以后，执行"3D>将对象移到地面"命令，可以使其紧贴到3D地面上。

飞机位于半空中　　　　飞机紧贴3D地面

🔷 17.2.2

实战：调整3D相机

在3D工作区中，选择移动工具 ✛ 后，在模型以外的空间单击并拖曳鼠标，可调整相机视图，3D模型的位置不会改变。

01 按Ctrl+O快捷键，打开素材，如图17-27所示。单击3D图层，如图17-28所示。

图17-27　　　　图17-28

02 选择移动工具 ✛，在工具选项栏中单击环绕移动3D相机工具 ◐，在模型以外的区域单击并向上、下、左、右方向拖曳鼠标，可以旋转相机视图，如图17-29所示。选择滚动3D相机工具 ◎，拖曳鼠标可以滚动相机视图，如图17-30所示。

图17-29　　　　　　图17-30

03 选择平移3D相机工具 ✛，使用它可以让相机沿*x*或*y*轴方向平移，如图17-31所示。

04 使用滑动3D相机工具 ✛ 可以步进相机。使用变焦3D相机工具 ◼◀ 可以调整3D相机的视角，如图17-32所示。

图17-31　　　　　　图17-32

> **提 示（Tips）**
> 调整模型和相机时，按住Shift键并进行拖曳，可以将旋转、平移、滑动或缩放操作限制为沿单一方向移动。

◈ 17.2.3
实战：通过3D轴调整3D对象

选择3D对象后，会出现3D轴，如图17-33所示。它显示了3D空间中模型、相机、光源和网格的当前*x*、*y*和*z*轴的方向。通过它可以对模型、网格、相机等进行调整。

扫码看视频

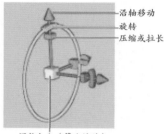

沿轴移动
旋转
压缩或拉长

调整大小（等比缩放）

图17-33

01 按Ctrl+O快捷键，打开素材，如图17-34所示。选择3D图层。使用移动工具 ✛ 单击模型，可以看到3D轴。此时鼠标指针移过3D轴的控件时，各个控件会高亮显示，表示其可被编辑。

图17-34

02 将鼠标指针放在任意轴的锥尖上，向相应的方向拖曳，可沿*x*/*y*/*z*轴移动模型，如图17-35所示。

03 单击轴尖内弯曲的旋转线段，此时会出现旋转平面的黄色圆环，围绕3D轴中心沿顺时针或逆时针方向拖曳圆环即可旋转模型，如图17-36所示。要进行幅度更大的旋转，可以将鼠标指针向远离3D轴的方向移动。

 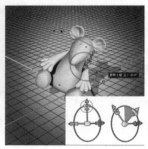

图17-35　　　　　　图17-36

04 向上或向下拖曳3D轴中的中心立方体，可等比缩放模型，如图17-37所示。

05 如果想要进行不等比缩放，可将某个彩色的变形立方体向中心立方体拖曳，或向远离中心立方体的位置拖曳，如图17-38所示。

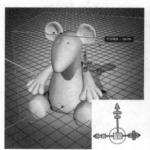 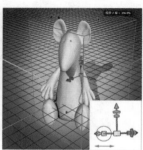

图17-37　　　　　　图17-38

17.2.4
通过坐标精确定位3D对象

使用"编辑>自由变换"命令对图像进行移动、旋转和缩放时，可以通过工具选项栏中的选项进行精确处理。3D对象也能进行类似操作，即通过坐标来精确定位3D模型、相机、光源位置和缩放等。操作时，可在"3D"面板或文档窗口中选择3D对象，单击"属性"面板顶部的坐标图标 ，然后输入参数，如图17-39和图17-40所示。

图17-39　　　　　　图17-40

● 位置 ：可输入位置坐标（x为水平方向，y为垂直方向，z为纵深方向）。

● 旋转 ：单击该按钮可输入x、y、z轴旋转角度坐标。

● 缩放 ：可输入x、y、z轴缩放比例。

● 重置 ：单击该按钮可重置x、y、z轴选项的位置、旋转或缩放参数。

● 复位坐标：单击该按钮，可重置所有坐标。

● 移到地面：单击该按钮，可让模型紧贴地面网格。

17.2.5
用3D相机创建景深效果

景深就是照片中位于焦点范围内的图像清晰、焦点以

外的图像模糊的画面效果（见264页）。调整3D相机时，可以在"属性"面板中通过"景深"选项组创建景深效果，让一部分3D对象处于焦点内（清晰），其他对象变得模糊，如图17-41和图17-42所示。其中的"深度"选项用来设置景深范围；调整"距离"值，让模型靠近或远离我们。

图17-41　　　　　图17-42

在"视图"下拉列表中，还可以选择一个相机视图，从不同的视角观察模型，效果如图17-43所示。

图17-43

从2D对象创建3D模型
17.3

在Photoshop中，我们可以从2D对象，如图层、文字、路径中生成3D模型，并且可以在3D空间移动模型、修改渲染设置、添加光源，或者将它与其他3D图层合并。

17.3.1
实战：创建3D文字模型

01 打开素材，如图17-44所示。使用横排文字工具 T 输入文字，如图17-45所示。

扫码看视频

02 执行"文字>创建3D文字"命令，创建3D立体字。选择移动工具 ，在文字上单击，将其选择，在"属性"面板中设置"凸出深度"为500像素，对文字模型进行拉伸，如图17-46和图17-47所示。

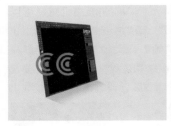

图17-44　　　　　　　　　图17-45

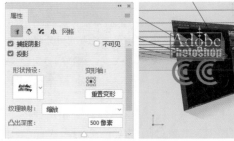

图17-46　　　　　　　　　图17-47

03 在空白处单击，取消文字的选取。使用旋转3D对象工具 调整相机的角度，如图17-48所示。单击光源，调整它的照射角度，如图17-49所示。

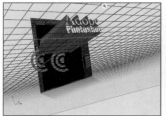

图17-48　　　　　　　　　图17-49

04 单击"3D"面板底部的 按钮，打开下拉菜单执行"新建无限光"命令，添加一个无限光。调整照射方向和参数，如图17-50和图17-51所示。

图17-50　　　　　　　　　图17-51

05 单击"图层"面板底部的 按钮，为3D图层添加蒙版。使用画笔工具 在文字末端涂抹黑色，如图17-52和图17-53所示。

06 单击"调整"面板中的 按钮，创建"色相/饱和度"调整图层，如图17-54所示。按Alt+Ctrl+G快捷键创建剪贴蒙版，使调整图层只影响文字，如图17-55所示。

图17-52　　　　　　　　　图17-53

图17-54　　　　　　　　　图17-55

07 使用画笔工具 在文字"Adobe"上涂抹黑色，让文字恢复原有的颜色，如图17-56和图17-57所示。

图17-56　　　　　　　　　图17-57

08 选择"CC"图层，执行"3D>从所选图层新建3D模型"命令，生成3D模型。采用与前面相同的方法调整模型角度和光照，并添加图层蒙版，用画笔工具 将文字底部涂黑，如图17-58所示。将装饰图形所在的图层显示出来，效果如图17-59所示。

图17-58　　　　　　　　　图17-59

💎 **17.3.2**

实战：从选区中创建3D卡通人

01 打开素材。使用快速选择工具 选取卡通大叔，如图17-60所示。执行"选择>新建3D模型"命令，或者"3D>从当前选区新建

3D模型"命令，即可从选中的图像中生成3D对象，如图17-61所示。

图17-60

图17-61

02 单击"3D"面板顶部的网格按钮 ▦ ，如图17-62所示。在"属性"面板中选择一种凸出样式，设置"凸出深度"为100像素，如图17-63和图17-64所示。

03 在"图层"面板中选择并显示"背面"图层。采用同样的方法制作卡通大叔背面的立体效果，如图17-65所示。

图17-62

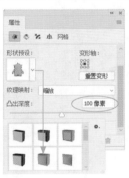
图17-63

图17-64

图17-65

17.3.3

实战：从路径中创建3D老爷车

01 打开素材。新建一个图层，如图17-66所示。打开"路径"面板，单击老爷车路径，如图17-67所示，在画面中显示该图形，如图17-68所示。

扫码看视频

图17-66　　图17-67

图17-68

02 执行"3D>从所选路径新建3D模型"命令，基于路径生成3D对象，如图17-69所示。用旋转3D对象工具 ⟲ 调整模型的角度，如图17-70所示。

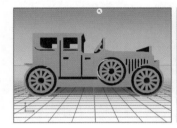
图17-69

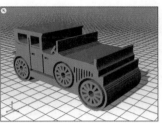
图17-70

03 选择3D材质吸管工具 ⚲ ，在模型正面单击，选择材质，如图17-71所示。在"属性"面板中选择"石砖"材质，如图17-72所示，效果如图17-73所示。

04 用3D材质吸管工具 ⚲ 在模型顶面单击，为顶面也应用"石砖"材质，效果如图17-74所示。

图17-71

图17-72

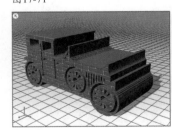
图17-73

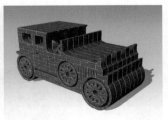
图17-74

> **提示** (Tips)
>
> 选择3D对象所在的图层，执行"3D>从3D图层生成工作路径"命令，可基于当前3D对象生成工作路径。

💎 17.3.4

实战：拆分 3D 字

在默认情况下，从图层、路径和选区中创建的 3D 对象将作为一个整体的 3D 模型出现，如果需要编辑其中的某个单独的对象，可将其拆分开。

扫码看视频

01 打开素材，如图17-75所示。这是从文字中生成的3D对象。用旋转3D对象工具 🖐 旋转对象，如图17-76所示，可以看到，所有文字是一个整体。

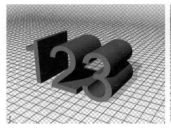

图17-75   图17-76

02 执行"3D>拆分凸出"命令，这样就可以选择任意一个数字进行调整，如图17-77和图17-78所示。

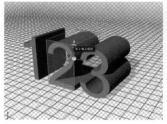

图17-77   图17-78

💎 17.3.5

实战：复制 3D 模型

01 按Ctrl+N快捷键，创建35厘米×35厘米，72像素/英寸的文件。将背景填充为深蓝色。使用横排文字工具 **T** 输入文字，如图17-79和图17-80所示。

扫码看视频

图17-79   图17-80

02 双击文字所在的图层，打开"图层样式"对话框，添加"描边"效果，如图17-81和图17-82所示。执行"图层>栅格化>图层样式"命令，将文字栅格化。

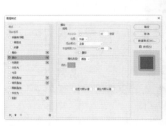

图17-81   图17-82

03 执行"3D>从所选图层新建3D模型"命令，生成3D立体字。单击模型，在"属性"面板中选择一种凸出样式，设置"凸出深度"为350像素，如图17-83和图17-84所示。

图17-83   图17-84

04 在"3D"面板的文字模型上单击鼠标右键，打开快捷菜单，执行"复制对象"命令，如图17-85所示，复制出一个模型，如图17-86所示。将鼠标指针放在3D轴上，当出现"围绕X轴旋转"提示信息后，拖曳鼠标将模型向上翻转，如图17-87所示。在画面的空白处单击，取消模型的选择。单击并拖曳鼠标，调整相机角度，如图17-88所示。

图17-85   图17-86

图17-87　　　　　　　图17-88

05 单击复制出的模型，调整它的高度位置和纵深位置，如图17-89所示。拖曳模型时，可使用坐标轴来进行操作，这样可以锁定垂直和纵深方向。单击光源，在"属性"面板中设置阴影的"柔和度"为30%，让阴影的边缘变淡，如图17-90所示。

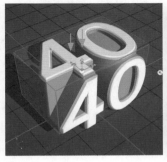

图17-89　　　　　　　图17-90

17.3.6

实战：为3D模型添加约束

在Photoshop中创建3D模型后，可以通过内部约束来提高特定区域中的网格分辨率，从而改变膨胀效果，也可在模型表面打孔。

01 打开素材，如图17-91所示。在"图层"面板中单击"图层 1"，执行"3D>从所选图层新建3D模型"命令，生成3D模型，如图17-92所示。

图17-91　　　　　　　图17-92

02 使用移动工具 ⊕ 单击3D模型，在"属性"面板中选择一种形状并设置"凸出深度"为120像素，如图17-93和图17-94所示。

图17-93　　　　　　　图17-94

03 选择椭圆工具 ◯ 及"路径"选项，按住Shift键并创建圆形路径，如图17-95所示。单击"3D"面板中的"边界约束1"条目，如图17-96所示，然后单击"属性"面板中的"将路径添加到表面"按钮，如图17-97所示，为模型添加约束。约束曲线会沿着3D对象中指定的路径远离要扩展的对象进行扩展（或靠近要收缩的对象进行收缩），效果如图17-98所示。

图17-95　　　　　　　图17-96

图17-97　　　　　　　图17-98

04 如果要取消约束，可单击"删除约束"按钮，如图17-99所示。

技术看板 62 用选区约束

创建选区后，单击"属性"面板中的"将选区添加到表面"按钮，可用选区创建约束。

图17-99

创建3D形状、网格和体积

17.4

使用"3D"菜单中的命令,可以从Photoshop中创建3D形状,包括圆环、球面和帽子等单一网格对象,以及锥形、立方体、圆柱体、易拉罐和酒瓶等多网格对象。此外,还可以处理医学上的DICOM图像文件,根据文件中的帧生成3D模型。

17.4.1
实战:制作3D石膏几何体

01 新建一个3500像素×2500像素、分辨率为72像素/英寸的文件。使用渐变工具 填充线性渐变,如图17-100所示。新建一个图层。执行"3D>从图层新建网格>网格预设>立方体"命令,创建3D立方体,如图17-101所示。

扫码看视频

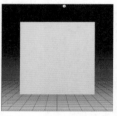

图17-100　　　　　图17-101

02 选择移动工具 ,在工具选项栏中选择移动3D相机工具 ,调整相机视角,如图17-102所示。用变焦3D相机工具 将模型调整到远处,如图17-103所示。

图17-102　　　　　图17-103

03 用平移3D相机工具 向上移动相机,如图17-104所示。用移动3D相机工具 ,再调整相机视角,用变焦3D相机工具 调整模型距离,如图17-105所示。

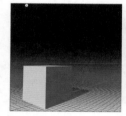

图17-104　　　　　图17-105

04 单击"3D"面板中的"无限光1"条目,如图17-106所示,在"属性"面板中调整阴影的"柔和度",让阴影边缘产生衰减,如图17-107和图17-108所示。

图17-106　　　　图17-107　　　　图17-108

05 新建一个图层。执行"3D>从图层新建网格>网格预设>球体"命令,创建3D球体。用移动3D相机工具 调整相机视角,让明暗交界线位于球体的右下方,以便与立方体的光照和投影角度相一致,如图17-109所示。用平移3D相机工具 将它拖曳到立方体上方,如图17-110所示。在"属性"面板中调整阴影的"柔和度",效果如图17-111所示。

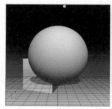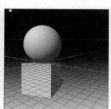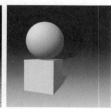

图17-109　　　　图17-110　　　　图17-111

06 按住Ctrl键并单击"图层"面板底部的 按钮,在"背景"图层上方创建图层,如图17-112所示。执行"3D>从图层新建网格>网格预设>圆柱体"命令,创建3D圆柱体,如图17-113所示。调整相机视角,如图17-114所示。

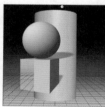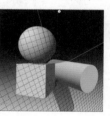

图17-112　　　　图17-113　　　　图17-114

07 单击"3D"面板中的"无限光1"条目,如图17-115所示。在"属性"面板中取消"阴影"选项的勾选,如图17-116和图17-117所示。

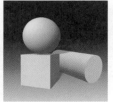

图17-115　　　　图17-116　　　　图17-117

08 按住Ctrl键并单击另外两个图层,将这3个模型图层全部选取,如图17-118所示,使用移动工具 ✛ 进行拖曳,将模型调整到画面中心,如图17-119所示。

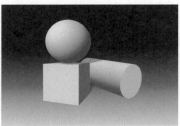

图17-118　　　　　　图17-119

创建其他3D模型

使用"3D>从图层新建网格"子菜单中的命令,还可以创建金字塔、酒瓶、圆环、明信片(原始的2D图层会作为3D明信片对象的"漫射"纹理映射出现)等3D对象,如图17-120和图17-121所示。

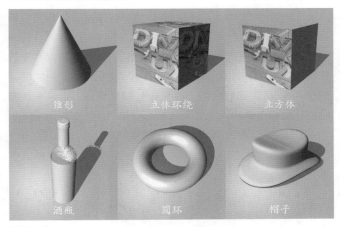

图17-120

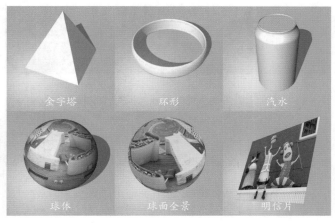

图17-121

◆ 17.4.2

实战:创建球面全景图

使用"Photomerge"命令将多幅照片组合成全景照片后,可以制作成球面全景图。

扫码看视频

01 打开素材,如图17-122所示。这是在"10.3.1 实战:拼接全景照片"一节中使用"文件>自动>Photomerge"命令创建的全景照片(操作方法见262页)。

图17-122

02 单击合并后的全景图层,将它选取,如图17-123所示,执行"3D>球面全景>通过选中的图层新建全景图图层"命令,调用全景图查看器,如图17-124所示。

图17-123　　　　　　图17-124

> **提示**(Tips)
>
> 使用"3D>球面全景>导入全景图"命令,可将球面全景图直接载入查看器。

03 选择移动工具 ✛,单击并拖曳鼠标,可以查看全景图图像,如图17-125和图17-126所示。

图17-125

图17-126

04 如果要调整相机视角，如让画面由远及近，可以在"属性"面板中进行设置，如图17-127所示。执行"3D>球面全景>导出全景图"命令，将该图像导出为JPEG格式，如图17-128所示。

图17-127　　　　图17-128

💎 **17.4.3**

实战：创建深度映射的3D网格

　　Photoshop可以通过深度映射的方式，基于图像的明度值转换出深度不一的表面。较亮的值生成表面上凸起的区域，较暗的值生成凹下的区域，进而生成3D模型。

扫码看视频

01 打开素材，如图17-129所示。执行"3D>从图层新建网格>深度映射到>纯色凸出"命令，生成3D网格，如图17-130所示。

　　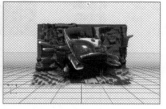

图17-129　　　　　　图17-130

02 在"属性"面板的"预设"下拉列表中选择"未照亮的纹理"选项，如图17-131所示，改变模型的外观，如图17-132所示。

图17-131　　　　　　图17-132

提 示（Tips）

"3D>从图层新建网格>深度映射到"子菜单中还包含其他命令。执行"平面"命令，可以将深度映射数据（黑色、白色和灰色）应用于平面表面；执行"双面平面"命令，可创建两个沿中心轴对称的平面，并将深度映射数据应用于两个平面；执行"圆柱体"命令，可以从垂直轴中心向外应用深度映射数据；执行"球体"命令，可以从中心点向外呈放射状地应用深度映射数据。

素材

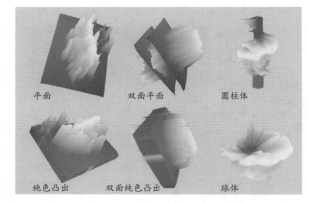

平面　　　　　双面平面　　　　圆柱体

纯色凸出　　　双面纯色凸出　　　球体

💎 **17.4.4**

编辑网格

　　"3D"面板中显示了3D模型的所有网格。如果要编辑一个网格，可单击它，将其选取，如图17-133所示。使用3D对象工具，或通过3D轴可以对所选网格进行移动、旋转和缩放，如图17-134~图17-136所示。单击网格左侧的眼睛图标 👁，可以隐藏网格。要想让它恢复显示，可以在原眼睛图标处单击。

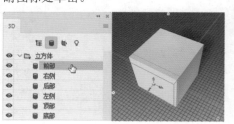

图17-133

 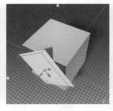 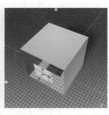

图17-134 图17-135 图17-136

选择网格后，还可以在"属性"面板中设置网格属性，如图17-137所示。

● 捕捉阴影： 控制选定的网格是否在其表面显示其他网格产生的阴影。图17-138所示为顶部网格开启"捕捉阴影"后，圆锥的阴影投射在立方体上。取消该选项的勾选，则无阴影，如图17-139所示。

图17-137 图17-138 图17-139

● 投影： 控制选定的网格是否投影到其他网格表面上。

● 不可见： 勾选该选项，可以隐藏网格，但显示其表面的所有阴影。

17.4.5
3D体积

Photoshop可以打开和处理医学上的DICOM图像（.dc3、.dcm、.dic或无扩展名）文件，并根据文件中的帧生成3D模型。

执行"文件>打开"命令，打开一个DICOM文件，Photoshop会读取文件中所有的帧，并将它们转换为图层。选择要转换为3D体积的图层后，执行"3D>从图层新建网格>体积"命令，即可创建DICOM帧的3D体积。使用Photoshop的3D工具可以从任意角度查看3D体积，或更改渲染设置以更直观地查看数据。

17.5 编辑3D纹理和材质

在Photoshop中打开3D文件时，纹理会作为2D文件与3D模型一起导入，在3D图层下方按照散射、凹凸和光泽度等类型编组。使用绘画工具和调整命令可以编辑纹理，也可以创建新的纹理。

17.5.1
为3D模型添加材质

将材质映射到3D网格上，可以模拟各种纹理和质感，如皮肤、头发、颜色、图案、反光度或崎岖度等。

在"3D"面板中单击一个材质条目后，可以在"属性"面板中添加或修改材质，并可通过"漫射""不透明度""凹凸"等选项调整纹理映射。

单击"基础颜色"选项右侧的 按钮，打开菜单，执行"替换纹理"命令，可以在弹出的对话框中选择一幅图片，作为纹理贴在模型表面，如图17-140所示。

未贴图的3D模型 单击材质条目 载入材质

选择图片 贴图后的模型
图17-140

Photoshop不仅支持外部材质，还提供了36种预设材质，我们可以单击材质球右侧的▣按钮，打开下拉面板进行选择，如图17-141和图17-142所示。

图17-141

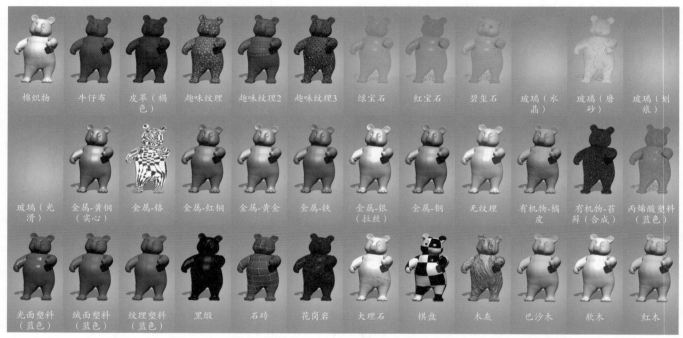

图17-142

技术看板 63 材质纹理编辑技巧

● 修改材质的颜色：单击"基础颜色"选项右侧的颜色块，可以打开"拾色器"对话框修改材质颜色。

● 编辑、替换和移去纹理：单击"基础颜色"选项右侧的▣按钮，打开下拉菜单，执行"编辑纹理"命令，可以弹出纹理文件窗口，此时可修改纹理；执行"替换纹理"命令，可以使用其他图像替换当前纹理文件；执行"移去纹理"命令，则会从3D对象上清除纹理。

● 查看纹理映射图像的缩览图：将鼠标指针放在"图层"面板纹理名称上停留片刻，可以显示纹理图像的缩览图和纹理尺寸。

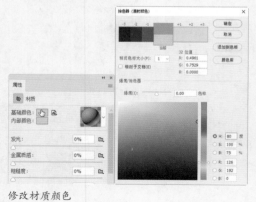

修改材质颜色

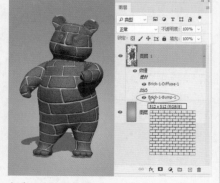

查看纹理映射图像

17.5.2

设置3D材质属性

在"3D"面板中单击一个材质条目，如图17-143所示，可以在"属性"面板中设置材质属性，如图17-144所示。如果模型包含多个网格，则每个网格可能会有与之关联的特定材质。

图17-143　　　　　　图17-144

● 基础颜色/内部颜色：　"基础颜色"即材质颜色，可以是某种颜色，如图17-145所示，也可以是图像，如图17-146所示；"内部颜色"则是指材质内部的颜色。

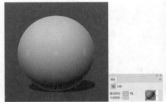

图17-145　　　　　　图17-146

● 发光：　可以设置材质的发光度，类似图层样式中的"内发光"效果。

● 金属质感：　表现金属、玻璃等光滑、高反射材质时，提高该值可以增强反射度。

● 粗糙度：　增加"粗糙度"值，可以降低反射和高光，如图17-147和图17-148所示。制作表面粗糙的材质时可以使用。

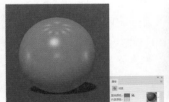

光面塑料（默认效果）　　粗糙度100%

图17-147　　　　　　图17-148

● 高度：　可以调整材质中纹理的深度，如图17-149～图17-151所示。

● 不透明度：　可以让材质呈现透明效果，如图17-152所示。

有机物-橘皮（默认效果）　　高度50%

图17-149　　　　　　图17-150

高度100%　　　　　玻璃磨砂材质，不透明度50%

图17-151　　　　图17-152

● 折射：　当两种折射率不同的介质（如空气和水）相交时，光线方向发生改变，会产生折射，该选项可以设置折射率。

● 密度：　可以设置材质的密度。

● 半透明度：　让材质呈现半透明效果。图17-153所示为金属-铬材质，图17-154所示是该材质半透明度为100%时的效果。

图17-153　　　　　　图17-154

● 法线：　可以设置材质的法线映射，从漫射映射生成正常映射。图17-155和图17-156所示为棋盘材质及法线图。

图17-155　　　　　　图17-156

● 环境：　3D模型周围的环境图像。它作为球面全景映射，在模型的反射区域中显现，如图17-157和图17-158所示。

图17-157　　　　　　图17-158

实战：用3D材质吸管工具添加布纹

用3D材质吸管工具 ✎ 从3D模型上取样后，可以在"属性"面板中修改材质。

01 打开3DS格式的模型素材。使用旋转3D对象工具 ⟳ 旋转模型，如图17-159所示。

02 选择3D材质吸管工具 ✎，将鼠标指针放在椅子靠背上，单击对材质进行取样，如图17-160所示，"属性"面板中会显示所选材质。单击材质球右侧的 按钮，打开下拉列表，选择"棉织物"材质，如图17-161所示，将它贴在椅子靠背上，如图17-162所示。

图17-159

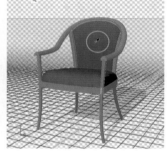

图17-160

图17-161

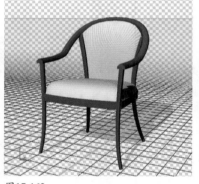

图17-162

03 用3D材质吸管工具 ✎ 单击椅子扶手，如图17-163所示，拾取材质，为它贴上"软木"材质，如图17-164所示。

图17-163

图17-164

实战：用3D材质拖放工具添加大理石材质

3D材质拖放工具 ✎ 与油漆桶工具 ⬦ 非常相似，它能够直接在3D对象上对材质进行取样并应用材质，而无须事先选取对象。

01 打开3D模型，如图17-165所示。选择3D材质拖放工具 ✎，在工具选项栏中打开材质下拉列表，选择"大理石"材质，如图17-166所示。

图17-165

图17-166

02 将鼠标指针放在石膏模型上单击，如图17-167所示，即可将所选材质应用到模型中，如图17-168所示。

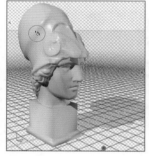

图17-167

图17-168

实战：为瓷盘贴青花图案

01 打开模型素材，如图17-169所示。在"图层"面板中双击纹理所在的列表，如图17-170所示，在一个单独的窗口中打开纹理（智能对象），如图17-171所示。

图17-169

图17-170

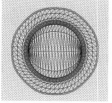

图17-171

02 打开一个贴图文件，如图17-172所示，使用移动工具 ✥ 将它拖入3D纹理文件中，如图17-173所示。

图17-172

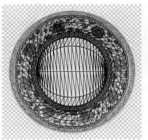
图17-173

03 关闭该窗口，弹出一个对话框，如图17-174所示，单击"是"按钮，存储对纹理所做的修改并将其应用到模型中，如图17-175所示。

图17-175

图17-174

17.5.6

实战：替换并调整材质位置

01 按Ctrl+N快捷键，打开"新建"对话框，创建一个20厘米×20厘米、72像素/英寸的文件。填充洋红色渐变。新建一个图层，如图17-176所示。

02 执行"3D>从图层新建网格>网格预设>圆柱体"命令，生成3D对象。用旋转3D对象工具 🖑 旋转圆柱体，如图17-177所示。

图17-176

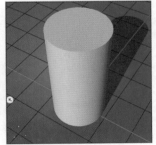
图17-177

03 单击"3D"面板中的"无限光1"，如图17-178所示，在"属性"面板中设置"强度"为100%，"柔和度"

为30%，如图17-179和图17-180所示。

图17-178　　图17-179

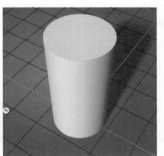
图17-180

04 单击"顶部材质"条目，如图17-181所示。在"属性"面板中单击"基础颜色"选项右侧的 🖾 按钮，打开下拉菜单，执行"替换纹理"命令，如图17-182所示。在弹出的对话框中选择配套资源中的素材，如图17-183所示。单击"打开"按钮，在顶面贴图，如图17-184所示。

图17-181

图17-182

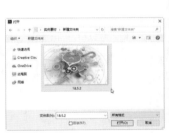
图17-183

图17-184

05 选择"圆柱体材质"条目，如图17-185所示，为它贴相同的图案，如图17-186所示。

图17-185

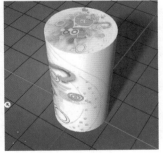
图17-186

06 单击"基础颜色"选项右侧的 📷 按钮，打开下拉菜单，执行"编辑UV属性"命令，如图17-187所示。在弹出的对话框中调整贴图位置，如图17-188和图17-189所示。

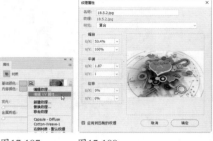

图17-187　　　　　图17-188　　　　　图17-189

> **提 示**（Tips）
>
> 在"纹理属性"对话框中，勾选"应用到匹配的纹理"选项，可以将当前的 UV 设置应用到相似的纹理。例如，如果希望漫射图和凹凸图一起缩放，可以为两张图选择相同的纹理，然后根据需要编辑其中一张图的纹理，在"纹理属性"对话框中勾选"应用到匹配的纹理"选项，并单击"确定"按钮，自动更新另一张图的纹理。

💎 17.5.7
重新生成纹理映射

UV 映射是指让 2D 纹理映射中的坐标与 3D 模型上的坐标相匹配，这样3D模型上材质所使用的纹理文件（2D纹理）便能够准确地应用于模型表面了。用一句话概括，就是使 2D 纹理正确地绘制在 3D 模型上。

如果3D模型的纹理没有正确映射到网格，在Photoshop中打开这样的文件时，纹理就会在模型表面产生扭曲，如出现多余的接缝、图案拉伸或挤压等情况。使用"3D>生成UV"命令，可以将纹理重新映射到模型，从而校正扭曲。图17-190所示为执行该命令时弹出的对话框，单击"确定"按钮，会再弹出一个对话框，如图17-191所示。

图17-190　　　　　　　　图17-191

选择"低扭曲度"选项，可以使纹理图案保持不变，但会在模型表面产生较多接缝，如图17-192所示；选择"较少接缝"选项，会使模型上出现的接缝数量最小化，这会产生更多的纹理拉伸或挤压，如图17-193所示。

图17-192　　　　　　　　图17-193

该命令对于从网络上下载的 3D 对象特别有用，可以为 3D 图层中的对象和材质重新生成 UV 贴图。

💎 17.5.8
创建绘图叠加

用3ds Max、Maya等软件创建3D对象时，UV映射发生在创建内容的软件中。Photoshop 可以将 UV 叠加创建为参考线，帮助我们直观地了解 2D 纹理映射如何与 3D 模型表面匹配，并且在编辑纹理时，这些叠加还可作为参考线来使用。

UV叠加作为附加图层添加到纹理文件中。关闭并存储纹理文件时或从纹理文件切换到关联的 3D 图层（纹理文件自动存储时），UV叠加会出现在模型表面。

双击"图层"面板中的"纹理"条目，如图17-194所示，打开纹理文件，此时可在"3D>创建绘图叠加"子菜单中执行相应的命令，如图17-195所示。

图17-194　　　　　　　　图17-195

● **线框**：显示 UV 映射的边缘数据，如图 17-196 所示。

● **着色**：显示用实色渲染模式的模型，如图 17-197 所示。

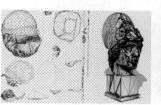

图17-196　　　　　　　　图17-197

● **顶点颜色**：3D 扫描的 PLY 文件通常带有顶点颜色，但没有纹理。打开 PLY 文件后，在"图层"面板中双击 3D 图层中"纹理"条目下的"漫射"，打开纹理，执行"3D>创建绘图叠加>顶点颜色"命令，可以将顶点颜色转换为纹理颜色。

17.5.9
创建并使用重复的纹理拼贴

重复纹理由网格图案中完全相同的拼贴构成，能提供更加逼真的模型表面覆盖效果，而且可以改善渲染性能，占用的存储空间也比较小。

打开一幅图像，选择要创建为重复拼贴的图层，执行"3D>从图层新建拼贴绘画"命令，可以创建包含9个完全相同的拼贴的图案，如图17-198所示。图17-199所示为将该

图案应用于3D模型上的效果。

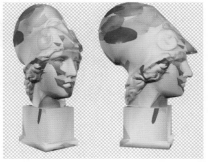

图17-198   图17-199

17.6 在3D模型上绘画

在Photoshop中可以使用任何绘画工具直接在 3D 模型上绘画，也可以通过选择工具将特定的模型区域设为目标，或者让Photoshop识别并高亮显示可绘画的区域。

17.6.1
实战：在3D汽车模型上涂鸦

 打开3D素材，如图17-200所示。打开"3D>在目标纹理上绘画"子菜单，选择一种映射类型，如图17-201所示。通常情况下，绘画应用于漫射纹理映射。

扫码看视频

图17-200   图17-201

> **提示**（Tips）
> 如果跨材质或接缝进行绘画，可以先执行"3D>绘画系统>投影"命令，然后进行绘画操作。

 选择画笔工具，在"画笔"面板中选择枫叶图形，如图17-202所示，将前景色设置为橙色，在模型上涂抹

即可进行绘画，如图17-203所示。

图17-202   图17-203

17.6.2
设置绘画衰减角度

在模型上绘画时，绘画衰减角度可以控制表面在偏离正面视图弯曲时的油彩使用量。衰减角度是根据朝向我们的模型表面突出部分的直线来计算的。例如，在足球模型中，当球体面对我们时，足球正中心的衰减角度为0°，随着球面的弯曲，衰减角度逐渐增大，并在球边缘处达到最大（90°），如图17-204所示。执行"3D>绘画衰减"命令，可以打开"3D绘画衰减"对话框设置绘画衰减角度，如图17-205所示。

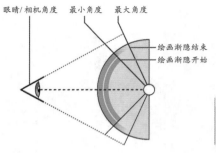

图17-204

图17-205

● 最小角度：最小衰减角度设置绘画随着接近最大衰减角度而渐隐的范围。例如，如果最大衰减角度是45°，最小衰减角度是30°，那么在30°和45°的衰减角度之间，绘画不透明度将会从100减少到0。

● 最大角度：最大绘画衰减角度范围为0°～90°。该值为

0°时，绘画仅应用于正对前方的表面，没有减弱角度；该值为90°时，绘画可沿弯曲的表面（如球面）延伸至其可见边缘。

💎 17.6.3
选择可绘画区域

直接在模型上绘画与直接在 2D 纹理映射上绘画是不同的，有时画笔在模型上看起来很小，但相对于纹理来说可能实际上很大（这取决于纹理的分辨率，或应用绘画时我们与模型之间的距离），因此，只观看3D模型还无法明确判断是否可以成功地在某些区域绘画。执行"3D>选择可绘画区域"命令，可以选择模型上绘画的最佳区域。

3D光源调整方法

17.7

Photoshop中可以添加和编辑点光、聚光灯和无限光3种类型的光源。3D光源可以从不同角度照亮模型，从而在3D场景中添加逼真的深度和阴影。

💎 17.7.1
添加、隐藏和删除光源

单击"3D"面板底部的 💡 按钮，打开下拉菜单，选择光源类型，如图17-206所示，即可在3D场景中添加光源。

如果要隐藏一个光源，可单击"3D"面板光源条目左侧的眼睛图标 👁，如图17-207所示。再次单击可重新显示光源。

扫码看视频

图17-206

图17-207

如果将光源移动到画布外面，可单击"属性"面板中的移到视图按钮 💡🔄，让光源重新回到画面中。

如果要删除光源，可以在3D场景中单击光源，将其选择，或者在"3D"面板中选择该光源，然后单击面板底部的 🗑 按钮，如图17-208所示。

图17-208

💎 17.7.2
使用预设光源

添加光源或选择一个光源以后，可以在"属性"面板的"预设"下拉列表中选择一个选项，将当前光源改为预设的光源样式，如图17-209和图17-210所示。选择"类型"下拉列表中的选项，则可以改变光源类型。例如，可

以将当前光源由无限光改为聚光灯。

图17-209

3D打印预览光照	蓝光	CAD优化	冷光
晨曦	日光	默认光	火焰
强光	翠绿	狂欢节	夜光
原色	忧郁紫色	红光	白光

图17-210

💎 17.7.3
调整光源参数

在3D工作区或者"3D"面板中选择光源以后，可以在"属性"面板中调整光源的参数，如图17-211所示。其

中，"预设""颜色""强度"等是所有类型光源共同的选项。

● 类型：在下拉列表中选择光源类型，可将当前光源转换为点光、聚光灯或无限光。

● 颜色/强度：单击"颜色"选项右侧的色块，可以打开"拾色器"对话框设置光源颜色，如图17-212和图17-213所示；在"强度"选项中可以调整光源的亮度。

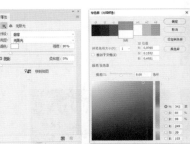

图17-211　　　图17-212　　　图17-213

● 阴影/柔和度：勾选"阴影"选项，可以创建阴影，如图17-214所示；拖曳"柔和度"滑块，可以模糊阴影边缘，使其产生逐渐衰减的效果，如图17-215所示。

图17-214　　　　　图17-215

💎 17.7.4
使用点光

点光在3D场景中是一个小球。它就像灯泡一样，可以向各个方向照射，如图17-216所示。选择点光后，可以在"属性"面板中勾选"光照衰减"选项，让光源产生衰减效果，如图17-217~图17-219所示。"内径"和"外径"选项决定衰减锥形，以及光源强度随对象距离的增加而减弱的速度。对象接近"内径"值限制时，光照强度最大；对象接近"外径"值限制时，光照强度为零；处于中间距离时，光照从最大强度线性衰减为零。

扫码看视频

图17-216　　　　　　　图17-217

图17-218　　　　　　　图17-219

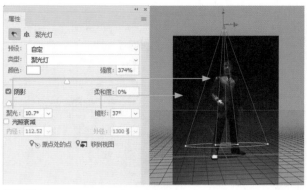

图17-222

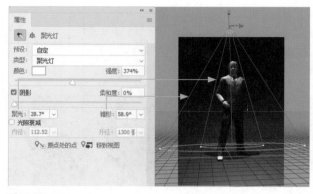

图17-223

💎 17.7.5
使用聚光灯

聚光灯在3D场景中显示为锥形，能照射出可调整的锥形光线。它也包含"光照衰减"选项，可以调整聚光灯的衰减范围，如图17-220和图17-221所示。

扫码看视频

💎 17.7.6
使用无限光

无限光在3D场景中显示为半球状。它像太阳光，可以从一个方向平面照射，如图17-224和图17-225所示。无限光只有"颜色""强度""阴影"等基本参数，没有特殊的光照属性。

扫码看视频

图17-220　　　　　　　图17-221

聚光灯还包含"聚光"选项，它可以设置光源明亮中心的宽度；"锥形"选项则用来设置光源的发散范围，如图17-222和图17-223所示。

图17-224　　　　　　　图17-225

渲染模型

17.8

完成3D文件的编辑之后，可以对模型进行渲染，创建用于 Web、打印或动画的最高品质输出效果。在渲染期间，渲染的剩余时间和百分比会显示在文档窗口底部的状态栏中。

17.8.1

使用预设的渲染选项

在"3D"面板中单击"场景"条目，如图17-226所示，之后可以在"属性"面板的"预设"下拉列表中选择预设的渲染选项，如图17-227和图17-228所示。"默认"是标准渲染模式，可以显示模型的可见表面；"线框"和"顶点"类会显示底层结构；"实色线框"类可以合并实色和线框渲染；如果要以反映其最外侧尺寸的简单框来查看模型，可以选择"外框"类预设。

图17-226　　　图17-227

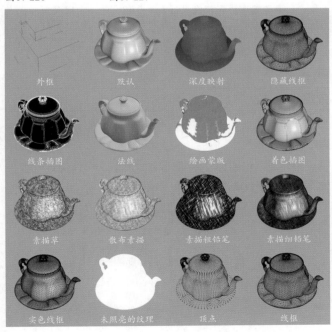

图17-228

技术看板 64 用画笔描绘模型

使用"素描草""散布素描""素描粗铅笔""素描细铅笔"等预设选项时，可以先选择一个绘画工具（画笔或铅笔），然后执行"3D>使用当前画笔素描"命令，用画笔描绘模型。

17.8.2

自定义设置横截面

在"属性"面板中勾选"横截面"选项后，可创建以所选角度与模型相交的平面横截面，如图17-229所示，这样能够切入模型内部查看里面的内容。

图17-229

● 切片：可选择沿 x、y、z 轴创建切片，如图17-230~图17-232所示。

x轴切片 　　　　y轴切片 　　　　z轴切片
图17-230 　　　　图17-231 　　　　图17-232

● 倾斜：可以将平面向其任一可能的倾斜方向旋转至 360°，如图17-233所示。

● 位移：可沿平面的轴移动平面，但不改变平面的斜度，如图17-234所示。位移为 0 时，平面与 3D 模型相交于中点。

x轴切片、倾斜60° 　　　位移-12
图17-233 　　　　　　　图17-234

● 平面/不透明度：勾选"平面"选项，可以显示创建横截面的相交平面，如图17-235~图17-237所示，单击选项右侧的颜色块，可以设置平面颜色；在"不透明度"选项中可调整平面的不透明度。

*x*轴平面　　　　　　*y*轴平面　　　　　　*z*轴平面
图17-235　　　　　　图17-236　　　　　　图17-237

● 相交线：可以高亮显示横截面平面相交的模型区域，单击其右侧的颜色块，可以设置相交线颜色。图17-238所示是相交线为红色时的效果（*z*轴平面）。

● 侧面 A/B：单击按钮，可以显示横截面A侧或横截面B侧。

● 互换横截面侧面：单击该按钮，可以将模型的显示区域更改为相交平面的反面，如图17-239和图17-240所示。

图17-238　　　　　　图17-239　　　　　　图17-240

💎 17.8.3
自定义表面

　　在"属性"面板中勾选"表面"选项以后，可以在"样式"下拉列表中选择一个选项，改变模型表面的显示方式，如图17-241所示。

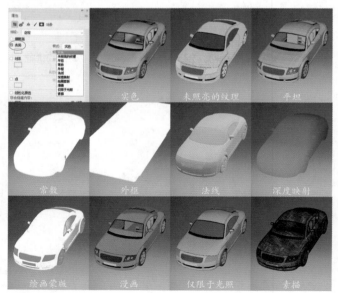

图17-241

💎 17.8.4
自定义线条

　　在"属性"面板中勾选"线条"选项后，可以在"样式"下拉列表中选择线框线条的显示方式，以及调整线条宽度，如图17-242~图17-247所示。

图17-242　　　　　　图17-243　　　　　　图17-244

  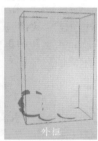

图17-245　　　　　　图17-246　　　　　　图17-247

提示（Tips）

当模型中的两个多边形在某个特定角度相接时，会形成一条折痕或线，"角度阈值"选项可调整模型中的结构线条数量。如果边缘在小于该值设置（0~180）的某个角度相接，则会移去它们形成的线。若设置为 0，则显示整个线框。

💎 17.8.5
自定义顶点

　　顶点是组成线框模型的多边形相交点。在"属性"面板中勾选"点"选项后，可以在"样式"下拉列表中选择顶点的外观，如图17-248~图17-253所示。可以通过"半径值"选项调整每个顶点的像素半径。

图17-248　　　　　　图17-249　　　　　　图17-250

平坦　　　　　　　　　实色　　　　　　　　　外框
图17-251　　　　　　图17-252　　　　　　图17-253

17.8.6
渲染模型

渲染选项设置完成后，需要最终渲染模型时，可以单击"3D"面板底部的 ⊡ 按钮，或者使用"3D>渲染3D图层"命令进行渲染。

最终渲染将使用光线跟踪和更高的取样速率，以便获得更逼真的光照和阴影。在渲染期间，剩余时间和百分比会显示在文档窗口底部的状态栏中。如果想暂停渲染，可以按Esc键。再单击一次 ⊡ 按钮，可继续渲染。

渲染设置只对当前选择的3D图层有效。如果文件包含多个3D图层，则需要为每个图层分别指定渲染设置并单独渲染。

此外，3D模型的结构、灯光和纹理贴图越复杂，渲染所需时间越长。如果完成渲染后，发现纹理、光源或其他问题，则需要修改后再重新渲染。这样反复操作会耗费大量时间。若要提高效率，可以只渲染模型的局部，再从中判断整个模型的最终效果，以便为修改提供参考。使用选框工具在模型上创建一个选区，如图17-254所示，然后单击 ⊡ 按钮，即可渲染选中的区域，如图17-255所示。

图17-254　　　　　　　　　图17-255

> **提示（Tips）**
>
> 如果打开了3D动画文件，可以使用"3D>渲染要提交的文档"命令，打开"渲染视频"对话框设置参数，渲染静止的3D对象。

17.8.7
实战：将3D模型合成到真实场景中

> **要点**

本实战是一个3D雕像模型与2D图像合成的实例。我们要给模型赋予不锈钢材质，通过环境贴图的方法，让模型映射周围的建筑，使雕塑看上去就是在那个环境中，让合成效果更接近于真实状态，如图17-256所示。

扫码看视频

Before　　　　　　　　　　　After
图17-256

01 打开素材，如图17-257所示。按Ctrl+A快捷键全选，按Ctrl+C快捷键复制图像，然后取消选择。稍后我们会把这个图像做为环境贴图使用。用"3D>从文件新建3D图层"命令将3D模型置入图像中，如图17-258所示。

图17-257　　　　　　　　　图17-258

02 选择移动工具 ✛，在工具选项栏单击拖动3D对象工具 ✦，用它调整模型位置。

03 单击光源，如图17-259所示，将光照调暗，并增加阴影的模糊范围，如图17-260所示。光源的角度也调整一下，让光从左侧照射过来，与背景图像中的光源角度一致，如图17-261所示。

图17-259　　　　　图17-260　　　　　图17-261

04 单击模型的材质，如图17-262所示，将"闪亮"值调到80%，以生成耀眼的光斑。将"反射"值调到80%，它能提高模型表面的反射能力，我们要让模型表面反射周围的环

境贴图，所以这个值必须得高，如图17-263和图17-264所示。

图17-262　　　图17-263　　　　图17-264

05 单击"环境"条目，如图17-265所示，单击"属性"面板中的 █ 图标，打开菜单，执行"编辑纹理"命令，如图17-266所示，打开纹理文件，如图17-267所示，按Ctrl+V快捷键，将背景图像粘贴到该文件中，并调整大小，如图17-268所示。将文件关闭并确认修改，如图17-269所示。

图17-265　　　图17-266　　　　图17-267

图17-268　　　　　　　图17-269

06 文档窗口中央有一个小球，环境贴图将这个球体包裹住，我们通过它可以观察图像在模型上处于什么位置，我们还可以在窗口中拖曳鼠标，调整贴图的映射位置，如图17-270所示。按H键，选择抓手工具 ✋（其他工具也可），可以观察合成效果。没有问题的话，可以单击"3D"面板底部的 █ 按钮进行渲染。最终效果如图17-271所示。

图17-270　　　　　　　图17-271

> **提示（Tips）**
>
> 用Photoshop渲染模型没有用3D类软件速度快。像上述这个模型其实一点也不复杂，贴图也不多，用时要10分钟左右。计算机硬件配置好的话，渲染速度能快一些。

◈ 17.8.8

实战：通过渲染表现真实光线反射效应

　　本实战我们来制作3D字。由于是用3D功能制作出来的，因此文字的立体感、透视、阴影等比用其他任何方法（如图层样式）制作的都更加真实，如图17-272所示。最值一提的是，Photoshop在渲染的时候，还能模拟真实环境下的光线反射效应，让文字的颜色反射到阴影和背景上，真的是非常了不起。

扫码看视频

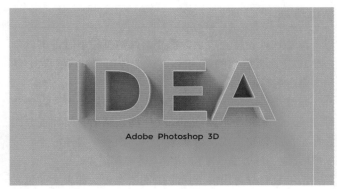

图17-272

01 按Ctrl+N快捷键，创建一个50厘米×30厘米、分辨率为72像素/英寸、背景为灰色的文件，如图17-273所示。执行"3D>从图层新建网格>明信片"命令，将图层转换为3D明信片，如图17-274所示。

图17-273　　　　图17-274

02 使用横排文字工具 **T** 输入文字，如图17-275所示。执行"文字>创建3D文字"命令，将文字转换为模型，如图17-276所示。

图17-275　　　　　　　图17-276

03 单击模型正面材质，如图17-277所示，在"属性"面板中将它的颜色调整为蓝色（R0，G126，B255），如图17-278和图17-279所示。

图17-277　　　　　图17-278　　　　　图17-279

04 另一面材质的颜色调整为橙色（R255，G148，B0），如图17-280~图17-282所示。

图17-280　　　　　图17-281　　　　　图17-282

05 按住Ctrl键并单击下方图层，如图17-283所示，执行"3D>合并3D图层"命令将它们合并，如图17-284所示。单击"场景"条目，如图17-285所示，单击面板底部的 按钮，打开菜单，执行"新建无限光"命令，在3D场景中添加一个光源，调整光源参数及照射方向，如图17-286和图17-287所示。

图17-283　　　　　图17-284　　　　　图17-285

图17-286　　　　　图17-287

06 单击"3D"面板底部的 按钮进行渲染，如图17-288所示。分别单击"调整"面板中的 按钮、 按钮和 按钮，创建几个调整图层，给背景着色，如图17-289~图17-292所示。

图17-288　　　　　图17-289

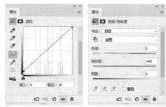

图17-290　　　　　图17-291　　　　　图17-292

07 选择魔棒工具 ，按住Shift键并单击模型正面，创建选区，如图17-293所示，执行"图层>新建填充图层>纯色"命令，基于选区创建颜色为橙色（R255，G90，B0）的填充图层，将正面文字改为橙色，如图17-294所示。

图17-293　　　　　图17-294

08 双击该图层，如图17-295所示，打开"图层样式"对话框，添加"描边"效果，如图17-296所示。最后还可以再添加一行小字，效果如图17-297所示。

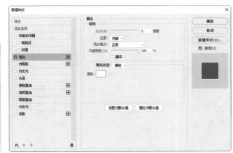

图17-295　　　　　图17-296

图17-297

存储、导出和打印3D文件

17.9

模型编辑或渲染完成后，可以将3D文件以其他格式输出，也可以将3D场景与图像合并。Photoshop支持3D打印技术。如果用户配置了3D打印机，可以直接在Photoshop中进行3D打印。

◆ 17.9.1
存储3D文件

编辑3D文件后，如果要保留文件中的3D内容，包括位置、光源、渲染模式和横截面，可以执行"文件>存储"命令，选择PSD、PDF或TIFF作为保存格式。

◆ 17.9.2
合并3D图层

选择两个或多个3D图层，如图17-298所示，执行"3D>合并3D图层"命令，可将它们合并到一个场景中，如图17-299所示。合并后，可以单独处理每一个模型，也可同时在所有模型上使用位置工具和相机工具。

图17-298

图17-299

◆ 17.9.3
将3D图层转换为智能对象

在"图层"面板中选择3D图层，打开面板菜单，执行"转换为智能对象"命令，可以将3D图层转换为智能对象。转换后仍可保留3D图层中的3D信息，可对其应用滤镜，如果要重新编辑原3D内容，双击智能对象图层。

◆ 17.9.4
导出3D图层

如果要导出3D图层，可以在"图层"面板中单击它，如图17-300所示，然后执行"3D>导出3D图层"命令，打开"存储为"对话框，在"格式"下拉列表中可以用Collada DAE、Google Earth 4 KMZ、Wavefront | OBJ和U3D等受支持的 3D 格式导出 3D 图层，如图17-301所示。选取"纹理格式"时需要注意，U3D 和 KMZ 格式支持 JPEG 或

PNG 作为纹理格式；DAE 和 OBJ 格式支持所有 Photoshop 支持的用于纹理的图像格式。

图17-300

图17-301

◆ 17.9.5
将3D图层栅格化

在"图层"面板中选择3D图层，如图17-302所示，执行"图层>栅格化>3D"命令，可以将3D图层转换为普通的2D图层（即图像），如图17-303所示。

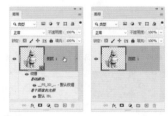
图17-302　　　　图17-303

> **提示**（Tips）
>
> 执行"3D>获取更多内容"命令，可链接到Adobe网站浏览与3D有关的内容、下载3D插件。

◆ 17.9.6
打印3D模型

打开3D模型后，执行"3D>3D打印设置"命令，"属性"面板中会显示打印选项，如图17-304所示。设置好选项之后，执行"3D>3D打印"命令，Photoshop会统一并准备3D场景以便用于打印流程，如图17-305所示。打印所需时间取决于我们选择的细节级别。如果要取消正在进行的3D打印，可以按Esc键。

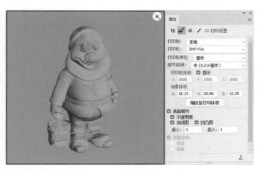

图17-304

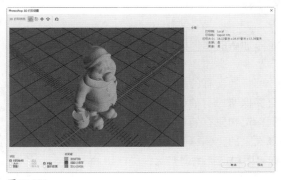

图17-305

在准备打印时，Photoshop 会自动使3D模型防水，并生成必要的支撑结构（支架和底座），以确保打印能够顺利完成。此外，执行"3D>为3D打印统一场景"命令，也可统一3D场景的所有元素并使场景防水。

如果要打印多个对象，可以在"3D"面板中选择模型，执行"3D>封装地面上的对象"命令，再进行打印。如果要将 3D 打印设置导出到 STL 文件，可单击"导出"按钮，将文件保存到计算机上的适当位置。之后可以将STL 文件上传到在线服务，或将其放入SD卡，以供本地打印之用。

17.9.7
定义横截面

如果想要在打印3D模型前定义横截面，以便切掉3D模型的某些部分，可以在"3D"面板中选择场景条目，然后在"属性"面板中勾选"横截面"并指定横截面的设置，再执行"3D>将横截面应用到场景"命令。

17.9.8
简化网格

3D模型的网格结构是由三角形搭建的。模型越复杂，网格越多。使用"3D>简化网格"命令，可以减少三角形网格数量，降低文件的复杂性，如图17-306所示。在为3D打印做准备时，该功能非常有用。

- 简化：拖曳该滑块，即可减少网格数量。滑块下方的"原始大小"显示的是调整前的网格数量，滑块上方文本框中的数值是调整后的网格数量，"估计大小"显示的是网格减少的百分比。

图17-306

- 生成法线图：为正在简化的网格生成法线图。
- 阴影：可以开启或关闭阴影。
- 网格叠加：显示UV叠加。单击该选项右侧的颜色块，可以打开"拾色器"对话框修改网格颜色，以便更好地观察简化效果。
- 预览简化：勾选该选项后，可以在对话框中预览简化效果。

17.10 测量与计数

使用Photoshop中的测量功能，可以测量用标尺工具 ▭ 或选择工具定义的任何区域，包括用套索、快速选择和魔棒等工具选取的不规则区域，也可以计算高度、宽度、面积和周长。使用计数工具 ₁₂³ 可以对图像中的对象计数。

17.10.1
设置测量比例

设置测量比例是指在图像中设置一个与比例单位（如

英寸、毫米或微米）数相等的指定像素数。创建测量比例之后，就可以用选定的比例单位测量区域并接收计算和记录结果。执行"图像>分析>设置测量比例>自定"命令，可以打开"测量比例"对话框，如图17-307所示。

图17-307

● 预设： 如果创建了自定义的测量比例预设，可在该选项的下拉列表中将其选择。

● 像素长度： 可拖曳标尺工具 ▭ 测量图像中的像素距离，或在该选项中输入一个值。关闭"测量比例"对话框时，将恢复当前工具设置。

● 逻辑长度/逻辑单位： 可输入要设置为与像素长度相等的逻辑长度和逻辑单位。例如，如果像素长度为50，并且要设置的比例为50像素/微米，则应输入1作为逻辑长度，并使用微米作为逻辑单位。

● 存储预设/删除预设： 单击"存储预设"按钮，可将当前设置的测量比例保存，需要使用时，可在"预设"下拉列表中选择；单击"删除预设"按钮可删除自定义的预设。

> **提示**（Tips）
>
> 执行"图像>分析>设置测量比例>默认值"命令，可以返回到默认的测量比例，即1像素 = 1像素。

◈ 17.10.2
创建比例标记

执行"图像>分析>置入比例标记"命令，打开"测量比例标记"对话框并设置选项，即可在画布左下角创建比例标记，同时添加一个图层组，用以包含文本图层和图形图层，如图17-308~图17-310所示。

图17-308　　　　图17-309　　　　图17-310

● 长度： 设置比例标记的长度（以像素为单位）。

● 字体/字体大小： 可选择字体并设置字体的大小。

● 显示文本： 显示比例标记的逻辑长度和单位。

● "文本位置"选项组： 可选择在比例标记的上方或下方显示题注。

● "颜色"选项组： 可以设置比例标记和题注的颜色（黑色或白色）。

◈ 17.10.3
编辑比例标记

在文件中创建测量比例标记后，可以使用移动工具 ✛ 拖曳它，也可以使用文字工具编辑题注或修改文本的大小、字体和颜色，如图17-311和图17-312所示。

图17-311　　　　　图17-312

如果要添加新的比例标记，可执行"图像>分析>置入比例标记"命令，弹出图17-313所示的对话框。单击"移去"按钮，可替换现有的标记；单击"保留"按钮，可新建比例标记并保留原有的比例标记，如图17-314所示。如果新的比例标记和原有的标记彼此遮盖，可以在"图层"面板中隐藏原来的比例标记。如果要删除比例标记，可将测量比例标记图层组拖曳到删除图层按钮 🗑 上。

图17-313　　　　　图17-314

◈ 17.10.4
选择数据点

数据点会向测量记录添加有用信息，例如，可以添加要测量文件的名称、测量比例和测量的日期和时间等。执行"图像>分析>选择数据点>自定"命令，打开"选择数据点"对话框，如图17-315所示。在对话框中，数据点将根据可以测量它们的测量工具进行分组。"通用"数据点适用于所有工具，此外，还可以单独设置选区、标尺工具和计数工具的数据点。

● 标签： 标识每个测量并自动将每个测量编号为测量1、测量2等。

图17-315

- 日期和时间：表示测量发生时间的日期和时间。
- 文档：标识测量的文档（文件）。
- 源：测量的源，即标尺工具、计数工具或选择工具。
- 比例：源文档的测量比例。
- 比例单位：测量比例的逻辑单位。
- 比例因子：分配给比例单位的像素数。
- 计数：会根据使用的测量工具不同而发生变化。使用选择工具时，表示图像上不相邻的选区的数目；使用计数工具时，表示图像上已计数项目的数目；使用标尺工具时，表示可见的标尺线的数目（1 或 2）。
- 面积：用方形像素或根据当前测量比例校准的单位（如平方毫米）表示的选区的面积。
- 周长：选区的周长。
- 圆度：4π。若值为 1.0，表示一个完全的圆形；当值接近 0.0 时，表示一个逐渐拉长的多边形。
- 高度：选区的高度（max y - min y），其单位取决于当前的测量比例。
- 宽度：选区的宽度（max x - min x），其单位取决于当前的测量比例。
- 灰度值：这是对亮度的测量。
- 累计密度：选区中的像素值的总和。此值等于面积（以像素为单位）与平均灰度值的乘积。
- 直方图：为图像中的每个通道生成直方图数据，并记录 0 ~255 的每个值所表示的像素的数目。对于一次测量的多个选区，将为整个选定区域生成一个直方图文件，并为每个选区生成附加的直方图文件。

💎 17.10.5
实战：使用标尺测量距离和角度

标尺工具 ▭ 可以测量两点间的距离、角度和坐标。下面使用它来测量距离和角度。

01 打开素材。执行"图像>分析>标尺工具"命令，或在"工具"面板中选择标尺工具 ▭。将鼠标指针放在需要测量的起点处，鼠标指针会变为 ▭₊ 状，如图17-316所示。单击并拖曳鼠标至测量的终点处，测量结果会显示在工具选项栏和"信息"面板中，如图17-317所示。

扫码看视频

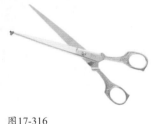

图17-316　　　　　　　图17-317

02 下面来测量剪刀夹角的角度。单击工具选项栏中的"清除"按钮，清除测量线。将鼠标指针放在角度的起点处，如图17-318所示，单击并拖曳到夹角处，然后放开鼠标，如图17-319所示。如果要创建水平、垂直或以45°角为增量的测量线，可按住Shift键并拖曳鼠标。创建测量线后，将鼠标指针放在测量线的一个端点上，拖曳鼠标可以移动测量线。

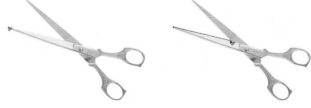

图17-318　　　　　　　图17-319

03 按住Alt键，鼠标指针会变为 ⊿ 状，如图17-320所示，单击并拖曳鼠标至测量的终点处，放开鼠标后，角度的测量结果会显示在工具选项栏中，如图17-321所示。

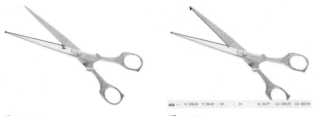

图17-320　　　　　　　图17-321

> **提示**（Tips）
>
> 在工具选项栏中，"X"和"Y"选项代表起始位置（x和y轴）；"W"和"H"选项代表在x和y轴上移动的水平（W）和垂直（H）距离；"A"代表相对于轴测量的角度（A）；"L1"和"L2"选项代表使用量角器时移动的两个长度（L1 和 L2）。

💎 17.10.6
实战：手动计数

01 打开素材，如图17-322所示。执行"图像>分析>计数工具"命令，或选择计数工具 1₂³，在工具选项栏中调整"标记大小"和"标签大小"参数，如图17-323所示。

扫码看视频

图17-322　　　　　　　图17-323

02 在玩具摩天轮上单击，Photoshop会跟踪单击次数，并将计数数目显示在项目上和计数工具选项栏中，如图17-324和图17-325所示。

图17-324　　　　　　　　　　　　图17-325

03 执行"图像>分析>记录测量"命令，可以将计数数目记录到"测量记录"面板中，如图17-326所示。

图17-326

> **提示**（Tips）
>
> 如果要移动计数标记，可以将鼠标指针放在标记或数字上方，当鼠标指针变成方向箭头时，再进行拖曳；按住Shift键可限制为沿水平或垂直方向拖曳；按住Alt键并单击标记，可删除标记。

计数工具选项栏

选择计数工具后，在工具选项栏中会显示计数数目、颜色、标记大小等选项，如图17-327所示。各个选项的含义如下。

图17-327

● 计数：显示了总的计数数目。

● 计数组：类似于图层组，可包含计数，每个计数组都可以有自己的名称、标记、标签大小及颜色。单击 □ 按钮，可以创建计数组；单击 ⊙ 按钮，可以显示或隐藏计数组；单击 🗑 按钮，可以删除计数组。

● 清除：单击该按钮，可将计数复位到 0。

● 颜色：单击颜色块，可以打开 "拾色器" 对话框设置计数组的颜色，图17-328所示为设置为红色时的效果。

● 标记大小：可以输入1~10的值，定义计数标记的大小。图17-329所示是该值为 10 时的标记。

● 标签大小：可以输入8~72的值，定义计数标签的大小。图17-330所示是该值为 72 时的标签。

计数颜色为红色　　标记大小为10　　标签大小为72
图17-328　　　　　图17-329　　　　　图17-330

"测量记录" 面板选项

● 记录测量：单击该按钮，可在面板中添加测量记录。

● 选择所有测量 🔲 / 取消选择所有测量 🔲：单击 🔲 按钮，可选择面板中所有的测量记录；选择后，单击 🔲 按钮，可取消选择。

● 导出所选测量 🔁：单击该按钮，可以将测量记录导出。

● 删除所选测量 🗑：在面板中选择一个测量记录后，单击该按钮可将其删除。

◇ **17.10.7**

实战：使用选区自动计数

01 打开素材，如图17-331所示。下面使用选区自动计数。选择椭圆选框工具 ◯，按住Shift键并创建圆形选区，将篮球选中，如图17-332所示。

扫码看视频

图17-331　　　　　　　图17-332

02 执行"图像>分析>选择数据点>自定"命令，打开"选择数据点"对话框，如图17-333所示。在对话框中可以设置计算高度、宽度、面积和周长等内容。采用默认的设置，即选择所有数据点，单击"确定"按钮关闭对话框。执行"图像>分析>记录测量"命令，或单击"测量记录"面板中的"记录测量"按钮，Photoshop 会对选区计数，如图17-334所示。

03 创建测量记录后，可将其导出到逗号分隔的文本文件中，在电子表格应用程序中打开该文本文件，并利用这些测量数据执行统计或分析计算。单击面板顶部的 按钮，打开"存储"对话框，设置文件名和保存位置，单击"保存"按钮导出文件。图17-335所示为使用Excel打开的该文件。

图17-333

图17-334

图17-335

图像堆栈

图像堆栈可以将一组参考帧相似、但品质或内容不同的图像组合在一起。将多个图像组合到堆栈中之后，就可以对它们进行处理，消除不需要的内容或杂色，生成一个复合视图。

图像堆栈通常用于减少法学、医学或天文图像中的图像杂色和扭曲，或者从一系列静止照片或视频帧中移去不需要的或意外的对象。例如，移去从图像中走过的人物，或移去在拍摄的主题前面经过的汽车。

为了获得最佳结果，图像堆栈中包含的图像应具有相同的尺寸和极其相似的内容，例如，图17-336所示为一组猎户座的星空图像。选择所有图层后，如图17-337所示，执行"编辑>自动对齐图层"命令，对齐图层，再执行"图层>智能对象>转换为智能对象"命令，将所选图层打包到一个智能对象中，如图17-338所示。然后在"图层>智能对象>堆栈模式"子菜单中选择一个堆栈模式创建图像堆栈，如图17-339所示。如果要减少杂色，可选择"平均值"或"中间值"模式；如果要从图像中移去对象，可选择"中间值"模式。图17-340所示为选择"中间值"模式后的效果。

图17-336　　　　　　图17-337

图17-338　　　　图17-339　　　　图17-340

第18章 视频与动画制作

【本章简介】

本章介绍 Photoshop 中的视频和动画功能。我们还是主要通过实战来学习各种技术，包括在视频上进行编辑和绘制，添加滤镜、蒙版、变换、图层样式和混合模式，以及制作运动效果、特效类型动画。

Photoshop 可以打开和编辑的视频格式包括 MPEG-1（.mpg 或 .mpeg）、MPEG-4（.mp4 或 .m4v）、MOV、AVI。如果计算机上安装了 MPEG-2 编码器，则可以支持 MPEG-2 格式。Photoshop 可以编辑的图像序列格式包括 BMP、DICOM、JPEG、OpenEXR、PNG、PSD、Targa、TIFF，如果已安装相应的增效工具，则支持 Cineon 和 JPEG 2000。对视频进行编辑之后，可以渲染为 QuickTime 影片、导出为 GIF 动画，或者存储为 PSD 格式，在 Premiere Pro、After Effects 等软件中使用和播放。

【学习目标】

通过本章的学习，我们要了解视频的编辑方法，以及学会制作 GIF 动画。下面这些实战可以帮助我们掌握怎样使用 Photoshop 的图像编辑工具和特效功能修改视频和动画。

● 制作动态静图视频
● 制作 3D 动画
● 制作蝴蝶飞舞动画
● 制作发光效果动画
● 制作雪花飘落动画

【学习重点】

打开和创建视频

18.1

Photoshop 可以打开和编辑视频，也可创建具有各种长宽比的图像，以便它们能够在不同的设备（如视频显示器）上正确显示。

18.1.1
认识视频组

在 Photoshop 中打开视频或图像序列文件时，会创建一个视频组，帧包含在视频图层中（此类图层左下角有▣状图标），如图18-1所示。视频组中也可以创建其他类型的图层，如文本、图像和形状图层。它可以在时间轴的单一轨道上，将多个视频剪辑和这些图层合并。

扫码看视频

使用画笔工具 ✦ 和仿制图章工具 ⚑ 可以在视频文件的各个帧上进行绘制和仿制，如图18-2所示。选区和图层蒙版可用于限定编辑范围。此外，视频图层也可以像常规图层一样进行移动、调整混合模式和不透明度，以及添加图层样式。

图18-1

图18-2

18.1.2
打开视频文件

执行"文件>打开"命令，在弹出的对话框中选择视频文件，单击"打开"按钮，即可在 Photoshop 中将其打开。

💎 18.1.3
导入视频

在Photoshop中创建或打开一个图像文件后，执行"图层>视频图层>从文件新建视频图层"命令，可以将视频导入当前文件中。

有些视频采用隔行扫描方式来实现流畅的动画效果，在这样的视频中获取的图像往往会出现扫描线，使用"逐行"滤镜可以消除这种扫描线。

💎 18.1.4
创建空白视频图层

使用"图层>视频图层>新建空白视频图层"命令，可以在当前文件中创建一个空白的视频图层。

💎 18.1.5
创建在视频中使用的图像

执行"文件>新建"命令，打开"新建文档"对话框，选择"胶片和视频"选项卡，然后在下方的"空白文档预设"列表中选择一个预设选项，如图18-3所示，单击"创建"按钮，即可创建一个空白的视频图像文件。

图18-3

💎 18.1.6
进行像素长宽比校正

像素长宽比用于描述帧中的单一像素的宽度与高度的比例。不同的视频标准使用不同的像素长宽比。一些计算机视频标准将 4:3 长宽比帧定义为 640 像素宽×480 像素高，产生的是方形像素。而其他视频编码设备，如 DV NTSC 像素的像素长宽比为 0.91，即矩形像素（非正方形），如果在方形像素显示器上显示矩形像素，则图像会发生扭曲，例如，圆形会扭曲成椭圆，如图18-4所示。使用"视图>像素长宽比校正"命令可以缩放屏幕显示，校正图像，如图18-5所示。这样就可以在显示器的屏幕上准确地查看DV和D1视频格式的文件，就像是在Premiere等视频软件中查看文件一样。

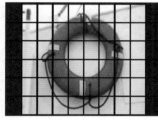
图18-4

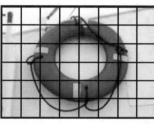
图18-5

> **提示**（Tips）
>
> 打开文件后，可以在"视图>像素长宽比"子菜单中选择与将用于 Photoshop 文件的视频格式兼容的像素长宽比，然后通过"视图>像素长宽比校正"命令来进行校正。

编辑视频

Photoshop中的"时间轴"面板可以对视频进行编辑，创建专业的淡化和交叉淡化效果，修改视频剪辑的持续时间及速度，对文本、静态图像和智能对象应用动感效果等。

💎 18.2.1
"时间轴"面板

执行"窗口>时间轴"命令，打开"时间轴"面板，如图18-6所示。面板中显示了视频的持续时间，使用面板底部的工具可以浏览各个帧，放大或缩小时间显示，删除关键帧和预览视频。

- 播放控件 ◄◄ ◄ ► ►：提供了用于控制视频播放的按钮，包括转到第一帧按钮 ◄、转到上一帧按钮 ◄、播放按钮 ► 和转到下一帧按钮 ►。

- 音频控制按钮 ◄）：单击该按钮可以关闭或启用音频播放。

- 设置回放选项 ✿：可设置是否循环播放视频。

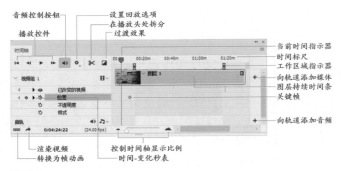

图18-6

- 在播放头处拆分 ✂：单击该按钮，可以在当前时间指示器 ▦ 所在的位置拆分视频或音频，如图18-7所示。

- 过渡效果 ▣：单击该按钮打开下拉菜单，如图18-8所示，使用菜单中的命令可以为视频添加过渡效果，从而创建专业的淡化和交叉淡化效果。

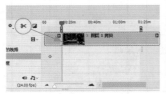
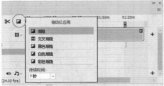

图18-7　　　　　　　图18-8

- 当前时间指示器 ▦：拖曳当前时间指示器，可以导航帧、更改当前时间或帧。

- 时间标尺：根据文件的持续时间和帧速率，水平测量视频持续时间。

- 工作区域指示器：如果要预览或导出部分视频，可以拖曳位于顶部轨道两端的标签进行定位，如图18-9所示。

- 图层持续时间条：指定图层在视频的时间位置。如果要将图层移动到其他时间位置，可以拖曳该条，如图18-10所示。

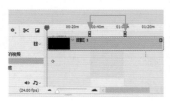

图18-9　　　　　　　图18-10

- 向轨道添加媒体/音频：单击轨道右侧的 ✚ 按钮，可以打开一个对话框将视频或音频添加到轨道中。

- 关键帧导航器 ◀ ◇ ▶：单击轨道标签两侧的箭头按钮 ◀ ▶，可以将当前时间指示器 ▦ 从当前位置移动到上一个或下一个关键帧；单击中间的按钮 ◇ 可添加或删除当前时间的关键帧。

- 时间-变化秒表 ⏱：启用或停用图层属性的关键帧设置。

- 转换为帧动画 ▦▦▦：单击该按钮，可以将"时间轴"面板切换为帧动画模式。

- 渲染视频 ➜：单击该按钮，可以打开"渲染视频"对话框。

- 控制时间轴显示比例 ▲ △ ▲：可单击或拖曳滑块

来调整时间轴长度。

- 视频组：可以编辑和调整视频。例如，单击 ▦▾ 按钮可以打开一个下拉菜单，菜单中包含"添加媒体""新建视频组"等命令，如图18-11所示。在视频剪辑上单击鼠标右键可以调出"持续时间"和"速度"选项，如图18-12所示。

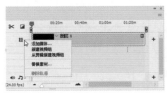

图18-11　　　　　　　图18-12

- 音轨：可以编辑和调整音频。例如，单击 🔊 按钮，可以让音轨静音，再次单击可取消静音；在音轨上单击鼠标右键打开下拉菜单，可调节音量或对音频进行淡入、淡出设置，如图18-13所示；单击音符按钮 🎵 打开下拉菜单，可以执行"新建音轨"或"删除音频剪辑"等命令，如图18-14所示。

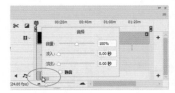
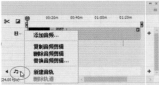

图18-13　　　　　　　图18-14

◈ 18.2.2

实战：获取静帧图像

Photoshop可以从视频文件中获取静帧图像。这类图像可用于网络或印刷。

01 执行"文件>导入>视频帧到图层"命令，弹出"打开"对话框，选择视频素材。

02 单击"载入"按钮，打开"将视频导入图层"对话框，选择"仅限所选范围"选项，然后拖曳时间滑块，定义导入的帧的范围，如图18-15所示。如果要导入所有帧，可以选择"从开始到结束"选项。

03 单击"确定"按钮，即可将指定范围内的视频帧导入图层中，如图18-16所示。

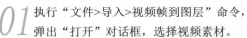

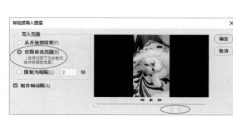

图18-15　　　　　　　图18-16

💎 18.2.3
实战：为视频图层添加效果

01 打开视频素材，如图18-17和图18-18所示。下面来为视频图层添加效果，使视频在播放时，画面呈现为立体按钮状。

图18-17　　　　　　　　图18-18

02 打开"时间轴"面板，单击"样式"轨道左侧的时间-变化秒表 🕐，添加一个关键帧，如图18-19所示。将当前指示器 🔻 拖曳到图18-20所示的位置。

图18-19　　　　　　　　图18-20

03 双击"图层"面板中的视频图层，打开"图层样式"对话框，为它添加"斜面和浮雕"效果，如图18-21和图18-22所示。该时间段会自动添加一个关键帧。

图18-21　　　　　　　　图18-22

04 单击播放按钮 ▶ 播放视频文件。播放到关键帧处，画面就变成了立体按钮状，如图18-23和图18-24所示。

图18-23　　　　　　　　图18-24

💎 18.2.4
实战：制作动态静图视频

01 打开视频素材，如图18-25和图18-26所示。下面先来剪辑一下视频。

图18-25　　　　　　　　图18-26

02 拖曳当前指示器 🔻 查看视频效果，确定要剪辑的范围，将片头定位在11:07的位置，如图18-27所示。最终要呈现的效果是画面左侧人物为静止状态，而右侧车流仍在正常前行。将鼠标指针放在图层持续时间条的一端，按住鼠标向右拖曳，将片头不要的部分剪掉，再用同样的方法剪辑片尾，只保留3秒的视频，如图18-28所示。

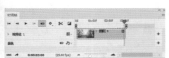

图18-27　　　　　　　　图18-28

03 单击转到第一帧按钮 ⏮，回到视频开始的位置，制作一个静帧图像。在"图层"面板中单击"视频组1"，如图18-29所示。按Alt+Shift+Ctrl+E快捷键盖印图层，生成"图层2"，如图18-30所示。该图层为静止的图像，可以看到其缩览图的右下角没有视频图标，如图18-31所示。

图18-29　　　　图18-30　　　　图18-31

04 拖曳"图层 2"右侧的图层持续时间条，使其与"视频1"的时长相同，如图18-32所示。单击"图层"面板底部的 ◻ 按钮，创建蒙版，如图18-33所示。选择渐变工具 ▦，在图像中间位置按住Shift键并填充线性渐变，用黑色遮挡住画面右侧的汽车，如图18-34所示。

图18-32　　　　图18-33　　　　图18-34

05 单击"调整"面板中的 按钮，创建一个"曲线"调整图层，将曲线向下拖曳，如图18-35所示，恢复天空的色调。为使图像的其他部分不受影响，可使用画笔工具 在天空以外的区域涂抹黑色，如图18-36所示。

图18-35　　　　　图18-36

06 单击"调整"面板中的 按钮，创建一个"色彩平衡"调整图层，分别调整"阴影"和"高光"参数，使画面色彩感更强，如图18-37~图18-39所示。按空格键播放视频，可以看到画面一半静止，一半运动，动静结合，非常有趣。

图18-37　　　　　图18-38

图18-39

18.2.5
插入、复制和删除空白视频帧

创建空白视频图层后，可在"时间轴"面板中选择它，然后将当前时间指示器 拖曳到所要编辑的帧处，打开"图层>视频图层"子菜单，执行"插入空白帧"命令，可以在当前时间处插入空白视频帧；执行"删除帧"命令，则会删除当前时间处的视频帧；执行"复制帧"命令，可以添加一个处于当前时间的视频帧的副本。

18.2.6
解释视频素材

由于带有 Alpha 通道的视频是直接或预先正片叠底的，当使用包含 Alpha 通道的视频时，需要先解释 Alpha 通道，才能获得所需结果。操作方法是在"时间轴"面板或"图层"面板中选择视频图层，执行"图层>视频图层>解释素材"命令，打开"解释素材"对话框进行设置，如图18-40所示。

提 示（Tips）

如果在不同的软件中修改了视频图层的源文件，则需要在Photoshop中执行"图层>视频图层>重新载入帧"命令，在"时间轴"面板中重新载入和更新当前帧。

图18-40

当预先正片叠底的视频位于带有某些背景色的文件中时，可能会产生重影或光晕。在"解释素材"对话框中可以指定杂边颜色，以便半透明像素与背景混合（正片叠底），而不会产生光晕。选择"直接 - 无杂边"选项，可以将 Alpha 通道解释为直接 Alpha 透明度。如果用于创建视频的软件不会对颜色通道预先进行正片叠底，应选择此选项。

选择"预先正片叠加 - 杂边"选项，可以使用 Alpha 通道来确定有多少杂边颜色与颜色通道混合。如有必要，可单击该选项右侧的颜色块来指定杂边颜色。

选择"忽略"选项，表示忽略Alpha 通道。

提 示（Tips）

如果要指定每秒播放的视频帧数，可以输入帧速率。如果要对视频图层中的帧或图像进行色彩管理，可以在"颜色配置文件"下拉列表中选择一个配置文件。

18.2.7
替换视频图层中的素材

如果由于某种原因导致视频图层和源文件之间的链接断开，视频图层上便会显示警告图标。出现这种情况时，可在"时间轴"或"图层"面板中选择该视频图层，执行"图层>视频图层>替换素材"命令，在打开的"替换素材"对话框中找到视频源文件并重新建立链接。也可以通过该命令用其他视频替换现有图层中的视频。

18.2.8
在视频图层中恢复帧

如果要放弃对帧视频图层和空白视频图层所做的修改，可以在"时间轴"面板中选择视频图层，将当前时间指示器 拖曳到特定的视频帧上，执行"图层>视频图层>恢复帧"命令，以恢复特定的帧。如果要恢复视频图层或空白视频图层中的所有帧，可以执行"图层>视频图层>恢复所有帧"命令。

18.2.9
隐藏和显示已改变的视频

如果要隐藏已改变的视频图层，可以执行"图层>视频图层>隐藏已改变的视频"命令，或单击时间轴中已改变的视频轨道旁边的眼睛图标 。再次单击该图标，可以重新显示视频图层。

存储和渲染视频

18.3

对视频进行编辑之后，可将其存储为PSD格式，或者作为 QuickTime 影片或图像序列进行渲染，也可将视频图层栅格化。

18.3.1
存储视频

在Photoshop中编辑视频之后，可以使用"文件>存储为"命令，将其存储为PSD格式。该格式能够保留用户所做的修改，并且文件可以在其他类似于 Premiere Pro 和 After Effects 这样的 Adobe 软件中播放，或在其他软件中作为静态文件被访问。

18.3.2
渲染视频

使用"文件>导出>渲染视频"命令可以将视频导出。图18-41所示为"渲染视频"对话框。在"位置"选项组中可以设置视频名称和存储位置。在"范围"选项组中可以设置渲染文件中的所有帧，或者只渲染部分帧。在"渲染选项"选项组中，"Alpha通道"选项可以指定Alpha通道的渲染方式，该选项仅适用于支持Alpha通道的格式，如PSD或TIFF格式；"3D品质"选项可以选择渲染品质。

导出视频文件

"渲染视频"对话框中的第2个选项组比较关键，它决定了将文件导出为视频还是图像序列。如果要导出为视频文件，可单击 按钮，打开下拉列表，选择"Adobe Media Encoder"选项，然后单击"格式"选项右侧的 按钮，如图18-42所示，打开下拉列表选择视频格式。其中，DPX（数字图像交换）格式主要适用于使用 Adobe Premiere Pro 等编辑器

合成到专业视频项目中的帧序列；H.264 (MPEG-4) 是通用的格式，具有高清晰度和宽银幕视频预设，以及为平板电脑设备或 Web 传送而优化的输出性能。选择一种格式后，可以在下方的选项中设置文件大小、帧速率和像素长宽比等。

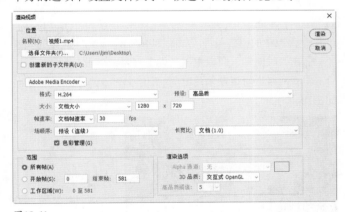

图18-41

图18-42

导出图像序列

选择"Photoshop 图像序列"选项，可以导出图像序列。此时对话框中会显示图18-43所示的选项。可以设置"起始编号"和"位数"选项（这些选项指定导出文件的

编号系统），然后从"大小"选项中选取大小，以指定导出文件的像素大小。单击"设置"按钮，可以指定特定格式的选项。在"帧速率"选项中可以选择帧速率。

图18-43

◇ 18.3.3
栅格化视频图层

执行"图层>视频图层>栅格化"命令，可以将视频图层栅格化，使其转换为图像。如果要一次栅格化多个视频图层，可以在"图层"面板中选择这些图层，并将当前时间指示器🛡设置为要在顶部视频图层中保留的帧，然后执行"图层>栅格化>图层"命令。

◇ 18.3.4
实战：制作3D动画

01 打开第17章制作的3D实例，如图18-44所示。单击3D图层，如图18-45所示。单击"3D"面板中的网格条目，如图18-46所示。

02 在"时间轴"面板中展开模型列表，单击"网格"轨道左侧的时间-变化秒表🕐，添加关键帧，如图18-47所示。

图18-44

图18-45

图18-46　　　　图18-47

03 将当前指示器🛡拖曳到视频结尾，如图18-48所示。单击"属性"面板中的坐标按钮⊕，设置模型的旋转角度

为-1°，如图18-49所示。

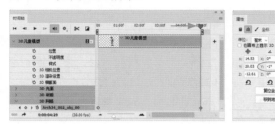

图18-48　　　　　　　　　图18-49

04 将当前指示器🛡拖曳到视频一半，大概两分半钟处，如图18-50所示，将旋转角度设置为180°，如图18-51所示。此时模型的后背会转到前面，如图18-52所示。

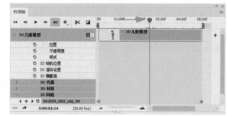

图18-50　　　　　　　　　图18-51

图18-52

05 按空格键播放视频，就可以看到模型在原地旋转。使用"文件>导出>渲染视频"命令渲染文件，如图18-53所示，可以得到.MP4格式的视频文件，这样它就能在计算机、手机或其他媒体上播放了。此外，也可以使用"文件>导出>存储为Web所用格式（旧版）"命令，将视频保存为GIF动画*（操作方法见518页）*。

图18-53

动画

18.4

动画是在一段时间内显示的一系列图像或帧，当每一帧较前一帧都有轻微的变化时，连续、快速地显示这些帧就会产生运动或其他变化的视觉效果。

18.4.1
帧模式"时间轴"面板

打开"时间轴"面板，如果面板为时间轴模式，可以单击 ▦ 按钮，切换为帧模式，如图18-54所示。"时间轴"面板会显示动画中的每个帧的缩览图，使用面板底部的工具可浏览各个帧、设置循环选项、添加和删除帧及预览动画。

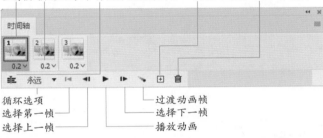

图18-54

- **当前帧：**当前选择的帧。

- **帧延迟时间：**设置帧在回放过程中的持续时间。

- **循环选项：**设置动画的播放次数。

- **选择第一帧** ▐◀ **：**单击该按钮，可以自动选择序列中的第一个帧作为当前帧。

- **选择上一帧** ◀▐ **：**单击该按钮，可以选择当前帧的前一帧。

- **播放动画** ▶ **：**单击该按钮，可以在文档窗口中播放动画，再次单击则停止播放。

- **选择下一帧** ▐▶ **：**单击该按钮，可以选择当前帧的下一帧。

- **过渡动画帧** ✎ **：**如果要在两个现有帧之间添加一系列过渡帧，并让新帧之间的图层属性均匀变化，可单击该按钮，打开"过渡"对话框进行设置，如图18-55所示，图18-56和图18-57所示为添加过渡帧前后的"时间轴"面板状态。

图18-55

图18-56

图18-57

- **转换为视频时间轴** ▦ **：**单击该按钮，面板中会显示视频编辑选项。

- **复制所选帧** ⊞ **：**单击该按钮，可以在面板中添加复制的帧。

- **删除所选帧** 🗑 **：**删除当前选择的帧。

18.4.2
实战：制作蝴蝶飞舞动画

01 打开动画素材，如图18-58所示。打开"时间轴"面板，在帧延迟时间下拉列表中选择0.2秒，将循环次数设置为"永远"。单击复制所选帧按钮 ⊞，添加一个动画帧，如图18-59所示。

扫码看视频

图18-58　　　　图18-59

02 按Ctrl+J快捷键复制"图层 1"，然后隐藏原图层，如图18-60所示。按Ctrl+T快捷键显示定界框，按住Shift+Alt快捷键并拖曳中间的控制点，将蝴蝶向中间压扁，如图18-61所示。再按住Ctrl键并拖曳左上角和右下角的控制点，调整蝴蝶的透视，如图18-62所示。按Enter键确认。

图18-60　　　　图18-61　　　　图18-62

03 单击播放动画按钮 ▶ 播放动画，画面中的蝴蝶会不停地扇动翅膀，如图18-63和图18-64所示。再次单击该按钮可停止播放，也可以按空格键切换。执行"文件>存储为"

命令，将动画保存为PSD格式，以后可随时对动画进行修改。

图18-63　　　　　　　图18-64

18.4.3
实战：制作发光动画

01 按Ctrl+O快捷键，打开动画素材，如图18-65所示。

02 双击"图层1"，打开"图层样式"对话框，添加"外发光"效果，如图18-66和图18-67所示。

 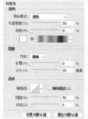 

图18-65　　　　图18-66　　　图18-67

03 在"时间轴"面板中将帧的延迟时间设置为0.2秒，循环次数设置为"永远"。单击复制所选帧按钮，添加一个动画帧，如图18-68所示。

图18-68

04 在"图层"面板中双击"图层 1"的外发光效果，打开"图层样式"对话框修改发光参数，如图18-69所示。单击"确定"按钮关闭对话框。单击"时间轴"面板中的按钮，再添加一个动画帧，然后重新打开"图层样式"对话框，添加"渐变叠加"和"外发光"效果，如图18-70和图18-71所示。

05 单击播放动画按钮播放动画，卡通人物的身体就会向外发出不同颜色的光，如图18-72所示。

图18-69　　　　　　图18-70　　　　　　图18-71

图18-72

06 动画文件制作完成后，执行"文件>导出>存储为Web所用格式（旧版）"命令，选择GIF格式，如图18-73所示，单击"存储"按钮将文件保存，之后就可以将该动画文件上传到网上或作为QQ表情与朋友分享了。

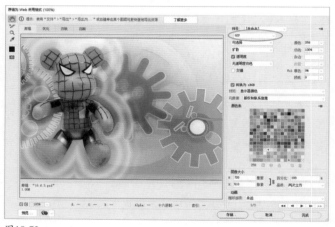

图18-73

18.4.4
实战：制作雪花飘落动画

01 按Ctrl+N快捷键，新建一个黑色背景的文件，如图18-74所示。选择画笔工具及柔边圆笔尖，并调整参数，如图18-75~图18-77所示。

02 新建一个图层。将前景色设置为白色，绘制雪花，如图18-78所示。不要涂到画面边缘，尤其是不能有不完整的、半片的雪花。

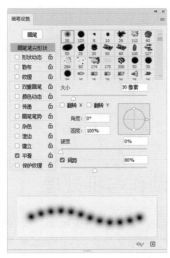

图18-74 图18-75

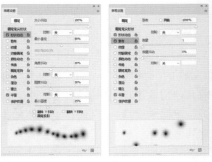

图18-76 图18-77 图18-78

03 将该图层隐藏。再新建一个图层。将笔尖大小调整为50像素，绘制第2层雪花，如图18-79所示。采用同样的方法，创建一个图层，绘制第3层雪花，这一层雪片要大一些（笔尖调整为150像素），如图18-80所示。将另外两个图层显示出来，效果如图18-81所示。

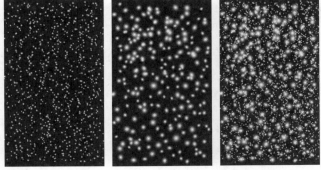

图18-79 图18-80 图18-81

04 按住Ctrl键并单击3个图层，如图18-82所示，按Ctrl+G快捷键，将其编入图层组中，如图18-83所示。

图18-82 图18-83

05 打开素材，如图18-84所示。使用移动工具 ⊕ 将图层组拖入该文件中，如图18-85所示。注意，一定要让图层组的底部与当前画面的底部对齐。

图18-84 图18-85

06 下面我们通过向下移动这几组雪花图层，制作下雪效果。在"时间轴"面板中设置动画无延迟，永远循环。单击复制所选帧按钮 ⊞ ，添加一个动画帧。选择"图层1"，如图18-86所示。这是最小的那组雪花，我们要让它以最快的速度飘落，选择移动工具 ⊕ ，按住Shift键并向下拖曳，让它的顶部边界与文档顶部对齐。单击中间那层雪花，如图18-87所示，向下拖曳，它的移动距离比前一组雪花短一些。选择最大那组雪花并向下拖曳，如图18-88所示，它的拖曳距离最短。

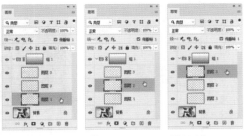

图18-86 图18-87 图18-88

07 单击 ▧ 按钮，打开"过渡"对话框，添加20个过渡帧，如图18-89和图18-90所示。按空格键播放动画，就可以看到雪花飘落动画了。最后使用"文件>导出>存储为Web所用格式（旧版）"命令将文件保存为GIF格式动画。

图18-89 图18-90

第19章　自动化与打印

【本章简介】

本章介绍 Photoshop 中可以自动处理图像的功能，以及打印功能。

动作、批处理、脚本和数据驱动图形都可以自动处理图像。其中，动作和批处理比较常用。动作可以将我们处理图像的过程录制下来，而批处理则能将动作应用于目标文件。二者配合好，能帮助我们完成重复性的操作，实现图像处理自动化。

批处理对网站美工、摄影师、影楼工作人员的帮助很大，普通用户也能受益。例如，现在很多人喜欢将照片上传到网上，为避免被盗用，就会用 Photoshop 制作水印或 Logo，贴在照片上以标明版权。一张、两张照片倒还好办，要是几十甚至上百张照片，那处理起来就相当麻烦了。这种情况批处理就派上用场了，它可以自动为照片加水印。本章有此类实战练习。

【学习目标】

本章我们应该学会以下技能。
● 动作的录制方法
● 用动作制作下雨效果
● 用动作库的载入方法，制作一幅拼贴照片
● 使用批处理功能为照片加水印
● 创建快捷批处理小程序
● 用数据驱动图形创建多版本图像
● Photoshop 打印选项

【学习重点】

动作与批处理

19.1

动作和批处理是 Photoshop 中的自动化功能，即可以自动处理图像，减少我们的工作量，让图像编辑变得轻松、简单和高效。

19.1.1
实战：录制用于处理照片的动作

动作是用于处理单个文件或一批文件的一系列命令，可以将图像的处理过程记录下来，以后对其他图像进行相同的处理时，可以使用动作自动完成操作任务。下面来录制一个将照片处理为反冲效果的动作，再用它处理其他照片。

扫码看视频

01 打开素材，如图19-1所示。单击"动作"面板中的 按钮，打开"新建组"对话框，输入动作组的名称，如图19-2所示，单击"确定"按钮，创建动作组，如图19-3所示。下面创建的动作会保存到该组中。

图19-1　　　　　　　图19-2　　　　　　　19-3

02 单击创建新动作按钮 ，打开"新建动作"对话框，输入名称，将颜色设置为蓝色，如图19-4所示。单击"记录"按钮，开始录制动作，此时，面板中的开始记录按钮会变为红色 ，如图19-5所示。

图19-4　　　　　　　图19-5

03 按Ctrl+M快捷键，打开"曲线"对话框，在"预设"下拉列表中选择"反冲（RGB）"选项，如图19-6所示。单击"确定"按钮关闭对话框，将该命令记录为动作，如图19-7所示，图像效果如图19-8所示。

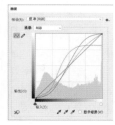

图19-6　　　　　　图19-7　　　　　　图19-8

04 按Shift+Ctrl+S快捷键另存文件，然后关闭。单击"动作"面板中的 ■ 按钮，完成动作的录制，如图19-9所示。由于在"新建动作"对话框中将动作设置为了蓝色，打开面板菜单，执行"按钮模式"命令，所有动作会变为按钮状，新建的动作则突出显示为蓝色，如图19-10所示。在"动作"面板为按钮模式时，单击一个按钮，即可播放相应的动作，操作起来比较方便，而为动作设置颜色便于在按钮模式下区分动作。再次选择"按钮模式"命令，切换为正常模式。

图19-9　　　　　　　图19-10

05 下面使用录制的动作处理其他图像。打开素材，如图19-11所示。选择"曲线调整"动作，如图19-12所示，单击 ▶ 按钮播放该动作，经过动作处理的图像效果如图19-13所示。

图19-11　　　　　图19-12　　　　　图19-13

"动作"面板

"动作"面板用于创建、播放、修改和删除动作，如图19-14所示。

切换项目开/关 —— 动作组
切换对话开/关 —— 动作
—— 命令
开始记录 —— 创建新动作
停止播放/记录 —— 删除
播放选定的动作 —— 创建新组

图19-14

● 切换项目开/关 ✓：如果动作组、动作和命令的左侧有该图

标，表示这个动作组、动作和命令可以执行；如果动作组或动作的左侧没有该图标，表示该动作组或动作不能被执行；如果某一命令的左侧没有该图标，则表示该命令不能被执行。

● 切换对话开/关 ▣：如果命令的左侧有该图标，表示动作执行到该命令时会暂停，并打开相应命令的对话框，此时可修改命令的参数，单击"确定"按钮可继续执行后面的动作；如果动作组和动作的左侧有该图标，则表示该动作中有部分命令设置了暂停。

● 动作组/动作/命令：动作组是一系列动作的集合，动作是一系列操作命令的集合，单击命令左侧的 ▶ 按钮可以展开命令列表，显示命令的具体参数。

● 停止播放/记录 ■：用来停止播放动作和停止记录动作。

● 开始记录 ●：单击该按钮，可录制动作。

● 播放选定的动作 ▶：选择一个动作后，单击该按钮，可播放该动作。

● 创建新组 ▢：可以创建动作组，以保存新建的动作。

● 创建新动作 ⊞：单击该按钮，可以创建一个新的动作。

● 删除 🗑：选择动作组、动作和命令后，单击该按钮，可将其删除。

技术看板 85 动作播放技巧

● 按照顺序播放全部动作：选择一个动作，单击播放选定的动作按钮 ▶，可按照顺序播放该动作中的所有命令。

● 从指定的命令开始播放动作：在动作中选择一个命令，单击播放选定的动作按钮 ▶，可以播放该命令及后面的命令，它之前的命令不会播放。

● 播放单个命令：按住Ctrl键并双击面板中的一个命令，可单独播放该命令。

● 播放部分命令：在动作左侧的 ✓ 按钮上单击（可隐藏 ✓ 图标），这些命令便不能够播放；如果在某一动作左侧的 ✓ 按钮上单击，则该动作中的所有命令都不能够播放；如果在一个动作组左侧的 ✓ 按钮上单击，则该组中的所有动作和命令都不能够播放。

● 调整播放速度：执行"动作"面板菜单中的"回放选项"命令，可以在打开的对话框中设置动作的播放速度，或者将其暂停，以便对动作进行调试。

◈ 19.1.2

修改动作

如果要修改动作组或动作的名称，可以将它选择，如图19-15所示，然后执行面板菜单中的"组选项"或"动作选项"命令，打开对应的选项对话框进行设置，如图19-16所示。如果要修改命令的参数，可以双击命令，如图19-17所示，在弹出的对话框中修改即可。

图19-15　　　　　图19-16　　　　　　　图19-17

💎 19.1.3

修改条件模式

如果在某个动作中，有一个步骤是将源模式为 RGB 的图像转换为 CMYK模式，而当前处理的图像非RGB模式（如灰度模式），就会出现错误。为了避免这种情况发生，可以在记录动作时，执行"文件>自动>条件模式更改"命令，为源模式指定一个或多个模式，并为目标模式指定一个模式，以便在动作执行过程中进行转换。

💎 19.1.4

插入命令、停止、菜单项目和路径

单击动作中的一个命令，如图19-18所示。单击开始记录按钮 ●，再执行其他命令，例如使用某个滤镜，如图19-19所示。之后单击停止播放/记录按钮 ■ 停止录制，便可将命令插入动作中，如图19-20所示。

图19-18　　　　　图19-19　　　　　图19-20

如果想让动作进行到某一步自动暂停，可以单击这一步，如图19-21所示，然后执行面板菜单中的"插入停止"命令，在打开的对话框输入提示信息，并勾选"允许继续"选项，如图19-22所示，单击"确定"按钮关闭对话框，即可将停止指令插入动作中，如图19-23所示。

图19-21　　　　　图19-22　　　　　图19-23

有些命令不能用动作录制下来，如绘画和色调工具，"视图"和"窗口"菜单中的命令等。对于这些项目，我

们可以执行"动作"面板菜单中的"插入菜单项目"命令，如图19-24所示，打开"插入菜单项目"对话框，如图19-25所示，然后进行相应的操作。例如执行"视图>显示>网格"命令，"菜单项"右侧会出现"显示：网格"字样，如图19-26所示，单击"确定"按钮关闭对话框，显示网格的命令便可插入动作中了，如图19-27所示。

图19-24　　　　　图19-25

图19-26　　　　　　　　　　　图19-27

路径也不能用动作录制，但可以插入动作中。绘制或选取路径后，单击动作中的一个命令，打开"动作"面板菜单，执行"插入路径"命令，即可在该命令后插入路径。播放动作时，会自动创建该路径。如果要在一个动作中记录多个"插入路径"命令，则应在记录每个"插入路径"命令后，都执行"存储路径"命令。否则每记录的一个路径都会替换前一个路径。

💎 19.1.5

实战：人工降雨（加载动作）

01 打开素材，如图19-28所示。打开"动作"面板菜单，执行"图像效果"命令，加载该动作库，然后选择其中的"细雨"动作，如图19-29所示。

扫码看视频

图19-28　　　　　　　　　　　19-29

02 单击 ▶ 按钮播放动作。只需1秒钟时间，一场细雨就会呈现在我们面前，如图19-30所示。

图19-30

19.1.6
实战：一键打造拼贴照片（加载外部动作）

01 打开素材，如图19-31所示。打开"动作"面板菜单，执行"载入动作"命令，打开"载入"对话框，选择配套资源中的拼贴动作，如图19-32所示，单击"载入"按钮，将它载入"动作"面板中。

扫码看视频

图19-31　　　　图19-32

02 单击"拼贴"动作，如图19-33所示，单击 ▶ 按钮播放该动作。由于该操作比较复杂，处理过程需要一些时间。图19-34所示为创建的拼贴效果。

图19-33　　　　图19-34

19.1.7
实战：通过批处理自动为照片加水印

01 打开素材，如图19-35所示。单击"背景"图层，如图19-36所示，按Delete键删除，让水印位于透明背景上，如图19-37和图

扫码看视频

19-38所示。

图19-35　　　　图19-36

图19-37　　　　图19-38

提示（Tips）

制作好水印后，将其放在要加入水印的图像中，并调整好位置，然后删除图像，只保留水印，再将这个文件保存。加水印的时候用这个文件，只要它与要贴水印的文件的大小相同，水印就会贴在指定的位置上。

02 在批处理前，首先应该将需要批处理的文件保存到一个文件夹中，然后用动作将水印贴在照片上的过程录制下来。执行"文件>存储为"命令，将文件保存为PSD格式，然后关闭。单击"动作"面板中的 按钮和 按钮，创建动作组和动作。打开一张照片。执行"文件>置入嵌入对象"命令，选择刚刚保存的文件，将它置入当前文件中，如图19-39所示。执行"图层>拼合图像"命令，将图层合并。单击"动作"面板底部的 按钮，结束录制，如图19-40所示。

图19-39　　　　图19-40

03 执行"文件>自动>批处理"命令，打开"批处理"对话框，选择刚刚录制的动作；单击"源"选项组中的"选择"按钮，在打开的对话框中选择要添加水印的文件夹；在"目标"下拉列表中选择"文件夹"，单击"选择"按钮，在打开的对话框中为处理后的照片指定保存位置，这样不会破坏原始照片，如图19-41所示。

图19-41

04 单击"确定"按钮，开始批处理，Photoshop会为目标文件夹中的每一张照片添加一个水印，如图19-42所示，并将处理后的照片保存到指定的文件夹中。

图19-42

"批处理"对话框主要选项

● 源：可以指定要处理的文件。选择"文件夹"选项并单击下面的"选择"按钮，可在打开的对话框中选择一个文件夹，批处理该文件夹中的所有文件；选择"导入"选项，可以处理来自数码相机、扫描仪或 PDF 文档的图像；选择"打开的文件"，可以处理当前所有打开的文件；选择"Bridge"选项，可以处理 Adobe Bridge 中选定的文件。

● 覆盖动作中的"打开"命令：勾选该选项，在批处理时忽略动作中记录的"打开"命令。

● 包含所有子文件夹：勾选该选项，将批处理应用到所选文件夹中包含的子文件夹。

● 禁止显示文件打开选项对话框：勾选该选项，批处理时不会打开文件选项对话框。

● 禁止颜色配置文件警告：勾选该选项，关闭颜色方案信息的显示。

● 目标：可以选择完成批处理后文件的保存位置。选择"无"选项，表示不保存文件，文件仍为打开状态；选择"存储并关闭"选项，可以将文件保存在原文件夹中，并覆盖原始文

件。选择"文件夹"选项并单击选项下面的"选择"按钮，可以指定用于保存的文件的文件夹。

● 覆盖动作中的"存储为"命令：如果动作中包含"存储为"命令，勾选该选项后，在批处理时，动作中的"存储为"命令将引用批处理的文件，而不是动作中指定的文件名和位置。

● "文件命名"选项组：在"目标"选项中选择"文件夹"选项后，可以在该选项组的 6 个选项中设置文件的命名规范，指定文件的兼容性，包括 Windows 操作系统、mac OS 和 Unix 操作系统。

◈ 19.1.8
实战：创建快捷批处理小程序

快捷批处理是一个可以快速完成批处理的小应用程序，能够简化批处理操作的过程。在桌面上，它显示为◆状。将图像或文件夹拖曳到该图标上，便可以直接对图像进行批处理。

扫 码 看 视 频

01 执行"文件>自动>创建快捷批处理"命令，打开"创建快捷批处理"对话框，它与"批处理"对话框相似。选择一个动作，然后在"将快捷批处理存储为"选项组中单击"选择"按钮，如图19-43所示。打开"存储"对话框，为即将创建的快捷批处理设置名称和保存位置。

02 单击"保存"按钮关闭对话框，返回"创建快捷批处理"对话框中，此时"选择"按钮的下方会显示快捷批处理程序的保存位置，如图19-44所示。单击"确定"按钮，即可创建快捷批处理程序并保存到指定位置。

图19-43　　　　　图19-44

 脚本

19.2

Photoshop 通过脚本支持外部自动化。在 Windows操作系统中，可以使用支持 COM 自动化的脚本语言（如 VB Script）控制多个软件，如Adobe Photoshop、Adobe Illustrator 和 Microsoft Office。

"文件>脚本"子菜单中包含各种脚本命令，如图19-45所示。与动作相比，脚本提供了更多的可能性。它可以执行逻辑判断、重命名文档等操作，同时脚本文件更便于携带和重用。

● 图像处理器：可以使用图像处理器转换和处理多个文件。图像处理器与"批处理"命令不同，不必先创建动作就可以用它处理文件。

● 删除所有空图层：删除不需要的空图层。

● 拼合所有蒙版：将各种类型的蒙版与其所在的图层拼合。

● 拼合所有图层效果：将图层样式与其所在的图层拼合。

图19-45

● 脚本事件管理器：可以将脚本和动作设置为自动运行，用事件（如在 Photoshop 中打开、存储或导出文件）来触发 Photoshop 动作或脚本。

● 将文件载入堆栈：可以使用脚本将多幅图像载入同一文件的各个图层中。

● 统计：执行"文件>脚本>统计"命令，可以使用统计脚本自动创建和渲染图形堆栈。

● 载入多个 DICOM 文件：可以载入多个 DICOM（医学数字成像和通信）文件。

● 浏览：可浏览并运行存储在其他位置的脚本。

数据驱动图形

数据驱动图形是一种可以让图像快速生成多个版本的功能，可用于印刷项目或 Web 项目。例如，以模板设计为基础，使用不同的文本和图像可以制作出100种不同的Web横幅。

◆ 19.3.1

实战：创建多版本图像

进行数据驱动图形操作时，先要创建用作模板的基本图形；再将图像中需要改变的部分分离为单独的图层；之后在图形中定义变量，通过变量指定在图像中更改的部分；接下来创建或导入数据组，用数据组替换模板中相应的图像；最后将图形与数据一起导出，生成图形（PSD文件）。

扫码看视频

01 打开素材，如图19-46和图19-47所示。执行"图像>变量>定义"命令，打开"变量"对话框。

图19-46

图19-47

02 在"图层"下拉列表中选择"图层0"选项，并勾选"像素替换"选项，"名称""方法"选项都使用默认的设置，如图19-48所示。在对话框左上角的下拉列表中选择"数据组"选项，切换到"数据组"选项设置面板。单击基于当前数据组创建新数据组按钮，创建新的数据组，当前的设置内容为"像素变量1"，如图19-49所示。

03 单击"选择文件"按钮，在打开的对话框中选择素材，如图19-50所示。单击"打开"按钮，返回"变量"对

话框，如图19-51所示，单击"确定"按钮关闭对话框。

图19-48

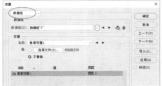
图19-49

图19-50

图19-51

04 执行"图像>应用数据组"命令，打开"应用数据组"对话框，如图19-52所示。勾选"预览"选项，可以看到，文件中背景（"图层0"）图像被替换为指定的另一个背景，如图19-53所示。单击"应用"按钮，将数据组的内容应用于基本图像，同时所有变量和数据组保持不变。

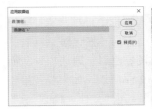
图19-52

图19-53

数据组是变量及其相关数据的集合。执行"图像>变量>数据组"命令，可以打开"变量"对话框，设置数据组选项。

● 数据组：单击 按钮可以创建数据组；如果创建了多个数据组，可单击 ◀ ▶ 按钮切换数据组；选择一个数据组后，单击 按钮可将其删除。

● 变量：可以编辑变量数据。对于"可见性"变量 ，勾选"可见"选项，可以显示图层的内容，勾选"不可见"选项，则隐藏图层的内容；对于"像素替换"变量 ，单击选择文件，然后选择替换图像文件，如果在应用数据组前选择"不替换"，将使图层保持其当前状态；对于"文本替换"变量 T，可以在"值"文本框中输入一个文本字符串。

19.3.2
变量的种类

变量用来定义模板中的哪些元素将发生变化。在 Photoshop 中可以定义 3 种类型的变量：可见性变量、像素替换变量和文本替换变量。

可见性变量用来显示或隐藏图层中的图像内容。

像素替换变量可以使用其他图像文件中的像素替换图层中的像素。勾选"像素替换"选项后，可在下面的"名称"选项中输入变量的名称，然后在"方法"选项中选择缩放替换图像的方法。选择"限制"选项，可以缩放图像以将其限制在定界框内；选择"填充"选项，可以缩放图像以使其完全填充定界框；选择"保持原样"选项，不会缩放图像；选择"一致"选项，将不成比例地缩放图像以将其限制在定界框内。图 19-54 所示为不同方法的效果展示。

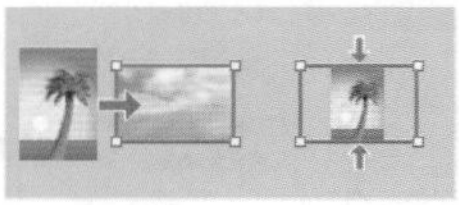

限制

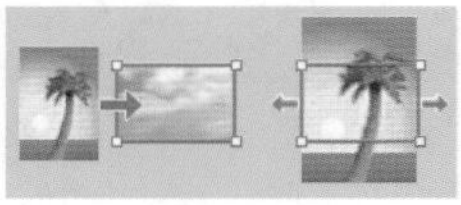

填充

保持原样
一致
图 19-54

单击对齐方式图标 上的手柄，可以选取在定界框内放置的图像的对齐方式。勾选"剪切到定界框"选项则可以剪切未在定界框内的图像区域。

文本替换变量可以替换文字图层中的文本字符串，在操作时首先要在"图层"选项中选择文本图层。

19.3.3
导入与导出数据组

除了可以在 Photoshop 中创建数据组外，如果在其他软件，如文本编辑器或电子表格软件（Microsoft Excel）中创建了数据组，用"文件>导入>变量数据组"命令，可将其导入 Photoshop。定义变量及一个或多个数据组后，可以执行"文件>导出>数据组作为文件"命令，按批处理模式使用数据组值将图像输出为 PSD 文件。

打印输出

19.4

照片或图像编辑工作完成以后，可以从 Photoshop 中将图像发送到与计算机连接的输出设备，如桌面打印机，将图像打印出来。如果图像是 RGB 模式的，打印设备会使用内部软件将其转换为 CMYK 模式。

19.4.1
进行色彩管理

执行"文件>打印"命令，打开"Photoshop 打印设置"对话框，如图 19-55 所示。在对话框中可以预览打印作业并选择打印机、打印份数和文档方向。在该对话框右侧的"色彩管理"选项组中，可以设置色彩管理选项，从而获得尽可能好的打印效果，如图 19-56 所示。如果要使用当前的打印选项打印一份文件，可以使用"文件>打印一份"命令来操作，该命令无对话框。

● 颜色处理：用来确定是否使用色彩管理，如果使用，则需要确定将其用在软件中还是打印设备中。

● 打印机配置文件：可以选择适用于打印机和将要使用的纸张类型的配置文件。

● 正常打印/印刷校样：选择"正常打印"选项，可进行普通打印；选择"印刷校样"选项，可以打印印刷校样，即模拟文件在印刷机上的输出效果。

● 渲染方法：指定 Photoshop 如何将颜色转换为打印机颜色空间。

● 黑场补偿：勾选该选项，可通过模拟输出设备的全部动态范围来保留图像中的阴影细节。

图19-55　　　　　　　　　　图19-56

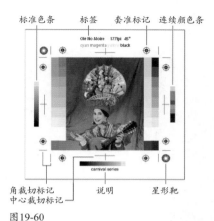

标准色条　　标签　　套准标记　连续颜色条

角裁切标记
中心裁切标记　　说明　　星形靶

图19-59　　　　　　　　　图19-60

19.4.2
指定图像位置和大小

在"Photoshop打印设置"对话框中，"位置和大小"选项组用来设置图像在画布上的位置，如图19-57所示。

● "位置"选项组：勾选"居中"选项，可以将图像定位于可打印区域的中心；取消勾选，则可在"顶"和"左"选项中输入数值定位图像，从而只打印部分图像。

● "缩放后的打印尺寸"选项组：勾选"缩放以适合介质"选项，可自动缩放图像至适合纸张的可打印区域；取消勾选，则可在"缩放"选项中输入图像的缩放比例，或者在"高度"和"宽度"选项中设置图像的尺寸。

● 打印选定区域：勾选该选项，可以启用对话框中的裁剪控制功能，此时可通过调整定界框来移动或缩放图像，如图19-58所示。

图19-57　　　　　　　　图19-58

19.4.3
设置打印标记

如果要将图像直接从 Photoshop 中进行商业印刷，可在"打印标记"选项组中指定在页面中显示哪些标记，如图19-59和图19-60所示。

19.4.4
设置函数

"函数"选项组中包含"背景""边界""出血"等按钮，如图19-61所示，单击其中一个按钮，即可打开相应的选项设置对话框。

● 背景：用于设置图像区域外的背景色。

图19-61

● 边界：用于在图像边缘打印出黑色边框。

● 出血：用于将裁剪标志移动到图像中，以便裁切图像时不会丢失重要内容。

● 药膜朝下：勾选该选项，可以水平翻转图像。

● 负片：勾选该选项，可以反转图像颜色。

19.4.5
陷印

在叠印套色版时，如果套印不准、相邻的纯色之间没有对齐，便会出现小的缝隙，如图19-62所示。这种情况可以采用叠印技术（即陷印）校正。

执行"图像>陷印"命令，打开"陷印"对话框，如图19-63所示。在该对话框中，"宽度"代表了印刷时颜色向外扩张的距离。该命令仅用于CMYK模式的图像。图像是否需要陷印一般由印刷商确定，如果需要陷印，印刷商会告知用户要在"陷印"对话框中输入的数值。

图19-62　　　　　　　图19-63

第20章 综合实例（1）

【本章简介】

本章为综合实例，是本书的收尾部分。这么厚的一本书，能坚持学下来，真的很不容易，非常感谢。

回顾过往，我们会有这样的体会：从一个完全不懂PS的"小白"，到Photoshop使用高手，整个过程中，我们都在重复着两件事，学习和实战（即实践）。其实，想要学好Photoshop，靠的就是这个简单、朴素的道理，这也是本书的要义所在。

【学习目标】

本章提供了以下综合实例。我们可以通过练习，获得全面的提升，进阶成为PS高手。
- 牛奶字
- 游戏图标
- 球面极地特效
- 超震撼冰手、铜手特效
- 绚彩玻璃球
- 金银纪念币
- 在橘子上雕刻卡通头像
- 创意合成
- 公益广告
- 绘制动漫美少女

【学习重点】

制作超可爱牛奶字

20.1

难度：★★★☆☆ 功能：通道、滤镜和图层样式

扫码看视频

说明：在通道中为文字制作立体效果，载入选区后应用到图层中，再用绘制的圆点制作出奶牛花纹。

01 打开素材，如图20-1所示。单击"通道"面板底部的 ⊞ 按钮，创建一个通道，如图20-2所示。选择横排文字工具 T，在工具选项栏中设置字体及大小，在画布上单击并输入文字，结束后单击 ✔ 按钮。由于是在通道中输入的文字，所以它会呈现选区状态。在选区内填充白色，按Ctrl+D快捷键取消选择，如图20-3所示。

图20-1　　　　　　　　图20-2　　　　　　图20-3

02 将"Alpha 1"通道拖曳到面板底部的 ⊞ 按钮上复制。按Ctrl+K快捷键，打开"首选项"对话框，在左侧列表的"增效工具"中，选取"显示滤镜库的所有组和名称"选项，以便让"塑料包装"滤镜出现在滤镜菜单内，然后关闭对话框。执行"滤镜>艺术效果>塑料包装"命令，参数设置如图20-4所示，效果如图20-5所示。

图20-4　　　　　　　　图20-5

03 按住Ctrl键并单击"Alpha 1拷贝"通道，载入该通道中的选区，如图20-6所示。按Ctrl+2快捷键返回RGB复合通道，显示彩色图像，如图20-7所示。

04 单击"图层"面板底部的 ⊞ 按钮，新建一个图层，在选区内填充白色，如图20-8和图20-9所示。按Ctrl+D快捷键取消选择。

图20-6

图20-7

图20-8

图20-9

05 按住Ctrl键并单击"Alpha 1"通道，载入该通道中的选区，如图20-10所示。执行"选择>修改>扩展"命令，扩展选区范围，如图20-11和图20-12所示。

图20-10

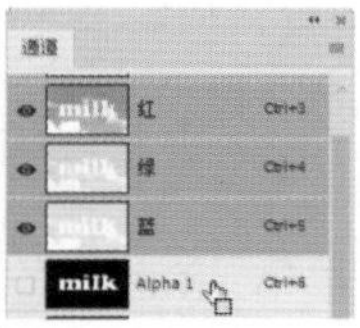

图20-11

图20-12

06 单击"图层"面板底部的 ▢ 按钮，基于选区创建蒙版，如图20-13和图20-14所示。

图20-13

图20-14

07 双击文字所在的图层，打开"图层样式"对话框，分别添加"投影""斜面和浮雕"效果，如图20-15~图20-17所示。

08 新建一个图层。将前景色设置为黑色，选择椭圆工具 ◯ ，在工具选项栏中选择"像素"选项，按住Shift键并绘制几个圆形，如图20-18所示。

图20-15

图20-16

图20-17

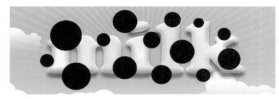
图20-18

09 执行"滤镜>扭曲>波浪"命令，对圆点进行扭曲，如图20-19和图20-20所示。

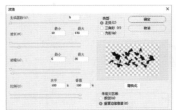
图20-19

图20-20

10 按Ctrl+Alt+G快捷键创建剪贴蒙版，将花纹的显示范围限定在下面的文字区域内，如图20-21所示。在画布上添加其他文字，显示"热气球"图层，如图20-22所示。

图20-21

图20-22

529

制作球面极地特效

扫 码 看 视 频

难度：★★★☆☆ 功能："图像大小"命令、滤镜

说明：调整图像大小、通过极坐标命令制作极地效果。

01 打开素材，如图20-23所示。

图20-23

02 执行"图像>图像大小"命令，单击 8 按钮，让它弹起，解除宽度和高度之间的关联。设置"宽度"为60厘米，使之与"高度"相同，如图20-24和图20-25所示。

03 执行"图像>图像旋转>180度"命令，将图像旋转180°，如图20-26所示。

图20-24

图20-25　　　　　图20-26

04 执行"滤镜>扭曲>极坐标"命令，在打开的对话框中选取"平面坐标到极坐标"选项，如图20-27所示，效果如图20-28所示。

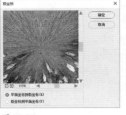 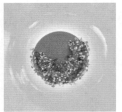

图20-27　　　　　图20-28

05 打开素材，将极地效果拖入该素材中。按Ctrl+T快捷键显示定界框，单击鼠标右键，在打开的快捷菜单中执行"水平翻转"命令，再将图像放大并调整角度，如图20-29所示，按Enter键确认。新建一个图层，设置混合模式为"柔光"，用画笔工具 ✎ 在球形边缘涂抹黄色，形成发光效果，如图20-30所示。新建一个图层，在画面上方涂抹蓝色，下方涂抹橘黄色，如图20-31所示。

  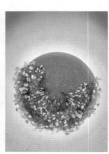

图20-29　　　　图20-30　　　　图20-31

06 在"组 1"左侧单击，显示该图层组，如图20-32和图20-33所示。

图20-32

图20-33

制作超震撼冰手特效

扫码看视频

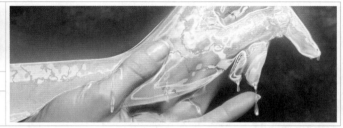

难度：★★★★★ 功能：图层样式、混合颜色带和滤镜

说明：通过滤镜表现冰的质感，使用图层样式制作水滴效果。

01 打开素材。单击"路径"面板中的"路径1"，在画布上显示路径，如图20-34和图20-35所示。

图20-34

图20-35

02 单击"路径"面板底部的⭕按钮，载入路径中的选区。连续按4次Ctrl+J快捷键，将选区内的图像复制到新的图层中，依次修改图层名称为"手""质感""轮廓""高光"。选择"质感"图层，将"高光"和"轮廓"图层隐藏，如图20-36所示。

03 执行"滤镜>滤镜库"命令，打开"滤镜库"对话框，在"艺术效果"滤镜组中找到"水彩"滤镜，设置参数，制作斑驳效果，如图20-37和图20-38所示。

图20-36

图20-37

图20-38

04 双击该图层，打开"图层样式"对话框，按住Alt键并拖曳"本图层"的黑色滑块，将滑块分开并向右侧拖曳，如图20-39所示，隐藏图像中较暗的像素，如图20-40所示。

图20-39

图20-40

05 选择并显示"轮廓"图层，如图20-41所示。执行"滤镜>滤镜库"命令，在"风格化"滤镜组中找到"照亮边缘"滤镜，设置参数，如图20-42和图20-43所示。按Shift+Ctrl+U快捷键去色，设置该图层的混合模式为"滤色"，如图20-44所示。

图20-41

图20-42

图20-43

图20-44

06 选择并显示"高光"图层，如图20-45所示。执行"滤镜>滤镜库"命令，在"素描"滤镜组中找到"铬黄渐变"滤镜，设置参数如图20-46所示，效果如图20-47所示。设置该图层的混合模式为"滤色"，如图20-48所示。

图20-45

图20-46

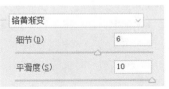

图20-47

图20-48

07 按Ctrl+L快捷键打开"色阶"对话框，向右侧拖曳阴影滑块，将图像调暗，如图20-49和图20-50所示。

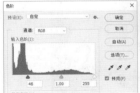

图20-49

图20-50

08 选择"轮廓"图层。按Ctrl+T快捷键显示定界框，分别拖曳定界框的左边和上边的控制点，增加图像的长度和宽度，使冰雕轮廓大于手的轮廓，如图20-51所示。

09 单击"调整"面板中的 按钮，创建"色相/饱和度"调整图层，如图20-52所示。

 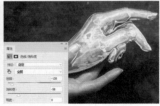

图20-51　　　　　　　图20-52

10 使用画笔工具 涂抹冰雕以外的图像，将其隐藏。可以降低画笔工具的不透明度，在食指和中指上涂抹灰色（蒙版中的灰色区域为半透明区域），这样就会显示出淡淡的蓝色，如图20-53和图20-54所示。

图20-53　　　　图20-54

11 选择"手"图层，将其他图层隐藏，锁定该图层的透明像素，如图20-55所示。选择仿制图章工具 ，在工具选项栏中设置直径为90像素，在"样本"下拉列表中选择"所有图层"。按住Alt键并在背景上单击进行取样，然后在左手图像上单击并拖曳鼠标，将复制的图像覆盖在左手上，如图20-56所示。继续复制图像，直到将整只手臂填满，如图20-57所示。

图20-55　　　图20-56　　　　　　图20-57

12 将之前隐藏的图层显示出来。选择"质感"图层，设置它的混合模式为"明度"，如图20-58和图20-59所示。

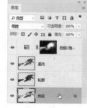 

图20-58　　　图20-59

13 按住Ctrl键并单击 按钮，在当前图层下方新建一个图层，设置名称为"白色"。按住Ctrl键并单击"手"图层缩览图载入选区，填充白色，如图20-60和图20-61所示。按Ctrl+D快捷键取消选择。

图20-60　　　　图20-61

14 如果左手是透明的，那么被其遮挡的右手手指也应依稀可见。使用画笔工具 涂抹右手手指，图20-62所示为单独显示该图层的效果，图20-63所示为整体效果。

图20-62　　　　　　图20-63

15 设置该图层的不透明度为80%。单击"图层"面板底部的 按钮添加蒙版，使用灰色和黑色涂抹手指，使这部分区域不至于太亮，如图20-64所示。新建一个图层，设置不透明度为40%。按住Ctrl键并单击"手"图层缩览图，载入选区，按Shift+Ctrl+I快捷键反选，使用画笔工具 （柔边圆，200像素，不透明度30%）在冰雕周围绘制发光区域，如图20-65所示。按Ctrl+D快捷键取消选择。

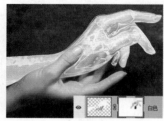 

图20-64　　　　　　图20-65

16 在"高光"图层上方新建一个图层，设置名称为"裂纹"。执行"滤镜>渲染>云彩"命令，生成云彩效果。再执行"分层云彩"命令，产生更加丰富的变化，如图20-66所示。按Ctrl+L快捷键打开"色阶"对话框，将高光滑块拖曳到直方图最左侧，如图20-67所示，效果如图20-68所示。

17 设置该图层的混合模式为"颜色加深"，按Alt+Ctrl+G快捷键，将它与下面的图层创建为一个剪贴蒙版组，如图20-69和图20-70所示。

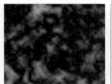
图20-66

图20-67

图20-68

图20-69

图20-70

18 在"质感"图层下方新建一个图层。使用画笔工具 ✏️ 在冰雕上绘制白色的线条，使用涂抹工具 🖐 修改线的形状，让它成为冰雕融化后形成的水滴，如图20-71所示。设置该图层的填充不透明度为50%，如图20-72所示。

图20-71

图20-72

19 双击该图层，打开"图层样式"对话框，分别添加"投影""斜面和浮雕""等高线"效果，设置参数，如图20-73~图20-75所示，效果如图20-76所示。

图20-73

图20-74

图20-75

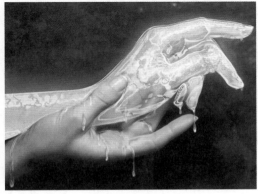
图20-76

制作铜手特效

20.4

难度：★★★☆☆　功能：滤镜、混合模式

说明：通过滤镜表现金属质感，通过混合模式表现光泽。

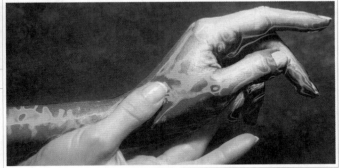

01 使用上一实例的素材操作，并从路径中加载选区。连续按3次Ctrl+J快捷键，将选区内的图像复制到新的图层中，修改图层名称，如图20-77所示。选择"颜色"图层，将其他两个图层隐藏，如图20-78所示。

02 设置前景色为棕色（R148，G91，B31），背景色为深棕色（R41，G26，B8）。按住Ctrl键并单击"颜色"图层缩览图，载入左手的选区。使用渐变工具 ▦ 填充线性渐变，如图20-79所示。按Ctrl+D快捷键取消选择。

图20-77

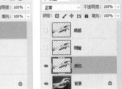
图20-78

图20-79

03 选择并显示"明暗"图层，按Shift+Ctrl+U快捷键去色，设置混合模式为"亮光"，不透明度为80%，如图20-80和图20-81所示。

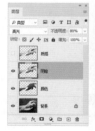

图20-80　　　　　　图20-81

04 选择并显示"质感"图层。执行"滤镜>素描>铬黄渐变"命令，制作肌理效果，如图20-82所示。设置该图层的混合模式为"颜色减淡"，不透明度为45%，如图20-83所示。

图20-82　　　　　　图20-83

05 按住Ctrl键并单击"质感"图层缩览图，载入左手的选区。在"质感"图层下方新建一个图层，使用画笔工

具 在手的暗部涂抹白色，如图20-84所示。按Ctrl+D快捷键取消选择。设置该图层的混合模式为"柔光"，不透明度为80%，表现出暗部细节，如图20-85所示。

图20-84　　　　　　图20-85

06 再次载入左手的选区。单击"调整"面板中的 按钮，创建"色相/饱和度"调整图层，设置饱和度参数为+30，如图20-86所示，同时，选区将转换为调整图层的蒙版，如图20-87所示，效果如图20-88所示。

图20-86　　　　图20-87　　　　图20-88

制作绚彩玻璃球

扫 码 看 视 频

难度：★★★★☆　功能：滤镜、渐变、图层转换

说明：通过滤镜表现球体纹理，用画笔与渐变工具绘制明暗，表现光泽感。

01 按Ctrl+N快捷键，打开"新建文档"对话框，在"预设"下拉列表中选择"Web"选项，在"大小"下拉列表中选择1024×768，创建一个文件。将前景色设置为浅绿色（R232，G250，B208），按Alt+Delete快捷键填色，如图20-89所示。新建一个图层，如图20-90所示。

图20-89　　　　　　图20-90

02 将前景色设置为黑色。选择渐变工具 ，在渐变下拉列表中选择"透明条纹渐变"，如图20-91所示，按住Shift键并从左至右拖曳鼠标填充渐变，如图20-92所示。

图20-91　　　　　　图20-92

03 单击 按钮，锁定图层的透明像素，如图20-93所示。分别将前景色调整为橘红色、红色、绿色、蓝色和橙

色，使用画笔工具 ✐ 为条纹重新着色，如图20-94所示。

图20-93　　　　图20-94

04 按Alt+Shift+Ctrl+E快捷键盖印图层，如图20-95所示。按Ctrl+T快捷键，显示定界框，拖曳定界框的右边，调整图像的宽度，使条纹变细，如图20-96所示。按Enter键确认。

图20-95　　　　图20-96

05 选择移动工具 ✛，按住Alt+Shift快捷键并向右侧拖曳图像进行复制，同时，在"图层"面板中新增一个图层，如图20-97所示。仔细观察图像的中间区域，其他条纹边缘都很柔和，而橘红色条纹边缘过于锐利，如图20-98所示。

图20-97　　　　图20-98

06 按Ctrl+[快捷键，将"图层2 拷贝"下移一个图层顺序，如图20-99所示。使用移动工具 ✛ 调整位置，向左拖曳将橘红色条纹隐藏在后面，如图20-100所示。

图20-99　　　　图20-100

07 按住Ctrl键并单击"图层2"，可同时选取这两个图层，如图20-101所示，按Ctrl+E快捷键合并这两个图层，如图20-102所示。

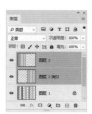 

图20-101　　　　图20-102

08 选择椭圆选框工具 ◯，按住Shift键并创建一个圆形选区，如图20-103所示。执行"滤镜>扭曲>球面化"命令，设置"数量"为100%，如图20-104所示，效果如图20-105所示。再次应用该滤镜，增强膨胀程度，使条纹的扭曲效果更明显，如图20-106所示。

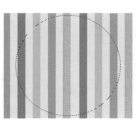 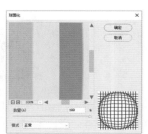

图20-103　　　　图20-104

图20-105　　　　图20-106

09 按Shift+Ctrl+I快捷键反选，按Delete键删除选区内的图像，按Ctrl+D快捷键取消选择，如图20-107所示。

10 单击"图层 2"左侧的眼睛图标 ⊙，隐藏该图层，选择"图层 1"，如图20-108所示。按Ctrl+E快捷键向下合并。按住Alt键并双击"背景"图层，将其转换为普通图层，如图20-109所示。

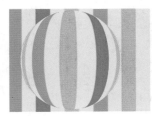  

图20-107　　　　图20-108　　　　图20-109

11 按Ctrl+T快捷键显示定界框，将鼠标指针放在定界框的一角，按住Shift键单击并拖曳鼠标，将图像旋转30°，如图20-110所示。再按住Alt键并拖曳定界框边缘，将图像放大，布满画面，如图20-111所示。

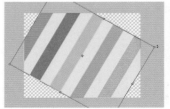

图20-110　　　　　　图20-111

12 执行"滤镜>模糊>高斯模糊"命令，设置"半径"为15像素，如图20-112所示，效果如图20-113所示。

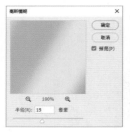

图20-112　　　　　　图20-113

13 按Ctrl+J快捷键，复制"背景"图层，设置它的混合模式为"正片叠底"，不透明度为60%，如图20-114和图20-115所示。

图20-114　　　　　　图20-115

14 按Ctrl+E快捷键向下合并图层，如图20-116所示。执行"图层>新建>背景图层"命令，将该图层转换为"背景"图层。选择并显示"图层 2"，如图20-117所示。通过自由变换调整圆球的大小和角度，如图20-118所示。

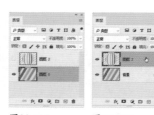

图20-116　　　图20-117　　　图20-118

15 选择画笔工具 ，设置不透明度为20%。新建一个图层，按Alt+Ctrl+G快捷键创建剪贴蒙版，如图20-119所示。在圆球的底部涂抹白色，如图20-120所示，顶部涂抹黑色，表现出明暗过渡效果，如图20-121所示。

图20-119　　　图20-120　　　图20-121

16 新建一个图层，并创建剪贴蒙版。选择椭圆工具 ，在工具选项栏中选取"像素"选项，按住Shift键并绘制一个黑色的圆形，如图20-122所示。使用椭圆选框工具 创建一个选区，将大部分圆形选取，仅保留一个细小的边缘，如图20-123所示。按Delete键删除图像，按Ctrl+D快捷键取消选择，如图20-124所示。

图20-122　　　图20-123　　　图20-124

17 单击"图层"面板顶部的 按钮，锁定该图层的透明区域。使用画笔工具 涂抹白色，由于画笔工具设置了不透明度，因此，在黑色图形上涂抹白色时，会表现为灰色，这就使原来的黑边有了明暗变化，如图20-125所示。新建一个图层，将画笔工具的不透明度设置为100%，在"画笔设置"面板中选择"半湿描边油彩笔"，如图20-126所示。为圆球绘制高光，效果如图20-127所示。

图20-125　　　图20-126　　　图20-127

18 按住Shift键并单击"图层 2"，选取所有组成圆球的图层，按Ctrl+E快捷键合并。选择移动工具 ，按住Alt键并拖曳画面中的圆球进行复制，按Ctrl+L快捷键打开"色阶"对话框，将阴影滑块和中间调滑块向右侧拖曳，使圆球色调变暗，如图20-128和图20-129所示。

19 用同样的方法复制圆球，调整大小和明暗，效果如图20-130所示。

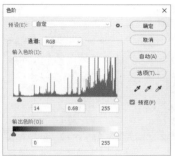

图20-128

图20-129

图20-130

用照片制作金银纪念币

20.6

难度：★★★★☆　功能：路径文字、滤镜

说明：使用滤镜制作纪念币和纪念币边缘的纹理，通过滤镜和图层样式增强金属质感和立体效果。

01 打开素材，如图20-131所示。这是一个PSD格式的分层文件，女孩在一个单独的图层中。选择椭圆工具 ○，在工具选项栏中选择"路径"选项，按住Shift键并绘制一个圆形路径，如图20-132所示。

图20-133

图20-134

图20-131

图20-132

02 选择横排文字工具 T，打开"字符"面板选择字体并设置大小，将文字颜色设置为灰色（R191，G191，B191），如图20-133所示。在路径上单击并输入文字，文字会沿路径排列，如图20-134所示。

03 按Ctrl+E快捷键，将文字与人物图像合并为一个图层。执行"滤镜>风格化>浮雕效果"命令，设置参数，如图20-135所示，创建浮雕效果，如图20-136所示。

图20-135

图20-136

04 按Shift+Ctrl+U快捷键去除颜色，如图20-137所示。双击"图层 1"，打开"图层样式"对话框，添加"投影"和"渐变叠加"效果，如图20-138~图20-140所示。

图20-137

图20-138

图20-139

图20-140

图20-137

图20-138

图20-139

图20-140

05 创建"曲线"调整图层，在曲线上添加3个控制点，拖曳这些控制点调整曲线，如图20-141所示。单击面板底部的按钮，创建剪贴蒙版，使"曲线"只调整硬币，不会影响背景桌面，如图20-142和图20-143所示。

图20-141

图20-142

图20-143

06 新建一个图层，按Alt+Ctrl+G快捷键创建剪贴蒙版，选择渐变工具，单击工具选项栏中的按钮，在硬币左上方填充径向渐变。设置图层的混合模式为"叠加"，不透明度为70%，如图20-144和图20-145所示。

图20-144

图20-145

07 单击"图层 1"，单击按钮新建一个图层，它会加入剪贴蒙版组中，设置混合模式为"柔光"，不透明度为80%，如图20-146所示。使用画笔工具在鼻子和脸颊上画出高光，如图20-147所示。

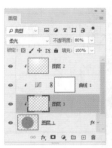

图20-146

图20-147

08 按D键，恢复默认的前景色与背景色。在"图层"面板最上方新建一个图层，填充白色。执行"滤镜>滤镜库"命令，在"素描"滤镜组中找到"半调图案"滤镜，设置参数，如图20-148所示，制作条纹效果。

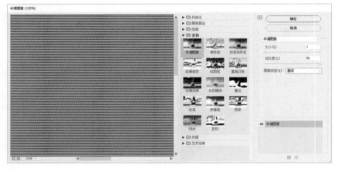

图20-148

09 执行"编辑>变换>顺时针旋转90度"命令，效果如图20-149所示。使用移动工具将条纹图像拖曳到画布左侧，再按住Shift+Alt快捷键并拖曳进行复制，使条纹布满画面，如图20-150所示。

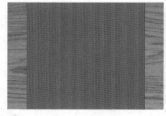

图20-149

图20-150

10 复制条纹图像后，在"图层"面板中会新增一个图层，如图20-151所示，按Ctrl+E快捷键向下合并图层，如图20-152所示。

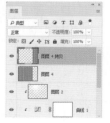

图20-151

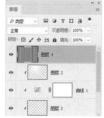

图20-152

11 执行"滤镜>扭曲>极坐标"命令，在打开的对话框中选择"平面坐标到极坐标"选项，如图20-153和图20-154所示。

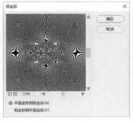
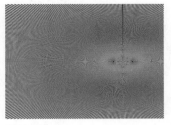

图20-153　　　　　　　　图20-154

12 按Ctrl+T快捷键显示定界框，拖曳控制点调整图像的宽度，再将图像向左侧拖曳，使中心点与画面中心对齐，如图20-155所示。按Enter键确认。

13 按住Ctrl键并单击"图层 1"缩览图，如图20-156所示，载入选区。单击 ◙ 按钮，基于选区创建图层蒙版，将选区外的图像隐藏，如图20-157和图20-158所示。

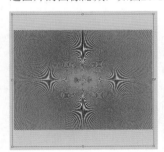

图20-155　　　　　　　　图20-156

图20-157　　　　　图20-158

14 按住Ctrl键并单击"图层 1"缩览图，载入选区，执行"选择>变换选区"命令，在选区上显示定界框，如图20-159所示。按住Alt+Shift快捷键并拖曳定界框的一角，保持中心点位置不变，将选区等比缩小，如图20-160所示。按Enter键确认。

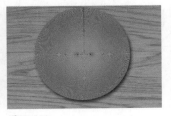

图20-159　　　　　　　　图20-160

15 单击"图层 4"的蒙版缩览图，然后在选区内填充黑色，按Ctrl+D快捷键取消选择。按Alt+Ctrl+G快捷键创建剪贴蒙版，如图20-161和图20-162所示。

图20-161　　　　　　　图20-162

16 双击该图层，打开"图层样式"对话框，添加"斜面和浮雕"效果，如图20-163所示，使纪念币边缘产生立体感，如图20-164所示。

图20-163　　　　　　　　图20-164

17 按Alt+Shift+Ctrl+E快捷键盖印图层，下面用这个图层制作金币。执行"滤镜>渲染>光照效果"命令，打开"光照效果"对话框，在右侧的颜色块上单击，打开"拾色器"对话框设置灯光颜色。设置亮部颜色为土黄色（R180，G140，B65）、暗部颜色为深棕色（R46，G38，B1），拖曳控制点调整光源大小，将鼠标指针放在图20-165所示的位置，拖曳鼠标，增加光照强度，能呈现金币的光泽即可，光线不要过于强烈。

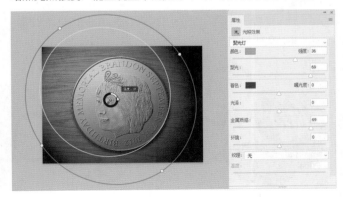

图20-165

20.7 在橘子上雕刻卡通头像

扫码看视频

难度：★★★☆☆ 功能：参考线、画笔工具、蒙版

说明：通过蒙版的遮盖来表现橘子剥皮后的效果，橘皮的厚度是用画笔工具绘制的。

01 打开素材。这是一个分层文件，橘子、橘肉和背景都位于单独的图层中。按Ctrl+R快捷键显示标尺，将鼠标指针放在标尺上拖曳，拖出参考线，定位橘子范围，如图20-166所示。单击"图层"面板底部的 ◘ 按钮，为"图层 2"创建蒙版，按住Alt键并单击蒙版缩览图，如图20-167所示，在窗口中单独显示蒙版。

图20-166 图20-167

02 选择画笔工具 ✐ 及硬边圆笔尖，设置大小为20像素，如图20-168所示。在参考线范围内绘制米老鼠的轮廓，如图20-169所示，按] 键将笔尖调大，将米老鼠的面部涂成黑色，如图20-170所示。

图20-168 图20-169 图20-170

03 按X键切换前景色与背景色。用白色绘制出眼睛和嘴，如图20-171和图20-172所示。

图20-171 图20-172

04 头像绘制完成后，单击"图层"面板中的图像缩览图，显示图像，如图20-173和图20-174所示。

图20-173 图20-174

05 下面来制作挖空部分的投影。按住Ctrl键并单击"图层2"的蒙版缩览图，载入蒙版的选区（即蒙版中的白色区域），如图20-175所示。按Shift+Ctrl+I快捷键反选，选中米老鼠，如图20-176所示。

图20-175 图20-176

06 按住Ctrl键并单击 ⊞ 按钮，在当前图层下方新建一个图层，如图20-177所示。在选区内填充黑色，按Ctrl+D快捷键取消选择，如图20-178所示。

图20-177 图20-178

07 双击"图层 3"，打开"图层样式"对话框，添加"内发光"效果，如图20-179所示。单击"确定"按钮关闭对话框，在"图层"面板中将填充设置为0%，如图20-180

和图20-181所示。新建一个图层。将前景色设置为棕红色（R160，G68，B0），用画笔工具 ✐ 为镂空部分绘制几处深色的投影，如图20-182所示。

制白线，如图20-183所示。将前景色设置为黄色（R250，G205，B26）。将画笔工具 ✐ 的不透明度设置为60%，绘制黄线，可以与白线稍重叠，如图20-184所示。

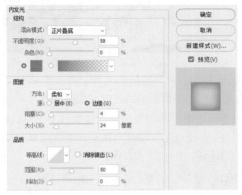

图20-179

图20-180

图20-183

图20-184

09 将前景色设置为深红色（R177，G56，B35），按[键将笔尖调小，贴着黄线绘制，再用橡皮擦工具 ✐ 修饰、擦除多余部分，如图20-185所示。用同样的方法绘制出眼睛、嘴巴的切面部分，如图20-186所示。

图20-181

图20-182

08 在"图层 2"上方新建一个图层。将前景色设置为白色，使用柔边圆笔尖（23像素），沿着镂空的边缘绘

图20-185

图20-186

20.8 创意合成：擎天柱重装上阵

难度：★★★★★ 功能：滤镜、蒙版

说明：通过影像合成技术把虚拟与现实结合，制作具有视觉震撼力的作品。

01 打开变形金刚素材。打开"路径"面板，单击路径层，如图20-187所示。按Ctrl+Enter快捷键，将路径转换为选区，如图20-188所示。

图20-187

图20-188

02 打开手素材，如图20-189所示。使用移动工具 ✛ 将选中的变形金刚拖入手文件中，如图20-190所示。

图20-189　　　　　　　图20-190

03 按两下Ctrl+J快捷键复制图层。单击下面两个图层左侧的眼睛图标 ◉，将它们隐藏。按Ctrl+T快捷键显示定界框，将图像旋转，如图20-191和图20-192所示。

图20-191　　　　　　图20-192

04 单击"图层"面板底部的 ▣ 按钮，添加蒙版。使用画笔工具 ✏ 在变形金刚腿部涂抹黑色，将其隐藏，如图20-193和图20-194所示。

图20-193　　　　　　图20-194

05 将该图层隐藏，选择并显示中间的图层。按Ctrl+T快捷键显示定界框，按住Ctrl键并拖曳控制点，对图像进行变形处理，按Enter键确认，如图20-195和图20-196所示。

图20-195　　　　　图20-196

06 按D键，恢复默认的前景色和背景色。执行"滤镜>滤镜库"命令，打开"滤镜库"对话框，在"素描"滤镜组中找到"绘图笔"滤镜，设置参数，如图20-197所示，将图像处理成为铅笔素描效果。将图层的混合模式设置为"正片叠底"，效果如图20-198所示。

图20-197　　　　　　图20-198

07 单击 ▣ 按钮，添加蒙版。用画笔工具 ✏ 在变形金刚上半身，以及遮挡住手指和铅笔的图像上涂抹黑色，将其隐藏，如图20-199所示。单击图层左侧的眼睛图标 ◉，将该图层隐藏，选择并显示最下面的变形金刚图层，对该图像进行适当扭曲，如图20-200所示。

图20-199　　　　　　图20-200

08 设置该图层的混合模式为"正片叠底"，不透明度为55%。单击"图层"面板顶部的 ▩ 按钮锁定透明区域，调整前景色（R39，G29，B20），按Alt+Delete快捷键填色，如图20-201和图20-202所示。

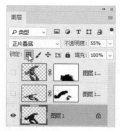

图20-201　　　　　　图20-202

09 单击 ▩ 按钮，解除锁定。执行"滤镜>模糊>高斯模糊"命令，让图像的边缘变得柔和，使之成为变形金刚的阴影，如图20-203所示。为该图层添加蒙版，用画笔工具 ✏ 修改蒙版，将下半边图像隐藏，如图20-204和图20-205所示。

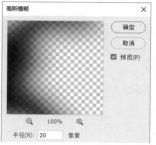

图20-203　　　　　　图20-204

图20-205

10 将上面的两个图层显示出来。单击"调整"面板中的 ▦ 按钮，创建"曲线"调整图层，拖曳曲线将图像调亮，如图20-206所示。将它拖曳到面板的顶层。使用渐变工具 ▨ 填充黑白线性渐变，对蒙版进行修改，如图20-207和图20-208所示。

图20-208

11 新建一个图层，设置混合模式为"柔光"，不透明度为60%。使用画笔工具 ✑ 在画面四周涂抹黑色，对边角进行加深处理，如图20-209和图20-210所示。

图20-206　　　　图20-207

图20-209　　　　图20-210

公益广告：拒绝象牙制品

20.9

扫码看视频

难度：★★★★★　功能：蒙版、混合颜色带

说明：使用蒙版、混合颜色带进行图像合成，在图像上叠加纹理，表现裂纹效果。

01 按Ctrl+O快捷键，打开素材，大象位于一个单独的图层中，如图20-211和图20-212所示。先来营造场景氛围，再制作破损和残缺的部分。

02 选择"背景"图层。将前景色设置为灰褐色（R76，G67，B52）。使用渐变工具 ▨ 填充一个倾斜的线性渐变，如图20-213和图20-214所示。

图20-211　　　　图20-212

图20-213　　　　图20-214

03 打开素材，使用移动工具 ✥ 将其拖入大象文件中，如图20-215所示。单击 ▣ 按钮，为该图层添加蒙版。使用画笔工具 ✔ 在地面周围涂抹黑色，使图像能够融合到背景中，如图20-216和图20-217所示。

04 新建一个图层。在画面底部涂抹黑色（可以降低画笔工具的不透明度，使颜色过渡自然），如图20-218所示。

图20-215　　　　　　　　　　图20-216

图20-217　　　　　　　　　　图20-218

05 选择套索工具 ○，设置羽化参数为2像素。在大象左侧耳朵上创建一个选区，如图20-219所示。按住Alt键并单击 ▣ 按钮基于选区创建一个反相的蒙版，将选区内的图像隐藏，如图20-220所示。

图20-219　　　　　　　　　　图20-220

06 分别在大象的右耳和两条后腿处创建选区，在选区内填充黑色，使这部分区域隐藏，制作出断裂的效果，如图20-221~图20-224所示。

图20-221　　　　　　　　　　图20-222

图20-223　　　　　　　　　　图20-224

07 打开纹理素材，如图20-225所示。将其拖入大象文件中，按Alt+Ctrl+G快捷键创建剪贴蒙版，设置混合模式为"正片叠底"，形成裂纹效果，如图20-226所示。

图20-225　　　　　　　　　　图20-226

08 创建并编辑蒙版，隐藏部分纹理。打开一个素材，如图20-227所示。将其拖入大象文件中，按Ctrl+T快捷键显示定界框，先调整图像角度，如图20-228所示。单击鼠标右键，在打开的快捷菜单中执行"变形"命令，如图20-229所示，显示变形网格，拖曳锚点使图像中的光线呈垂直方向照射，如图20-230所示。按Enter键确认。

图20-227　　　　　　　　　　图20-228

图20-229　　　　　　　　　　图20-230

09 双击该图层，打开"图层样式"对话框，按住Alt键并拖曳"本图层"黑色滑块，隐藏该图层中所有比该滑块所

在位置暗的像素，使图像能更好地融合到背景中，如图20-231和
图20-232所示。

图20-231　　　　　图20-232

10 创建蒙版，使用画笔工具 ✐ 在图像的边缘涂抹黑色，
将边缘隐藏，如图20-233和图20-234所示。

图20-233　　　　　图20-234

11 打开素材，如图20-235所示。将其拖入大象文件中并调整
角度，如图20-236所示。设置混合模式为"滤色"，创建
蒙版，将多余的图像隐藏，如图20-237和图20-238所示。

图20-235　　　　　图20-236

图20-237　　　　　图20-238

12 在"图层"面板中选择大象左耳上尘土所在的图层，按
住Alt键并向上拖曳，复制该图层，如图20-239所示。将
其移至大象右耳处。双击该图层，对"混合颜色带"参数进行
调整，向右拖曳"本图层"黑色滑块，更多地隐藏当前图层的
背景区域，如图20-240所示。

13 打开素材，如图20-241所示，将其拖入大象文件后，创
建蒙版，将土堆底边隐藏，使其与背景的土地融为一
体，如图20-242所示。

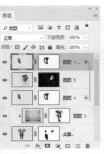 

图20-239　　　　　图20-240

图20-241　　　　　图20-242

14 按住Ctrl键并单击"大象"图层缩览图，载入大象的选
区，如图20-243和图20-244所示。

图20-243　　　　　图20-244

15 新建一个图层。将选区内填充黑色，按Ctrl+D快捷键取
消选择。按Ctrl+T快捷键显示定界框，拖曳定界框将图
像缩小，如图20-245所示；按住Ctrl键并拖曳定界框的一角，
对图像进行变形处理，如图20-246所示。按Enter键确认。

图20-245　　　　　图20-246

16 执行"滤镜>模糊>高斯模糊"命令，设置半径为8像素，
如图20-247所示。使投影边缘变得柔和，设置该图层的不
透明度为45%。创建蒙版，用画笔工具 ✐（不透明度30%）在
投影上涂抹黑色，表现出明暗变化，如图20-248所示。

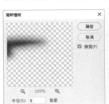 

图20-247　　　　　图20-248

17 打开素材，将"土石"图层组拖入大象文件中，如图
20-249和图20-250所示。

图20-249

图20-250

18 新建一个图层。选择多边形套索工具 ⋗（羽化50像素）
创建3个选区，如图20-251所示。填充白色，制作3束从
左上方投射的光线，如图20-252所示。

19 设置该图层的混合模式为"柔光"，不透明度为40%，
如图20-253所示。用橡皮擦工具 ◇（柔角，不透明度
30%）修饰一下大象身上的光线，将多余的部分擦除。最后，
用画笔工具 ✍ 在画面左上角及地面的土堆上涂抹一些白色，

营造一个柔和的光源氛围，如图20-254所示。

图20-251

图20-252

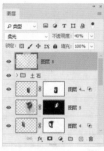

图20-253

图20-254

影像合成：
CG风格插画

20.10

扫 码 看 视 频

难度：★★★★★ 功能：蒙版、"色阶"和"色彩范围"命令

说明：灵活编辑图像、合成图像，注意影调的表现。

01 按Ctrl+O快捷键，打开素材，如图20-255和图20-256
所示。

图20-255

图20-256

02 按Ctrl+L快捷键打开"色阶"对话框，向左拖曳高光滑
块，提高图像的亮度，如图20-257和图20-258所示。

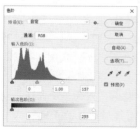

图20-257

图20-258

03 打开树皮素材，如图20-259所示。使用移动工具 ✛ 将树皮图像拖入人物文件中，如图20-260所示。

图20-259　　图20-260

04 设置该图层的混合模式为"浅色"，不透明度为60%，按Alt+Ctrl+G快捷键创建剪贴蒙版。单击 ■ 按钮，添加图层蒙版。使用画笔工具 ✎ 在树皮周围涂抹黑色，将边缘隐藏，使纹理融入皮肤中，如图20-261和图20-262所示。

图20-261　　　　图20-262

05 打开素材，如图20-263所示。将山峦图像拖到人物文件中。执行"编辑>变换>旋转90度（顺时针）"命令，将图像旋转，设置混合模式为"强光"，使山峦融入人物皮肤中，如图20-264所示。

图20-263　　　　　图20-264

06 按Alt+Ctrl+G快捷键创建剪贴蒙版，将超出人物区域的图像隐藏，如图20-265和图20-266所示。单击 ■ 按钮创建蒙版，使用画笔工具 ✎ 在手臂、面部涂抹黑色，将这部分区域的山峦图像隐藏，如图20-267和图20-268所示。

图20-265　　　　图20-266

图20-267　　　　图20-268

提示（Tips）

在表现山峦与人物皮肤衔接的位置时，可以将画笔工具的"不透明度"设置为20%，进行仔细刻画。需要显示山峦时可用白色进行涂抹，要更多地显示皮肤时，则用黑色涂抹，尽量使山峦图像有融入皮肤的感觉。

07 将笔尖调小，不透明度设置为100%，用白色在手指上涂抹，使手指皮肤也呈现山峦的颜色，人物的文身效果就制作完了，如图20-269和图20-270所示。

图20-269　　　　图20-270

08 下面要为图像添加云彩、飞鸟和各种花朵元素，使画面丰富、意境唯美。按Ctrl+O快捷键，打开一个文件，如图20-271所示。按Shift+Ctrl+U快捷键去色，将图像转换为黑白图像，如图20-272所示。

图20-271　　　　图20-272

09 按Ctrl+L快捷键打开"色阶"对话框，单击设置黑场工具 ✎ ，在图20-273所示的位置单击，将灰色映射为黑色，如图20-274所示。

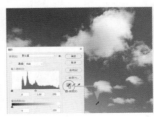 

图20-273　　　　图20-274

10 使用移动工具 ✛ 将云彩图像拖入人物文件中，按Ctrl+T快捷键显示定界框，将图像的高度适当调小，按Enter键确认，如图20-275所示。设置该图层的混合模式为"滤色"，这样可以隐藏黑色像素，在画面中只显示白色的云彩，如图20-276所示。

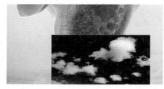
图20-275

图20-276

11 云彩边缘太过整齐了，用橡皮擦工具 ◢ （柔边圆笔尖）擦一擦，如图20-277所示。

图20-277

12 打开一个素材，如图20-278所示。使用移动工具 ✛ 将枝叶图像拖入人物文件中，放置在手臂上面，如图20-279所示。

图20-278

图20-279

13 按住Ctrl键并单击"图层"面板底部的 ⊞ 按钮，在当前图层下方创建一个图层，如图20-280所示。按住Ctrl键并单击"枝叶"图层，从该图层中载入选区，如图20-281和图20-282所示，填充黑色，按Ctrl+D快捷键取消选择。按Ctrl+T快捷键显示定界框，按住Ctrl键并拖曳定界框的一角，对图像进行变换，如图20-283所示。按Enter键确认。

图20-280

图20-281

图20-282

图20-283

14 执行"滤镜>模糊>高斯模糊"命令，设置半径为10像素，如图20-284和图20-285所示。

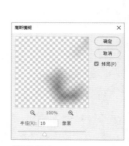
图20-284

图20-285

15 设置该图层的混合模式为"正片叠底"，不透明度为30%，如图20-286和图20-287所示。

图20-286

图20-287

16 打开素材，如图20-288所示。先来调整一下花环的颜色，使其与制作的插画色调协调。按Ctrl+U快捷键打开"色相/饱和度"对话框，设置参数，如图20-289所示。

图20-288

图20-289

17 按Ctrl+L快捷键，打开"色阶"对话框，将阴影滑块和高光滑块向中间拖曳，以便增强色调的对比度，如图20-290和图20-291所示。

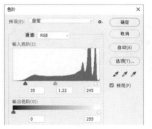

图20-290

图20-291

18 执行"选择>色彩范围"命令，打开"色彩范围"对话框，在画面的背景区域单击，进行取样，将"颜色容差"设置为75，如图20-292和图20-293所示。在预览框内可以看到花环外面的背景已被选取，花环里面的背景呈现灰色，说明未被全部选取。单击添加到取样工具，在花环里面的背景上单击，如图20-294所示。将这部分图像添加到选区内，在预览框内可以看到，原来的灰色区域已变为白色，如图20-295所示。

图20-292

图20-293

图20-294

图20-295

19 单击"确定"按钮，选区效果如图20-296所示。按Shift+Ctrl+I快捷键将花环选取，如图20-297所示。

图20-296

图20-297

20 按住Ctrl键并将选区内的花环拖入人物文件。按Ctrl+T快捷键显示定界框，将图像进行水平翻转，再调整角度和位置，如图20-298和图20-299所示。按Enter键确认。

图20-298

图20-299

21 选择移动工具，按住Alt键并拖曳图像进行复制，如图20-300所示。使用橡皮擦工具将花环上的花朵擦除，再调整花环的大小和角度，组成发髻的形状。使用"色相/饱和度"命令调整花环的颜色，使其与人物的色调相统一，效果如图20-301所示。在发髻下方新建一个图层，使用画笔工具（柔边圆笔尖）绘制发髻的投影，如图20-302所示。

22 打开素材，如图20-303所示。将素材拖入人物文件，最终效果如图20-304所示。

图20-300

图20-301

图20-302

图20-303

图20-304

动漫设计：绘制 美少女

难度：★★★★★　功能：画笔工具、钢笔工具

说明：充分利用路径轮廓绘画，对路径填色，以及将路径转换为选区，以限定绘画范围。用钢笔工具绘制发丝，进行描边处理，表现出头发的层次感。

01 打开素材。"路径"面板中包含卡通少女外形轮廓素材，这是用钢笔工具 ✐ 绘制的。轮廓绘制并不需要特别的技巧，只要能熟练使用钢笔工具 ✐，就能很好地完成。下面我们来学习上色技巧。单击"路径1"，在画面中显示路径，如图20-305和图20-306所示。

图20-305　　　　　　　　图20-306

02 新建一个图层，命名为"皮肤"，如图20-307所示。将前景色设置为淡黄色（R253，G252，B220）。使用路径选择工具 ▶ 在脸部路径上单击，选取路径。单击"路径"面板底部的 ● 按钮，用前景色填充路径，如图20-308所示。

图20-307　　　　　　　　图20-308

03 选择身体路径，填充皮肤色（R254，G223，B177），如图20-309所示。选择脖子下面的路径，如图20-310所示，单击"路径"面板底部的 ⬚ 按钮，将路径转换为选区，如图20-311所示。使用画笔工具 ✐ 在选区内填充暖褐色，选区中间位置颜色稍浅，按Ctrl+D快捷键取消选择，如图20-312所示。用浅黄色表现脖子和锁骨，如图20-313所示。

图20-309　　　　　　　　图20-310

图20-311　　　　　图20-312　　　　　图20-313

04 按住Ctrl键并单击"图层"面板底部的 ⊞ 按钮，在当前图层下方新建一个图层，命名为"耳朵"，如图20-314所示。在"路径"面板中选取耳朵路径，填充颜色（比脸部颜色略深一点），如图20-315所示。

图20-314　　　　　　　　图20-315

提示（Tips）

设置前景色时可以先使用吸管工具 ✐ 拾取皮肤色，再打开"拾色器"对话框将颜色调暗。调整笔尖大小时，可以按 [键（调小）或] 键（调大）来操作。

05 在"皮肤"图层上方新建一个图层，命名为"眼睛"。选择眼睛路径，如图20-316所示。单击"路径"面板底部的 ⬚ 按钮，将路径转换为选区，用淡青灰色填充选区，如图20-317所示。用画笔工具 ✐ 在眼角处涂抹棕色，如图20-318所示。按Ctrl+D快捷键取消选择。

图20-316　　　　　图20-317　　　　　图20-318

06 使用椭圆选框工具 ○ 创建一个选区，如图20-319所示。单击工具选项栏中的从选区减去按钮 ⬚，再创建一个与当前选区重叠的选区，如图20-320所示，通过选区相减运算得到月牙状选区，填充褐色，如图20-321所示。

图20-319　　　　图20-320　　　　图20-321

07 选择路径选择工具 ▶，按住Shift键并选取眼睛、眼线及睫毛等路径，如图20-322所示。填充栗色，如图20-323所示。在"路径"面板空白处单击，取消路径的显示，如图20-324所示。

图20-322　　　　图20-323　　　　图20-324

08 单击 ▣ 按钮锁定该图层的透明像素，如图20-325所示。用画笔工具 ✎（柔边圆，40像素，不透明度80%）分别在上、下眼线处涂抹浅棕色。适当降低工具的不透明度，可以使绘制的颜色过渡自然，如图20-326所示。

图20-325　　　　　　　　图20-326

09 按] 键将笔尖调大，在眼珠里面涂抹桃红色，如图20-327所示。选择椭圆选框工具 ○（羽化2像素），按住Shift键并创建一个选区，如图20-328所示，填充栗色。按Ctrl+D快捷键取消选择，如图20-329所示。

图20-327　　　　图20-328　　　　图20-329

10 使用加深工具 ◉ 沿着眼线涂抹，对颜色进行加深处理，如图20-330所示。将前景色设置为淡黄色。选择画笔工具 ✎，设置混合模式为"叠加"，在眼球上单击，形成闪亮的反光效果，如图20-331所示。

图20-330　　　　　　　　图20-331

11 用画笔工具 ✎（混合模式为"正常"）在眼球上绘制白色光点，如图20-332所示。设置画笔工具的混合模式为"叠加"，不透明度为66%，将前景色设置为黄色（R255，G241，B0），在眼球上涂抹黄色，如图20-333所示。

图20-332　　　　　　　　图20-333

12 新建一个图层。先用画笔工具 ✎ 画出眼眉的一部分，如图20-334所示。再用涂抹工具 ⊿ 在笔触末端按住鼠标并拖曳，涂抹出眼眉形状，如图20-335所示。用橡皮擦工具 ⬙ 适当擦除眉头与眉梢的颜色，如图20-336所示。

图20-334　　　　　图20-335　　　　　图20-336

13 按住Ctrl键并单击"眼睛"图层，如图20-337所示。按Alt+Ctrl+E快捷键盖印图层，将眼睛和眼眉合并到一个新的图层中。执行"编辑>变换>水平翻转"命令，使用移动工具 ✛ 将图像拖曳到脸部右侧，如图20-338所示。

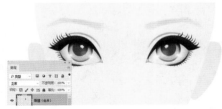

图20-337　　　　　　　　图20-338

14 单击"路径"面板中的路径层，显示路径。使用路径选择工具 ▶ 选取鼻子路径，如图20-339所示。在"图层"面板中新建一个名称为"鼻子"的图层，用浅褐色填充路径区域，如图20-340所示。

图20-339　　　　　　　　图20-340

15 新建图层用以绘制嘴部，同样是用选取路径进行填充的方法，如图20-341和图20-342所示。表现牙齿和嘴唇时则需要将路径转换为选区，使用画笔工具 ✎ 在选区内绘制出明暗效果，如图20-343~图20-346所示。

图20-341

图20-342

图20-343

图20-344　　　　　图20-345　　　　　图20-346

16 用吸管工具 拾取皮肤色作为前景色。在"画笔设置"面板中选择"半湿描油彩笔"笔尖，如图20-347所示，在嘴唇上单击，表现纹理感。绘制时可降低画笔的不透明度，使颜色有深浅变化，并能表现嘴唇的体积感，还要根据嘴唇的弧线调整笔尖的角度，如图20-348所示。

图20-347

图20-348

17 分别选取"皮肤"和"耳朵"图层，绘制出五官的结构，如图20-349和图20-350所示。

图20-349

图20-350

18 选择头发路径，如图20-351所示。在"图层"面板中新建一个名称为"头发"的图层，用黄色填充路径区域，如图20-352所示。

图20-351　　　　　图20-352

19 单击"路径"面板底部的 按钮，新建一个路径层，如图20-353所示。选择钢笔工具 及"路径"选项，绘制头发，表现层次感，如图20-354所示。

图20-353　　　　　图20-354

20 单击"路径"面板底部的 按钮，将路径转换为选区。新建一个图层。在选区内填充棕黄色，使用橡皮擦工具 （柔边圆笔尖，不透明度20%）适当擦除，使颜色产生明暗变化，如图20-355所示。按Ctrl+D快捷键取消选择，效果如图20-356所示。

图20-355　　　　　图20-356

21 分别创建一个新的路径层和图层，用钢笔工具 绘制发丝，如图20-357所示。将前景色设置为褐色。选择画笔工具 ，在画笔下拉面板中选择"硬边圆压力大小"笔尖，设置大小为4像素，如图20-358所示。按住Alt键并单击"路径"面板底部的 按钮，打开"描边路径"对话框，勾选"模拟压力"选项，如图20-359所示，描绘发丝路径，如图20-360所示。

图20-357

图20-358

图20-359　　　　　图20-360

22 选择"头发"图层，使用加深工具 涂抹，加强头发的层次感，如图20-361所示。绘制出脖子后面的头发，如图20-362所示。

图20-361　　　　　图20-362

23 打开素材，如图20-363所示。将"花"组拖入人物文件中，如图20-364所示。

图20-363　　　　　图20-364

24 按Alt+Ctrl+E快捷键，将"花"组中的图像盖印到一个新的图层中，按住Ctrl键并单击该图层缩览图，载入所有花朵装饰物的选区，如图20-365所示。按住Alt+Shift+Ctrl快捷键并单击"头发"图层缩览图，进行选区运算，得到的选区用来制作花朵在头发上形成的投影，如图20-366所示。

图20-365　　　　　图20-366

25 将盖印的图层删除，创建一个新图层。在选区内填充褐色，按Ctrl+D快捷键取消选择，如图20-367所示。执行

"滤镜>模糊>高斯模糊"命令，对图像进行模糊处理，如图20-368所示。

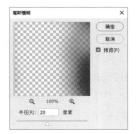

图20-367　　　　　图20-368

26 设置该图层的混合模式为"正片叠底"，不透明度为35%，按Ctrl+[快捷键，将其动到"花"组的下方，使用移动工具 将投影略向下拖曳，如图20-369和图20-370所示。选择"背景"图层，填充肉粉色（R248，G194，B172），如图20-371所示。

图20-369　　　　　图20-370

图20-371

提示（Tips）

本书的综合实例共34个，由于篇幅所限，另外23个实例以电子书的形式提供给大家，连同素材、效果和实例的视频教学录像等均在附赠的配套资源中。这些实例的多样性更强，涵盖特效、抠图、插画、合成、3D、标志、VI、UI、App、网店装修等不同门类。

Photoshop 资源与其他

使用Photoshop帮助文件和教程

执行"帮助>Photoshop帮助"命令，可以链接到Adobe网站查看Photoshop帮助文件。执行"帮助>Photoshop教程"命令，可以观看Adobe网站上的各种Photoshop视频教程，学习其中的技巧和工作流程。

了解Photoshop开发者

运行Photoshop时，启动画面中出现的一长串名单是Photoshop的研发人员，其中就有Photoshop的发明者Thomes Knoll。这些都是我们应该感谢和致敬的人。

Adobe可能觉得一闪而过的画面不足以让人看清所有名字，特别设置了一个与Photoshop功能并不相关的命令——"帮助>关于Photoshop"命令来弥补这个不足。从这个安排中，我们也可以感受到Adobe公司对Photoshop研发人员的重视。

查看增效工具

打开"帮助>关于增效工具"子菜单，可以查看当前系统中安装了哪些Photoshop增效工具。增效工具也称插件，用来制作特效。Photoshop提供了开放的接口，允许用户将其他软件厂商或个人开发的滤镜以插件的形式安装在Photoshop中。

查看计算机信息

执行"帮助>系统信息"命令，可以打开"系统信息"对话框，它会显示当前操作系统的各种信息，包括CPU型号、显卡和内存，以及可选插件和已禁用插件的完整文件路径、Photoshop可用内存、图像高速缓存级别等信息。

管理Adobe账户

执行"帮助>登录"命令，可以链接到Adobe网站建立或登录个人账户。执行"帮助>管理我的账户"命令，则可以对Adobe个人账户进行修改。

更新Photoshop

执行"帮助>更新"命令，可以运行Creative Cloud Desktop桌面应用程序。如果Photoshop有更新文件，可以单击"更新"按钮进行更新。

在线搜索设计资源

执行"编辑>搜索"命令（快捷键为Ctrl+F），或单击工具选项栏右侧的 🔍 按钮，会显示一个搜索选项卡，在其中输入关键字，可以搜索工具、命令、面板、预设、图层等。例如，输入"渐变"，并单击下方的"全部"字样，可以搜索与渐变相关的所有工具、命令、资源，以及Photoshop 帮助文档和学习内容。单击后几个字样，则可对资源进行细分。

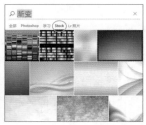

查找有关Exchange的扩展功能

执行"窗口>查找有关Exchange的扩展功能"命令，可以打开Adobe Exchange 网站。该网站上提供了许多扩展资源，包括程序、动作文件、脚本、模板等，我们可以登录Adobe ID，然后下载资源并添加到Photoshop中，以增强其功能。

从Adobe Stock网站下载设计素材

Adobe Stock是一个汇聚了数千万照片、视频、插图、矢量图、3D 素材和模板等设计资源的网站。它不仅拥有丰富的素材，还是一个可以"先尝后买"的"大卖场"——在Adobe Stock网站上，我们可以将带水印的素材下载到Photoshop"库"面板中使用，觉得满意后再购买，Photoshop会将文档中的素材自动更新为许可的、具有高分辨率的无水印资源。

如果想要在Adobe Stock网站下载资源，可以执行"文件>搜索Adobe Stock"命令，或者执行"文件>新建"命令，打开"新建文档"对话框（见36页），单击底部的"前往"按钮，打开Adobe Stock网站，单击页面右上角的Sign in标签，使用我们的 Adobe ID 登录，之后便可下载资源。

Adobe Stock将素材分为图像、视频、模板、3D、

Premium 和时事等几大板块，我们可以在页面顶部单击其中的一个选项卡，查看相关素材，或者使用搜索栏进行搜索。显示搜索结果以后，还可以按照价格、子类别、出现人物、图像方向、颜色等条件筛选结果。

找到感兴趣的素材后，将鼠标指针放在其上，单击 🛒 图标，可以购买并下载。单击 ▣ 图标，则可显示与之相似的更多资源。

通常情况下，我们需要使用素材进行创作处理，之后才能确定其是否符合要求，最后才正式购买，这样更稳妥。因此，需要下载的是素材的水印版本，即未授权的预览版。操作方法是在图片上单击，然后单击 ☁ 图标右侧的 ⌄ 按钮，在展开的列表中单击 Ps 图标，即可将资源的预览版下载到Photoshop的"库"面板中。其他几个图标也是 Creative Cloud 系列应用程序的图标。例如，单击 Ai 图标，可以将素材下载到Illustrator的"库"面板中。当然，前提是计算机上安装了Illustrator。

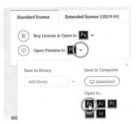

远程连接Tutorial Player

执行"编辑>远程连接"命令，可以打开"首选项"对框，选择"启用远程连接"选项，可以在Tutorial Player和Photoshop之间建立连接。

Tutorial Player for Photoshop是一款交互式iPad应用程序，它能跟踪我们在完成Photoshop教程步骤方面的进度，在我们遇到问题时提供帮助，甚至可以从我们的iPad上控制Photoshop。例如，将它们连接之后，选择一个教程，可以自行执行相关步骤，也可单击"示范"按钮，观看在Photoshop中打开的教程。目前Tutorial Player只适用于iPad（在Apple App Store上可以免费获取该程序）。

使用"修改键"面板

通过"修改键"面板，可以在支持Windows操作系统的触控设备，如 Surface Pro（平板电脑）上访问常用的键盘修改键 Shift、Ctrl 和 Alt。

使用预设管理器

第1章我们介绍过，当一个工具在总是在某些选项设置状态下使用时，可以将它定义为一个预设，保存到"工具预设"面板中（见36页）。"预设管理器"可以对工具和等高线进行管理。执行"编辑>预设>预设管理器"命令，可以打开该对话框，在"预设类型"下拉列表中可以选择"工具"或"等高线"选项。如果下载了外部预设文件，可以单击"载入"按钮，将其加载到Photoshop中。

此外，使用"编辑>预设>迁移预设"命令，可以从旧版Photoshop中迁移预设 。使用"编辑>预设>导入/导出预设"命令，则可导入预设文件，或将当前预设文件导出。

修改Photoshop首选项

软件、App（如QQ、微博、微信 等）一般都允许用户对它的一些核心设置进行修改。如界面背景、文字大小、消息推送等，以使其符合用户的个人习惯和使用需要。Photoshop也支持类似设置，我们可以在"编辑>首选项"子菜单中选择"常规""界面""工作区""工具"等命令，打开"首选项"对话框进行操作。对于初学者，首选项的意义不大，因为Photoshop默认已处于最佳状态。

注：除上述滤镜外，其他滤镜均在配套资源的"Photoshop 2020滤镜"电子文档中。